Liebe Leserin, lieber Leser,

wir freuen uns, dass Sie sich für ein Galileo Business-Buch entschieden haben.

Galileo Business zeigt betriebswirtschaftlichen und technischen Experten, Business-Managern, Projektleitern und Beratern, wie Unternehmen durch neue Strategien und Konzepte Kosten senken, Wettbewerbsvorteile gewinnen und neue Geschäftsfelder erschließen.

Jedes unserer Bücher will Sie überzeugen. Damit uns das immer wieder neu gelingt, sind wir auf Ihre Rückmeldung angewiesen. Bitte teilen Sie uns Ihre Meinung zu diesem Buch mit. Ihre kritischen und freundlichen Anregungen, Ihre Wünsche und Ideen werden uns weiterhelfen.
Wir freuen uns auf den Dialog mit Ihnen.

Ihr Oliver Gorus
Lektorat Galileo Business

oliver.gorus@galileo-press.de
www.galileobusiness.de

Galileo Press
Gartenstraße 24
53229 Bonn

Galileo Business

Jürgen H. Daum

Intangible Assets

oder die Kunst, Mehrwert zu schaffen

Die Deutsche Bibliothek – CIP-Einheitsaufnahme
Ein Titeldatensatz für diese Publikation
ist bei der Deutschen Bibliothek erhältlich

ISBN 3-89842-112-0

1. Auflage 2002

Der Name Galileo Press geht auf den italienischen Mathematiker und Philosophen Galileo Galilei (1564–1642) zurück. Er gilt als Gründungsfigur der neuzeitlichen Wissenschaft und wurde berühmt als Verfechter des modernen, heliozentrischen Weltbilds. Legendär ist sein Ausspruch **Eppur se muove** (Und sie bewegt sich doch). Das Emblem von Galileo Press ist der Jupiter, umkreist von den vier Galileischen Monden. Galilei entdeckte die nach ihm benannten Monde 1610.

Übersetzung Manfred Weltecke
Lektorat Oliver Gorus, Jörg Achim Zoll
Korrektorat Claudia Falk, Holger Schmidt
Gestaltung des Einbands und der Titelseite HommerDesign, Haar **Herstellung** Iris Warkus
Satz Typographie & Computer, Krefeld - gesetzt aus der Linotype Syntax mit FrameMaker
Druck und Bindung Bercker Graphischer Betrieb, Kevelaer

Inhalt

Interviews

Vorwort

Immaterielle Vermögenswerte haben in den letzten Jahren in der Wirtschaft deutlich an Bedeutung gewonnen. Zunehmend basieren die heutigen Wertschöpfungsprozesse auf Wissen, auf produktiven Beziehungen zu Geschäftspartnern, auf dem Bekanntheitsgrad eines Unternehmens, seiner Produkte und Marken sowie vor allem auf Innovationskraft und neuen Technologien.

Die wachsende Lücke zwischen dem Marktwert eines Unternehmens und dem, was im Rechnungswesen ausgewiesen wird, zeigt, dass immer mehr Werttreiber durch die klassischen Management- und Bewertungsinstrumente, also durch Bilanz und Gewinn- und Verlustrechnung, nicht mehr erfasst werden und Unternehmen allein auf der Basis dieser Informationen nicht mehr steuerbar oder extern zu beurteilen sind.

Eine intensivere Auseinandersetzung mit der Behandlung dieser immateriellen Wertreiber im Rechnungswesen, in den Controlling- und Managementsystemen von Unternehmen und in der externen Berichterstattung ist im angelsächsischen Sprachraum unter den Stichworten »Intellectual Capital«, »Intangible Assets« oder kurz »Intangibles« bereits seit einigen Jahren im Gang.

Diese Diskussion hat nun auch die deutsche Unternehmenswelt erreicht – spätestens seit deutsche Aktiengesellschaften, deren Aktien an einer amerikanischen Börse notieren, nach den neuesten US-GAAP-Regeln bereits im aktuellen Geschäftsjahr gezwungen sind, ihren in der Bilanz ausgewiesenen Goodwill mindestens einmal jährlich einem so genannten Impairment-Test, also einer Fair-Market-Bewertung, zu unterziehen. Dies hat weit reichende Konsequenzen für die Rechnungslegung und die externe Berichterstattung, aber auch für die Planungs-, Controlling- und Managementsysteme von Unternehmen.

Mit großer Wahrscheinlichkeit werden diese neuen internationalen Rechnungslegungs-Richtlinien dazu führen, dass Finanzanalysten dem Goodwill mehr Aufmerksamkeit schenken und mehr Informationen von Unternehmen über ihre Intangibles und deren Werthaltigkeit verlangen – auch wenn diese Unternehmen nicht an einer amerikanischen Börse gelistet sind. Es könnte sich somit ein neuer allgemeiner Standard für die externe Berichterstattung herausbilden, der Unternehmen zwingen wird, nicht nur das externe Berichtswesen zu erweitern, sondern auch ihre internen Controllingsysteme anzupassen, damit überhaupt intern gesteuert werden kann, was nach außen berichtet wird.

Unternehmen, die sich dem Impairment-Test nach US-GAAP zu unterziehen haben, werden diese Notwendigkeit spüren, sobald sie ein »Impairment« begründen müssen. Wiederholte überraschende Wertberichtigungen auf den Goodwill können dazu führen, dass Analysten zu der Meinung gelangen, dem Management mangele es an der notwendigen Disziplin oder sogar der erforderlichen Kompetenz, um die Assets des Unternehmens richtig zu managen. Um Überraschungen in dieser Hinsicht zu vermeiden und die Finanzcommunity proaktiv, wie in der Vergangenheit bei Ergebnis- und Bilanzgrößen üblich, auf dem Laufenden zu halten, ist deshalb nicht nur eine Erweiterung in den Verfahren, die das externe Rechnungswesen betreffen, erforderlich, sondern vor allem auch im Controlling. Fundierte, an den modernen Techniken ausgerichtete Planungssysteme gewinnen immer mehr an Bedeutung. Das Planungssystem und die daraus ermittelten Ertragserwartungen bilden die Basis für den »Impairment-Test«. Sie sind nicht länger nur interne Messlatten für das Management, sondern werden zukünftig auch in der Abschlussprüfung eine zentrale Rolle spielen.

Manager und ihre Berater, Controller, Bilanzierer, Wirtschaftsprüfer, aber auch Finanzanalysten und institutionelle Anleger werden deshalb gut daran tun, sich näher mit den »Intangibles« zu beschäftigen, die zu wichtigen Wirtschaftsfaktoren sowohl auf betriebs- als auch auf volkswirtschaftlicher Ebene geworden sind. Denn nur durch ein besseres Verständnis dieser immateriellen Vermögenswerte können in Zukunft die richtigen internen und externen Investitionsentscheidungen getroffen werden, die Unternehmen wirtschaftlich voranbringen. Die klassische Bilanzanalyse muss deshalb zur umfassenden Unternehmensanalyse ausgebaut werden. Deshalb müssen neue Instrumente, sowohl für das interne Controlling als auch für das externe Berichtswesen, neben die traditionellen Monats-, Quartals- und Jahresabschlüsse treten, um Managern und Investoren für ihre Entscheidungen die relevanten zusätzlichen Informationen über die immateriellen Werttreiber zu liefern. Dazu soll dieses Buch einen Beitrag leisten.

Frankfurt am Main, im Februar 2002

Karlheinz Hornung

Vorstand Finanzen und Controlling der MG Technologies AG

Einleitung

Unternehmen werden immer undurchschaubarer, ihre Produktiv- und Risikofaktoren und die wirtschaftliche Leistungsfähigkeit ihrer Geschäftssysteme werden immer schwieriger fassbar. Für Manager, Investoren und Ökonomen ist diese Situation alarmierend. Wir laufen Gefahr, dass Unternehmen nicht in der Lage sind, ihr volles wirtschaftliches Potenzial zu entfalten, um Mehrwert und Wohlstand zu schaffen. Denn ein großer Teil der Aktivitäten, mit denen sie Mehrwert für ihre Aktionäre und Stakeholder schaffen, wird nicht mehr systematisch erfasst und damit sowohl intern als auch extern nicht transparent.

Der Grund dafür ist die Unzulänglichkeit unserer Management-, Rechnungslegungs-, und Controllinginstrumente. Denn diese haben mit der Entwicklung der wirtschaftlichen Realität der letzten Jahrzehnte nicht Schritt gehalten. Sie stammen aus einem anderen Wirtschaftszeitalter und orientieren sich an den industriellen Wertschöpfungssystemen der Vergangenheit. Deshalb liefern sie eine viel zu begrenzte Sicht und klammern die wichtigsten Produktivfaktoren unserer zunehmend wissens- und dienstleistungsorientierten Unternehmen und Volkswirtschaften aus. Gemeint sind Intangbile Assets – nichtmonetäre, nichtmaterielle, »ungreifbare« Produktivfaktoren – und die ihnen innewohnenden Produktivkräfte und Risiken.

Die USA rühmten sich lange, über das beste, genaueste und transparenteste Rechnungswesen und Rechnungslegungssystem zu verfügen. Der Goldstandard der Rechnungslegung, die amerikanischen »Generally Accepted Accounting Principles« (US-GAAP), die im Gegensatz zu den Bilanzierungsrichtlinien des deutschen Handelsgesetzbuches auf den »Fair Value«, die möglichst genaue Wiedergabe der aktuellen Unternehmensperformance, abheben, hat allerdings jüngst einen schweren Rückschlag erlitten.

Die größte Insolvenz der amerikanischen Wirtschaftsgeschichte, der plötzliche Zusammenbruch von Enron, dem bislang offensichtlich profitablen Energiehandelsgiganten, löste in den USA einen wahren Schock aus. Viele Amerikaner beginnen nun, selbst das vermeintliche Gütesiegel der GAAP-Rechnungslegung zu hinterfragen. Nie zuvor begegneten Anleger den Zahlenwerken der amerikanischen Aktiengesellschaften mit so viel Skepsis wie in diesen Tagen. Das Misstrauen erfasst selbst Standardwerte wie General Electric und IBM.

US-Präsident George W. Bush hat Mitte Januar 2002 angekündigt, die Anforderungen an das externe Berichtswesen von Aktiengesellschaften einer genauen Prüfung zu unterziehen. Als Hauptkritikpunkt wird genannt, dass die US-GAAP zwar auf einem sehr detaillierten Regelwerk basieren, aber breiter angelegte Prinzipien vermissen lassen, die sicherstellen, dass die für die Beurteilung heutiger Unternehmen relevanten Informationen publiziert werden.

Was insbesondere fehlt, sind allgemeine Standards und Regeln, wie z.B. mit Investitionen in Intangibles im Rechnungswesen und im Financial Reporting verfahren werden soll. So bezeichnet es Professor Baruch Lev von der New York University in seinem Bericht an den amerikanischen Kongress anlässlich des Enron-Falles als den Hauptmangel des gegenwärtigen Financial Reportings, dass es nur den finanziellen Aspekt von bereits erfolgten Transaktionen wiedergibt. Stattdessen sollten Unternehmen zukünftig auch über ihre Intangible Assets und umfassend über ihre Risikolage berichten[1].

Ein Schritt in Richtung einer größeren Transparenz bei den Intangibles wurde in den USA bereits getan. Denn die neuen US-GAAP-Regeln bezüglich des Goodwills (SFAS 141 und SFAS 142[2]), die erstmals im Geschäftsjahr 2002 anzuwenden sind, werden Unternehmen, Finanzanalysten und Investoren veranlassen, sich näher mit den Bestandteilen des Goodwills, nämlich den Intangible Assets, zu befassen. Allerdings betrifft dies nur erworbene Intangible Assets, deren Wert im Rahmen der Erstkonsolidierung nach der Übernahme eines Unternehmens aufgedeckt werden und in den Folgejahren einem so genannten Impairment-Test unterzogen werden müssen. Die neuen Regeln reichen deshalb nicht aus, um ein vollständiges Bild zu erhalten, wie ein Unternehmen mit seinen Intangible Assets Mehrwert schafft und wie erfolgreich es damit ist.

Die Forderung, dass Unternehmen ihre Aktionäre umfassend über ihre neuen Werttreiber, die Intangible Assets, informieren müssen, gibt es bereits seit einiger Zeit – vor allem im angelsächsischen Raum und in Skandinavien. Beispielsweise hat sich damit eine Task Force der amerikanischen Börsenaufsicht SEC beschäftigt, deren Aufgabe es war, nach Verbesserungspotenzial in der bislang üblichen Financial Reporting-Praxis der Unternehmen zu suchen. In ihrem Abschlussbericht vom Mai 2001 empfiehlt diese Task Force deshalb, dass die SEC ein »Framework« für ein vorerst noch freiwilliges »Supplemental Reporting« erstellt[3].

In Dänemark ist man da bereits weiter. Dänemark ist das erste Land, in dem seit Beginn diesen Jahres Unternehmen im Rahmen ihres Jahresabschlusses ein so genanntes Intellectual Capital Statement erstellen müssen. Die Regelung basiert auf den Erfahrungen von mehreren dänischen und schwedischen Unternehmen.

1 Der Bericht kann von Baruch Levs Website unter http://www.stern.nyu.edu/~blev/ heruntergeladen werden.
2 Näheres dazu auf der Website des Autors unter http://www.juergendaum.com/news/11_10_2001.htm
3 Der Bericht der SEC-Taskforce kann unter http://www.fei.org/finrep/files/SEC-Taskforce-Final-6-6-2k1.pdf heruntergeladen werden.

Eines dieser Unternehmen ist der schwedische Finanzdienstleister Skandia, der unter der Leitung von Leif Edvinsson als erster ein solches Reporting eingeführt hatte.

All diese Initiativen zeigen, dass die derzeitige Rechnungslegungspraxis unzureichend ist. Das Rechnungswesen und die Rechnungslegung müssen mehr die wirtschaftliche Realität der Unternehmen wiederspiegeln, um ein verlässliches Instrument für Investitionsentscheidungen zu sein. Gleichzeitig benötigt aber das Management bessere Controlling- und Managementinstrumente, um das, was nach außen berichtet wird, innen steuern und optimieren zu können.

Genauso wie zu Beginn des 20. Jahrhunderts die industrielle Massenproduktion, als damals neuer Wertschöpfungsmotor, die Erweiterung der bis dahin üblichen Buchführung durch eine komplexere Kostenrechnung und Anlagenbuchhaltung erfordert hat, muss heute das Rechnungswesen und das Controllingsystem um Sichten erweitert werden, mit denen sich die neuen wertschaffenden Tätigkeiten und Prozesse abbilden lassen.

In der boomenden Wirtschaft der 90er-Jahre konnten gröbere Controlling- und Bewertungsmodelle vielleicht noch eher toleriert werden. In der heutigen, langsamer wachsenden Wirtschaft und angesichts stagnierender Kapitalmärkte müssen Manager der Resourcenallokation mehr Beachtung schenken. Sie müssen die Fähigkeit entwickeln, den erwarteten Return on Investment im Bereich Forschung und Entwicklung, Mitarbeiterfortbildung, Informationstechnologie, Markenführung usw. zu ermitteln, und diesen mit dem Ertrag von Investitionen in Sachanlagen zu vergleichen.

Die Aufnahme von Informationen über die nichtfinanziellen Erfolgsfaktoren in Managementberichte ist daher unabdingbar, reicht jedoch nicht aus, um die Intangible Assets eines Unternehmens richtig zu managen und ihr Potenzial voll zu nutzen. Denn Wertschöpfung auf der Basis von Intangible Assets ist in den meisten Organisationen ein komplexer Prozess. Es bedarf eines gründlichen Verständnisses des Wesens und der Eigenschaften von Intangible Assets, um den konzeptionellen Rahmen für ein neues Managementsystem entwerfen zu können.

Die Unternehmensstrategie, die beschreibt, wie ein Unternehmen mit einer möglichst einzigartigen Kombination seiner Assets für Aktionäre und sonstige Stakeholder Wert schaffen möchte, wird im schnelllebigen wissensbasierten Umfeld noch wesentlich wichtiger sein als bisher. Entscheidend ist dabei aber, dass Strategiearbeit ins operative Management Einzug hält und Strategien schnell umsetzbar, aber auch schnell anpassbar sind.

Dazu wird ein Managementsystem benötigt, das Strategiearbeit zu einem laufenden Prozess statt zu einer Einmalaktion macht und einen kontinuierlichen strategischen Dialog im Unternehmen etabliert. Denn eine wesentliche Eigenschaft von Intangible Assets ist, dass deren Wert in der Regel in weit höherem Maße von externen Faktoren abhängig ist, als das bei physischen Assets der Fall ist. Und externe Faktoren stehen nicht unter der Kontrolle des Managements. Wettbewerbspositionen können nur gehalten oder gar ausgebaut werden, wenn das Unternehmen solchen externen Entwicklungen immer eine Nasenlänge voraus ist und die eigene Strategie schon angepasst wurde, bevor eine Änderung eintritt.

Das Controllingsystem muss ein Kennzahlensystem umfassen, das eine konzentrierte Sicht auf die jeweils erfolgkritischen Bereiche eines Unternehmens ermöglicht. Zusätzlich zur Performanceüberwachung bildet dieses Kennzahlsystem auch die Basis für die Planung und für das Risikomanagement, insbesondere für die rollierende Vorschau, die als Dreh- und Angelpunkt und Integrationsstelle für die verschiedenen Managementprozesse fungiert. Das vom Autor entwickelte »Tableau de Bord«, das sowohl über die Gesamtperformance des Unternehmens als auch über den Status der wichtigsten wertschöpfenden Prozesse und über ihre Perspektiven informiert, stellt den Versuch dar, einen Rahmen für das neue Informations-, Controlling-, und auch Risikoüberwachungssystem zu definieren. Dieser Rahmen kann als Basis sowohl für ein neues Managementsystem als auch für das externe Reporting dienen.

Manager sind aber auch persönlich gefordert. Sie müssen hinzulernen. Traditionell sind sie auf das Vermeiden von Risiken und auf das Lösen von Problemen im Tagesgeschäft trainiert. Dies allein ist nicht mehr ausreichend. Es geht in der neuen Ökonomie nicht darum, Risiken zu vermeiden, sondern diese zu begrenzen und vor allem Chancen schnell wahrzunehmen, indem diese umgehend in neue Strategien übersetzt und in die richtigen konkreten Aktionen umgesetzt werden. Manager müssen lernen, ihrem Bauchgefühl zu misstrauen und mehr auf Fakten zu setzen. Sie sollten sich mit Techniken wie Systems Thinking und Szenarienplanung vertraut machen. Denn sie neigen wie jeder Mensch dazu, große Risiken zu unterschätzen und kleine zu überschätzen und lieber einen eher kleinen Verlust um jeden Preis zu vermeiden als eine große Chance zu realisieren, wie Patrick Georges, im Interview in diesem Buch gesagt hat.

Der Aufbau des Buches

In **Teil 1** des Buches wird durch die Beschreibung der neuen Unternehmenswelt und der Bedingungen der neuen Ökonomie dargestellt, weshalb die bislang üblichen Unternehmensmodelle und Managementsysteme nicht mehr ausreichend sind. Es werden die Grenzen der bislang üblichen Organisationsformen, des traditionellen Managementsystems, und der Rechnungswesen- und Controllingsysteme aufgezeigt. Ebenso werden anhand zahlreicher Fallbeispiele die Erfolgsfaktoren für Unternehmen in diesem neuen Umfeld offen gelegt.

Teil 2 erläutert, wie Unternehmen auf ihre veränderte Rolle in der Gesellschaft reagieren und wie sie durch Investitionen in Strukturkapital ihre Unternehmensstrukturen und Prozesse sowie ihre Unternehmenskultur anpassen, um Wert für Anteilseigner und Stakeholder zu schaffen. Anhand des Beispiels von ABB wird gezeigt, wie sich ein Unternehmen von einem hierarchisch geführten, klassischen Industrieunternehmen zum globalen, aber in kleineren Einheiten unternehmerisch handelnden Unternehmen entwickelte. Im Anschluss wird am Beispiel von Cisco die Evolution eines globalen Industrieunternehmens zum vernetzten E-Business-Unternehmen beschrieben.

In **Teil 3** werden schließlich Konzepte und Beispiele für ein neues Managementsystem vorgestellt, das Unternehmen in die Lage versetzt, die Herausforderungen im Zeitalter der Intangible Assets zu meistern. Dies umfasst die Darstellung eines Frameworks für ein neues Rechnungswesen-, Controlling- und Managementsystem, aber auch für ein verbessertes externes Berichtswesen. Dabei wurden Konzepte wie Kaplans und Nortons Balanced Scorecard und Levs Value Chain Blueprint und andere moderne Managementkonzepte berücksichtigt. Mit der Beschreibung der neuen Herausforderungen für den CFO und den CIO und eines Modells für die passende informationstechnische Infrastruktur endet dieser Teil.

Was eine auf Wissen und Intangible Assets basierende Wirtschaft auf der Makroebene bedeutet und welche die neuen Erfolgsfaktoren für Volkswirtschaften sind, darüber soll der **Epilog** des Buches Aufschluss geben.

Jeder Teil des Buches ist so geschrieben, dass er separat gelesen werden kann. Mehr am Thema Rechnungswesen, Controlling und Management Interessierte sollten sich vor allem auf Teil 3 konzentrieren. Möchte der Leser mehr darüber erfahren, was Manager unternommen haben, um ihre Unternehmen im neuen Umfeld zum Erfolg zu führen und neues Strukturkapital aufzubauen, empfiehlt sich der Fokus auf Teil 2. Einen generellen Überblick über die Thematik und Problematik bietet Teil 1 des Buches.

Warum dieses Buch?

Unternehmerische Fehlentscheidungen, die aus der mangelnden Fähigkeit resultieren, Intangible Assets richtig zu managen, sind die Bremse, die ihre Nutzung und das durch sie mögliche wirtschaftliche Wachstum behindert. Die systematische Vermeidung solcher Fehlentscheidungen durch ein verbessertes Managementsystem wird deshalb kaum zu überschätzende Auswirkungen auf den Unternehmenserfolg und das Unternehmensergebnis haben. Indem Unternehmen vorausschauender handeln, ihre Chancen und Risiken genauer abschätzen und ihre neuen Produktivfaktoren besser nutzen, steigern sie ihre Produktivität und Rendite. Dies könnte die Wirtschaft insgesamt in einem Maße voranbringen, das die Produktivitätsgewinne noch übertreffen würde, die wir durch die Verbesserung der Unternehmensstrukturen und der operativen Prozesse und durch den intensiveren Einsatz von Informationstechnologie in den 90er-Jahren vor allem in den USA gesehen haben.

Gerade in Europa besteht noch großer Nachholbedarf, was die Produktivität der Volkswirtschaften betrifft. Während ich diese Einleitung schreibe, erhalte ich gerade die neuesten Zahlen für das Jahr 2001. Trotz der schlechteren Konjunktur ist es den USA wieder gelungen, die hohe Produktivitätsrate der zweiten Hälfte der neunziger Jahre annähernd zu halten. Das leicht gesunkene Wirtschaftswachstum ist nicht auf eine gesunkene Produktivität, sondern auf eine gesunkene Beschäftigung zurückzuführen. Die Produktivitätslücke zwischen den USA und dem Rest der Welt wird damit immer größer. Europa befindet sich in einer Aufholjagd. Europäische Unternehmen sollten deshalb darauf achten, nicht auch noch den nächsten Zug zu verpassen: die Generalüberholung der Managementsysteme und die dadurch möglichen Produktivitätsverbesserungen.

Heidelberg, im Februar 2002

Jürgen H. Daum

jhd@juergendaum.de

http://www.juergendaum.de/

Teil 1
Die neuen Werte

1 Die Grundlagen einer neuen Ökonomie

»Wissen ist wertvoller und verleiht mehr Macht als natürliche Ressourcen, große Fabriken oder umfangreiches Finanzkapital. In einem Industriezweig nach dem anderen sind diejenigen Unternehmen erfolgreich, die über die besten Informationen verfügen und die ihr Wissen am effektivsten einsetzen – und das sind nicht unbedingt die größten Unternehmen.«
Thomas A. Stewart [1]

In den letzten beiden Jahrzehnten des 20. Jahrhunderts fand in den entwickelten Volkswirtschaften eine von der Öffentlichkeit weitgehend unbemerkte Revolution statt: der Übergang vom industriellen Kapitalismus, in dem die Wirtschaftstätigkeit auf materiellen Vermögenswerten basierte, zu einer neuen Ökonomie, in der die Produktion von Gütern und Dienstleistungen sowie allgemein die Wertschöpfung im Wesentlichen auf unsichtbaren immateriellen Unternehmenswerten, den Intangible Assets, aufbaut.

Anfang der 80er-Jahre flossen noch 62 von 100 US-Dollar, die in amerikanische Industrie- und Bergbauaktien investiert wurden, in materielle Vermögenswerte, wie beispielsweise Land, Fabrikanlagen, Maschinen, Betriebseinrichtung und Warenbestände. Zehn Jahre später, 1992, betrug dieser Anteil nur noch 38 US-Dollar. Mehr als die Hälfte der Investitionen floss bereits in Intangible Assets – nichtmaterielle Werte, die in den Bilanzen der Unternehmen nicht auftauchen.[2] Seither hat sich der Anteil, der mit jedem in Aktien investierten Dollar in materielle Vermögenswerte fließt, weiter auf nur noch 16 Prozent im Jahr 1999 verringert (siehe Abbildung 1.1). Von einer ähnlichen Entwicklung war nicht nur die US-Wirtschaft betroffen, sondern alle entwickelten Volkswirtschaften.

In wissensintensiven Wirtschaftszweigen, wie beispielsweise in der Softwarebranche, beträgt der Bilanz- oder Buchwert eines Unternehmens häufig nur noch 10 Prozent des Marktwerts. Die in die Bilanz eingehenden Vermögenswerte abzüglich der Verbindlichkeiten – also das buchhalterische Nettovermögen – stellt diesen Bilanz- oder Buchwert eines Unternehmens dar, der dann mittels Jahresabschluss und Bilanz an Aktionäre und die Finanzwelt kommuniziert wird.

---

1 Thomas A. Stewart, Intellectual Capital. The New Wealth of Organizations, Doubleday, 1998, S. XIX

2 Thomas A. Stewart, Intellectual Capital, S. 33

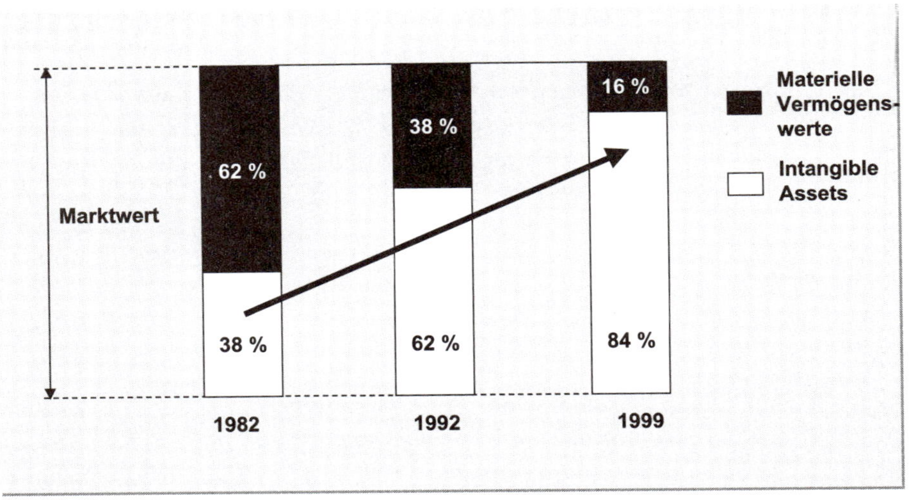

Abbildung 1.1 Anteil von Intangible Assets am Marktwert von US-Unternehmen zwischen 1982 und 1999

Da aber die in die Bilanz einfließenden Vermögenswerte nur noch einen kleinen Teil der tatsächlichen Werte des Unternehmens repräsentieren, ist der mittels Jahresabschluss und Bilanz wiedergegebene Buchwert im Verhältnis zum tatsächlichen Wert der Firma, dem Marktwert, heute in vielen Fällen so gering, dass die Relevanz der Firmenbilanz und die aufwendigen Bemühungen von Fachleuten des Rechnungswesens und Wirtschaftsprüfern, diese Bilanz korrekt zu erstellen, fragwürdig geworden sind.

Deutlich wird dies am Beispiel der Firma Microsoft. Dort betrug der in der Bilanz ausgewiesene Nettovermögenswert am 30. Juni 1999, dem Ende des Geschäftsjahrs, nur 6,2 Prozent des Marktwerts dieses Unternehmens in Höhe von 460 Milliarden US-Dollar. Ein Jahr später, nach der drastischen Kurskorrektur der Technologiewerte im April 2000 und einer entsprechenden Verringerung des Marktwerts des Unternehmens, betrug dieser Anteil immer noch lediglich 9,8 Prozent (siehe Abbildung 1.2). Allerdings sind die wesentlichen Assets des Unternehmens, die die zukünftigen Umsatzerlöse generieren, die wiederum die Basis für die Bewertung durch die Finanzanalysten und damit für den Aktienkurs und den Marktwert darstellen, wohl kaum in den Bürogebäuden und den darin befindlichen Betriebseinrichtungen zu suchen, die wahrscheinlich den Großteil der in der Firmenbilanz von Microsoft aufgeführten Vermögenswerte darstellen.

Der Wert von Microsoft beruht vielmehr auf dem Know-how des Unternehmens in der Softwareentwicklung und auf einer Unternehmenskultur, die der Entwicklung marktführender Softwareprogramme förderlich ist. Er ist zudem begründet in den geschaffenen Vermarktungsmöglichkeiten für die neuen Produkte in Form einer großen weltweiten Kundenbasis, in die nachverkauft werden kann, und in der zentralen Stellung innerhalb des riesigen Ecosystems der »Wintel«-Community. Dieses besteht aus Tausenden von Softwareunternehmen, die auf Windows basierende Lösungen anbieten, aus Intel, dem Unternehmen, das die Hardwareseite der Branche dominiert, und aus den PC-Produzenten wie Dell, IBM, Compaq oder HP, die alle den Windows-Standard und damit die Produkte von Microsoft durch ihre eigenen Aktivitäten fördern. Der größte Teil des Kapitals von Microsoft besteht also nicht aus materiellem Betriebsvermögen wie Land, Maschinen oder der herkömmlichen Betriebseinrichtung. Er besteht im Wesentlichen aus intellektuellem Kapital und Intangible Assets, wie Humankapital in Form von fähigen Mitarbeitern, aus Strukturkapital in Form von Betriebsabläufen und Organisationsstrukturen, die eine produktive Zusammenarbeit der Mitarbeiter ermöglichen, aus Produktideen und Patenten, aus den Kunden- und Partnerbeziehungen und den darauf beruhenden Vermarktungsmöglichkeiten des Unternehmens.

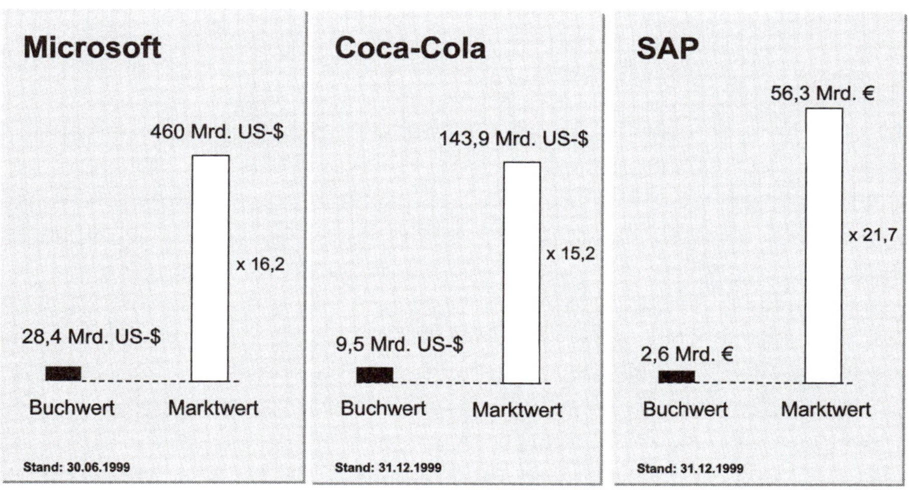

Abbildung 1.2 Differenz zwischen Marktwert und Buchwert bei auf Intangible Assets basierenden Unternehmen

Für die SAP AG gilt Ähnliches. Nur 4,6 Prozent ihres am 31. Dezember 1999 notierten Marktwerts wird durch den Jahresabschluss und die Bilanz 1999 erklärt. Der Marktwert übersteigt den Bilanz- oder Buchwert damit um das 21-fache (siehe Abbildung 1.2). Der Wert von SAP beruht ganz entscheidend auf der Fähigkeit, die beste integrierte betriebswirtschaftliche Anwendungssoftware zu entwickeln, sowie auf der Möglichkeit, diese weltweit möglichst flächendeckend zu vermarkten. Ähnlich wie bei Microsoft baut Letzteres hauptsächlich auf einer Kundenbasis von weltweit mehr als 13500 Unternehmenskunden in 120 Ländern sowie auf SAPs Führungsrolle innerhalb eines Ecosystems auf, das sich aus Consulting-, Software- und Hardwarepartnern zusammensetzt, die sich mit der Vermarktung, Implementierung und Unternehmensberatung im Umfeld des SAP-Softwareprodukts R/3 und jüngst mySAP.com beschäftigen. Interessanterweise sind die Erlöse, die das gesamte Ecosystem mit SAP-Produkten erzielt, fünfmal höher als die Umsatzerlöse von SAP selbst.

Microsoft und SAP stellen aber keinesfalls nur einige wenige Ausnahmen dar. Auf Wissensarbeit basierende Unternehmen erwirtschaften bereits einen großen Teil des Bruttosozialprodukts und Einkommens der entwickelten Volkswirtschaften und schaffen dort die meisten neuen Arbeitsplätze. Branchen wie die Softwareindustrie waren die Pioniere. Da Software im Prinzip nichts anderes ist als reines Wissen in kodifizierter Form, ist die Softwareindustrie eine fast zu 100 Prozent auf Wissen basierende Branche. Doch auch andere Firmen, wie etwa Pharmaunternehmen, sind wegweisende Beispiele, bei denen der größte Teil des Unternehmenswerts aus ihrer Forschungs- und Entwicklungspipeline besteht, also aus den zukünftigen, aber noch in der Entwicklung befindlichen Produkten. Unter ihnen wird sich dann hoffentlich der ein oder andere »Blockbuster« (ein Produkt mit enormem Umsatzpotenzial) befinden.

Es ist kein Zufall, dass die Software- und Pharmaindustrie von institutionellen Anlegern und Finanzexperten in den letzten Jahren als sehr interessantes Investitionsfeld eingestuft wurde. Auf Wissen und immateriellen Vermögenswerten basierende Unternehmen können auf positive wirtschaftliche Effekte verweisen, verfügen über größere Werthebel und sind profitabler als Unternehmen, deren Geschäftsmodell rein auf Sachanlagen basiert. Zum Beispiel gilt in wissensbasierten Unternehmen das in sachanlagenintensiven Unternehmen vorherrschende ökonomische Gesetz vom abnehmenden Grenzertrag nicht mehr. Ausgaben, die in traditionellen Industrieunternehmen Kosten sind, werden hier zu Investitionen, die zukünftige Erlöspotenziale und damit Vermögenswerte schaffen, die allerdings oft nicht mehr der alleinigen Kontrolle durch das investierende Unternehmen unterliegen. Das bislang bekannte wirtschaftliche Phänomen des abnehmenden Grenzertrags wandelt sich so zum Phänomen des zunehmenden Grenzertrags (mehr dazu später). All das war in den Tagen des industriellen Zeitalters nicht vorstellbar.

Doch auch Unternehmen traditioneller Branchen können immaterielle und auf Wissen basierende Vermögenswerte erzeugen. Indem sie sich auf die richtige Nutzung und den Ausbau ihrer Kernkompetenzen und deren geschickte Vermarktung konzentrieren, können sie Intangible Assets schaffen und damit ihren Markenwert erhöhen, ihre Kundenbasis erweitern, interessante Preise erzielen und aufrechterhalten, ihre Erlöse steigern und ihre Kosten reduzieren. Sie erhalten damit auch gegenüber Anlegern ein besseres Image und es fällt ihnen leichter, die weitere Expansion zu finanzieren.

Nehmen wir das Beispiel eines eher traditionellen Unternehmens wie Coca-Cola: Der Anteil der durch die Bilanz von Coca-Cola belegten Buchwerts am Marktwert betrug am 31.12.1999 nur 6,6 Prozent. Von 100 US-Dollar, die in Coca-Cola-Aktien investiert wurden, wurden also mehr als 93 US-Dollar für Intangible Assets des Unternehmens bezahlt – vor allem für den Markennamen und die damit verbundene Fähigkeit von Coca-Cola, für die eigenen Produkte höhere Preise und damit höhere Erlöse zu erzielen als die Konkurrenten, aber auch für das Ecosystem der Firma, das aus einem flächendeckenden globalen Netzwerk an Abfüll- und Vertriebsfirmen und damit aus einem exklusiven globalen Vermarktungssystem besteht (siehe Abbildung 1.2).

In Zukunft wird sich jedes Unternehmen in eine Organisation verwandeln müssen, die es versteht, durch den geschickten Einsatz und die Nutzung von »Wissensarbeit« systematisch Wissenskapital und Intangible Assets zu schaffen. Außerdem werden Firmen lernen müssen, wie sie nicht nur den Ertrag der materiellen, sondern auch den der immateriellen Vermögenswerte kontinuierlich steigern können.

Dies erfordert ein neues Unternehmensmodell sowie neue Managementsysteme, die an diese anderen, immateriellen Grundlagen der heutigen Unternehmenswertschöpfung besser angepasst sind als die traditionellen, auf die Optimierung von Finanz- und materiellen Vermögenswerten ausgerichteten Management-, Rechnungslegungs-, Controlling- und Reportingkonzepte. Notwendig ist eine Unternehmensorganisation, die die systematische Transformation von individuellem Wissen und von Beziehungen zu Geschäftspartnern in Intangible Assets unterstützt, die dann als Basis für die Erzielung zusätzlicher Erlöse dienen können. Es werden Managementsysteme benötigt, die in der Lage sind, den tatsächlich geschaffenen oder vernichteten Wert darzustellen und sichtbar zu machen – inklusive der Intangible Assets. Es sind Organisationsformen erforderlich, die sich den Änderungen ihrer Märkte vorausschauend anpassen können und über die Fähigkeit verfügen, nicht nur ihre materielle, sondern auch ihre immaterielle Wertschöpfungskette durch die Entwicklung neuer Strategien und deren schnelle Implementierung neu zu konfigurieren.

Dazu werden jedoch Manager benötigt, die ein grundlegendes Verständnis der wirtschaftlichen Logik besitzen, die Wissenskapital und Intangible Assets innewohnt. Diese schaffen durch eine flexible Organisationsstruktur und darauf abgestimmte interne und externe Geschäftsprozesse sowie durch entsprechende Vorgehensmodelle für Wissensarbeit eine Umgebung, die dabei hilft, Wissensarbeiter produktiver zu machen und deren Arbeitsergebnisse systematisch in Wert für das Unternehmen umzusetzen. Für den Erfolg eines Unternehmens in der Ära der Intangible Assets spielen auch Partnerschaften, ökonomische Netzwerke und Business Communities, die gewissermaßen die vermarktungstechnische Reichweite erhöhen, eine entscheidende Rolle, wie wir bereits anhand der Beispiele von Coca-Cola, SAP und Microsoft sehen konnten. Das Management muss dazu alle drei Elemente, Humankapital, die interne Organisation bzw. die Geschäftsprozesse, die die Wissensbasis eines Unternehmens darstellen, sowie die ökonomischen Netzwerke und Business Communities, die die externe Vermarktungsbasis darstellen, als diejenigen Vermögenswerte eines Unternehmens ansehen, die heute im Wesentlichen zur wirtschaftlichen Wertschöpfung beitragen.

Unternehmen und Manager, die auf den Aufbau und die Nutzung von Intangible Assets fokussiert sind, setzen auch in verstärktem Maß auf Informationstechnologie und das Internet, da Informationen der Grundstoff für die wissensbasierte und auf Intangible Assets basierende Wertschöpfung sind. Die Digitalisierung aller Geschäftsabläufe und Managementsysteme – nicht nur innerhalb der Firma, sondern über sämtliche Partnerunternehmen hinweg – wird in den kommenden Jahren zu einer Hauptaufgabe von Unternehmen werden, um insbesondere die Produktivität der Wissensarbeit und die Produktivität der Intangible Assets im gesamten Ecosystem kontinuierlich zu steigern.

Nur so wird das Management befähigt, systematisch Wissenskapital und Intangible Assets zu schaffen, zu mehren und wertsteigernd einzusetzen, um für Investoren höhere Erträge und für andere Stakeholder Mehrwert zu erzielen. Dies verlangt jedoch ein völlig neues Verständnis von Management. Um die Notwendigkeit und Dringlichkeit dieses Übergangs verstehen zu können, sehen wir uns im Folgenden die eigentlich revolutionären, tatsächlich aber sich evolutionär vollziehenden Veränderungen der letzten Jahre in unserer Wirtschaft genauer an.

Das Ende des industriellen Kapitalismus

> *»Die Produktivität von Wissensarbeitern ist die größte Herausforderung für das Management im 21. Jahrhundert. In den hoch entwickelten Ländern wird sie die wichtigste Überlebensbedingung sein. Auf keine andere Weise können die Industrieländer sich selbst erhalten, ganz zu schweigen von ihrer Führungsposition und ihrem Lebensstandard.«*
> *Peter F. Drucker*[3]

Der industrielle Kapitalismus, der im 19. Jahrhundert als neue ökonomische Struktur aufkam, führte zum Entstehen des Unternehmens als wirtschaftliche Organisationsform, wie wir es heute kennen, sowie zur Entwicklung seiner grundlegen-

3 Peter F. Drucker, Management Challenges for the 21st Century, HarperCollins, 1999, S. 157

den Managementtechniken – wie zum Beispiel der Finanzbuchhaltung und der Kostenrechnung. Er basierte fast ausschließlich auf Finanzkapital. Mit Finanzkapital, also Geld, ließen sich Land, Maschinen und andere Produktionsmittel kaufen. Auch die für den Produktionsprozess erforderliche menschliche Arbeitskraft wurde mit Geld gekauft. Die meisten Beschäftigungen erforderten keine Fähigkeiten, die ein Arbeiter nicht in wenigen Tagen erlernen konnte. Er war daher leicht zu ersetzen. Arbeitskraft war billig und reichlich vorhanden. Wer das Finanzkapital besaß – der Kapitalist – besaß alles: sowohl die Produktionsmittel als auch das Ergebnis des Produktionsprozesses, das Produkt.

Er war der Einzige, der in Form von Profiten den durch den Produktionsprozess erzeugten Mehrwert erhielt. Die Reinvestition des Gewinns in Verbindung mit einer bis dahin unbekannten wirtschaftlichen Wachstumsrate – die vorindustrielle Wachstumsrate hatte sich normalerweise im Promillebereich bewegt – brachte dem Kapitalisten noch größeren Reichtum und enorme wirtschaftliche und dann auch politische Macht.

Die Arbeiter andererseits besaßen nur ihre Zeit und ihre Arbeitskraft, die sie für oft minimale Löhne an die Kapitalisten verkauften. Da die Industriearbeiter in den Städten, im Gegensatz zu ihren bäuerlichen Vorfahren auf dem Land, kaum noch über die Möglichkeit der Selbstversorgung verfügten, waren Menschen erstmals in der Geschichte für ihr Überleben beinahe vollständig auf ein regelmäßiges Geldeinkommen angewiesen.

Während sich die wirtschaftliche Macht in den Händen weniger Kapitalisten konzentrierte, war das Los der Arbeiter ein Leben in Armut. Kein Wunder, dass Karl Marx das Ende des industriellen Kapitalismus vorhersagte. Er ging davon aus, dass sich die Akkumulation des Kapitals in den Händen weniger Menschen noch beschleunigen würde und dass dies eine noch größere Armut für den Rest zur Folge haben würde. Er war ferner davon überzeugt, dass die Situation zu einer so großen sozialen Instabilität führen würde, dass die Arbeiter ihr Schicksal schließlich in ihre eigenen Hände nehmen und eine sozialistische Gesellschaft errichten würden, in der sich sämtliche Produktionsmittel und alles Kapital im Besitz des Proletariats, der Gemeinschaft der Arbeiter, befinden würden.

Der wesentliche Gedanke hinter der Theorie von Karl Marx, dass der Besitzer des Produktionsfaktors Arbeit, der Arbeiter, seinen Anteil an dem durch den Produktionsprozess erzeugten Mehrwert bekommen und an der Kapitalakkumulation beteiligt werden sollte, war für seine Zeit revolutionär. Er hat zu zahlreichen, auch bewaffneten Konflikten und Kriegen geführt und die politische Landschaft bis zum Ende des 20. Jahrhunderts bestimmt. Doch der Sozialismus, das Resultat der Ideen von Karl Marx und anderer, konnte sein Versprechen nicht einlösen. Nach dem Zusammenbruch der früheren Sowjetunion wäre Karl Marx ja vielleicht überrascht gewesen, hätte er nun sehen können, wie sein Traum eines »kapitalistischen Arbeiters« im Silicon Valley Gestalt angenommen hat: nämlich in Form des Wissensarbeiters, der über seine eigenen Produktionsmittel verfügt und der über Aktienoptionen am wirtschaftlichen Erfolg eines Unternehmens unmittelbar beteiligt ist. Dies wurde möglich, da gegen Ende des 20. Jahrhunderts Wissen als Produktionsfaktor wichtiger wurde als Finanzkapital, das es als treibende Kraft der Wertschöpfung ersetzt hat.

In den letzten Jahren wurden neue, auf Wissensarbeit basierende Unternehmen gegründet. Diese Firmen waren flexibler und anpassungsfähiger und in ihren Strukturen beweglicher als herkömmliche Unternehmen. Sie boten »intelligente« Produkte und Dienstleistungen an, zu deren Merkmalen die Anpassung an individuelle Kundenwünsche sowie die Einbeziehung der Kunden beim Design und der Herstellung der Produkte gehörten. Hinzu kam der Zusammenschluss von Unternehmen mit ihren Lieferanten, Distributoren und strategischen Partnern zu einer Wertschöpfungskette mit gemeinsamer Zielsetzung. So entstanden Firmen, die mehr Wissenskapital und Intangible Assets geschaffen haben und besitzen als traditionelle Unternehmen. Diese wissensintensiven Unternehmen, die in zahlreichen Branchen, von der Software- und Halbleiterbranche bis zur Stahlproduktion, anzutreffen sind, haben die Revolution der Wirtschaft angeführt. Andere Unternehmen müssen nun versuchen, Schritt zu halten. Die agilen, virtuellen und auf Intangible Assets basierenden Unternehmen haben als zentrale Unternehmensphilosophie einen völlig anderen Begriff von dem, was einen Vermögenswert darstellt. Sie favorisieren Aktivitäten, die Intangible Assets schaffen, wie beispielsweise die Kompetenzerweiterung ihrer Mitarbeiter, die Akkumulation und die strukturierte Weitergabe von Wissen durch die Identifizierung und Beschreibung von Best Practices oder die intensivere Zusammenarbeit mit Partnern in allen Bereichen. Sie erstreben eine Verbesserung und Verlängerung der Kundenbeziehungen und beschränken sich nicht auf Aktivitäten, die der Erhaltung materieller Vermögenswerte dienen oder nur zu kurzfristigen Profitabilitätszuwächsen führen.

Dieses Bemühen um immaterielle Werte wirkt sich vielleicht zunächst noch nicht direkt positiv auf den Gewinn eines Unternehmens aus, wie etwa bei Investitionen in Forschung und Entwicklung im Pharma- oder Softwarebereich. Doch der Wert der dadurch geschaffenen Intangible Assets wird von Investoren zunehmend anerkannt. Vor zehn oder zwanzig Jahren hätte niemand Geld in ein Unternehmen investiert, das sich jahrelang nicht in der Lage zeigt, Gewinne zu erwirtschaften. Mit dem Internet-Boom wurde die Bedeutung von Investitionen in Wissenskapital und Intangible Assets in der Finanzwelt immer deutlicher erkannt.

Leider wurde dann beim Anpreisen der Dotcom-Unternehmen und ihrer Zukunftsaussichten teilweise massiv übertrieben und es kam auch zu Fällen, die nahe an Betrug grenzten. Auch wenn der »Hype« um den Neuen Markt und die Nasdaq nun vorüber ist, eines ist geblieben: Die Erkenntnis, dass Unternehmen, die nachhaltig Wert für Investoren und Stakeholder schaffen sollen, nicht nur auf kurzfristige Gewinne, sondern vor allem auf den Aufbau von langfristigen Geschäftspotenzialen, also von Intangible Assets, zu achten haben. Allerdings müssen sie nun außerdem ihre wirtschaftliche Leistungskraft auch durch den regelmäßigen Ausweis kurzfristiger Gewinne beweisen. Versprechen auf die Zukunft allein genügen nicht mehr. Der durch die kurzfristige Sicht erzeugte Druck auf die periodischen Finanzergebnisse ließe sich aber für Unternehmen verringern, die massiv in die Zukunft auf Kosten der kurzfristigen Performance investieren. Voraussetzung dafür ist ein Management- und Reportingsystem, das sowohl das Management als auch die externe Finanz-Community verlässlich über den Status der Intangible Assets informiert.

Investitionen für den Aufbau immaterieller Vermögenswerte werden heute auch bei der Gründung eines neuen Unternehmens als unerlässlich angesehen. Häufig müssen umfangreiche Investitionen in Mitarbeiterakquisition und Ausbildung sowie in den Aufbau des Markennamens und der Informationstechnologie fließen, bevor an Gewinne zu denken ist. Einige der Vermögenswerte, die durch diese Investitionen geschaffen werden, befinden sich nicht im rechtlichen Besitz des Unternehmens, wie zum Beispiel die Mitarbeiter, oder sie gehören dem Unternehmen nur zum Teil, wie etwa die Beziehungen zu Kunden, die mit Vermarktungspartnern geteilt werden müssen.

Unternehmen und ihre Aktionäre sind nicht mehr alleinige Eigentümer ihrer Vermögenswerte

Der Wissensarbeiter von heute besitzt, im Gegensatz zu seinem Urgroßvater, der als Industriearbeiter tätig war, seine eigenen Produktionsmittel: sein Wissen, seine Kompetenzen und seine Fertigkeiten. Er kann das Unternehmen, für das er arbeitet, verlassen und sein Wissen mitnehmen. Er nimmt dann jedoch nicht nur das Wissen mit, das er bereits hatte, als er anfing, für dieses Unternehmen zu arbeiten. Da sich Wissen typischerweise kumulativ vermehrt, verlässt er das Unternehmen auch mit sämtlichen Kenntnissen, die er während seiner Arbeit erworben hat. Sie sind das Resultat seiner Teilnahme an der Akkumulation von Wissenskapital, dem Aufbau von anwendungsorientiertem Wissen, das auf der Basis seiner eigenen Erfahrungen, seines Grundwissens, aber auch auf der Basis des Wissens seiner Kollegen, der Geschäftspartner und Kunden seines Unternehmens, mit denen er zusammengearbeitet hat, geschaffen wurde.

Dass sich diese Art von Kapital, das Wissenskapital, nicht mehr im alleinigen Besitz des Unternehmens befindet, zeigt sich in der Tatsache, dass immer mehr

Unternehmen – vor allem in wissensintensiven Branchen – die Akkumulation von Wissenskapital durch ihre Mitarbeiter in Form von Aktienoptionen belohnen. Man möchte die Wissensträger unter ihnen an das Unternehmen binden und macht sie deshalb zu Aktionären und damit zu rechtmäßigen Mitbesitzern der Vermögenswerte des Unternehmens, die ja zu einem beträchtlichen Teil aus eben jenen Intangible Assets bestehen, an deren Erzeugung sie selbst beteiligt waren. Microsoft etwa schätzt, dass durch seine Beteiligungsprogramme zwischen 5 000 und 10 000 Mitarbeiter zu Millionären geworden sind. Im Silicon Valley, dem Herzen der Softwareindustrie, nahm seit 1996 die Zahl der Millionäre um 44 Prozent auf eine Gesamtzahl von 55 000 zu. Viele der neuen Millionäre sind Programmierer.[4] Die Kehrseite dieser Entwicklung ist allerdings, dass Berufe, die keine besonderen Fertigkeiten und kein Spezialwissen erfordern, schlechter bezahlt werden und zunehmend durch Automatisierung bedroht sind.

Dies führt zu Situationen wie im Deutschland des Jahres 2001: Das Land leidet immer noch unter einer hohen Arbeitslosigkeit, und gleichzeitig suchen Softwareunternehmen vergeblich qualifizierte Mitarbeiter. Etwa 75 000 Stellen können in der deutschen IT-Branche aufgrund des Mangels an qualifizierten Fachkräften nicht besetzt werden. Es ist wahrscheinlich, dass diese Zahl in den nächsten Jahren auf 250 000 anwachsen wird. Die Bundesregierung hat zwischenzeitlich mit der Green-Card-Initiative auf diese Situation reagiert. Hoch qualifizierte Fachkräfte aus Ländern, die nicht der Europäischen Union angehören, sollen eine zeitlich befristete Arbeitserlaubnis erhalten können. Die Fähigkeit, geeignete Mitarbeiter in ausreichender Zahl anstellen und über ihre Fertigkeiten und Kenntnisse verfügen zu können, stellt für das Management jedes wissensintensiven Unternehmens gegenwärtig eine der größten Herausforderungen dar.

Ähnliches gilt für den Aufbau der Beziehungen zu Kunden und Geschäftspartnern. In vielen Unternehmen ist der Unternehmenserfolg zunehmend an das Erreichen bestimmter Wachstumsziele geknüpft, wie zum Beispiel einen erfolgskritischen Marktanteil in einem neuen Produktsegment innerhalb einer bestimmten Zeitspanne zu erreichen, um dann als Marktführer entsprechende Renditen erzielen zu können. Da Firmen dies oft nicht mehr allein bewerkstelligen können, sind sie auf die Existenz eines möglichst großen Partnernetzwerks auf der Vermarktungsseite angewiesen. Solche Partnernetzwerke stellen deshalb für diese Unternehmen einen beträchtlichen Vermögenswert dar. Denn nur durch diese ist das Unternehmen in der Lage, schnell genug zu wachsen, um dann einen Markt dominieren und hohe Einkünfte erzielen zu können.

4 Detlev J. Hoch, Cyriac C. Roeding, Gert Purkert, Sandro K. Lindner, Secrets of Software Success, Harvard Business School Press, 1999, S. 7

Rein rechtlich gesehen ist das Unternehmen jedoch nicht der Eigentümer eines solchen Netzwerks. Partner können eine Geschäftsbeziehung jederzeit beenden und zu einem neuen Partner wechseln, bei dem es sich dann mit hoher Wahrscheinlichkeit um einen Konkurrenten des Unternehmens handeln würde. Der Fortbestand dieser Intangible Assets in Form von Partnerbeziehungen hängt somit vom Willen aller Beteiligten und nicht nur vom Willen des Managements des Unternehmens ab. Daher sind wirtschaftlich gesehen alle Partner seine Besitzer. Gleiches gilt für die Kunden: Kundenbeziehungen sind die Basis für künftige Geschäfte, also für die Möglichkeit, an bestehende Kunden neue Produkte verkaufen zu können, was sicherlich einfacher ist, als dafür neue Kunden gewinnen zu müssen. Bestehende Kundenbeziehungen sind daher für Unternehmen von großem Wert. Da jedoch die Kundenbeziehungen häufig das Produkt der Aktivitäten des Unternehmens, seiner Partner und des Kunden selbst sind, sind auch hier im ökonomischen Sinne alle Parteien die Besitzer des dadurch geschaffenen Kapitals und, was noch wichtiger ist, diese Assets unterliegen nicht der alleinigen Kontrolle des Unternehmensmanagements.

Intangible Assets befinden sich also häufig nicht im ausschließlichen Besitz eines Unternehmens und seiner Aktionäre. Die so genannten Stakeholder, die in den Erfolg eines Unternehmens investiert haben, seien es Aktionäre, Mitarbeiter, Kunden, Geschäftspartner oder weitere externe Parteien, sind alle gemeinschaftlich Besitzer des Wissenskapitals und der Intangible Assets, die die Basis des Geschäfts- oder Wertschöpfungsmodells des Unternehmens darstellen. Dieser Sachverhalt kommt einer echten Revolution gleich, da dieser einen der wichtigsten Grundsätze des industriellen Kapitalismus beseitigt: Dass nämlich die wirtschaftliche Kontrolle auf dem *Besitz* der dem Wertschöpfungsmodell zugrunde liegenden Wirtschaftsgüter und Vermögensgegenstände basiert.

Henry Ford besaß alle Produktionsmittel für seine Automobile. Er besaß auch das Produkt, das Auto, bis ein Kunde es kaufte. Erst an diesem Punkt endete sein Anspruch darauf. Die Produktionsmittel für und das Ergebnis von Wissensarbeit gehören hingegen nicht nur dem Unternehmen, das den Wissensarbeiter beschäftigt. Thomas Stewart, Editor beim amerikanischen Fortune Magazine, sagt hierzu: »Wenn ich einen Artikel für Fortune schreibe, hat das Magazin das Copyright für die von mir verwendeten Worte. Fortune hat deshalb jedoch nicht den ausschließlichen Besitzanspruch auf das zugrunde liegende Wissen. Das Wissen habe weiterhin ich. Fortune hat es aber ebenfalls. Und wenn Sie den Artikel lesen, haben Sie es auch. Mit anderen Worten: Wenn Informationen und Wissen die Haupttressourcen und das Ergebnis sind – der Input und der Output, das Rohmaterial und das fertige Produkt –, dann ist das Eigentumsrecht an diesem Wissen geteilt und somit unklar. Der Mitarbeiter, der Unternehmer, die Aktionäre und der Kunde sind jeweils Teileigentümer.«[5]

Das Aufkommen des Wissensarbeiters, die zunehmend anspruchsvolleren Kunden, die globalen Märkte mit ihrem hohen Wettbewerbsdruck, die Notwendigkeit von Partnerschaften in einer komplexen und schnelllebigen Wirtschaft, die wirtschaftliche Macht von Unternehmensnetzwerken – dies alles verändert die Aufgaben des Managements grundlegend.

Diese Änderungen bedeuten das Ende der traditionellen Formen des Managements. Es gibt nicht mehr die eine richtige Organisationsstruktur oder die eine richtige Methode für das Management von Personal und Technologien. Märkte können sich gerade aufgrund der zunehmenden Dominanz von Intangible Assets, die eine einfachere und schnellere Rekonfiguration von Wertschöpfungsketten möglich machen, schneller ändern, als es in der Vergangenheit üblich war. Ein Unternehmen muss sich dann sofort an solche Änderungen anpassen oder, besser, diese Veränderungen antizipieren und vorausschauend agieren. Wenn die Gewinne anderswo in der Wertschöpfungskette erzielt werden, müssen Unternehmen aktiv werden und die notwendigen Veränderungen einleiten, um erneut an eine profitable Stelle innerhalb der Wertschöpfungskette ihrer Branche zu gelangen. In einer derart hoch dynamischen Umgebung müssen Organisationen neue Strukturen und Managementsysteme finden, die es ihnen erlauben, zusammen mit den Mitbesitzern ihrer Vermögenswerte, den Stakeholdern des Unternehmens, systematisch Gewinn bzw. Mehrwert zu erzielen.

Die Tatsache, dass ein Unternehmen heute unter Umständen einige seiner wichtigsten Vermögenswerte nicht mehr vollständig und allein besitzt und damit auch keine vollständige Kontrolle darüber hat, stellt eine große Herausforderung dar, nicht nur für die Bilanzabteilung oder die Rechtsabteilung, sondern gerade für das Management. *Es stellt sich die Frage: Wenn die Kontrolle der Geschäftsvorgänge eines Unternehmens nicht länger auf materiellem Besitz beruht, wie es in den bisher bekannten Managementsystemen der Fall war, wie lassen sich dann diese Vorgänge noch steuern?*

Hinzu kommt, dass Wissensarbeiter ihre Leistungen nicht mehr innerhalb einer hierarchischen Befehlsstruktur erbringen, was zur Folge hat, dass der »Chef« unter Umständen gar nicht mehr weiß, wie eine bestimmte Aufgabe erledigt wird. *Wie lässt sich in einer solchen Umgebung das Personal führen?*

Auch in einem Verband ökonomischer Partner, in einem Netzwerk von Parteien mit gleichem Interesse, einer Allianz von Unternehmen, ist niemand mehr der »Chef«. Allianzen und Partnerschaften sind deshalb auch keine »Teams von Unternehmen«, denn jedes Mitglied arbeitet unabhängig von den anderen und hat eigene Ziele und Aufgaben. *Wie steuert und gestaltet man ein solches ökonomi-*

---

5 Thomas A. Stewart, Intellectual Capital, S. 103

sches Netzwerk, ein Ecosystem, zum Nutzen des Unternehmens und aller seiner Partner?

Die Partnernetzwerke und Kundenbeziehungen, die Kenntnisse und Fähigkeiten der Mitarbeiter, die Geschäftsprozesse des Unternehmens, seine Kultur, seine Organisationsstrukturen sowie seine Informations- und Wissensbestände als Vermögenswerte anzusehen, ist der erste Schritt in die richtige Richtung. Jeder Manager weiß, dass Assets aktiv gemanagt werden müssen, da ein Unternehmen sonst seine Aufgabe, einen Gewinn und Mehrwert zu erwirtschaften, nicht erfüllen kann. In der neuen Ökonomie, die durch Intangible Assets dominiert wird, müssen wir ein neues Verständnis von Management gewinnen, das es uns ermöglicht, erfolgreiche Geschäftssysteme zu implementieren, diese kontinuierlich auszubauen und auf Dauer erfolgreich zu bleiben, auch wenn das Unternehmen keine vollständige Kontrolle über seine wichtigsten Assets mehr hat.

Dies ist keine leicht zu bewältigende Aufgabe. Sie verlangt ein tiefes Verständnis der Methoden, mit denen wissens- und beziehungsbasierte Assets geschaffen, vermehrt und wertsteigernd eingesetzt werden. Nur so kann die passende Organisationsstruktur und Unternehmenskultur sowie das hierfür erforderliche Managementsystem auf- und ausgebaut werden. Peter F. Drucker führt hierzu aus: »Diese neuen Strukturen erfolgreich zu implementieren, ist wesentlich schwieriger als die traditionelle, auf materiellem Besitz beruhende Befehlsstruktur zu realisieren, doch wo dies gelingt, liefern sie überlegene Leistung und großartige Ergebnisse.«[6]

In Teil 2 dieses Buchs (»Das neue Unternehmen«) und Teil 3 (»Das neue Management«) werden dazu praktische Beispiele und Vorgehensmodelle vorgestellt. Zum besseren Verständnis des neuen Modells sollen jedoch zuvor die wirtschaftlichen Eigenschaften von Intangible Assets und die mit diesen zusammenhängenden Erfolgsfaktoren näher beleuchtet und die Rolle, die dabei die Informationstechnologie spielt, erläutert werden.

Informationstechnologie ersetzt materielle Vermögenswerte

Die Informationstechnologie hat nahezu alles verändert, woran wir uns in der Wirtschaftswelt des industriellen Kapitalismus gewöhnt hatten. Informationen und Wissen sind die Grundlage der Intangible Assets und damit der neuen Ökonomie. Die Macht von Informationen und anwendungsorientiertem Wissen ist so groß, dass finanzielle und materielle Vermögenswerte hierdurch ersetzt werden können.

---

6 Peter F. Drucker, »The Real Meaning of the Merger Boom«, The Conference Board 1999 Annual Essay and Report, S. 6

Wal-Mart, das größte Einzelhandelsunternehmen der Welt, hat mehr als eine Milliarde US-Dollar für Informationstechnologie ausgegeben. Wal-Mart war eines der ersten Unternehmen seiner Branche, das seine einzelnen Filialen mit Hilfe eines Logistiksystems vernetzt hat. Seitdem wissen die Einkäufer zeitnah und genau über die Verkäufe und darüber, was die Kunden kaufen, Bescheid, können Bestellungen an Lieferanten entsprechend optimieren, und so die Lieferungen exakt auf den Verkaufszeitpunkt abstimmen. Hierdurch konnte das Unternehmen seine Lagerbestände und die damit verbundene Kapitalbindung reduzieren und gleichzeitig musste es nie wieder einem Kunden mitteilen, dass ein bestimmtes von ihm gewünschtes Produkt ausverkauft sei. Inzwischen ist dieses Verfahren als Efficient Consumer Response (ECR) bekannt und gilt im Einzelhandel als Best Practice. Mit Hilfe IT-gestützter Logistik- und Warenwirtschaftssysteme sind zahlreiche Unternehmen dem Beispiel von Wal-Mart gefolgt und haben Lagerbestände durch Informationen ersetzt.

Lagerbestände in Unternehmen dienen hauptsächlich als Puffer zur Überbrückung von Zeit, beispielsweise zwischen dem Moment, in dem jemand feststellt, dass die Rohmaterialvorräte erschöpft sind, und dem Zeitpunkt der Anlieferung neuen Materials durch den Lieferanten. Diese Zeit kann bei den komplizierten traditionellen Beschaffungsprozessen sehr lang sein: Ein Mitarbeiter füllt eine Bestellanforderung aus, ein weiterer Mitarbeiter in der Einkaufsabteilung bearbeitet diese Anforderung, ein entsprechender Mitarbeiter des Lieferunternehmens macht das Gleiche mit der daraus hervorgegangenen Bestellung. Je länger dieser Prozess dauert, umso größer müssen die Lagerbestände sein, um die Zeit zwischen dem Feststellen eines niedrigen Lagerbestandes eines bestimmten Materials und dem Zeitpunkt der Anlieferung des bestellten Materials zu überbrücken.

Wenn ein Unternehmen hingegen den Lieferanten in sein elektronisches Warenwirtschaftssystem einbindet oder, was noch besser ist, in sein Produktionsplanungssystem, und dem Lieferanten erlaubt, die Produktionsaufträge, und damit den künftigen Materialbedarf sowie die Rohmaterial- und Warenbestände des Unternehmens direkt von außen einzusehen (das so genannte Vendor Managed Inventory), kann der Lieferant vorausschauend handeln und die Rohmaterialien genau dann anliefern, wenn sie gebraucht werden.

Die japanische Automobilindustrie hat in den 80er-Jahren dem Rest der Welt gezeigt, wie Lieferanten Komponenten und Rohmaterialien exakt zum benötigten Zeitpunkt an die Fließbänder liefern können, was Zeit, Verarbeitungskosten, Betriebskapital und den für die Zwischenlagerung sonst benötigten Platz spart. Andere Automobilfirmen und Industriezweige folgten mit ähnlichen Verbesserungen, und viele von ihnen gingen sogar noch darüber hinaus. Sie ersetzten nicht nur die Rohmaterialbestände, sondern auch die Bestände halbfertiger und fertiger

Produkte durch Information. Mit Hilfe integrierter ERP-Softwaresysteme (Enterprise Resource Planning) haben sie zwischen den verschiedenen Arbeitsprozessen ihrer internen Wertschöpfungskette und über elektronischen Datenaustausch (EDI) zwischen ihrem eigenen und den Unternehmen ihrer Kunden und Lieferanten eine informationstechnische Verbindung hergestellt, die einen kontinuierlichen Informationsabgleich ermöglichte und dadurch teure Zwischenlager eliminierte. Viele Unternehmen haben in jüngster Zeit damit begonnen, durch internetgestützte Anwendungen zur Material- und Warenbeschaffung (Supply Chain Management – SCM) und durch Kundenbeziehungsmanagement (Customer Relationship Management – CRM) noch einige Schritte weiter zu gehen.

Alle diese Unternehmen haben ihre Lagerbestände und somit die Kapitalbindung deutlich reduziert und gleichzeitig ihr Reaktionsvermögen auf Marktentwicklungen und Veränderungen des Kundenbedarfs verbessert, indem sie sämtliche, mit der Material- und Warenbeschaffung verbundenen Abläufe optimiert haben. Investitionen in Informationstechnologie können deshalb, bei richtigem Einsatz, einen gewaltigen Werthebel darstellen und eine wesentlich höhere Rendite erzielen – nach Expertenschätzungen eine fünf- bis zehnmal höhere – als Investitionen in traditionelle Anlagegüter.

Seit 1991 haben amerikanische Unternehmen mehr Geld für Technik ausgegeben, die Informationen sammelt, verarbeitet, analysiert und verteilt als für Maschinen, die stanzen, schneiden, zusammenbauen, heben oder sonstwie physisch auf Gegenstände einwirken.[7] Dennoch liegt der Schwerpunkt der Investitionen im IT-Bereich bislang auf der Automatisierung von operativen Vorgängen wie der Verarbeitung von Kundenaufträgen, Lieferantenbestellungen, Zahlungen usw. Die für diese Aufgaben konzipierten IT- und Softwaresysteme sammeln jedoch, während sie einen Kundenauftrag bearbeiten, gleichzeitig sehr viele zusätzliche Informationen über den Geschäftsvorgang selbst, wie etwa Informationen über Verhaltensmuster und Vorlieben der Kunden. Mit Hilfe entsprechender analytischer Software können Unternehmen diese Informationen in wertvolles Wissen umwandeln, das zum Beispiel für die Optimierung zukünftiger Marketingaktionen benutzt werden kann.

Sicherlich hat die Automatisierung bislang manuell verrichteter operativer Aufgaben es Unternehmen ermöglicht, ihre Geschäftsvorgänge kontinuierlicher und zeitsparender abzuwickeln, Kosten zu senken und Umlaufvermögen zu verringern. In Wissen transformierte Informationen, die aus diesen Vorgängen resultieren, kann jedoch nicht nur Umlaufvermögen, sondern auch Sachanlagen ersetzen.

7 Thomas A. Stewart, Intellectual Capital, S. 21

Wenn ein Unternehmen in seiner Branche über die besten Kenntnisse der Vorlieben und Bedürfnisse einer bestimmen Gruppe potenzieller Kunden verfügt, kann es sich darauf konzentrieren, genau diese Kunden zu bedienen und die Herstellung der entsprechenden Produkte an jemand anderen delegieren. Da es seine Kräfte bündelt, kann es die Erwartungen und Bedürfnisse der Kunden besser erfüllen als andere Firmen, und die Kunden werden bereit sein, hierfür höhere Preise zu bezahlen. Seine Bilanz wird wesentlich weniger greifbare und (finanz-) kapitalintensive Vermögenswerte aufweisen, wie zum Beispiel Produktionsanlagen, und gleichzeitig wird es wesentlich profitabler sein.

Informationen sind so wertvoll geworden, dass 90 Prozent aller US-Firmen, mit Ausnahme der Stahl-, Bergbau- und Transportindustrie sowie der Immobilienbranche, heute bereits mehr für Informationen ausgeben als für neues Finanzkapital. Investitionen in Informationen und Wissen stellen Investitionen in die Fähigkeit dar, Intangible Assets zu schaffen. Informationstechnologie hilft Unternehmen, materielle Vermögenswerte durch immaterielle zu ersetzen und den Anteil der Intangible Assets am Gesamtwert eines Unternehmens zu erhöhen.

Was genau sind Intangible Assets?

Als Vermögen oder Assets gilt der gesamte ökonomische Besitz eines Unternehmens, der einen Geldwert hat. Es gibt vier verschiedene Arten von Vermögenswerten:

- **Umlaufvermögen** sind Vermögenswerte, die voraussichtlich innerhalb eines Jahres verbraucht oder verkauft werden.
- **Sachanlagen** sind Vermögenswerte, die eine Lebensspanne von mehr als einem Jahr haben, zum Beispiel Maschinen und Anlagen, Computer oder Grundeigentum.
- **Beteiligungen und Finanzanlagen** sind die Unternehmensbeteiligungen und Wertpapiere, die ein Unternehmen hält.
- **Immaterielle Vermögenswerte (Intangible Assets)** sind alle Vermögenswerte, die nicht in materiellem Besitz oder in Beteiligungen bzw. Finanzanlagen bestehen, jedoch für das Unternehmen von Wert sind. Normalerweise handelt es sich hierbei um längerfristige Werte, die erst richtig eingeschätzt werden können, wenn ein Unternehmen verkauft wird. Sie werden beim Verkauf des Unternehmens häufig unter dem Oberbegriff »Geschäftswert« oder »Goodwill« zusammengefasst, der sich als Differenz von Kaufpreis und Buchwert errechnet. In immer mehr Unternehmen nimmt die Bedeutung immaterieller Vermögenswerte bis zu dem Punkt zu, an dem ihr Wert die restlichen Vermögenswerte des Unternehmens weit hinter sich lässt. Spätestens dann ist eine genauere Erklärung und Analyse dieser Intangible Assets erforderlich. Intan-

gible Assets können als die immateriellen Ressourcen eines Unternehmens beschrieben werden. Sie werden deshalb auch als Wissenskapital (Intellectual Capital) bezeichnet.

Das Wissenskapital eines Unternehmens setzt sich aus folgenden Komponenten zusammen: dem Humankapital, dem Strukturkapital sowie dem Partnerkapital und dem Kundenkapital, das sich aus der Qualität der Geschäftsbeziehungen eines Unternehmens ergibt (siehe Abbildung 1.3). Hinzu kommen die Kultur und die strategischen Möglichkeiten eines Unternehmens. Das alles bildet die Grundlage seiner Innovationskraft. Es ist das Rohmaterial, aus dem der größte Teil des zukünftigen wirtschaftlichen und finanziellen Erfolgs eines Unternehmens besteht.

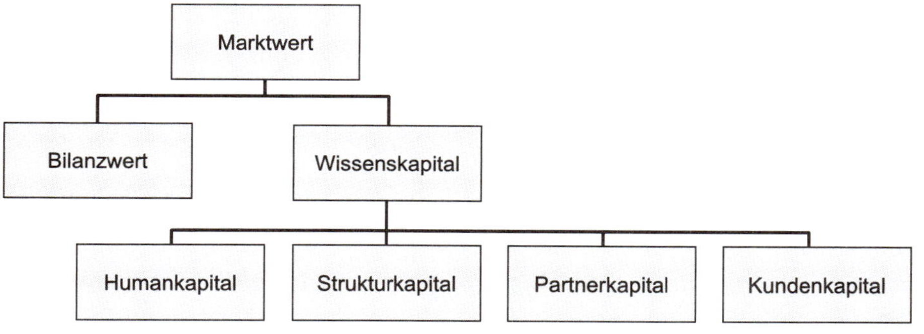

Abbildung 1.3 Die Wertkomponenten eines Unternehmens

Humankapital

Humankapital hat sich zu einem der wichtigsten immateriellen Vermögenswerte entwickelt. In einer wissensbasierten Wirtschaft stehen am Anfang jeder wesentlichen wertschöpfenden Tätigkeit die Menschen mit den notwendigen neuen Ideen und dem Wissen über die Bedürfnisse der Kunden. Humankapital ist damit die Basis von Innovation und Erneuerung, weil neue, gute Ideen nur von Menschen hervorgebracht werden. Dies können beispielsweise die Ingenieure sein, die eine neue Technologie erfunden haben, die es einem Unternehmen ermöglicht, einen innovativen CD-Spieler herzustellen, der nicht nur CDs abspielen, sondern auch CDs brennen kann. Oder es ist der Produktmanager in einem Konsumgüterunternehmen, der die Idee hat, ein Produkt in einer ungewöhnlichen Verpackung zu verkaufen, die für Konsumenten praktischer und gleichzeitig attraktiver ist und es damit diesem Unternehmen erlaubt, nun wesentlich mehr Kunden anzuziehen und den eigenen Marktanteil zu erhöhen. Dazu gehören auch die Menschen, die Abläufe entwickeln, die die eigene Firma mit ihren Lieferanten so verbindet, dass den Kunden die bestellten Produkte und Dienstleistungen genau zum richtigen Zeitpunkt geliefert werden können. Hierzu gehören nicht zuletzt auch Manager, die eine neue Strategie entwickeln, die für eine jahrelange Überlegenheit des Unternehmens gegenüber der Konkurrenz sorgt.

Das Humankapital eines Unternehmens umfasst die Fähigkeiten seiner Angestellten und Manager, Mehrwert für Kunden und andere Stakeholder zu schaffen. Es umfasst ihr diesbezügliches Wissen, ihre Kompetenzen und Erfahrungen. Damit gilt auch, dass nicht alle persönlichen Fähigkeiten und nicht alle Angestellten und Manager dem Humankapital eines Unternehmens zugerechnet werden. Für ein Unternehmen haben nur solche Personen und Fähigkeiten einen besonderen Wert, die einen Beitrag im Wertschöpfungsprozess des Unternehmens leisten und die in die entsprechenden Abläufe integriert werden können. Menschen mit Fähigkeiten und Kompetenzen, die nicht von Bedeutung für die eigentliche Wertschöpfung des Unternehmens sind, stellen zwar menschliche Ressourcen, jedoch kein Humankapital dar, denn sie tragen nicht dazu bei, dass das Unternehmen einen Marktvorteil erringt bzw. für einen Unterschied aus Sicht seiner Kunden und anderer Stakeholder steht. Individuelle Fähigkeiten müssen daher unter dem Aspekt der Unternehmensstrategie beurteilt werden, um zu entscheiden, ob es sich um Humankapital für das Unternehmen oder lediglich um »Arbeitskräfte« handelt.

Das identifizierte Humankapital kann allerdings nur dann bewahrt werden, wenn die entsprechenden Angestellten und Manager ihre vorhandenen Fähigkeiten ständig ausbauen und weitere Kompetenzen erwerben. Dies ist von entscheidendem Interesse für das Unternehmen, jedoch auch für den Angestellten oder Manager selbst, da er selbst der Eigentümer seines Humankapitals ist und ein essenzielles Interesse an Erhalt und Ausbau seines Werts für das derzeitige Unternehmen, aber auch für den Arbeitsmarkt hat. Das Unternehmen mietet dieses Kapital lediglich und »besitzt« es nur so lange, wie die Person dort angestellt ist.

Um das Humankapital eines Unternehmens zu erhalten und auszubauen, muss der aktuelle Bestand an Fähigkeiten kontinuierlich mit denjenigen Fähigkeiten verglichen werden, die gemäß der Unternehmensstrategie benötigt werden. Die Entwicklung der Fähigkeiten der Mitarbeiter muss mitverfolgt und aktiv gesteuert werden, sonst besteht die Gefahr, dass sich ein Unternehmen auf überholte Fertigkeiten stützt und gleichzeitig neue, wertvolle Kompetenzen ignoriert, die zum Beispiel durch private Fortbildung seitens der Mitarbeiter erworben wurden. Seine Innovationsfähigkeit und die Position im Wettbewerb könnten verloren gehen und schließlich der Wert für Aktionäre und Stakeholder vermindert werden. Unternehmen in wissensintensiven Branchen haben daher begonnen, die vorhandenen und die erforderlichen Fähigkeiten ihrer Angestellten systematisch zu erfassen sowie deren Entwicklung und Erweiterung aktiv zu steuern. Datenbanken mit entsprechenden Informationen sind für diese Unternehmen von großem Wert. Aber auch in anderen Unternehmen existieren derartige »Skill-Datenbanken«, um operative Aufgaben zu optimieren. Beispielsweise gibt es Softwareprogramme zur Unterstützung von Call Centern im Kundendienst, die solche Konzepte verwenden, um überregional Call Center an verschiedenen Standorten zu einem Gesamtpool zusammenzuschalten, so dass für spezielle Probleme eines Kunden jeweils ein freier und qualifizierter Mitarbeiter gefunden werden kann. Die früher »vor Ort« erfolgte Zuteilung wird dann automatisch durch ein zentrales Dispositionsprogramm vorgenommen. Oft werden Skill-Datenbanken auch zur Förderung von Führungskräften in (multinationalen) Konzernen eingesetzt, zum Beispiel im Rahmen so genannter High-Potential-Programme. Was allerdings meist noch fehlt, vor allem in den eher traditionellen Branchen, ist eine Skill-Datenbank, die sämtliche Mitarbeiter eines Unternehmens umfasst und so den systematischen Ausbau des gesamten Humankapitals erlaubt.

In Deutschland unterliegt die Einführung einer solchen Skill-Datenbank in der Regel der Genehmigung durch den Betriebsrat. Skill-Profile dürfen in keinem Fall für interne oder externe Leistungsbeurteilungen von Mitarbeitern verwendet werden. Die Mitarbeiter sollen ihre Kenntnisse und Fähigkeiten vielmehr freiwillig benennen und selbst in das System eingeben dürfen. Jede Dokumentation der über die Personalstammdaten (im Entgeltsystem) hinausgehenden Mitarbeiterfähigkeiten, die vom Mitarbeiter freiwillig benannt und auch jederzeit von ihm gelöscht oder geändert werden können, erfolgt nach einem vereinbarten, nur mit Zustimmung des Betriebsrats veränderbaren Begriffsgerüst.

Dies könnte zum Beispiel in Form von Qualifikationsanforderungen für als »Rollen« bezeichnete Aufgabenfelder geschehen, wobei in Ja/Nein-Form erfasst wird, welche Rollen eine Mitarbeiterin oder ein Mitarbeiter ausfüllen kann. Dabei dürfen nur Fach- und Methodenkompetenzen erhoben werden, jedoch keine Verhaltenskompetenzen. Die in den persönlichen Entwicklungsgesprächen vereinbarten Qualifizierungsmaßnahmen werden im System dokumentiert und ihre Durchführung durch die Personalabteilung kontrolliert. In einer diesbezüglichen Betriebsvereinbarung könnte dann auch als Zweckbestimmung eines solchen Systems definiert werden, dass es einen den Wünschen und Möglichkeiten der Mitarbeiter sowie dem Unternehmenserfolg dienenden Personaleinsatz unterstützen und gleichzeitig für eine vorausschauende Personalentwicklung und Weiterbildung genutzt werden soll. Neben der Personaleinteilung wird damit als Ziel genannt, Qualifikationsdefizite und Trainingsbedarf frühzeitig erkennen zu können.

Im Mittelpunkt des Wissenkapitals steht also Humankapital, die Summe der erfolgskritischen Fähigkeiten der für ein Unternehmen arbeitenden Individuen.

Humankapital umfasst somit den ökonomischen Wert der Besitzer dieser Fähigkeiten für das Unternehmen. Das schwedische Finanzdienstleistungsunternehmen Skandia – einer der Pioniere im Management von Wissenskapital – unterteilt diese persönlichen Fähigkeiten in drei Grundbestandteile[8]: Persönliche Wertvorstellungen, Kompetenzen und Beziehungen.

Die persönlichen *Wertvorstellungen* eines Individuums entscheiden darüber, ob eine Handlung als sinnvoll oder nicht sinnvoll wahrgenommen wird. Werte sind bestimmend für das, was wünschenswert ist, und für die Auswahl der Mittel, um bestimmte Ziele zu erreichen, sowie für die Identifizierung mit diesen Zielen selbst. Sie dienen somit als Filter bei der Entscheidung für oder gegen bestimmte Aktivitäten. Gemeinsame Werte sind die Voraussetzung dafür, dass Menschen sich verstehen und partnerschaftlich auf ein gemeinsames Ziel hinarbeiten können. Die Summe aller in den individuellen Vorstellungen der Mitarbeiter vorhandenen Werte, die sich decken, kann als Kultur einer Organisation bezeichnet werden. Sie ist Teil des strukturellen Kapitals (siehe unten).

Kompetenz hat drei Facetten: eine fachliche, eine soziale und eine geschäftliche. Nach der Definition von Skandia ist fachliche und soziale Kompetenz die Voraussetzung dafür, dass sich jemand (auf der Basis seines persönlichen Fachwissens) innerhalb einer Organisation und ihres Geschäftsablaufs produktiv verhält, d.h. das strukturelle Kapital der Organisation nutzen kann. Geschäftliche Kompetenz ist dagegen die Fähigkeit, mit Kunden und anderen externen Partnern in wertschaffenden Konstellationen zusammenzuarbeiten. Allgemein kann Kompetenz als das Zusammenwirken von Wissen, persönlichen Fähigkeiten und (geschäftlicher) Zielorientierung beschrieben werden.

Der Aspekt der sozialen Kompetenz oder der Fähigkeit, wertschaffende *Beziehungen* mit anderen einzugehen spielt eine entscheidende Rolle bei der Produktivität von Wissensarbeit. Der Einzelne ist hier immer weniger in der Lage, allein zu handeln. Vielmehr muss er das eigene Wissen mit dem von Kollegen und Partnern kombinieren, um die gesetzten Ziele zu erreichen. Das setzt sowohl Selbstvertrauen als auch Vertrauen in andere voraus. Beides ist wiederum von Einstellungen und Werten abhängig.

Das Problem der sozialen Kompetenz und der Weitergabe individueller Kenntnisse führt uns einen Schritt weiter. Denn obwohl Humankapital die Quelle von Innovationen und heute die wesentliche Basis der Wertschöpfung in Unternehmen ist, reicht es allein nicht aus, um für das Unternehmen Wissenskapital zu schaffen und nutzbringend einzusetzen.

---

8 Skandia Insurance, Human Capital in Transformation – Intellectual Capital Prototype Report, Skandia, 1998, S. 6–7

Strukturkapital

Intelligente Menschen sind noch keine Garantie für intelligente Unternehmen. Wenn Menschen nicht zusammenarbeiten, wenn zwischen ihnen kein Informationsfluss besteht, ist die Gruppe als Ganzes nicht intelligent. Wirklich überlegenes Wissen und führende Innovationen resultieren aus der Interaktion von Wissensarbeitern, aus dem produktiven Austausch von Ideen und Erfahrungen.

Daher benötigt ein Unternehmen die richtige Infrastruktur, die eine innovative, inspirierende Kultur und Arbeitsabläufe, und die den Wissensfluss und -austausch in der gesamten Organisation und zwischen internen und wichtigen externen Wissensträgern fördert. Nur so kann individuelles Wissen in für ein Unternehmen dauerhafteres Strukturkapital umgesetzt werden. Notwendig ist auch eine entsprechende IT-Infrastruktur, die dies unterstützt und Wissensarbeiter wirklich produktiv arbeiten lässt. Es werden Prozesse und Techniken benötigt, die die Effektivität der wissensbasierten Wertschöpfung insgesamt steigern, und zwar für die Entwicklung von Produkten oder von Dienstleistungen, die aus Kundensicht besonders wertschaffend wirken, oder zum Beispiel zur Unterstützung besonders effizienter Herstellungs- oder Vertriebsverfahren.

Dies alles stellt strukturelles Kapital dar, das wiederum in Organisations-, Innovations- und Prozesskapital unterteilt werden kann. Strukturelles Kapital erlaubt es, dass vormals individuelles Humankapital (z. B. in Form von individuellem Wissen) immer wieder, unabhängig von der Verfügbarkeit der ursprünglichen Wissensträger, zur Erzeugung von Wert eingesetzt werden kann.

Die Transformation von individuellem Wissen in strukturelles Kapital half Skandia, den weltweiten Trend der Deregulierung im Bereich der Versicherungen und Finanzdienstleistungen schnell zu ihrem geschäftlichen Vorteil zu nutzen. So wurde beispielsweise die Zeit, die zur Eröffnung einer neuen Niederlassung in einem anderen Land erforderlich ist, von sieben Jahren auf sieben Monate reduziert. Skandia hat etwas entwickelt, was das Unternehmen als »Prototypkonzept« bezeichnet: eine Sammlung von Softwareanwendungen, Handbüchern und anderem strukturiertem Know-how, dass das im Zusammenhang mit der Eröffnung neuer Niederlassungen erworbene Wissen gebündelt hat. Dieses Paket konnte dann leicht an örtliche Gesetze angepasst oder für die Unterstützung eines beliebigen Portfolios von Finanzdienstleistungen optimiert werden. Sollte also beispielsweise ein neues Team irgendwo auf der Welt eine neue Niederlassung eröffnen, konnte man die gesammelten Erfahrungen der Vergangenheit meist direkt, mit kleinen Modifikationen, einsetzen, eine schnelle Eröffnung einer bereits funktionierenden Prototyp-Filiale erreichen, und so viel Zeit und Geld sparen.[9]

9 Thomas A. Stewart, Intellectual Capital, S. 77

Da es Aufgabe des Managements ist, den Wert eines Unternehmens zu steigern, muss es eines seiner wichtigsten Ziele sein, Strukturen, Abläufe und Verfahrensweisen zu implementieren, die für die möglichst schnelle Transformation von individuellem Wissen, von Humankapital, in strukturelles Unternehmenskapital sorgen. Strukturelles Kapital gehört der Organisation selbst. Es kann reproduziert und gemeinsam genutzt werden. Strukturelles Kapital wird daher durch das kontinuierliche Recycling und die kreative Nutzung gemeinsamen Wissens und gemeinsamer Erfahrung geschaffen. Dies wiederum verlangt die Strukturierung und Konzentration von Kompetenzen und Fähigkeiten durch den Einsatz von Speichermedien, Verfahrensbeschreibungen, Handbüchern, Netzwerken usw., um sicherzustellen, dass die Kompetenz in einem Unternehmen erhalten bleibt, wenn Angestellte es verlassen.

Strukturelles Kapital schafft die Voraussetzungen für die schnelle Weitergabe von Wissen und einen anhaltenden, kollektiven Wissenszuwachs. Die für die Weitergabe von erlerntem Wissen benötigte Zeit muss systematisch verkürzt werden. Auch durch strukturierte, leicht erlernbare und intelligente Arbeitsabläufe lässt sich die Produktivität von Humankapital steigern. »Nur die Organisation kann die grundlegende Kontinuität garantieren, die Wissensarbeiter benötigen, um produktiv sein zu können. Nur die Organisation kann das Spezialwissen seiner Wissensarbeiter in wirtschaftliche Ergebnisse verwandeln«, sagt Peter F. Drucker.[10] Wenn jeder Mensch den vollen möglichen Wert seiner Dienstleistungen als unabhängiger Einzelakteur erhalten könnte, gäbe es keine Unternehmen, sondern nur Individuen. Strukturelles Kapital stellt einen zusätzlichen Wert bereit, der Humankapital wesentlich produktiver macht. Das ist der Grund, warum fähige Mitarbeiter bei ihrem Arbeitgeber bleiben, solange ihnen das Unternehmen die Ressourcen zur Verfügung stellt, die sie zur Arbeit an interessanten Projekten benötigen. Ist dies der Fall, können sie ihr Wissen nutzbringend einsetzen und ihr menschliches Kapital durch die Zusammenarbeit mit anderen Experten und durch entsprechende Arbeitserfahrungen steigern.

Strukturelles Kapital besteht auch in der Fähigkeit einer Organisation zu lernen, innovativ zu sein und sich schnell an Änderungen der Technologien und Märkte anzupassen. Im Gegensatz zu einer weit verbreiteten Auffassung ist Lernen hauptsächlich eine soziale Aktivität und nicht etwas, das jeder für sich allein leistet, wie etwa das Lesen eines Buchs. Wirkliches Lernen findet erst statt, wenn man mit anderen über neue Ideen diskutiert, denen man durchaus in einem Buch begegnet sein kann. Durch Kommentare und die gemeinschaftliche Diskussion anderer Ideen kommt es zu neuen Konzepten, die in Organisationen oder in der persön-

---

10 Peter F. Drucker, »The Age of Social Transformation«, The Atlantic Monthly 11/1994, S. 68

lichen Arbeitsumgebung eingesetzt werden können, um die Arbeit zu verbessern und die Produktivität zu erhöhen.

Communities of Practice als Grundlage professionellen Lernens

Was heute oft als »Community of Practice« bezeichnet wird, ist genau die Arbeitsumgebung, in der sich Humankapital und Wissen entwickeln. Eine Community of Practice ist in der Regel eine Gruppe von Fachleuten, die an ähnlichen Themen bzw. innerhalb der gleichen Disziplin arbeiten und sich auf dem Niveau von Expertenwissen austauschen können und wollen. Das sind beispielsweise die Entwicklungsingenieure eines Unternehmens, die Marketing-, die Vertriebs- oder auch die Personalfachleute, die ähnliche berufliche Erfahrungen und annähernd gleiches Fachwissen verbindet. Man findet solche Communities aber auch außerhalb von Unternehmen, zum Beispiel bei Medizinern, Juristen oder auch bei Controllern (z. B. der Controller e.V. in Deutschland, in dem der Autor seit Jahren Mitglied ist). In diesem Fall handelt es sich dann um unternehmensexterne Communities. Communities leisten einen wichtigen Beitrag beim Entstehen von Humankapital, bei Wissenstransfer und Innovation. Unternehmensinterne Communities stellen daher strukturelles Kapital dar. Wenn es um das Schaffen von Humankapital und um Innovationen geht, sind unternehmensexterne Communities und Lerngemeinschaften jedoch noch wesentlich produktiver. Eine Einschränkung besteht allerdings darin, dass kein Unternehmen auf externe Communities einen Besitzanspruch hat oder diese direkt kontrollieren kann.

Die vernetzte Organisation ist der Nährboden, auf dem interne Communities of Practice wachsen. Eine der größten Herausforderungen für Manager in der neuen Ökonomie ist das Schaffen einer Organisation, in der Wissen intern möglichst effizient weitergegeben wird. Netzwerke verbinden Menschen mit anderen und mit Informationen. Sie machen es möglich, dass Informationen, die früher nur durch die Unternehmenshierarchie (vom Mitarbeiter an seinen Vorgesetzten, vom Vorgesetzten an die Unternehmensleitung und von dort wieder die Hierarchie nach unten, auf einem anderen Pfad, von einem anderen Vorgesetzen an dessen Mitarbeiter) flossen, direkt zwischen den betroffenen Mitarbeitern ausgetauscht werden können. So kann ein Unternehmen auf seine Kunden und auf neue Anforderungen und Bedürfnisse sofort reagieren. Informationstechnologien, wie zum Beispiel E-Mail, Telekonferenzen und GroupWare sind dabei, die Unternehmensorganisation von gestern grundlegend zu verändern. Vernetzte Organisationen, die Informationen und Wissen bereitstellen können, wann und wo immer auch erforderlich, ermöglichen Lernprozesse in einem Ausmaß und in einer Geschwindigkeit, wie dies bisher nicht vorstellbar war. In solchen Organisationen lässt sich eine kontinuierliche und selbstständige Neuorganisation und

Neugestaltung beobachten, ohne dass hierzu ein Übermaß an Koordination innerhalb des Unternehmens erforderlich wäre.

Derartiges strukturelles Kapital – ein internes Netzwerk – erlaubt es einem Unternehmen, beinahe reflexartig zu reagieren. Dabei muss eine vernetzte Organisation auf einem Organigramm nicht unbedingt auf den ersten Blick wie eine solche aussehen. Manchmal liegt die Netzwerkorganisation als informelles Netzwerk in Form verschiedener Communities neben oder hinter der offiziellen Organisation.

Ein Unternehmen sollte außerdem nicht völlig hierarchiefrei aufgebaut sein, da Menschen in Organisationen zumindest die richtige Richtung gewiesen werden sollte, auch wenn man keinen Zwang ausübt. Nehmen wir als Beispiel 3M. Dort ist die mehrere Tausend Mitarbeiter starke Gruppe an Forschern und Wissenschaftlern auf verschiedene Labors verteilt. Es gibt eine zentrale Forschungs- und Entwicklungsabteilung, Labors, die Geschäftszweigen zugeordnet sind, sowie mehrere Zentren, die sich bestimmten Basistechnologien widmen, wie zum Beispiel Klebstoffen und Optik. Obwohl es keine zentrale Forschungs- und Entwicklungsorganisation gibt, existieren jedoch zahlreiche Netzwerke, die Innovation und eine schnelle Vermarktung der Forschungsergebnisse der gesamten Organisation garantieren.

Ein Wissenschaftler, der für ein Projekt von der Geschäftseinheit, der sein Labor zugeordnet ist, kein Geld erhalten kann, wird ermutigt, in Erfahrung zu bringen, ob das Projekt von einem anderen Geschäftsbereich finanziert werden könnte. Auch werden neue Produktideen nicht nur von den laut Hierarchie dafür Verantwortlichen auf ihr Marktpotenzial geprüft, sondern auch von einer Expertengruppe aus Wissenschaftlern, Mitarbeitern aus der Produktion und Marketingspezialisten, von denen keiner für den entsprechenden Geschäftsbereich arbeitet, der das Projekt sponsert. Zweimal im Jahr hält 3M darüber hinaus interne Technologiemessen ab, von denen die eine von Forschern und Wissenschaftlern organisiert wird, die Erfindungen anbieten und Sponsoren auf der Businessseite benötigen, und die andere von Geschäftseinheiten, die Marktlücken kennen und nutzen wollen und dafür nach einer neuen Technologie suchen.[11]

Da eine Netzwerkorganisation im Gegensatz zu einem traditionellen Unternehmen nicht auf einer Hierarchie basiert, stellt sich die Frage: Wie kann eine solche Organisation gemanagt werden? In einem Netzwerk ändert sich zunächst die Art der Kontrolle. Einzelnen Tätigkeiten gilt weniger Aufmerksamkeit als der Gesamtleistung und der Gesamtentwicklung eines Mitarbeiters. Grundlegende Managementaufgaben, wie etwa Planung, Budgetierung und Kontrolle, müssen anders ausgeführt werden. Um strukturelles Kapital in Form interner Netzwerke aufzu-

11 Thomas A. Stewart, Intellectual Capital, S. 189–190

bauen, zu pflegen und zu erhalten, müssen Unternehmen neue Managementmethoden und -abläufe finden.

Kundenkapital und Anwender-Communities

Kundenkapital ist der Wert der Beziehungen zwischen Unternehmen und den Personen oder Organisationen, an die sie verkaufen. Kundenkapital wäre noch vor wenigen Jahren für Fachleute aus dem Finanzbereich ein völlig fremdartiges Konzept gewesen. Bei den heutigen Unternehmensübernahmen im großen Stil wird jedoch klar, dass Kundenkapital einen bedeutenden wirtschaftlichen Faktor darstellt. So wurde in der Telekommunikationsbranche bei den Übernahmen der letzten Jahre der Kaufpreis eines Unternehmens häufig in der Art berechnet, dass die Zahl der Kunden multipliziert wurde mit dem durchschnittlichen Kundenwert, der als diskontierter Wert der geschätzten künftigen Nettoüberschüsse pro Kunde angesetzt wurde. Der Gesamtkaufpreis überstieg bei diesen Transaktionen den Bilanzwert des erworbenen Unternehmens bei weitem. Der größte Teil der Differenz wurde dabei für den Kundenstamm, also für Kundenkapital bezahlt.

Ein weiteres Beispiel: Der Automobilhersteller Ford schätzt, dass eine einprozentige Zunahme der Kundentreue, d. h. jedes weitere Prozent der Kunden, die erneut einen Wagen von Ford kaufen, pro Jahr einem zusätzlichen Gewinn von 100 Millionen US-Dollar entspricht.[12] Angesichts solcher Beträge überrascht es nicht, dass die Kundenseite bei der Ermittlung des Unternehmenswerts so wichtig geworden ist. Die Qualität der Kundenbeziehungen entscheidet darüber, ob die auf der gegenwärtigen Kundenbasis erzielten Umsatzerlöse aufrechterhalten oder sogar noch gesteigert werden können. Das Unternehmen mit den besseren Beziehungen zu seinen Kunden wird diese mit größerer Wahrscheinlichkeit behalten und das erworbene Kundenvertrauen dazu nutzen können, ihnen neue Produkte oder Dienstleistungen verkaufen zu können. Hierdurch erhöht sich das Gewinnpotenzial eines Unternehmens und damit sein Gesamtwert. Viele Firmen kennen jedoch ihre Kunden noch immer nicht.

Seine Kunden zu kennen und ihre Vorlieben und Bedürfnisse zu verstehen, ist für Firmen von unschätzbarem Wert. Das industrielle Zeitalter mit seiner Massenproduktion und seinen Standardprodukten liegt hinter uns. Während Kunden in den 60er-Jahren an Verkaufsbeziehungen gewöhnt waren, bei denen Standardprodukte ohne jeglichen Service verkauft wurden, erwarten heutige Kunden, die nun über Jahre die Vorzüge zunehmenden Einflusses auf den Verkaufsprozess genossen haben, dass sie die Produkte und Dienstleistungen persönlich definieren können, um diese genau ihren Anforderungen anzupassen. Dies ist der Grund dafür, warum Unternehmen, die ihren Kunden am nächsten stehen und ihre Bedürfnisse

12 Thomas A. Stewart, Intellectual Capital, S. 144

und Erwartungen wirklich kennen, diesen die passenden Lösungen und Produkte liefern und damit Vertrauen und eine starke Kundenbindung aufbauen können.

Durch die Beherrschung der Beziehung zum Endkunden kann ein Unternehmen die gesamte Lieferkette zum Kunden dominieren und den größten Teil des in dieser Lieferkette erzeugten Mehrwerts verdienen. Seine Partner weiter oben in der Lieferkette müssen sich mit geringeren Gewinnspannen zufrieden geben. Dies erklärt das immer häufiger zu beobachtende Phänomen, dass die wirtschaftliche Macht von den Produktherstellern zu den Firmen fließt, die über das umfangreichste Wissen darüber verfügen, was auf der Seite des Kunden geschieht und wie dieser Produkte benutzt oder benutzen möchte. Der Einfluss dieser Informationen über die Kunden ist so groß, dass derjenige, der über sie verfügt, in vielen Fällen das gesamte Geschäft beherrscht.

Im Jahr 1990 erzielte IBM einen Gewinn zwischen 10 und 11 Milliarden US-Dollar. Kein anderes Unternehmen hat davor jemals derartige Gewinne erzielt. Zwischen 1991 und 1995 verlor IBM jedoch 23 Milliarden US-Dollar – mehr als je ein Unternehmen zuvor.[13] IBM hatte nicht bemerkt, dass sich die Wertschöpfung in der Computerindustrie durch das Aufkommen des Personalcomputers (PC) verlagerte: weg von den Unternehmen, die Computer in der Mitte der Lieferkette zusammenbauten, und hin zu den Komponentenherstellern am Anfang der Kette (Intel, Microsoft), die eine neue Technologie einbrachten, sowie zu den Unternehmen am Ende der Kette, die nun kundenorientiertere Computer verkauften (Dell, Compaq). IBM erlitt diese finanziellen Einbußen auch deshalb, weil beispielsweise Dell und Compaq sehr viel besser wussten, was die Endbenutzer von Computern überhaupt erwarteten.

Das amerikanischen Pharmaunternehmen Merck & Co., dessen Forschungslabore zu den besten der amerikanischen Pharmaindustrie zählen, wurde von dem US-Magazin Fortune sieben Mal in Folge zum angesehensten Unternehmen der USA gekürt. Was Merck zu einem erfolgreichen Unternehmen machte, waren seine Intangible Assets, aber – zumindest bis in die jüngste Zeit – nicht in erster Linie sein Kundenkapital. Die wesentlichen immateriellen Vermögenswerte bestanden aus dem Human- und Strukturkapital, das zur Entdeckung, Entwicklung, Patentierung und Zulassung neuer pharmazeutischer Wirkstoffe eingesetzt wurde.

Ende der 80er-Jahre kam in den USA ein neuer Unternehmenstyp auf: Gesundheitsdienstleister, die Verträge mit Krankenversicherungen schlossen und die von Arbeitgebern im Rahmen so genannter Managed Care Plans unterstützt wurden. Dieses neue Geschäftsmodell ermöglichte es diesen Firmen, Informationen über individuelle Rezepte zu erhalten und die Medikamente den Patienten direkt zu

13 Lester C. Thurow, »If God Spoke to John Akers«, Across the Board 1/2000, S. 11

liefern. So wurden die traditionellen Zwischenhändler, der Großhandel und die Apotheken umgangen.

Diese Unternehmen, darunter eine Firma namens Medco, besaßen Informationen über die einzelnen Kunden, über die bislang nur Ärzte oder Apotheker verfügten. Merck und die anderen Pharmaunternehmen kannten ihre Kunden zwar auch, aber das waren Ärzte, Krankenhäuser, Großhändler und Apotheken. Medco hingegen kannte den Endkunden, nämlich den Patienten. Gestützt auf dieses Wissen ergriff Medco zwei Maßnahmen, um mehr für seine Kunden – und seine Aktionäre – zu tun. Zum einen schaltete das Unternehmen für bestimmte Kunden, vor allem solche, die ein bestimmtes Medikament aufgrund einer chronischen Erkrankung regelmäßig einnehmen mussten, die Distribution über Einzelhändler völlig aus. Zum anderen wendete es sich direkt an Ärzte und drängte sie, Generika anstatt teurer Markenmedikamente zu verschreiben, oder schlug für eine bestimmte Krankheit preisgünstigere, alternative Medikamente vor. Auf diese Weise war Medco in der Lage, seinen Kunden Medikamente zu einem deutlich niedrigeren Preis anzubieten und dabei dennoch eine gute Gewinnspanne zu erzielen.

Zwischen 1987 und 1992 konnten Managed-Care-Unternehmen und Gesundheitsdienstleister sowohl ihren Marktanteil als auch die ihnen von den Herstellern gewährten Preisnachlässe mehr als verdoppeln. Ihr Kundenwissen war dem rein pharmazeutisch-technischen Know-how der Pharmaproduzenten überlegen. 1993 kaufte Merck Medco. Das Unternehmen erwarb damit einen neuen Zugang zu den Informationen über einzelne Kunden. Merck erkannte mit diesem Kauf an, dass sich die den Markt steuernden Intangible Assets geändert hatten.

Fast die Hälfte der 6,6 Milliarden US-Dollar, die Merck für Medco bezahlt hat, wurden für die Akquisition von »Kundenbeziehungen«, d. h. für Kundenkapital ausgegeben. In weniger als einem Jahrzehnt hat sich die gesamte Struktur der amerikanischen Pharmaindustrie geändert, nicht aufgrund neuer Labortechniken oder gesetzlicher Regelungen, sondern weil eine neue Art von Gesundheitsdienstleistern und neue kunden- bzw. patientenorientierte Modelle, wie die erwähnten Managed-Care-Plans, aufkamen. Die Medikamentenhersteller verfügten über wertvolle Beziehungen zu ihren bisherigen Kunden. Die neuen Kunden in Form der Managed-Care-Unternehmen und neuen Gesundheitsdienstleister haben den Wert dieser alten Beziehungen durch ihre Preisverhandlungsmöglichkeiten und ihre Einflussnahme auf die Verschreibungspraxis untergraben. Da sich Kundenkapital nicht im vollständigen Besitz eines Unternehmens befindet und seiner ausschließlichen Kontrolle entzogen ist, kann es durch Änderungen im eigenen Wertschöpfungssystem, im Markt oder in der Lieferkette, sehr schnell negativ in seinem Wert beeinflusst werden, was im Übrigen für Wissenskapital und Intangible Assets generell gilt. Für die amerikanische Pharmaindustrie bedeutete der Zusammenbruch des Werts ihres bisherigen Kundenkapitals, das in den Beziehungen zu Ärzten und Pharmagroßhändlern bestand, eine schwere Krise. Es war angesichts des neuen Modells der Managed-Care-Unternehmen nicht mehr relevant. Sie musste daher schnell und entschlossen reagieren, um wieder Kundenkapital zu erwerben.

Den größten Wohlstand genießen in der Regel diejenigen Unternehmen, die über das Wissen darüber verfügen, was auf der Kundenseite der Lieferkette geschieht. Für die Kontrolle eines Marktsegments oder gar einer ganzen Branche ist daher nicht mehr die Kontrolle über den Material-, sondern über den Informationsfluss entscheidend. Im industriellen Kapitalismus, der noch sehr vom Mangel an Produkten und Waren geprägt war, kontrollierte der Hersteller die gesamte Lieferkette. Wichtig war der Hersteller, nicht der Kunde bzw. der Konsument. Dieser war nur für den einzelnen Verkaufsvorgang von Interesse und konnte anschließend vergessen werden. Die Bedeutung des Kunden hat sich jedoch inzwischen grundlegend geändert. Mit der besseren Versorgung sind sowohl die Ansprüche der Kunden gewachsen als auch der Wettbewerb unter den Herstellern. Heute können Unternehmen nur überleben, wenn sie in der Lage sind, ihre Produkte und Dienstleistungen an die individuellen Anforderungen ihrer Kunden anzupassen. Kundeninformationen wurden zu einem strategischen Vermögenswert – zu Kundenkapital. Wer direkte Beziehungen zu und Informationen über die Kunden besitzt, kann einen gesamten Geschäftszweig oder sogar eine ganze Branche dominieren. Mit seiner Lieferkette, die laufend neue Informationen über die Endkunden produziert, ist ein solches Unternehmen in der Lage, neues intellektuelles Kapital zu schaffen und den Wert seines Kundenkapitals laufend zu erhöhen.

Eine wichtige Aufgabe des Managements in der neuen Ökonomie besteht daher darin, Informationen über die Lieferkette bzw. das Wertschöpfungssystem eines Industriezweigs zu sammeln und auf dem neuesten Stand zu halten. Manager müssen ständig mitverfolgen, welche Informationen das Geschäft bestimmen, wer darüber verfügt und für welches Glied der Wertkette sie am wertvollsten sind. Erst dieses Wissen erlaubt es einem Unternehmen, sich so an Veränderungen anzupassen, das ihm die wachsende Bedeutung von Wissenskapital zugute kommt.

Genau dies ist es, was beispielsweise Einzelhandelsunternehmen durch den Einstieg in den E-Commerce getan haben. Sie haben versucht, nach dem Beispiel von Pionieren wie Amazon Kundenkapital auf der Grundlage einer neuen Art von Kundenbeziehung zu schaffen. Diese neue Art der Kundenbeziehung zeichnet sich durch eine direkte Eins-zu-eins-Kommunikation aus, die vom Kunden über das Internet selbst eingeleitet wird. Die bei der Transaktion anfallenden Informationen über das Kaufverhalten des Kunden werden beispielsweise von den Online-Buchhändlern dazu genutzt, ihnen neue Bücher mit der von ihnen bei früheren Käufen bevorzugten Thematik zu empfehlen bzw. Interessenten eines Buchs darauf hinzuweisen, welche anderen Bücher Käufer des gleichen Buchs außerdem gekauft haben. Dadurch erhöht sich die Wahrscheinlichkeit weiterer Bestellungen und die Kundenzufriedenheit steigt. Durch die Einrichtung eigener Online-Shops haben dann diese Einzelhandelsunternehmen versucht, die Abwanderung ihrer Kunden zu reinen Internetanbietern zu verhindern, indem sie sich an den neuen Standard der Branche im Verkauf angepasst haben.

Zwei weitere Formen des Kundenkapitals sind der Markenname und das Image eines Unternehmens. Bei beiden Kapitalformen handelt es sich um Intangible Assets, die an die Wahrnehmung eines Unternehmens in der Öffentlichkeit gebunden sind. Markenkapital steht mit Produkten in Beziehung. Eine Marke ist das in einem Symbol zusammengefasste Ansehen, das ein Produkt auf dem Markt bei Kunden und potenziellen Kunden genießt. Mit dem Symbol einer bestimmten Marke verbinden vorhandene und mögliche Kunden ein bestimmtes Maß an konstanter Qualität. Eine Marke stellt eine Form konzentrierten Vertrauens dar und steht für den zuverlässigen Wert eines Produkts oder einer Dienstleistung, die jemand erneut aus einer vertrauten Quelle – von dem Markenbesitzer – beziehen möchte. Dies erlaubt es dem Unternehmen, das diese Marke besitzt, seine Produkte zu einem höheren Preis zu verkaufen als seine Konkurrenten.

Das in Form von Firmenimage vorliegende Kapital ist mit einem Unternehmen als Ganzem verbunden, unabhängig von einem einzelnen Produkt. Die Verbraucher erwarten von einem Unternehmen, das einen guten Ruf hat, dass es bestimmte Standards erfüllt. Diese Erwartungen betreffen so unterschiedliche Aspekte wie die Arbeitsbedingungen der Angestellten des Unternehmens oder sein Umweltbewusstsein. Das positive Image eines Unternehmens erlaubt es ihm, einen Marktvorteil gegenüber seinen Konkurrenten zu erzielen, wirkt sich aber ebenso förderlich auf die Gewinnung neuer, talentierter Mitarbeiter oder wichtiger Geschäftspartner aus. Es ist also mit für das Unternehmen positiven Effekten sowohl auf den Beschaffungs- als auch auf den Absatzmärkten verbunden. Daher bemühen sich immer mehr Firmen darum, nicht nur Produktnamen auf dem Markt zu etablieren, sondern auch den Firmennamen als eine Marke aufzubauen, die alle längerfristig für den wirtschaftlichen Erfolg des Unternehmens wichtigen Parteien anzieht und an das Unternehmen bindet.

Geschäftspartner- oder Ecosystem-Kapital

Kunden erwarten heute die sofortige, problemlose Lieferung an ihre Bedürfnisse angepasster Produkte, und irgendein Anbieter findet immer die richtige Kombination aus Personal und Technologie, die die Qualität seiner Dienstleistungen der Konkurrenz überlegen macht. Und wenn sich Kunden erst einmal an eine höhere Qualität gewöhnt haben, erwarten sie sie als Selbstverständlichkeit. Dies hat zur Folge, dass Unternehmen zunehmend in einem Wettbewerb um die vollkommene Kundenzufriedenheit gefangen sind, was völlig neue Herausforderungen nach sich zieht. Die Integration der neuen Technologien und der Umgang mit steigenden Kundenerwartungen haben Firmen zu der Einsicht gezwungen, dass sie keine ihrer längerfristigen Strategien realisieren können, ohne sich selbst mehr auf ihre Kernaufgaben und Kernkompetenzen zu konzentrieren, ihre Organisation völlig neu zu strukturieren und sich verstärkt auf Partnerschaften und Allianzen zu stützen.

Ein weiterer Grund, warum Partnerschaften für Unternehmen attraktiver geworden sind, ist der Wandel in der Qualität und der betriebswirtschaftlichen Konsequenzen solcher Partnerschaften durch die Informationstechnologie. Wenn ein Unternehmen bestimmte Prozesse an andere Firmen auslagert oder Dienstleistungen auf dem Markt einkauft, die nicht zu den Kernaufgaben des Unternehmens gehören, sind die entstehenden Kosten normalerweise geringer, als wenn die Arbeit von eigenen Mitarbeitern geleistet würde. Diese Strategie hat jedoch höhere Transaktions- und Koordinationskosten – etwa durch die anfallenden Einkaufsvorgänge – zur Folge. In der industriellen Wirtschaft wurde der Vorteil geringerer Kosten für die Aktivitäten selbst in vielen Fällen durch höhere Transaktions- und Koordinationskosten aufgehoben. Unter rein ökonomischen Gesichtspunkten war es deshalb nicht sinnvoll, diese Aktivitäten auszulagern. Mit dem Aufkommen des Informationszeitalters hat sich dies grundlegend geändert.

Wenn sich über virtuelle Marktplätze im Internet Einkäufe und Transaktionen zwischen Unternehmen fast so einfach erledigen lassen wie innerhalb desselben Unternehmens, bleibt das nicht ohne Auswirkungen auf die Koordinationskosten. Das alte Modell, nach dem es erstrebenswert war, die gesamte Wertkette eines Geschäftszweigs möglichst selbst zu besitzen, beginnt, seinen Vorteil einzubüßen, wenn die Koordinationskosten zurückgehen und Käufer und Verkäufer müheloser miteinander in Kontakt treten können. Dies hat dazu geführt, dass Unternehmen immer mehr von dem zukaufen, was sie früher selbst produziert haben.

In solchen Partnerschaften kann jeder Partner seine Kräfte bündeln und auf die Bereiche im Wertschöpfungsprozess konzentrieren, die er am besten beherrscht. Im Endergebnis resultieren daraus geringere Kosten und ein höherer Marktwert des Produkts – im Vergleich zum alten Modell also ein höherer Mehrwert für alle Geschäftspartner inklusive der Endkunden. In hoch dynamischen Märkten und Branchen sind einzelne Firmen häufig nicht mehr in der Lage, mit Marktentwicklungen Schritt zu halten. Wer in neuen Märkten erfolgreich sein will, für den ist

Zeit ein entscheidender Faktor. Unternehmen müssen ihre Ressourcen und ihr Wissenskapital durch Partner ergänzen. Derartige Partnerschaften finden sich entweder als »virtuelle Unternehmen« oder als weniger strukturierte Ecosysteme oder Unternehmensnetzwerke.

Der schwedische Versicherungs- und Finanzdienstleister Skandia bezeichnet sich selbst als virtuelles Unternehmen. Der Schwerpunkt von Skandia liegt nicht auf traditionellen Lebensversicherungen, sondern auf kombinierten Produkten, die aus Spareinlagen und Versicherungsleistungen bestehen. Bei diesem Modell wird beispielsweise ein Teil der Zahlungen der Kunden in Fonds investiert, deren Wert letztlich über den Wert der Versicherung entscheidet. Skandia investiert sein Geldvermögen und sein Wissenskapital in die Entwicklung von Versicherungsprodukten, in das Betreiben eines internen und externen Netzwerks sowie in die internationale Vermarktung. Skandia verwaltet jedoch weder Kapitalanlagen noch steht das Unternehmen in direktem Kontakt mit dem Verbraucher. Das wird von Partnern erledigt. Am unteren Ende der Lieferkette befinden sich die Vertriebspartner vor Ort – Filialbanken, Makler und Finanzberater, die Versicherungen verkaufen und das Spezialwissen von Skandia bei der Produktentwicklung zu schätzen wissen –, während am oberen Ende der Lieferkette die großen Finanzdienstleister wie JP Morgan angesiedelt sind, die Skandia als zuverlässige Quelle für langfristiges Anlagekapital schätzen.[14]

Ähnliches gilt für das deutsche Finanzdienstleistungsunternehmen MLP. Das Unternehmen hat sich auf den Verkauf von Versicherungen und Anlageprodukten spezialisiert, die auf die individuellen Bedürfnisse von Akademikern zugeschnitten sind. Diesem Personenkreis droht im Ruhestand ein beträchtlicher Einkommensausfall, wenn er sich nur auf die gesetzliche Rentenversicherung verlässt. Wie Skandia ist auch MLP Partnerschaften mit großen Versicherungsunternehmen und Anlageverwaltern auf der Beschaffungsseite eingegangen, um für die eigene Zielgruppe spezialisierte Finanzprodukte entwickeln und bereitstellen zu können. Im Unterschied zu Skandia übernimmt jedoch MLP die Vermarktung selbst.

Sowohl Skandia als auch MLP haben in den letzten Jahren Rekordzuwachsraten gemeldet. Durch die Konzentration auf ihre Kernkompetenzen und das Auslagern anderer Aufgaben innerhalb der Wertkette waren beide Unternehmen erfolgreicher als ihre Konkurrenten und konnten ihre Aktionäre mit hohen Renditen belohnen.

Ein weiteres Beispiel für virtuelle Organisationen sind Automobilhersteller. Sie verfügen über Partner auf der Zuliefererseite, zu denen sie einen Großteil der Entwicklung und Herstellung von Automobilkomponenten ausgelagert haben. Im

---

14 Thomas A. Stewart, Intellectual Capital, S. 196f.

Verkauf wiederum sind die Autohändler ihre Partner. Das Partnernetzwerk auf der Lieferantenseite von MLP bzw. auf der Lieferanten- und Verkaufsseite der Automobilhersteller und von Skandia stellt Intangible Assets für diese Organisationen dar. Sie nutzen dieses Kapital, indem sie ihre Lieferanten- und Kundenbeziehungen effizienter gestalten, um besser beschaffen und verkaufen, Kosten einsparen sowie Produkte termintreuer und mit besserer Qualität an die Endkunden liefern zu können. Wenn ein solches Netzwerk einmal aufgebaut ist, kann es auch dazu dienen, Nebenprodukte sowie Güter und Dienstleistungen der Lieferantenpartner an andere Firmen außerhalb des Netzwerks zu verkaufen. Dies ist häufig das Hauptgeschäftsinteresse bei den in letzter Zeit geschaffenen elektronischen Marktplätzen, wie etwa Covisint in der Automobilindustrie.

Ein Partnernetzwerk, das auf dem Modell virtueller Unternehmen basiert, erhöht das zukünftige Umsatzpotenzial eines Unternehmens und kann ein Markteinstiegshindernis für potenzielle Konkurrenten bedeuten. In virtuellen Unternehmen werden die Partner weitgehend von einem führenden Unternehmen dominiert, wie sich am Beispiel der Automobilindustrie zeigt, bei der den großen Automobilmarken diese Rolle zukommt.

In einem Ecosystem oder Unternehmensnetzwerk hat ein Partner nur sehr wenig Möglichkeiten, andere Partner zu dominieren. Dafür haben Partnernetzwerke noch mehr Möglichkeiten der Wertschöpfung als virtuelle Unternehmen. Die Teilnahme an einem Unternehmensnetzwerk ist besonders erstrebenswert für Firmen, für deren Erfolg es entscheidend ist, rasch auf neue Marktanforderungen reagieren zu können oder schnell einen großen Marktanteil in einem neuen Segment oder für einen neuen Produkttyp zu erobern. Bei derartigen Netzwerken handelt es sich um Cluster von Firmen, die auf der Grundlage einer bestimmten Technologie oder Plattform zusammenarbeiten. Solche Netzwerke finden sich besonders in sehr wissensintensiven und dynamischen Geschäftszweigen, wie etwa in der Softwareindustrie. Sie waren die Voraussetzung für den Erfolg vieler in dieser Branche operierender Unternehmen.

Die SAP AG, ein führender Anbieter von Unternehmenssoftware und Business-to-Business-Lösungen, kooperiert schon seit den Zeiten seines Mainframe-Produkts SAP R/2 in den 80er-Jahren mit Partnern. Mit der Markteinführung von SAP R/3, das bald zur führenden ERP-Software wurde, intensivierte SAP seit 1992 seine Partnerschaften mit Management- und IT-Beratungsunternehmen, Hardwareherstellern und kleineren Systemhäusern. 80 Prozent des Beratungsgeschäfts, das mit der Implementierung von SAP-Software zusammenhing, wurde von Consulting-Partnern der SAP AG übernommen. Nur die restlichen 20 Prozent wurden von der Consulting-Abteilung der SAP AG selbst abgewickelt. Seit 1980 ist die Zahl der Partner der SAP AG von einer Hand voll auf über Tausend angewachsen. Gleichzeitig sind die Umsatzerlöse von SAP exponentiell angestiegen. In der 1996 erschienenen Publikation »Globale Strategien der SAP« bestätigt Dietmar Hopp, der Mitbegründer und heutige Aufsichtsratsvorsitzende der SAP AG, dass die Partner von SAP das enorme Wachstum des Unternehmens erst ermöglicht haben. Hopp erläutert, dass das Hauptziel beim Ausbau des Partnernetzes in der Erweiterung des Markts für SAP-Produkte durch das Beziehungsnetzwerk seiner Partner bestand. Erreicht wurde dieses Ziel dann auch durch eine Vergrößerung der Palette der von SAP angebotenen Produkte und Dienstleistungen.[15] Hierbei konnten sowohl das Know-how als auch die bestehenden Kundenbeziehungen der Partner mit einfließen.

Eine McKinsey-Studie brachte zu Tage, dass die erfolgreichsten Softwareunternehmen der Welt die Bedeutung von Partnern für ihr wichtigstes Produkt um beinahe 30 Prozent höher einschätzten als weniger erfolgreiche Mitbewerber.[16] Partner helfen nicht nur beim Schließen von Technologielücken, sondern auch dabei, höhere Marktanteile schneller zu erreichen. Softwarefirmen bilden neue, von ihnen als Partnernetze bezeichnete Organisationsstrukturen aus, die aus Tausenden informeller, jedoch stark leistungsorientierter Partnerschaften bestehen können. Gemäß der McKinsey-Studie müssen die Partner erfolgreicher Softwareunternehmen nicht nur stark, sondern auch zahlreich sein. So haben erfolgreiche Softwareunternehmen durchschnittlich viermal mehr Partner als weniger erfolgreiche. Der Charakter dieser Ecosysteme oder Partnernetze ist jedoch sehr verschieden von demjenigen virtueller Unternehmen. *Wie funktionieren diese Partnernetze?*

Am Anfang stehen die Firmen, die ein Partnernetz initiieren. Sie machen die wesentlichen Vorgaben und entwerfen ein Bild davon, welchen Wert ein solches Netz für die Kunden und natürlich auch für potenzielle Partner darstellen kann. In der Hightechindustrie sind dies auch diejenigen Firmen, die die Technologieplattform für das Partnernetz erstellen, wie dies zum Beispiel SAP mit seinem Produkt »SAP R/3« und Microsoft mit »Windows« getan hat. Häufig wird das Wachstum der das Partnernetz gestaltenden Unternehmen durch das Wachstum des sie umgebenden Netzes bestimmt. In hoch dynamischen und sich schnell entwickelnden Märkten kann ohne ein solches Netz eine Führungsposition auf dem Markt weder erreicht noch verteidigt werden. Um ein sich selbst beschleunigendes Wachstum des Partnernetzes zu erreichen, müssen die Initiatoren größere Segmente ihres Marktanteils an ihre Partner abtreten, um wesentlich schneller wachsen und einen deutlich größeren Markt aufbauen zu können, als ihnen dies

15 Dietmar Hopp, »Strategische Erneuerungen für den globalen Wettbewerb«, in: Erich Zahn (Hrsg.), Globale Strategien der SAP AG, SAP AG, 1996, S. 129
16 Detlev Hoch et al., Secrets of Software Success, S. 181

ohne Partner möglich wäre. Die McKinsey-Analyse zeigt, dass 1998 nur etwa 20 Prozent der durch eine typische SAP R/3-Installation erzielten Gewinne an SAP flossen.[17]

»Netzadaptoren« – so werden Firmen genannt, die sich einem wachsenden Netz eingliedern – bauen auf den Grundlagen des Netzes auf und erweitern es. Ihr Motiv ist dabei der Wunsch, einen Teil des durch das Netz erzielten Gewinns zu erhalten. Auf dem Markt für Unternehmenssoftware zählen professionelle Dienstleistungsunternehmen wie Accenture (ehemals Andersen Consulting), KPMG oder PricewaterhouseCoopers, aber auch Hardwarehersteller wie Hewlett-Packard oder IBM zu den Netzadaptoren, da sie innerhalb des Partnernetzes der Softwarebranche Leistungen erbringen oder Geräte beisteuern, ohne die die komplette Lösung für den Kunden nicht bereitgestellt werden könnte. Auch wenn das den Aufbau eines Partnernetzes betreibende Unternehmen noch klein und seine Zukunft unsicher ist, sind Adaptoren häufig in erstaunlich großer Zahl bereit, sich diesem anzuschließen, sofern der künftige Gesamtwert des Partnernetzes als potenziell sehr groß eingestuft wird.

Ökonomische Partnernetze schaffen eine Umgebung, die für hohe Wachstums- und Innovationsraten sorgt. Sie basieren nicht auf Verträgen, sondern auf Anreizen, sich dem Netz anzuschließen, darin zu bleiben und im Interesse des organisierenden Unternehmens zu handeln. Manchmal bestehen solche Partnernetze aus Hunderten (wie im Fall von SAP) oder sogar Tausenden von Partnern (wie das von Microsoft). Wenn derart viele Partner zusammenarbeiten, wird eine vereinigende Kraft benötigt, die im gemeinsamen Interesse der Partner am Erfolg dieser Kooperation besteht. Das Zentrum eines solchen Netzes bildet meistens eine gemeinsame Technologieplattform, auf die die einzelnen Partner ihre Gewinnerwartungen gründen.[18]

SAP R/3 (und nun besonders mySAP.com) ist eine typische Technologieplattform für ein Partnernetzwerk. SAP bietet Softwareherstellern die Möglichkeit, sich R/3 über standardisierte APIs (Programmierschnittstellen – von SAP BAPIs genannt) anzuschließen. Um die Vorteile eines integrierten Softwaresystems wie R/3 richtig nutzen zu können, ist oft das Re-Design von existierenden Geschäftsprozessen erforderlich. Da Unternehmen in der Regel dafür intern nicht über ausreichende Ressourcen verfügen, benötigen sie externe Unterstützung durch Beratungsunternehmen. Dies stellt für solche professionelle Dienstleistungsanbieter einen starken Anreiz dar, sich SAP anzuschließen. Je mehr Partner sich dem SAP-Partnernetz anschlossen, desto größer wurde der Wert der Partnerschaft für jeden Teilnehmer, da sich hierdurch die Attraktivität der Angebote des Netzes für seine Kunden und

17 Detlev Hoch et al., Secrets of Software Success, S. 205
18 Detlev Hoch et al., Secrets of Software Success, S. 197ff.

damit seines Markts insgesamt erhöhte. Die Partner bauten Partnerkapital auf, das sich im gemeinsamen Besitz aller befand. Die Beziehungen zwischen den einzelnen Partnern derartiger Netze sind in der Softwarebranche jedoch typischerweise nicht sehr fest geknüpft.

In der Automobilindustrie wäre es fast unvorstellbar, dass die Kunden darüber entscheiden, wer die Bremsen oder die Sitze für ihr neues Auto herstellt und wer es letztlich zusammenbaut. In den Partnernetzen der Softwareindustrie unterhalten zahlreiche Partner direkte Beziehungen zu ihren Kunden. Wenn Kunden eine neue Softwarelösung implementieren wollen, haben sie einerseits die Wahl zwischen verschiedenen Softwareherstellern – SAP, Oracle, Peoplesoft und anderen – und andererseits zwischen Unternehmen, die Softwareinstallationen durchführen, also etwa Accenture, PricewaterhouseCoopers, Cap Gemini Ernst & Young, KPMG, CSC Ploenzke und anderen. Wenn ein Kunde SAP-Software auswählt und sie von Accenture installieren lässt, haben sowohl SAP als auch Accenture direkte und weitestgehend gleichberechtigte Kontakte zu diesem Endkunden aufgebaut. Beide haben damit Kundenkapital geschaffen, das miteinander verbunden ist, und sie hängen wechselseitig voneinander ab. Diese Verbindung stellt selbst wieder ein Intangible Asset dar: Partnerkapital, ohne das das Kundenkapital für beide Partner keinen Wert hätte. Wenn Accenture eine SAP-Lösung nicht zur Zufriedenheit des Endkunden implementiert, fällt dies sowohl auf Accenture als auch auf SAP zurück. Und auch wenn SAP eine den Erwartungen nicht entsprechende Software bereitstellen würde, ginge beiden Partnern Kundenkapital verloren. *Wenn jedoch beide Partner über einen direkten Zugang zum Kunden verfügen und relativ unabhängig voneinander agieren, so dass keiner die vollständige Kontrolle über den andern hat, wie lässt sich eine solche Partnerschaft und damit das Partnerkapital eines solchen Unternehmens dann überhaupt noch managen?*

Partnerkapital in Form von wertsteigernden Allianzen – sei es als virtuelles Unternehmen, Ecosystem oder als Partnernetz – stellt neben Kunden-, Human- und Strukturkapital einen Vermögenswert dar, von dem das künftige Ertragspotenzial einer zunehmenden Anzahl von Unternehmen abhängen wird. Schon bald wird jedes Unternehmen an einer solchen wertsteigernden Community beteiligt sein, entweder, indem es sie selbst gründet, oder, indem es sich ihr anschließt. Häufig wird ein Unternehmen dabei in mehreren Communities gleichzeitig engagiert sein.

Unternehmenskultur und -strategie als Kapital

Wir haben jetzt verschiedene Komponenten der Intangible Assets bzw. des Wissenskapitals benannt. Ein wichtiger Teil fehlt jedoch noch. Wissenskapital ist mehr als die Summe seiner Teile. Es entsteht vielmehr erst aus dem Zusammenwirken aller seiner Komponenten. Wenn Human-, Struktur-, Kunden- und Partnerkapital zusammenwirken, kommt es zu jener außerordentlichen Wertschöpfung, welche die leistungsstärksten Unternehmen der heutigen Zeit auszeichnet. Um es ihnen gleich zu tun, genügt es nicht, in Menschen, Prozesse und Systeme, Kunden und Partner separat zu investieren. Die verschiedenen Komponenten des Wissenskapitals können sich vielmehr gegenseitig unterstützen und den Wert der Summe seiner Komponenten auf diese Weise multiplizieren. Dies gelingt jedoch nur auf der Grundlage einer entsprechenden Kultur und mit der geeigneten Strategie, die zum richtigen Zeitpunkt an der richtigen Stelle eingesetzt wird.

Die Kultur und der Managementstil eines Unternehmens sind das Gewächshaus und der Dünger, die das Wachstum von Human-, Struktur- sowie von Kunden- und Partnerkapital fördern. Die richtige Kultur hilft Menschen, sich persönlich weiterzuentwickeln und Humankapital aufzubauen. Sie unterstützt den Aufbau von Strukturkapital durch den Anreiz, Wissen zu teilen, und fördert die Umwandlung individuellen Wissens in Strukturkapital. Außerdem hilft sie, Kunden und Partner anzuziehen und die Beziehungen zu ihnen zu bereichern. Die Unternehmenskultur schafft die Grundlage dafür, dass das Unternehmen in der Lage ist, die verschiedenen Komponenten seines Wissenskapitals zu kombinieren, um den Gesamtwert zu multiplizieren.

Human- und Strukturkapital verstärken sich gegenseitig, wenn sich alle Mitarbeiter eines Unternehmens ein gemeinsames Ziel setzen, wenn das Management der Flexibilität seiner Angestellten einen hohen Wert beimisst, mehr mit Anreizen als mit der Androhung von Sanktionen gearbeitet wird, und wenn dann noch unternehmerische Begeisterungsfähigkeit hinzukommt. Jeder einzelne Mitarbeiter sollte sich für seine Rolle innerhalb des Unternehmens verantwortlich fühlen, möglichst direkt mit Kunden und Partnern zusammenarbeiten und wissen, welche Kenntnisse und Fähigkeiten Kunden und Partner erwarten und zu schätzen wissen. Die Unternehmenskultur kann ein solches Verhalten fördern oder behindern. In der neuen Ökonomie stellt deshalb die passende Unternehmenskultur einen realen ökonomischen Wert dar, da sie die Voraussetzung für die Entwicklung und Förderung des Wachstums von Wissenskapital innerhalb eines Unternehmens ist. Sie stellt somit kulturelles Kapital dar.

Sämtliche bisher beschriebenen Komponenten des Wissenskapitals sind jedoch für das Unternehmen noch kein Kapital im eigentlichen Sinn, solange das Unternehmen kein Gesamtkonzept besitzt, das es ihm ermöglicht, die in den einzelnen Komponenten enthaltenen Potenziale wirklich effektiv zu nutzen und in finanziellen Wert umzusetzen.

Wert ist etwas sehr Relatives. Von Wert ist etwas für jemanden nur, wenn es einem bestimmten Zweck dient. Entsprechendes gilt für Wissenskapital und

Intangible Assets. Zu beteuern, dass Wissenskapital und Intelligenz einen der wichtigsten Vermögenswerte einer Organisation darstellt, ist eine Sache; diese Einsicht in Pläne und Aktivitäten zu übersetzen, die zu besserer Performance und höheren Gewinnen führen, eine ganz andere. Wissenskapital um seiner selbst willen als Allerheiligstes anzusehen, wäre für Manager keine adäquate Einstellung. Ihre Aufgabe besteht vielmehr darin, die Intangible Assets und das Wissenskapital einer Organisation ihren materiellen Zielen, also Gewinn- und Umsatzzielen, dienstbar zu machen.

Ein Unternehmen hat deshalb, selbst wenn es über signifikante Einzelkomponenten von Wissenskapital verfügt, keinen besonderen Wert, wenn es ihm an einer *Strategie* fehlt. Es sind die Strategie, die Mission, das Selbstbild und die Leitsätze einer Organisation, die ihr die Richtung weisen, ihr Sinn geben und ihre Mittel in Werte verwandeln. Die Strategie bündelt das Wissen, die Fähigkeiten und die übrigen Potenziale zu einem unverwechselbaren Profil, das die optimale Nutzung aller materiellen und immateriellen Vermögenswerte des Unternehmens unterstützt, um aus ihnen mehr zu machen, als nur die Summe ihrer Teile ergeben würde. Ein solches Profil ist für Konkurrenten nur schwer nachzuahmen und stellt daher einen echten Wettbewerbsvorteil dar.

Strategisches Management ist deshalb zu einem der wichtigsten Elemente der Unternehmensführung und der Wertschöpfung geworden. Doch erst die Fähigkeit einer Organisation und ihres Managements, die strategische Ausrichtung ständig zu überarbeiten und an Marktveränderungen anzupassen führt zu einer optimalen Nutzung des Wissenskapitals eines Unternehmens. Ebenso wichtig ist die Fähigkeit, diese neuen Strategien schneller als die Konkurrenz in Taten umzusetzen. Alle Stakeholder des Unternehmens haben hieran ein Interesse. Strategisches Kapital, das eine weitere Form intellektuellen Kapitals darstellt, ist genau diese Fähigkeit, wertsteigernde Strategien zu entwickeln, zu aktualisieren, anzupassen und schnell und erfolgreich umzusetzen – und zwar immer wieder von neuem.

Die Ökonomie von Information und Wissen im intellektuellen Kapitalismus

Informationen und Wissen sind in vielen Fällen wertvoller geworden als die Geschäftsabläufe, aus denen sie ursprünglich gewonnen wurden. Gewinne aus Investitionen in die Aktien und Optionen eines Unternehmens können dessen Gewinne selbst bei weitem übertreffen, wenn man über die richtigen Informationen und das richtige Wissen bezüglich seiner wirtschaftlichen Perspektiven verfügt. Die Kenntnis des Kaufverhaltens eines Kunden, die aus der Analyse seiner Kreditkartenzahlungen resultiert, kann wertvoller sein als der Gesamtwert der von diesem Kunden getätigten Einkäufe, die zu diesen Daten geführt haben. Wenn das Kreditkartenunternehmen diese Kundendatenprofile beispielsweise an Versicherungen, Finanzdienstleister oder Versandhändler verkaufen würde, könnten diese Firmen auf die Bedürfnisse individueller Kunden im Detail eingehen und auf diese Weise zusätzliche Erlöse erzielen, die häufig die mit demselben Kunden ursprünglich erzielten Umsätze überträfen. Aus diesem Grund sind Kundendaten einerseits so wertvoll, jedoch andererseits auch zum Gegenstand illegaler Transaktionen geworden. Unternehmen müssen deshalb künftig Wege finden, die garantieren, dass Kundendaten nur mit ausdrücklicher Zustimmung der Kunden selbst an Dritte weitergegeben werden.

Heute ist der immaterielle Anteil der Weltwirtschaft wahrscheinlich ebenso groß oder sogar größer als der materielle. Information und Wissen haben jedoch andere ökonomische Eigenschaften als Geld, natürliche Ressourcen, Arbeit und traditionelle Produktionsmittel. Ein fundamentaler Unterschied besteht darin, dass Wissen immer wieder eingesetzt werden kann und sich nicht verbraucht. Die Kosten der Informationsgewinnung sind unabhängig davon, wie viele Menschen dieses Wissen schließlich einsetzen. Es macht für die Kosten, die für das Schreiben einer neuen Software anfallen, keinen Unterschied, ob dieses Programm nur von 300 oder von einer Million Anwendern verwendet wird. Gleiches gilt für die Kosten, die für das Zusammentragen der Informationen für ein Buch entstehen. Sicherlich hängen die Kosten der Herstellung von CDs, auf denen sich das Programm befindet, oder der Drucklegung des Buchs davon ab, wie viele Exemplare jeweils hergestellt werden sollen. Diese Kosten, die oft sehr gering im Vergleich zum Verkaufspreis und den Entwicklungskosten sind, entstehen jedoch durch die Trägermaterialien und den Reproduktionsprozess, nicht aber durch das Wissen selbst.

Immaterielle Vermögenswerte, Intangible Assets, zeigen unter ökonomischen Gesichtspunkten ein deutlich anderes Verhalten als materielle Vermögenswerte. Als immaterieller Vermögenswert existiert Wissen unabhängig vom Faktor Raum: Dasselbe Wissen kann beliebig oft verkauft werden und sein Vorrat wird durch den Gebrauch nicht erschöpft. Dass Informationen oder Wissen an jemanden verkauft wurde, hindert den ursprünglichen Besitzer nicht daran, dieselben Informationen und dasselbe Wissen selbst zu verwenden, und es nochmals an jemand anderen zu verkaufen. Wissen und Informationen sind jedoch andererseits extrem abhängig vom Faktor Zeit. Sie veralten und verlieren ihren Wert oft schneller als ein Buchhalter immaterielle Vermögenswerte in seine Bilanzen eintragen kann. Doch das wahrscheinlich wichtigste Merkmal von Intangible Assets und von Wissen ist dies: Je mehr Menschen sie nutzen, desto wertvoller sind sie.

Der Grund hierfür ist, dass mit der Zahl der Menschen, die dasselbe Wissen verwenden, die Chancen dafür steigen, dass sie zum Schaffen von weiterem Wissen und weiteren Werten zusammenarbeiten können. Genau deshalb sind Communities beim Schaffen von Intangible Assets so produktiv. Nehmen wir als Beispiel noch einmal die Softwarebranche. Wenn mehrere Personen oder Firmen dieselbe Software verwenden, können sie wesentlich leichter Informationen und Wissen austauschen, etwa Geschäftsdaten aus ERP-Systemen oder Dokumente in Form von Word- oder PowerPoint-Dateien, da sie jeweils die gleiche Verarbeitungslogik und das gleiche Dateiformat verwenden und auf das gleiche Anwendungswissen aufbauen können. Dies hat wichtige Konsequenzen. Je mehr Kunden ein erfolgreiches Softwareunternehmen wie beispielsweise Microsoft heute hat, desto größer ist die Wahrscheinlichkeit, dass in Zukunft noch mehr Kunden hinzukommen werden.

Das bedeutet nichts weniger, als dass das Gesetz vom abnehmenden Grenzertrag in wissensintensiven Geschäftszweigen nicht gilt. Dieses ökonomische Gesetz, das im 18. Jahrhundert von Thomas Malthus und David Ricardo erstmals formuliert wurde, besagt, dass jede geschäftliche Aktivität an einen Punkt gelangt, von dem an zusätzliche Investitionen weniger produktiv als frühere Investitionen werden. Ein klassisches Beispiel zur Erläuterung dieses Gesetzes stammt aus der Landwirtschaft: Wenn ein Landwirtschaftsbetrieb die Zahl seiner Angestellten verdoppelt, kann er damit zunächst auch seine Produktivität verdoppeln, da er wahrscheinlich in der Lage sein wird, mit mehr Mitarbeitern mehr Getreide anzubauen. Wenn er jedoch noch weitere Personen anstellt und die Zahl der Angestellten nochmals vergrößert, wird sich die Produktivität dadurch nicht im gleichen Maß oder vielleicht gar nicht steigern lassen. Sie kann sogar zurückgehen, da die zusätzlichen Arbeitskräfte zwar zusätzliche Kosten verursachen, jedoch möglicherweise nicht mehr Getreide anbauen können, da die Ressource Land, die genutzte Agrarfläche, nicht unbegrenzt zur Verfügung steht. Der Wettbewerb um knappe Ressourcen reduziert also die Erträge von Investitionen.

Diejenigen Wirtschaftsbereiche, die auf materiellen Ressourcen basieren (Landwirtschaft, Bergbau usw.) unterliegen nach wie vor dem Gesetz vom abnehmenden Grenzertrag. Für Wirtschaftsbereiche, die auf Wissen basieren, gilt hingegen das Gesetz vom zunehmenden Grenzertrag. Dies erklärt sich daher, dass die wesentliche Ressource – Information und Wissen – in diesem Fall nicht die Engpassfaktoren aufweist wie die industriellen Produktionsfaktoren. Software etwa lässt sich mühelos reproduzieren. Daher gelten die vor über 200 Jahren formulierten Gesetzmäßigkeiten in dieser Branche nicht mehr.[19]

---

19 Detlev Hoch et al., Secrets of Software Success, S. 123ff.

Je größer die Zahl der Anwender einer bestimmten Software ist, desto mehr steigt der potenzielle Nutzen für alle Anwender und für desto mehr weitere potenzielle Anwender wird die Software attraktiv. Dieser Effekt der positiven Rückkopplung ist der Grund dafür, warum in der Softwareindustrie Produktentwicklung *und* Marketing die Schlüsselfaktoren des Erfolgs sind. Dasjenige Unternehmen, das die marktführende Position zuerst erreicht, kann nicht nur die zum Schaffen des in der Software enthaltenen »Wissens« normalerweise beträchtlichen Forschungs- und Entwicklungskosten schnell amortisieren, sondern befindet sich auch in der besten Position für die Gewinnung neuer Kunden und damit für weiteres Wachstum und Gewinn. Das Unternehmen kann auf diese Weise größere Einnahmen und deutlich höhere Profite erzielen, da es die Einstiegskosten auf eine größere Zahl verkaufter Programmkopien verteilen kann. In der Softwareindustrie haben daher nur die gleich zu Anfang involvierten Unternehmen Aussicht auf Erfolg. Wirtschaftlichkeitserwägungen, die auf dem Umfang des zu erwartenden Geschäfts basieren, sind in jeder Branche von Bedeutung. In wissensintensiven Geschäftsbereichen, bei denen hohe Anfangsinvestitionen erforderlich sind, ist ihre Bedeutung um ein Vielfaches größer. Die Herstellungskosten des Produkts sind am Anfang hoch (da die hohen Entwicklungskosten gedeckt werden müssen), während sie ab einer bestimmten Stückzahl beinahe vernachlässigt werden können. Der Profit pro Exemplar steigt mit der verkauften Stückzahl an. Und das wiederum bedeutet, dass der Gesamtprofit mit jedem verkauften Exemplar stärker als nur linear zunimmt: er wächst beschleunigt, und sein Graph kann zumindest eine Zeit lang einer exponentiellen Kurve gleichen.

Das gilt aber nicht nur für Software. Der steigende wissensbasierte Inhalt von traditionellen Industrieprodukten sorgt auch hier dafür, dass sich tendenziell die Kosten zu Beginn der Wertkette aufstauen. Die Forschungs-, Entwicklungs- und Designkosten für Flugzeuge, Automobile, Mobiltelefone usw. steigen, verglichen mit den direkten Herstellungskosten, ebenfalls signifikant an.

Das Gesetz vom zunehmenden Grenzertrag lässt auch eine auf den ersten Blick ökonomisch sinnlose Handlung sinnvoll erscheinen, nämlich dass ein Unternehmen seine Produkte kostenlos an Kunden abgibt. So hat zum Beispiel Netscape seine Software kostenlos zur Verfügung gestellt, um eine führende Marktposition zu erreichen. Endkunden konnten sich den Webbrowser »Netscape Navigator« kostenlos aus dem Internet herunterladen. Sie erzeugten damit jedoch eine riesige Nachfrage nach Navigator-basierten Anwendungen, die nur von Programmierern geschrieben werden konnten, die über eine Version der serverseitigen Software verfügten – und diese mussten sie bei Netscape kaufen. Das Ziel von Netscape bestand darin, zunächst eine Anwender-Community um die eigene Technologieplattform herum zu schaffen, um dann erst anschließend mit ihrer Hilfe Gewinne zu erzielen. Es ist für Hightechunternehmen typisch, dass bei ihnen die Kosten für Forschung und Entwicklung sowie den Aufbau eines Anwendernetzwerks sehr hoch sind. Dies hat wichtige Konsequenzen für das strategische Management in solchen wissensintensiven Unternehmen. Wenn sich Erfolg nur durch frühes Engagement erreichen lässt, muss das Management dazu bereit sein, früh hohe Risiken einzugehen und wichtige Entscheidungen mit bedeutenden finanziellen Konsequenzen schnell zu treffen. Korrekturen müssen dann nötigenfalls während der Ausführung vorgenommen werden.

Bei der auch als Metcalfe's Law[20] oder einfach Netzwerkeffekt bekannten Gesetzmäßigkeit wird die Wirkung von Anwender-Communities genutzt. Je mehr Menschen ein Faxgerät besaßen, desto wertvoller wurde jedes neue Faxgerät, da es immer mehr mögliche Kommunikationspartner gab. Je mehr Anwender als Betriebssystem ihrer PCs zunächst DOS und dann Windows verwendeten, desto wertvoller wurden diese Systeme, weil man nun Daten und Dateien mit einer größeren Zahl anderer Anwender austauschen konnte und für DOS bzw. Windows immer mehr Softwareanwendungen auf den Markt kamen.

Im Gegensatz zu der zuerst beschriebenen Form zunehmender Grenzerträge, weist diese Form der Ertragszunahme in Netzwerken häufig einen oder mehrere »Inflection Points« auf: Die Erträge steigen langsam an, bis der Inflection Point erreicht ist – von da an beschleunigt sich ihre Zunahme.

Als Beispiel hierfür kann das World Wide Web dienen: Bis eine Mindestanzahl professioneller Hosts (Informationsanbieter, E-Commerce-Sites usw.) zur Verfügung stand, war das World Wide Web für den Anwender – und damit auch für die Unternehmen, die sich fragten, ob sie in E-Commerce investieren sollten – von geringem Wert. Als jedoch eine bestimmte Verbreitungsschwelle überschritten war, entdeckten mehr und mehr Menschen den Nutzen des World Wide Webs, und der Bedarf an Hosts nahm schlagartig zu.

Firmen, die internetbasierte virtuelle Communities aufbauen, arbeiten nach genau diesem Prinzip: Zunächst sind hohe Investitionen erforderlich, nicht nur um die technische Umgebung der Website für die virtuelle Community aufzubauen, sondern auch um eine kritische Anzahl von Mitgliedern zu erreichen. In einem zweiten Schritt entstehen, ausgehend vom zunehmendem Wert der direkten und indirekten Interaktionen zwischen der wachsenden Zahl der Mitglieder, erhebliche Netzwerkeffekte in der virtuellen Community. Je mehr Parteien sich einem elektronischen Marktplatz wie zum Beispiel eBay anschließen, desto wertvoller wird er für alle Mitglieder, da sich durch die Bereitstellung eines breiteren

20 »Metcalfe's Law« wird Robert Metcalfe, dem Erfinder des Ethernets, zugeschrieben. Danach steigt der Wert eines Netzwerkes nach der Formel 2^n an (n = Anzahl der Netzwerkteilnehmer).

Markts dessen Effizienz und Nutzen für die einzelnen Marktteilnehmer erhöht. Das Wachstum vollzieht sich daher in zwei Schritten:

1. Zunächst muss für das neue Produkt oder Leistungsangebot eine kritische Anzahl von Kunden gewonnen werden, die als erste Geschäftsbasis dienen kann. Das kann durch Werbemaßnahmen oder durch das kostenlose Verteilen des Produkts bzw. eines Teil des Produkts geschehen.
2. Danach muss eine marktführende Position erreicht werden, um profitabel zu werden. Dazu müssen noch mehr Kunden gewonnen werden. Dies kann zum Beispiel durch das Schaffen einer Anwender-Community geschehen, die den Wert »Kunde zu sein« aus Sicht des Einzelakteurs signifikant erhöht (siehe Abbildung 1.4).

Erst ab dem zweiten Inclination Point wird der Betreiber des Markplatzes Geld verdienen. In dem Maß, in dem der Markt weiter wächst, werden seine Einkünfte daraus durch erhöhte Kommissionsvolumina oder Beitrittsgebühren anwachsen. Insbesondere Anwendernetzwerke oder auch Verbraucher-Communities und auf Abonnements basierende Vertriebsmodelle für wissensbasierte Produkte folgen dem Modell zunehmender Erträge, wie in Abbildung 1.4 dargestellt.

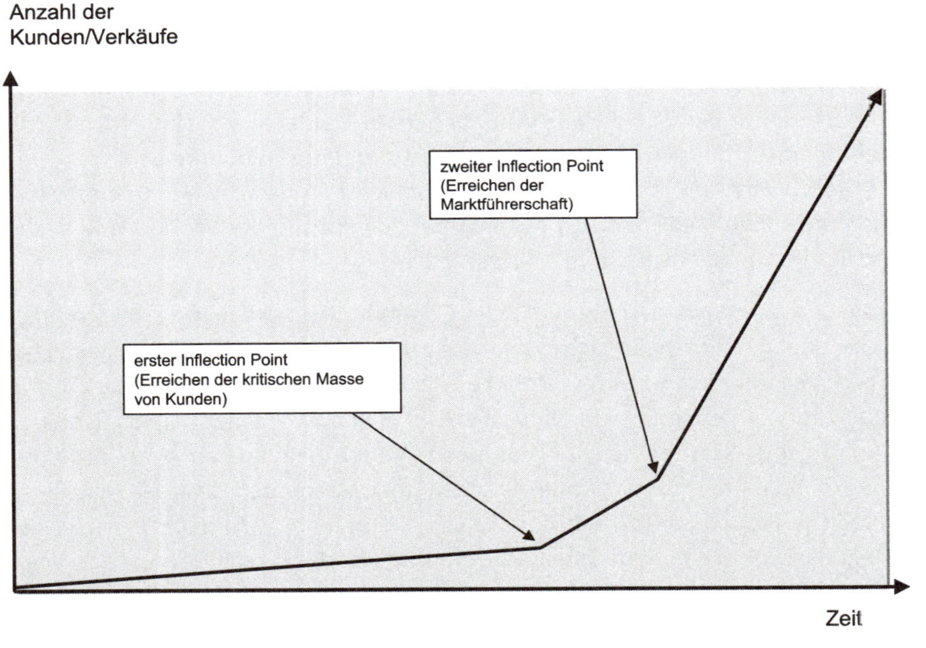

Abbildung 1.4 Typisches Wachstum der Kunden- und Verkaufszahlen eines Unternehmens mit zunehmenden Grenzerträgen

Ein weiteres wichtiges ökonomisches Merkmal wissensbasierter Produkte ist, dass der Käufer erst dann beurteilen kann, ob sich die Investition in ein bestimmtes Wissen oder eine bestimmte Informationen gelohnt hat, wenn er darüber verfügt. Der Wert eines Wissensprodukts ist aus Anwendersicht erst vorhersagbar, wenn es sich auf dem Markt befindet. Dies ist der Grund dafür, warum es in der Softwareindustrie oft üblich ist, die erste Kopie eines neuen Produkts kostenlos abzugeben (z. B. als so genannte Shareware). In wissensintensiven Geschäftszweigen spielt deshalb eine neue, wesentlich engere, doch zugleich auch offenere Kundenbeziehung für den Erfolg mit neuen Produkten auf neuen Märkten eine Schlüsselrolle. Anwender-Communities, denen Unternehmen kostenlose Probeexemplare neuer Produkte zur Verfügung stellen und die Möglichkeit bieten, ihre Erfahrungen mit den Produkten und Leistungen der Firma untereinander auszutauschen, sind die optimale Art und Weise, dieses Ziel zu erreichen. Solche Anwender-Communities können einen potenziellen Kunden, der das Produkt noch nicht gekauft und für sich getestet hat, viel besser vom Wert des Produkts überzeugen als jede Werbung dies vermag.

Das Versagen der traditionellen Rechnungslegungsmethoden

Wissenskapital und Intangible Assets erschöpfen sich nicht, sind beliebig multiplizierbar, müssen durch hohe Anfangsinvestitionen (Zeit *und* Geld) aufgebaut werden und befinden sich häufig im gleichzeitigen Besitz mehrerer Parteien (z.B. des Kunden und des Unternehmens). Ferner kann ihr (Markt-)Wert allein auf der Grundlage der dafür aufgewendeten Kosten nicht vorhergesagt werden. Es verwundert daher nicht, dass die Aktien wissensintensiver Unternehmen, wie zum Beispiel im Finanzdienstleistungs- und Softwaresektor, für ihre Volatilität berüchtigt sind. Woran es hier fehlt, ist ein neues Modell der Erfolgsrechnung und des Reportings, mit dem die aktuelle Unternehmensleistung und die wirtschaftlichen Zukunftsaussichten besser eingeschätzt werden können. Das Management, die Investoren und andere am Erfolg des Unternehmens interessierte Parteien müssen in die Lage versetzt werden, den tatsächlichen Wert und die wirtschaftlichen Perspektiven eines Unternehmens frühzeitig einschätzen zu können. Die starken Schwankungen der Börsennotierungen von Technologiewerten sind ein deutlicher Hinweis darauf, dass sich die Ergebnisse geschäftlicher Aktivitäten mit traditionellen Rechnungslegungsmethoden nicht mehr erfassen lassen, und eine deutliche Informationsasymmetrie zwischen In- und Outsidern besteht.

Die Bilanz zeigt nur den Liquidationswert eines Unternehmens. Der ursprüngliche Zweck der Finanzbuchhaltung bestand nicht zuletzt darin, Investoren und Kreditgebern Informationen zu liefern, denen der Wert eines Unternehmens für den Fall einer möglichen Liquidation, zum Beispiel im Fall eines Konkurses, zu entnehmen ist. Der Marktwert eines Unternehmens ist heute jedoch wesentlich größer als die Vermögenswerte, die in der Firmenbilanz ausgewiesen werden. In zahlreichen wissensintensiven Industriezweigen beträgt der Bilanzwert eines Unternehmens häufig nur noch weniger als 10 Prozent seines Marktwerts, wie wir bereits weiter oben gesehen haben. Dies bedeutet, dass nur 10 Prozent des Anlagewerts eines Aktionärs in der Bilanz des Unternehmens auftaucht und durch diese belegt wird oder, anders ausgedrückt, auf der Basis der in der Rechnungslegung und in den Finanzberichten enthaltenen Informationen können nur wenige Wertkomponenten eines Unternehmens optimiert oder auf ihre Ertragslage hin eingeschätzt werden – also nur ein Zehntel des Gesamtunternehmenswerts (siehe Abbildung 1.5).

Auf dem Aktienmarkt öffentlich gehandelte Anteile von Unternehmen werden an der Börse täglich bewertet. Die von einem Unternehmen veröffentlichten Finanzdaten sagen Investoren jedoch nichts über den wirklichen Wert der von ihnen gekauften oder verkauften Aktien. Das Risiko plötzlicher Verluste durch die Zahlungsunfähigkeit und anschließende Liquidation eines börsennotierten Unternehmens ist heute – aufgrund von besserem Management, der Pflicht zur Prüfung und Mitteilung der Firmendaten und besonders im Vergleich zu dem Risiko, Geld auf dem Aktienmarkt durch plötzliche Werteinbrüche an der Börse zu verlieren – normalerweise so gering, dass es nicht mehr gerechtfertigt ist, wenn allein auf die mögliche Liquidation eines Unternehmens als Basis für die Veröffentlichung von Unternehmensdaten abgestellt wird. Außerdem zeigt sich, dass sich im Konkursfall durchaus auch Intangible Assets, zum Beispiel in Form von Kundenlisten oder auch »In-Process R&D«, vom Konkursverwalter verwerten lassen.

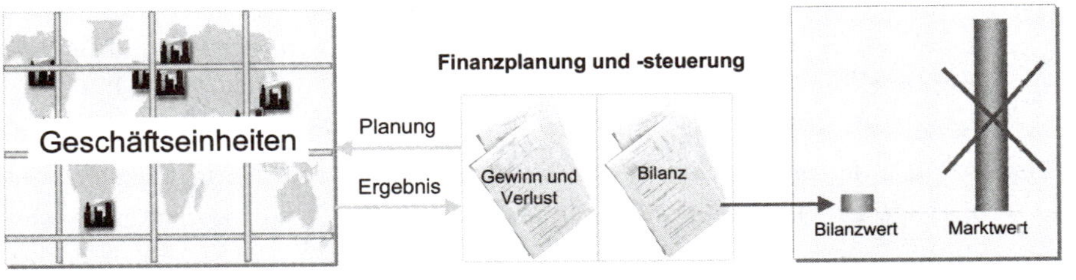

Abbildung 1.5 Das traditionelle Reporting erklärt und optimiert nur die in der Bilanz ausgewiesenen Vermögenswerte.

Heutzutage benötigen Investoren – insbesondere institutionelle Anleger – dieselben Informationen wie das Management eines Unternehmens. Der einzige Unterschiede betrifft möglicherweise die Detailebene. Die bisherige Weise der Unterscheidung zwischen veröffentlichten Finanzdaten und zusätzlichen Informationen für das Management ist nicht mehr sinnvoll, wenn das Hauptziel des Managements, der Investoren und aller anderen am Erfolg des Unternehmens interessierten Parteien dasselbe ist: den Wert des Unternehmens zu steigern.

Diese Unterscheidung ist auch deshalb nicht mehr zeitgemäß, weil die rechtlichen Grenzen eines Unternehmens nicht mehr mit dem Aktionsradius des Managements identisch sind. Wenn Partnernetze und virtuelle Unternehmen zunehmend wichtiger werden, muss auch das Management seinen Aktionskreis erweitern. Es benötigt dann relevante Informationen über das gesamte Netzwerk, um die richtigen Entscheidungen treffen zu können. Die Partner wiederum benötigen dieselben Informationen. Daher wird die Unterscheidung zwischen internen Informationen für das Management und den gesetzlich vorgeschriebenen veröffentlichten Bilanzdaten zunehmend irrelevant.

Es muss ein neues Accounting- und Reporting-Modell gefunden werden, das Investoren, Geschäftspartnern, den übrigen Stakeholdern *und* dem Management auf gleiche Weise dient. Es muss in der Lage sein, den tatsächlichen Wert und die Performance des Unternehmens wiederzugeben, und es erlauben, die künftige Leistung und die Perspektiven abzuschätzen. Um verstehen zu können, was in Zukunft wirklich benötigt wird, wollen wir einen Blick auf die Unzulänglichkeiten des traditionellen Rechnungswesens werfen.

Grenzen der Kostenrechnung und des internen Rechnungswesens

Bereits im industriellen Zeitalter reichte die traditionelle Buchführung, in Form von Haupt- und Nebenbüchern, allein nicht aus, um dem Management alle relevanten Informationen zur Verfügung zu stellen. Dies führte zu Beginn des 20. Jahrhunderts, besonders in den 20er-Jahren, zur Entwicklung der Kostenrechnung. Ihr Hauptzweck bestand darin, Kosten, die bislang nur für das ganze Unternehmen summarisch in seinem Hauptbuch verzeichnet wurden, einzelnen Produkten zuzuordnen, und es dem Management so zu ermöglichen, die Kosten eines Produkts exakter zu ermitteln, um besser Entscheidungen zur Preisgestaltung treffen zu können.

Ähnliches gilt für die Management- oder Profit-Center-Rechnung, die ein wenig später eingeführt wurde. Der Hauptzweck der Profit-Center-Rechnung bestand darin, dem Management in den jetzt komplexeren und größeren Unternehmensorganisationen die Möglichkeit zur Dezentralisierung der Führungsverantwortung zu geben. Mit Hilfe der durch das interne Rechnungswesen zur Verfügung stehenden Informationen, die Daten zu den Erlösen und Kosten eines bestimmten Profit Centers lieferten, war das Management jetzt erstmals in der Lage, die Profitabilität einzelner Unternehmenseinheiten zu ermitteln.

Heute besteht das Problem darin, dass die Managementerfolgsrechnung und das interne Rechnungswesen zu sehr auf die Kostenseite fokussieren. Wenn ein zunehmend größerer Teil der Geschäftsabläufe auf Wissen und Intangible Assets beruht und steigende Investitionen in diese fließen, gibt es zwischen dem finanziellen Aufwand und dem Ergebnis keine eindeutige Korrelation mehr – anders als dies in der Wirtschaft des industriellen Zeitalters der Fall war. Der Wert von Wissenskapital und von Intangible Assets steht nicht unbedingt in Relation zu den Kosten des Aufbaus dieser Assets. Verglichen mit den Herstellungskosten einer Tonne Stahl im industriellen Zeitalter stehen die Kosten für die Herstellung von Wissensprodukten in einem wesentlich weniger engen Zusammenhang zu ihrem Wert oder Marktpreis. Der Wert der Forschungs- und Entwicklungsabteilung eines Pharmaunternehmens kann nicht nach den aufgewendeten Kosten bemessen werden. Und die in die Entwicklung von Software oder die Herstellung eines Films investierten Geldsummen besagen noch nichts über das Einnahmepotenzial dieser neuen Produkte und über deren Marktwert und die zu erzielenden Preise.

Die traditionelle industrielle Wirtschaft und ihr Herstellungsprozess basierten auf einer kostenorientierten Preisgestaltung, die von den Kosten ausging, den gewünschten Gewinn hinzu addierte und so den Preis eines Produkts festsetzte. So bestand ein enger Zusammenhang zwischen den Material- und Lohnkosten für ein Produkt und seinem Marktpreis. Dieser Zusammenhang besteht heute in dieser Form bei wissensbasierten Produkten nicht mehr. Der Wert eines Wissensprodukts für einen Kunden basiert nicht auf der Anzahl der Programmzeilen und nicht darauf, wie viel Geld für die Herstellung des Films oder die Entwicklung der Formel des Medikaments ausgegeben wurde. Er basiert einzig und allein auf dem Wert, den es für den Kunden hat. Er beruht auf seiner Qualität und letztendlich allein auf der Einschätzung durch den Markt.

In wissensintensiven Sektoren ist es deshalb nicht mehr sinnvoll, die Herstellungskosten und die Kosten anderer Ressourcen, die beispielsweise in die Vermarktung eingeflossen sind, als alleinige Grundlage der Preisberechnung zu verwenden. Wenn es nicht mehr gelingt, einzelne Abläufe einem bestimmten Endprodukt – wie etwa einem Buch oder einem Computerprogramm – zuzuordnen, gibt es nur noch eine Kostenart, die für einen beliebigen Zeitraum vorgegeben ist: die Kosten für das gesamte System. Die klassische Unterscheidung zwischen fixen und variablen Kosten, auf der die traditionelle Kostenrechnung und das interne Rechnungswesen basierten, ist nicht länger relevant.

Woran es also fehlt, ist ein neues Konzept der Leistungsmessung und Steuerung, das eine engere Verbindung zwischen den Kosten, dem erzeugten Marktwert und dem Faktor Zeit herstellt. Benötigt wird ein Leistungsmessungskonzept, das Marketingaspekte und Kostenmanagement gleichermaßen berücksichtigt. Das Marketing kann helfen, den möglichen zukünftigen Markterfolg eines Produkts einzuschätzen und zu steuern. Dieser entspricht dem Wert, den ein Produkt für einen Kunden zu einem bestimmten Zeitpunkt hat. Professionelles Marketing trägt dazu bei, den Wert der Ergebnisse von Wissensarbeit zu ermitteln, etwa wenn Entscheidungen über Investitionen in neue Produktentwicklungen getroffen werden müssen. Entsprechende Informationen und Kennzahlen sind deshalb in einem neuen Controlling- und Managementsystem zu berücksichtigen.

Die Wertentwicklung materieller Vermögenswerte, wie zum Beispiel von Maschinen, ist wesentlich leichter vorherzusagen als diejenige von Intangible Assets. Daher sind sich Controller darüber einig, dass der für ein bestimmtes materielles Anlagegut gezahlte Preis abzüglich des Wertverlustes durch Gebrauch und Abnutzung (Abschreibung) seinen Wert in der Regel relativ genau wiedergibt. Diese buchhalterische Einfachheit und Genauigkeit ist im Zusammenhang mit Intangible Assets leider nicht gegeben. Dies führt oft dazu, dass nicht nur Buchhalter und Controller, sondern auch Manager dazu neigen, Investitionen in immaterielles Vermögen, dessen Wert letztlich nicht genau angegeben werden kann, nicht besonders zu fördern. Dies kann dann für die betroffenen Unternehmen sowie für ihre Investoren und Stakeholder zu einem echten Problem werden, wenn das Unternehmen im Wettbewerb um die zunehmend auf Intangible Assets basierenden Wettbewerbspositionen zurückfällt. Aber selbst wenn die notwendige Aufmerksamkeit seitens des Managements für die Intangible Assets des Unternehmens vorhanden ist, besteht dieses Problem.

Was sich nicht quantifizieren lässt, kann nicht gemanagt werden. Das traditionelle Rechnungswesen liefert keine relevanten Informationen, die es dem Management erlauben würden, Intangible Assets effektiv aufzubauen, die Rentabilität sämtlicher (einschließlich der immateriellen) Anlagegüter zu verbessern und die Produktivität von Wissensarbeit zu optimieren. Dies ist heute eines der meist diskutierten Managementthemen. Kosten allein geben keinen Aufschluss über den geschaffenen oder vernichteten Wert. Rein auf Kosten basierende Managementsysteme, die lediglich versuchen, die Kosten den einzelnen Produkten und Unternehmenseinheiten zuzuweisen, bieten keinen Anreiz zum Schaffen von Intangible Assets und dem Optimieren ihrer Rentabilität. Da die Marktseite in der Beurteilung fehlt, und eine korrekte Kostenzuweisung auch häufig nicht möglich ist, gibt die traditionelle kostenorientierte Erfolgsrechnung dem Management keine Auskunft darüber, in welchem Maß die einzelnen Geschäftseinheiten oder Produkte in wissensbasierten Unternehmen zum erwirtschafteten Gesamtwert beitragen. Andererseits stellen ausschließlich an der Marktsituation orientierte Entscheidungen ohne fundamentalere Einsichten auch keine Lösung dar, wie die jüngste Krise am Neuen Markt gezeigt hat. Eine Sicht auf die Effektivität von internen und externen Aktivitäten, eine kostenorientierte Sicht und eine Marktsicht müssen vielmehr miteinander in einem neuen Rechnungswesen und Managementsystem kombiniert werden.

In der gegenwärtigen Marktsituation, in der Unternehmen weltweit operieren müssen, ist Dezentralisierung ein wesentlich wichtigeres Thema geworden, als es dies noch vor achtzig Jahren war. Zu dieser Zeit teilte Alfred Sloan das von ihm geleitete Unternehmen General Motors, das eine enorme Wachstumsphase hinter sich hatte, in einzelne Bereiche mit eigener Managementverantwortung auf. Die Voraussetzung für den Erfolg dieses Konzepts war die Erfindung des internen Rechnungswesens und vor allem der Profit-Center-Rechnung. Alfred Sloan konnte die Profitabilität des Ganzen nur erhöhen, weil er genau wusste, welchen Beitrag zum Gesamtergebnis die einzelnen Einheiten beisteuern und wie ihre Leistung im Vergleich zu ihren individuellen Zielvorgaben aussieht. Es war die Grundlage für das »Management by Objectives« und stellt noch immer die Voraussetzung für die Entfaltung des Potenzials einer größeren Unternehmensorganisation dar.

Das Ziel von Firmen ist aber nicht mehr allein ihre Profitabilität. Ein Grund hierfür ist, dass der Gewinn, also das Nettoergebnis nach Abzug sämtlicher Kosten von den Umsatzerlösen, stark von den verwendeten Buchführungsstandards abhängt. Der Gewinn einer Geschäftseinheit oder eines Unternehmens kann mit dem Gewinn einer anderen Einheit oder eines anderen Unternehmens nur dann verglichen werden, wenn die zugrunde liegenden Buchführungsregeln identisch sind.

Sollen Forschungs- und Entwicklungskosten aktiviert werden oder nicht? Die Antwort auf diese Frage wirkt sich erheblich auf das Ergebnis aus, wenn die Ausgaben für Forschung und Entwicklung hoch sind. Ebenso bringen unterschiedliche Methoden der Bewertung des Umlaufvermögens (etwa Lifo oder Fifo[21]), zum Beispiel bei schwankenden Rohstoffpreisen, unterschiedliche Werte und damit unterschiedliche Ergebnisse hervor. Ein weiterer Punkt ist für das Management, von dem institutionelle Anleger und andere interessierte Parteien eine Steigerung des Unternehmenswerts erwarten, jedoch noch wesentlich wichtiger: *Das Bilanzergebnis sagt wenig über den in einem Unternehmen real geschaffenen Wert aus. Warum ist das so?*

Das Bilanzergebnis weist keine besonders enge Korrelation zur Entwicklung des Aktienpreises auf, was in zahlreichen empirischen Untersuchungen bewiesen wurde. Die Frage bei der Erfolgsbeurteilung lautet daher nicht, ob ein Unternehmen einen Gewinn verbuchen kann, d. h., ob es ein positives Ergebnis nach Abzug der Kosten von den Umsatzerlösen vorweisen kann. Die Frage ist vielmehr, ob es seine Kapitalkosten decken kann – so lautet zumindest die gängige Theorie des Investmentmanagements.

21 Last in, first out bzw. first in, first out

Die Kapitalkosten entsprechen dem durchschnittlichen Ertrag, den ein Anleger erwartet, wenn er sein Geld in Aktien eines vergleichbaren Unternehmens investiert. Oder anders ausgedrückt: Es ist die durchschnittliche Rendite, die ein Anleger an der Börse erzielen kann, angepasst an das jeweilige Risiko. Ein Unternehmen hat daher für seine Aktionäre nur dann ein positives Ergebnis erwirtschaftet, wenn sein Gewinn seine Kapitalkosten übersteigt, da ja die Kapitalkosten für die Anleger auch durch andere Investitionen zu »verdienen« gewesen wären. Diese Differenz zwischen Gewinn und Kapitalkosten wird als Übergewinn, Economic Profit oder als Economic Value Added (EVA) bezeichnet. Der EVA wird von Stern Stewart, dem amerikanischen Beratungsunternehmen, das dieses Konzept entwickelt hat, als eine Art Nettobetriebsgewinn bezeichnet – als das Betriebsergebnis abzüglich eines entsprechenden Abschlags für die Opportunitätskosten (»Kapitalkosten«) des gesamten in ein Unternehmen oder einen Geschäftsbereich investierten Kapitals. Als solcher ist der EVA ein Schätzwert des tatsächlichen »ökonomischen« Gewinns oder des Betrags, um den die tatsächliche Rendite die erforderliche minimale Rendite, die Anleger und Geldgeber auch durch die Investition in andere Wertpapiere mit vergleichbarem Risiko erzielen könnten, übertroffen hat. Da in die Berechnung der Kapitalkosten auch diejenigen für Investitionen in bestimmte Intangible Assets einfließen, zum Beispiel in Forschung und Entwicklung oder Markenaufbau (dies erfolgt nach der Methode von Stern Stewart durch so genannte Adjustments, also Anpassungsbuchungen), bringt der Ansatz Unternehmen bei der Ermittlung der tatsächlichen Performance von Geschäftseinheiten auf jeden Fall ein Stück weiter.

Unternehmen, die damit begannen, Leistung mit Hilfe von Economic Profit oder EVA zu messen, waren so häufig zum ersten Mal in der Lage, das interne Management von Geschäftseinheiten mit einem Kapitalmarktmaßstab und dadurch mit etwas zu verbinden, das Analysten verwenden, um den Marktwert des gesamten Unternehmens zu ermitteln. Auf diese Weise war es erstmals möglich, die Steigerung des Gesamtwerts eines Unternehmens in die Anteile zu zerlegen, die von den einzelnen Geschäftseinheiten erbracht wurden. Hierdurch ließ sich die Wertschöpfung der Geschäftseinheiten optimieren und damit der Gesamtwert des Unternehmens und der Aktienkurs erhöhen.

Obwohl das Konzept des Economic Profit eine realistischere Sicht des geschaffenen oder vernichteten Werts darstellt als der herkömmliche Ergebnisausweis und so einen Fortschritt beim Optimieren der Unternehmensperformance bedeutet, reicht er nicht aus, wenn es darum geht, den Wert und die Performance eines wissensintensiven Unternehmens mit umfangreichen Intangible Assets vollständig zu erfassen. Der Grund hierfür ist, dass auch das Konzept des Economic Profit im Wesentlichen auf Daten der Finanzbuchhaltung und der Kostenrechnung basiert. Selbst wenn Investitionen in Forschung und Entwicklung im Rahmen der

Ermittlung des Economic Profit als solche behandelt, also aktiviert werden, geschieht dies ausschließlich auf der Grundlage der entstandenen Kosten. Eine Beurteilung des dadurch geschaffenen Werts bzw. des Fortschritts beim Schaffen dieses Werts (z. B. bei Entwicklungsprojekten) ist allein auf dieser Grundlage nicht möglich, aber für eine Optimierung des Entwicklungsportfolios und der damit verbundenen Investitionen erforderlich.

In einem Artikel im Harvard Business Review vom März/April 1999 geht Alfred Rappaport, der in den 80er-Jahren das Konzept des Shareholder Value Managements entwickelte,[22] noch einen Schritt weiter und schreibt, dass der Economic Profit die wirtschaftliche Realität eines Unternehmens nicht widerspiegele und daher nicht als Grundlage für die Vergütung der Geschäftsführung dienen sollte.[23]

Als Grund wird angeführt, dass die Renditeerwartungen von Investoren und des Kapitalmarkts insgesamt, die sich ja bereits im aktuellen Aktienpreis niedergeschlagen haben, bei den leistungsstärksten Unternehmen (bei denen man interessanterweise zunehmend solche findet, die signifikant auf Intangible Assets aufbauen) wesentlich höher ausfallen als die Kapitalkosten, welche ja lediglich die durchschnittlich mit Aktien der gleichen Risikoklasse zu erzielende Rendite darstellen.

Rappaport führt in seinem Artikel aus, dass die zukünftige Kapitalrendite des Unternehmens Coca-Cola zur Rechtfertigung seines Aktienpreises vom September 1998 bei 24,8 Prozent liegen müsste. Die Kapitalkosten des Unternehmens betrugen zur gleichen Zeit jedoch nur 8,8 Prozent. Wenn eine Geschäftseinheit von Coca-Cola eine Rendite von 12,8 Prozent auf das investierte Kapital melden würde, wäre der Übergewinn, also der erwirtschaftete Mehrwert in einem Economic-Profit-Modell immer noch 4 Prozent. Aus der Sicht eines Investors würde diese Geschäftseinheit, als Einheit im Coca-Cola-Verbund, jedoch Wert vernichtet haben. Denn wenn Coca-Cola als ganzes Unternehmen nur einen Return von 12,8 Prozent erwirtschaftet hätte, würde der Aktienpreis sofort fallen, da die Erwartungen der Märkte wesentlich höher liegen und eine Kapitalrendite von 12,8 Prozent den tatsächlichen Aktienpreis nicht rechtfertigen würde. Ein Rendite von weniger als 24,8 Prozent würde einen Wertverlust darstellen. Nach dem EVA-Konzept hätte aber der Leiter einer Geschäftseinheit, die einen Return von 12,8 Prozent erzielt hat, jedoch immer noch seinen Bonus bekommen. Dies würde nicht dem Wunsch der Investoren entsprechen. Der tatsächliche Schwellenwert für einen

---

22 Alfred Rappaport, Shareholder Value. Ein Handbuch für Manager und Investoren, Schäffer-Poeschel, 1999

23 Alfred Rappaport, »New Thinking on How to Link Executive Pay with Performance«, Harvard Business Review, 2/1999, S. 98

Investor würde 24,8 Prozent betragen, denn genau dafür hätte er aufgrund des aktuellen Aktienkurses bei einem Aktienkauf auch bezahlt.

Da der Ansatz des Economic Profit sich ausschließlich mit der Optimierung des Einsatzes einer Ressource beschäftigt, nämlich der finanziellen – was sich auch daran zeigt, dass lediglich Rechnungswesendaten in diesem Konzept berücksichtigt werden, ist diese Methodik als Managementinstrument heute nicht mehr ausreichend. Wenn man mit dieser Top-Kennzahl Unternehmen oder auch Geschäftsbereiche hinsichtlich ihrer Gesamtperformance vergleicht (Benchmarking nach Übergewinn), gibt dies durchaus einen ersten Aufschluss über den momentanen wirtschaftlichen Zustand der Geschäftseinheit. Da aber in vielen Unternehmen heute zum Beispiel nicht mehr die Ressource Finanzkapital, sondern die Ressource Humankapital knapp ist, und die Wertschöpfung zum großen Teil auch noch von anderen, oft marktbezogenen Faktoren abhängt (zum Beispiel von der erfolgreichen Realisierung von Netzwerkeffekten), ist der Ansatz des Economic Profit als alleiniges Managementinstrument nicht geeignet. Da dieser die wirtschaftliche Charakteristik von Intangible Assets nicht erfassen kann, greifen Managementsysteme, die nur auf Economic Profit basieren, in Unternehmen mit umfangreicheren Intangible Assets für die Optimierung der wirtschaftlichen Performance zu kurz.

Unternehmen in wissensintensiven Geschäftszweigen, die über hohe Intangible Assets verfügen und diese intensiv nutzen, benötigen eine erweiterte Methodik zum Monitoring und zur Optimierung der Produktivität und der Unternehmensperformance. Es ist deshalb an der Zeit, ein neues Konzept zur Erfassung und Steuerung der wirtschaftlichen Leistung im Zusammenhang mit Intangible Assets zu entwickeln, das dem Management eines Unternehmens hilft, die geschaffenen Werte korrekt einzuschätzen, die intern real erbrachte Leistung zu steuern und zu optimieren und dies nicht zuletzt als Grundlage der Kommunikation mit Investoren und anderen interessierten externen Parteien zu verwenden. In Teil 3 dieses Buchs wird dazu ein Modell für ein neues Rechnungswesen-, Controlling- und Managementsystem vorgestellt.

Ökonomische Netzwerke und virtuelle Unternehmen: Herausforderung für das Controlling

Auch Partnernetze und virtuelle Unternehmen stellen für das Rechnungswesen und Controlling eine Herausforderung dar. Wie wir bereits weiter oben gesehen haben, spielen sie heute beim Aufbau neuer Unternehmen oder bei der Vermarktung neuer wissensbasierter Produkte eine wichtige Rolle. Häufig sind die Partner eines Unternehmens in einem solchen Partnernetz »Anteilseigner« der Intangible

Assets, die sie gemeinsam mit diesem Unternehmen aufgebaut haben. Oft stellt auch dieses Netzwerk selbst einen Vermögenswert für alle seine Partner dar.

Diese Vermögenswerte tauchen in keiner Bilanz auf, können aber dennoch einen großen Teil des Werts eines Unternehmens darstellen, das auf vor- oder nachgeschaltete Partner in der Wertkette seiner Branche baut. Besonders Unternehmen in neuen wissensintensiven Geschäftszweigen müssen zum Aufbau eines Partnernetzes große Geldsummen und viel Zeit aufwenden, um als Grundlage für künftiges Wachstum eine ausreichend große Zahl potenzieller Kunden zu erreichen. *Wie kann ein solches Unternehmen den Fortschritt beim Aufbau dieses Netzes und den auf diese Weise geschaffenen Wert messen?*

Wie bereits an früherer Stelle erläutert wurde, sagen die zum Aufbau des Netzwerks anfallenden Kosten kaum etwas über seinen Wert aus. Die Anzahl der neuen Mitglieder eines Partnernetzes kann Aufschluss über seine Größe und die Geschwindigkeit seines Wachstums liefern, wenn diese Zahl mit der gleichen Kennzahl aus Vorperioden verglichen wird. Sie sagt jedoch nichts über die Qualität des Netzes, über die Loyalität seiner Mitglieder und damit letztendlich über seinen tatsächlichen Wert für das Management und die Investoren aus. Wie lässt sich das Netzwerk ohne die entsprechenden Informationen überhaupt managen und wie kann der Nutzen daraus für das Unternehmen optimiert werden? Traditionelle Methoden helfen hier nicht weiter. Denn das traditionelle Rechnungswesen reicht über die Grenzen des Unternehmens im juristischen Sinne nicht hinaus.

Outsourcing hat heute viele Vorteile. Das Auslagern von Aufgaben, die nicht zu den Kernkompetenzen des Unternehmens zählen, an einen externen Spezialisten ist normalerweise billiger, als diese selbst auszuführen. Zudem erlaubt Outsourcing dem Unternehmen, sich mehr auf die eigentlich wertschaffenden Tätigkeiten zu konzentrieren. Noch mehr Effizienz lässt sich erreichen, wenn der Informationsfluss zwischen den einzelnen Partnern mit Hilfe von Informationstechnik, wie etwa E-Business-Lösungen, automatisiert wird. Outsourcing entbindet das Management jedoch nicht von der Aufgabe, die gesamte Wertkette zu managen, damit das Unternehmen seine Position am Markt behaupten kann. Das Optimieren der Kosten einer gesamten Lieferkette, einschließlich aller Partner und Lieferanten, kann im Unterschied zur ausschließlichen Optimierung der Kosten für Ressourcenverbrauch innerhalb der Grenzen des Unternehmens einen Kostenvorteil von bis zu 30 Prozent bedeuten. Denn wenn der Lieferant, dessen Vorlieferant usw. Kosten sparen kann, zum Beispiel dadurch, dass alle besser zusammenarbeiten, sinken nicht nur die Kosten aus Sicht jedes einzelnen Unternehmens in der Kette, sondern diese Kosteneinsparungen addieren sich auf, so dass die Kosten des ganzen Wertschöpfungssystems beträchtlich reduziert werden können. Toyota ist vielleicht das bekannteste Beispiel eines Unternehmens, das die Kosten seiner Lieferanten und Distributoren kannte und managte und dadurch Kostenvorteile beim Endprodukt, dem zu verkaufenden Automobil, in der genannten Größenordnung erzielt hat.

Toyota gelang es, über die gesamte Lieferkette hinweg, die Gesamtkosten der Herstellung, des Verkaufs und der Wartung seiner Automobile als einen Kostenstrom zu optimieren. Das Unternehmen lässt jede Arbeit an der Stelle des Netzwerks ausführen, an der sie am günstigsten ist und den meisten Gewinn erbringt. Andere solcher virtuellen Unternehmen, wie zum Beispiel Coca-Cola mit seinen Abfüllpartnern oder andere Automobilfirmen mit der Lieferkette ihrer Lieferanten und Händler, haben sich für dieselbe Organisationsform entschieden. Die Optimierung der gesamten Lieferkette wird jedoch künftig für *alle* Unternehmen zu einer Notwendigkeit. *Wie können jedoch das Rechnungswesen und die Kostenrechnung, die traditionellen Quellen relevanter Managementinformationen, diese Aufgabe unterstützen, wenn sie über die juristisch definierten Grenzen des Unternehmens nicht hinausreichen?*

In der Automobilindustrie ist es bereits seit längerem üblich, dass die Autofirmen von ihren Lieferanten verlangen, ihnen regelmäßig detaillierte Informationen über ihre Herstellungskosten zu liefern. Das Ziel der Aktion war es, die Lieferanten dazu zu animieren, ihre Geschäftsabläufe so zu verbessern, dass die Einkaufskosten für den Automobilhersteller ständig gesenkt würden. Die Automobilunternehmen haben erkannt, wie wichtig es für die erfolgreiche Optimierung der Gesamtherstellungskosten ist, dass detaillierte Kosteninformationen beschafft und aufbereitet werden – und zwar in einer Weise, wie es Unternehmen bislang für die intern anfallenden Kosten getan haben.

Für zahlreiche Firmen wird aber die Anpassung der Kostenrechnung an das heute immer mehr übliche Management der gesamten Wertkette zu einem schmerzhaften Prozess. Denn dies lässt sich nur erreichen, wenn in sämtlichen Firmen der Wertkette einheitliche oder zumindest kompatible Rechnungswesen- und Controllingstandards gelten und eine gemeinsame Sprache zur Beschreibung der zu dokumentierenden Prozesse verwendet wird. Jedes Unternehmen hat seine eigenen Buchführungs- und Controllingmethoden und ist davon überzeugt, dass das eigene System das einzig sinnvolle ist. Die Kostenrechnung für Wertketten erfordert jedoch den Datenaustausch über Unternehmensgrenzen hinweg.

Automobilhersteller haben ihre Lieferanten zu einer solchen Zusammenarbeit gezwungen, und es fiel ihnen nicht schwer, die Rechnungswesen- und Controllingstandards zu definieren, da es sich hierbei normalerweise um ihre eigenen internen Standards handelte. In den meisten anderen Branchen wird dies nicht möglich sein, da Partnerschaften hier auf größerer Gleichberechtigung basieren und kein Partner den anderen so dominiert, dass er Zwang ausüben kann.

Jüngste technologische Entwicklungen, zum Beispiel der XBRL-Standard[24] als einheitliches technisches *und* semantisches Datenformat für den Austausch von Finanzinformationen zwischen Unternehmen, Analysten und Aufsichtsbehörden, gegebenenfalls über das Internet, mag hier auch für den Austausch von Kostenrechnungs- und Controllingdaten eine neue Perspektive eröffnen. Allerdings gibt es hier noch sehr viele offene Fragen. Möglicherweise wird sich die Lösung nicht allein im Rechnungswesen finden lassen. Besonders in wissensintensiven Geschäftszweigen, die in einer äußerst dynamischen Marktumgebung operieren, wird die Lösung wohl auf einer Kombination von Rechnungswesendaten, Marketingdaten und solchen Daten basieren, die aus strategischen Planungen, strategischen Entscheidungen und deren Umsetzungsprozessen resultieren. Die Verantwortlichen wissensintensiver Unternehmen müssen in der Lage sein, nicht nur die Kostenkette, sondern auch alles andere – insbesondere die Strategie- und Produktplanung – unabhängig von den rechtlichen Grenzen der Einzelunternehmen als ein ökonomisches Ganzes zu organisieren und zu managen.

Das Ende des traditionellen Managements

Wissensarbeiter arbeiten heute, im Gegensatz zu den Industriearbeitern von früher, weitgehend eigenverantwortlich und organisieren ihre Arbeit in weiten Teilen selbst. Wenn Wissensarbeiter jedoch für eine Organisation produktiv werden sollen, muss es ein Managementsystem geben, das die Arbeit der Wissensarbeiter und die Arbeit ihrer Kollegen in derselben Geschäftseinheit, im selben Unternehmen oder innerhalb eines ökonomischen Netzwerks gemäß den Unternehmenszielen koordiniert. Dieses System sollte im gesamten Ecosystem – innerhalb und außerhalb der Grenzen des Unternehmens – in jedem Bereich und auf jeder Ebene ein ergebnisorientiertes Management ermöglichen.

Es wird künftig eine Herausforderung für Manager sein, Organisationen zu schaffen, in denen Wissen gemeinsam genutzt werden kann. Netzwerke verbinden Menschen mit Menschen auf informelle Art und Weise. Im industriellen Kapitalismus bestand die Aufgabe des Managements in der Planung, Organisation, Ausführung und Überwachung von Geschäftsprozessen. Es galt, bestimmte finanzielle Ziele zu erreichen, weshalb die Finanzbuchhaltung und die Kostenrechnung eines der wichtigsten Managementinstrumente waren. Heute, da nicht mehr allein die Kosten ausschlaggebend sind, sondern die Ergebnisse, die auf den Kosten *und* auf dem Markterfolg (der den eigentlichen wirtschaftlichen Gewinn darstellt) basieren, wird auch die Leistung der Mitarbeiter nicht mehr wie bisher nach den von ihnen erledigten Aufgaben (und damit den von ihnen verursachten Kosten), sondern nach den von ihnen erzielten Gesamtergebnissen beurteilt. Wis-

24 XBRL = eXtensible Business Reporting Language. Näheres dazu in Teil 3 des Buchs.

sensarbeiter sind produktiv, wenn sie allein oder im Team die zahlreichen Aspekte ihrer Arbeit selbstständig planen und ausführen können. Traditionelle hierarchische Strukturen sind hingegen für die Produktivität von Wissensarbeitern nicht förderlich. Andererseits muss es natürlich jemanden geben, der in Krisensituationen und bei Konflikten Entscheidungen trifft. Die Frage, vor die sich heute jede Organisation gestellt sieht, ist nicht, wie sich Hierarchien abbauen lassen. Sie lautet: *Wie lässt sich die richtige Kombination aus Hierarchie und informellen Netzwerkstrukturen finden, um Wissensarbeiter produktiv zu machen und gleichzeitig eine kohärente operative und strategische Unternehmensführung zu ermöglichen?*

In einer internen Netzwerkorganisation ändert sich die Art der Kontrolle. Der Inhalt der Arbeit wird wesentlich weniger kontrolliert, dafür jedoch stärker die Gesamtleistung und die Entwicklung eines Mitarbeiters. Das bedeutet, dass grundlegende Aufgaben der Unternehmensführung, wie zum Beispiel Planung, Budgetierung und Kontrolle, anders organisiert werden müssen. Es heißt auch, dass Unternehmen eine neue Sichtweise und ein neues Konzept der Unternehmensführung benötigen. Was aber den Kenntnisstand über die Produktivität von Wissensarbeitern betrifft, befinden wir uns gegenwärtig ungefähr dort, wo wir uns vor hundert Jahren in Bezug auf unser Verständnis der Produktivität manueller Arbeit befanden.[25]

Andere Herausforderungen für die Leitung von Unternehmen in der neuen Ökonomie entstehen nicht im Inneren einer Organisation, sondern in ihrer Umgebung. Die Tatsache, dass jedes Unternehmen heute entweder bereits global operiert oder dies in naher Zukunft tun wird, wurde bereits hervorgehoben. Zahlreiche Unternehmen haben jedoch die Konsequenzen dieser Entwicklung noch nicht in vollem Umfang verstanden.

Die Globalisierung der Märkte wird sich in der Organisationsstruktur von Unternehmen widerspiegeln müssen. Unternehmen – und in zunehmendem Maße auch andere Institutionen – können ihren Aktionsradius nicht mehr anhand der Grenzen von Staaten oder Wirtschaftsräumen definieren. Sie müssen ihre Aktivitäten ausdehnen und ihre Geschäftsvorgänge in globalen Geschäftseinheiten organisieren.

Politische Grenzen werden jedoch nicht verschwinden. Staatliche Regelungen werden sich auch in Zukunft auf Geschäftsvorgänge auswirken. Zahlreiche Unternehmen haben außerdem die Erfahrung gemacht, dass eine »globale Geschäftseinheit« für Behörden oder Gewerkschaften vor Ort eine bedeutungslose Fiktion darstellt. Für sie sind nur die örtlichen Gegebenheiten real, und es sind daher nur die lokalen Geschäfte des Unternehmens, die sie wahrnehmen und akzeptieren,

25 Peter F. Drucker, Management Challenges for the 21st Century, S. 142

und mit denen sie es ausschließlich zu tun haben wollen. Es wird Unternehmen sehr schwer fallen, im Voraus festzustellen, welche Entscheidungen und Maßnahmen auf der Ebene der globalen Geschäftseinheit und welche auf der nationalen Ebene getroffen bzw. durchgeführt werden müssen.

Eine weitere Frage, die sich Unternehmensführungen von außerhalb des Unternehmens stellt, lautet: Wie sollen der Zweck und die Leistung des Unternehmens künftig definiert werden? In den letzten 50 Jahren haben der wachsende Wohlstand der Mittelschicht in den entwickelten Ländern und die steigende Lebenserwartung zur Entwicklung von Institutionen wie Pensionskassen und Kapitalanlagegesellschaften geführt. Sie sind heute die eigentlichen Besitzer der wichtigsten privatwirtschaftlichen Organisationen einer modernen, entwickelten Gesellschaft – der Aktiengesellschaften. In den USA besitzen Institutionen, die das Anlagevermögen künftiger Pensionäre verwalten, mittlerweile beinahe 40 Prozent aller Aktiengesellschaften. Die künftige wirtschaftliche Sicherheit einer großen Anzahl von Menschen hängt in zunehmendem Maße davon ab, wie sich ihre Investitionen entwickeln werden, das heißt von ihrem Einkommen aus dem Besitz von Firmenanteilen. Daher wird der Druck auf Unternehmen, den Gewinn seiner Aktionäre sicherzustellen, in Zukunft eher noch zunehmen. Diese Aktionäre erwarten jedoch keine kurzfristigen Gewinne in Form von Dividenden oder Erlösen aus Aktienverkäufen, sondern sie sind an dem in 20 oder 30 Jahren zu erwartenden wirtschaftlichen Ertrag interessiert, der ihre Pension im Rentenalter sichern soll.

Unternehmen müssen jedoch auch verstärkt die Ansprüche ihrer Wissensarbeiter befriedigen – zum Beispiel durch Aktienoptionen – und außerdem Erwartungen der Öffentlichkeit im sozialen und ökologischen Bereich erfüllen. Beides ist, verglichen mit den Interessen der Mitglieder von Pensionskassen, eher kurzfristig orientiert. Unternehmen müssen daher lernen, wie sich ein Ausgleich zwischen kurzfristigen ökonomischen, sozialen und ökologischen Unternehmenszielen und dem längerfristigen Wohlstand und Überleben des Unternehmens finden lässt.

Auch hier werden sich Management, Unternehmensführung und Unternehmensorganisation in Zukunft nicht mehr so sehr an Technologien ausrichten lassen. Zu Beginn des 19. Jahrhunderts hatte jeder Industriezweig seine eigene, fast kann man sagen proprietäre Basistechnologie. So basierte etwa die chemische Industrie auf der organischen Chemie. Aktuell sieht die Situation jedoch anders aus. Es ist erforderlich, dass Unternehmen in der Lage sind, verschiedene Technologien anwendungsorientiert und auf Kundennutzen bezogen zu kombinieren.

Ein Beispiel hierfür ist die Pharmaindustrie, die immer mehr von Technologien abhängt, die von derjenigen völlig verschieden ist, die bisher die klassische

Grundlage eines pharmazeutischen Forschungslabors darstellte. So hat in jüngster Zeit etwa die Gentechnik massiv Einzug in die Pharmabranche gehalten.

Entsprechendes gilt für Softwareunternehmen. Das Geschäft mit betriebswirtschaftlicher Standardsoftware war in den letzten Jahrzehnten vor allem von technologischen Wellen geprägt: zuerst durch die für den Mainframe optimierten Technologien (70er- und 80er-Jahre) und dann durch die für so genannte Client-Server-Systeme (90er-Jahre). Heute steht allerdings nicht mehr eine einzelne Technologie im Vordergrund, sondern eine möglichst intelligente Kombination verschiedener Technologien, um möglichst viel Kundennutzen zu generieren. Zum Beispiel möchte der Anwender einen Teil der Anwendungen immer noch auf einem Mainframe betreiben, einen anderen Teil auf einem Windows NT-Server in einer klassischen Client-Server-Umgebung, und weitere Komponenten auf einem Webserver außerhalb der so genannten Firewall – und das selbstverständlich so, dass diese verschiedenen Komponenten, unabhängig auf welcher Plattform diese operieren, einfach miteinander kommunizieren können. Allerdings ist das Verfügen über die richtigen Technologien in der Branche für betriebswirtschaftliche Standardsoftware heute nur noch eine notwendige, aber keine hinreichende Bedingung mehr für den Markterfolg eines neuen Produkts. Gefragt ist die Kombination von industrie- und fachspezifischem Geschäftswissen. Darunter fallen etwa die künftigen Anforderungen von Unternehmen an Software für den Finanzbereich, die zu kombinieren ist mit dem Know-how über die Möglichkeiten, die hierfür alte und neue Basistechnologien bieten, wie etwa das Internet und die auf ihm basierenden Kommunikations- und Softwarestandards. Nur so lassen sich Softwarelösungen entwickeln, die im zunehmenden Wettbewerb der Branche den notwendigen, überragenden Kundennutzen schaffen, der einen globalen Markterfolg möglich macht. Nur so erhalten Kunden Softwarelösungen, die Informationen in Echtzeit über Unternehmensgrenzen hinweg per Internet liefern und neue kooperative Geschäftsprozesse, die den neuen Best Practices im Geschäftsleben entsprechen, unterstützen können.

Halten wir also fest: Das Management eines Unternehmens wird von der Annahme ausgehen müssen, dass Technologie nicht die alleinige Grundlage für eine erfolgreiche Unternehmensstrategie abgeben kann. Dies gilt selbst in den so genannten Technologiebranchen. Denn eine erfolgreiche Strategie in der neuen Ökonomie muss sich outside-in am möglichen Nutzen und Wert für Kunden- bzw. Stakeholder orientieren, für die letztlich die ganze Übung unternommen wird. Wenn nicht mehr die Herstellungsprozesse die Wertschöpfung dominieren, sondern der letztendlich durch sämtliche Aktivitäten geschaffene gesamte Kunden- und Stakeholdernutzen, muss das Management sicherstellen, dass jede Technologie, unabhängig davon, in welchem Geschäftszweig sie entwickelt wurde, zur Schaffung von Wert für seine Kunden eingesetzt werden kann.

Es muss auch klar gesehen werden, dass der Aktionsradius der Unternehmensführung immer weniger mit den juristisch definierten Grenzen des Unternehmens zusammenfällt. Management muss die gesamte Wertkette umfassen, einschließlich der wirtschaftlichen Aktivitäten von Partnern, Lieferanten und Kunden. Wie jedoch bereits erläutert wurde, bringen Ecosysteme oder Partnernetze echte Partner zusammen, d. h. Organisationen, die gleichberechtigt und voneinander unabhängig sind. Management als Disziplin muss sich deshalb neu erfinden, und es müssen Methoden entwickelt werden, mit denen sich die Leistung und die Ergebnisse einer gesamten Wertkette auch dann managen lassen, wenn sich das Management weder auf den Besitz der entsprechenden Assets noch auf die vollständige Kontrolle seiner Partner stützen kann.

2 Neue Erfolgsfaktoren für Unternehmen

»Wir befinden uns in der großen Gefahr, unsere Richtung zu verlieren und geradewegs auf eine Katastrophe zuzusteuern, ohne dies auch nur zu ahnen. Dies allein sollte jedem Investor, Manager oder Politiker einen heilsamen Schock versetzen (...) und einen deutlichen Anreiz darstellen, nach einer effektiven Methode zur Einschätzung und zum Aufbau von Wissenskapital zu suchen«
Leif Edvinsson und Michael S. Malone[1]

Ein mangelndes Verständnis des Wissenskapitals und der Intangible Assets eines Unternehmens kann für seine Investoren und andere Stakeholder bedenkliche Konsequenzen haben. Eines der besten Beispiele hierfür ist der Fall der Werbeagentur Saatchi & Saatchi, der unter anderem von Karl Erik Sveiby unter diesem Aspekt beschrieben wurde.[2]

Der Fall Saatchi & Saatchi

Saatchi & Saatchi hatte in den 80er-Jahren als erfolgreiche Werbeagentur zwischen 1976 und 1986 eine ungetrübte Erfolgsgeschichte an der Börse. Im Jahr 1986 erreichte die Marktkapitalisierung ihren Höhepunkt. Saatchi & Saatchi wurde die größte Werbeagentur der Welt. In jenem Jahr verzeichnete die Saatchi & Saatchi-Gruppe jedoch auch erstmals einen Rückgang ihres Gewinns. Die Geringschätzung des Wissenskapitals und der Intangible Assets durch das Management, die Londoner City und die Wall Street führten zu einer kontinuierlichen Abnahme des Unternehmenswerts, die nicht rückgängig zu machen war. Die Gründer von Saatchi & Saatchi, die Brüder Charles und Maurice Saatchi, und ihre Investoren hatten nicht begriffen, wie durch das Management von Intangible Assets, also zum Beispiel von Wissen, Humankapital, Image und Kundenkapital »tangible« oder greifbare Finanzergebnisse und Gewinne entstehen können. *Was genau geschah bei Saatchi & Saatchi?*

Die Aktien von Saatchi & Saatchi wurden erstmals 1976 an der Londoner Börse gehandelt. Das Unternehmen war die erste Werbeagentur, der es gelungen war, die Vorbehalte der City gegenüber der Werbebranche zu überwinden, die als Geschäftszweig ohne reale Substanz und wirklichen Wert angesehen wurde. Dem Talent der Firmengründer für das, was man heute als »Investor Relations«

1 Leif Edvinsson und Michael S. Malone, Intellectual Capital. Realizing Your Company's True Value by Finding its Hidden Roots, HarperCollins, 1997, S. 14
2 Karl-Erik Sveiby, The New Organizational Wealth, Berrett-Koehler, 1997, S. 13ff.

bezeichnen würde, war es zu verdanken, dass die Finanzwelt begann, die Werbebranche als einen profitablen Geschäftszweig mit einem guten Wachstumspotenzial anzusehen. Der Börsenerfolg des Unternehmens beruhte jedoch nicht nur auf den guten Beziehungen zu den Investoren, sondern vielmehr auf dem kontinuierlichen Ausbau seines Wissenskapitals, seiner Intangible Assets und der Vermarktung dieser Werte.

Während die Saatchi-Brüder ihren neuen Anlegern Profite, Wachstum und Dividenden lieferten, erweiterten sie das Human- und Strukturkapital ihres Unternehmens. Es gelang ihnen, ein kreatives Unternehmensimage zu schaffen – denn Kreativität stellt die Grundlage guter Werbung dar –, und sie gewannen die führenden Fachkräfte ihrer Branche als Mitarbeiter. Die Katastrophe begann 1986, als das Unternehmen nach einer Kapitalerhöhung die New Yorker Agentur Ted Bates kaufte und damit das größte Werbeunternehmen der Welt wurde. Bei allen früheren Akquisitionen gelang es dem Unternehmen – mit Ausnahme der jeweiligen Gründer –, fast sämtliche wichtigen Mitarbeiter des erworbenen Unternehmens mit zu übernehmen und für Saatchi & Saatchi zu erhalten. Der Kauf von Ted Bates stellte jedoch wegen der Größe dieses Unternehmens einen Wendepunkt dar. Aufgrund von Interessenkonflikten zwischen Saatchi & Saatchi und ehemaligen Kunden von Ted Bates sprangen einige Schlüsselkunden direkt nach der Übernahme ab, so dass wichtiges Kundenkapital verloren ging.

Zu diesem Zeitpunkt begannen auch einige kreative Mitarbeiter abzuwandern. Zahlreiche Fachkräfte von Ted Bates waren über den Takeover erbost und gaben dies öffentlich bekannt. Die beiden Brüder waren aufgrund der Unternehmensgröße und des eklatanten Verlustes an strukturellem Kapital – der innovative Geist und das Teamwork gehörten der Vergangenheit an – nicht mehr in der Lage, die Abwanderung wichtiger Mitarbeiter zu verhindern. Ende 1988 war die Marktkapitalisierung der Unternehmensgruppe jedoch noch immer sechsmal größer als ihr Buchwert. Der Wert ihrer Intangible Assets entsprach also dem Fünffachen ihres materiellen Vermögens. Es wurde jedoch schwerer, gute Mitarbeiter und profitable Kunden zu gewinnen, ein klares Zeichen für die Abnahme des Human- und Kundenkapitals.

Dies alles führte 1989 zu einer finanziellen Krise, die durch das daraufhin von den Banken initiierte »Krisenmanagement« noch verschärft wurde: Die neuen Manager wollten die Kosten radikal senken und verkauften alles, was in ihren Augen nicht zum Kerngeschäft des Unternehmens gehörte. Zudem wurde Charles Saatchi überredet, sich aus dem Unternehmen zurückzuziehen, um die Gehaltskosten für das Management zu senken. Ein Jahr später ging Maurice Saatchi und gründete gemeinsam mit seinem Bruder eine neue Firma, die nun mit seinem früheren Unternehmen konkurrierte. Er war durch die Art des allein finanzorientierten

Managements der von den Banken eingesetzten Unternehmensleitung derartig frustriert, dass er in seiner Kündigung schrieb: »Zum ersten Mal in fünfundzwanzig Jahren arbeite ich in einer Agentur, in der die Bezeichnung ›Werbefachmann‹ als Beleidigung angesehen wird.«

Traditionelle Methoden des Krisenmanagements führten bei Saatchi & Saatchi zu einer verheerenden Zerstörung von Intangible Assets. Es ist offensichtlich, dass das neue Management nicht sah, worin der wirkliche Wert des Unternehmens bestand, nämlich in seinem Humankapital – dem Wert der Fähigkeiten der wichtigsten Mitarbeiter, insbesondere der beiden Gründer – und in seinem guten Ruf, dem Kundenkapital. Mit dem traditionellen Krisenmanagementwerkzeug der radikalen Kostensenkung stieß die neue Unternehmensführung eine Kettenreaktion sich gegenseitig verstärkender negativer Effekte an und beschleunigte damit noch den Verlust von Intangible Assets. Dies hatte noch schlechtere finanzielle Ergebnisse zur Folge, die wiederum zu weiteren »Krisenmaßnahmen« des Managements führten, wodurch weitere Intangible Assets zerstört wurden.

Die Tragödie des Niedergangs von Saatchi & Saatchi ist jedoch nicht allein den von den Banken eingesetzten professionellen »Krisenmanagern« zuzuschreiben. Wahrscheinlich trifft die beiden Gründer eine Mitschuld, denn der Abstieg ihres Unternehmens begann wesentlich früher als für Außenstehende erkennbar. In den Jahren vor dem Börseneinstieg war das Unternehmen organisch gewachsen. Das Wachstum beruhte auf der Nachfrage zufriedener Kunden nach der Kompetenz des Humankapitals von Saatchi & Saatchi. Das Unternehmen beschäftigte eine Reihe fähiger Werbefachleute, hatte einen Stamm renommierter Kunden und verfügte über ein kreatives Image. Angesichts der fortgesetzten finanziellen Erfolge und der wachsenden Profite gelang es den Brüdern, die Finanzwelt davon zu überzeugen, dass die Werbebranche ein Geschäftszweig wie jeder andere sei – was nicht stimmte. Der finanzielle Erfolg ihrer Unternehmen gründete sich nicht auf materielle Werte, sondern auf Intangible Assets. Dies ist eine wichtige Tatsache, die von den Investoren übersehen wurde.

Nach der Börseneinführung, die die Gründer mit ausreichendem Kapital für den Erwerb weiterer Unternehmen ausstattete, wurde das Wachstum hauptsächlich durch Akquisitionen erzielt. Die Geschäftswelt erkannte diesen wichtigen Unterschied zwischen einem organischen Wachstum und dem Wachstum mit Hilfe rein finanzieller Transaktionen jedoch nicht. Mit den Akquisitionen schuf das Unternehmen keine weiteren Intangible Assets (obwohl auch dies prinzipiell möglich ist, wie wir später noch am Beispiel von Cisco sehen werden). Im Gegenteil, es zerstörte immaterielle Vermögenswerte, Human-, Struktur- und Kundenkapital, da das Unternehmen nun so groß wurde und so viele verschiedene Geschäftszweige umfasste, dass eine gemeinsame Nutzung des Wissenskapitals nicht mehr auf effektive Weise möglich war. Unter rein finanziellen Gesichtspunkten war das Unternehmen jedoch nach wie vor erfolgreich. Es konnte wachsende Profite melden, da die Gewinne der hinzugekauften Unternehmen zu denen des bestehenden Geschäfts addiert wurden.

Die günstigen Finanzdaten verschleierten den Rückgang der immateriellen Vermögenswerte. Nachdem das Unternehmen an die Börse gegangen war, glichen seine Intangible Assets einem Bankkonto, das nach und nach geleert wurde. Mit der Börseneinführung vergaßen die beiden Gründer alles, was sie gelernt hatten, und verloren das Bewusstsein für den Schaden, den die neue Strategie ihren wichtigsten Intangible Assets zufügen würde. Sie hätten stattdessen eine Strategie verfolgen sollen, die sich auf Wissenskapital und Intangible Assets konzentriert. Es hätte ihnen klar sein sollen, dass ihre Intangible Assets – allen Einschätzungen ihrer Finanzberater zum Trotz – wichtiger als ihre materiellen Vermögenswerte sind, und sie eine Quelle unbegrenzten Wachstums und neuer Umsatzerlöse hätten sein können.

Der Wert eines Unternehmens bemisst sich in erster Linie an seinen Möglichkeiten in der Zukunft und nicht nach den Umsatzerlösen und Gewinnen des letzten Jahres oder Quartals. Zur Ermittlung des Werts von einzelnen immateriellen Vermögenskomponenten – eine Grundvoraussetzung für Unternehmen, die Intangible Assets wirklich in den Griff bekommen wollen – wird üblicherweise der künftige freie Cashflow ermittelt, der mittels dieser Intangible Assets erzielt werden kann. Dieser Cashflow wird dann auf den Gegenwartswert abgezinst und liefert damit den Wert dieser Assets. Der Free-Cashflow zeigt jedoch nur die finanziellen Endergebnisse der Intangible Assets lange nachdem damit begonnen wurde, diese zu schaffen.

Das Problem besteht hier darin, dass sich auf die falsche Seite der Wertkette konzentriert wird, nämlich auf ihr Ende. Intangible Assets liegen dann bereits als finanzielles Ergebnis vor. Bei dieser Vorgehensweise sind die zugrunde liegenden Triebkräfte nicht bekannt und können nicht erfasst und gesteuert werden. Dies hilft dem Management weder bei der Optimierung der durch immaterielle Vermögenswerte erzeugten Umsatzerlöse, Gewinne und Cashflows noch bei der aktiven Steuerung der Effektivität bei der Erstellung der Intangible Assets. Es bieten sich auch keine Incentives für den Aufbau von Intangible Assets überhaupt. Doch gerade Letzteres ist zur wichtigsten Aufgabe für Unternehmen in der neuen Ökonomie geworden. Das Schaffen von Wissenskapital und von Intangible Assets wird für das Management in Zukunft die einzige Möglichkeit der Wertschöpfung sein, wenn die Messlatte in allen Industriezweigen nicht mehr die durch Sachanlagen erwirtschafteten Gewinne (die zunehmend nur noch die Kapitalkosten erbringen und somit keinen Mehrwert schaffen), sondern Renditen sein werden, die nur mit Intangible Assets erzielt werden können.

Zur besseren Steuerung des Aufbaus und der Verwertung von Intangible Assets wie auch zur besseren Beurteilung von Unternehmen insgesamt, ist deshalb ein genaueres Verständnis der Komponenten des Wissenskapitals und der zugehörigen Erfolgsfaktoren erforderlich. Die folgenden Abschnitte, die Einblick in die hierfür notwendigen Veränderungen wichtiger Unternehmensdisziplinen geben, sollen dabei helfen, vor allem die richtigen Fragen zu stellen, aber auch bereits einige Ideen liefern, um diese neuen Erfolgsfaktoren in der neuen Ökonomie aus Managementsicht in den Griff zu bekommen.

Das erfolgreiche Management von Humankapital

Heute kommt es für jedes Unternehmen entscheidend darauf an, fähige Mitarbeiter zu gewinnen, optimal einzusetzen, zu entwickeln und zu halten. *Was bewegt wirklich begabte Menschen dazu, für eine bestimmte Organisation zu arbeiten?*

Es ist nicht leicht, auf diese Frage eine Antwort zu geben. Natürlich gibt es die typischen Hinweise auf eine angenehme, informelle Unternehmenskultur und auf das eigenverantwortliche Arbeiten, das für Wissensarbeiter so attraktiv ist. Außerdem muss ein Unternehmen selbstverständlich erfolgreich sein. Niemand möchte für das Schlusslicht einer Branche arbeiten. *Doch wie lassen sich eine zu Höchstleistungen anspornende Unternehmenskultur und eine entsprechende Arbeitsumgebung schaffen? Wie kann ein Unternehmen sicherstellen, dass die Arbeit aller seiner Manager diese Kultur fördert anstatt sie zu zerstören?*

Erst wenn auf diese Fragen Antworten gefunden sind, ist ein Unternehmen in der Lage, systematisch Humankapital auf- und auszubauen und zum Wohl all seiner Stakeholder zu nutzen. Um wichtige Mitarbeiter gewinnen und halten zu können, bedarf es jedoch mehr als einer bestimmten Unternehmenskultur und bestimmter Arbeitsbedingungen. Wissensarbeiter sind ihrem Arbeitgeber gegenüber nur begrenzt treu. Oft gehören sie einer Community ähnlicher Fachkräfte an, wie das zum Beispiel bei Ingenieuren, Softwareentwicklern, Marketingexperten, Controllern oder Verkäufern der Fall ist, die sich auf Berufsseminaren und ähnlichen Veranstaltungen treffen. Manchmal verbringen sie auch ihre Freizeit miteinander, arbeiten in Arbeitskreisen zusammen, tauschen Ideen aus und entwickeln in solchen Communities ihr Wissen weiter. Solche Communities unterliegen jedoch nicht der Kontrolle der Unternehmen, für die diese Fachleute arbeiten. Und noch gravierender: Das Wissen der wichtigsten Mitarbeiter eines Unternehmens fließt häufig in diese Communities und so zu anderen Fachkräften, die möglicherweise für die Konkurrenz arbeiten. Dennoch können solche Communities für Unternehmen von unschätzbarem Wert sein, da die weitere Entwicklung einzelner Fachkräfte und manchmal einer gesamten Disziplin durch sie gefördert und oft auch erst initiiert wird. Häufig sind Ideen zur Entwicklung neuer Produkte in solchen

Zirkeln geboren worden. Wenn es einem Unternehmen gelingt, zum Bezugspunkt einer solchen Community zu werden und unter seinen Mitgliedern ein gutes Image aufzubauen, so dass die besten Fachkräfte für es arbeiten möchten, dann dient eine solche Community ihm und nicht den Konkurrenten. *Ein Unternehmen, das langfristig erfolgreich sein will, muss sein Humankapital ausbauen, indem es seine Mitarbeiter kontinuierlich produktiver macht und ihren Wert für das Unternehmen erhöht. Wie lässt sich dies erreichen?*

Nicht jeder Mitarbeiter ist für ein Unternehmen gleich wertvoll. Es gibt in jedem Unternehmen Bereiche, deren Mitarbeiter sich leichter ersetzen lassen und keinen wesentlichen Wert für Kunden darstellen, die aber dennoch notwendige Arbeit leisten. Andererseits gibt es strategisch relevante Bereiche in der Produktentwicklung, der Produktion, im Verkauf, im Marketing oder Kundendienst (je nach Typ und Strategie eines Unternehmens), in denen der Hauptteil des Werts für die Kunden geschaffen wird, und mittels derer das Unternehmen einen Marktvorteil gewinnen kann.

Unternehmen müssen deshalb zunächst eine Bestandsaufnahme ihres Humankapitals vornehmen, die transparent macht, welche Funktionen und Rollen in der Organisation existieren, welche von strategischer Bedeutung sind, wie die aktuellen Inhaber dieser Rollen und Positionen ihre Aufgaben ausfüllen und ob es in dem Unternehmen fähige Mitarbeiter gibt, die in einer anderen Rolle oder Funktion wertvollere Arbeit leisten könnten.

Zudem müssen die Mitarbeiter laufend weitergebildet und ihr Humankapital ausgebaut werden. Dabei können Mitarbeiter entweder in ihren gegenwärtigen Arbeitsbereichen oder in anderen geschult werden, um Möglichkeiten weiterer persönlicher Entwicklung zu schaffen. Grundsätzlich sollte versucht werden, sie von Arbeiten, die einen geringen Wert für die Kunden haben, zu solchen Arbeiten hinzuführen, die einen größeren Kundenwert besitzen.

Auch ein Rotationsmodell kann eingesetzt werden: Hierbei werden Mitarbeiter, sobald sie (etwa durch Schulungen) über die nötigen Kenntnisse verfügen, für Aufgaben verwendet, die für Kunden einen höheren Wert darstellen. Eine Unternehmenskultur, in der dieses Rotationsmodell selbstverständlich befolgt wird, ist selbst ein wichtiges Intangible Asset, das es diesem Unternehmen ermöglicht, sein Humankapital ständig zu erneuern und zu entwickeln. Dabei ist es wichtig, in Aufgabenbereichen mit geringerem Kundenwert neues Humankapital zu gewinnen. Andere Aufgaben sollten ausgelagert und an Geschäftspartner übertragen werden, die aus diesen einen höheren Mehrwert erzielen und ihre Mitarbeiter besser entwickeln können, da sie sich auf diese Aufgaben spezialisiert haben. Unternehmen sollten sich auf ihre Kernkompetenzen konzentrieren und die

Begabungen ihrer Mitarbeiter systematisch in Humankapital für das Unternehmen transformieren.

Um das Humankapital, auf dem alle anderen Intangible Assets basieren, besser nutzen zu können, müssen Unternehmen Wissensarbeit besser verstehen. Manager müssen die Beziehung zwischen den persönlichen und den sozialen Aspekten von Wissen verstehen.

Jedes Wissen ist abhängig von seinem sozialen Kontext. Neues Wissen und neue Ideen, die in eine Organisation oder eine soziale Struktur durch Individuen eingebracht werden, können entweder das Wissen dieses sozialen Systems bereichern oder sie können, je nach den Regeln des Systems, ohne weitere Folgen hingenommen oder sogar abgewiesen werden. Intellektuelle Werkzeuge und Wissen werden in Interaktion mit anderen Menschen verwendet. Um intellektuelle Werkzeuge einsetzen zu können, muss eine Person selbstbewusst in einem sozialen Kontext agieren können. Communities, die spontan und außerhalb von Institutionen aufgebaut werden, sind daher bei der Erzeugung von neuem Wissen wesentlich effizienter, da individuelle und soziale Kontexte der Wissensarbeiter hier besser als in typisch hierarchischen Organisationen harmonieren. Die Hierarchie und die – teilweise unbewussten – Regeln einer Organisation stehen hier dem »Fließen« von Wissen nicht im Wege.

Manager müssen sich dieses Sachverhalts bewusst sein, wenn sie Wissensarbeiter individuell produktiver machen und deren individuelles Human- in strukturelles Unternehmenskapital transformiert sehen wollen. Es nutzt also zum Beispiel nichts, einzelne Mitarbeiter in neuen Techniken oder Konzepten fortzubilden, wenn die Organisation noch nicht in der Lage ist, diese zu akzeptieren und aufzunehmen. Wenn größere Veränderungen eingeleitet werden sollen, müssen daher neben die Fortbildungsmaßnahmen für die einzelnen Mitarbeiter auch professionelle Maßnahmen zur Organisationsentwicklung treten, die die Organisation insgesamt auf diese Veränderungen vorbereiten.

Ein anderer wichtiger Aspekt von Wissensarbeit besteht darin, dass Menschen sich in ihren Interaktionen sowohl auf bewusstes Wissen als auch auf unbewusstes oder implizites Wissen verlassen. Wahrscheinlich hat jeder Mensch mit diesem Phänomen seine eigenen Erfahrungen gemacht, zum Beispiel beim Erlernen des Autofahrens. Anfangs glaubte ich dabei, es werde mir niemals gelingen, in einer Kurve die Bremse, die Gangschaltung und das Lenkrad gleichzeitig unter Kontrolle zu behalten. Heute denke ich über die Koordination dieser Aufgaben nicht mehr nach, wenn ich mit meinem Auto unterwegs bin. Das entsprechende Know-how ist jetzt Teil meines impliziten Wissens, und ich kann diese Aufgaben quasi automatisch ausführen, ohne weiter mein Bewusstsein damit beschäftigen zu müssen. Stattdessen kann ich während der Autofahrt über das Treffen mit dem

Kunden nachdenken, zu dem ich gerade unterwegs bin. Warum ist dieser Aspekt so wichtig? Weil die unbewusste Wissensarbeit wesentlich produktiver sein kann als die bewusste.

Verglichen mit der unbewussten ist unsere bewusste Informationsverarbeitung ein hoffnungslos ineffizienter Vorgang. Studien haben gezeigt, dass das bewusste Denken pro Sekunde vierzig Bit Informationen verarbeiten kann, das unbewusste hingegen elf Millionen Bit pro Sekunde.[3] Diese Erkenntnisse über die dramatische Steigerung der geistigen Produktivität durch die Kombination von bewusster und unbewusster Informationsverarbeitung sind nicht neu. Seit vielen Jahren gibt es entsprechende Techniken und auch Managementtrainer, die diese verwenden, um Führungskräften zu helfen, ihre intellektuelle Produktivität zu steigern. Und dies ist in der Tat eine wichtige Aufgabe, der sich Manager in der neuen wissensbasierten Ökonomie verstärkt widmen müssen, die wesentlich höhere Anforderungen nicht nur an die Wissensarbeiter, sondern auch an sie stellen wird. Manager müssen deshalb die zweifache Herausforderung annehmen, nicht nur ihre Wissensarbeiter, sondern auch sich selbst produktiver zu machen und die auf diese Weise gesteigerte Kreativität im passenden sozialen Kontext freizusetzen.[4]

In letzter Zeit wurde sehr viel über Führungsstil geschrieben. Es versteht sich von selbst, dass es einem Unternehmen in einem wissensintensiven Geschäftszweig nur dann gelingen kann, die besten Ingenieure, Softwareentwickler, Berater usw. zu gewinnen und zu halten, wenn es den entscheidenden Personen im Management gelingt, diese Mitarbeiter für ihre zukünftigen Aufgaben zu begeistern und ihre Erwartungen zu erfüllen. Der Führungsstil wirkt sich auf einzelne Mitarbeiter und somit das Humankapital eines Unternehmens insofern aus, als er die Art und Weise beeinflusst, wie Einzelne ihre Verantwortung wahrnehmen.

Das Grundgehalt, das ein Unternehmen seinen leistungsstärksten Mitarbeitern im Vergleich zur Konkurrenz zahlt, sowie eventuelle Aktienoptionen sind natürlich ebenfalls wichtig. Geld ist für diese hoch qualifizierten Mitarbeiter jedoch nur einer unter vielen Faktoren, die ihre Entscheidung, sich einem Unternehmen anzuschließen, beeinflusst. Was sie von einer solchen Firma wirklich erwarten, ist eine motivierende Vision für das Unternehmen, für die Abteilung, in der sie arbeiten werden, und ein spannendes Projekt, in dem sie ihren Beitrag leisten und ihren persönlichen Erfolg und den des Unternehmens erleben können. Visionen können nur von wirklichen Führungspersönlichkeiten mit Leben erfüllt werden. Wenn man mit wichtigen Mitarbeitern in erfolgreichen Unternehmen spricht, erfährt man häufig, dass sie von der Persönlichkeit des Firmengründers oder einer anderen starken Führungspersönlichkeit sehr beeindruckt waren, bevor sie sich

3 Karl Erik Sveiby, The New Organizational Wealth, S. 32
4 Siehe dazu auch das Interview mit Patrick Georges in Kapitel 9.

entschlossen haben, für dieses Unternehmen zu arbeiten. Es war diesen Führungskräften jeweils gelungen, die potenziellen Mitarbeiter so für das Unternehmen und die beruflichen Perspektiven, die es bietet, zu begeistern, dass diese andere Angebote ausschlugen, obwohl die angebotene Bezahlung vielleicht sogar höher gewesen wäre.

Wie kann eine Organisation unter ihren Managern wirkliche Führungskräfte herausbilden? Kann das durch ein Trainingsprogramm geschehen, das Führungskräfte in ihre Aufgaben einarbeitet, oder ist dies eher eine Frage der Auswahl der geeigneten Personen? Wie kann eine Organisation wichtige externe (Berufs-)Communities fördern und sich selbst zu ihrem Bezugspunkt machen? Wie können Organisationen die Produktivität ihrer Angestellten erhöhen und ihnen dabei helfen zu verstehen, wo ihre Stärken und Schwächen liegen und in welchem Bereich sie arbeiten sollten, um sich weiterzuentwickeln – sei es innerhalb des Unternehmens oder auch außerhalb? Sollten Unternehmen Wissensarbeitern auch dann persönliche Perspektiven eröffnen, wenn deren Zukunft vielleicht nicht mehr innerhalb des Unternehmens liegt?

Es ist davon auszugehen, dass dies Angestellten gegenüber künftig die normale Einstellung sein muss. Denn nur so werden Unternehmen ein positives Image auf dem Arbeitsmarkt aufrechterhalten, fähige Mitarbeiter gewinnen und eventuell noch von Mitarbeitern profitieren können, die möglicherweise ihre eigenen Wege gehen und nur noch teilweise für das frühere Unternehmen arbeiten. Beides sind Voraussetzungen für die Steigerung des Humankapitals und damit zugleich des Marktwerts eines Unternehmens.

Dies sind Fragen, die jede Organisation betreffen, deren Erfolg entscheidend vom Beitrag ihrer Wissensarbeiter abhängt. Im zweiten Teil des Buchs werden deshalb Beispiele für die Best Practices beim Management von Humankapital, Mitarbeitern und auch Managern vorgestellt, und es wird gezeigt, wie erfolgreiche Unternehmen diese Fragen für sich beantworten.

Der Einsatz von Strukturkapital zur Förderung von Wissensarbeit

Ebenso wichtig wie das Management von (individuellem) Humankapital ist die Beantwortung der Frage, wie das Wissen einzelner Mitarbeiter in strukturelles Kapital transformiert werden kann. Strukturelles Kapital gehört ja nach unserer Definition dem Unternehmen und bleibt ihm auch dann erhalten, wenn einzelne Mitarbeiter es verlassen. Unternehmen werden sich, trotz aller eingeleiteten Maßnahmen, um Wissensträger für das Unternehmen zu erhalten, daran gewöhnen müssen, dass sie vielleicht ihre wichtigsten Mitarbeiter für längere Zeiträume halten können, jedoch nicht mehr für die gesamte Lebensarbeitszeit. Angestellte verfolgen heute ihre eigenen Ziele und müssen dies auch tun.

Die Unternehmensführung muss daher stets sicherstellen, dass das Wissen von Mitarbeitern in Schlüsselpositionen, soweit es für das Unternehmen relevant ist, mit anderen Mitarbeitern sowie mit Partnern und Kunden geteilt wird. Sie muss darauf achten, dass dieses Wissen strukturiert und kodifiziert wird und es zum Common Sense des Unternehmens wird. Mit Common Sense ist das allgemeine Verständnis im Unternehmen für seine Geschäftsabläufe und Geschäftsmodelle gemeint und dafür, wie diese den maximalen Kundennutzen erzielen. Kodifiziertes, zuvor als individuelles Wissen vorhandenes Know-how, stellt **strukturelles Kapital erster Ordnung** dar.

Organisationsstrukturen, Abläufe und Verfahren zum Austausch von Informationen, Wissen und entsprechende Informationstechnologie erlauben es den Mitgliedern einer Organisation, strukturelles Kapital erster Ordnung, kodifiziertes Wissen, effektiv zum Schaffen von Mehrwert in Form von Partner- und Kundenkapital zu nutzen. Nur durch das ständige Recycling und den kreativen Einsatz von gemeinsamem Wissen und gemeinsamer Erfahrung kann ein Unternehmen das eigene Wissenskapital erhalten und systematisch ausbauen, um Wert für Aktionäre und Stakeholder zu schaffen. Die Mittel, die Strukturen und Verfahren, die es einer Organisation ermöglichen, dies zu erreichen, sind **strukturelles Kapital zweiter Ordnung**

Jedoch stellen nicht nur die Mittel zur effektiven Wissensarbeit in Unternehmen strukturelles Kapital dar. Auch die Prozesse und Strukturen, die es Unternehmensleitungen erlauben, ein Unternehmen in die richtige Richtung zu lenken, seine Anpassung an Änderungen der Marktsituation zu steuern und es nach strategischen Gesichtspunkten zu leiten, stellen strukturelles Kapital dar. Wenn ein Unternehmen immaterielle und materielle Vermögenswerte zu einem einzigartigen Paket zusammenfasst und dieses mittels strategischer Lernprozesse, die immer wieder für eine Rückkoppelung mit der Marktseite sorgen, »à jour« halten kann, verfügt es über einen enormen Werthebel der zum Schaffen von dauerhaften und überlegenen Wettbewerbspositionen eingesetzt werden kann.

Das Management kann den Wert eines Unternehmens nur steigern, indem es die Erwartungen von Investoren, Kunden und anderen am Unternehmenserfolg interessierten Parteien übertrifft. Diese Erwartungen beziehen sich nicht auf vergangene Leistungen, nicht auf die Umsatzerlöse und das Ergebnis des letzten Jahres oder Quartals. Sie beziehen sich auf das künftige Gewinnpotenzial und die Perspektiven für die Zukunft. Das Management muss daher die Zukunft eines Unternehmens aktiv gestalten und dabei Investoren und interessierte Parteien einbeziehen. Die Strategie spielt hierbei eine wichtige Rolle. Sie kann einen Kristallisationspunkt, ein gemeinsames Anliegen für die Organisation und die an ihrem Erfolg interessierten Parteien darstellen und als das verbindende Element dienen, das sämtliche materiellen und immateriellen Vermögenswerte eines Unternehmens als ein Ganzes zusammenhält. Die Strategie ist jedoch nicht etwas, das heute definiert wird und dann für unbestimmt lange Zeit Gültigkeit besitzt. Unternehmen müssen Prozesse und Systeme institutionalisieren, die es ihnen ermöglichen, kontinuierlich Innovationen vorzunehmen und auf der Organisations- und Strategieebene zu lernen. Sie müssen auf Veränderungen der Marktumgebung oder auf aufkommende neue Technologien beinahe automatisch reagieren können. Was ein erfolgreiches Unternehmen von anderen, weniger erfolgreichen unterscheidet, ist die höhere Flexibilität, eine Strategie neu zu definieren oder an neue Marktbedingungen anzupassen sowie die Fähigkeit, Geschäftsstrukturen und -abläufe und interne Zielvorgaben danach auszurichten.

Erfolgreiche Organisationen müssen über Strukturen, Prozesse und Verfahren verfügen, die eine kontinuierliche Planung ermöglichen, die verschiedene Abläufe über Geschäftsstrukturen hinweg miteinander verbinden, und sie insgesamt auf die Strategie ausrichten. Darüber hinaus sind Prozesse und Managementsysteme erforderlich, die die Organisation und ihr Partnernetzwerk strategisch auf ein Ziel hin ausrichten, und mit deren Hilfe das Management eine Strategie schneller anpassen und implementieren kann. Wie wir später noch sehen werden, spielt die IT-Infrastruktur eine wichtige Rolle für neue Managementsysteme. Diese Managementsysteme und -prozesse, die es einem Unternehmen ermöglichen, sich auf seine Strategie zu konzentrieren und anpassungsfähig zu bleiben, stellen **strukturelles Kapital dritter Ordnung** dar.

Ein besonderer Aspekt des Managements des strukturellen Kapitals dritter Ordnung, auf das globale Unternehmen sich in Zukunft verstärkt konzentrieren müssen, ist der Bereich der Management- und Verantwortungsstruktur des Unternehmens. Globale Unternehmen stehen vor einer besonderen Herausforderung: Sie müssen Abläufe und Wertschöpfungsprozesse in zunehmendem Maße global steuern, wobei aber jede nationale Geschäftseinheit mit lokalen Stakeholdern zu tun hat. Sie benötigen Werkzeuge und Managementstrukturen, die ihnen helfen, ein Unternehmen global unter rein ökonomischen Gesichtspunkten zu steuern und über die gesamte Geschäftsstruktur hinweg – Partner und sogar Kunden eingeschlossen – effektiv zu operieren. Sie müssen ihre Strategieumsetzung sowie das operative Geschäft kollaborativ planen. Andererseits müssen sie sich weiterhin mit nationalen Richtlinien sowie Steuer- und Regierungsbehörden auseinandersetzen, die ihre globale Sichtweise nicht teilen. Außerdem müssen sie sich mit regionalen kulturellen Unterschieden befassen, zum Beispiel mit der eher kapitalistischen Geschäftskultur der USA, mit der »personenzentrierten« Vorgehensweise in Europa und schließlich mit der spirituellen Kultur in Asien. Effektive Methoden zum Ausbalancieren des Spannungsverhältnisses, das in globalen Organisationen zwischen dem nationalen, lokalen und politischen Denken auf der einen und dem weltumspannenden Management auf der anderen Seite besteht, gehören ebenfalls zum strukturellen Kapital dritter Ordnung. Ein Unternehmen, das in Zukunft erfolgreich sein will, muss es verstehen, strukturelles Kapital erster, zweiter und dritter Ordnung aufzubauen, zu erhalten und richtig weiterzuentwickeln.

Informationstechnologie steigert die Produktivität von Wissensarbeit

Die Verfügbarkeit von Informationstechnik zur Unterstützung von Wissensarbeit hat seit dem Aufkommen des PCs zu Beginn der 80er-Jahre explosionsartig zugenommen. Textverarbeitungs-, Tabellenkalkulations-, Datenbank- und andere Programme standen erstmals einzelnen Wissensarbeitern direkt zur Verfügung und führten zu einem exponentiellen Anstieg der Produktivität von Wissensarbeit. Produktive Wissensarbeit verlangt einen eigenverantwortlichen Arbeitsstil. Der PC und die auf ihm ausführbaren Programme stellten die Werkzeuge bereit, mit deren Hilfe einzelne Personen ihre Arbeit besser organisieren und auf Wissen basierende Aufgaben wesentlich effektiver erledigen konnten, ohne an die Restriktionen eines mit vielen anderen Personen gemeinsam genutzten Computers gebunden zu sein.

Als ich Anfang der 80er-Jahre mein Studium an einer deutschen Universität begann, standen PCs Studenten nur ausnahmsweise zur Verfügung. Was für eine Mühe machte es, eine Hausarbeit auf einer Schreibmaschine fertig zu stellen! Wenn ich an meinem Text bei der abschließenden Durchsicht Änderungen vornehmen wollte, musste ich die gesamte Seite noch einmal tippen, häufig sogar den gesamten Text. Heute, zum Beispiel beim Schreiben dieses Buchs, ist für mich das Arbeiten ohne die Unterstützung durch ein modernes Textverarbeitungsprogramm undenkbar. Der Einsatz eines Textverarbeitungsprogramms steigert die Kreativität und hilft dabei, sich auf die Aufgaben zu konzentrieren, um die es beim Schreiben eigentlich geht.

Textverarbeitungssoftware ist eine großartige Erfindung, die monotone Schreibarbeit in echte Wissensarbeit verwandelt hat. Aus Schreibkräften wurden Assistenten, die für ihre Vorgesetzten nicht mehr nur die Briefe schreiben. Stattdessen erledigen sie Aufgaben mit Eigenverantwortung, wie zum Beispiel Anrufe bei Kunden, um deren Meinung zu einem neuen Produkt zu erfahren, oder die Organisation von Workshops mit Kollegen, Kunden oder Partnern. Vor der Erfindung des PCs stand Rechnerleistung ausschließlich großen Unternehmen zur Verfügung, die sich die beträchtlichen Investitionen in teure Großrechner und die Kosten für das Bedienungspersonal, die Operatoren, leisten konnten. Der Einsatz dieser Rechner war dem Rechnungswesen oder der Warenwirtschaft vorbehalten.

Microsoft hat seinen Erfolg auf die Vision gegründet, den einzelnen Wissensarbeiter durch Informationstechnologie produktiv zu machen. Die Position von Microsoft als Marktführer auf dem Gebiet der Softwareanwendungen und Betriebssysteme für PCs ist auch das Ergebnis des Aufstiegs des Wissensarbeiters, der zunehmend Software und Rechnerleistung für die eigenverantwortliche Wissensarbeit benötigte. Sie wollten aber nicht nur für sich effektiver arbeiten, sondern wollten auch mit anderen Kollegen besser kommunizieren und zusammenarbeiten können.

Die Client-Server-Architektur war daher der nächste logische Schritt in der IT-Evolution. Sie ermöglichte die Verbindung einzelner PCs, die bislang nur von Einzelpersonen für ihre Arbeit verwendet wurden, zum Unternehmensnetzwerk. Dies war die Zeit, als lokale Netzwerke (Local Area Networks – LAN) aufkamen, die einzelne PCs miteinander und mit zentralen Rechnern verbanden. Auf diese Weise konnten verschiedene Personen von ihren PCs auf eine gemeinsame Datenbank auf dem Server zugreifen, wodurch der Austausch von Daten und Informationen zwischen ihnen wesentlich erleichtert wurde. Zu diesem Zeitpunkt kam auch SAP mit seinem ERP-System SAP R/3 auf den Markt. Es war das erste echte ERP-System, das speziell für solche Client-Server-Architekturen entwickelt worden war. Diese Technologie verband erstmals IT-Anwendungen, die normalerweise nur auf Zentralrechnern (bis dato Mainframe genannt) installiert waren und nun auf mehrere UNIX-Rechner flexibel, je nach Belastung, verteilt werden konnten. Dabei blieben die lokalen Anwendungen auf den PCs, an die die Wissensarbeiter bereits gewöhnt waren.

Es war nun möglich, von einem PC aus sowohl auf die vorhandenen PC-Anwendungen als auch auf das ERP-System eines Unternehmens zuzugreifen, das die Back-End-Integration von Geschäftsprozessen unterstützte, wie zum Beispiel das Management von Lieferketten, ein damit integriertes Rechnungswesen und eine Kundenauftragsabwicklung. Mitarbeiter konnten jetzt von ihren PCs aus, ohne dazu parallel ein Terminal verwenden zu müssen, den Status von Kundenaufträgen prüfen, unbezahlte Rechnungen anmahnen oder die Profitabilität eines Produkts untersuchen. Diese Daten konnten sie dann zur Durchführung von weiteren Analysen oder zur Erstellung von speziellen Berichten für ihre Vorgesetzten in Tabellenkalkulationsprogramme auf ihren PC übernehmen.

Client-Server-Computing stellte IT-Abteilungen jedoch vor eine echte Herausforderung. Der Einsatz von PCs lag ursprünglich nicht im Verantwortungsbereich der (zentralen) IT-Abteilung. IT-Abteilungen beschäftigten sich vielmehr fast ausschließlich mit der aus ihrer damaligen Sicht einzig ernst zu nehmenden Rechenleistung von Mainframes und mit den »wichtigeren« Geschäftsanwendungen, die darauf ausgeführt wurden. Der Ankauf von PCs und der benötigten Software wurde daher oft von den einzelnen Abteilungen selbst in die Hand genommen. Den IT-Abteilungen fiel jetzt jedoch die Aufgabe zu, diese heterogenen PCs untereinander und mit zentralen Servern und Anwendungen zu verbinden. Sie mussten nun den Bereich der PCs als ihr Aufgabengebiet ansehen.

IT-Abteilungen mussten allgemeine Standards für PC-Konfigurationen und Betriebssysteme definieren und eine unternehmensweite IT-Strategie nicht nur für Mainframes, sondern auch für die neue und sehr dynamische Welt der PCs und Client-Server-Architekturen entwickeln. Sie mussten unter anderem entscheiden, ob sie Microsoft Windows oder IBM OS/2 als Standardbetriebssystem für die PCs in ihrem Unternehmen einsetzen wollten. Zum damaligen Zeitpunkt, Anfang der 90er-Jahre, als Microsoft und IBM noch um die Marktführerschaft bei PC-Betriebssystemen rangen, war dies nicht einfach, und die falsche Antwort auf diese Frage hat die betroffenen Unternehmen sehr viel Geld gekostet.

Es wurde den für die Informationstechnologie verantwortlichen Mitarbeitern auch zunehmend bewusst, dass der Hauptteil der Investitionen in PCs und Client-Server-Architekturen nicht für Hard- und Software, die in der Anschaffung zudem immer preiswerter wurden, sondern vielmehr für die Wartungskosten und das Training der Endanwender aufzubringen war. Die Herausforderung für IT-Abteilungen bestand deshalb nun darin, einzelnen Mitarbeitern die Verwendung von Informationstechnologie zu ermöglichen, die zwar nicht vollständig zentral kontrolliert wurde (worin ja das Prinzip des PCs besteht), jedoch zumindest die grundlegende Hardware- und Softwaretechnologie festzulegen, um so die Konnektivität zwischen den PCs und Servern zu einem erschwinglichen Preis zu garantieren, wie auch einen gemeinsamen Wissensstandard im Unternehmen hinsichtlich PCs und PC-Anwendungen zu ermöglichen. Um die Gesamtkosten für die Informationstechnologie besser in den Griff zu bekommen, mussten die IT-Abteilungen nicht nur über technisches, sondern zunehmend auch über betriebswirtschaftliches Know-how verfügen. Gerade die Implementierung und Wartung von ERP-Software erforderte von Mitarbeitern im IT-Bereich neue Fähigkeiten: Sie mussten die Abläufe im Unternehmen zumindest so gut verstehen, dass sie die Standardsoftware an die Anforderungen der Anwender in den einzelnen Abteilungen und an die individuellen Geschäftsprozesse des Unternehmens anpassen konnten.

Das Eindringen des ursprünglich nur für den privaten Anwender gedachten PCs in die Unternehmenswelt und das Aufkommen von Client-Server-Architekturen und ERP-Standardsoftware hat in zahlreichen Unternehmen zu einer grundsätzlichen Neubewertung der Rolle der Informationstechnologie geführt. In den letzten sechs bis acht Jahren hat die Informationstechnologie immer neue und zunehmend wichtigere Aufgaben innerhalb von Unternehmensorganisationen erfüllt.

Das führt nun jüngst auch dazu, dass die ersten für Informationstechnologie verantwortlichen Manager in die Vorstände der Unternehmen einziehen.

Heute sieht sich die IT-Abteilung jedes Unternehmens mit drei neuen Herausforderungen konfrontiert, die erneut einen Wendepunkt im IT-Management markieren:

1. Mit dem Internet ist eine neue IT-Plattform in der Geschäftswelt entstanden, die sich als eine Art »Betriebssystem« zur Unterstützung von Geschäftsprozessen und Communities zu etablieren beginnt, die über die bislang üblichen Grenzen des traditionellen Unternehmens weit hinausreichen. Das Internet verbindet die Geschäftsprozesse mehrerer Unternehmen zu einem hoch effizienten Geschäftsprozess, unterstützt als Zugangs- und einheitliche Kommunikationsplattform elektronische Marktplätze und begünstigt das Entstehen und Wachsen von Communities von Wissensarbeitern und Unternehmens-Stakeholdern. IT-Verantwortliche müssen die traditionellen, rein firmenintern ausgerichteten IT-Systeme zügig in flexible und offene IT-Architekturen transformieren, die diese neuen kollaborativen Geschäftsmodelle unterstützen. Dabei sollen vorhandene Systemlandschaften möglichst integriert und getätigte Investitionen geschützt werden.
2. Mit Hilfe entsprechender Software und verbesserter Netzwerktechnologie können heute rechnerintensive Firmenaufgaben in regionalen Servicezentren zusammengefasst oder an externe Dienstleistungsanbieter ausgelagert werden, ohne dass die Integration in lokale Geschäftsabläufe und deren Effizienz gefährdet würde. Dies spart nicht nur beträchtliche Kosten, sondern es erlaubt es einem Unternehmen auch, sämtliche Geschäftseinheiten von der Arbeit auf bestimmte Aufgaben spezialisierter Fachkräfte und deren Best Practices profitieren zu lassen. Die erhöhte Unsicherheit von Entscheidungen im IT-Bereich, die eine Folge der rasanten technischen Entwicklung dieses Sektors ist, macht es noch sinnvoller, gerade IT-Fachwissen im Rahmen einer Neuorganisation der Informationstechnologie eines Unternehmens in Shared Service-Zentren gemeinsam zu nutzen oder rechenintensive Aufgaben von hierauf spezialisierten, externen Dienstleistungsanbietern erledigen zu lassen. Insbesondere die Angebote von Full-Serviceprovidern (Application Service Provider – ASP) sind für Unternehmen von wachsendem Interesse. Derartige ASPs konfigurieren, integrieren, warten und managen komplexe Softwareanwendungen, die entsprechende Hardware und die zugehörigen Geschäftsprozesse. Dies kann beispielsweise die Abwicklung des gesamten Order-to-Cash-Prozesses für ein Unternehmen in einer Region, etwa in Europa, umfassen. Die ASPs nutzen dabei IT-Ressourcen, die zu ihrer Wartung benötigten Fachkräfte sowie die entsprechenden Fachleute für die Geschäftsprozesse für mehrere Parteien gleich-

zeitig, so dass die hierfür anfallenden beträchtlichen Kosten auf mehrere Organisationen verteilt werden können. ASPs erfüllen alle Voraussetzungen, um als ein »Exchange« oder elektronischer Marktplatz fungieren zu können, der für mehrere Unternehmen Serviceleistungen zur Verfügung stellt, die innerhalb einer Wertkette oder als eine Business Community zusammenarbeiten. Sie können diesen eine gemeinsame IT-Landschaft bereitstellen, um ihre einzelnen Abläufe in nahtlos digitalisierte und kollaborative Geschäftsprozesse zu integrieren, die die gesamte Wertkette und alle Partner umfasst. IT-Experten müssen eine Strategie entwickeln, die festlegt, welche Aufgaben von firmeninternen, gemeinsam genutzten Ressourcen übernommen werden sollen, welche an externe Anbieter ausgelagert und welche auf Abteilungsebene gelöst werden sollen.

3. Da die Informationstechnik längst zu einem Mittel der Wertschöpfung geworden ist, werden IT-Verantwortliche ihre Einstellung von einer nach innen gerichteten, reaktiven Serviceorientierung zu einer proaktiven IT-Managementstrategie ändern müssen. Der Schwerpunkt beim Einsatz der Informationstechnik sollte nicht mehr darauf liegen, vorhandene Geschäftsabläufe den Anforderungen der Geschäftseinheiten entsprechend besser zu unterstützen, sondern darauf, eine führende Rolle bei der Entwicklung neuer Geschäftsmodelle zu übernehmen. Internetfirmen sind ein gutes Beispiel hierfür. Ihre Geschäftsmodelle wurden allein durch die neuen Technologien möglich. Das ist zukünftig bei allen Unternehmen der Fall. Strategische Innovationen werden wesentlich stärker durch die Informationstechnologie angeregt und nicht inkrementell aus dem vorhandenen Geschäft hervorgehen. Der IT-Manager eines Unternehmens wird in Zukunft möglicherweise stärker die Aufgaben eines internen Strategieberaters erfüllen, statt nur die Verantwortung für die Unterstützung der vorhandenen Geschäftsprozesse zu übernehmen (mehr dazu und zur neuen Rolle des CIO im letzten Teil des Buchs).

Angesichts dieser drei Herausforderungen sieht sich die IT-Abteilung eines Unternehmens mit der möglicherweise bedeutsamsten Änderung konfrontiert, seit die Informationstechnologie zu einem wichtigen Faktor der Unternehmensorganisation geworden ist. Sie muss in der Lage sein, das Internet für die Abwicklung der Geschäftsabläufe des Unternehmens zu nutzen und dadurch gleichzeitig neue Geschäftsmodelle ermöglichen, die dabei helfen, Wettbewerbsvorteile zu erringen und gleichzeitig die Kosten zu senken. Sie muss darüber hinaus die Produktivität und die Kosten der Informationstechnologie strategisch managen, von externen Anbietern übernehmbare Aufgaben auslagern, die Einsatzmöglichkeiten von ASPs und Shared Service-Zentren richtig beurteilen und innovative, auf neuen IT-Entwicklungen basierende Geschäftsmodelle initiieren und vorantreiben.

Das Management von Ecosystemen und Partnernetzwerken

Die Diversifikation der ökonomischen Aktivitäten eines Unternehmens in verschiedene Branchen, die in den meisten Industrienationen in den 70er-Jahren in Mode kam, wurde in der neuen globalen Wirtschaft eher zu einem Hindernis. An der globalen Ökonomie beteiligt zu sein, bedeutet für fast jedes Unternehmen heute die geographische Auffächerung seiner Aktivitäten und eine enorme Komplexität der Organisation. Für den geschäftlichen Erfolg ist es deshalb erforderlich, sich auf wenige Wirtschaftsbereiche zu konzentrieren, in denen man über Spezialkenntnisse verfügt und seine Kernkompetenzen einbringen kann. Dies gilt bei weitem nicht nur für multinationale Konzerne, jedes Unternehmen ist heute Teil einer weltweit vernetzten Wirtschaft. Dies gilt auch dann, wenn es seine Geschäfte nur innerhalb regionaler oder nationaler Märkte abwickelt. Die Konkurrenz für jedes Unternehmen kommt heute vom Weltmarkt, deshalb muss jedes Unternehmen in der Weltwirtschaft bestehen können. Das ist auch der Grund, warum es heute so viele Unternehmenszusammenschlüsse gibt und warum so viele Geschäftsbereiche abgestoßen und Geschäftsprozesse ausgelagert werden. Alle diese Firmen versuchen, ihre Aktivitäten auf diejenigen Bereiche der Wertkette ihrer Branche zu konzentrieren, in denen ihre besonderen Kompetenzen liegen und sie die höchsten Gewinne erzielen können.

Während in aller Regel nur Unternehmenszusammenschlüsse oder Fusionen das Interesse der Öffentlichkeit gefunden haben – also Änderungen der Eigentumsverhältnisse und üblicherweise auch des Managements –, haben Allianzen in den letzten Jahren den eigentlichen Boom erlebt.[5] Hierbei handelte es sich um Allianzen jeglicher Art: den Erwerb einer Minderheitsbeteiligung eines größeren Unternehmen an einem kleineren, Kooperationsvereinbarungen in der Forschung oder im Marketing, Joint Ventures oder einfach nur informelle Übereinkünfte ohne vertragliche Vereinbarungen.

Um ihre Intangible Assets wirklich nutzen zu können, müssen Unternehmen ihre Kräfte auf Bereiche konzentrieren, in denen sie Kunden den größten Wert bieten können. Hingegen sollten sie dort mit Partnern zusammenarbeiten, wo sie Bereiche abdecken müssen, in denen sie selbst nicht mehr tätig sein wollen. Da es nicht mehr sinnvoll ist, die gesamte Wertkette selbst zu managen, müssen Unternehmen einen Teil der Kontrolle abgeben und sich auf unabhängige Partner stützen. Und weil das Management eines Unternehmens nicht genug Aufmerksamkeit auf solche Aktivitäten richten kann, die nicht zu seinen Kernaktivitäten gehören, würde man damit in Märkten, die permanente Beobachtung und sofortige Reaktionen auf Veränderungen erfordern, vermutlich nicht erfolgreich sein.

---

5 Peter F. Drucker, »The Real Meaning of the Merger Boom«, S. 4

Es ist daher sinnvoll, durch Outsourcing solcher Nicht-Kernbereiche, sowohl Managementkapazität freizusetzen als auch die eigene Wertkette der Marktdynamik zu unterwerfen, um diese so effektiver zu machen und die eigene Wertschöpfung zu verbessern. Die notwendige unternehmerische Energie wird freigesetzt, indem die Unabhängigkeit der Outsourcing-Partnerorganisationen erhalten oder zumindest nur eine Minderheitsbeteiligung an ihrem Kapital angestrebt wird.

In der Vergangenheit glaubte man, dass ein einziges Unternehmensmodell für jede Art von Geschäft das richtige sei. Heute wird jedoch deutlicher gesehen, dass es zwar allgemein gültige Grundlagen der Unternehmensführung gibt, ihre Anwendung und Durchführung jedoch stark von unterschiedlichen Technologien, Märkten und Kulturen sowie von individuellen Gegebenheiten abhängt. Ein spezialisierter lokaler, unabhängiger Partner ist wahrscheinlich eher in der Lage, hier mit einer ganz bestimmten Konstellation umzugehen. Bislang tendierten Unternehmen dazu, andere, in derselben Wertkette operierende Firmen aufzukaufen. Heute versuchen sie viel eher mit ihnen zusammenzuarbeiten.

Bei einer dynamischen Marktumgebung ist es nicht mehr sinnvoll, alles unter einem Dach zu behalten und von einer einheitlichen Unternehmenskultur bestimmen zu lassen. Was für einzelne Wissensarbeiter gilt, gilt heute auch für Unternehmen: Sie sind produktiver, wenn sie selbstbestimmt arbeiten und selbst darüber entscheiden können, wie eine bestimmte Aufgabe erfüllt oder ein bestimmtes Ziel erreicht werden soll. Während das Geschäftsmodell der Vergangenheit die Integration verschiedener Unternehmen und die Kontrolle einer Wertkette auf der Basis von Eigentumsrechten war, ist die Grundlage der neuen Geschäftsbeziehungen gegenseitiges Vertrauen und ein locker geknüpftes Partnernetz.

Viele Fragen sind jedoch immer noch offen. Partnerschaften und Allianzen sind keine Teams – jedes Mitglied arbeitet unabhängig und mit eigenen Aufgaben und Zielen. Aber auch wenn die Partner miteinander konkurrieren, muss es ein Element der Steuerung geben. Ein Beispiel hierfür ist das bereits erwähnte Partnernetz von SAP, das aus den professionellen Dienstleistungsunternehmen, die die Softwareimplementierung für die Kunden von SAP übernehmen, und SAP selbst besteht. Gäbe es hier keinerlei Koordination und Abstimmung, wären die Partner nicht in der Lage, ihre Aktivitäten zu planen und die korrekten Geschäftsentscheidungen zu treffen. Diese Art der Koordination basiert stärker auf wechselseitigen Vereinbarungen zwischen dem Unternehmen und seinen Partnern und auf gemeinsamen Zieldefinitionen in Form von so genannten Partnerprogrammen als auf hierarchischen Steuerungsmechanismen. In diesen Allianzen, Partnerschaften oder Partnernetzwerken gibt es aber keine Weisungskompetenzen. Ein Unternehmen und seine Partner müssen daher Institutionen und Managementprozesse ins Leben rufen, die es ihnen ermöglichen, die jeweiligen Aufgaben zwar aus der eigenen Perspektive, jedoch innerhalb des gemeinsamen Netzwerkes optimal zu erledigen. So sind etwa kollaborative Geschäftsplanungen und Kontrollmechanismen erforderlich, um die Gesamtleistung des Netzwerkes aus der Kundenperspektive zu managen und seinen Mitgliedern die Koordination ihrer Aktivitäten zu ermöglichen. Darüber hinaus benötigen alle Teilnehmer eine IT-Infrastruktur, die ihnen dabei hilft, ihre operativen Aktivitäten effizient aufeinander abzustimmen und auf diese Weise die Kosten des gesamten Netzwerks zu optimieren.

Unternehmensleitungen aller Branchen müssen lernen, Partnerkapital aufzubauen, zu managen und neu zu strukturieren – und das heißt nötigenfalls auch, die eigene Position in der Wertkette ihrer Branche zu korrigieren. Sie müssen zuverlässige Beziehungen zu anderen Firmen innerhalb der Kette aufbauen und Managementfähigkeiten und eine entsprechende Infrastruktur entwickeln, die es ihren Managern und Wissensarbeitern ermöglicht, Prozesse über die gesamte Wertkette hinweg zu optimieren. Sie arbeiten hierbei mit den Managern und Wissensarbeitern der Partnerorganisationen zusammen, um für ihre Kunden und alle anderen Stakeholder des Unternehmens Wert zu schaffen.

Forschung und Produktentwicklung schaffen Wert für den Kunden

Im Gegensatz zur landläufigen Meinung sind Kunden normalerweise außer Stande zu sagen, welche neuen Produkte Unternehmen für sie entwickeln und herstellen sollen. Produktmanager und Ingenieure können sich daher bei dieser Frage nicht nur auf Kundenbefragungen verlassen, sondern müssen auch auf ihre eigene Fachkompetenz und manchmal auch auf ihre Intuition vertrauen. Dies mag zwar befremdlich klingen, ist jedoch wahr: Kunden können Ihnen oft nicht sagen, welches neue Produkt für sie Wert generiert und wie ein hervorragendes Produkt zu gestalten wäre. Sie können Ihnen aber sehr wohl sagen, ob ein fertiges Produkt ihren Anforderungen entspricht.

Als wir bei SAP vor einiger Zeit ein neues Softwarepaket für die Unternehmensteuerung entwickelten, habe ich mit meinen amerikanischen Kollegen einen Kundenbeirat in Nordamerika, einen so genannten Customer Council, bestehend aus SAP-Kunden, und mit meinem Team in Europa einen weiteren für Europa ins Leben rufen. Dies geschah in der doppelten Absicht, einerseits Anregungen für die Softwareentwicklung und ein frühes Feedback zu den entsprechenden Konzepten von potenziellen Kunden für die neue Software zu bekommen, und andererseits um das Council als Plattform für die Suche nach ersten Anwendern zu nutzen, die zu einem Pilotprojekt bereit sein könnten. Abschließend konnten wir feststellen, dass beide Councils ein voller Erfolg waren, und zwar sowohl für die Kunden als auch für uns. Die Erwartungen der Kollegen aus der Softwareentwicklung, die wir zu den Meetings eingeladen hatten, konnten jedoch nicht erfüllt werden. Sie hatten sich von den anwesenden SAP-Kunden detaillierte Vorgaben und Hinweise für das Softwaredesign erhofft. Die ersten Treffen des Beirats waren für sie daher eher enttäuschend. Denn die Kunden stellten ihrerseits Fragen, versuchten durch Diskussion untereinander offene Punkte zu klären und sprachen auf eine, aus der Sicht der Entwickler recht unpräzise Art über ihre Anforderungen und Wünsche.

Ich glaube, dass dies sehr typisch ist. Kunden sind Anwender und keine Experten im Produktdesign. Die Definition und Ausgestaltung neuer Produkte wird die Aufgabe von Produktmanagern und -entwicklern bleiben. Wenn sie ein neues Produkt kaufen wollen, wissen Kunden häufig noch nicht, was ihre produktspezifischen Anforderungen im nächsten oder in den darauf folgenden Jahren sein werden. Das herauszufinden oder vorauszusehen, wird auch in Zukunft die Aufgabe von Produktmanagern und Ingenieuren bleiben. Anwender- und Kunden-Communities können jedoch dabei helfen zu prüfen, ob die Entwicklung in die richtige Richtung geht.

Genauso hielten wir es mit unseren Customer Councils. Wir versuchten, beim ersten Treffen die richtigen Fragen zu stellen, präsentierten dann beim nächsten Treffen unsere Produktkonzepte und baten schließlich um Feedback seitens der Mitglieder. Diese Vorgehensweise war erfolgreich. Als wir die Endfassung der ersten Version des Produkts vorstellten, war das Feedback der Mitglieder des Beirats durchweg sehr positiv. Wir hatten Antworten auf die Fragen gefunden, die sie sich nicht selbst beantworten konnten. Und wir ließen ihr Feedback der ersten Produktdemonstrationen in das Design des Endprodukts einfließen. Dies erzeugte eine stärkere Bindung der in dem Council vertretenen Kunden zu unserem Produkt, als dies je durch Werbemaßnahmen erzeugbar wäre.

In dem Maß, in dem Produkte anspruchsvoller und wissensintensiver geworden sind und Intangible Assets in allen Industriezweigen an Bedeutung gewonnen haben, müssen Unternehmen immer größere Geldsummen für Forschung und Entwicklung aufwenden und sicherstellen, dass ihre vorhandenen immateriellen Vermögenswerte zur Wertschöpfung in Forschung und Entwicklung optimal eingesetzt werden. Die Pharma-, die Software- und die Filmindustrie sind dafür bekannt, dass hier zur Entwicklung neuer Produkte umfangreiche Investitionen erforderlich sind. Doch auch andere Industriezweige werden durch steigende Kosten für Forschung und Entwicklung belastet. Für jede Forschungs- und Entwicklungsabteilung gibt es daher heute zwei zentrale Herausforderungen:

1. Die Zeitspanne zwischen der Produktspezifikation und der Markteinführung muss verkürzt werden (die Effizienz muss erhöht und Kosten müssen reduziert werden).
2. Die Beziehung zwischen kurzfristigen, sich schneller ändernden Kundenanforderungen und -präferenzen und den in der Regel längerfristigen Entwicklungs-

prozessen eines Produkts innerhalb von Forschungs- und Entwicklungsorganisationen muss aktiv gemanagt werden (die Effektivität, also der Output, muss optimiert werden).

Eine mögliche Lösung besteht darin, innerhalb von Forschung und Entwicklung verstärkt zwischen den Vorstadien der Anwendungs- oder Produktentwicklung zu unterscheiden, die mehr durch die Entwicklung von Basistechnologien – man spricht hier manchmal auch von Plattformen[6] – bestimmt werden, und der Entwicklung des Endprodukts aus Kundensicht und dessen Produktvarianten, die mehr von kurzfristigen Kunden- und Marktanforderungen bestimmt werden. Mit Hilfe einer solchen »Plattformstrategie« entstehen in Unternehmen gebündelte Kompetenzen (Plattformen), die Hintergrundoptionen für verschiedene Endprodukte und Dienstleistungen darstellen. Dies erlaubt Unternehmen, einen Teil des Entwicklungsprozesses enger an langfristige technologische Tendenzen und die entsprechenden, auch eher langfristig ausgerichteten Forschungs- und Entwicklungsaktivitäten (die Plattformentwicklung) zu binden und den anderen Teil, die »Konfiguration« bzw. Entwicklung des Endprodukts dann stärker an kurzfristigen Anforderungen des Marketings und Vertriebs auszurichten.

Solche neuen Entwicklungsprozesse erfordern jedoch auch eine neue Art von Management. Das Unternehmen sollte beispielsweise überwachen, wie viele und mit welchem Erfolg auf einer bestimmten Plattform basierende Produkte entwickelt wurden, verglichen mit der entsprechenden Marktdynamik, um nicht nur die Endprodukte, sondern auch den ökonomischen Erfolg der Plattformen im Auge zu behalten.

Ein Unternehmen muss heute gleichermaßen über Technologie- und Marketingexperten verfügen. Die Frage ist nicht, ob der Markt die technische Entwicklung vorantreiben sollte oder die Technik die Marktentwicklung. Normalerweise ist es nicht entweder das eine oder das andere. Was die Entwicklung insgesamt voranbringt, ist das Zusammenspiel von Organisationseinheiten, die auf Wissenschaft und Technologie basieren, und Einheiten, die eher an den Marktgegebenheiten orientiert sind. Die Produktentwicklung muss daher auf verschiedene Teams verteilt werden: auf Markt- und Anwendungsspezialisten auf der einen Seite, und auf Ingenieure, Wissenschaftler und Techniker auf der anderen. Ein marktorientiert arbeitendes Team benötigt andere Mitarbeiter und eine andere Arbeitsatmosphäre und Kultur als ein Team von Technikern oder Ingenieuren. Außerdem muss es Strukturen und Verfahren geben, die die Kommunikation zwischen diesen verschiedenen Teams ermöglichen.

---

6 Hans Dietmar Bürgel, »Flexibilisierungspotenziale in Forschung und Entwicklung«, FAZ, 14.8.2000

3M beispielsweise hat dieses Problem zu lösen versucht, indem das Unternehmen einen internen Markt schuf, auf dem Forschungs- und Marketingeinheiten effektiver miteinander interagieren. Dies setzt jedoch auf Seiten der Marketingfachleute und Ingenieure neue Fähigkeiten voraus. Die Ergebnisse hinsichtlich Kosteneinsparung, Produktqualität und Wettbewerbsfähigkeit sind allerdings beachtlich, wenn dies funktioniert. Als Marktführer behaupten werden sich daher diejenigen Unternehmen, die nicht nur über die beste Forschungsabteilung und das beste Technologie-Know-how verfügen, sondern auch über das umfassendste Verständnis der Anforderung und Entwicklungen des Markts und beides in einen Produktentwicklungsprozess integrieren können.

Von 3M stammt noch ein weiteres Beispiel für die Fähigkeit, Marktveränderungen schneller zu erkennen und in Produktentwicklungen umzusetzen. In diesem Zusammenhang entstand der Begriff »Lead Customer«. Hierunter werden Anwender verstanden, denen eine Vorreiterrolle zukommt und die bereits konkrete Anforderungen an ein Produkt haben, bevor der breite Markt überhaupt an die Möglichkeit solcher Produkte denkt. Sie versuchen Probleme zu lösen, denen noch niemand sonst begegnet ist. Nehmen wir beispielsweise an, ein Unternehmen will eine neue Substanz untersuchen. Es sieht sich die auf dem Markt verfügbaren Spektrometer an, stellt jedoch fest, dass keines davon ihren Anforderungen genügt. Es kann auch keinen Hersteller finden, der das benötigte Spektrometer anfertigen kann. Also stellt das Unternehmen das Spektrometer selbst her. Wenn ein Hersteller von Spektrometern einen solchen Anwender früh genug erkennen und seine Erfahrung und sein Wissen über das neue Spektrometer nutzen kann, kann er ein neues Produkt genau zu dem Zeitpunkt auf den Markt bringen, zu dem die anderen Benutzer solche Produkte benötigen, da die Technologie des Lead Customers inzwischen zum Industriestandard geworden ist. Mit herkömmlichen Marktforschungsmethoden werden sich Lead Customers aber niemals finden lassen. Unter Tausenden wird es vielleicht zehn von ihnen geben.

Um seine marktbeherrschende Stellung behaupten zu können, muss die Entwicklungs- und Forschungsabteilung eines Unternehmens heute wesentlich stärker marktorientiert sein und neue Methoden entwickeln, mit denen sich die Marktumgebung kontinuierlich beobachten lässt. Gestützt auf Leading User muss versucht werden, neu aufkommende Anforderungen unter den vorhandenen Kunden, aber auch in anderen Anwendergruppen auszumachen.

Kundenkapital schaffen und effektiv nutzen

Wir haben bisher die Faktoren für den unternehmerischen Erfolg in der neuen Ökonomie von den Unternehmensressourcen ausgehend beschrieben. Wir konnten dabei sehen, wie das aktive Management der grundlegenden Ressource – des

Humankapitals – und die richtigen Organisationsstrukturen, Prozesse und die passende IT-Infrastruktur die Produktivität von Wissensarbeitern und damit die des Gesamtunternehmens wesentlich verbessern kann. Wir haben ferner gesehen, wie sich die Kompetenzen der Wissensarbeiter für das Unternehmen besser nutzen lassen, wenn Nicht-Kernaktivitäten ausgelagert und Partnernetzwerke aufgebaut und unterhalten sowie Forschungs- und Produktentwicklungsprozesse optimiert und mit Produktmarketingaktivitäten gekoppelt werden. Es ist nun der Zeitpunkt gekommen, darüber nachzudenken, wie sich der Wert des Human-, Struktur- und Partnerkapitals sowie der Forschungs- und Entwicklungstätigkeit in einen höheren Wert für Kunden transformieren lässt.

Die Kundenseite ist heute so wichtig geworden, weil zu erzielende Preise und Umsatzerlöse in einer freien und weltumspannenden Wirtschaft ausschließlich von dem Wert abhängen, den vorhandene oder potenzielle Kunden subjektiv einem bestimmten Produkt oder einer bestimmten Dienstleistung beimessen. Eines der besten Beispiele für diese Entwicklung sind Internetfirmen, wie zum Beispiel eBay, die mit nichts anderem beschäftigt sind, als Kunden eine Plattform bereitzustellen, auf der sie an virtuellen Auktionen teilnehmen können. Ein Verfahren auf solchen elektronischen Marktplätzen besteht darin, dass Sie als Käufer eine Preisvorstellung für ein Objekt angeben, das Sie kaufen möchten, und der Auktionator Händler oder andere Anbieter dazu einlädt zu bieten, das heißt Verkaufsangebote abzugeben. Dem Anbieter mit dem besten Preis und/oder besten Service geben Sie dann den Zuschlag. Diese Form von Kauf und Verkauf, die im Englischen auch als Reverse Auction bezeichnet wird, stellt das herkömmliche industrielle Verkaufs- und Vertriebsmodell auf den Kopf: Nicht der Verkäufer bestimmt den Preis, sondern der Käufer.

Die Verbindung zwischen aufgewendeten Kosten und erzielten Preisen und Erlösen besteht in ihrer traditionellen Form nicht mehr. Die wesentlichen Gründe hierfür sind:

- Der Wert und der Preis eines Wissensprodukts wird im Gegensatz zu industriellen Produkten, wie zum Beispiel von Stahl oder Papier, nicht mehr so sehr durch die Kosten bestimmt, die während seiner Herstellung angefallen sind, sondern durch den Wert, den potenzielle Kunden, Anwender oder Konsumenten ihm subjektiv beimessen.
- Ein hoher Anteil der Gesamtkosten eines Unternehmens der neuen Ökonomie sind Fixkosten, die vor dem Verkauf und oft vor der Herstellung des Produkts auftreten, also zum Beispiel durch die Produktentwicklung oder durch Werbeaufwendungen zum Aufbau einer Marke. Sie ergeben sich etwa im E-Commerce durch den Aufbau einer Webpräsenz und entsprechender Werbemaßnahmen noch bevor ein Produkt zum ersten Mal verkauft wird.

Wenn ein hoher Anteil der Gesamtkosten Fixkosten sind, und keine direkte Beziehung mehr zwischen den durch das Produkt verursachten Kosten und den zu erwartenden Produkterlösen besteht, lassen sich Erlöse und Produktprofitabilität nicht mehr allein mit Blick auf die Kosten managen. Die herkömmlichen Modelle des Erlös- und Profitabilitätsmanagements müssen vom Kopf auf die Füße gestellt werden: Zunächst muss die Kundenseite analysiert werden! Um die Profitabilität in den Griff zu bekommen, muss der Wert eines Produkts zunächst aus der Perspektive des Kunden beurteilt werden. Um Erlöse zu optimieren, muss die vorhandene Kundenbasis, das Kundenkapital, bewertet werden, in das zum Beispiel neue Produkte verkauft werden können

Das Kundenkapital entspricht dem Gesamtwert der Beziehungen eines Unternehmens zu den Personen oder Organisationen, an die es seine Produkte oder Dienstleistungen verkauft. Es stellt heute eine Schlüsselkomponente des Unternehmenswerts dar.

E-Commerce-Unternehmen, wie der Online-Buchhändler Amazon, sind ein gutes Beispiel hierfür. Bei diesen Firmen sind der Marktanteil und die Zahl der registrierten Anwender die Schlüsselkomponenten des gesamten Unternehmenswerts. Daher ergibt sich der Wert solcher Firmen häufig hauptsächlich aus der Anzahl der aktiven Nutzer ihrer Internetpräsenz, wobei die Intensität der Beziehung zwischen diesen Internetfirmen und ihren Benutzern der entscheidende Faktor für den Preis pro Kunde ist, den sie im Fall einer Übernahme oder eines Verkaufs erzielen können. Er schlägt sich aber auch in der laufenden Beurteilung durch die Finanzanalysten und damit im aktuellen Aktienkurs nieder. Je besser die Kundenbeziehung ist, desto einfacher kann ein solches Unternehmen weitere Erlöse mit diesen Kunden generieren und den Wert eines Kunden für die Firma steigern. Denn je besser das Unternehmen seine Kunden kennt, desto erfolgreicher kann es ihnen weitere Angebote machen und neue Produkte verkaufen, die ihren Anforderungen und Vorlieben entsprechen, oder diese, zum Beispiel über Links, an andere Unternehmen gegen eine Provision weiterreichen, die über passende Produktangebote verfügen. Der Wert dieser Unternehmen wird deshalb oft durch die Anzahl der vorhandenen Kunden und/oder den Grad ihrer Marktdurchdringung, multipliziert mit den möglichen künftigen Nettoüberschüssen pro Kunde, ermittelt.

Internet Service Provider (ISP) wie AOL, deren Benutzer eine monatliche Gebühr zahlen und sich registrieren müssen, haben eine engere Kundenbeziehung und kennen ihre Kunden besser als Provider, die Internetzugänge nach dem Call-by-Call-Prinzip anbieten. Diese Provider wissen fast nichts über ihre Kunden. Die Möglichkeiten, mit diesen Kunden durch Werbung oder Cross-Selling zusätzliche Einnahmen zu erzielen, sind dadurch stark eingeschränkt. Wenn Analysten den

Wert solcher Unternehmen ermitteln, geht in die Berechnung der größten Wertkomponente, des Kundenkapitals, deshalb neben der Anzahl der Kunden auch die Qualität der Beziehung zu den Kunden mit ein. Für die verschiedenen Marktsegmente wird ein Wert pro Kunde errechnet, der sich zum Beispiel auf der Basis der abdiskontierten, mit diesem Kunden zukünftig zu erzielenden Free-Cashflows oder Economic Profit.

Um die Kundenbeziehungen bis zu einem Grad zu entwickeln, ab dem sie als Wettbewerbsvorteil angesehen werden können, müssen Unternehmen völlig neu durchdenken, wie sie neue Produkte oder Dienstleistungen entwickeln und vermarkten. In sehr dynamischen Märkten und in wissensintensiven Industriezweigen sind Unternehmen zunehmend dazu übergegangen, ihre Kunden in den Prozess der Produktentwicklung einzubeziehen. Sie lassen potenzielle Kunden Prototypen ihrer Produkte testen und holen sich gezielt Feedback von Partnern und manchmal selbst von Konkurrenten ein. Auf diese Weise können sie neue Produkte schneller auf den Markt bringen, diese noch während der Markteinführung laufend verbessern und potenzielle Kunden enger an das Unternehmen und seine Produkte binden. Kunden sollen zu Partnern werden und das Management muss die notwendigen Initiativen ergreifen, damit dies geschieht.

Schnelligkeit ist bei der Gewinnung von Kunden gerade in neuen Geschäftszweigen und Marktsegmenten ein Schlüssel zum Erfolg. Professionelles Marketing ist hier unerlässlich. In einem auf Intangible Assets basierenden Business ist die Rolle des Marketings jedoch grundverschieden von der Rolle, die es im industriellen Zeitalter gespielt hat.

Wertorientiertes Marketing – die neue Herausforderung

Worin besteht der Unterschied zwischen dem Kauf eines auf Intangible Assets basierenden Produkts, wie zum Beispiel eines Softwarepakets oder eines Buchs, und dem Kauf eines im Wesentlichen auf Tangible Assets basierenden Industrieprodukts, wie etwa eines Automobils?

Bevor man ein Softwarepaket gekauft und für einige Zeit benutzt oder ein Buch gelesen hat, weiß man nicht wirklich, was man gekauft hat, und ob das dafür ausgegebene Geld eine gute Investition war. Bei einem Autokauf liegen die Dinge anders: Sie können bei einem Autohändler in einen Vorführwagen einsteigen und zu einer Probefahrt starten, bevor sie es kaufen, um einen Eindruck von einem Fahrzeug zu bekommen. Natürlich werden Sie auch erst, wenn sie das Auto für einige Zeit gefahren sind, vollständig sicher sein können, dass Sie die richtige Entscheidung getroffen haben. Zwischen dem Eindruck und den Informationen, die Sie über ein materielles Produkt vor seinem Kauf bekommen können, und der entsprechenden Einsicht in ein immaterielles, wissensbasiertes Produkt besteht jedoch ein beträchtlicher Unterschied.

Im Mittelpunkt des Verkaufs eines materiellen Produkts steht daher das Produkt selbst. Das Produkt spricht für sich. Interessierte potenzielle Kunden können die Eigenschaften des Produkts während des Verkaufsvorgangs in Augenschein nehmen und prüfen. Hinzu kommt, dass im Industriezeitalter Produkte weniger komplex und die verschiedenen Produktangebote sich sehr ähnlich waren. Es war daher für potenzielle Kunden einfacher, diese Produkte auf ihre Tauglichkeit hin einzuschätzen. Unter diesen Bedingungen war es daher die vernünftigste Verkaufsmethode, die Produkte auszustellen und den Kunden die Auswahl treffen zu lassen.

Verkäufer konzentrierten sich daher auf die Kommunikation der Produktmerkmale und versuchten, sie interessierten Käufern so überzeugend wie möglich darzustellen. Die Aufgabe des Marketings bestand hauptsächlich darin, diese Inhalte durch professionelle Werbung über weitere Kanäle zu verbreiten. Das Hauptziel war es dabei, die Aufmerksamkeit einer möglichst großen Gruppe potenzieller Käufer (einer Gruppe, die viel größer war, als die von einem einzelnen Verkäufer ansprechbare Kundenzahl) auf ein bestimmtes Produkt zu lenken. Im Handel mit Consumer Products wurde im industriellen Zeitalter die Kaufentscheidung des Kunden in erster Linie durch den Preis und – was noch wichtiger war – durch die Fähigkeit des Händlers bestimmt, die Aufmerksamkeit des Käufers zu gewinnen. Wenn die Produkte mehr oder weniger gleichwertig sind, werden diejenigen Verkäufer erfolgreich sein, denen es gelingt, die Aufmerksamkeit potenzieller Kunden zu gewinnen, bevor ihre Konkurrenten ihnen ein Angebot machen können.

Das alles beherrschende Marketinginstrument des ausklingenden Industriezeitalters war daher die Werbung – eine anonyme Kommunikation, die einseitig vom Verkäufer ausging. Sie war an das jeweilige gesamte Marktsegment gerichtet, also an eine große Gruppe unbekannter potenzieller Käufer. Das Ziel bestand im Grunde nur darin, kurzfristig möglichst große Verkaufszahlen zu erzielen. Ein Marketingexperte galt als erfolgreich, wenn seine Kampagnen sofort zu erhöhten Verkaufszahlen führten.

In der neuen Ökonomie wird der Verkauf von Produkten und das zugehörige Marketing auf völlig andere Weise erfolgen. Hierfür lassen sich zwei Gründe nennen:

- Bei wissensintensiven oder auch durch Informationstechnologie aufgewerteten traditionellen Industrieprodukten steigt der Komplexitätsgrad. Der Produktwert ist dann für den Kunden über eine kurze Fernsehwerbung oder eine einseitige Werbeanzeige in einem Magazin nur schwer erfassbar. Es ist aber der subjektive Wert aus der Kundenperspektive, der bestimmt, ob überhaupt gekauft wird, welchen Preis man bereit ist zu bezahlen, und welche Erlöse ein Unternehmen mit einem Produkt auf dem Markt erzielen kann. Welchen Wert ein Produkt oder eine Dienstleistung für den Kunden tatsächlich hat, weiß dieser aber erst, wenn er es gekauft und benutzt hat. Der gute Ruf eines Produkts, der sich mit bestimmten Markennamen verbindet, spielt daher in der heutigen Verkaufssituation eine wesentlich größere Rolle als in der industriellen Wirtschaft. Wenn sich der tatsächliche Wert eines Produkts vor seinem Kauf nicht eindeutig beurteilen lässt, wird man versuchen, es aus einer verlässlichen Quelle zu beziehen oder zumindest den Rat derjenigen einzuholen, die es bereits gekauft haben, um so das mit seinem Kauf verbundene Risiko zu verringern. Kundenbeziehungsmanagement, der Aufbau von Markennamen und die Förderung von Anwender-Communities, in denen Kunden sich gegenseitig dabei unterstützen, den Wert von Produkten richtig einzuschätzen, sind daher heute zu den wichtigsten Marketing- und Verkaufsinstrumenten geworden.

- Seit Unternehmen verstanden haben, vor allem durch den wachsenden Einfluss von institutionellen Anlegern, dass der Unternehmenswert im Wesentlichen nicht durch die kurzfristigen Verkaufszahlen, sondern durch die Profitabilität und das Erlöspotenzial zukünftiger Jahre bestimmt wird, kommt dem Marketing bei der Wertschöpfung eine wichtige Aufgabe zu. Denn gute, langfristig stabile und profitable Kundenbeziehungen spielen dabei eine Schlüsselrolle. Im Mobilfunkgeschäft ist es heute üblich, dass ein neuer Kunde erst profitabel wird, wenn sein erster Vertrag bereits ausgelaufen ist. Nur wenn das Mobilfunkunternehmen diesen Vertrag erneuern kann, wird der Kunde nach einiger Zeit zu einem gewinnbringenden Kunden. Die Aufgabe des wertbasierten Marketings besteht dann im Management des Kundenkapitals, d.h. des Werts der längerfristigen Beziehung zu den Kunden. Um hierbei erfolgreich zu sein, müssen Marketingexperten nicht nur verstehen, wie sich der Marktanteil und die Verkaufszahlen erhöhen lassen, sondern auch, wie sich der gesamte Lebenszyklus einer Kundenbeziehung managen lässt. Außerdem müssen sie solche Marktsegmente erkennen, die für das Unternehmen wertvoll sind, aber auch diejenigen Segmente, in denen jeder Verkauf und jeder neue Kunde den Unternehmenswert langfristig mindert. Sie müssen die vollständige Wertkette der Beziehung zu potenziellen, vorhandenen, ehemaligen und jetzt erneut umworbenen Kunden und zurückgewinnbaren Kunden verstehen. Sie müssen wissen, ob ein Kunde wirklich für das Unternehmen Gewinn bringt und zur Wertschöpfung beiträgt. Sie müssen auch die vom Kunden verursachten Kosten kennen, die diesem durch das traditionelle Rechnungswesen nicht zugeordnet werden, wie zum Beispiel Kosten, die durch zahlreiche kleine Bestellungen oder durch häufige Anrufe bei der Hotline entstehen. Das Unternehmen

> muss außerdem versuchen abzuschätzen, für einen wie langen Zeitraum und unter welchen Bedingungen der Kunde Produkte des Unternehmens kaufen wird, wie er sich zu anderen potenziellen Kunden verhalten wird – ob er beispielsweise die Produkte des Unternehmens empfiehlt –, wie häufig er bestellt und wie wahrscheinlich es ist, dass er auch neue oder alternative Produkte kaufen wird. Marketingabteilungen von Unternehmen benötigen daher neue Instrumente: nicht nur zur Bewältigung der neuen Marketingaktivitäten und zur Verbesserung der Kundenbeziehungen und der Teamarbeit in Marketing, Verkauf und Kundenservice, sondern auch zur Optimierung des gesamten Kundenkapitals, das sich aus dem Portfolio der Beziehungen zu den einzelnen Kunden ergibt.

Die Verkaufszahlen des letzten Quartals sagen nichts über den realen Wert eines Unternehmens und über sein Zukunftspotenzial aus. Die Frage ist daher: *Lebt das Unternehmen bereits von seinen Intangible Assets, wie in dem oben beschriebenen Fall von Saatchi & Saatchi? Sind die guten Verkaufszahlen vielleicht sogar ein Zeichen für eine fundamentale (negative) Änderung des Geschäfts und ein Anzeichen für einen »Ausverkauf«? Hat das Unternehmen wirklich Kundenkapital geschaffen oder zehrt es nur von bereits vorhandenem?*

Wertbasiertes Kundenmanagement und Marketing werden daher die fundamentalen Techniken sein, mit denen Unternehmen künftig die Marktseite ihres Geschäfts managen. Unabhängige Anwender-Communities werden hierbei eine Schlüsselrolle übernehmen. In der heutigen Zeit wenden sich immer mehr Menschen an solche Anwender-Communities, um vor dem Kauf Informationen über das gewünschte Produkt zu erhalten. In der Softwareindustrie war dies von Anfang an eine weit verbreitete Praxis. So genannte »User-Groups« (die DSAG, die Deutsche SAP Anwendergruppe e.V., oder die ASUG, Americas' SAP Users' Group, sind Beispiele hierfür) spielen hier nicht nur bei der Definition von Anforderungen zur Verbesserung bestehender oder beim Design neuer Produkte eine wichtige Rolle. Sie informieren auch potenzielle Kunden über die Nützlichkeit eines Produkts und über die Erfahrungen, die andere damit gemacht haben.

Ich erinnere mich noch gut daran, wie ich vor Jahren die Einführung eines neuen Softwareprodukts auf dem deutschen Markt leitete. Mehrere neue Anwender – große, bekannte deutsche Unternehmen – schlossen sich damals spontan zu einer Anwender-Community zusammen, zu der auch Firmen gehörten, die den künftigen Einsatz dieser Software lediglich in Erwägung zogen. Alles begann damit, dass ich einige dieser Anwender der neuen Software besuchte, um Feedback für die Produktentwicklung und für künftige Marketing- und Verkaufsmaßnahmen zu bekommen. Ich nannte den einzelnen Kunden die Namen und Kontaktpersonen der anderen Anwender, die ich besucht hatte. Einige Wochen später erhielt ich einen Anruf von einem dieser Kunden, der mich fragte, ob ich an einem Treffen der »Anwendergruppe«, wie sie sich nannten, teilnehmen wolle, die sich soeben zusammengefunden habe, um ihre Wünsche dann an unsere Entwicklungsabteilung weiterzuleiten. Ich erfuhr auch, dass die Anwendergruppe von anderen interessierten Firmen Anfragen erhalten hatte und dass diese interessierten Parteien ebenfalls an den Gruppentreffen teilnehmen würden.

Diese Anwendergruppe war ein voller Erfolg: für uns als Softwarehersteller *und* für die bestehenden und potenziellen Kunden unseres Softwarepakets. Die Gruppenmitglieder tauschten zahlreiche Tipps und Tricks darüber aus, wie sich die Software effektiver einsetzen und ihr Wert optimal nutzen ließe. Sie waren mit dem Produkt so zufrieden, dass sie ohne unser Zutun andere interessierte Firmen von den Vorteilen seines Einsatzes überzeugten, denn die höhere Zahl von Anwendern erhöhte auch ihr eigenes Vertrauen in die Software. Sie waren auch bereit, auf unseren Marketingveranstaltungen und -konferenzen über das Produkt zu sprechen. Andererseits wendeten sie sich aber auch mehrfach mit teilweise schwer zu erfüllenden Anforderungen an uns, die zusätzliche Funktionen betrafen, die sie von künftigen Versionen des Programms erwarteten. Diese Wünsche mussten wir ernst nehmen. Aus den Mitgliedern der Anwendergruppe waren »Mitentwickler« des Produkts geworden, die uns dabei halfen, die funktionalen Anforderungen an künftige Versionen effizienter zu identifizieren und zu priorisieren.

Andere Beispiele sind Web-Communities für Verbraucher, auch Verbraucherportale genannt, die von professionellen Organisatoren gemanagt werden. Dooyoo und Ciao sind Beispiele für solche Verbraucher-Communities, die nach folgendem Prinzip funktionieren: Die Besucher dieser Sites werden aufgefordert, ihre Meinung über einen neuen Computer, ein neues Auto, einen neuen Film oder irgendein anderes Produkt respektive einen Hersteller mitzuteilen. Sie erhalten eine Belohnung, wenn andere ihre Meinung lesen und als nützlich bewerten. Diese Einschätzungen sind sehr hilfreich, wenn man beispielsweise einen neuen Internetprovider oder ein neues Stromversorgungsunternehmen sucht.

Derartige Communities werden künftig ein wichtiger Marketingkanal für Unternehmen werden. Sie sind in der Lage, eine zerstreute Gruppe von Personen mit gemeinsamem Interesse und Fachwissen über ein bestimmtes Thema zusammenzubringen. Die Möglichkeit, mit anderen Personen, die an einem speziellen Thema interessiert sind, in Kontakt zu treten, übt auf viele Menschen, die sich sonst vielleicht niemals mit Gleichgesinnten zusammengefunden hätten, eine große Anziehungskraft aus. Dabei können diese Themen so unterschiedlich sein wie die Römische Antike, der Segelsport oder eine bestimmte Krankheit. Diese durch die Mitglieder der Gruppe erzeugte Dynamik, ist für die Unternehmen äußerst wertvoll. Ohne solche Communities würden Unternehmen niemals in der

Lage sein, über verschiedene Städte und Regionen verteilte Personen oder Organisationen zu erreichen, die an einem sehr speziellen Thema interessiert sind. Mit herkömmlichen Marketing- und Verkaufsmethoden lässt sich dieser Personenkreis nur mit einem unverhältnismäßig hohen finanziellen Aufwand erreichen. Eine solche Community kann so die Ausgangsbasis für ein alle Mitglieder umfassendes neues Marktsegment werden.

Je wertvoller solche Communities für ihre Mitglieder – und die Anbieter – sind, desto unabhängiger sind sie auch von den Anbietern. In der Beziehung zwischen Kunden und Anbietern, zwischen Verkäufern und Konsumenten, stellten die Anbieter lange Zeit die dominante Seite dar. Der Grund war eine Informationsasymmetrie.

Auf den meisten Märkten verfügten Anbieter bisher über mehr Informationen als ihre Kunden, vor allem wenn es sich um Endkunden, also private Verbraucher handelte. Aufgrund ihres Informationsvorsprungs sind Märkte für Anbieter sehr transparent. Sie nutzen diese Informationen, um den attraktivsten Kunden ihre Produkte und Dienste anzubieten, und machen dabei häufig Preisunterschiede, d.h., sie verlangen – je nach Marktsituation – von unterschiedlichen Kunden auch unterschiedliche Preise.

Anwender-Communities werden diese Situation wesentlich verändern. Der Wert einer solchen Community, vor allem einer internetbasierten, virtuellen Community, besteht für die Mitglieder darin, dass Informationen, zum Beispiel über erzielte Einkaufspreise, Produkt- oder Servicequalität, direkt zwischen einer größeren Zahl von Mitgliedern ausgetauscht werden können, d.h. zwischen Kunden und potenziellen Kunden. Die mit einer wachsenden Informationsmenge ausgestatteten Mitglieder setzen diese ein, um Anbieter auszuwählen, von denen sie die auf ihre individuellen Erfordernisse zugeschnittene, beste Leistung zum günstigsten Preis bekommen. Mehr Informationen zu bekommen und auf diesem Wege die wertvollsten Angebote finden zu können, wird der ausschlaggebende Anreiz sein, sich solchen virtuellen Communities anzuschließen.

In diesen internetbasierten Communities sammeln sich auch detaillierte Informationen über die Mitglieder selbst an – über ihre Vorlieben, ihr Einkaufsverhalten, Bedarfsprofile usw. Diese Informationen sind für Anbieter von unschätzbaren Wert. Auch einzelne Mitglieder mögen ein starkes Interesse daran haben, unterstützt durch den Organisator der Community, ausgewählten Anbietern von Produkten, die sie benötigen, kontrollierten Zugang zu diesen Informationen zu gewähren, um speziell auf sie zugeschnittene Angebote zu erhalten. Der Anbieter würde sich dann, da er ja Ausgaben für Werbemaßnahmen spart, etwa durch spezielle Rabatte für solche Community-Mitglieder revanchieren, die ihre Daten zu Verfügung stellen.

Wirklich erfolgreiche Anwender-Communities können allerdings nicht von Anbietern organisiert werden, so sehr sich diese das auch manchmal wünschen. Anwender- oder Verbraucher-Communities werden stattdessen zunehmend von unabhängigen kommerziellen Organisationen gemanagt, die ihren Mitgliedern wertvolle Informationsressourcen und Plattformen für den Austausch von Erfahrungen und Tipps zur Verfügung stellen, und dafür zum Beispiel Mitgliedsbeiträge erheben oder Gelder von Anbieter-Sponsoren erhalten. *Sollten es Unternehmen aber überhaupt erwägen, Communities zu unterstützen, zu sponsern oder sogar selbst zu initiieren, obwohl sie sie nicht kontrollieren können?*

Womöglich bleibt künftig gar keine Wahl: Hier untätig zu bleiben, kann das größte Risiko bedeuten. Unternehmen werden hierdurch nicht nur die Chancen verspielen, die solche Communities bieten, sondern sie setzen sich auch verstärkt der Gefahr aus, dass ihr Kerngeschäft durch Wettbewerber unter Druck gerät, die sich aggressiver mit Anwender-Communities liieren, um ihre Produkte und Leistungen besser zu vermarkten.

Die Arbeit mit Communities fordert von Managern allerdings ein anderes Aktionsmodell. Im Gegensatz zum traditionellen Managementverständnis werden virtuelle Communities flexible und organische Vorgehensweisen sowie ein hohes Engagement von Managern und Wissensarbeitern erfordern. Säen, Nähren und Pflegen sind wesentlich treffendere Metaphern für die Entwicklung von Communities im Sinne des Unternehmens als klassische Managementtechniken, detaillierte Pläne und Marschrouten. Die organische Vorgehensweise wird durch das Erfordernis bedingt, auf neue Anforderungen der Mitglieder der Community zu reagieren, das eigene Geschäftsmodell und damit das Unternehmensmodell »à jour« zu halten, ohne selbst das Ecosystem der Community und seiner Sponsoren vollständig kontrollieren zu können. Dies erfordert zum Beispiel neue Techniken und Fähigkeiten von Managern im Umgang mit (potenziellen) Kunden, hier in Form von Community-Teilnehmern.

Manager von Risikokapitalgesellschaften wissen, was erfolgreiche von erfolglosen Firmengründungen unterscheidet: Es ist die Fähigkeit des Gründerteams, auf die Anforderungen der Kunden fast automatisch zu reagieren, das Geschäft organisch wachsen zu lassen und die richtigen Weichen zu stellen. Das »Management« von Anwender-Communities erfordert ähnliche Fähigkeiten seitens der Initiatoren oder Sponsoren auf der Anbieterseite: Nur auf diese Weise kann eine Dynamik steigender Erlöse ins Rollen gebracht werden, und nur so zahlen sich die Investitionen in solche Communities für ein Unternehmen aus.

Auch wenn derartige Communities nicht von Anbietern kontrolliert werden können, kann es dennoch gelingen, dass Communities aus bestehenden und potenziellen Kunden zum Nutzen des eigenen Unternehmens in die richtige Richtung gelenkt werden. Wenn es einem Anbieter gelingt, die Mitglieder einer Community für das eigene Unternehmen und seine Produkte zu begeistern und die Kunden davon zu überzeugen, dass sie zu einer Elite gehören, weil sie das beste Produkt auf dem Markt verwenden, kann diese Community als äußerst leistungsfähiges Marketinginstrument dienen.

Hierzu bedarf es jedoch einer fundamentalen Neuausrichtung des Marketings: Marketing besteht nicht mehr darin, potenzielle Kunden zum Kauf von etwas zu überreden, das sie möglicherweise nicht benötigen, sondern darin, diejenigen Verbraucher und Organisationen zu finden, die die Produkte des Unternehmens am meisten zu schätzen wissen. Diese Gruppe ist auch bereit, andere von den Vorteilen der Produkte zu überzeugen. Denn normalerweise haben gerade Nutzer von wissensbasierten Produkten ein natürliches Interesse daran, dass andere Personen das gleiche Produkt verwenden. Je mehr Menschen etwa die gleiche Software verwenden oder dieselbe in einem Buch dargelegte Controlling-Methode einsetzen, desto wertvoller wird die Anwendung für den bereits vorhandenen Nutzer. Es ist dann wesentlich leichter, andere Personen zu finden, mit denen die Dateien eines Programms oder ganz einfach die eigenen Erfahrungen ausgetauscht werden können. Es ist daher ganz im Interesse zufriedener Kunden, den Anbietern der von ihnen eingesetzten Produkte bei der Verbreitung dieser Produkte zu helfen.

Anwender- oder Kunden-Communities, besonders solche, die die Merkmale einer virtuellen, auf dem Internet basierenden Community mit denen einer herkömmlichen Community verbinden, etwa einem Arbeitskreis oder einer Anwendergruppe, bei der es zu regelmäßigen Treffen und Konferenzen der Mitglieder kommt, werden die herkömmlichen Methoden im Kundenbeziehungsmanagement, Marketing und Vertrieb grundlegend verändern. Dies erfordert vor allem eine Neudefinition der Faktoren, die einem Unternehmen Marktvorteile bringen. Dabei wird die Qualität der Beziehungen zu einzelnen Kunden und zu Anwender-Communities in Zukunft in allen Branchen eine größere Rolle spielen als die Zahl der vorhandenen Kunden.

Wie lässt sich der Wert von Intangible Assets ermitteln?

Für das Top-Management selbst war die Informationstechnik bislang nicht unbedingt sehr nützlich. Top-Manager haben die neuen Technologien häufig nicht verwendet, da sie ihnen nicht die Informationen lieferten, die sie für die Lösung ihrer Aufgaben benötigen. Die Entscheidung darüber, welche Daten in Unternehmen für das Management zur Verfügung gestellt werden, basieren leider größtenteils noch auf Theorien des 19. Jahrhunderts. Danach entscheidet die Kostenbasis über den Erfolg oder Misserfolg eines Unternehmens. Die klassischen DV-Anwendungen zur Steuerung der Unternehmenstätigkeit fokussieren deshalb vor allem die entsprechend dieser Theorien wichtigen Daten. Es sind die Daten des traditionellen Finanz- und Rechnungswesens, die Informationen zur Verfügung stellen, mit denen sich finanzielle Vermögenswerte schützen und die Betriebskosten effektiv ermitteln und optimieren lassen. Jedoch ist weder die Wahrung finanzieller Vermögenswerte noch die Kostenkontrolle Aufgabe des Top-Managements in einer Zeit, in der der geschäftliche Erfolg auf Intangible Assets beruht.

Es hat bereits intensive Forschungsbemühungen zur Bewertung immaterieller Vermögenswerte gegeben. Man hat versucht, nicht finanzielles Wissenskapital und Intangible Assets in Bilanzposten zu übersetzen, denen ein bestimmter Geldwert zugeordnet wurde. Allerdings haben sich diese Bemühungen, Human-, Struktur- oder Kundenkapital in finanzielle Gegenwerte zu übersetzen, für Manager, deren Aufgabe es ist, den Aufbau und die Nutzung dieser Intangible Assets zu steuern und zu optimieren, als nicht hilfreich erwiesen.

Größere Veränderungen des Bilanzgewinns sind häufig das Ergebnis unerkannter Veränderungen bei den Intangible Assets. Zahlreiche Krisen großer und kleiner Unternehmen hätten früher erkannt werden können, wenn das Management und die Finanz-Community aus Analysten, institutionellen Investoren und Banken in der Lage gewesen wären, den Wert und die Entwicklung der Intangible Assets eines Unternehmens zu überwachen. Da der ausgewiesene Unternehmensgewinn abhängig ist von Rechnungslegungsregeln, die nicht für wissensintensive Geschäftszweige entwickelt wurden, ist dieser als Basis für den Vergleich von Unternehmen mit umfangreichen Intangible Assets nicht geeignet. Der Unternehmensgewinn, als Residualgröße, errechnet aus Erlösen abzüglich der Kosten, auf denen dabei in der Regel der Hauptfokus der Analyse liegt, gibt lediglich Aufschluss über die Effizienz einer Organisation. Er sagt kaum etwas über die Effektivität aus, also darüber, in welchem Umfang das Unternehmen Wert geschaffen hat und wie gut eine Organisation die Erwartungen derer erfüllt, denen sie dienen soll.

Es ist jedoch genau diese Effektivität, im Gegensatz zur bloßen Effizienz, die heute über Erfolg oder Misserfolg eines Unternehmens entscheidet. Der erzielte Erlös, der in die Berechnung des Gewinns einfließt, ist allenfalls ein Indikator dafür, wie effektiv *in der Vergangenheit* Wertpositionen aufgebaut wurden. Der Unternehmensgewinn ist deshalb kein guter Indikator zur Beurteilung der aktuellen Lage und wirtschaftlichen »Gesundheit« eines Unternehmens. *Hat das Unternehmen im betrachteten Zeitabschnitt Human-, Struktur oder Partnerkapital, das beim Aufbau von Kundenkapital hilft, geschaffen oder zerstört?*

Das traditionelle Finanz- und Rechnungswesen hilft bei dieser Beurteilung kaum. Allerdings ist das Messen der Unternehmensperformance keine einfache Angelegenheit. Jedes Messsystem unterliegt den Einschränkungen des Heisenbergschen Unbestimmtheitsprinzips. Absolut objektive Messungen sind unmöglich. Im Gegensatz zu dem, was manche Controller und Manager denken, gilt dies auch für Finanzkennzahlen. Der einzige Grund, warum Finanzkennzahlen objektiver als andere Messgrößen zu sein scheinen, ist der, dass sie auf durch Common Sense begründeten impliziten Annahmen beruhen, was ein Unternehmen ist und wie es Wert schafft, und dass sie schon lange genug existieren, um durch allgemein akzeptierte Definitionen und Standards bestimmt zu werden. Das Problem, sich bei der Beurteilung von Unternehmen allein auf Finanzkennzahlen zu stützen, besteht darin, dass sich zahlreichen Aktivitäten, durch die Wert geschaffen wird, oft (noch) kein finanzielles Äquivalent zuordnen lässt, bevor der geschaffene Wert sich nicht durch Verkaufstransaktionen manifestiert, wie zum Beispiel Produktverkäufe. Die meisten Aktivitäten von Wissensarbeitern, die mit Kunden interagieren oder ihre Aufgaben im Hintergrund, beispielsweise im Bereich Forschung und Entwicklung ausführen, sind keine Geldtransaktionen. Geld, als Messgröße menschlicher Anstrengungen, kommt erst ins Spiel, wenn die getätigten Anstrengungen zu einer Transaktion führen, bei der durch Marktmechanismen Produkte oder Dienstleistungen mit Geldeinheiten bewertet werden. Die Wert schaffenden Aktivitäten finden so, gerade in wissensbasierten Unternehmen, lange vor diesen Transaktionen statt – etwa in der Software- oder Pharmaindustrie, wo Produktentwicklungen, die zukünftige Erlöspotenziale schaffen, sich manchmal über Jahre hinziehen, bevor diese zu Produktverkäufen und damit zu einer Bewertung der erbrachten Leistungen führen. Das eigentliche Problem besteht also darin, dass derzeit kein umfassendes System zur Messung von Intangible Assets und der auf diese bezogenen Aktivitäten existiert, das als Vergleichsfaktor Geldeinheiten verwendet und gleichzeitig für Manager in der Praxis handhabbar ist. Erforderlich wäre ein Messsystem, das finanzielle und nicht finanzielle Messgrößen miteinander kombiniert und die aktuellen Werte mit denen des letzten Monats, Quartals und Jahres vergleicht, um so die Entwicklung von Intangible Assets und den Erfolg oder Misserfolg des Unternehmens bei ihrem Aufbau bzw. bei deren Verwertung zu verfolgen.

Es wäre außerdem sinnvoll, Intangible Assets mit dem Branchendurchschnitt zu vergleichen, um zu überprüfen, wie das eigene Unternehmen im Vergleich abschneidet. Dies ist für Manager und Investoren ein wesentlich besserer Indikator dafür, wie es um ein Unternehmen und dessen Tangible und Intangible Assets, und damit um das künftige Erlöspotenzial steht. Ein solches Vorgehen erlaubt es dem Management, Aufbau oder Zerstörung von Intangible Assets sowie die Effektivität bei ihrer Verwertung zu verfolgen und Fehlentwicklungen zu erkennen, bevor sie sich auf die finanzielle Situation des Unternehmens erkennbar auswirken. *Worin sollte also die Aufgabe eines solchen neuen Messsystems bestehen?*

Die Konsolidierung der Leistungsdaten der gesamten Wertkette

Das neue Messsystem soll die Effektivität der Geschäftsabläufe und den geschaffenen Wert nicht nur innerhalb eines Unternehmens erfassen und darstellen können, sondern innerhalb der gesamten Wertkette. Somit werden die Geschäftsvorgänge der Partner mit eingeschlossen. Nur so kann ein Unternehmen sämtliche Treiber und Erfolgsfaktoren für zu schaffenden Kunden- oder Stakeholder-Wert managen und erfolgreich steuern. Es muss daher sowohl bei der Planung als auch beim Managen der Performance (d.h. des Outputs der Wertkette in Form von Kunden- oder Stakeholder-Wert) mit seinen Partnern zusammenarbeiten. Eine Herausforderung beim Entwurf und Aufbau eines solchen Messsystems besteht darin, dass verschiedene Partnerorganisationen unterschiedliche Rechnungswesensysteme und oft auch unterschiedlichen Methoden der Leistungsmessung verwenden. Um Informationen austauschen und über Ergebnisse diskutieren zu können, müssen sie gemeinsame Grundlagen schaffen. Sie müssen sich einigen, welches die wichtigsten Maßstäbe sind, nach denen jeder Partner seine Leistung bemisst, wie genau die gemessenen Ergebnisse zustande kommen und was genau sie bedeuten. Sodann müssen sie sich auf gemeinsame Prozesse für das Performancemanagement einigen und sich darüber klar werden, wie Pläne und Vorschaurechnungen erstellt und aufeinander abgestimmte Ziele für alle Partner definiert werden können. Schließlich müssen auch noch Wege gefunden werden, wie sich ihre Rechnungswesen- und IT-Systeme so verbinden lassen, dass die gemeinsamen Managementprozesse unterstützt werden.

Das Sichtweisen-Prinzip bei der Erfolgsmessung und beim Stakeholder-Reporting

Da ein solches neues Messsystem zeigen muss, wie gut eine Organisation die Anforderungen und Erwartungen der verschiedenen, an seinem Erfolg interessierten Parteien, der Stakeholder des Unternehmens, erfüllt, und da diese bei den unterschiedlichen Parteien differieren werden – Anleger sind an Dividenden, Kunden hingegen an Servicestandards und Qualität interessiert, um nur zwei Beispiele zu nennen –, müssen Unternehmen für verschiedene Zielgruppen unterschiedliche Effektivitätsmaßstäbe und unterschiedliche Erfolgsmessgrößen definieren. Außerdem benötigt jede dieser Gruppen für ihre Messwerte einen anderen Interpretationsrahmen, da ihr Interesse am und ihr Wissen über das Unternehmen nicht einheitlich sind. Um die Erwartungen der verschiedenen Parteien managen zu können, muss die Unternehmensführung jeweils unterschiedliche Sichtweisen einnehmen können. Innerhalb der einzelnen Sichtweisen muss entschieden werden, welche der Wertkomponenten eines Unternehmens (Finanzkapital, materielle Werte, Komponenten des Wissenskapitals und der Intangible Assets) für eine bestimmte Zielgruppe wichtig sind.

Das notwendige Gleichgewicht zwischen kurzfristiger Performance und dem längerfristigen Aufbau von neuem Geschäftspotenzial

Da heute der Faktor Zeit sehr wichtig ist, muss das Leistungsmesssystem eines Unternehmens die Dynamik des Geschäftssystems entlang der Zeitachse erfassen können: Es muss nicht nur jeweils die kurzfristige Leistung oder Performance, d. h. die Effizienz beim Einsatz und der Verwertung von zum Beispiel Intangible Assets, und die längerfristige Effektivität, d.h. den Erfolg beim Aufbau von auf Intangible Assets basierenden neuen Geschäftspotenzialen, transparent machen, sondern auch die dynamische Beziehung zwischen diesen beiden Bereichen.

Es gibt in der Literatur zu Managementsystemen zwei Konzepte, die genau dies versuchen. Zum einen ist hier das Konzept der »Balanced Scorecard« von Kaplan und Norton zu nennen, das mess- und kontrollierbare Steuerungsgrößen in den erfolgsbestimmenden Perspektiven durch die Definition einer Ursache-Wirkungs-Kette »ausbalanciert«. Daneben existiert das Konzept des Systems Thinking oder auch der Systems Dynamics, wie es beispielsweise von Peter Senge vertreten wird. Es hilft, die Dynamik und die gegenseitigen Abhängigkeiten der verschiedenen Parameter eines Unternehmenssystems im Verlauf seiner zeitlichen Entwicklung besser zu verstehen und auf ein gewünschtes Ergebnis hin optimieren zu können.[7] Beide Konzepte können die verschiedenen Aufgaben unterstützen, die heute zur erfolgreichen Leitung eines Unternehmens bewältigt werden müssen. Und sie sind in einem umfassenden Management- und Steuerungssystem zur strategischen Unternehmensführung auch miteinander kombinierbar. Da die Zeit heute für jedes Unternehmen einen kritischen Faktor darstellt, besteht häufig die Gefahr, dass kurzfristig anfallende Probleme die längerfristigen Bemühungen zur Wertschöpfung überlagern oder sogar behindern. Daher müssen Unternehmen ein Management- und Messsystem entwickeln, das dabei hilft, einen Ausgleich zwischen kurzfristiger Ergebnisorientierung und dem Bemühen um einen längerfristig orientierten Aufbau von neuen Geschäftspotenzialen zu finden.

Statt Effizienz muss die Effektivität gemessen werden

Die betriebliche Effizienz wird gemessen seit es industrielle Organisationen gibt. In den letzten Jahrzehnten gab es beträchtliche Fortschritte beim Messen von Effizienz. Mit Hilfe des Activity Based Costings (ABC) etwa, einer Entwicklung der jüngeren Vergangenheit, die in Deutschland auch Prozesskostenrechnung genannt wird, sind Unternehmen heute in der Lage, die durch Prozesse verursachten Kosten genau zu ermitteln und dadurch ihre Effizienz zu optimieren. Diese Kosten wurden früher häufig unter dem Oberbegriff »Gemeinkosten« zusammengefasst, ohne einen Hinweis auf die jeweiligen verursachenden Kundendienstvor-

7 Näheres zur Balanced Scorecard und zum Systems Thinking sowie Literaturhinweise in Teil 3.

gänge oder Herstellungsprozesse zu geben. Während sich durch den Einsatz des ABCs heute neue Möglichkeiten bei der genaueren Ermittlung der Kosten von Produkten und Kundendienstleistungen ergeben, löst dies dennoch nicht das Hauptproblem jedes wissensintensiven Unternehmens: die Analyse der Effektivität der Geschäftsaktivitäten, also der Vergleich des geschaffenen Werts mit den eingesetzten Ressourcen. Das Problem besteht hierbei darin, dass mit traditionellen Rechnungswesenmethoden oder auch mit ABC zwar der Einsatz der Ressourcen, die sich in der Kostenrechnung niederschlagen, optimiert werden kann, die übrigen Ressourcen aber außen vor bleiben, und auch eine Betrachtung des geschaffenen Werts oder gar sein Vergleich mit allen beim Schaffen dieses Werts eingesetzten Ressourcen nicht möglich ist.

Der Verbrauch der Ressourcen wird normalerweise weder in der Gewinn- und Verlustrechnung noch in der Profitabilitätsanalyse wiedergegeben, wenn es sich bei der Ressource um einen Intangible Asset handelt. Wenn Sie einen zufriedenen Kunden zu häufig als Referenz für andere bestehende und mögliche Kunden angeben, kann es sein, dass aus diesem zufriedenen ein unzufriedener Kunde wird, der möglicherweise nicht mehr als Referenz genannt werden möchte. Mit jedem potenziellen Kunden, den Sie diesem Referenzkunden schickten, leben Sie von einem »unsichtbaren Konto«, dessen »Einlagen« aus dem Wohlwollen dieses Kunden und damit aus Kundenkapital bestehen. Derartige »Wertverluste« tauchen in keiner Bilanz und keiner Gewinn- und Verlustrechnung auf. Die größte Herausforderung ergibt sich jedoch bei den Produkten und Leistungen. Wie lässt sich der Wert messen, den ein am Projekt eines Kunden arbeitender Unternehmensberater schafft? Und wie der Wert, den ein an der Entwicklung eines neuen Anwendungssoftwarepakets beteiligter Softwareentwickler erzeugt? Natürlich lässt sich ein Tagessatz für den Berater angeben, den der Kunde zu zahlen bereit ist. Dies ist jedoch kein guter Maßstab, da er nichts über die immaterielle Seite sagt. Wenn dem Kunden am Ende des Projekts seine Rechnung präsentiert wird, lautet die wirklich entscheidende Frage: Hat der Berater den Kunden durch seine Arbeit zufrieden gestellt und damit Kundenkapital aufgebaut oder hinterlässt er einen unzufriedenen Kunden? Für Softwareentwickler, die sich sehr leicht ausrechnen können, welche Ressourcen sie in Form von »Personentagen« für ihre Arbeit eingesetzt haben, ist es noch schwieriger, ein Maß für den durch ihre Leistung geschaffenen Wert zu finden.

Mittels Internet haben sich in den letzten Jahren neue Geschäftsmodelle etabliert. So erhalten Kunden bestimmte Produkte oder Dienstleistungen kostenlos. Bei Adobe lässt sich beispielsweise der Acrobat Reader kostenlos von der Website des Unternehmens herunterladen. Die damit stimulierte weite Verbreitung und Nutzung des Acrobat Reader erzeugt eine verstärkte Nachfrage nach den anderen

Produkten des Unternehmens. Im Fall von Adobe ist dies das Softwarepaket, mit dem sich die so genannten PDF-Dateien erstellen lassen, die mit Hilfe des Acrobat Reader gelesen werden können und in die ursprünglich große Dokumenten-Dateien in kleine verwandelt wurden, um so einfacher von Webseiten heruntergeladen werden zu können. Und dieses andere Produkt, die Vollversion Adobe Acrobat, müssen Anwender kaufen. Adobe gibt also eines seiner Produkte kostenlos ab, um die Nachfrage nach seinem wichtigsten Produkt zu steigern.

Mit derartigen Strategien lassen sich eine schnelle Marktentwicklung, die Etablierung eines De-facto-Standards auf dem Markt und der Aufbau intensiverer Kundenbeziehungen erreichen. Sie passen jedoch nicht zum Modell des traditionellen internen Rechnungswesens und der Unternehmenssteuerung, das die eindeutige Zuordnung von Kosten und Erlösen erfordert. Derartige Geschäftsmodelle werden in Zukunft jedoch immer häufiger auftreten. Erlöse werden aus anderen Quellen und zu anderen Geschäftseinheiten fließen als zu denjenigen, die die ursprünglichen Investitionen getätigt und einen Großteil der Produktentwicklungs-, Herstellungs- und Marketingkosten getragen haben. *Wie ordnen Unternehmen diese für die Entwicklung und das Marketing von »Köderprodukten« verbrauchten Ressourcen Erlösen zu, die ihnen durch andere Produkte, durch andere Kunden und Konsumenten in anderen Marktsegmenten oder durch indirekte Verkaufskanäle zufließen?*

Das Management muss deshalb Lösungen finden, die es ihm ermöglichen, nicht nur die Effizienz, sondern auch die Effektivität der Geschäftsoperationen kontinuierlich zu verfolgen. Es muss die Änderungen und Einflüsse erkennen, denen seine materiellen und immateriellen Vermögenswerte auf dem Markt unterliegen. Und es benötigt ein Messsystem, das seinen geschäftlichen Rahmenbedingungen unter Berücksichtigung seiner Geschäftsstrategie Rechnung trägt. Das Paradigma des industriellen Zeitalters, die Orientierung an rein finanziellen Zielen, ist nicht mehr angemessen. Für das Management wird die Profitabilität der Unternehmenstätigkeit in Zukunft nicht mehr das Ziel, sondern das Ergebnis seiner Bemühungen sein. Wie das Beispiel Saatchi & Saatchi gezeigt hat, greifen finanzielle Eckdaten und Zielsetzungen zu kurz. Sie verdecken sogar häufig den wirklichen Status des Unternehmens, nämlich den Zustand seiner Intangible Assets. Ein Unternehmen kann momentan finanzielle Erträge erbringen, obwohl es in Wirklichkeit in seinem Kern bereits nicht mehr existiert, wenn es die Intangible Assets sind, auf die es letztlich ankommt.

Unternehmensstrategie und Risikomanagement

Unerwartete Erfolge stellen für Unternehmen häufig ein Problem dar, weil sie ein erstes Anzeichen dafür sind, dass im Management Theorie und Praxis auseinander klaffen. Ohne ein richtiges theoretisches Verständnis seines Geschäfts kann ein Unternehmen nicht abschätzen, ob es sich seinen gewünschten Ergebnissen annähert oder nicht. Es läuft Gefahr, seine Ressourcen in Geschäftsaktivitäten aufzusplitten, die nicht dazu beitragen, einen Wettbewerbsvorteil zu erringen. Aber zu jeder Geschäftstheorie, normalerweise repräsentiert durch das Geschäftsmodell eines Unternehmens, gehört eine Strategie, mit der sich diese Theorie testen lässt. Führt die Strategie nicht zu den erwarteten Ergebnissen, so ist das normalerweise das erste Anzeichen dafür, dass die Geschäftstheorie und das Geschäftsmodell eines Unternehmens neu durchdacht werden müssen.

Ein Unternehmen wird effektiver, wenn es seine Aktivitäten, die Herstellung und den Verkauf von Produkten, mit geringerem Ressourcenverbrauch schneller durchführen kann. Dies gibt Unternehmen einen Vorteil gegenüber Mitbewerbern, die noch nicht so effektiv sind. Das Problem dieser Best Practices besteht jedoch darin, dass sie von anderen leicht kopiert werden können. Je mehr Leistungsvergleiche Unternehmen durchführen, desto ähnlicher werden sie sich hinsichtlich der Art und Weise, wie sie ihre Geschäftsvorfälle erledigen. Durch strategische Effektivität versuchen Unternehmen einen nachhaltigen Wettbewerbsvorteil zu erlangen, indem sie die Merkmale schützen, die ihr Unternehmen von anderen Firmen unterscheiden. Genau das ist es, worum es bei strategischen Bemühungen geht: die Schaffung einer unverwechselbaren und vorteilhaften Position, die es erlaubt, bestimmte Anforderungen und Bedürfnisse bestimmter Kunden in bestimmten Marktsegmenten dauerhaft besser als andere zu erfüllen. Dabei kommt es darauf an, dass sich ein Unternehmen auf die Bereiche konzentriert, in denen es über Stärken verfügt und seine Kernkompetenzen liegen.

Eine Strategie verlangt von Organisationen vor allem eine bewusste Entscheidungen *gegen* bestimmte Aktivitäten. Das sind manchmal die schwierigsten Entscheidungen – übrigens nicht nur für Unternehmen, sondern auch für Angestellte bei wichtigen Karriereentscheidungen. Strategische Effektivität bedeutet, ständig zu überprüfen und zu entscheiden, ob die verwendeten Methoden noch wettbewerbsfähig sind und ob vormals geschätzte Kompetenzen und Aktivitäten noch einen Unterschied im Markt ergeben. Gegebenenfalls muss man sich dazu entschließen, die entsprechenden Aktivitäten aufzugeben oder zu neuen weiterzuentwickeln.

Heute müssen solche Entscheidungen nicht alle fünf oder zehn Jahre getroffen werden, wie dies noch vor wenigen Jahren der Fall war. In der einem schnellen Wandel unterliegenden Wirtschaft müssen solche Entscheidungen fast permanent und sehr schnell getroffen werden. Strategische Effektivität ist mittlerweile gleichbedeutend mit kontinuierlichem Change Management.

Ein erfolgreiches Change Management ist also eine Hauptvoraussetzung für den Erfolg eines Unternehmens. Firmen haben nicht mehr die Zeit, über mehrere Jahre eine wettbewerbsfähige strategische Position aufzubauen. *Sie müssen von ihren vorhandenen Assets, bei denen es sich größtenteils um Intangible Assets handelt, ausgehen und versuchen, durch die Nutzung neuer Marktentwicklungen schnell eine bessere Wettbewerbsposition zu erobern. Welche Kompetenzen sind hierzu erforderlich?*

Unternehmen müssen bei den in Zukunft unvermeidlichen und häufigeren Änderungen im Unternehmensumfeld die Führung übernehmen. Oft hat man zwar verstanden, dass sich Änderungen nicht umgehen lassen, zögert jedoch, diese tatsächlich einzuleiten. Statt Änderungen hinauszuzögern, weil sie schmerzhaft, riskant und mit viel Arbeit verbunden sind, sollten Unternehmen sie aktiv angehen und sich ein entsprechendes proaktives Verhalten zu eigen machen. Nur so wird sich in Zukunft Wettbewerbsfähigkeit erhalten bzw. schaffen lassen.

Dazu müssen Organisationen Ressourcen freigeben, die im Moment dazu eingesetzt werden, etwas aufrecht zu erhalten, was nicht mehr zu ihrer Performance beiträgt und ihnen keine Ergebnisse mehr liefert. Um den Status quo, die gegenwärtige Marktposition, aufrecht zu erhalten, müssen manche Unternehmen ihre wertvollsten Ressourcen und fähigsten Mitarbeiter einsetzen, die so für den Aufbau neuer geschäftlicher Aktivitäten, die den Grundstein für die künftige Entwicklung des Unternehmens legen, nicht zur Verfügung stehen. Die meisten Manager widmen sich fast ausschließlich ihren vorhandenen Geschäften. Im Change Management führende Unternehmen hinterfragen hingegen ständig sämtliche Produkte, Dienstleistungen, Prozesse, Märkte, Vertriebskanäle und Kunden auf ihre Zukunftsfähigkeit. Diese Unternehmen vergleichen ihre aktuelle Performance stets mit der Geschäftstheorie und fragen sich, ob sie das gleiche Geschäft mit ihrem aktuellen Wissensstand noch einmal beginnen würden.

Obwohl ständige Änderungen und zum Beispiel das Auslaufenlassen eingeführter Produkte und Dienstleistungen erforderlich sind, müssen Unternehmen auch Stabilität wahren. Sie müssen sich darüber klar werden, welches ihre Stärken sind, wo ihre Kernkompetenzen liegen und über welche wichtigen Intangible Assets sie verfügen. Ferner müssen sie sich darum bemühen, diese Fähigkeiten auszubauen und sie dazu einsetzen, neue Marktkräfte zu nutzen und in neu aufkommenden Geschäftssegmenten erfolgreich zu sein. Sie müssen Unternehmensleitsätze und ein Mission Statement formulieren, ohne dass diese anschließend unverrückbar werden. Denn Unternehmen müssen auch ihre Geschäftstheorie, ihre Mission wie auch ihre Strategien kontinuierlich mit der Marktwirklichkeit abgleichen und von Zeit zu Zeit anpassen.

In diesem Umfeld müssen Unternehmen gleichzeitig drei »Horizonte« im Auge behalten, wie dies Baghai, Coley und White ausgeführt haben:[8] Sie müssen eine Strategie für das laufende Geschäft besitzen (Horizont 1), künftige, unmittelbar bevorstehende Entwicklung antizipieren (Horizont 2 mit mehreren Möglichkeiten) und die unbekannte Zukunft berücksichtigen, indem sie Trends beobachten und zahlreiche Versuche starten, um grundlegende Technologien und Anwendungen zu entwickeln (Horizont 3 mit zahlreichen Möglichkeiten). Hierzu müssen sie die Chancen und Gefahren in allen drei Bereichen systematisch beobachten. Im Hinblick auf zukünftige Chancen, d.h. auf potenzielle neue Geschäftsfelder, müssen sie alternative Szenarien durchspielen. Gestützt auf regelmäßige Marktanalysen und die Einschätzung der Chancen und Risiken müssen sie den richtigen Zeitpunkt abpassen, zu dem eines der alternativen Szenarien realisiert werden muss. Die Unternehmensleitung muss außerdem Strukturen und Abläufe einrichten, die sicherstellen, dass die festgelegten strategischen Pläne konsequent in entsprechende Aktionen umgesetzt werden. Der Fortschritt bei dieser Strategieumsetzung muss fortlaufend verfolgt werden können, sowohl von Managern als auch von Mitarbeitern. Bei Bedarf müssen an der gegenwärtigen Implementierung der Strategie sofort Korrekturen vorgenommen werden. Ein derartiges Verhalten setzt eine »adaptive« Organisation voraus, die in der Lage ist, die Ressourcenzuweisung an Initiativen und Projekte anzupassen, um auf Markt- oder Technologieänderungen schnell strategisch reagieren zu können.

Strategische Effektivität und eine erfolgreiche strategische Unternehmensführung erfordern daher sowohl die Fähigkeit, überzeugende Strategien zu entwickeln, die auf den Kernkompetenzen des Unternehmens beruhen und die Erwartungen wichtiger Stakeholder mit einbeziehen, als auch ihre regelmäßige Anpassung an Markt- und Technologieänderungen. Außerdem müssen neue Strategien schnell und flexibel implementiert werden können. Dies setzt eine Unternehmensorganisation voraus, die über Lernfähigkeit auf den Ebenen der Strategiedefinition und der Strategieumsetzung verfügt. Beide Bereiche, die strategische und die operative Planung und das Performancemanagement, müssen dann wie zwei Zahnräder ineinandergreifen (siehe Abbildung 2.1).

Besonders die Fähigkeit zur Planung, zur Entscheidung darüber, welche Aktivitäten unterbleiben und welche zu forcieren sind und wie die vorhandenen Ressourcen am besten eingesetzt werden sollten, sowie die Fähigkeit, aus vergangenen Planungsentscheidungen zu lernen, werden in Zukunft zu den Kernkompetenzen von erfolgreichen Unternehmen im Bereich strategischer Unternehmensführung gehören.

8 Merhdad Baghai, Stephen Coley, David White, The Alchemy of Growth. Practical Insights for Building the Enduring Enterprise, Perseus, 2000

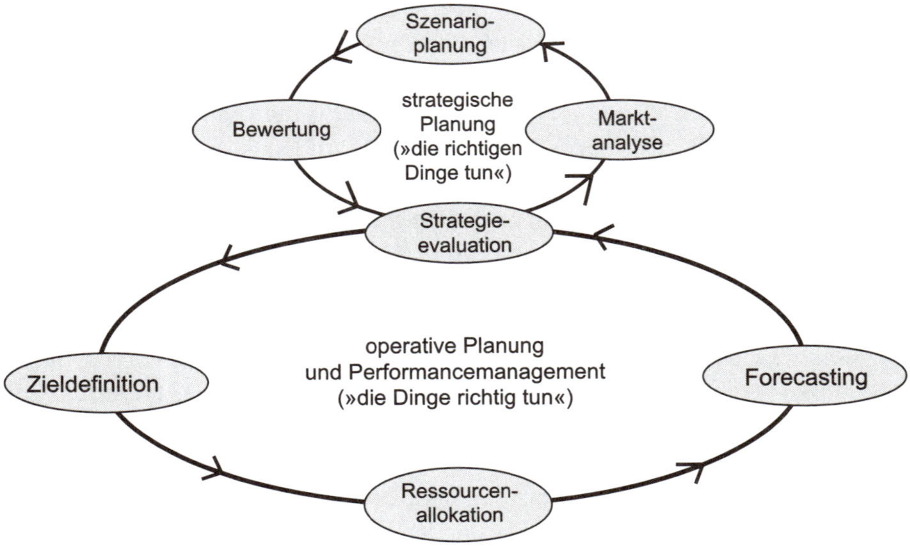

Abbildung 2.1 Strategische Effektivität erfordert ein neues Managementsystem.

Gesucht werden: neue Managementtools und ein neues Managementsystem

Aus dem Gesagten ergeben sich wichtige Konsequenzen für alle, die mit der Führung von Unternehmen beauftragt sind. Manager benötigen neue Tools. Sie müssen zur Lösung ihrer Aufgaben wesentlich intensiver als bisher Informationstechnik nutzen. Denn Information, und vor allem die zeitnahe Verfügbarkeit von Information und die Möglichkeit, diese zwischen Managern innerhalb und außerhalb des Unternehmens (z.B. bei Partnern) schnell und einfach austauschen zu können, sind eine Grundvoraussetzung für die neuen Managementprozesse.

Es gibt bereits eine Reihe von Techniken und Werkzeugen, die Managern bei diesen Aufgaben helfen können. Was bislang jedoch gefehlt hat, war ein Gesamtkonzept, das diese verschiedene Techniken in einen Zusammenhang stellt und ein in sich konsistentes Managementsystem schafft. Ein solches Gesamtkonzept soll im dritten Teil dieses Buchs vorgestellt werden.

Dem griechischen Philosophen Sokrates zufolge stehen die richtigen Fragen stets am Anfang neuer Erkenntnisse und Einsichten zu einem neuen, bislang unbekannten Gebiet. Ich habe in Teil 1 des Buchs versucht, die wichtigsten Fragen zu stellen, mit denen sich Unternehmen befassen müssen, die den Herausforderungen der neuen Ökonomie gewachsen sein wollen. Wenden wir uns jetzt möglichen Lösungen und praktischen Vorgehensweisen zu: *Wie könnte das Modell eines Unternehmens aussehen, das den skizzierten Anforderungen gerecht wird?*

Teil 2
Das neue Unternehmen

3 Offenheit – Der Blick nach außen

»Wenn wir uns ein Unternehmen als einen lebenden Organismus vorstellen, zum Beispiel als einen Baum (...), befindet sich die Hälfte dieses Baumes als Wurzelsystem unter der Erde. Und obwohl der Geschmack seiner Früchte und die Farbe seiner Blätter einen Hinweis darauf geben, wie gesund dieser Baum zurzeit ist, ist ein Verständnis dafür, was in seinem Wurzelsystem geschieht, eine wesentlich effektivere Art, den Gesundheitszustand dieses Baums für die Zukunft einzuschätzen (...). Dies ist der Grundgedanke hinter dem Konzept des Wissenskapitals: die Untersuchung der Wurzeln des Werts eines Unternehmens, die Einschätzung der verborgenen dynamischen Faktoren, die dem sichtbaren Unternehmen mit seinen Gebäuden und Produkten zugrunde liegen.«
Leif Edvinsson und Michael S. Malone[1]

Mitte der 90er-Jahre galten Deutschlands und Frankreichs Kapitalmärkte noch als unterentwickelt. Offene Finanzmärkte, eine Kultur des freien Handels mit Firmenanteilen und die Möglichkeit, in diese lokalen Märkte von außerhalb problemlos investieren zu können – all das war noch nicht sehr weit fortgeschritten. Für externe Investoren fehlte der freie Zugang, aber auch entsprechende Kontrollmöglichkeiten, wie sie nach internationalen Corporate Governance-Standards heute üblich sind. In Deutschland regierte stattdessen die »Deutschland AG«, die auf einem Netzwerk von wechselseitigen Beteiligungen zwischen Banken, Versicherungs- und Industrieunternehmen beruhte, und in dem die Vorstände der einen Firma im Aufsichtsrat der jeweils anderen saßen und so sicherstellten, dass man unter sich blieb. In Frankreich sorgte ein umfangreiches »Old Boys-Netzwerk« aus ehemaligen Kommilitonen der Eliteschulen, die zwischen Posten in der Industrie und der öffentlichen Verwaltung hin und her wechselten, dafür, dass die Wirtschaft unter der Kontrolle der französischen Staatsbürokratie blieb.

In diesem Umfeld war es nicht verwunderlich, dass Unternehmen davor zurückschreckten, sich dem rauen Wind der globalen Kapitalmärkte zu sehr auszusetzen. Aber auch der durchschnittliche private Anleger zog es vor, sein Geld auf Sparkonten mit geringer Verzinsung anzulegen, statt das Risiko des Aktieninvestments einzugehen. Auf der anderen Seite war es beinahe unmöglich, Risikokapital für Unternehmensgründungen zu erhalten, und Banken waren oft nicht bereit, solche Unternehmensgründungen mit Darlehen zu finanzieren. Die Konsequenz

1 Edvinsson und Malone, Intellectual Capital, S. 10–11

war, dass sich beide Volkswirtschaften im Vergleich zu den USA, die einen offenen Kapitalmarkt geschaffen und eine von weiten Teilen der Bevölkerung getragene Aktienkultur gefördert haben, durch ein geringes Wachstum auszeichneten, und dass aus guten Ideen als Grundlage für neue Unternehmen kein oder ein viel zu geringer Nutzen gezogen wurde.

Heute, am Beginn des neuen Jahrhunderts, haben sich die Finanzmärkte in Deutschland und Frankreich, die bislang als Insiderveranstaltung angesehen wurden, deutlich verändert. In Deutschland entstand, beginnend mit der Börseneinführung der Deutschen Telekom im Jahr 1996, in der zweiten Hälfte der 90er-Jahre eine neue deutsche Aktienkultur, die dazu führte, dass Millionen von Haushalten in Aktien investierten. Am Neuen Markt in Frankfurt wurden mehrere Hundert innovative neue Unternehmen gelistet. Ähnliches geschah in Frankreich am Nouveau Marché. Interessanterweise waren die meisten dieser neuen Akteure an der Börse Neugründungen in der Wissensindustrie. Mehr als 50 Prozent der Unternehmen auf dem Neuen Markt waren im Jahr 2000 Internetfirmen, Soft- oder Hardwareanbieter oder IT-Dienstleistungsunternehmen. Die übrigen 50 Prozent bestanden größtenteils aus Medien-, Telekommunikations- oder Finanzdienstleistungsunternehmen sowie aus Unternehmen der Biotechnologiebranche.

Das Aufkommen von neuen Aktienmärkten in Deutschland und anderen Ländern war ein deutliches Zeichen für die Veränderung der jeweiligen Kapitalmärkte und für das stärkere wirtschaftliche Engagement einer breiteren Bevölkerungsschicht. Während die Menschen in Frankreich und Deutschland ihre Ersparnisse traditionell auf Sparkonten eingezahlt hatten, wie die meisten privaten Anleger in den USA 15 Jahre zuvor, investierten sie in den späten 90er-Jahren wie die Amerikaner auf breiterer Basis in Aktien. Als Ergebnis stand nun zur Unterstützung von neuen Ideen und Innovationen Geld in bislang kaum gekanntem Ausmaß zur Verfügung.

Diese Veränderung in der Wirtschafts- und Kapitalmarktkultur, ja der öffentlichen Meinung selbst, führte konsequenterweise auch dazu, dass sich die französischen und deutschen Kapitalmärkte stärker öffneten. Die feindliche Übernahme von Mannesmann durch Vodafone im Jahr 2000 markierte unverkennbar und symbolhaft eine grundlegende Änderung: Ausländische Beteiligungen an und sogar Übernahmen von namhaften deutschen Unternehmen waren nun, entgegen der bislang vorherrschenden öffentlichen Meinung, nicht nur denkbar, sondern schienen sich zu einem, wie auch in anderen entwickelten Volkswirtschaften üblichen, normalen Phänomen zu entwickeln.

Durch die im Jahr 2000 vom Bundestag verabschiedete neue Steuergesetzgebung haben Unternehmen in Deutschland die Möglichkeit, ihre Anteile an anderen Unternehmen zu verkaufen, ohne die dabei aufgedeckten stillen Reserven versteuern zu müssen – was für Banken und Versicherungsunternehmen einen bedeutenden Anreiz darstellt, ihre umfangreichen Unternehmensbeteiligungen zu veräußern. Dies dürfte in der Zukunft zu mehr ausländischen Beteiligungen an namhaften deutschen Unternehmen führen.

Und dies könnte das Ende der »Deutschland AG« bedeuten, wie das Manager Magazin im Januar 2001 schrieb: Die »Deutschland AG« werde aufgelöst. Konzernmanager suchten verzweifelt nach Wegen, wie sie verhindern können, dass ihre Firmen zerschlagen werden. Das Gute hieran, nach Ansicht des Manager Magazins, sei aber, dass eine offenere und effizientere Form der Wirtschaft entstehe, die sich durch eine flexiblere Kapitalzuweisung auszeichne. Denn durch das Beenden der für Deutschland bislang typischen Unternehmenskontrolle durch die Banken würde die deutsche Wirtschaft mehr Effizienz und Dynamik gewinnen.[2]

Allerdings hat diese positive Entwicklung für den Wirtschaftsstandort Deutschland jüngst einen herben Rückschlag erlitten. Durch das verabschiedete Unternehmensübernahmegesetz, das den Vorstand zu Abwehrmaßnahmen durch die einfache Zustimmung des Aufsichtsrats ermächtigt, werden die Aktionäre von einer derartigen Entscheidung ausgeschlossen. Der Vorgang stellt nicht nur einen Rückschritt in Richtung der alten »Deutschland AG«, sondern eindeutig auch ein Beispiel für »Bad Practice« im Hinblick auf die von institutionellen Anlegern und der Öffentlichkeit geforderten Corporate Governance-Standards dar.

Dies dürfte jedoch die beschriebene Entwicklung nicht aufhalten. So wurde denn auch im Dezember 2001 von Gerhard Cromme, dem früheren Vorstandsvorsitzenden von Thyssen-Krupp, als Leiter einer im Auftrag des Bundesjustizministeriums handelnden Kommission ein Entwurf für einen Deutschen Corporate-Governance-Kodex vorgestellt, der den Standort Deutschland für in- und ausländische Investoren attraktiver machen soll. Wie die Frankfurter Allgemeine Zeitung schrieb, soll mit dem Kodex vor allem internationaler Kritik an der deutschen Unternehmensverfassung und -führung Rechnung getragen werden.[3] Durch ein in Arbeit befindliches Transparenz- und Publizitätsgesetz sollen zusätzlich die Vorstände und Aufsichtsräte börsennotierter Aktiengesellschaften verpflichtet werden, im Geschäftsbericht einmal jährlich zu erklären, ob sie die Empfehlungen des Deutschen Corporate-Governance-Kodex einhalten. Wenn nicht, drohen zwar keine rechtlichen Sanktionen, man geht aber davon aus, dass die Unternehmen, die sich nicht an den Kodex halten, vom Kapitalmarkt bestraft werden. Deutschland versucht so, den Anschluss an international und vor allem in den angelsächsischen Ländern übliche Corporate-Governance-Standards zu finden.

---

2 Dietmar Student und Thomas Werres, »Treuloses Kapital«, Manager Magazin 1/2001, S. 59

3 Werner Sturbeck, »Wer sich nicht an den Kodex hält, den straft der Kapitalmarkt«, FAZ, 19.12.2001

Auch in Frankreich hat sich die Situation in den letzten Jahren verändert. Unternehmenszusammenschlüsse sind in Frankreich heute hauptsächlich ökonomisch und nicht mehr politisch begründet. Der französische Staat und französische Unternehmer und Manager haben auf Druck der globalen Kapitalmärkte und der Öffentlichkeit ihre Einstellung geändert.

All dies hat zu einem wirtschaftlichen Umfeld geführt, in dem Innovation auf eine Weise gefördert wird, wie es in diesen Volkswirtschaften seit Jahrzehnten, genauer gesagt seit der Nachkriegsära, nicht der Fall war. Start-up-Unternehmer konnten sich nun ihre Geldgeber aussuchen – und nicht umgekehrt. Innovation ist *die* Grundlage für Wachstum und Wertschöpfung in der heutigen Wirtschaft geworden. Frankreich und Deutschland haben deshalb versucht, eine neue Basis für wirtschaftliches Wachstum und für die Teilnahme am Wohlstand einer globalen, verstärkt auf immateriellen Werten beruhenden Weltwirtschaft zu schaffen.

Das Jahr 2000 brachte jedoch das Ende des Internet-Hypes. Die Nasdaq in den USA, der Neue Markt in Deutschland und der Nouveau Marché in Frankreich, wo so viele private Anleger zum ersten Mal viel Geld in Aktien investiert hatten, hatten signifikante Kurseinbrüche zu verzeichnen und bescherten diesen Anlegern erhebliche Verluste. Was als Aufstieg der New Economy mit Aktienkursen, die in ungeahnte Höhen kletterten, und satten Gewinnen für jedermann begonnen hatte, endete für viele als Albtraum der Kapitalvernichtung.

War alles falsch, was in der zweiten Hälfte der 90er-Jahre in Deutschland und anderen entwickelten Volkswirtschaften geschehen ist? Sollten diese Länder zurückkehren zu den alten Tagen des Protektionismus? Die Antwort lautet: Sie können es nicht. Die globale Wirtschaft zwingt ein Land nach dem anderen, sich dem Welthandel und den globalen Kapitalmärkten zu öffnen, wenn sie am ökonomischen Wachstum teilnehmen wollen. Nur offene Volkswirtschaften können die Voraussetzung für die Realisierung der wirtschaftlichen Wachstumsmöglichkeiten und damit auch für soziale Entwicklung schaffen, die die neue, wissensbasierte Ökonomie bietet.

Und diese neue Ökonomie ist keinesfalls am Ende. Im Gegenteil: Wenn die in den meisten entwickelten Ländern zurzeit stattfindende Konsolidierung abgeschlossen ist, wird sie sich wahrscheinlich innerhalb der nächsten Jahre zu neuen Höhen entwickeln. Man hat sich in der Boomphase der vermeintlichen New Economy leider von Seifenblasen und Visionen ohne Fundament täuschen lassen. Die Enttäuschung darüber hat oft die Sicht auf grundlegende Veränderungen, die trotz allem in unserer Wirtschaft stattfanden, verstellt. Denn neue Werte in Form von Intangible Assets und Wissenskapital haben sich zu dauerhaften Produktivkräften entwickelt, die alles in den Schatten stellen können, was wir bisher in dieser Hinsicht gekannt haben. Es ist in der Tat eine neue Ökonomie entstanden, die nach anderen Prinzipien funktioniert als die industrielle Wirtschaft.

Intangible Assets sind die treibenden Kräfte der Wertschöpfung in der neuen Ökonomie. Allerdings sind sie zunächst nicht sichtbar. Daher wird der Wert von Unternehmen, die auf immateriellen Vermögenswerten aufbauen, zum Beispiel auf Geschäftsoptionen, die einer neuen Technologie innewohnen oder auf der persönlichen Kompetenz ihrer Gründer und Manager, wie es bei vielen Start-ups der New Economy der Fall war, typischerweise entweder weit über- oder unterschätzt. Da diese Intangible Assets für Außenstehende nicht (be)greifbar sind, können Investoren oder potenzielle Geschäftspartner das Zukunftspotenzial des Unternehmens nicht richtig einschätzen und verpassen damit entweder eine interessante Chance (wenn dieses unterschätzt wird) oder gehen ein hohes Risiko ein, oft ohne sich dessen bewusst zu sein (wenn dieses überschätzt wird).

Alle Unternehmen sind nun mit dieser neuen ökonomischen Realität konfrontiert, da Wissen und Intangible Assets in allen Branchen künftig eine größere Rolle spielen werden. Und da sowohl die möglichen Gewinne als auch die Risiken, die mit Intangible Assets verbunden sind, um so vieles höher sind als man das vom traditionellen Unternehmensmodell gewohnt ist, ist es nicht verwunderlich, dass die Personen und Organisationen, die an einem Unternehmen interessiert sind oder an dessen Erfolg oder Misserfolg in irgendeiner Weise partizipieren, sei es als Aktionär, Mitarbeiter, Geschäftspartner oder Bürger der Städte und Gemeinden, in denen das Unternehmen Standorte unterhält, dass diese Stakeholder also zunehmend Antworten auf die folgenden Fragen suchen:

- Wie findet Wertschöpfung in einer neuen Ökonomie statt und wie ist ein bestimmtes Unternehmen dafür gerüstet?
- Welche neue Rolle spielen Unternehmen in der Gesellschaft, was kann die Öffentlichkeit von ihnen erwarten und wie können und wollen sie ihre neue Rolle ausfüllen?
- Wie können Unternehmen sich intern und in ihren Beziehungen zu Geschäftspartnern besser organisieren, um ihre Intangible Assets und das Wertschöpfungspotenzial der neuen Ökonomie besser nutzen zu können?
- Welche Managementsysteme benötigen Unternehmen, um den Prozess des Schaffens und den aktuellen Status der Intangible Assets transparenter zu machen und dem Management, den Mitarbeitern und allen anderen am Unternehmenserfolg interessierten Parteien transparent zu machen, wo der wahre Wert des Unternehmens liegt und wie sie zu seiner Vermehrung beitragen können?

Dies sind die Themen, um die es in diesem und dem folgenden Teil (Teil 3) des Buchs gehen wird. In Teil 2 sollen nun zunächst die veränderten wirtschaftlichen Rahmenbedingungen aus einer makroökonomischen Perspektive dargestellt werden. Es wird beschrieben, was es bedeutet, mit einem Unternehmen unter diesen Bedingungen Wert zu schaffen. Unternehmen werden in der Zukunft sehr viel stärker vom Wohlwollen einer breiten Stakeholder-Basis abhängen, nämlich von Interessengruppen, wie zum Beispiel Mitarbeitern, Gewerkschaften, Geschäftspartnern, Kunden, Investoren und Finanzanalysten, Verbraucherverbänden oder Umweltschutzgruppen, um ihre Ziele erreichen zu können. Deshalb wird das Bild eines Unternehmens in der Öffentlichkeit und die Qualität der Beziehungen zu diesen Stakeholdern einen wachsenden Einfluss auf seinen geschäftlichen Erfolg haben. Das ist daher das Thema dieses Kapitels.

Anschließend wird anhand von zwei Beispielen – ABB und Cisco – dargestellt, wie die passenden Organisationsstrukturen Unternehmen dabei helfen, Wissenskapital und Intangible Assets aufzubauen, optimal zu nutzen und Mehrwert zu schaffen. Am Beispiel ABB wird gezeigt, wie sich ein traditioneller Stammhauskonzern mit einer eher lokalen Basis zu einer globalen, integrierten Organisation gewandelt hat, die Wissen und Best Practice weltweit nutzen und zugleich lokale unternehmerische Aktivitäten stimulieren kann. Das Beispiel Cisco zeigt den Aufstieg von einem Start-up- zu einem vernetzten E-Business-Unternehmen, das durch neue Konzepte für die Produktinnovation und mittels intensiver Nutzung von Informationstechnologie und E-Business-Konzepten in einem hoch dynamischen Markt erfolgreich agieren und für Geschäftspartner, Kunden und Aktionäre Mehrwert schaffen kann.

Das wirtschaftliche Umfeld für Unternehmen in einer neuen Ökonomie

> *»Der so genannte Long Boom beginnt mit der Einsicht, dass sich die Welt einer historischen Chance gegenübersieht. Was wir als den Long Boom bezeichnen – die Jahre zwischen 1980 und 2020 – ist eine Phase erstaunlicher globaler Transformation. Kein anderes Zeitalter hat je die Werkzeuge oder das Wissen besessen zu tun, was wir heute tun können. Mit den richtigen Entscheidungen und Aktionen kann sich dieser Boom auf globaler Ebene fortsetzen und wir könnten weiteren Jahrzehnten ökonomischer Expansion entgegensehen: einem Boom, der alle bisherigen Phasen wirtschaftlichen Wachstums in den Schatten stellt.«*
> *Peter Schwartz, Peter Leyden und Joel Hyatt*[4]

4 Peter Schwartz, Peter Leyden und Joel Hyatt, The Long Boom. A Vision For The Coming Age Of Prosperity, Perseus Publishing, 1999, S. 2–3

Im Juli 1997 veröffentlichte das US-amerikanische Magazin »Wired« eine Titelgeschichte über den so genannten »Long Boom«. Der Artikel handelte von einem Szenario, das die wirtschaftliche Entwicklung vom Jahr 1980 bis zum Jahr 2020 darzustellen versuchte.[5] Es war die Geburt der Idee einer neuen Ökonomie. In diesem Szenario verfolgten die beiden Autoren, der Zukunftsforscher Peter Schwartz und der Journalist Peter Leyden, die Entwicklungstendenzen der ersten zwanzig Jahre des Untersuchungszeitraums und versuchten, diese für weitere 20 Jahre in die Zukunft zu prognostizieren.

Die Autoren sehen den »Long Boom« als einen Zeitraum enormer globaler Umwälzungen. Seit den 80er-Jahren wurde eine neue Computer- und Telekommunikationsinfrastruktur aufgebaut, die die Produktivität weltweit deutlich gesteigert hat. In den 90er-Jahren haben die Amerikaner ihre Wirtschaft restrukturiert, um die Vorteile dieser neuen Technologien zu nutzen und hohe Wachstumsraten aufrechtzuerhalten. Unternehmen reorganisieren sich so, dass ein Wandel von zentralisierten Hierarchien zu mehr dezentralisierten Strukturen und schließlich zu flexiblen Netzwerken erfolgt. Und die globalen Finanzmärkte wurden von einer wahren Revolution erfasst, die einen effektiveren Kapitaleinsatz mit sich brachte. Darüber hinaus regte das Ende des Kalten Kriegs eine verstärkte Integration vormals isolierter Volkswirtschaften in eine offene Weltwirtschaft an und schenkte vielen Nationen die Demokratie, die oft erst die Basis für eine funktionierende Marktwirtschaft darstellt.

Die beiden Autoren glauben, dass sich dieser Boom, sofern die richtigen Entscheidungen getroffen und die richtigen Aktionen eingeleitet werden, auf globaler Ebene fortsetzen kann, und dass uns weitere Jahrzehnte bedeutenden wirtschaftlichen Wachstums bevorstehen könnten. Dieser »Long Boom« wird nicht als Folge eines Naturgesetzes eintreten, sondern er stellt eine historische Chance dar, die sich der Welt bietet, und die nur dann Wirklichkeit werden kann, wenn die Akteure sie verstehen und sich entsprechend verhalten. Technologische Innovationen und globale Integration sowie ein neues Ethos der Offenheit sind die Haupttriebkräfte, die der Wirtschaft und der Welt insgesamt ein neues Gesicht geben können.

Schwartz und Leyden beginnen mit einem Vergleich des Zeitraums von 1940 bis 1980 mit der heutigen Situation und der möglichen Zukunft: In diesen 40 Jahren, von 1940 bis 1980, wurde die Wirtschaft der USA mit einer ganzen Reihe neuer Technologien überschwemmt, die zuvor, durch die Beteiligung am Zweiten Weltkrieg, für die zivile Nutzung nicht zugänglich bzw. in ihrer weiteren Entwicklung aufgehalten worden waren: Mainframe-Computer, Atomenergie, Raketentechnik,

5 Peter Schwartz und Peter Leyden, »The Long Boom. A History of the Future, 1980–2020«, Wired Magazine, 7/1997

zivile Luftfahrt, neue Automobiltechniken und das Fernsehen. Zusätzlich wurde ein neuer integrierter Markt für die Hälfte der Welt – die so genannte freie Welt – geschaffen, nicht zuletzt durch die Errichtung von Institutionen wie der Weltbank und des Internationalen Währungsfonds. Da die neuen Technologien und das verbesserte System des internationalen Handels gegen Ende der 40er-Jahre etabliert waren, verzeichnete die Wirtschaft der USA in den 50er-Jahren einen Boom, dem die Weltwirtschaft in den 60er-Jahren folgte. Von 1950 bis 1973 wuchs die Weltwirtschaft durchschnittlich um 4,9 Prozent. Dies ist eine Rate, die seither nicht mehr erreicht wurde.

Nach Meinung von Schwartz und Leyden sind gegenwärtig ähnliche Kräfte am Werk. Das Ende des Kalten Kriegs bedeutete den Triumph der Marktwirtschaft und der freiheitlichen Demokratie. Dies ebnete den Weg zur Schaffung einer wirklich globalen Wirtschaft, eines integrierten Weltmarkts. In den 90er-Jahren erlebten die USA eine ebenso boomende Wirtschaft wie in den 50er-Jahren. Im nächsten Jahrzehnt, der Parallele zu den 60er-Jahren, könnten wir nach Auffassung der Autoren in eine Phase anhaltenden wirtschaftlichen Wachstums eintreten, in einen globalen Boom, den »Long Boom«.

Am Ende des Jahrtausends konstruierten die beiden Autoren ein Szenario für einen »Long Boom« bis zum Jahr 2020. Sie bestehen darauf, dass es sich hierbei nicht um eine Vorhersage, sondern um ein plausibles Szenario handelt. Ihr Hauptargument ist, dass dieses Szenario auf keinen neuen wissenschaftlichen Durchbruch angewiesen ist. Die wichtigsten wissenschaftlichen Grundlagen für dieses mögliche Wirtschaftswachstum sind mit fünf großen Entwicklungsschüben gegeben, die sich bereits formiert haben oder gerade formieren: auf dem Gebiet der Computertechnologie, der Telekommunikation, der Biotechnologie, der Nanotechnologie und der alternativen Energien.

Die symbiotische Beziehung zwischen diesen Technologiesektoren führte um 1995 zu einer größeren ökonomischen Diskontinuität, die im Allgemeinen dem explosiven Wachstum des Internets zugeschrieben wird. Es ist der Big Bang des »Long Booms«, der unmittelbar zu Wirtschaftswachstum im traditionellen Sinn, in Form neuer Arbeitsplätze (zuerst in den USA), führte, jedoch auch das Wachstum auf weniger direkten Wegen stimulierte. Auf der sichtbaren Ebene erlebten Computerhardware- und IT-Infrastrukturunternehmen, wie zum Beispiel Cisco, ein enormes Wachstum, da der Aufbau des neuen Informationsnetzwerks zu einer der großen globalen wirtschaftlichen Chancen wurde. Die neue Medienindustrie tritt auf den Plan, um die neuen Möglichkeiten des Netzwerks zu nutzen, wie zum Beispiel Interaktivität und individuelle, kundenspezifische Ansprache. Die Entwicklung von Online-Geschäften kommt wenig später hinzu, und es gibt eine neue Art von Vermittlern, die Käufer und Verkäufer miteinander verbinden, wie etwa elektronische Marktplätze.

Dank der Möglichkeiten, die nun die Informationstechnologie bot, begannen sich Unternehmen mit hierarchischen Organisationen zunächst zu dezentralisieren und dann zu vernetzten Strukturen zu wandeln. Es gibt kaum einen Bereich geschäftlicher Aktivität, der durch die neu aufkommende Vernetzung nicht verändert wurde. Diese Neuorganisationen führten bereits zu signifikanten Effizienz- und Produktivitätsverbesserungen.

Neue Technologien werden aber normalerweise erst eine Generation nach ihrer Einführung richtig produktiv. So lange dauert es im Allgemeinen, bis die mit diesen Technologien arbeitenden Menschen gelernt haben, bisherige Vorgehensweisen so zu verändern, dass der Nutzen der neuen Technologie vollständig zum Tragen kommt. Deshalb steht, trotz der bereits durch die IT-Investitionen der letzten Jahre erzielten Produktivitätsgewinne, der größte Teil noch aus. IT-unterstützte Informationsverarbeitung kam in den letzten Jahren vor allem für Support-Funktionen im Back-Office zum Einsatz, wie etwa im Rechnungswesen, der Auftragsbearbeitung usw., wo 29 Prozent der so genannten White Collar Worker des Dienstleistungssektors in den USA arbeiten. Im Gegensatz hierzu können 71 Prozent der US-amerikanischen Büroangestellten als Wissensarbeiter eingestuft werden: Manager, leitende Angestellte, Ingenieure, Berater und Verkäufer oder andere Fachkräfte mit anspruchsvollen Aufgaben.[6] Eine umfassende IT-Unterstützung von Wissensarbeitern durch entsprechende Systeme ist in den meisten Unternehmen noch nicht erfolgt. Diese Tatsache birgt Chancen für weitere Produktivitätsgewinne und Wachstum.

Globalisierung als Katalysator

Die Technologiewellen, die in der auf 40 Jahre angelegten Analyse und Prognose von Schwartz und Leyden beschrieben werden, sind nach Auffassung der Autoren nur die eine Hälfte des Gesamtbilds. Die andere Hälfte hat mit einer ebenso großen Kraft zu tun: der Globalisierung.

Die Globalisierung beginnt Anfang der 80er-Jahre mit der Idee einer offenen Gesellschaft. Michael Gorbatschow half dabei, einige ihrer dramatischsten Manifestationen herbeizuführen: den Fall der Mauer und das Ende des Kalten Kriegs. Zu Beginn führte Gorbatschow zwei Schlüsselkonzepte ein. Das eine war »Glasnost«, Offenheit, und das andere »Perestroika«, d.h. Neustrukturierung.

---

6 Stephen Roach, »US: The Boom for Whom?«, Archives of the Global Economics Team of Morgan Stanley (http://www.msdw.com/GEFdata/digests/19771217-wed.html), New York, 1997 (Eine Antwort des Morgan Stanley-Beraters Stephen Roach auf den Artikel von Schwartz und Leyden.)

Während »Glasnost«, neben der Öffnung für andere politische Ideen und Einflüsse, auch die wirtschaftliche Öffnung, also die Herstellung offener Binnenmärkte und den Anschluss an einen freien Welthandel bedeutete, stellte vor allem »Perestroika« eine Herausforderung für die meisten früheren kommunistischen Länder dar. Erst durch massive Umstrukturierungen wurde die Basis für das erfolgreiche Bestehen im globalen Wettbewerb geschaffen, dem man sich jetzt durch »Glasnost« aussetzt. Dies traf nicht nur die ehemaligen sozialistischen Länder, sondern auch Japan.

Japan hatte in den 80er-Jahren die Produktionsverfahren des Industriezeitalters nahezu vervollkommnet. Das Land war in den 90er-Jahren jedoch weniger gut auf die neue Ökonomie vorbereitet, in der es weniger auf exakte methodische Produktionsverfahren und Kostenmanagement ankommt als auf die Implementierung anpassungsfähiger, innovationsgenerierender Prozesse. Viele der Eigenschaften, die in der vorherigen Ära für Japan von Vorteil waren, wie zum Beispiel seine Kultur lebenslanger Anstellungsverhältnisse und geschützte heimische Märkte, verkehrten sich nun in Nachteile und zwangen das Land in den 90er-Jahren und zu Beginn des neuen Jahrhunderts in einen intensiven Umstrukturierungsprozess.

Am Ende des 20. Jahrhunderts übernahmen die entwickelten westlichen Industrienationen die Führung im Bereich technologiegeleiteten Wachstums. Der Weg für den Rest der Welt scheint Schwartz und Leyden klar zu sein: Offenheit und Neustrukturierung, Neustrukturierung und Offenheit. Ein Land nach dem anderen übernimmt die Formel der Deregulierung, Privatisierung, Öffnung für ausländische Investitionen und Senkung der Staatsschulden. Gemeinsam unterzeichnen sie internationale Verträge, die den Prozess der globalen Integration beschleunigen.

Während der 70er-, der gesamten 80er- und der frühen 90er-Jahre betrug das reale Wachstum des weltweiten Bruttosozialprodukts durchschnittlich 3 Prozent. 1996 erreichte diese Rate einen Höchststand von 4 Prozent. Im Jahr 2005, so sagen die beiden Autoren voraus, könnte sie bei 6 Prozent liegen. Ein anhaltendes Wachstum mit dieser Rate würde die globale wirtschaftliche Wertschöpfung in nur 12 Jahren verdoppeln und in nur 25 Jahren vervierfachen. Ein solches Wachstum hätte das Potenzial, die Wachstumsraten des letzten globalen Wirtschaftsbooms, der Zeit nach dem Zweiten Weltkrieg zu übertreffen.

Grady Means und David Schneider, beides Managing-Partner im Bereich Change Management von PricewaterhouseCoopers, unterstützen die These von Schwartz und Leyden aus einem anderen Blickwinkel heraus. Sie schreiben in ihrem Buch »Meta-Capitalism«[7], dass die Internet-Revolution der letzten Jahre im Unterneh-

7 Grady Means und David Schneider, Meta-Capitalism, John Wiley & Sons, 2000, S. 130

mensbereich zwar schon zu signifikanten Wertschöpfungszuwächsen geführt habe, aber nur innerhalb eines sehr schmalen Segments der Gesamtwirtschaft, nämlich im Business-to-Consumer-Bereich (B2C), also im Geschäft mit Endkunden. Nach ihrer Ansicht schlummert ein noch viel größeres Wertschöpfungspotenzial in der Verbesserung der Geschäftsprozesse zwischen Unternehmen, wenn große Industrieunternehmen die neuen Bedingungen einer vernetzten, auf Intangible Assets basierenden Wirtschaft jetzt auf den Business-to-Business-Bereich (B2B) ausdehnen.

Zur Schätzung des Umfangs dieses zusätzlichen Wertschöpfungs- und Wachstumspotenzials betrachten die beiden Autoren zunächst das Wachstum der weltweiten Kapitalmärkte in den letzten 20 Jahren, in dem sie das Wachstum der wirtschaftlichen Wertschöpfung in diesem Zeitraum widergespiegelt sehen. In diesen 20 Jahren hat sich der Wert des globalen Kapitalmarkts von 2 auf 20 Billionen US-Dollar verzehnfacht, was einer jährlichen Wachstumsrate zwischen 13 und 14 Prozent entspricht. Nach Auffassung von Means und Schneider könnte sich dieser Zeitraum als bloßes Vorspiel einer weiteren ökonomischen Expansion erweisen, die durch die E-Business-Revolution im B2B-Bereich, also durch die Verbesserung von Geschäftsprozessen zwischen Unternehmen, möglich ist. Dies könnte nach der Kalkulation von Means und Schneider in den nächsten acht bis zehn Jahren zu einer weiteren zehnfachen Steigerung des globalen Kapitalmarktwerts von 20 auf 200 Billionen US-Dollar führen (siehe Abbildung 3.1).

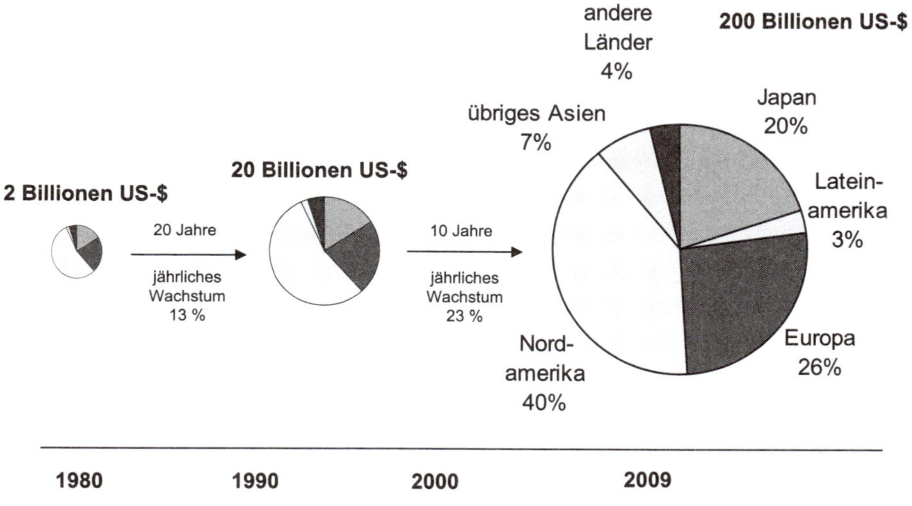

Abbildung 3.1 Die Freisetzung des globalen Wertschöpfungspotenzials durch die neue vernetzte Ökonomie[8]

8 Means und Schneider, Meta-Capitalism, S. 134

Man kann nun unterschiedlicher Meinung über die Höhe eines möglichen Wirtschaftswachstums oder des Effekts eines »Long Booms« im Betrachtungszeitraum sein. Tatsache ist allerdings, dass sich eine Reihe von Experten unabhängig voneinander einig ist, dass für die Weltwirtschaft die Option eines signifikanten Wirtschaftswachstums über die nächsten Jahre besteht. Doch woher soll dieses Wachstums aus der Sicht der Unternehmen kommen?

Alle Autoren stimmen in der Einschätzung der Faktoren überein:

- Neue Technologien lassen Unternehmen produktiver werden und ermöglichen ihnen, Produkte und Dienstleistungen mit höherem Kundennutzen anzubieten.
- Globale und offene Finanzmärkte fördern die Allokation von Kapital in Märkte sowie in Unternehmen und Produkte, die die besten Aussichten auf produktive Innovationen und das Schaffen von Mehrwert bieten.
- Globale Produktmärkte erlauben es Unternehmen, ihre Produkte und Dienstleistungen auf wesentlich mehr nationalen Märkten anzubieten und dadurch Skaleneffekte und Kosteneinsparungen zu erzielen.
- Neue und effektiver vernetzte Organisationsstrukturen gestatten es Unternehmen, sich auf ihre Kernkompetenzen zu konzentrieren und Aktivitäten, die nicht wesentlich zur Wertschöpfung beitragen, an Partner auszulagern, ohne den für ein effektives Wirtschaften notwendigen Integrationsgrad zu verlieren. Dies senkt die Kosten und ermöglicht es diesen Unternehmen, sich mehr auf den Ausbau ihrer Kundenbeziehungen und den Kundenservice zu konzentrieren, was in der Regel die Ertragslage zusätzlich verbessert.

Die neue Ökonomie begünstigt die Wertschöpfung durch Intangible Assets

Das Wertschöpfungspotenzial der neuen Ökonomie beruht, neben der Globalisierung und der Öffnung der Märkte, vor allem auf dem Einsatz und der intelligenten Nutzung von Intangible Assets. Physische Assets und Finanzkapital stellen keinen Wettbewerbsvorteil mehr dar und erwirtschaften heute gerade noch die Kapitalkosten. Mehrwert kann nur noch auf der Basis von Intangible Assets geschaffen werden. Dies hat auch etwas mit der den Intangible Assets inhärenten wirtschaftlichen Logik zu tun.

Physische und finanzielle Vermögenswerte sind rivalisierende Assets in dem Sinne, dass alternative Verwendungen um ihren Einsatz konkurrieren. Eine bestimmte Verwendung rivalisierender Assets schließt ihre gleichzeitige Verwendung für einen anderen Zweck aus. Wenn die Lufthansa beispielsweise ein Flugzeug der Strecke Frankfurt-New York zuweist, kann es nicht gleichzeitig für die Route Frankfurt-Tokio eingesetzt werden.

Im Gegensatz hierzu sind Intangible Assets oft nicht rivalisierend. Sie können gleichzeitig für verschiedene Zwecke verwendet werden, so dass ihr Einsatz für einen Zweck ihre Nützlichkeit für eine andere Verwendung nicht beeinträchtigt. Eine bestimmte Software kann mit fast zu vernachlässigendem Kostenaufwand immer wieder kopiert werden und kann gleichzeitig einer prinzipiell unbegrenzten Anzahl von Kunden dienen. Man könnte dies auch so formulieren, dass nichts verloren geht, wenn diese Software von einem weiteren Benutzer verwendet wird. Wenn eine Software entwickelt wurde, ist deshalb ihr Nutzwert, und damit das Umsatz- und Ertragspotenzial, einzig und allein durch die Größe des potenziellen Markts begrenzt. Eine zusätzliche Begrenzung kann natürlich durch Aktionen von konkurrierenden Anbietern zustande kommen, jedoch nicht durch die Verwendung der zugrunde liegenden Assets – in diesem Fall des Original-Softwarecodes – für weitere Kunden. Diese Eigenschaft von Intangible Assets ist die treibende Kraft der neuen Ökonomie, während sich der Wert physischer und finanzieller Vermögenswerte nur bis zu einem bestimmten Grad steigern lässt, etwa durch die Ausnutzung von Kosteneinsparungsmöglichkeiten oder durch höhere Stückzahlen in der Produktion.

Wenn ein Unternehmen seine auf Intangible Assets basierenden Produkte weltweit verkaufen kann, indem es über eine eigene globale Unternehmensorganisation, ein umfangreiches Partnernetzwerk oder elektronische Distributionsmöglichkeiten über das Internet verfügt, kann es bessere Wachstumsraten erzielen, die Effekte der eigenen Arbeit multiplizieren und höhere Steigerungen des Unternehmenswerts erreichen als irgendein anderes, auf physischen oder finanziellen Vermögenswerten basierendes Unternehmen, da sein Wachstum und seine Wertschöpfung durch keine Verknappung von wesentlichen Ressourcen eingeschränkt wird.

Auf Intangible Assets basierende Produkte verursachen typischerweise umfangreiche Anfangsinvestitionen für die Erstellung der Basisversion (z. B. in Form von Entwicklungsaufwendungen). Im Gegensatz dazu sind die Kosten für jedes weitere Exemplar, also die Grenzkosten (etwa die Kopierkosten einer Software), gering, so dass mit jedem weiteren verkauften Exemplar des Produkts der Gewinn pro Exemplar steigt, sobald die Entwicklungskosten verdient sind.

Dies zeigt sich unter anderem auch in der Marktdominanz zahlreicher Unternehmen, die hauptsächlich auf Intangible Assets basieren. Am Ende des Jahres 1999 hatte die Intel Corporation einen 77-prozentigen Anteil am Mikroprozessormarkt und Cisco Systems einen 73-prozentigen Anteil am Router-Markt. 78 Prozent aller Internetnutzer griffen über AOL auf das Web zu, während eBay etwa 70 Prozent aller Online-Auktionen durchführte.[9] Eine derartige Marktdominanz ist in traditionellen kapitalintensiven Sektoren, in denen selbst die effizientesten und am besten geführten Unternehmen (wie etwa General Electric oder Exxon) Marktanteile von weniger als 25 Prozent haben, ohne Beispiel.

Außerdem sind Intangible-intensive Unternehmen Netzwerkeffekten stärker ausgesetzt. Natürlich kommen Netzwerkeffekte auch in Branchen vor, die hauptsächlich auf physischen Assets basieren. Eisenbahnunternehmen, Telefongesellschaften und Autovermietungsunternehmen sind nur einige Beispiele für Branchen mit hauptsächlich physischen Assets, in denen Netzwerkeffekte induziert und genutzt werden können. In den letzten Jahren waren jedoch die Unternehmen, die durch Netzwerkeffekte charakterisiert waren, in erster Linie solche, in deren Zentrum Intangible Assets stehen. Netzwerke sind oft durch produktbezogene Intangibles in ihrem Zentrum (spezielle Produkte und Services, die häufig als geistiges Eigentum geschützt sind) sowie durch allianzbezogene Intangibles (Partnerbeziehungen) an ihrer Peripherie charakterisiert.

Da die wichtigste Wachstumsbegrenzung für auf Intangible Assets basierende Unternehmen die Marktseite ist, begünstigt diese Unternehmen alles, was dazu beiträgt, Intangible Assets schnell in Produkte und Anwendungen umzusetzen und sie an so viele Kunden wie möglich zu vermarkten. Deshalb sind Globalisierung und Informationstechnologie zu wichtigen Katalysatoren der neuen Ökonomie geworden. Die Globalisierung, die Informationstechnologie und besonders das Internet, virtuelle Unternehmen und E-Business-Netzwerke erweitern alle entweder den Markt (Globalisierung), erhöhen die Produktivität und begünstigen eine schnelle Distribution und die Erzielung von Marktanteilgewinnen (Informationstechnologie und das Internet) und reduzieren die Time-to-Market von neuen Produkten (virtuelle Unternehmen, E-Business-Netzwerke). Globalisierung und Investitionen in Informationstechnologie haben deshalb eine viel größere Wirkung auf Unternehmen, die auf Intangible Assets basieren, als auf solche, die auf dem industriellen Modell mit physischen Asset aufbauen.

Immaterielle Vermögenswerte gab es natürlich auch schon vor den 80er- und 90er-Jahren. Es gibt sie seit Beginn der menschlichen Zivilisation. Wann immer Ideen in Haushalten, im Ackerbau und in Werkstätten in die Praxis umgesetzt wurden, wurden Intangible Assets geschaffen. Bahnbrechende Erfindungen und Entdeckungen, wie zum Beispiel die der Elektrizität, des Verbrennungsmotors, des Telefons sowie auf den Gebieten der Chemie und Pharmazie, haben ganze Wellen von auf Intangibles basierendem Wirtschaftswachstum ins Rollen gebracht. Was aber im Gegensatz dazu heute neu ist und was seit den 80er-Jah-

9 Forbes, 29.11.1999, S. 54

ren die neue wirtschaftliche Produktivität vorantreibt, ist die einzigartige Kombination dreier Kräfte, die man als neue Ökonomie bezeichnet: *wissensbasierte Produkte* mit ihrer Eigenschaft der wachsenden Grenzerträge, ein intensiverer wirtschaftlicher Wettbewerb, der das Ergebnis der *Globalisierung* und der damit verbundenen Deregulierung von wirtschaftlichen Schlüsselsektoren (z.B. von Telekommunikation, Elektrizität, Finanzdienstleistungen und Kapitalmärkten) ist, und die *Entwicklung der Informations- und Kommunikationstechnologien*, deren jüngstes Beispiel das Internet ist und die die Effekte der beiden anderen Kräfte fördert und verstärkt.

Viele sehen Unternehmen der neuen Ökonomie, deren Geschäftsmodelle auf Wissenskapital und Informationstechnologie aufbauen, und traditionelle industrielle Unternehmen in zwei getrennten Welten: New Economy und Old Economy. Heute muss jedoch *jedes* Unternehmen, das seine Zukunft nicht aufs Spiel setzen will, sich seiner Intangible Assets bewusst werden, sie gezielt ausbauen und sie effizient managen und verwerten – wie dies bislang im Umgang mit physischen Assets üblich war. Eine wachsende Anzahl von traditionellen Industrie- und Dienstleistungsfirmen wird sich deshalb auf ihre Stärken, auf ihre Intangible Assets, über die übrigens jedes Unternehmen verfügt, konzentrieren und wird versuchen, andere Aktivitäten die den Einsatz von physischen Assets und »Commodity-Ressourcen« erfordern, an Spezialisten auszulagern, die gerade darauf ihr mit eigenen Intangibles angereichertes Geschäftsmodell aufbauen. Dies wird zu einem allgemeinen Transformationsprozess führen, bei dem sich anlageintensive Unternehmen zu wesentlich »leichteren«, höchst flexiblen und stärker auf Intangible Assets basierenden Unternehmen wandeln werden und damit mehr Kundennutzen generieren können.

Die Hauptaufgabe von Managern wird in den nächsten Jahren darin bestehen, ihre traditionellen Industrie- oder Dienstleistungsunternehmen in Unternehmen zu wandeln, die in einer neuen Ökonomie bestehen und verlässlich und kontinuierlich Wert für Kunden, Investoren und andere Stakeholder schaffen können. Dazu müssen sie ihre Intangible Assets systematisch ausbauen und diese gezielt und effektiv zum Schaffen von Kunden- und Stakeholder-Nutzen einzusetzen verstehen. Ein tiefes Verständnis der Intangible Assets ihrer Unternehmen und ein Wissen darum, wie sie zur Wertschöpfung eingesetzt werden können, wird für ihren Erfolg unerlässlich sein. Denn wenn ein Gärtner nicht versteht, was an den Wurzeln seines Apfelbaums geschieht, wird er nicht in der Lage sein, in den nächsten Jahren einen zufriedenstellenden Ertrag an Früchten zu erzielen (siehe Abbildung 3.2).

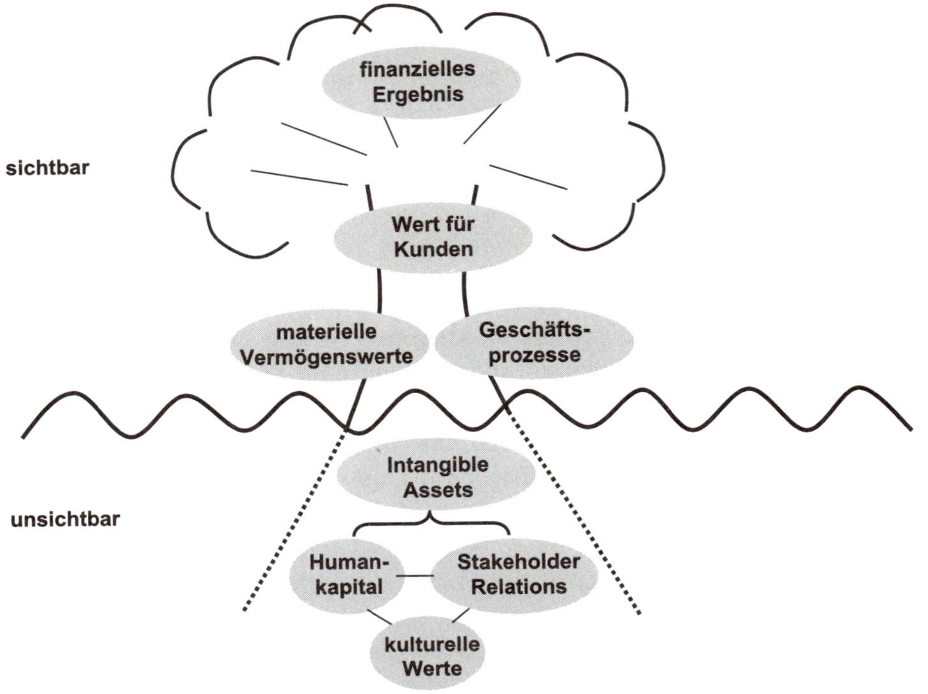

Abbildung 3.2 Der »Unternehmensbaum« und sein Ökosystem

Dieselben Bedingungen, die ökonomischen Wertzuwachs und Wohlstand begünstigen, erzeugen in den Augen vieler Menschen jedoch auch Ängste. Die Globalisierung sieht sich einem beträchtlichen Widerstand einer Koalition aus Gewerkschaftern, Umweltschützern und Menschenrechtsgruppen gegenüber, die anlässlich der Konferenz der Welthandelsorganisation im Dezember 1999 in Seattle und bei ähnlichen Anlässen später, wie dem Weltwirtschaftsgipfel 2001 in Genua, massive Proteste organisiert hat. Diese Gruppen fürchten die Auswirkungen einer verstärkten globalen Integration und sie könnten vieles unternehmen, um diese Integration zu unterminieren. Ihre Anliegen sind verständlich und es muss auf sie eingegangen werden.

Zur gleichen Zeit, in der sich Unternehmen an die neuen Bedingungen unter wirtschaftlichen Aspekten anpassen, müssen sie auch den Dialog mit Kritikern der Globalisierung suchen, die vor allem deren soziale Auswirkungen im Auge haben. Um die neue, auf dem Zusammenwirken von technischem Fortschritt und freien globalen Märkten beruhende Produktivität zu nutzen und sie in ökonomische *und* soziale Werte umzusetzen, müssen Unternehmen und öffentliche Institutionen auf neuen Wegen zusammenarbeiten. Nur so werden sie die Möglichkeit haben, die wichtigen globalen, ökonomischen und sozialen Probleme anzugehen, die sich in der Vergangenheit einer Lösung entzogen, deren Lösung nun aber für das weitere Fortschreiten der wirtschaftlichen und sozialen Entwicklung der Weltgemeinschaft unerlässlich geworden ist.

Dies alles wirkt sich auch auf die öffentliche Meinung darüber aus, welche Rolle Unternehmen in der Gesellschaft spielen sollten. Wenn man berücksichtigt, dass Unternehmen einerseits zunehmend von der Qualität ihrer Beziehungen sowohl zu vorhandenen als auch zu potenziellen Geschäftspartnern, Mitarbeitern und Kunden abhängen, und dass die Qualität und das Funktionieren dieser Beziehungen andererseits verstärkt von der öffentlichen Reputation des Unternehmens abhängen, sollten Unternehmen nicht länger ihre Augen vor dem verschließen, was die Öffentlichkeit von ihnen erwartet. Sie sollten diese Situation als Gelegenheit auffassen, um ihre Reputation und ihren Markennamen zu stärken und auf diesem Wege für sich und die Gesellschaft, in der sie operieren, Werte zu schaffen.

Wertschöpfung durch Reputation

> *»In der Welt nach dem Kalten Krieg haben Handel, Wirtschaft und Technologie das globale Machtgleichgewicht neu bestimmt. Marktkräfte und große Unternehmen haben in vieler Hinsicht einen größeren Einfluss auf das Leben der Menschen als Regierungen oder regionale und internationale Institutionen. Vor diesem Hintergrund müssen wir die Ziele von Unternehmen ausweiten und für große Unternehmen auf globaler und lokaler Ebene eine neue gesellschaftliche Rolle akzeptieren.«*
>
> *Göran Lindahl, ehemaliger Vorstandsvorsitzender der ABB Group*[10]

Der Zweck eines Unternehmens bestand im Zeitalter des industriellen Kapitalismus schlicht darin, Profite zu erzielen. Was nicht in dieses simple Schema passte, verdiente kaum die Aufmerksamkeit des Managements. Mitarbeiter wurden als Kostenfaktor angesehen und als solcher behandelt, statt sie als lebendige, wertvolle Ressourcen zu betrachten, die entwickelt und zur Erzeugung von zusätzlichem Wert für alle Stakeholder, einschließlich eben dieser Mitarbeiter selbst, eingesetzt werden können. Das hat zu zahlreichen Spannungen und Konflikten zwischen Unternehmen und der Gesellschaft geführt.

Ökonomen, Politiker und Bürger misstrauten Unternehmen. Man sah in der Unternehmensführung, dem Management, eine Veranstaltung »ohne Moral«, die sich durch ein instrumentelles, am kurzfristigen Unternehmensnutzen orientiertes Verhältnis zwischen dem Unternehmen und seinen Mitarbeitern, seinen Kunden und Konsumenten und häufig auch seinen Lieferanten auszeichnete. Diese Mei-

10 Göran Lindahl, »A New Role for Global Businesses«, Time Magazine Europe, 31.1.2000

nung wird durch die gängigen wirtschaftswissenschaftlichen Theorien gestützt, die auf dem Modell eines Nullsummenspiels basieren und die davon ausgehen, dass der Gewinn des einen immer der Verlust eines anderen Beteiligten ist.

So befindet sich nach Michael Porters einflussreicher Strategietheorie ein Unternehmen im Zentrum einer Reihe widerstreitender Kräfte, die es nicht nur in Konflikt mit seinen Konkurrenten bringt, sondern auch mit seinen Lieferanten, Kunden und potenziellen künftigen Konkurrenten.[11] Der Kernpunkt dieser Theorie lautet: Das Ziel eines Unternehmens besteht darin, sich ein Maximum des durch seine Produkte und Dienstleistungen geschaffenen Werts anzueignen. Allerdings gibt es andere Parteien (unter ihnen Kunden, Lieferanten, Mitarbeiter und Konkurrenten), die das Gleiche wollen. Wenn es einen echten freien Wettbewerb auf den Absatz- und Beschaffungsmärkten und damit eine Balance of Power gibt, können Unternehmen deshalb keine Gewinne erzeugen, die über den Kapitalkosten liegen, also keinen Mehrwert erzielen – so jedenfalls die gängige Theorie. Zweck jeder Strategie muss es daher nach Porter sein, einen solchen offenen und freien Wettbewerb durch den Aufbau privilegierter Verkaufspositionen, so genannter Unique Selling Positions (USP) zu verhindern – was nichts anderes heißt, als den größten Teil des »Kuchens« für sich selbst zu beanspruchen und gleichzeitig andere daran zu hindern. In der Konsequenz bedeutet dies dann, dass der Gewinn des Unternehmens auf Kosten des Gemeinwohls, also auf Kosten seiner Stakeholder, erzielt wird.

Das Problem von Porters Unternehmenskonzept, das das Denken einer ganzen Generation von Managern geprägt hat, besteht darin, dass es auf einer statischen Sicht der Welt basiert, in der die Größe des zu verteilenden wirtschaftlichen Kuchens vorgegeben ist. Gedacht als ein Nullsummenspiel führt dies dann dazu, dass nur noch zu entscheiden ist, wie der Kuchen aufgeteilt werden soll, und die Profite der Unternehmen gingen dann wirklich zulasten der übrigen Gruppen der Gesellschaft. In Wahrheit schaffen Unternehmen jedoch neue Werte für die Gesellschaft, indem sie ständig innovative Produkte und Dienstleistungen erzeugen und bessere Wege finden, vorhandene Produkte und Dienstleistungen herzustellen und anzubieten.

Solche Innovationen verschaffen ihnen natürlich zunächst einmal Wettbewerbsvorteile und erlauben es ihnen, höhere Preise zu realisieren und diesen Mehrwert selbst zu vereinnahmen. Auf Märkten, die auf freiem Wettbewerb aufbauen, werden Unternehmen im Laufe der Zeit jedoch gezwungen, den größten Teil dieses Werts an andere wieder abzutreten (um dann mit neuen Innovationen neuen Mehrwert zu schaffen). In dieser symbiotischen Koexistenz treiben Unternehmen

11 Beispielweise beschrieben in: Michael E. Porter, »What is Strategy?«, Harvard Business Review, 11-12/1996

und Märkte den Prozess der Innovation und kreativen Zerstörung gemeinsam voran, den der österreichische Ökonom Joseph Schumpeter als die treibende Kraft des wirtschaftlichen Fortschritts kapitalistischer Gesellschaften ausgemacht hat.[12] Diese Art ökonomischer Dynamik kommt gerade in der neuen Ökonomie zum Tragen und wird durch diese noch verstärkt:

- Durch das Internet werden sämtliche Arten von Märkten transparent und wesentlich effizienter – und das auf globaler Ebene. Konkurrenz lässt sich so in keinem Markt auf Dauer mehr vermeiden und privilegierte Marktpositionen ohne fundamentalen Zusatzwert werden schneller zerstört. Dies schafft dann den Raum, den Innovationen und neue Geschäftsmodelle benötigen, um sich zu etablieren.
- Nach dem Gesetz vom zunehmenden Grenzertrag können auf Wissenskapital und Intangible Assets basierende Wertschöpfungssysteme den ökonomischen Kuchen vergrößern, sobald er mit Geschäftspartnern, Mitarbeitern und Kunden geteilt wird (und damit zum Beispiel Netzwerkeffekte induziert werden), was dann zu einem Wertzuwachs für alle Stakeholder führt.

Die Qualität der Beziehungen eines Unternehmens zu seinen Stakeholdern und allgemein seine Reputation in der Öffentlichkeit repräsentieren deshalb und aufgrund der wichtigeren Rolle dieser Gruppen für den Unternehmenserfolg in der neuen Ökonomie selbst wertschaffende Assets, mit denen sorgsam umgegangen werden muss, wenn das Wertschöpfungspotenzial eines Unternehmens erhalten bleiben soll. Wenn dies nicht geschieht und stattdessen versucht wird, diese Stakeholder aus reinem kurzsichtigen Eigennutz heraus in unvorteilhafte Positionen zu zwingen, wird das Unternehmen längerfristig im Verhältnis zu ihnen geschwächt. Damit schwindet die Fähigkeit, die notwendigen Ressourcen, seien es talentierte Mitarbeiter, geeignete Geschäftspartner oder zufriedene und damit profitable Kunden, zu akzeptablen Preisen für das Unternehmen zu gewinnen, um Wert für die Shareholder zu schaffen.

Schumpeters Betrachtungsweise von Unternehmen basiert auf einer dynamischen Analyse des Vorgangs, bei der der zu verteilende Wert zunimmt, wobei im Gegensatz zu einem Nullsummenszenario für alle mehr zu verteilen ist. In dieser Hinsicht dienen Unternehmen der Gesellschaft als Motor der Entwicklung und des Fortschritts. Sie tun dies, indem sie auf der Grundlage der vorhandenen Ressourcen kontinuierlich neue Werte schaffen.

Im 20. Jahrhundert haben Unternehmen ein beträchtliches Maß an sozialer Legitimität gewonnen. Dies war sowohl eine Ursache als auch eine Folge ihres Erfolgs.

---

12 Joseph A. Schumpeter, Theorie der wirtschaftlichen Entwicklung, 9. A., Duncker und Humblot, 1997

Inmitten eines allgemeinen Autoritätsverlusts anderer Institutionen – der politischen Parteien, der Kirchen und auch der Familie – haben sich Unternehmen als die vielleicht einflussreichsten Institutionen der modernen Gesellschaft erwiesen. Sie haben diese Position nicht allein dadurch erlangt, dass sie einen Großteil des Wohlstands erzeugen und verteilen, sondern auch dadurch, dass sie den meisten ihrer Angehörigen einen sozialen Kontext bieten und damit auch als Quelle individueller Zufriedenheit und sozialer Integration fungieren. Zu Beginn des neuen Jahrhunderts leiden Unternehmen jedoch an einer tiefgreifenden sozialen Ambivalenz. Einerseits haben sie der Gesellschaft umfangreiche materielle Vorteile verschafft, andererseits gelten Unternehmensmanager in den meisten Ländern als die am wenigsten vertrauenswürdige Gruppe der Gesellschaft.

Unternehmensmanager teilen damit den schlechten Ruf anderer Funktionäre. Man sieht sie unter dem Paradigma des Nullsummenspiels ausschließlich im Interesse ihrer Unternehmen und seiner Aktionäre handeln, deren Profite sie ebenso vermehren wie ihre eigenen hohen Gehälter, indem sie rücksichtslos Kosten einsparen, Mitarbeiter entlassen und den sozialen Frieden aufs Spiel setzen. Diese Sicht ist möglicherweise eine der größten Gefahren, die Unternehmen heute droht. Die deutliche Lehre der Geschichte lautet, dass Institutionen dem Untergang geweiht sind, wenn sie ihre soziale Legitimität verlieren, wie dies am Beispiel der Monarchie, der organisierten Religion und des Obrigkeitsstaats zu belegen ist. Unternehmen wird es genauso ergehen, wenn Manager der kollektiven Aufgabe des Wiederaufbaus der Glaubwürdigkeit und Legitimität ihrer Institutionen nicht dieselbe Priorität einräumen, die sie auch der individuellen Aufgabe der Steigerung der wirtschaftlichen Leistungskraft ihrer Unternehmen geben.

Der Ruf und die öffentliche Reputation von Unternehmen kann in einer Welt, in der multinationale Unternehmen einen immer größeren Einfluss auf das tägliche Leben von Bürgern in fast allen Ländern haben – oft einen stärkeren als die eigene Regierung –, schnell dauerhaft geschädigt werden. Ein grundlegendes Misstrauen von Bürgern und Nichtregierungsorganisationen (Nongovernmental Organizations – NGO) Unternehmen gegenüber ist deshalb nicht verwunderlich. Die Bürger werden sich der Tatsache bewusst, dass nur relativ wenige große Firmen einen großen Teil des nationalen Vermögens kontrollieren (z.B. besitzen in den USA nur 100 Unternehmen Assets im Wert von 1,5 Billionen US-Dollar und tätigen ein Drittel der gesamten Auslandsinvestitionen des Landes[13]). Sie wollen deshalb, dass Unternehmen eine größere Verantwortung für das Gemeinwohl übernehmen als dies in der Vergangenheit üblich war.

---

13 Glen Peter, Waltzing with the Raptors. A Practical Roadmap to Protecting Your Company's Reputation, John Wiley & Sons, 1999, S. 8

Da viele Menschen immer noch glauben, dass die Geschäftswelt im Wesentlichen antisozial sei und die Interessen von Aktionären immer Vorrang hätten vor allen anderen Belangen, wie zum Beispiel Sicherheit, Bildung oder Menschenrechten, sind große, globale Unternehmensorganisationen Ziele des Protests von NGOs und anderen Aktionsgruppen geworden. Greenpeace zwang das Mineralölunternehmen Shell wegen des Versenkens einer Bohrplattform in der Nordsee vor einigen Jahren in die Knie. Wenn man sich die technische Analyse ansieht, muss man im Nachhinein zugeben, dass dies zu Unrecht geschah. Es bestand offenbar tatsächlich keine Gefahr für die Umwelt. Damals wollte jedoch niemand an einer Tankstelle tanken, deren Lieferant seinen Abfall in Form einer ausrangierten Bohrinsel in der Nordsee auf Kosten des Umweltschutzes und damit auf Kosten der Allgemeinheit entsorgt. Der Ruf von Shell war schwer beschädigt. Als Greenpeace BP anzugreifen begann und von BP verlangte, das Mineralölgeschäft in zehn Jahren aufzugeben, entschied sich der CEO von BP, John Brown, dies ernst zu nehmen. Er bot Greenpeace einen Plan an, in dem er versprach, innerhalb von fünf Jahren ein Geschäft mit Solarenergie in einem Wert von einer Milliarde US-Dollar aufzubauen. Brown war auch der erste CEO einer Mineralölfirma, der einen Vortrag auf einer Greenpeace-Konferenz gehalten hat.[14]

Die meisten Manager globaler Unternehmen sehen ihre Unternehmen nicht als Zerstörer sozialer Errungenschaften. Sie glauben vielmehr, dass ihre Aufgabe darin besteht, für alle beteiligten Parteien Wert zu schaffen. Welche Rolle ihre Unternehmen in der Gesellschaft spielen, wird von ihnen allerdings nicht bewusst artikuliert, sondern sie überlassen diese Aufgabe Wirtschaftsfachleuten und Vertretern nichtstaatlicher Organisationen, die die öffentliche Wahrnehmung der Rolle von Managern und der von ihnen geleiteten Unternehmen formen. Es gibt jedoch eine neue Generation von Managern, die beginnt, mit einem neuen Unternehmensmodell zu experimentieren. Sie sehen ihre Aufgabe nicht allein darin, den Wert eines Unternehmens für seine Aktionäre und Investoren zu erhöhen. Sie wissen, dass sie in der neuen Ökonomie alle Stakeholder und auch öffentliche Institutionen sowie nichtstaatliche Organisationen einbeziehen und den geschaffenen Wert mit ihnen teilen müssen. Sie haben sich der Frage, welche Rolle ihr Unternehmen in der Gesellschaft spielt, explizit gestellt, und eine Unternehmensphilosophie entwickelt, die die Funktion von Unternehmen als wertschöpfende Institutionen einer Gesellschaft ausdrücklich betont. Und sie haben die Organisation und die Managementprozesse ihrer Unternehmen entsprechend dieser neuen Philosophie umstrukturiert.

---

14 Glen Peter, Waltzing with the Raptors, S. 5–6

Unternehmen als gesellschaftliche Institutionen

In dem Maß, in dem Unternehmen globaler werden, sehen sie sich sowohl verstärkter Konkurrenz ausgesetzt als auch mit organisatorischen, staatlichen und technologischen Herausforderungen verschiedener Kulturen und Nationen konfrontiert. Eine der Konsequenzen hiervon ist, dass Unternehmen heute verstärkt erwägen müssen, wie sie die Erfordernisse des wirtschaftlichen Wachstums am besten mit den Forderungen der Gesellschaften ausbalancieren können, in denen sie operieren. Diese neuen Forderungen der Gesellschaft an die Unternehmenswelt, die von Regierungen, lokalen Verbänden und NGOs gestellt wurden, sind besonders bei Umweltfragen und sozialen Themen sichtbar geworden, was unter dem Stichwort »nachhaltige Entwicklung« (»Sustainable Development« oder kurz »Sustainability«) gerade bei den großen Unternehmen zunehmend an Aufmerksamkeit gewinnt.

Für mehr und mehr Unternehmen wurde es zu einer Pflicht, neue soziale Verantwortung zu übernehmen – und dies auch durchaus aus geschäftlichen Interessen. Unternehmen wie BP , Monsanto, Royal Dutch/Shell, ABB und andere haben Programme aufgelegt, die anerkennen, dass ihr wirtschaftliches, ökologisches und soziales Verhalten auf Gesellschaften weltweit einen starken Einfluss hat. In der Absicht, ihre geschäftlichen Kontakte zu stärken und das Wohlwollen von Verbänden, Regierungen, Umweltgruppen und anderen wichtigen Parteien im Umfeld des Unternehmens zu erhalten, legen diese Unternehmen größeres Gewicht auf Aktivitäten, die ihrer neuen Verantwortung für die Gesellschaft gerecht werden. Durch entsprechende Initiativen versuchen führende Unternehmen, ihre Mitarbeiter besser in die sozialen Kontexte der Städte und Gemeinden, in denen sie arbeiten, zu integrieren, ihre Berücksichtigung der Forderungen von Kunden und Geschäftspartnern unter Beweis zu stellen, Glaubwürdigkeit und Anerkennung vor der Öffentlichkeit zu erlangen, und damit auch durch das Vertrauen von Investoren belohnt zu werden. Denn der gute Ruf und die Reputation eines Unternehmens wird zunehmend als eine wichtige Basis für wirtschaftlichen Erfolg und zum Erlangen von Wettbewerbsvorteilen betrachtet.

Nach einer Umfrage unter 1000 Verbrauchern in den USA, die von The Conference Board durchgeführt wurde, einer renommierten internationalen und unabhängigen, gemeinnützigen Organisation, die Forschung und Wissenstransfer auf dem Gebiet des Managements betreibt, werden Unternehmen längst schon mehr nach ihrem allgemeinen Ansehen, ihrem Ruf, der Qualität ihres Markennamens (Corporate Brand) sowie ihrer gelebten Geschäftsethik beurteilt als nach wirtschaftlichen Faktoren und ihrer Größe. Die Verbraucher sind sich darin einig, dass das Ziel, Gewinne zu erwirtschaften und sich dabei an die Gesetze zu halten, in diesem Jahrzehnt zwar notwendige, jedoch für Unternehmen nicht mehr ausreichende

Voraussetzungen für den Erfolg sind. Sie geben an, dass sie von Unternehmen erwarten, dass diese ihre Geschäfte auf eine Weise betreiben, die die natürliche Umwelt nicht bedroht, die die Gesundheit und Sicherheit von Mitarbeitern fördert und die eine faire und gleichberechtigte Arbeitsumgebung garantiert. Eine große Zahl dieser Verbraucher gab auch an, dass ihr diesbezügliches Bild von einem Unternehmen sie dazu veranlasste, dieses Unternehmen zu belohnen oder zu bestrafen, indem sie seine Produkte kaufen oder nicht kaufen bzw. für oder gegen dieses Unternehmen Stellung beziehen.[15] Diese neue Sichtweise wird jedoch nicht nur von Verbrauchern in den USA geteilt. Dass Menschen von Unternehmen mehr soziale Verantwortung erwarten, ist ein weltweites Phänomen.

Der Fall eines französischen Bauern, der zu einer Gefängnisstrafe verurteilt wurde, weil er im Dezember 2000 ein McDonald's-Restaurant zerstört hatte, ging weltweit durch die Zeitungen.[16] Ein Jahr zuvor hatte José Bové mit Hilfe von Landwirtschaftsgeräten ein im Bau befindliches McDonald's-Restaurant zerstört. Hierdurch wurde Monsieur Bové in den Augen vieler Franzosen zu einem Helden im Kampf gegen die um sich greifende Globalisierung. Zu seinem zwei Tage dauernden Prozess in der kleinen südfranzösischen Stadt Millau kamen 15000 Menschen. Die Kaution zu seiner Freilassung wurde von örtlichen Bauern und Aktivisten aus aller Welt aufgebracht. Nach dem Prozess gab er an, auch eine Gefängnisstrafe werde ihn nicht davon abhalten, seinen Kampf gegen multinationale Unternehmen und die Welthandelsorganisation fortzusetzen, die in seinen Augen eine Gefahr für kleine Landwirte, gesunde Nahrungsmittel und individuelle Lebensstile darstellten, die im Einklang mit regionalen Kulturen stehen. In einem Interview teilte er mit, dass sich sein Angriff letztlich gegen die »McDominierung« der Welt gerichtet habe. Bové, der den Spitznamen »Robin Hood« bekommen hat, und sein Landwirtschaftsverband, der mit anderen Bewegungen in anderen Ländern in Kontakt steht, würden auch weiterhin ähnliche Aktionen durchführen und insbesondere Felder mit genetisch verändertem Getreide zerstören. Sie würden zudem in Zukunft weiter gegen multinationale Unternehmen vorgehen, die Produkte herstellen, die in ihren Augen standardisierte, ungesunde Nahrungsmittel sind.

Es war von Anfang an klar, dass der Angriff von Monsieur Bové auf den amerikanischen Fast-Food-Riesen seine tiefere Ursache in einer allgemeinen Unzufriedenheit in der französischen Bevölkerung hatte und einem Gefühl der Ohnmacht gegenüber Entwicklungen Ausdruck verliehen hatte, die von genetisch veränderten Lebensmitteln bis zum wachsenden Einfluss der amerikanischen auf die französische Kultur reichten.

---

15 David J. Vidal, Consumer Expectations on the Social Accountability of Business, The Conference Board, 1999

16 Unter anderem berichtete die New York Times über diesen Fall: Zuzanne Daley, »French Farmer Is Sentenced to Jail for Attack on McDonald's«, The New York Times, 14.9.2000

In einem Interview teilte Monsieur Bové auch mit, dass er demnächst in Bangalore in Indien sein werde, um an einem Protest gegen genetisch verändertes Getreide teilzunehmen. Dies macht deutlich, dass derartige Proteste und solche öffentlichen Unzufriedenheiten nicht auf bestimmte Weltregionen beschränkt sind, und dass sie von großen multinationalen Unternehmen und nationalen staatlichen Organisationen nicht ignoriert werden können.

Es ist deshalb zu erwarten, dass Unternehmen, die ausschließlich wirtschaftliche Ziele verfolgen, in Zukunft große Probleme bekommen werden. Eine rein wirtschaftliche Rechtfertigung der Aktionen eines Unternehmens kann seinem Ruf dauerhaft schaden, da dies in der öffentlichen Meinung häufig mit der Schädigung des Gemeinwohls zugunsten des Shareholder Values, also der Erträge der Aktionäre, gleichgesetzt wird. Wie stark sich das öffentliche Misstrauen entwickelt hat, zeigt sich anhand der häufig gewalttätigen Proteste von NGOs und Einzelpersonen bei Treffen der Welthandelsorganisation, des Internationalen Währungsfonds oder anderer internationaler Organisationen, die einen freien Welthandel befürworten. Für die protestierenden Personen bedeutet dies, dass die Globalisierung zugunsten von Aktionären und anderen Kapitalisten erfolgt und die Kosten von der breiten Bevölkerung bezahlt und soziale Errungenschaften zerstört werden.

Die Regierung von Großbritannien hat auf diesen Trend bereits reagiert, indem sie im April 2000 mit Kim Howells den ersten Minister für Corporate Social Responsibility (CSR) ernannt hat. Er hat ein ministerielles Komitee eingerichtet, welches sicherstellen soll, dass die Werte der CSR in alle Bereiche der Regierungsaktivitäten Eingang finden. Er sieht seine Aufgabe in erster Linie darin, Überzeugungsarbeit zu leisten und die Best Practices bzw. auch die »Bad Practices« von Unternehmen im Bereich CSR öffentlich zu machen. Kim Howells hat es sich nicht zum Ziel gesetzt, Firmen gesetzlich zur Übernahme ihrer sozialen Verantwortung zu zwingen. Seine Absicht besteht vielmehr darin, sie davon zu überzeugen, dass ein entsprechendes Verhalten letztlich auch in ihrem eigenen Interesse ist. In einem Interview mit der Financial Times sagte er, dass der von Unternehmen aufgebaute Ruf leicht beschädigt werden könne, und dass diejenigen Unternehmen den besten Ruf hätten, denen die Öffentlichkeit vertraue und deren Geschäftsgebaren bekannt sei.[17] Da sich die Übernahme sozialer Verantwortung durch Unternehmen positiv auf diese selbst auswirkt, sah der Minister keinen Grund, finanzielle Anreize der Regierung anzubieten.

Auch andere öffentliche Institutionen haben damit begonnen, die Unterstützung von Unternehmen zu suchen, wenn es darum geht, das öffentliche Wohlergehen

17 Robert Shrimsley, »Minister to Reassure Business over Civic Duty«, Financial Times, 4.5.2000

und soziale Standards sicherzustellen. UN-Generalsekretär Kofi Annan hat die internationale Geschäftswelt aufgefordert, neun Prinzipien in den Bereichen Menschenrechte, Arbeitsbedingungen und Umwelt zu beachten. Im Juli 2000 trafen sich Vertreter von 50 Unternehmen in New York mit Kofi Annan, um der von ihm initiierten UN-Initiative »Global Compact« beizutreten. Zu diesen 50 Unternehmen zählten DaimlerChrysler, Deutsche Bank, Royal Dutch/Shell, ABB, Ericsson, BP und Nike ebenso wie Dupont, Credit Suisse First Boston und UBS. Diese Unternehmen unterzeichneten einen Vertrag, der sie zur globalen Unterstützung freier Gewerkschaften, zur Abschaffung der Kinderarbeit und dem Schutz der Umwelt verpflichtet.[18] Zwischenzeitlich haben sich mehr als 400 Firmen dieser Initiative angeschlossen. Interessant an dem Vorgang ist auch, dass sich Kofi Annan bei der Verfolgung seiner Ziele bezüglich der neuen globalen Wirtschaftsprinzipien stärker auf den Einfluss internationaler globaler Wirtschaftsorganisationen zu stützen scheint als auf die Mitgliedsstaaten der Vereinten Nationen. Er argumentiert dabei gegenüber der Geschäftswelt, dass die Globalisierung einen Rückschlag erleiden könnte, wenn die globalen Regeln zum Schutz der Unternehmensinteressen wesentlich umfassender geworden sind als die Regeln zum Schutz sozialer Standards, wie es heute der Fall ist. Wenn die Unternehmen nicht selbst aktiv würden, um dies zu ändern, könnte diese Situation von Globalisierungsgegnern als Argument für eine protektionistische Politik verwendet werden, die der Weltwirtschaft insgesamt und besonders den Interessen von Entwicklungsländern schaden würde. Aus dieser Perspektive müssten sich globale Unternehmen an ihre neue Rolle als »globale Bürger« gewöhnen, die sich für Menschenrechte, humane Arbeitsbedingungen und den Schutz der Umwelt engagieren, um ihren Ruf zu schützen und damit die Grundlage für weitere erfolgreiche Geschäfte in einem freien Weltmarkt zu schaffen.

Außer durch multinationale Unternehmen wird die Global Compact-Initiative auch von NGOs unterstützt. Die Initiative verlangt von den Mitgliedsunternehmen, dass sie einen jährlichen Bericht über ihre Fortschritte bei der Erreichung der gesetzten Ziele (niedergelegt in den neun Prinzipien) abgeben und ihre diesbezüglichen Leistungen der Kritik durch unabhängige Organisationen, nämlich durch die erwähnten NGOs, unterwerfen müssen.

Göran Lindahl, früherer CEO von ABB, schreibt, dass große Unternehmen in vieler Hinsicht einen stärkeren Einfluss auf das Leben der Menschen haben als Regierungen oder regionale und internationale Institutionen. Vor diesem Hintergrund meint er, dass Unternehmen wie ABB den Bereich ihrer Geschäftsinteressen

---

18 Einzelheiten über die Initiative Global Compact sind auf ihrer Website zu finden: http://www.unglobalcompact.org/

erweitern und sich einer neuen, verantwortlicheren Rolle großer Unternehmen auf globaler und lokaler Ebene verschreiben sollten.[19]

Große Unternehmen wie ABB leisten daher in Ländern mit sich entwickelnden Wirtschaften beispielsweise Ausbildungshilfe und transferieren Technologien und geschäftliches Know-how dorthin. Laut Lindahl hat ein verantwortliches Verhalten und eine gute soziale Praxis auch einen positiven Einfluss auf die wirtschaftlichen Ergebnisse eines Unternehmens. Genauso wie Unternehmen festgestellt haben, dass eine Steigerung ihres Umweltbewusstseins zu einem Wettbewerbsvorteil führen kann, indem dadurch Kosten gesenkt und die Erwartungen von Kunden befriedigt werden, erkennt Göran Lindahl, dass auch die Übernahme weitergehender sozialer Verantwortung die geschäftlichen Ziele fördern kann. Unternehmen, die in dem Ruf stehen, verantwortungsbewusst zu handeln, werden es leichter haben, fähige Mitarbeiter zu finden und an sich zu binden, sich zu finanzieren, gesellschaftliche Anerkennung, politische Unterstützung und behördliche Zustimmungen zu erlangen, die sie für eine erfolgreiche Geschäftstätigkeit benötigen.

Ein Unternehmen wie ABB kann seine Stärken – seine globale Präsenz, eine multikulturelle Perspektive, seine unter Beweis gestellte Fähigkeit, Dinge effizient zu erledigen – dafür einsetzen, die Aktionen anderer, wie etwa der Vereinten Nationen, zu ergänzen, seine Rolle als Mitglied der Gesellschaft zu erfüllen und gleichzeitig den eigenen wirtschaftlichen Erfolg vorantreiben.

Das Ergebnis bedeutet so für alle Beteiligten einen Gewinn. Indem sie Unternehmen als Verfechter der Menschenrechte gewinnen, erhalten die Vereinten Nationen starke Verbündete. Unternehmen wiederum verbessern ihr Image, indem sie sich für die Gesellschaft, in der sie existieren, stärker engagieren. In Verbindung mit Bemühungen, ihre sozialen Werte zu verdeutlichen, erhöhen Unternehmen auch die Transparenz ihrer geschäftlichen und sozialen Praktiken. Die meisten dieser Berichte werden heute von Firmen in Europa veröffentlicht. Ein Vorreiter hier ist Großbritannien. Dort sind Unternehmen in einer relativ großen Zahl dazu übergegangen, nicht nur über ihre ökonomischen, sondern auch über ihre sozialen Leistungen und über ihr Umweltverhalten öffentlich zu berichten. Sie waren das Vorbild für andere, kontinentaleuropäische Unternehmen, die dieser Initiative inzwischen gefolgt sind.

Der Shell-Report – ein Beispiel für effektive Öffentlichkeitsarbeit

Ein Beispiel für einen der Pioniere in diesem Bereich ist Shell, ein Unternehmen, das in der Öffentlichkeit nicht unumstritten ist. Mit dem Shell-Report 1999 »Peo-

---

19 Göran Lindahl, »A New Role for Global Businesses«, Time Magazine Europe, 31.1.2000

ple, Planet, Profits« versuchte das Unternehmen, ein ausgewogenes Bild davon zu zeichnen, welchen Einfluss es auf die Gesellschaft in ökonomischer, ökologischer und sozialer Hinsicht hat.[20] Gleichzeitig zeigt der Bericht Shells Verpflichtung in Sachen Transparenz und hinsichtlich dessen, was das Unternehmen als »nachhaltige Entwicklung« bezeichnet. Bereits im ersten Shell-Report von 1998 legte das Unternehmen eine Übersicht darüber vor, wie es sich die Integration nachhaltiger ökonomischer, sozialer und ökologischer Entwicklungen in seine geschäftlichen Aktivitäten der folgenden Jahre vorstellt.

Shell sah die Notwendigkeit einer Managementstruktur, die helfen würde, dieses Ziel zu erreichen. Sie wurde als »Social Responsibility Management Framework«, als »Managementstruktur für soziale Verantwortung« bezeichnet. Hieraus entwickelte sich Shells »Sustainable Development Management Framework« (SDMF), seine »Managementstruktur für eine nachhaltige Entwicklung«. Diese Struktur basiert auf Shells Wertvorstellungen und Prinzipien. Sie verleiht den Bemühungen des Unternehmens nach einem Ausgleich seiner ökonomischen, ökologischen und sozialen Zielsetzungen, entsprechend den Erwartungen seiner Stakeholder, den erforderlichen Gesamtrahmen.

Um den Abstimmungsbedarf auf ein Minimum zu reduzieren sowie bestehende Best Practices und vorhandene Systeme in diesen Ansatz zu integrieren, wurde dieser Gesamtrahmen von einem Team unterschiedlicher Mitarbeiter aus allen Bereichen des Unternehmens erarbeitet. Im Wesentlichen handelt es sich dabei um ein klassisches Managementsystem, das den Erfordernissen einer nachhaltigen Entwicklung angepasst wurde. Es besteht aus acht ineinander greifenden Schritten. Zu den Kernelementen gehören: die Integration der ökonomischen, ökologischen und sozialen Elemente in die Geschäftsabläufe des Unternehmens, die Bereitschaft zur Übernahme sozialer Verantwortung sowie die offene Berichterstattung und Prüfung. Dieser Gesamtrahmen kann über einen beliebigen Zeitraum implementiert und auf sämtliche Aktivitäten des Unternehmens angewendet werden, einschließlich der Geschäftsplanung, des Projektmanagements und aller Abläufe des Unternehmens. Das neue Managementsystem sieht beispielsweise vor, dass ein Projektvorschlag nur dann bearbeitet wird, wenn außer seinen finanziellen auch die ökologischen und sozialen Implikationen berücksichtigt wurden.

Dieses neue System gibt dem Unternehmen eine Struktur, mit deren Hilfe das Verbesserungspotenzial systematisch erkannt werden kann. Zu seiner Unterstützung steht ein »Best Practice-Toolkit« zur Verfügung, das den Mitarbeitern helfen soll, das System auf ihre eigenen Aktivitäten anzuwenden. Zur Leitung der Imple-

---

20 Sie finden die Kurzfassung des Shell-Reports 2001 unter http://www.shell.com/downloads/publications/51666.pdf

mentierung des neuen Managementsystems wurde ein »Beirat für nachhaltige Entwicklung« eingerichtet. Zu diesem Rat gehören die Leiter der fünf Geschäftsfelder des Unternehmens und weitere Spitzenmanager. Er ist dem Vorstand gegenüber verantwortlich. Der SDMF-Strukturplan wurde weltweit an über 3000 Manager kommuniziert und Mitarbeitern in 121 Ländern auf Informationsveranstaltungen erläutert.

Das neue Managementsystem soll Shell helfen, die Bedingungen für den Aufbau langfristiger Werte und eines starken Markennamens in Übereinstimmung mit den eigenen Geschäftsprinzipien und den Erwartungen der Gesellschaft zu schaffen. Dafür werden vier Schlüsselfaktoren identifiziert:

- *Kostensenkungen*: kurzfristig dadurch, dass das Unternehmen ökologisch effizienter wird (d.h. durch den Einsatz von weniger Ressourcen mehr erreicht), und längerfristig durch die bessere Zusammenarbeit mit Geschäftspartnern und anderen Parteien, um weitere Ressourcen einzusparen
- *Schaffung neuer Geschäftsoptionen*: Öffnung neuer Märkte von und für Menschen, die sich eine Welt wünschen, die auf Prinzipien nachhaltiger Entwicklung basiert. Entwicklung der Beziehungen zu entsprechenden Geschäftspartnern
- *Kundengewinnung:* Erweiterung des öffentlichen Verständnisses, wofür Shell steht, also des Markennamens, durch das Angebot von Dienstleistungen und Produkten, die auf Prinzipien nachhaltiger Entwicklung basieren, um so Kundentreue und Marktanteile zu gewinnen
- *Verringerung von Risiken*: Verbesserung des Risikomanagements durch ein vertieftes Verständnis dessen, was unter verantwortlichem Verhalten zu verstehen ist. Kurzfristig: Konzentration auf das Risikomanagement in Zusammenhang mit vorhandenen Assets; langfristig: Ausbau der Beziehungen zu Geschäftspartnern, um Risiken in der gesamten Wertkette zu managen. Ziel ist es, dass Erfolge in diesem Bereich von Investorenseite (z.B. durch einen geringeren Kapitalkostensatz) anerkannt werden

Für Shell ist ein entscheidendes Kriterium für ein wirkliches Engagement das Eintreten in einen echten Dialog mit allen Stakeholdern. Ein solcher Dialog muss einen wirklichen Ideenaustausch beinhalten. Das Unternehmen muss zuhören, sich wirklich auf seine Stakeholder einlassen, Antworten auf ihre Fragen geben und sich dabei stets bewusst sein, dass es nicht nach seinen Worten, sondern nach seinen Taten beurteilt werden wird.

Ein integraler Bestandteil des Aufbaus von Vertrauen und Transparenz ist daher die Veröffentlichung von Daten und Informationen, die von angesehenen, unabhängigen Organisationen geprüft werden. Eine solche Überprüfung sichert nicht nur die Richtigkeit und Zuverlässigkeit der mitgeteilten Daten, sondern sie stärkt auch das Vertrauen der Stakeholder darin, dass ein richtiges Bild der Unternehmensleistung gezeichnet wird.

Mit seinem Report für das Jahr 2000 ging Shell noch einen Schritt weiter. Bereits während des laufenden Jahres aktualisierte und ergänzte Shell die Informationen und Mitteilungen auf seiner Website. Mark Moody Stuart, der damalige Chairman von Shell, teilte im »Bericht des Chairman« mit: »Meine Kollegen und ich fühlen sich einer Unternehmensstrategie verpflichtet, die Gewinne erzielt und zugleich einen Beitrag zum Wohlergehen unseres Planeten und seiner Menschen leistet. Wir sehen hierzu keine Alternative.«[21]

Unter der Überschrift »Wirtschaftliche Leistung« informiert das Unternehmen daher über seine finanziellen Ergebnisse und über die wirtschaftliche Performance. Unter der Überschrift »Ökologische Leistung« berichtet das Unternehmen über seine Fortschritte bei der Reduzierung von Emissionen in Luft, Boden und Wasser sowie darüber, wie genau diese Verbesserungen erzielt wurden. Bei der Darstellung seiner sozialen Leistungen informiert Shell darüber, auf welche Weise das Unternehmen zum Wohlergehen seiner Mitarbeiter und der Gesellschaften beigetragen hat, in denen es aktiv ist. Dazu gehört auch, dass darüber berichtet wird, wie Shell die Menschenrechte unterstützt und für mehr soziale Sicherheit kämpft.

Seit 1998 lässt Shell seine Leistungsdaten in den Bereichen Gesundheit, Sicherheit und Umwelt, über die das Unternehmen im Shell-Report berichtet, von Wirtschaftsprüfern kontrollieren. Der Prüfungsprozess reicht von der Datensammlung in den operativen Betrieben bis zur abschließenden Konsolidierung auf der Ebene der gesamten Firmengruppe.

Zwischenzeitlich hat Shell damit begonnen, auch seine sozialen Leistungsdaten überprüfen zu lassen, und hat seine Prüfer aufgefordert, die Zuverlässigkeit ausgewählter Prozesse und Daten zu untersuchen.

Im Shell-Report werden in den einzelnen Leistungsbereichen relevante Fragen und aktuelle Fallstudien diskutiert, um einige der Herausforderungen zu illustrieren, denen sich das Unternehmen gegenübersieht. Dargestellt werden auch die Erfolge, die das Unternehmen bei der Bemühung verzeichnen kann, eine nachhaltige Entwicklung in sozialer und umweltschutztechnischer Hinsicht zu einem Teil seines Tagesgeschäfts zu machen. Zusätzlich teilt Shell die aus seiner Sicht noch ausstehenden erforderlichen Verbesserungen mit. Im Abschnitt des Berichts zu den zukünftigen Entwicklungen erläutert Shell die Szenarien, die dem Unternehmen helfen, seine Strategie zu planen und künftige Chancen und Risiken abzuwägen.

21 http://www.shell.com/, Shell Report 2000 – How do we stand?

Nach Auffassung von Shell muss die Prüfungsarbeit der Wirtschaftsprüfer durch Meinungen von unabhängigen Dritten darüber ergänzt werden, was diese Daten, gemessen an guten oder schlechten Leistungen anderer Unternehmen, bedeuten. Shell arbeitet hierzu mit Branchenverbänden zusammen, die sich darum bemühen, standardmäßige Leistungsvergleiche zu ermöglichen. Das von Shell angestrebte Fernziel ist es, einen solchen Grad an Vertrauen der Öffentlichkeit zu gewinnen, dass die Notwendigkeit formaler Kontrollen entfällt.

Wie Shell glauben heute auch zahlreiche andere Unternehmen, dass eine an sozialen Grundsätzen und am Umweltschutz ausgerichtete Unternehmenspolitik den Ruf eines Unternehmens verbessert und das Vertrauen stärkt, das man ihm seitens der Öffentlichkeit entgegenbringt. Neuere Forschungen werfen auch ein anderes Licht auf den tatsächlichen oder vermeintlichen Konflikt zwischen der Orientierung eines Unternehmens an den Interessen seiner Aktionäre und seiner sozialen Ausrichtung. Untersuchungen des Corporate Governance Research Centers der Organisation »The Conference Board« haben gezeigt, dass es hinsichtlich eines Shareholder-Value-orientierten und eines Stakeholder-orientierten Firmenverhaltens keinen Konflikt gibt. Nicht nur ließen sich keine negative Effekte durch entsprechende Aktionen eines Unternehmens auf den Shareholder Value nachweisen, sondern es zeigten sich sogar positive Auswirkungen.[22]

Manager werden in Zukunft die ökonomischen, ökologischen und sozialen Einflüsse ihres Unternehmens auf die Städte und Gemeinden und auf die nationalen Gesellschaften, in denen sie aktiv sind, und auf die globale Gesellschaft insgesamt zu steuern versuchen. Dabei wird die Steuerung dieser Einflüsse zunehmend durch strategische Allianzen zwischen Unternehmen und Non-Profit-Organisationen der öffentlichen Hand und NGOs sowie durch den Ausbau der Beziehungen zu Stakeholdern wie Investoren, Lieferanten und Distributoren und anderen Geschäftspartnern erfolgen. So werden NGOs beispielsweise die Rolle informeller Berater von Firmen übernehmen. Das Ergebnis:

- Ein positives Unternehmensimage wird das Verbraucherverhalten gegenüber dem Unternehmen positiv beeinflussen.
- Mitarbeiter werden vorzugsweise für sozial verantwortlich handelnde Unternehmen arbeiten wollen.
- Anleger werden verstärkt in Unternehmen investieren wollen, die sich nicht nur um ökonomische, sondern auch um soziale und ökologische Belange kümmern.
- Eine vorbildliche soziale Performance von Unternehmen wird dazu beitragen, Sozialabgaben an den Staat senken zu können.

22 Sophia A. Muirhead, Corporate Contributions. The View From 50 Years, The Conference Board, 1999

Es genügt jedoch nicht, dass sich Unternehmen einfach allgemein in sozialer Hinsicht verantwortungsbewusster verhalten. Dies muss im Kontext des jeweiligen Unternehmensumfelds geschehen und Unternehmen sollten dabei ihren heute aktiveren Stakeholdern gerecht werden. Sie müssen deshalb herausfinden, was verschiedene Interessengruppen (Kunden, Investoren, die Gesellschaft, Geschäftspartner usw.) von ihnen erwarten, wie sie von ihnen beurteilt werden, und was sie tun müssen, um Glaubwürdigkeit zu erlangen. Sie müssen konsistente Methoden zur Überwachung, Messung und Darstellung ihrer Leistung entwickeln, die den Erwartungen der Investoren, sonstigen Stakeholdern *und* der Gesellschaft im Allgemeinen sowie ihren eigenen Geschäftsprinzipien gerecht werden.[23]

Unternehmen können der Gesellschaft jedoch nur dann Vorteile bringen und ihre neue soziale Verantwortung wahrnehmen, wenn sie nachhaltig ökonomischen Wert generieren. Mit den Worten von Jürgen Schrempp, dem Vorstandsvorsitzenden von DaimlerChrysler: »Nur ein profitables Unternehmen kann es sich leisten, auch soziale Verantwortung zu übernehmen.«[24]

Die Aufgabe der Unternehmensführung in der neuen Ökonomie ist es deshalb, Unternehmensorganisationen zu schaffen, die gleichzeitig Kunden mit überlegenen Produkten und Dienstleistungen bedienen, hochqualitative Jobs anbieten sowie den Lebensstandard der Gesamtbevölkerung heben können.

Aus diesem Grund müssen Unternehmen »Wissensfabriken« werden, die Informationen und Wissen aus aller Welt zusammentragen und sie in unterschiedlichen Kombinationen an anderen Orten neu einsetzen. Dazu müssen sie zu wahrhaft globalen Institutionen werden. Gleichzeitig müssen sie sich auf lokale Gegebenheiten einstellen, eine unternehmerische Einstellung unter ihren Mitarbeitern fördern sowie die Beziehungen zu ihren Kunden ausbauen und erhalten. Das Unternehmen muss mit seinen Geschäftspartnern und Outsourcing-Providern engstens verbunden sein – es muss ein vernetztes Unternehmen sein. Um all dies möglich zu machen und gleichzeitig ihrer Rolle als gesellschaftliche Institution gerecht zu werden, müssen Unternehmen in den nächsten Jahren signifikant neues Strukturkapital aufbauen und in die Unternehmensorganisation investieren.

---

23 Der Trend könnte zum Beispiel darin münden, dass Kleinaktionäre ihre Stimmrechte mit Gleichgesinnten bündeln, die sie über das Internet gefunden haben, um in ihrem Sinne Druck auf Unternehmen auszuüben. In den USA ist solch eine Entwicklung bereits zu beobachten.

24 Jeffrey E. Garten, The Mind of the C.E.O., Basic Books, 2001, S. 14

4 Mehrwert durch Strukturkapital

»Industrielle Wertschöpfungsketten dominieren nicht mehr die ökonomische Wertschöpfung. Stattdessen ist es heute Innovation, die laufende Suche nach neuen Wegen, um Markt- und Kundenbedürfnisse zu befriedigen, die den größten wirtschaftlichen Ertrag bringt. Und das bedeutet, dass Sie als Unternehmen (...) in Strukturen investieren müssen, die Ihnen helfen zu innovieren und einen Unterschied zu machen.«
Leif Edvinsson

Leif Edvinsson ist einer der führenden Experten auf dem Gebiet des Managements von Wissenskapital (Intellectual Capital) und gilt als geistiger Vater dieses Konzepts. Als weltweit erster »Director Intellectual Capital« beim Finanzdienstleister Skandia in Schweden hat Edvinsson entscheidende Beiträge zur Theorie des Wissenskapitals geliefert. Unter seiner Leitung hat Skandia ein Reporting- und Managementsystem für die intellektuellen, immateriellen und organisatorischen Vermögenswerte des Unternehmens entwickelt. Unter anderem leitete Edvinsson bei Skandia die Erstellung des weltweit ersten Geschäftsberichts, in dem neben den Finanzergebnissen auch das Wissenskapital des Unternehmens dargestellt wurde. Im März 1997 erschien sein Buch, das er zusammen mit dem amerikanischen Journalisten Michael S. Malone geschrieben hat: »Intellectual Capital. Realizing Your Company's True Value by Finding Its Hidden Brainpower«[1].

Leif Edvinsson ist heute CEO von Universal Networking Intellectual Capital (UNIC)[2], einem Unternehmen, das Dienstleistungen für das Management von Wissenskapital und intellektuellem Eigentum, wie etwa Patenten, anbietet. Daneben ist Edvinsson Gastprofessor an der Universität Lundt in Schweden.

Ich traf Leif Edvinsson zum ersten Mal im April 1999 auf einer Controller-Konferenz in Frankfurt, wo er einen eindrucksvollen Vortrag hielt, in dem er aufzeigte, wie sich durch das Management von Wissenskapital der Shareholder Value eines Unternehmens steigern lässt. Später lud ich ihn dann ein, zum gleichen Thema einen Hauptvortrag auf der Europäischen Konferenz von SAP zu »mySAP Financials« im Juni 2001 in Basel zu halten und mit mir an einer Podiumsdiskussion teilzunehmen. Bei dieser Gelegenheit trafen wir uns erneut.

Das folgende Interview – oder dieser Ideenaustausch, wie Leif Edvinsson unser Gespräch zu nennen vorzog – fand im Juli 2001 statt.

1 Das Buch ist inzwischen als deutsche Ausgabe erhältlich: Leif Edvinsson und Gisela Brünig, Aktivposten Wissenskapital. Unsichtbare Werte bilanzierbar machen, Gabler, 2000
2 http://www.unic.net/

Interview mit Leif Edvinsson

Jürgen Daum: Herr Edvinsson, der Untertitel Ihres Buches »Intellectual Capital«, das Sie 1997 gemeinsam mit Michael Malone geschrieben haben, lautet: »Wie sich der wahre Wert eines Unternehmens durch die Entdeckung seiner verborgenen intellektuellen Ressourcen realisieren lässt«. Was bezeichnen Sie als unsichtbare intellektuelle Ressourcen einer Organisation und warum sind diese wichtig?

Leif Edvinsson: Bei diesen unsichtbaren Ressourcen handelt es sich um das Wissenskapital und um die Intangible Assets eines Unternehmens. Der Begriff »Wissenskapital«, im Englischen »Intellectual Capital«, setzt sich aus drei Bedeutungskomponenten zusammen: Das Wort »Intellectual« hat seine Wurzeln in dem lateinischen Wort »inter«, das »zwischen« bedeutet und Beziehungen impliziert, und im lateinischen Wort »lectio«, welches so viel bedeutet wie »Lesen« und »erworbenes Wissen«. »Capital« bezeichnet eine Gesamtsumme. »Intellectual Capital« bezeichnet daher komprimiertes, auf Beziehungen basierendes strukturiertes Wissen und Fertigkeiten, die über ein Entwicklungs- und Wertschöpfungspotenzial verfügen. Und es ist deshalb wichtig, weil es vielleicht zum leistungsstärksten Wertschöpfungsfaktor in der heutigen Wirtschaft geworden ist.

Jürgen Daum: Würden Sie dies bitte genauer erläutern.

Leif Edvinsson: 1929 flossen etwa 70 Prozent der Investitionen der amerikanischen Wirtschaft in materielle Güter und etwa 30 Prozent in so genannte Intangible Assets. 1990 hatte sich diese Verteilung bereits umgekehrt, und heute fließt der größte Teil der wirtschaftlichen Investitionen, sowohl in den USA als auch in Schweden, wo ich selbst lebe, in Intangible Assets, wie zum Beispiel in Forschung und Entwicklung, Ausbildung und die Schaffung von Kompetenzen, in Informationstechnologie und Software sowie in den Aufbau von Kundenbeziehungen. 1992 wurden allein in den USA 200 Milliarden US-Dollar in Intangible Assets investiert. Wenn Sie diese Zahl für die Anzahl der seither vergangenen Jahre mit neun multiplizieren, ergibt sich als Summe für die in diesem Zeitraum getätigten Investitionen in Intangible Assets in den USA ein Wert von 1,8 Billionen US-Dollar. Und diese Zahl ist vermutlich zu niedrig, weil die Investitionen im Laufe der Jahre zugenommen haben. Dies zeigt sich auch an den Aktienkursen.

Nach den Untersuchungen des amerikanischen Professors Baruch Lev war das durchschnittliche Verhältnis zwischen Bilanzwert und Marktwert eines Unternehmens in den späten 70er-Jahren 1:1. In der Mitte der 90er-Jahre war das durchschnittliche Verhältnis auf 1:3 gestiegen. Heute beträgt der Marktwert mehr als das Sechsfache des Bilanzwerts eines Unternehmens. Bei einigen Unternehmen, wie zum Beispiel bei America Online (AOL), bei Microsoft und auch bei SAP, liegen etwa 90 Prozent des Unternehmenswerts, repräsentiert durch die Marktkapitalisierung, in Form von Intangible Assets vor. Der Wert von Wissenskapital und von Intangible Assets wird also auch von den Kapitalmärkten und Investoren anerkannt, da sie durch den Kauf von Aktien dieser Unternehmen beträchtlich in diese nichtmateriellen Werte investieren.

Jürgen Daum: Warum investieren heute Unternehmen und Aktionäre stärker in Intangible Assets als in der Vergangenheit? Warum sind Intangible Assets und Wissenskapital zum wichtigsten Wertschöpfungsfaktor der heutigen Wirtschaft geworden, wie Sie soeben gesagt haben?

Leif Edvinsson: Der Grund hierfür ist, dass die wirtschaftliche Wertschöpfung nicht mehr durch industrielle Prozesse dominiert wird. Die rentabelsten Investitionen sind heute solche, die mit Innovationsarbeit und mit der Suche nach neuen Wegen zur Erfüllung der Marktanforderungen eines Unternehmens zu tun haben. Diese Aktivitäten sind wesentlich gewinnbringender als die inkrementelle Verbesserung der vorhandenen Produktionsabläufe eines Unternehmens. Deshalb müssen Unternehmen in systematische Innovation investieren. Es muss in Forschung und Entwicklung wie auch in den Ausbau von Wissen investiert werden. Außerdem muss in neue Strukturen investiert werden, die Innovationen unterstützen und Marktvorteile bringen. Leider werden keine dieser Investitionen im Rechnungswesen der Unternehmen als solche aufgeführt. Sie bleiben damit unsichtbar.

Jürgen Daum: Warum ist das ein Problem?

Leif Edvinsson: Wie ich bereits erwähnt habe, hat die Wirtschaft der USA in den letzten 9 Jahren mehr als 1,8 Billionen US-Dollar in Intangible Assets investiert. Da diese Summe in keiner Bilanz auftaucht, besteht die Gefahr, und dies geschieht jeden Tag, dass diese Art von Investitionen von traditionell denkenden Finanzanalysten als etwas ohne Fundament, als bloße Seifenblase betrachtet wird. Da es uns an einer angemessenen Darstellung der durch diese Investitionen geschaffenen Werte, d.h. des Wissenskapitals, fehlt, weiß beispielsweise niemand, ob sich die Investition in eine Internetfirma gelohnt hat oder nicht. Es fehlten Ihnen die Informationen, um zu wissen, ob Sie tatsächlich in ein Asset investiert haben, in etwas, das künftig Gewinne erzielen wird, oder ob Sie Ihr Geld in eine Seifenblase angelegt haben. Dies ist aus einer gesamtwirtschaftlichen Perspektive wenig wünschenswert. Wenn keine entsprechenden systematischen Informationen verfügbar sind, steht kein Marktmechanismus zur Verfügung, mit dem sich sicherstellen lässt, dass Geld in produktive Investitionen fließt.

Jürgen Daum: Und die Schwankungen der Aktienkurse werden zunehmen. Dies zeigt sich am Beispiel von Technologieunternehmen, die über umfangreiche Intangible Assets verfügen. Nehmen Sie zum Beispiel SAP, ein Unternehmen, das über Jahrzehnte Erfolge vorweisen konnte. Doch der Aktienkurs von SAP war stets sehr volatil. Und warum? Weil niemand den tatsächlichen Wert des Unternehmens zu einem bestimmten Zeitpunkt richtig einschätzen konnte.

Leif Edvinsson: Und bei dieser Art von Volatilität, die statt auf grundlegenden Bilanzdaten auf Gefühlen basiert, steigen die Kapitalkosten auf dem Aktienmarkt. Daher wird es auch teurer, die Zukunft zu finanzieren. Aus diesem Grund stellten wir uns bei Skandia die Frage: Wie lässt sich eine neue Logik entwickeln?

Jürgen Daum: Bevor wir unser Gespräch mit den Details zu Skandia fortsetzen, möchte ich das erste Thema abschließen. Was genau sind nun die Intangible Assets, die Komponenten des Wissenskapitals eines Unternehmens?

Leif Edvinsson: Um die Sache zu vereinfachen: Es gibt zwei Hauptkategorien. Eine sind die Mitarbeiter. Die andere besteht darin, was die Mitarbeiter einer Organisation umgibt. Ich bezeichne dies als Strukturkapital. Darunter verstehe ich die Intangible Assets, die zurückbleiben, wenn die Mitarbeiter zum Feierabend ihren Arbeitsplatz verlassen. Hierzu zählen interne Abläufe und Strukturen, Datenbanken, Kundenbeziehungen und Ähnliches. Die Sache ist also recht einfach: Es gibt Finanzkapital, Humankapital und Strukturkapital, wobei Letzteres noch in seine Unterkomponenten zerlegt werden kann. Im Gegensatz zum Strukturkapital kann das Humankapital allerdings nicht zum Besitz eines Unternehmens gerechnet werden.

Jürgen Daum: Man könnte meinen, dass es aus ökonomischer Sicht im Umgang mit Humankapital und Finanzkapital fast keinen Unterschied mehr gibt. Finanzkapital ist nur begrenzt vorhanden, weshalb ein Preis dafür bezahlt werden muss – eben die Kapitalkosten, bei denen es sich um die durchschnittliche Rendite handelt, die ein Anleger aus einer ähnlichen Investition mit einem vergleichbaren Risiko erwarten kann. In der Softwareindustrie besteht ein Mangel an qualifizierten Fachkräften. Sie müssen daher einem Softwareentwickler, genauso wie einem Investor, genug Geld bieten, um ihn oder sie zufrieden zu stellen, damit diese Person bei Ihrem Unternehmen bleibt und nicht zur Konkurrenz abwandert. Es verhält sich hier genauso wie mit den Kapitalkosten: Mitarbeiter sind nur dann zufrieden, wenn sie mindestens so viel oder besser noch mehr verdienen, als ihr Humankapital aktuell am Arbeitsmarkt wert ist.

Leif Edvinsson: Es gibt jedoch einen großen Unterschied! Und der wird sichtbar, wenn Sie sich beide Kapitalformen genauer ansehen. Wenn Sie mit Mitarbeitern wie mit Finanzkapital umgehen, ergibt sich etwas, was heute als Entpersonalisierung bezeichnet wird. Keine Person gleicht einer anderen wie ein Dollar einem anderen. Wenn ich in einem Abschwung Mitarbeiter entlasse und zu einem späteren Zeitpunkt, wenn mein Unternehmen in eine neue Wachstumsphase eintritt, gleichwertige Mitarbeiter einstelle, so wird dies voraussichtlich nicht funktionieren. Dies hat zwei Gründe: Erstens lassen sich keine wirklich gleichwertigen Mitarbeiter finden, und zweitens wird Strukturkapital zerstört, wenn mehr als eine kritische Anzahl von Mitarbeitern entlassen wird. Dieses Strukturkapital lässt sich später durch die Einstellung neuer Mitarbeiter nicht ohne weiteres wiedergewinnen. In den letzten sechs Monaten wurden in der europäischen Telekommunikationsindustrie mehrere 100000 Mitarbeiter entlassen. Die betroffenen Unternehmen haben eine Menge an Strukturkapital verloren. Ja, sie haben sogar Strukturkapital zerstört.

Jürgen Daum: Ich verstehe, was Sie meinen. Ich möchte jedoch Folgendes verdeutlichen: Wenn Sie Geld von einem Anleger bekommen möchten, müssen Sie ihm mindestens die tatsächlichen Kapitalkosten bezahlen. Wenn Sie ihn als Anleger behalten möchten, müssen Sie ihm mehr bezahlen. Dies bedeutet, dass der von Ihnen als Unternehmen erwirtschaftete finanzielle Wert größer sein muss als die durchschnittliche Rendite von Finanzkapital. Sie können diesen Mehrwert nicht mit dem Finanzkapital selbst erzielen, indem Sie es auf die gewohnte Weise investieren, denn damit würden Sie nur die Kapitalkosten verdienen. Sie müssen zusätzlichen Wert durch andere Aktivitäten schaffen. Sie müssen diesen zusätzlichen Wert aus einer anderen Quelle bekommen – nicht aus traditionellen Finanzanlagen. Bei Humankapital verhält es sich zunehmend ähnlich. Sie müssen Ihren Mitarbeitern den von ihnen erzeugten Wert zurückgeben, da Sie ansonsten ihre Loyalität verlieren. Sie müssen den zusätzlichen Wert, den Mehrwert, also aus anderen Komponenten schöpfen.

Leif Edvinsson: Ja, darin stimme ich Ihnen vorbehaltlos zu. Was wir bei der Entwicklung der neuen Logik bei Skandia beobachten konnten, war dies: Dass es sich hierbei um etwas handelte, das über Humankapital hinausgehen musste. Es lässt sich folgendermaßen beschreiben und kommt damit dem von Ihnen Gesagten sehr nahe. Als wir in den ersten ausländischen Markt investierten und dort eine Niederlassung eröffneten, kostete uns das fünf Jahre, heute hingegen braucht Skandia nur noch fünf Wochen dafür. Der Unterschied besteht nicht darin, dass die Mitarbeiter von Skandia heute härter arbeiten, sondern darin, dass sie gelernt haben, mit Strukturkapital intelligenter umzugehen. Der Grund für die Verkürzung dieses Zeitraums sind nicht Personen, sondern es ist Strukturkapital. Und darauf kommt es an. Dies ist es, was den tatsächlichen Wert einer Organisation ausmacht: nicht ihr Finanzkapital oder ihr Humankapital, sondern ihr Strukturkapital.

Jürgen Daum: Und unter Strukturkapital verstehen Sie bewährte interne Abläufe, Computersysteme, die Beziehungen, die Sie zu Ihren Geschäftspartnern aufgebaut haben und die es Ihnen ermöglichten, immer zeitsparender weitere Tochtergesellschaften zu gründen.

Leif Edvinsson: Richtig. Und sobald Sie realisiert haben, dass sich das Management hierauf konzentrieren muss, ergibt sich eine Änderung der Unternehmensführung um 180 Grad: Aus Humankapital wird Strukturkapital. Genau dies ist es, was wir bei Skandia zu tun versucht haben.

Jürgen Daum: Setzen wir das Gespräch über Skandia fort. Sie haben bei Skandia in Schweden – es handelte sich um eine skandinavische Versicherungsgesellschaft, die jetzt ein global operierendes Finanzdienstleistungsunternehmen ist – als der weltweit erste Director für Intellectual Capital gearbeitet. Worin genau bestand dort Ihre Aufgabe?

Leif Edvinsson: Ich war neun Jahre lang bei Skandia. Ich wurde eingestellt mit der Aufgabe, ein neues Modell zu entwickeln, mit dem der Übergang von der alten Versicherungslogik zu einer neuen Finanzdienstleistungslogik vollzogen werden konnte. Bei Skandia vertrauten wir dem herkömmlichen Lebensversicherungsmodell nicht mehr und waren der Überzeugung, dass wir innovativer werden müssten, um ein erfolgreiches Versicherungsunternehmen bleiben bzw. auch künftig ein erfolgreiches Finanzdienstleistungsunternehmen sein zu können.

Jürgen Daum: Was stimmte an dem vorhandenen Modell nicht mehr?

Leif Edvinsson: Ein herkömmliches Versicherungsunternehmen verdient sein Geld nicht im Kerngeschäft, in der Beziehung zu den Kunden. Es verdient vielmehr Geld mit Geld, also indem es die Prämieneinnahmen am Kapitalmarkt investiert. Dies hat zur Folge, dass Ihr gesamtes Geschäftsmodell zusammenbrechen kann, wenn der amerikanische Notenbankpräsident den Zinssatz ändert. Und all dies, nachdem Ihre Anlagespezialisten ihre Lebenszeit und ihre Energie darauf verwendet haben, die Verfahren zu verbessern, die es dem Unternehmen erlauben, durch finanzielle Investitionen immer höhere Gewinne zu erzielen. Denn durch die veränderte Fiskalpolitik der amerikanischen Notenbank ändern sich auch die Regeln, auf deren Basis finanzielle Gewinne erzielt werden können. Auf diese Weise haben Dinge, die mit der Effizienz Ihrer internen Operationen nichts zu tun haben, einen beträchtlichen Einfluss auf Ihr wirtschaftliches Ergebnis, das mit den externen Entwicklungen auf den Finanzmärkten steigt oder fällt. Wir wollten diesen Zustand ändern und stellten uns die Frage: Wie lassen sich verlässlichere Ergebnisse erzielen? Und bei unserer Suche stießen wir auf andere Perspektiven als diejenigen, die in der alten Versicherungsindustrie vorherrschten, in der der hauptsächliche Wertschöpfungsmotor aus finanziellen Investitionen bestand.

Jürgen Daum: Und welche war diese andere Perspektive? Was war die neue Geschäftsstrategie von Skandia?

Leif Edvinsson: Die neue Geschäftsstrategie bestand darin, sich nicht so sehr auf finanzielle Investitionen zu konzentrieren, sondern stattdessen nach einem neuen Weg zu suchen, auf dem sich mehr Wert aus den Geschäftsprozessen selbst gewinnen ließe. Und mehr Wert aus Geschäftsprozessen zu schöpfen bedeutet für ein Dienstleistungsunternehmen, nach neuen Wegen zur Schaffung von Wert für die Kunden zu suchen. Skandia entschied daher, sich auf diejenigen Kunden zu konzentrieren, die nach einer Alternative zur traditionellen »Todesversicherung« suchten, die normalerweise als Lebensversicherung bezeichnet wird. Die ursprüngliche Idee einer Lebensversicherung ist, dass die Auszahlung der Versicherungssumme an diejenigen Personen erfolgt, die den Versicherungsnehmer überleben. Dies bedeutet, dass der Versicherungsnehmer selbst von der Versicherung nicht profitiert. Wir sagten uns daher, dass wir statt zu fragen: »Was geschieht, wenn ich sterbe?«, vielmehr fragen sollten: »Was geschieht, wenn ich lebe?«. Wir lenkten die Aufmerksamkeit also um und fragten: »Wie können wir für einen Kunden Wert schaffen, der sein Ausscheiden aus dem Arbeitsprozess überleben und seinen Ruhestand genießen möchte?« Dies ist die Idee der Finanzdienstleistungen im Gegensatz zur Lebensversicherung. Und aus der Perspektive verlässlicherer Ergebnisse ist es die Idee der Entwicklung vertraglich gesicherter, längerfristiger Kundenbeziehungen.

Jürgen Daum: Diese Veränderungen bei Skandia waren offensichtlich sehr erfolgreich. Der IC-Wert (Intellectual Capital-Wert), der Wert des Wissenskapitals von Skandia, wuchs von einem Anfang der 90er-Jahre sehr geringen auf einen Wert von 15 Milliarden US-Dollar zu Beginn des Jahres 2000 an. Was hat sich innerhalb des Unternehmens verändert?

Leif Edvinsson: In erster Linie das Denken. An zweiter Stelle das Reportingsystem und drittens die Art und Weise, wie wir mit Innovationen umgingen bzw. sie förderten.

Jürgen Daum: Können Sie uns erklären, wie Sie dies erreicht haben?

Leif Edvinsson: Wenn Sie etwas verändern wollen, müssen Sie zunächst die Denkweise der Menschen ändern: ihre festgefahrenen Denkstrukturen. Und wenn Sie das Denken ändern wollen, müssen Sie eine andere Begrifflichkeit, eine andere Sprache entwickeln. Diese Sprache muss von den Adressaten wirklich verstanden werden. Sie können versuchen, mit vielen Worten Ihren CFO, Ihren Finanzvorstand, von etwas zu überzeugen. Sein Verstehensmodell ist jedoch nicht an Worten, sondern an Zahlen ausgerichtet. Wenn Sie daher mit Menschen reden möchten, deren Denken in erster Linie an Zahlen orientiert ist, müssen Sie selbst Zahlen entwickeln. Dies ist der Grund, warum wir eine Zahlensprache für Wissenskapital entwickelt haben.

Jürgen Daum: Und mit Hilfe dieser Zahlen machten Sie die Wertschöpfungsfaktoren des Geschäfts und den geschaffenen bzw. nicht geschaffenen Wert, zum Beispiel hinsichtlich der Kundenbeziehungen, für die verschiedenen Stakeholder des Unternehmens transparent.

Leif Edvinsson: Richtig. Diese Art Berichterstattung ist unerlässlich. Die entsprechende Transparenz beim Wissenskapital durch aussagekräftige Daten ist für das Verständnis des künftigen Gewinnpotenzials, d.h. des quasi »schlummernden Kapitals«, unerlässlich. Und an diesem Punkt begegnen Sie dem, was ich als »Kultivierung« bezeichnet habe, wobei es sich um das handelt, was traditionellerweise als Innovationsmanagement oder überhaupt einfach als Management bezeichnet wird. Die Kultivierung konzentriert sich auf die Triebfaktoren künftiger Gewinne, im Gegensatz zum rein finanziell ausgerichteten Management, das allein auf den Gewinn selbst sieht. Dem entspricht eine Bewusstseinsänderung: Die Aufmerksamkeit soll vom bisherigen finanziellen Ergebnis auf das künftige Erlös- und Gewinnpotenzial gerichtet werden.

Jürgen Daum: Was genau verstehen Sie unter Kultivierung?

Leif Edvinsson: Ich verstehe darunter, Menschen dazu zu veranlassen, die ihnen vertrauten Wege zu verlassen, um ihr eigenes und das volle Potenzial ihres Unternehmens zu verwirklichen. Sie bringen so Humankapital mit Strukturkapital und Strukturkapital mit den Möglichkeiten, die das Unternehmen in Form der Marktbedingungen der Außenwelt umgeben, auf neue Art zusammen. Sie laden die Zukunft in ihr Leben ein bzw. Sie ziehen in die Zukunft ein, indem Sie die Augen von Einzelpersonen, jedoch auch von gesamten Organisationen für die Möglichkeiten öffnen, die in ihrem Wissenskapital und in den sie umgebenden Märkten schlummern.

Jürgen Daum: Warum sind Finanzdaten, die die Grundlage der traditionellen Unternehmensführung darstellen, nicht das richtige Werkzeug, um das verborgene Potenzial von Unternehmen zu verwirklichen und die vertrauten Wege zu verlassen, wie Sie es formuliert haben?

Leif Edvinsson: Finanzbuchhaltung und Kostenrechnung spiegeln Transaktionen der Vergangenheit wider. Dies bedeutet, dass Sie den Gewinn dieser Transaktionen erklären können, indem Sie die Kosten und Erlöse der Vergangenheit betrachten. Wenn Sie jedoch eine Vorhersage allein auf finanzielle Daten stützen, ist die Wahrscheinlichkeit sehr gering, dass Sie denselben Grad an Genauigkeit erzielen werden. Ohne jegliche Informationen über Ihr Potenzial, über den Status Ihres Wissenskapitals, haben Sie keinerlei Möglichkeit, eine in irgendeiner Weise fundierte Voraussage oder Geschäftsplanung zu machen.

Jürgen Daum: Das Problem besteht also darin, dass Finanzdaten lediglich das Ergebnis der vergangenen Anstrengungen darstellen, nämlich wie gut Sie den vergangenen Status Ihres Wissenskapitals in Gewinne und damit in finanziellen Wert überführt haben.

Leif Edvinsson: Richtig. Finanzdaten sagen Ihnen etwas darüber, wie Sie dieses Ergebnis erzielt haben, jedoch nichts über die Zukunft. Die Herausforderung bestand für uns also darin, unseren Blick von der Vergangenheit in die Zukunft zu wenden. Dies bedeutet, dass wir ein neues Denken, das an neuen Perspektiven ausgerichtet ist, entwickeln und fördern mussten. Dies ist eine Art mentales Training. Wir haben es »Wissensnavigation« genannt.

Jürgen Daum: Was hat man sich unter Wissensnavigation genauer vorzustellen?

Leif Edvinsson: Das übergreifende Ziel besteht darin, Innovationen zu fördern. Und eine entschiedene Innovation beginnt normalerweise mit einer Analyse der vorhandenen Möglichkeiten. Vor der Best Practice geht es um die Best Options. Dies setzt voraus, dass Sie bereit sind, alles in Frage zu stellen. Offenheit ist unbedingt erforderlich. Sie müssen fragen und sich sagen lassen, von was Sie noch nicht wissen, dass Sie es nicht wissen. Sie müssen einfach im konkreten Moment Ihre Augen öffnen: hier und jetzt. Das ist es, was ich mit Wissensnavigation bezeichne. Sie müssen kein Experte sein, um dies zu tun. Im Gegenteil: So genanntes Fachwissen kann auch zur Scheuklappe werden und hinderlich sein. Das Wichtigste ist, ein Gespür für Ereignisse in Ihrer Umgebung und dafür zu entwickeln, was erneuert werden kann. Innovative Unternehmenskonzepte basieren oft auf einer geringfügigen Änderung, die einen großen Unterschied ausmacht. In der heutigen wettbewerbsorientierten Wirtschaft kann dieser kleine Unterschied das Geheimnis der Anziehungskraft eines Unternehmens sein, die wiederum die Grundlage seines wirtschaftlichen Erfolgs ist.

Jürgen Daum: Und wie stehen die Fakten, die normalerweise in Form von Managementberichten mitgeteilt werden, hierzu in Beziehung?

Leif Edvinsson: Man sollte sich von Fakten und Zahlen nicht ablenken lassen, sondern sie als Ausgangspunkt für Innovationen verwenden. Man verwendet Fakten als Rückspiegel und lässt sich von ihnen nicht die Sicht in die Zukunft versperren. Man nutzt sie als hilfreiche Informationen, um auf dem weiteren Weg bessere Entscheidungen treffen und neue Ideen entwickeln zu können. Bei Skandia verwendeten wir hierfür den »Navigator«, eine Art Balanced Scorecard. Der Navigator stellt fünf wertschöpfende Bereiche dar (siehe Abbildung 4.1). Wenn wir uns die Kategorien des Wissenskapitals als ein Gebäude vorstellen, wird der finanzielle Aspekt durch das Dach, das obere Dreieck wiedergegeben. Die externen Kundenbeziehungen und die internen Prozesse würden in diesem Bild als tragende Wände dienen. Das Fundament und das Erdgeschoss des »Navigator-Gebäudes« stellen den Aspekt der Erneuerung und Entwicklung dar. Das Zentrum und die Seele dieses Hauses bilden natürlich die Mitarbeiter. Der finanzielle Aspekt stellt nur unsere Vergangenheit dar, das wirtschaftliche Ergebnis der von uns erreichten Ziele. Die Mitarbeiter des Unternehmens, seine Kunden und Abläufe sind letztlich das, was ihm Bedeutung verleiht. Seine Kraft zu Innovationen und Entwicklung bildet die Grundlage seiner künftigen Perspektive, seinen neuen Ausgangspunkt. Der Navigator liefert neben finanziellen Ergebnissen auch Kennzahlen und Parameter zum Status des Wissenskapitals von Skandia. Hierzu gehörten zum Beispiel die Zahl der Kundenverträge, die uns einen Hinweis auf den für unsere Kunden geschaffenen Wert liefert, und die Zahl der Verträge pro Mitarbeiter, die uns Rückschlüsse auf die Effektivität unserer Vorgehensweisen und unserer Gesamtorganisation erlaubt. Ein weiteres Beispiel hierfür ist der Anteil der Prämien aus neuen Produkten, der uns einen Hinweis auf den Erfolg von vergangenen Produktinnovationen liefert. Wir haben diese Übersicht als Navigator bezeichnet, da Navigation der Wettervorhersage wesentlich näher steht als die Erklärung des Wetters der Vergangenheit.

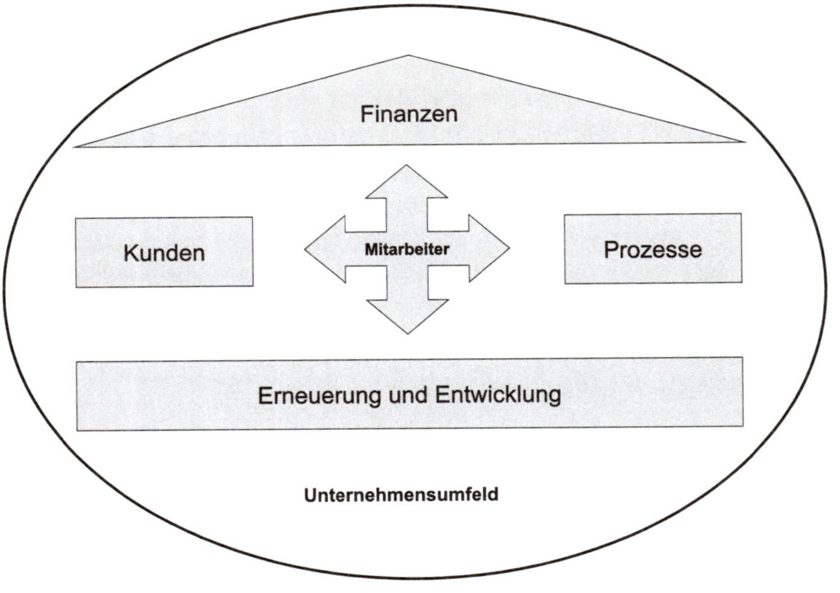

Abbildung 4.1 Skandias »Navigator« zum Management des Finanz- und des Wissenskapitals

Jürgen Daum: Es ist wahrscheinlich jedoch nicht genug, dass Menschen über die Zukunft nachdenken. Sie müssen auch konkrete Maßnahmen ergreifen und hierzu müssen sie sich darüber austauschen. Sie benötigen eine gemeinsame Vision der Chancen und künftigen Möglichkeiten.

Leif Edvinsson: Das stimmt. Und nun benötigen Sie erneut Zahlen als Werkzeug der Kommunikation. Wenn Sie sich einen Wetterbericht ansehen, werden Sie feststellen, dass er auf Zahlenangaben beruht. Diese Zahlen werden mit Hilfe von die Erde umkreisenden Satelliten ermittelt. Gemessen werden die kleinsten das Wetter beeinflussenden Faktoren. Diese werden in riesigen Gleichungen zusammengefasst, die ihrerseits in Wetterkarten übersetzt werden, die dann im Fernsehen gezeigt werden und die von jedermann verstanden werden können. Jeder erhält auf diese Weise dasselbe Bild und kann sich entsprechend verhalten. Warum sind »Wetterberichte« für Unternehmen von Bedeutung? Das Management von Wissenskapital nährt neue Denkweisen und Innovationen und führt zu neuen Perspektiven.

Um diese jedoch erfolgreich in Aktivitäten und wirtschaftlichen Wert zu übersetzen, müssen Sie immer die Zukunft beeinflussen. Ein Unternehmen, das sich in erster Linie an Finanzdaten orientiert und ausschließlich über eine auf die Vergangenheit gerichtete, kurzfristige Perspektive verfügt, wird nicht lange überleben. Ein Unternehmen benötigt einen ökonomischen Wetterbericht, der ihm eine Vorhersage liefert, die auf dem momentanen Status seines Wissenskapitals basiert. Ansonsten agiert es im Dunkeln und wird nicht in der Lage sein, seine Chancen zu realisieren.

Jürgen Daum: Wie haben Sie Ihre »Wettervorhersage« bei Skandia erstellt?

Leif Edvinsson: Zunächst haben wir sie mit Hilfe des Navigators erstellt – eines Werkzeugs, das uns das interne Management unseres Wissenskapitals ermöglicht. Zusätzlich haben wir dann ein so genanntes Supplement Reporting, eine Ergänzung zu unserem Jahresbericht, entwickelt, um unseren Investoren und den anderen Stakeholdern zu helfen, den tatsächlichen Wert des Unternehmens besser zu verstehen. Wir vertraten also die Auffassung, dass wir statt eines Berichts über die Vergangenheit, wie dies bei traditionellen Geschäftsberichten der Fall ist, einen Bericht über die Zukunft erstellen sollten.

Jürgen Daum: Sie haben also zum Beispiel eine Vorhersage über die Zahl der zu erwartenden Kundenverträge und Ähnliches gegeben?

Leif Edvinsson: Ja, durch das Erzählen von Geschichten. Wir verwendeten die Form der Erzählung, weil Sie eine solche Prognose mit den Erfordernissen des internationalen Aktienmarkts ausgleichen müssen. Sie konnte nicht in konkreten Zahlen erfolgen. Es lässt sich jedoch eine kurze Geschichte erzählen, wie wir dies in unserem Supplement Report getan haben, der aus einer Kombination von historischen und aktuellen Kennzahlen über den Status der Wertschöpfungsfaktoren besteht, die für die zukünftigen finanziellen Ergebnisse Werttreiber darstellen, wie etwa Kundenvertragszahlen, und der um erläuternde Erzählungen ergänzt wird, die Hintergrundinformationen liefern. Ein solcher Bericht über die Intangible Assets eines Unternehmens kann ein Gefühl für sein Zukunftspotenzial vermitteln.

Jürgen Daum: Sie sagen also: Geben Sie den Leuten einen Einblick in Ihr Unternehmen, indem Sie ihnen durch das Erzählen von Geschichten Ihre Sicht der Welt vermitteln. Fügen Sie einige harte Zahlen hinzu, und zwar nicht nur zu den finanziellen Aspekten, sondern auch über den Status wichtiger anderer Wertschöpfungsfaktoren, und beweisen Sie damit, dass man Ihren Geschichten Glauben schenken kann, da die Zahlen beweisen, dass Ihre Geschichten in der Vergangenheit der Wahrheit entsprochen haben. Doch was geschieht, wenn Sie als Unternehmen diesen Rat befolgen?

Leif Edvinsson: Sehen Sie sich an, was bei Skandia geschehen ist! Wenn Sie sich die Struktur unseres Supplement Reports ansehen, werden Sie feststellen, dass er aus einem narrativen Teil besteht und aus einem Teil, der die Kennzahlen in einer Weise darstellt, wie man dies mit den Zahlen einer Bilanz macht. Man hat sich daran gewöhnt, Mitteilungen über den Status eines Unternehmens allein anhand von Zahlen zu machen. Aus diesem Grund haben wir Zahlen über den Status der nichtfinanziellen Wertschöpfungsfaktoren hinzugefügt, die einen Hinweis auf die vergangene Entwicklung des Wissenskapitals eines Unternehmens geben und damit auch eine Einschätzung der wahrscheinlichen zukünftigen Performance des Unternehmens ermöglichen. Auch eine Geschichte spricht sich herum. In mancher Hinsicht spricht sie sich ebenso gut herum wie Zahlen, wenn es eine gute Geschichte ist, die Aufschluss über das Potenzial des Wissenskapitals eines Unternehmens gibt. Diese Supplement Reports über das Wissenskapital sind Kommunikationsmittel, die helfen, den tatsächlichen Status, die vergangene Leistung und das Potenzial eines Unternehmens für die Zukunft mitzuteilen. Kommunikation ist jedoch nur der Anfang. Der nächste Schritt in dieser mentalen Transformation bestand bei Skandia darin, das bereits vorhandene Potenzial weiter systematisch zu fördern. Aus diesem Grund wurde das so genannte Future Center ins Leben gerufen.

Jürgen Daum: Was ist dieses Future Center?

Leif Edvinsson: Es ist ein Haus, ein altes Haus. Skandia Future Centers (SFC) ist eine virtuelle Netzwerkorganisation, die ihren Sitz in Vaxholm hat, einer kleinen Stadt in der Nähe von Stockholm. In einer alten, 1860 erbauten Villa ist dort ein Labor für Organisationsentwicklung untergebracht. Es dient als Arena für »Wissens-Safaris«, für Treffen um Strategiewissen auszutauschen und für komplexe Simulationen. Während der ersten beiden Jahre, in denen ich das Zentrum leitete, hatte es fast 12000 Besucher. Sie kamen, um beispielsweise innovative Wissensmodelle in einer Umgebung zu testen, die zu neuen Ideen und kreativen Prozessen ermutigt. Und es ist nicht nur ein Treffpunkt für die Mitarbeiter von Skandia.

Nach und nach haben wir auch andere Leute mit Interesse an Zukunftsfragen eingeladen: führende Experten ebenso wie Kunden und Politiker. Es wurde also zu einer Begegnungsstätte von Zukunft und Vergangenheit.

Jürgen Daum: Es handelt sich also um ein Forum, in dem verschiedene Menschen mit unterschiedlichen Perspektiven zusammenkommen, um gemeinsam über die Zukunft nachzudenken.

Leif Edvinsson: Richtig. Auf diese Weise können Sie die Grenzen von Organisationen durchbrechen. Das Future Center ist ein Ort, an dem Mitarbeiter von Skandia sich mit Leuten treffen können, denen sie normalerweise nicht begegnen. Und es ist auch ein Ort, der von ihrem normalen Arbeitsplatz sehr verschieden ist. Es ist ein Ort, an dem neue Ideen ausprobiert werden können.

Jürgen Daum: Auf diese Weise regen Sie Menschen dazu an, die vorhandene Welt und ihre mögliche Zukunft mit neuen Augen zu sehen.

Leif Edvinsson: Ja. Eigentlich ist es ein Ausflug in die Zukunft. Und wenn Sie einmal in einer vorgestellten Zukunft waren, kehren Sie mit einer Geschichte in die Gegenwart zurück, die Ihnen und Ihrer Organisation neue Perspektiven gibt und neue Möglichkeiten zeigt.

Jürgen Daum: Sie erwähnten, dass Organisationen Innovationen häufig im Wege stehen. Worin sehen Sie überhaupt die Rolle der Unternehmensorganisation?

Leif Edvinsson: Die Rolle der Organisation besteht darin, ein Unternehmen in die Lage zu versetzen, seine geschäftlichen Möglichkeiten zu nutzen. In unserer modernen, vernetzten Welt, in der niemand im Alleingang ökonomischen Erfolg erzielen kann, besteht die Rolle der Organisation darin, Individuen die notwendigen Strukturen zu geben, die sie benötigen, um auf eine Weise zusammenzuarbeiten, die ihre Fähigkeiten und die vorhandenen Möglichkeiten des Markts nutzt, um ökonomischen Wert zu schaffen. Und wenn ein Unternehmen seine Möglichkeiten nicht erkennt und daraus keine Vorteile zieht, liegt dies allein an den fehlenden oder unterentwickelten organisatorischen Fähigkeiten. Die organisatorischen Fähigkeiten eines Unternehmens können gemessen und berechnet werden. Wir haben sie berechnet und in einem Führungsindex quantifiziert.

Jürgen Daum: Heißt das, dass Sie messen können, wie produktiv eine Organisation im Hinblick auf das Management ihres Wissenskapitals ist?

Leif Edvinsson: Sie können dafür einen sehr einfachen Stellvertreterwert verwenden. Es ist das, was ich als IC-Multiplikator bezeichne (IC = Intellectual Capital, Wissenskapital). Es ist der Wert des Strukturkapitals geteilt durch den des Humankapitals. Dieser Verhältniswert zeigt, dass der Wert des Strukturkapitals größer sein muss als das Humankapital. Ansonsten besitzen Sie keinen Multiplikator, sondern das Gegenteil, was den Verlust von Humankapital zur Folge haben wird. Wenn Ihr Strukturkapital zu schwach ist, wird es Human- nicht in Geschäftskapital und damit in finanziellen Wert transformieren können, und der Wert Ihres unterforderten Humankapitals wird ebenfalls abnehmen. Dies bedeutet, dass die größte Komponente des Wissenskapitals eines Unternehmens Strukturkapital bzw. die Organisation als solche sein muss. Das Ziel muss darin bestehen, mit Hilfe von Strukturkapital beim Humankapital einen höheren Nutzungsgrad zu erzielen.

Jürgen Daum: Nach Ihrer Auffassung sind die wichtigsten Komponenten des Wissenskapitals also diejenigen, die Personen, in der Regel Mitarbeiter, für die Zwecke des Unternehmens produktiver machen.

Leif Edvinsson: Das ist richtig. Und die finanzielle Kennzahl, mit dem sich dies messen lässt, ist »Value Added Per Person« (pro Mitarbeiter erzielter Mehrwert). Er lässt uns den heute wichtigsten Wertschöpfungsfaktor erkennen: die Transformation von Humankapital, von individuellem Wissen und Fähigkeiten, in Strukturkapital, das ein Unternehmen zur systematischen Nutzung der Möglichkeiten einsetzen kann, die sich ihm am Markt bieten.

Jürgen Daum: Was würden Sie einem Unternehmen raten, das damit beginnen möchte, sein Wissenskapital systematisch zu managen?

Leif Edvinsson: Für mich lassen sich in der Entwicklung des Managements des Wissenskapitals eines Unternehmens vier Phasen unterscheiden (siehe Abbildung 4.2). In der ersten Phase geht es hauptsächlich um die Visualisierung der Intangible Assets aus der Berichtsperspektive. Bei Skandia haben wird das intern mit Hilfe des Navigators und extern mit Hilfe des Supplement Reports zum Wissenskapital erreicht. Die zweite Phase konzentriert sich auf den Aufbau von Humankapital, was häufig auch als Kompetenzmanagement oder Wissensmanagement bezeichnet wird. Dabei handelt es sich sowohl um die Suche nach benötigten Fähigkeiten und entsprechend talentierten Mitarbeitern als auch um die Implementierung von Strukturen, Prozessen und IT-Systemen, die die Effektivität der gemeinsamen Wissensnutzung zwischen diesen Talenten erhöhen sollen. Die dritte Phase besteht aus der systematischen Transformation von Humankapital in Strukturkapital. Bei Skandia haben wir dies bei der Formalisierung und Strukturierung des Wissens für den Aufbau einer Tochtergesellschaft in einem anderen Land durchgeführt, was es uns ermöglichte, die dafür benötigte Zeit von fünf Jahren auf fünf Wochen zu reduzieren. Es ist eine Umorientierung des Managements von Humankapital zu Strukturkapital als Multiplikator für menschliche Fähigkeiten.

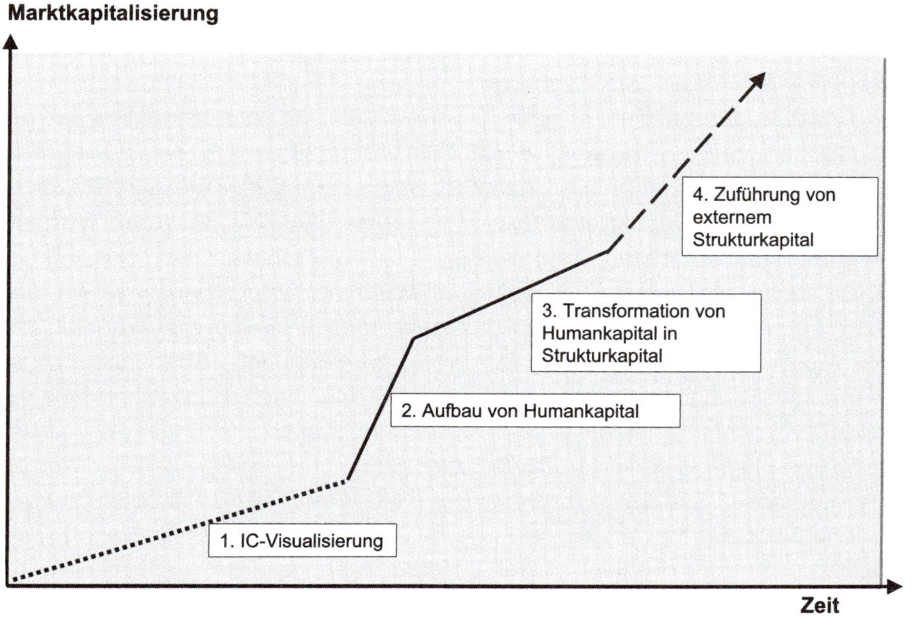

Abbildung 4.2 Die vier Phasen in der Evolution des Managements von Wissenskapital einer Organisation (Quelle: Leif Edvinsson)

Jürgen Daum: Und worin besteht die vierte Phase?

Leif Edvinsson: In der vierten Phase erfolgt eine Zuführung von externem Strukturkapital. Dies hat einen Turbo-Effekt auf den IC-Multiplikator, da verschiedene Typen von Strukturkapital unterschiedlicher Unternehmen für die gemeinsame Schaffung neuer Möglichkeiten kombiniert werden. Ein Beispiel hierfür ist die vor kurzem erfolgte Fusion von AOL und Time Warner, wodurch es zur Kombination unterschiedlicher Komponenten organisatorischen Kapitals mit komplementären Kundenkapitalpotenzialen kam. Ein anderes ist das von Ihnen erwähnte Beispiel von Cisco, ein Unternehmen, das sein eigenes Strukturkapital – seine Kundenbeziehungen und die von ihm kontrollierten Distributions- und Herstellungskapazitäten – mit dem Strukturkapital der kleineren akquirierten Unternehmen, nämlich mit deren Forschungs- und Entwicklungsmöglichkeiten, kombinierte und auf diese Weise einen enormen zusätzlichen Wert für seine Aktionäre schaffen konnte.

Jürgen Daum: Resultieren die Anstrengungen jeder einzelnen Phase dann jeweils auch in einem höheren Aktienkurs?

Leif Edvinsson: Wenn Sie erfolgreich sind und über die von Ihnen erreichten Ziele durch einen Supplement Report berichten, so dass das künftige Wertschöpfungspotenzial als Ergebnis Ihrer Investitionen in Intangible Assets deutlich sichtbar ist, hat jede Phase häufig eine Erhöhung des Aktienkurses zur Folge. Diese verschiedenen Phasen des Wachstums von Wissenskapital erhöhen schrittweise das Wertschöpfungspotenzial einer Organisation. Die Herausforderung für das Management von Wissenskapital besteht auf unternehmerischer sowie auf gesellschaftlicher Ebene darin, sowohl den Kontext für diese Wachstumsphasen vorzubereiten, von denen jede eine enorme Herausforderung darstellt, als auch die erfolgten Schritte in Richtung auf die Schaffung von Mehrwert den daran interessierten Parteien auf nachvollziehbare, überprüfbare und zuverlässige Art und Weise mitzuteilen. Genauso wie sich das traditionelle Rechnungswesen als das erste Werkzeug für das Management von ökonomischen Wissen, das sich an Finanzkapital orientierte, betrachten lässt – und tatsächlich war die Erfindung der doppelten Buchführung, die sämtliche ökonomischen Informationen in finanziell messbaren Begriffen codierte, eine brillante soziale Innovation –, ist es jetzt an der Zeit, ein neues System einzuführen, das an Wissenskapital ausgerichtet ist. Berichte über das Wissenskapital eines Unternehmens werden in Zukunft zum Standard werden, sowohl Berichte von Unternehmen als auch von Nationen. Um dies jedoch für Nationen bzw. Volkswirtschaften einführen zu können, muss es zunächst auf Unternehmensebene implementiert werden. Und dies hat bereits begonnen. In Dänemark sind Unternehmen ab 2002 gesetzlich verpflichtet, zusätzlich zu ihren herkömmlichen Finanzdaten auch einen Bericht über ihr Wissenskapital vorzulegen, wenn sie über signifikante Intangible Assets verfügen. Und in den USA wird dies vom FASB[3] bzw. von der SEC[4] mittlerweile ebenfalls empfohlen.

Jürgen Daum: Hat sich die Rolle von Unternehmen in der Gesellschaft in der Ära des Wissenskapitals im Vergleich zu ihrer Rolle im industriellen Kapitalismus geändert?

Leif Edvinsson: Ja. In der Industriegesellschaft waren Unternehmen nicht nur Instrumente der Wertschöpfung, sondern zugleich auch Institutionen, die von niemandem in Frage gestellt wurden. Das ist heute anders. Die Rolle von Unternehmen in der Gesellschaft ist äußerst fragil geworden. Von manchen wird gefragt: Brauchen wir noch Banken? Gibt es eine Berechtigung dafür, dass es weiterhin Banken geben sollte? Die so fragen, glauben es nicht, da sie meinen, dass sich finanzielle Transaktionen ohne die Vermittlung der Banken auch über das Internet abwickeln lassen. Wenn es Banken nicht gelingt zu zeigen, dass sie der Gesellschaft einen zusätzlichen Wert über den des bloßen Vermittlers hinaus zu

3 FASB = Financial Accounting Standards Board (Organisation, die in den USA die Rechnungswesenstandards erarbeitet und festlegt)

4 SEC = Securities and Exchange Commission (die US-amerikansiche Börsenaufsicht)

bieten haben, wird es sie ab einem bestimmten Zeitpunkt in der Zukunft wahrscheinlich nicht mehr geben. Unternehmen existieren heute nicht in einem sozialen Vakuum, in dem sie allein aus ihrer eigenen Perspektive agieren könnten. Sie sind starken globalwirtschaftlichen, aber auch gesellschaftlichen Einflüssen ausgesetzt und müssen sich ändern, wenn Wirtschaft und Gesellschaft sich ändern. Für die meisten Unternehmen bedeutet dies heute: Sie müssen aus den herkömmlichen kognitiven Mustern ausbrechen, um die Transformation ihrer Organisation zu beschleunigen. Denn wenn ihre Transformation im Vergleich zum Markt und zum gesellschaftlichen Umfeld zu langsam erfolgt, ergibt sich eine wachsende Verschuldung gegenüber den Stakeholdern, was in Europa deutlich sichtbar ist. Die Effektivität der Organisationen, der Unternehmen in Europa, entspricht nur etwa 40 bis 50 Prozent dessen, was in einem anderen Kontext möglich wäre. Und wer bezahlt dafür? Wir und unsere Kinder.

Jürgen Daum: Unternehmen in Europa müssen sich also schneller wandeln und sich einer sich ändernden Welt anpassen, sie müssen offener und gleichzeitig effizienter werden. Wenn es ihnen nicht gelingt, müssen die Kunden die Rechnung in Form höherer Preise bezahlen. In einer durch starken Wettbewerb gekennzeichneten, global integrierten Wirtschaft werden jedoch auch höhere Preise diese Unternehmen nicht davor schützen, in Schwierigkeiten zu geraten und den Wert für ihre Aktionäre zu zerstören, bei denen es sich zunehmend um Durchschnittsbürger handelt, die ihr Geld für ihren Ruhestand in Aktienfonds investieren.

Leif Edvinsson: Und der dritte Zahler ist die nächste Generation. Es sind die Opportunitätskosten für die entgangenen Möglichkeiten zu größerem Wohlstand und geringere Sozialausgaben. Es ist dasselbe, was Sie vor zehn Jahren an dem Unterschied zwischen Ost- und Westdeutschland sehen konnten, der auch heute noch als Ergebnis der ineffektiven Wirtschaft der früheren DDR sichtbar ist. Politiker, aber auch Manager haben also eine große Verantwortung gegenüber der Gesellschaft, und genau so wird es auch zunehmend von der Öffentlichkeit gesehen.

Jürgen Daum: Welche sind die größten Herausforderungen für Unternehmen und Manager im Zeitalter der Intangible Assets?

Leif Edvinsson: Ich glaube, dass eines der großen künftigen Themen das sein wird, was ich »Knowledge Care« nenne. Knowledge Care bedeutet, dass Sie als Manager den Fokus Ihres Handelns auf das Wecken der schlummernden intellektuellen Ressourcen Ihrer Mitarbeiter legen. Wenn Sie Ihre Mitarbeiter nur als Arbeitskräfte betrachten und sie auch so behandeln, versuchen Sie ein Maximum aus ihnen herauszuholen. Sie nutzen die Fähigkeiten der Individuen bis zu einem Punkt, an dem es zum Burn-out kommt. Und Burn-out ist weltweit die am schnellsten zunehmende Krankheit unter Wissensarbeitern. Dies ist auch für die Unternehmen selbst kontraproduktiv und nicht nur für die betroffenen Individuen. Verbrauchte Talente sind keine Talente mehr, und sie werden zu keinen wertschöpfenden Innovationen mehr beitragen können. Es ist eine Verschwendung und Zerstörung von Kapital, von Humankapital.

Jürgen Daum: Und was empfehlen Sie stattdessen?

Leif Edvinsson: Konzentrieren Sie sich auf Strukturkapital! Dies bedeutet konkret, dass Sie neue Arbeitsregelungen, neue Arbeitsumgebungen und -konstellationen finden müssen, in denen »Wissensnomaden« für zwei oder vier Stunden am Tag in Ihr Unternehmen kommen, mit Ihrem Strukturkapital arbeiten und dann wieder gehen.

Jürgen Daum: Sie empfehlen also, dass Wissensarbeiter für mehrere Unternehmen gleichzeitig arbeiten sollten?

Leif Edvinsson: Wenn sich auf einem Markt nur ein Käufer befindet, ist dies ein Nachfragemonopol oder ein Monopson. Existiert auf einem Markt nur ein Verkäufer, ist dies ein Angebotsmonopol. Beides sind Beispiele für ineffektive Marktsituationen. Wenn Sie bei einem Unternehmen angestellt sind, wie viele Käufer haben Sie dann für Ihr Wissen? Nur einen. Und das ist ineffektiv. Statt fest angestellt zu sein, sollten Sie Ihr Wissen an mehr als ein Unternehmen verkaufen.

Jürgen Daum: Traditionellerweise versuchen Unternehmen jedoch ihre besten Mitarbeiter zu »besitzen«, da Sie befürchten, ihr Wissen mit der Konkurrenz zu teilen.

Leif Edvinsson: Es wäre für diese Unternehmen sogar besser, wenn sie sich Mitarbeiter teilen würden. Denn auf diese Weise könnten sie leichter sicherstellen, dass deren Kenntnisse auf dem neuesten Stand sind, was so wesentlich wahrscheinlicher ist, als wenn sie nur für ein Unternehmen arbeiten würden. Und außerdem ist es letztlich nicht Humankapital, also individuelles Wissen, was für ein Unternehmen zählt. Es ist das Strukturkapital als Sprungbrett für die Multiplikation von Humankapital. Es ist die Qualität des Strukturkapitals, die darüber entscheidet, was ein Unternehmen mit seinem Humankapital, mit seinen qualifizierten Mitarbeitern und deren individuellem Wissen leisten kann. Und dies unterscheidet sich hoffentlich von dem, was ein Konkurrent daraus machen kann oder will.

Jürgen Daum: Dies ist eine sehr ungewöhnliche Vorgehensweise für heutige Manager von Humankapital, die versuchen, ihre qualifizierten Mitarbeiter möglichst lange zu halten. Wenn Sie Recht haben, wird das Humankapital von den meisten Unternehmen nur unzureichend genutzt.

Leif Edvinsson: Das stimmt. Und bedenken Sie nur einmal die Konsequenzen Ihrer Aussage für ein wissensbasiertes Unternehmen und eine Firma wie SAP. Bedenken Sie die Implikationen Ihrer Aussage für die Volkswirtschaften Europas mit ihren restriktiven Arbeitsmarktgesetzen. Die Methoden und Initiativen zur Realisierung dieses verborgenen Potenzials an Wissensproduktivität sind das, was ich mit dem Begriff »Knowledge Care« zusammenfasse. Teilzeitarbeit wird der Arbeitsstil der Zukunft sein. Und dieser Trend wird auch die Art und Weise wirtschaftlicher Interaktionen verändern. Es wird neue organisatorische Regeln geben, die wesentlich lockerere Organisationsstrukturen zur Folge haben. Nehmen Sie zum Beispiel UNIC, das Unternehmen, für das ich als CEO arbeite: Es hat keinen einzigen Mitarbeiter. Noch nicht einmal ich selbst bin dort angestellt. Was bleibt also von einem Unternehmen, das keine Mitarbeiter hat? Die Antwort lautet: Strukturkapital. Es wird also eine außerordentliche Machtverschiebung geben, die traditionelle Managementmethoden von Unternehmen und die traditionelle Wirtschaftspolitik herausfordert. Etwas, das zu einer Transformationspolitik herausfordert, die die Möglichkeiten erkennt, wie aus dem Vorhandenen etwas Neues und Besseres gestaltet werden kann. Doch dies bedeutet, dass Wissenskapital sichtbar werden muss. Ein zunehmender Teil solider politischer Entscheidungen und Initiativen, sowohl in Unternehmen als auch in der Gesellschaft insgesamt, wird häufig durch den Mangel an relevanten statistischen Daten verzerrt. Es fehlt an einer relevanten »Wetterkarte«, die diese immateriellen Werte, die Intangible Assets, verzeichnet. Es gibt also sehr viel zu tun, sowohl für Manager als auch für Politiker.

Jürgen Daum: Herr Edvinsson, ich danke Ihnen für dieses sehr interessante Interview, oder besser, für diesen sehr interessanten Ideenaustausch.

Die Struktur des neuen Unternehmens

Die sichtbarsten Änderungen, zu denen Unternehmen heute gezwungen sind, betreffen ihre Organisation und ihre Kultur. In den nächsten Jahren werden Unternehmen weltweit ihre Organisationsstrukturen und ihre Kultur neu gestalten müssen und umfangreiche Neuorganisationsprojekte beginnen, um die wirtschaftlichen Triebkräfte der neuen Ökonomie besser nutzen zu können: die Globalisierung, Informations- und Kommunikationstechnologien sowie ihre Intangible Assets und ihr Wissenskapital.

Ein Beispiel hierfür ist der Automobilhersteller Ford. Ford gab im April 2000 bekannt, dass das Unternehmen 10 Milliarden US-Dollar an seine Aktionäre zurückzahlen wird, da dieses Kapital für das neue, »schlankere« Unternehmen nicht mehr benötigt wird.[5] Es war bereits im Begriff, seine Autoteileproduktion an

5 Forbes, 17.7.2000, S. 30–34

den neu gegründeten, unabhängigen Teilelieferanten Visteon auszulagern, der jetzt nur noch einer unter anderen Lieferanten von Ford sein würde. Während Ford materielle Vermögenswerte, physische Assets, abgestoßen hat, hat das Unternehmen in Intangible Assets investiert. In den letzten Jahren hat Ford über 12 Milliarden US-Dollar für die Akquisition von angesehenen Markennamen ausgegeben: Jaguar, Aston Martin, Volvo und Land Rover. Keine dieser Marken mit hohem Prestigewert brachte Ford Fabriken und sonstige physische Assets, doch darum geht es in dem neuen Geschäftsmodell auch nicht. Es geht vielmehr um Markennamen und ihren Aufbau sowie um verbesserte Kundenbeziehungen. Das Internet unterstützt diese Änderungen und hilft Ford in zweierlei Hinsicht: Es erleichtert die Verlagerung firmeninterner Herstellungsprozesse zu Geschäftspartnern, also das Outsourcing, und ermöglicht eine direkte Interaktion mit Endkunden.

Ford strukturiert sich um, besonders indem sich das Unternehmen vertikal deintegriert, d.h. durch Auslagern der Herstellung von Autoteilekomponenten. Die wachsende Bedeutung von Intangible Assets – im Fall von Ford hauptsächlich von Markennamen und Kundenbeziehungen – als treibende Kraft des Firmenwerts ist so das direkte Ergebnis der bereits erwähnten Kräfte der neuen Ökonomie und bewirkt so eine globale, wettbewerbsinduzierte Firmenumstrukturierung, die durch neue Informationstechnologien ermöglicht und gefördert wird.

Und Ford ist dabei keine Ausnahme. Aufgrund des wachsenden globalen Wettbewerbsdrucks, immer schnellerer Produkt- und Serviceinnovationen und durch die Deregulierung von Schlüsselindustrien in vielen Ländern begannen Unternehmen in den 90er-Jahren sich auf fundamentale Weise umzustrukturieren und die Grundlagen für eine verstärkt auf Intangible Assets basierende Wirtschaft zu legen.

Vertikal integrierte Firmen des industriellen Zeitalters waren primär darauf ausgelegt, Kosteneinsparungen zu erzielen und das Unternehmen zu vergrößern. Strategien, die auf Kosteneinsparungen basieren, kommen jedoch früher oder später an eine Grenze, ab der die Ergebnisse rückläufig sind. Diese Grenze ergibt sich nicht zuletzt aus den Schwierigkeiten der Leitung immer größerer Organisationen. Aus diesem Grund haben Firmen wie Ford auf diese neue Situation reagiert und devertikalisieren sich. Das heißt, sie passen ihre Organisationsstruktur und ihr Geschäftsmodell an, indem sie diejenigen Aktivitäten auslagern, die ihnen keinen nennenswerten Wettbewerbsvorteil mehr bringen. Dafür setzen sie verstärkt auf Innovationen, da diese die Hauptquelle anhaltender Wettbewerbsfähigkeit sind.

Gerade weil ein Unternehmen vertikal wesentlich weniger integriert ist als seine Vorgänger, ist es in der neuen Ökonomie wesentlich stärker vernetzt als eine Firma im industriellen Zeitalter es je war. Kosteneinsparungsmöglichkeiten, die aus der optimalen Größe von Unternehmen resultieren (das industrielle Modell des großen, vertikal integrierten Unternehmens war die Folge), werden nun durch Möglichkeiten ergänzt oder ersetzt, die auf Netzwerken beruhen. Die ökonomischen Vorteile ergeben sich dann hauptsächlich aus den verbesserten Beziehungen zu Lieferanten, Kunden und manchmal sogar auch zu Konkurrenten. So haben beispielsweise mehrere miteinander konkurrierende Automobilfirmen den Internetmarktplatz Covisint ins Leben gerufen, um darüber die Beschaffung von Autoteilen gemeinsam abzuwickeln. Wie gelingt es nun Firmen, diese neuen Strukturen und Kulturen aufzubauen?

Die Entwicklung von Organisationsstrukturen

Durch die Veränderungen der wirtschaftlichen und technologischen Rahmenbedingungen wurden viele Unternehmen in den letzten Jahren dazu gezwungen, ihre Organisation anzupassen und in Strukturkapital zu investieren, wie etwa in globale Geschäftsstrukturen und -prozesse sowie in unterstützende Datenverarbeitungs- und Kommunikationstechnologien. Obwohl keine zuverlässigen Daten über die Investitionen von Unternehmen in Struktur- oder Organisationskapital zur Verfügung stehen, kann davon ausgegangen werden, dass das Ausmaß dieser Investitionen und ihr Beitrag zum Wirtschaftswachstum in den letzten beiden Jahrzehnten beträchtlich gewesen ist. Ein Hinweis hierauf ist der relativ geringe Umfang und das langsame Wachstum der Forschungs- und Entwicklungsausgaben, verglichen mit dem explosiven Wachstum des Marktwerts von Firmen, und damit des Werts ihrer Intangible Assets seit 1980.

So sind zum Beispiel die Ausgaben für Forschung und Entwicklung in den USA (als Prozentsatz des von Unternehmen des Nicht-Finanzsektors erwirtschafteten Bruttosozialprodukts) von einem Mittelwert von 2,3 Prozent in den Jahren 1980 bis 1989 im Zeitraum von 1990 bis 1997 auf 2,9 Prozent angestiegen, was nur einen bescheidenen Anstieg darstellt. Investitionen in materielle Vermögenswerte, in physische Assets (als Prozentsatz am von Unternehmen erwirtschafteten Bruttosozialprodukt) gingen sogar von 14,1 in der Zeit von 1980 bis 1989 auf 12,6 Prozent im Zeitraum von 1990 bis 1997 zurück.[6] Im Gegensatz zu den relativ kleinen Schwankungen bei den Investitionen in Forschung und Entwicklung und in physische Assets zeigte der S&P 500-Index, der den Marktwert der wichtigsten Firmen der USA widerspiegelt, in den letzten zwei Jahrzehnten einen Anstieg von 135,76 Ende 1980 auf 1 342,62 am 20. November 2000 – was fast eine Verzehnfachung des Werts darstellt. Dieses Ungleichgewicht legt die Vermutung nahe, dass

6 Leonard Nakamura, »Intangibles: What put the *New* in the New Economy?«, Federal Reserve Bank of Philadelphia Business Review, 7-8/1999, S. 4 (Der Artikel kann von Leonard Nakamuras Webseite unter http://www.phil.frb.org/econ/homepages/hpnakamura.html heruntergeladen werden.)

nicht Investitionen in Forschung und Entwicklung und in materielle Vermögenswerte, sondern andere Investitionen für den größten Teil des Wachstums der Unternehmenswerte in den letzten zwei Jahrzehnten verantwortlich sind. Organisations- und Humankapital stehen bei diesen anderen Wertschöpfungsfaktoren an erster Stelle. Und so war seit Mitte der 80er-Jahre die Umstrukturierung von Unternehmen, die einen wesentlichen Beitrag zur Schaffung von Organisationskapital leistet, eine der Hauptaktivitäten der Unternehmensleitungen in den westlichen Industrienationen.

Unternehmen haben bei der Entwicklung neuer Organisationsstrukturen in den letzten 20 Jahren mehrere Stufen durchlaufen (siehe Abbildung 4.3). Während zu Beginn der 80er-Jahre die interne Organisationsstruktur von Unternehmen immer noch funktional orientiert war (unterteilt in Produktion, Verkauf, Marketing, Finanzen usw.), begannen Firmen internationaler zu werden, indem sie in anderen Ländern Verkaufs- und Marketingtochtergesellschaften und später auch Produktionsstätten gründeten. Das Managementparadigma orientierte sich an den Erfordernissen produzierender Unternehmen, die im Wesentlichen auf physischen Assets basierten. Der Fokus des Managementsystems lag dabei auf dem Kosten- und Profitabilitätsmanagement.

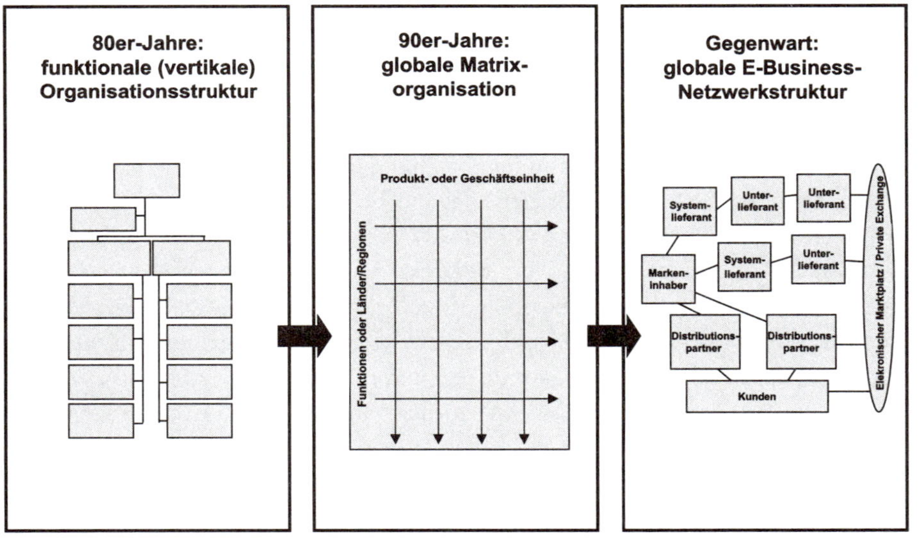

Abbildung 4.3 Von der funktionalen Organisationsstruktur über die globale Matrixorganisation zur vernetzten E-Business-Struktur

Die wachsende Globalisierung und freie internationale Märkte ermöglichten Unternehmen im zweiten Stadium, daraus Nutzen zu ziehen, indem sie Geschäftsprozesse über einzelne Konzerngesellschaften hinweg integrierten, den globalen Wissensaustausch im Unternehmen förderten und unternehmerische Initiativen durch Dezentralisierung anregten. Dieser Prozess erfasste auch den Bereich der physischen Assets. Man wollte erreichen, dass die vorhandenen Assets optimal genutzt und allokiert wurden. Dazu wurde die Nutzung da, wo es Sinn machte, einerseits zentralisiert (man brauchte also weniger von der gleichen Art, wie z. B. nur noch ein Rechenzentrum pro Region) andererseits dorthin verlagert, wo die Abnehmermärkte waren (wie z. B. bei Produktionsstätten).

Die Globalisierung brachte dann auch einen verstärkten internationalen Wettbewerb mit sich, der von Unternehmen verlangte, sich mehr auf Kundenbelange als ausschließlich auf produktionstechnische und kostenrechnerische Fragen zu konzentrieren. Integrierte Geschäftsprozesse versprachen eine größere Termintreue bei der Belieferung der Kunden, indem die Lieferkette von der Kundenseite aus organisiert wurde: beginnend mit der Bestellung, über Verkauf, Produktion und Einkauf. Dies wurde durch das so genannte Business Reengineering und mit Hilfe integrierter ERP-Systeme ermöglicht. Und dank der integrierenden Kraft der Informationstechnologie konnten Unternehmen jetzt ihre Geschäftsprozesse innerhalb der selbstständig agierenden Geschäftsbereiche über nationale Grenzen und Gesellschaften, so genannte Legal Entities, hinweg organisieren. Dies war die Geburtsstunde der globalen Unternehmensorganisation, die von ABB mit seiner bekannten globalen Matrixorganisation modellhaft ausgestaltet wurde. Es war auch die erste Welle des »Value Based Managements« (VBM), der Ausrichtung der Unternehmensziele am Shareholder Value.

Eine solche globale, integrierte und dabei gleichzeitig dezentralisierte Organisationsstruktur wird künftig die Grundlage jedes erfolgreichen Unternehmens sein. Einige Pioniere, wie Cisco Systems, sind bereits einen Schritt weiter: Sie haben eine vernetzte Organisation geschaffen, die Geschäftsprozesse und -abläufe über Unternehmens- und Konzerngrenzen hinweg integriert und die so eine durchgängig vernetzte E-Business-Organisation darstellt, die aus mehreren Unternehmen besteht, aber wie ein einzelnes Unternehmen (»Single Enterprise«) agieren kann. Die von Unternehmen getätigten Investitionen in Organisationskapital, sowohl in Prozesse und Strukturen als auch in Informationstechnologie, waren in den letzten beiden Jahrzehnten beträchtlich. Wesentlich wichtiger sind jedoch wahrscheinlich das Wissen und die Erfahrungen, die diese Organisationen während dieser Transformationen gesammelt haben.

Für ein neu gegründetes Unternehmen, das noch keine Geschichte hat und sozusagen bei Null anfängt, ist es leicht, in kurzer Zeit neue Geschäftsmodelle und Organisationsstrukturen zu implementieren. Ein etabliertes Unternehmen hingegen, das es geschafft hat, sich von einem Stadium zum nächsten zu entwickeln und dabei auf vorhandenes Organisationskapital und seine Erfahrung mit größeren Change Management-Initiativen zurückgreifen kann, verfügt über einen anderen wichtigen Vorteil: Wenn sich die Welt erneut ändert und sich das neu gegründete Unternehmen zum ersten Mal an einen neuen Markt und an neue ökonomische Gegebenheiten anpassen muss, ist dies für ein etabliertes Unternehmen nur eine in einer Reihe von organisatorischen Transformationen, und es verfügt bereits über die Mittel zu ihrer Bewältigung.

Die durchgestandenen Veränderungen der Vergangenheit und die geschaffenen Unternehmensstrukturen und Geschäftsprozesse sind deshalb für »Old Economy«-Unternehmen eine wichtige Basis beim Übergang zum vernetzten E-Business-Unternehmen. Traditionelle Unternehmen, die den ersten Schritt noch nicht getan haben, werden den zweiten nicht richtig und nicht schnell genug gehen können. Der Übergang von einer funktionalen »internationalen« zu einer wirklich globalen Organisation, die Wissen und Intangible Assets weltweit teilen und nutzen und gleichzeitig Innovationen und unternehmerische Aktivitäten fördern kann, stellt daher die Grundlage für den Erfolg in der nächsten Restrukturierungswelle dar: dem Wandel zu einem vollständig vernetzten E-Business-Unternehmen in einer neuen Ökonomie. Anhand von Beispielen der Pioniere dieser Entwicklungen sollen die folgenden Fallstudien die Prinzipien verdeutlichen, die für die erfolgreiche Implementierung sowohl globaler als auch vernetzter Geschäftsstrukturen gelten, die die Grundlage für ein heute und in Zukunft erfolgreiches Unternehmen darstellen.

Vom funktional strukturierten »internationalen« zum globalen Unternehmen

In den 70er- und 80er-Jahren begannen zahlreiche Unternehmen damit, ihre geschäftlichen Aktivitäten auf andere Länder auszudehnen. Sie gründeten ausländische Niederlassungen oder erwarben ausländische Firmen, hauptsächlich um den lokalen Verkauf und das Marketing für die exportierten eigenen Produkte vor Ort zu unterstützen. Diese Brückenköpfe entwickelten sich später zu größeren Tochter- oder Landesgesellschaften, die immer häufiger auch über eigene Produktionsstätten verfügten. Man nannte sich dann ein »internationales Unternehmen«. In den 90er-Jahren entwickelten sich diese internationalen Unternehmen, die, mit einer starken Konzernzentrale und »Satellitentöchtern« im Ausland, auch Stammhauskonzern genannt wurden, zu wirklich globalen Unternehmen, die sich global aufstellten, um die eigenen Aktivitäten zum Beispiel im Hinblick auf die neuen Möglichkeiten weltweiter Beschaffungsmärkte zu optimieren. Dazu stützte man sich auf neue Organisationsstrukturen, eine neue globale Unternehmenskultur und auf neue Geschäftsprozesse, die auf neuen Informationstechnologien und globalen Kommunikationsnetzwerken aufbauten und die nun zum Beispiel eine globale Ressourcenplanung und entsprechende Berichtssysteme ermöglichten. Dies versetzte die Unternehmensleitung in die Lage, Aktivitäten und Funktionen, die weltweit über viele Standorte verteilt waren, auf effiziente Weise zu koordinieren.

Das sich hieraus entwickelnde Modell war das eines globalen Unternehmens, das einerseits auf einer Matrixorganisation basiert, die über verschiedene Länder und Regionen, Funktionen, und Geschäftsbereiche oder Sparten hinweg Kontroll- und Steuerungsfunktionen ermöglicht, und andererseits auf einer Kultur, die lokale unternehmerische Initiativen anregt und den Managern mit Kundenkontakt ein hohes Maß an Entscheidungsfreiheit gewährt. Zu den Pionieren gehörte hier ABB. Dieses Unternehmen entwarf ein Organisationsmodell für globale Firmen, das später von vielen anderen Unternehmen übernommen wurde.

Beispiel: ABB

Mit Umsatzerlösen von 23 Milliarden US-Dollar und 161 000 Mitarbeitern in mehr als 100 Ländern ist die ABB-Gruppe (Asea Brown Boveri) die größte Elektrotechnikgruppe der Welt. Sie kann auf eine mehr als hundertjährige Firmengeschichte zurückblicken.[7] ABB ist eines der besten Beispiele dafür, wie Struktur- oder Organisationskapital es einem Unternehmen ermöglicht, innovativer und anpassungsfähiger zu werden, und wie sich Wissenskapital im globalen Maßstab nutzen lässt. In Umfragen der Financial Times unter Spitzenmanagern wurde ABB in den 90er-Jahren dreimal in Folge zum besten Unternehmen Europas gewählt.[8] Im August 2000 wurde ABB wie im Jahr davor von IndustryWeek in die Liste der 100 am besten geführten Unternehmen aufgenommen. CEO Göran Lindahl hatte 1997 eine Initiative begonnen, die den Wandel von ABB in ein wissensbasiertes Unternehmen vorantreiben sollte, das sich an den Belangen aller seiner Stakeholder orientiert. 1999 wurde Göran Lindahl zum CEO des Jahres ernannt – ebenfalls von IndustryWeek. Er war der erste nicht amerikanische Unternehmenslenker, dem diese Auszeichnung zuteil wurde.[9] Im November 2000 wurde ABB von der SAM Sustainability Group als dasjenige Unternehmen in der Elektrotechnikindustrie bezeichnet, das sich durch die höchste Zukunftsträchtigkeit bzw. dessen Entwicklung sich durch die größte Nachhaltigkeit auszeichnet.[10] Dies war auch das zweite aufeinander folgende Jahr, in dem ABB im Dow Jones Sustainability Group Index in seiner Kategorie an erster Stelle genannt wurde.

Jörgen Centerman, der neue CEO seit dem 1. Januar 2001, baut jetzt auf der Arbeit von Göran Lindahl auf und strukturiert die ABB-Gruppe erneut um. In einem schwierigen wirtschaftlichen Umfeld orientiert sich dieses Mal die Umstrukturie-

---

7 Siehe ABBs Website unter http://www.abb.com/

8 Jay Branegan, »Percy Barnevik, Chairman, ABB Asea Brown Boveri, Zurich«, Time Magazine, 3.3.1997

9 ABB-Pressemitteilung vom 16.8.2000 unter http://www.abb.com/

10 ABB-Pressemitteilung vom 7.11.2000 unter http://www.abb.com/

rung – zum ersten Mal in dieser Branche – an Kundengruppen und passt ABB damit an die Erfordernisse der mehr kunden- als produktorientierten neuen Ökonomie an. ABB ist ein gutes Beispiel für ein traditionelles Industrieunternehmen, das sich zunächst in ein wirklich globales Unternehmen transformiert und damit signifikant Organisationskapital geschaffen hat, das es nun als Basis für den nächsten Schritt nutzt, um sich zu einem auf Wissen und auf Intangible Assets basierenden, innovationsgetriebenen, anpassungsfähigen, vernetzten und kundenzentrierten Unternehmen zu wandeln.

Alles begann im Jahre 1988 mit Percy Barnevik, dem CEO des gerade durch die Fusion von Asea und BBC entstandenen ABB-Konzerns, der diese Fusion, bis dato Europas größter, grenzüberschreitender Unternehmenszusammenschluss, in nur sechs Wochen abschloss. Er folgte dabei seiner Devise: »Handele schnell, auch auf die Gefahr hin, Fehler zu machen.« Er begann anschließend sofort damit, die aus zwei traditionellen Industrieunternehmen hervorgegangene Organisation in ein völlig neues Unternehmen mit der berühmten globalen Matrix-Struktur umzugestalten. Er stellte damit das traditionelle Managementmodell des Stammhauskonzerns, dem zu Folge die meisten Managemententscheidungen in der Unternehmenszentrale getroffen werden, auf den Kopf.

Barnevik behandelte jeden der mehr als 1000 ABB-Betriebe als separate Einheit und – wann immer dies möglich war – auch als selbstständige rechtliche Einheit. Jede dieser Firmen war recht klein. Die durchschnittliche Anzahl der Mitarbeiter betrug etwa 200 und die durchschnittlichen Erlöse lagen bei etwa 50 Millionen US-Dollar. Das Hauptziel von Barnevik bei der Unterteilung des Unternehmens in so viele kleinere Einheiten bestand darin, dafür zu sorgen, dass die Mitarbeiter »den falschen Eindruck der Sicherheit, zu einer großen Organisation zu gehören, verlieren und die Motivation und den Stolz entwickeln, zum Erfolg ihrer Unternehmenseinheit direkt beizutragen.«[11] Die gesamte Organisationsarchitektur wurde darauf ausgelegt, die Identität, den Stolz, das Engagement und das Risikobewusstsein der einzelnen Mitarbeiter ins Spiel zu bringen, um auf diese Weise das Verhalten der Mitarbeiter am Arbeitsplatz positiv im Sinne der Firma zu beeinflussen. Im Gegensatz zu den acht oder neun Managementebenen, an die sich viele Manager in ihren früheren Unternehmen gewöhnt hatten, gab es nun bei ABB nur eine Führungsebene zwischen der Konzernleitung, dem Vorstand, und den mehr als 1000 Geschäftsführern der einzelnen ABB-Firmen. Da die Unternehmensphilosophie von ABB die Dezentralisierung ist – die Barnevik in dem berühmten Ausspruch »Global denken, lokal handeln« zum Ausdruck gebracht hat –, bestand die Funktion der Zentrale in Zürich allein darin, allge-

11 Sumantra Ghoshal und Cristopher A. Bartlett, The Individualized Corporation. A Fundamentally New Approach to Management, HarperCollins, 1999, S. 184

meine Richtlinien festzulegen, wenige globale Aufgaben zu steuern und die globale Strategie zu koordinieren.

Das »Skelett« von ABB: die globale Matrix

ABB war strukturell entsprechend einer globalen Matrix aufgebaut (siehe Abbildung 4.4). Auf der obersten Ebene war das Management der Unternehmensgruppe, der Konzernvorstand, angesiedelt, der zur Zeit von Barnevik noch aus sieben weiteren Managern außer ihm selbst bestand. Drei dieser sieben Manager standen den Hauptregionen Nordamerika, Europa und Asien vor. Die anderen vier Manager in dieser Runde leiteten jeweils einen der vier »Sektoren«, zu denen die mehr als fünfzig Geschäftsbereiche von ABB zusammengefasst waren. Regionale Managementzentralen, die sich in ihrer jeweiligen Region befanden, waren für das Ergebnis, für Personal, Treasury, Steuern und Infrastruktur selbst verantwortlich. Die Zentralen der einzelnen Geschäftssegmente in Zürich hatten weltweite Verantwortung für ihr Kerngeschäft, d.h. hauptsächlich für Forschung und Entwicklung, Technik, Produktion, Projektmanagement (Kunden- und Gruppenprojekte) sowie Managemententwicklung. Sie waren Teile der ABB Holding in Zürich. Unterhalb der Ebene der Konzernleitung befanden sich also in einer Dimension der Matrix die Managementzentralen der globalen Geschäftssektoren und in der anderen Dimension der Matrix die regionalen Managementzentralen.

In Übereinstimmung mit dem Prinzip der radikalen Dezentralisierung war die Zahl der Mitarbeiter auf der Ebene der Konzernleitung relativ gering. Gemäß einer rigoros durchgesetzten 90-Prozent-Regel reduzierte Barnevik die Zahl der Mitarbeiter in der Konzernzentrale von mehr als 2 000 auf nur 150-200, wobei die meisten menschlichen, technischen und finanziellen Ressourcen auf die operativen ABB-Firmen übertragen wurden. Dies hatte beispielsweise zur Folge, dass ein Geschäftsbereichsleiter, der weltweit für einen Umsatz von 300 Millionen US-Dollar verantwortlich ist, nur über drei direkte Mitarbeiter verfügte.[12]

Wie aber funktioniert eine solche Organisation? Wie lässt sich ein globales Unternehmen leiten, das aus einem breiten Portfolio technologieintensiver und voneinander abhängiger Geschäftszweige mit über 1 000 eigenständigen Firmen, einem zentralen Stab von nur 200 Mitarbeitern und nur einer mittleren Managementebene besteht? Percy Barnevik hat es in seiner Vision für ABB folgendermaßen beschrieben: »Wir müssen global und lokal sein, groß und klein, radikal dezentralisiert sein und gleichzeitig eine zentraler Berichterstattung und Kontrolle möglich machen. Wenn es uns gelungen ist, dieses Dilemma zu lösen, werden wir einen echten organisatorischen Wettbewerbsvorteil erzielt haben.«[13]

12 Ghoshal und Bartlett, The Individualized Corporation, S. 185
13 Ghoshal und Bartlett, The Individualized Corporation, S. 26

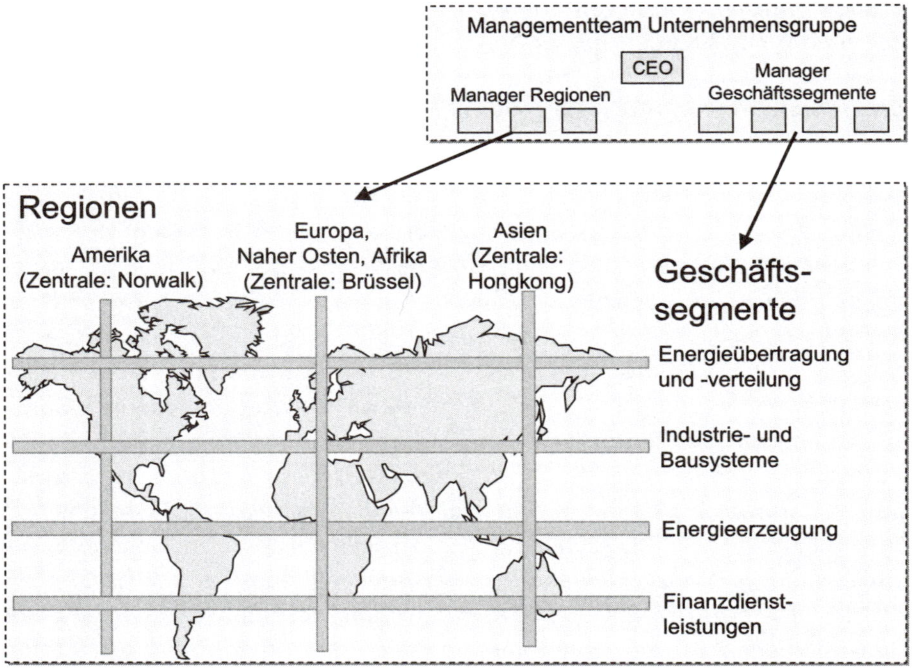

Abbildung 4.4 ABB-Matrixorganisation von 1998[14]

Die Lösung dieses Dilemmas erforderte nicht nur eine neue Struktur, sondern auch eine neue Organisationsphilosophie. Sie sollte den internen Wettbewerb durch die Stimulation von Wachstum auf ein Minimum reduzieren, für jeden neue Chancen innerhalb der Organisation schaffen, geographische, funktionale und kulturelle Barrieren beseitigen sowie den Mitarbeitern ermöglichen, innerhalb der Grenzen des Unternehmens verstärkt Eigeninitiative zu zeigen.

Die »Seele« von ABB: seine Management- und Unternehmenskultur

Zu den Grundlagen des Erfolgs von Barnevik gehörten Vision und Konzentration. Er konzentrierte die Geschäftsaktivitäten von ABB auf diejenigen Märkte, von denen er und sein Managementteam glaubten, dass das Unternehmen eine führende Position in ihnen erreichen könnte, und dass das Geschäftsvolumen auf diesen Märkten nicht rückläufig sein, sondern noch Wachstumspotenzial besitzen würde. Barnevik war der Überzeugung, dass der bis dato ein Jahrzehnt andauernde Rückgang der Nachfrage nach Kraftwerken in der industrialisierten Welt an ein Ende gekommen sei, und dass zudem eine große Gruppe sich industrialisierender Länder ihre Aufmerksamkeit auf den Aufbau der Infrastruktur für ihren

14 Vgl. Ghoshal und Bartlett, The Individualized Corporation, S. 184

eigenen Eintritt in das 21. Jahrhundert richten würde. Diese immer wieder klar zum Ausdruck gebrachte Vision verhinderte es, dass die Manager der einzelnen ABB-Firmen ihr Geschäft als etwas betrachteten, in das das Unternehmen nicht weiter investieren sollte, und sie ihre Initiativen daher für wertlos hielten.

Eine Konzernzentrale mit relativ wenigen Mitarbeitern zwang die Manager der einzelnen operativen ABB-Firmen, denen so keine Entscheidungen abgenommen wurden, de facto zur Selbstständigkeit und dazu, in ihren Branchen und Märkten unternehmerische Initiativen zu entwickeln. Sie konzentrierten sich darauf, neue Chancen zu nutzen und Innovationen umzusetzen, statt nach Wegen zu suchen, wie sich interne Barrieren umgehen oder Daten so manipulieren ließen, dass ein weiterer Review der Konzernzentrale überlebt werden konnte, so wie man dies in vielen großen Organisationen findet.

Barnevik machte die kleinen, lokalen und radikal dezentralisierten Geschäftseinheiten zum neuen Kern des Unternehmens und verschob die großen, globalen und zentralen Berichts- und Kontrollfunktionen an die Peripherie. Sein Hauptbestreben war, eine Umgebung zu schaffen, die es Mitarbeitern ermöglichte, innerhalb der Grenzen des Unternehmens eigenständig zu denken und zu handeln.

Die Rolle der Geschäftsführer der ABB-Firmen in den einzelnen Geschäftsbereichen bestand nicht darin, ein gut funktionierender Teil in einer riesigen Maschinerie zu sein, sondern unternehmerische Initiativen zu ergreifen und die volle Verantwortung für die Entwicklung ihrer Firmen zu übernehmen. Sie mussten sich auf das Management ihres Cashflows konzentrieren, Dividenden an die Konzernmutter zahlen und die richtigen Entscheidungen für die Reinvestition der einbehaltenen Gewinne (normalerweise etwa 30 bis 40 Prozent vom Gesamtergebnis) treffen. Sie konnten lokal Kredite aufnehmen und steuerten damit und über den Ergebnisvortrag aus dem Vorjahr ihre Eigenkapitalstruktur selbst. Ihre Aufgabe bestand also nicht darin, die neueste Konzerninitiative zu implementieren, sondern darin, eine auf Dauer tragfähige Firma aufzubauen. Die Aufgabe ihrer Vorgesetzten – der globalen Geschäftsbereichs- und der regionalen Segmentmanager – war es, die Manager der Einzelfirmen bei ihren Entscheidungen zu unterstützen.

Außerdem waren Barnevik und seine Vorstandskollegen ständig am Ort des Geschehens präsent. Barnevik reiste mehr als 200 Tage im Jahr, und er schätzte, dass er dabei jeweils mehr als 5 000 ABB-Manager persönlich traf. Immer wieder sprachen er und seine Vorstandskollegen bei ihren Zusammenkünften mit den lokalen Managern über ihre Vision für die Zukunft der Elektrobranche, über die angestrebte Position von ABB und darüber, wie das Unternehmen diese Position erreichen würde. Parallel zu der klar artikulierten Vision vermittelte Barnevik auch einen deutlichen Sinn für die Werte (Core Values) des Unternehmens. Man dachte auch darüber nach, welchen Beitrag ABB zur Lebensqualität der Länder und Märkte leisten könnte, die das Unternehmen bediente. ABB verkaufte nicht nur Maschinen zur Gewinnung, Übertragung und Verteilung von Energie, sondern das Unternehmen war auch weltweit damit beschäftigt, die Lebensqualität zu verbessern, freien Handel und wirtschaftliche Entwicklung nach China und in die Länder Osteuropas zu bringen sowie dafür zu sorgen, dass riesige Schadstoffmengen ausspeiende Kohlekraftwerke zu einer Sache der Vergangenheit wurden. Barneviks Ziel war es hierbei, Mitarbeiter dazu zu inspirieren, sich persönlich mit der Mission des Unternehmens zu identifizieren und das Unternehmen als eine Möglichkeit anzusehen, ganz persönlich einen Beitrag zur Lösung von Problemen in der Welt zu leisten. Er und sein Führungsteam verwendeten außerordentlich viel Zeit darauf, einen Managementstil und eine Arbeitsweise zu kommunizieren, die persönliche Initiative und Verantwortung in den Mittelpunkt der Unternehmensphilosophie rückten. Dies drückte sich auch in der respektvollen Art aus, in der man innerhalb der Organisation kommunizierte, sowie in der ständigen Ermutigung von Mitarbeitern und Managern, Kritik zu äußern, Vorschläge zu machen, aber auch selbst aktiv zu werden.[15]

Die »Muskeln« von ABB: Initiative und Unternehmergeist, selbstständige Management- und Spezialistenteams

Indem sie den Managern der einzelnen Firmen ein größeres Maß an Freiheit gewährten und sie zu verstärkter Eigeninitiative ermutigten, gelang es Barnevik und seinen Kollegen in der Konzernleitung, einen Unternehmergeist zu wecken, der normalerweise für kleinere Organisationen, jedoch nicht für globale Konzerne typisch ist. Sie kombinierten den für kleinere Firmen typischen, eigenverantwortlichen Stil mit den Möglichkeiten einer großen globalen Unternehmensorganisation, die Ideen und Best Practices auf globaler Ebene teilen und nutzen kann.

Bei ABB konnte sich ein Manager bei seinen Entscheidungen an einen Lenkungsausschuss wenden, der sich drei- oder viermal jährlich traf und als eine Art kleiner Beirat für seine Firma fungierte. Solch ein Lenkungssausschuss, dessen Mitglieder der entsprechenden globalen Geschäftsbereichszentrale sowie der Zentrale des regionalen Sektors entstammten, und der zusätzlich aus Kollegen bestand, die ähnliche Firmen innerhalb von ABB leiteten, war ein Manager-Forum für die Diskussion neuer Ideen und diente als Rat bei wichtigen Entscheidungen. Behandelt wurden Probleme wie die Neustrukturierung einer Firma oder es wurden strategische und operative Pläne diskutiert. In einem derartig herausfordernden Umfeld setzen sich die Manager nicht nur mit den von ihnen geleiteten Firmen auseinander. Sie wurden auch dazu ermutigt, in den Leitungsausschüssen der anderen Firmen mitzuwirken, die der eigenen regionalen Zentrale gegenüber verantwortlich

15 Ghoshal und Bartlett, The Individualized Corporation, S. 30–31

waren. Einige der Firmenmanager – die Manager der größten und strategisch wichtigsten Firmen – saßen auch im globalen Geschäftsbereichsausschuss, in dem über globale Geschäftsstrategien entschieden wurde.

Der Managementstil eines Geschäftsbereichsleiters bestand nicht darin, sein Geschäft mit Hilfe eines großen Stabs selbst zu steuern, sondern die Manager der einzelnen operativen Firmen zu motivieren, sie mit strategischem Rat zu unterstützen und sich für den Rest auf die Lenkungsausschüsse und die vereinte Intelligenz und Erfahrung anderer Manager zu stützen.

Die radikale Dezentralisierung der Ressourcen und Verantwortlichkeiten drang auch tief in die formale Struktur des Unternehmens ein. Die meisten ABB-Firmen wurden in vier oder fünf Profit Center unterteilt, wodurch die Geschäftsverantwortung noch weiter in die Firmenstruktur hinein delegiert wurde. Manager, die sich bislang hauptsächlich als Ingenieure verstanden hatten, begannen, sich um die Erfordernisse des Markts und um die finanziellen Ergebnisse ihrer Firmen zu kümmern. Die Unternehmensphilosophie, der zufolge Menschen und Ideen über ihre traditionellen Grenzen hinaus geführt werden sollten, erreichte auch die Fachabteilungen in den Firmen.

Zahlreiche lokale Fachkräfte fanden sich in globalen Teams wieder, in denen sie durch ihre Erfahrung zur Verbesserung der weltweiten Leistung des Unternehmens beitragen sollten. Diese Struktur ermöglichte es ABB, einzelne Manager und Mitarbeiter zu motivieren und gleichzeitig Best Practices und Wissenskapital weltweit zu nutzen. Neue Ideen für die Organisation der Arbeitsabläufe oder für Dienstleistungen, die beispielsweise in einem Unternehmen zur Marktreife entwickelt wurden, standen so bald auch anderen ABB-Firmen zu Verfügung.

In vielen großen Unternehmen wird die starre Unternehmenshierarchie dafür verantwortlich gemacht, unternehmerische Initiative im Keim zu ersticken. Wie das Beispiel von ABB zeigt, ist es jedoch nicht die Größe des Unternehmens an sich, der man die Schuld hieran geben muss. Die wirklichen Ursachen sind die falschen Annahmen über die Rolle und die Aufgaben verschiedener Managementgruppen, die durch die Strukturen vermeintlich vorgegeben werden. Traditionellerweise verhielten sich Top-Manager als unternehmerische Hauptakteure, indem sie die Unternehmensstrategie definierten und sie durch die zentrale Kontrolle der Ressourcen zu implementierten versuchten. Das mittlere Management konzentrierte sich auf die korrekte Erfüllung der von oben kommenden Anweisungen und Forderungen. Es spielte auf diese Weise eher die Rolle von Administratoren, während den Managern der operativen Einheiten die Rolle der Implementierer zufiel, die so stärker auf interne organisatorische Prozesse als auf die aktive Wahrnehmung von Marktchancen konzentriert sind.

Bei ABB wurde dieses Modell auf den Kopf gestellt. Die unternehmerischen Abläufe bei ABB machten aus den Managern der operativen Firmen die primären Initiatoren unternehmerischer Aktivität. Sie waren diejenigen, die für ihre Firmen neues Geschäftpotenzial schufen und laufend nach Entwicklungsmöglichkeiten suchten. Das mittlere Management (die Leiter der Geschäftsbereiche und die Regionalleiter) beschränkte sich nicht mehr hauptsächlich auf die in anderen Unternehmen übliche Rolle des Kontrolleurs, sondern es wurde zu einer Schlüsselressource der Firmenmanager, indem es sie bei ihren Aufgaben unterstützte, ihnen das notwendige Know-how weitergab und zu ihrer persönlichen Entwicklung beitrug. Nach der Dezentralisierung der Ressourcen und dem Delegieren von Verantwortung an die operativen Firmen mit Kundenkontakt, fiel der obersten Managementebene von ABB die Aufgabe zu, den unternehmerischen Prozess durch die Definition von herausfordernden Leistungsstandards und allgemeinen Unternehmenszielen voranzutreiben, denen die Initiativen der Manager der Einzelfirmen entsprechen mussten. Da sie von den Geschäftsbereichsleitern und den Managern der einzelnen Firmen erwarteten, dass sie ihre Geschäftsstrategien selbst entwickelten und vorantrieben, sahen die Top-Manager (vor allem die Vorstände, die für die Unternehmenssegmente zuständig waren) ihre Aufgabe hauptsächlich darin, die Pläne der Geschäftsbereiche zu hinterfragen.

Dies geschah nicht aus der Ferne. Das zentrale Messen der Zielerfüllung sämtlicher operativer Einheiten gab ihnen jederzeit einen Überblick über den Status eines Geschäftsbereichs, einer einzelnen Firma oder eines Profit Centers. Bei Abweichungen intervenierten dann die Top-Manager direkt und boten einem Firmenmanager ihre Hilfe an oder ermutigten ihn zu neuen Initiativen, wenn die Leistung seiner Firma hinter den gesetzten Zielen zurückblieb. Das Ziel dieser direkten Interventionen – ABB nannte das »Fingers-in-the-Pie-Management« – war es jedoch nicht, einzelnen operativen Managern zu drohen oder sie zu bestrafen. Die Unternehmensleitung sah sich hier eher als Coach des operativen Managements.

Das »Kreislaufsystem« von ABB: der strategische Unternehmensmanagementprozess

»Erfolg basiert in der Unternehmenswelt zu 5 Prozent auf der richtigen Strategie und zu 95 Prozent auf ihrer erfolgreichen Ausführung«, sagte Percy Barnevik.[16] Der Schwerpunkt von Barneviks neuer Struktur bestand daher weniger in der Formulierung der besten Strategie, sondern in ihrer schnellen Ausführung und zeitnahen Anpassung an Veränderungen durch eine enge Zusammenarbeit der einzelnen Managementteams.

16 Jay Branegan, »Percy Barnevik, Chairman, ABB Asea Brown Boveri, Zurich«

Barnevik war bei den strategischen Schlüsselentscheidungen des Unternehmens immer stark involviert. Zu diesen Entscheidungen zählten: den Fokus des Unternehmens auf elektrotechnische Produkte beizubehalten, in größerem Maß Ressourcen von Westeuropa nach Nordamerika und Asien zu verschieben sowie auf das Wachstum sich entwickelnder Märkte wie diejenigen von Indien und China zu setzen. Die Analyse und die Entscheidungen, die zu dieser Strategie führten, waren jedoch mit wesentlich weniger Aufwand verbunden, verglichen mit dem außerordentlichen Zeitaufwand, den Barnevik und seine Vorstandskollegen der Aufgabe gewidmet haben, die Unternehmensmission zu verwirklichen und einige für das Tagesgeschäft entscheidende Unternehmenswerte zu prägen. Er hat viel dafür getan, um sicherzustellen, dass das gesamte Unternehmen seine Vision begreift und sich danach ausrichtet. Für ebenso wichtig hält er jedoch die konkrete Umsetzung und das »Gewusst-wie«: die Managementpolitik und die Prinzipien, die für eine effektive Strategieimplementierung unerlässlich sind. Immer wieder wird von ihm die »7 zu 3-Formel« angeführt: »Es ist besser, schnelle Entscheidungen zu treffen und in 7 von 10 Fällen richtig zu liegen, als eine Entscheidung aufzuschieben. Die einzig inakzeptable Haltung besteht darin, nichts zu tun.«[17]

Auf der mittleren Organisationsebene waren die Aktionen der Geschäftsbereichs- und Regionalmanager weit von einem rein kontrollorientierten Ansatz entfernt. Zwar bestand die primäre Verantwortung dieser Manager in der Ergebnisverantwortung – die Geschäftsbereichsmanager konzentrierten sich dabei mehr auf die globale Strategie und die Regionalmanager auf die finanzielle Performance –, sie erreichten ihre Ziele aber nicht mit herkömmlichen Methoden. Die meisten Schlüsselentscheidungen für die einzelnen operativen Firmen wurden im Lenkungsausschuss getroffen, der für jede von ihnen aufgebaut worden war. Durch den effektiven Einsatz dieses Forums glich sowohl der Budget- als auch der strategische Planungsprozess eher einem konstruktiven Dialog als dem Verordnen der Ziele von oben. Außerdem ließ sich dadurch das übliche Problem einer Matrixorganisation vermeiden, bei dem operative Manager zwischen die verschiedenen Interessen ihrer Vorgesetzten geraten. Die Absicht des Top-Managements war es, Top-Down-Prozesse durch Initiativen von unten zu ersetzen. Das mittlere Management unterstütze dies dadurch, dass es den traditionellen vertikalen Kommunikationskanälen horizontale hinzufügte, die zum Beispiel durch die Lenkungsausschüsse den Firmenmanagern die Erfahrung von Kollegen zugänglich machte.

Mit nur wenigen Stabsmitarbeitern, die traditionelle Kontrollaufgaben wahrnehmen konnten, war beispielweise der für das weltweite Relaisgeschäft verantwortliche Geschäftsbereichsmanager gezwungen, gemeinschaftliche Aufsichtsforen,

17 Ghoshal und Bartlett, The Individualized Corporation, S. 187

wie etwa ein Geschäftsbereichsboard, ins Leben zu rufen (siehe Abbildung 4.5). Dieser bestand neben dem Geschäftsbereichsleiter selbst aus seinen drei Direktoren für die Bereiche Finanzen, Technik und Geschäftsentwicklung sowie aus dem Präsidenten der vier wichtigsten Relaisfirmen, einschließlich derjenigen der USA. Auf operativer Ebene wurden zudem funktionale Beiräte geschaffen, die jeweils Manager der Bereiche Forschung und Entwicklung, Einkauf und Qualitätssicherung mit ihren Kollegen aus anderen ABB-Firmen zusammenbrachten. Die vierteljährlichen Treffen dienten dann hauptsächlich als Diskussionsforum für den Austausch von Best Practices innerhalb der jeweiligen Disziplin. Dieses informelle Benchmarking wurde durch einen internen Kontrollmechanismus verstärkt, der als »Leistungsliga« bezeichnet wurde. Sie bestand darin, dass die Leistungsbewertung aller operativen Firmen des Geschäftsbereichs, die nach bestimmten Key-Performance-Indikatoren erfolgte, transparent gemacht und an alle Manager kommuniziert wurde.

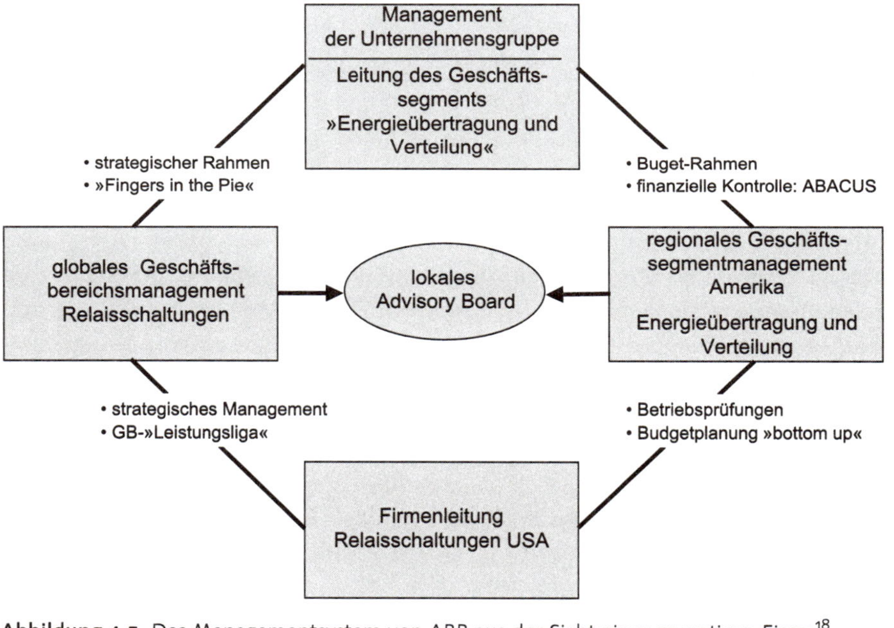

Abbildung 4.5 Das Managementsystem von ABB aus der Sicht einer operativen Firma[18]

Nirgendwo war die neue Offenheit der Kommunikation offensichtlicher als beim strategischen Managementprozess von ABB. Das traditionelle Modell besteht aus einem rein finanzorientierten Top-Down-Verfahren, das durch zentrale Stabsabteilungen dominiert wird. Es zwingt die Manager dazu, sich auf kurzfristige Finanzergebnisse zu konzentrieren – alles unter der permanenten Androhung der

18 Ghoshal und Bartlett, The Individualized Corporation, S. 184f.

Desinvestition, also des Verkaufs der Firma. ABB hingegen verwendete stattdessen einen interaktiven, bidirektionalen Prozess (von oben nach unten und umgekehrt), der dazu bestimmt war, die Manager auf allen Ebenen in einen permanenten Dialog darüber einzubeziehen, wie sich nachhaltige, längerfristige Wettbewerbsvorteile – also Intangible Assets – aufbauen und verteidigen ließen.

Der Prozess des strategischen Unternehmensmanagements von ABB war folgendermaßen organisiert:[19] Wichtige länger- und kurzfristige finanzielle Ziele wurden auf der Gruppenebene für jedes Geschäftssegment festgelegt und lagen in der Verantwortung des Vorstandsvorsitzenden, des CEOs. Die Aufgabe der Geschäftssegmente und -bereiche bestand dann darin, nach neuem strategischen Geschäftspotenzial zu suchen und ständig zu analysieren und zu prüfen, ob sich die aktuellen Geschäftsaktivitäten noch an einer Stelle der industriellen Wertkette befinden, von der sie die Erträge bringen können, die zum Erreichen der definierten finanziellen Ziele erforderlich sind. Auf dieser Ebene fand auch eine finanzorientierte Dreijahresplanung statt. Um Veränderungen der externen Bedingungen und Parameter in der Geschäftsplanung zu verfolgen, verwendete ABB Simulationsmodelle für verschiedene Szenarien. Die wahrscheinlichsten Szenarien wurden an zeitlich definierten Auslösepunkten zu Teilen des strategischen Plans. Ausgehend von diesem strategischen Geschäftsplan und seinen finanziellen Zielen, wurden dann vom Management des Geschäftssegments die Zielkennzahlen bis zur Ebene der Geschäftsbereiche heruntergebrochen. Anschließend begann die Planung auf der Geschäftsbereichsebene unter Berücksichtigung von Entwicklungs-, Produktions- und Marktgesichtspunkten.

Die Planungsergebnisse wurden anschließend zur Genehmigung an die Zentrale der Geschäftssegmente weitergeleitet. Nachdem das Budget fertig gestellt war, mussten die operativen Einheiten (Firmen und Geschäftsbereiche) regelmäßig eine Vorschau (Forecast) für bestimmte Kennzahlen an die Zentrale des Geschäftssegments liefern.

Mehrmals im Jahr trafen sich die Manager der Geschäftssegmente und ihre Controller mit den Geschäftsbereichsmanagern, um die aktuelle Leistung und die Vorschau zu überprüfen und zu diskutieren. Diese Treffen dienten auch der Planung von Anpassungen und Aktivitäten, die aufgrund von Markt- oder anderen Veränderungen erforderlich wurden. Eine detaillierte Analyse der Chancen und Risiken vor diesen Meetings stellte sicher, dass höhere Geschäftsrisiken, die die Folge von veränderten Markt- oder Geschäftsbedingungen waren, erkannt und entsprechende Reaktionen darauf geplant werden konnten. (Geschäftsrisiken sind hier

19 Aufzeichnungen von Jürgen Daum während des Vortrags von Stephan K. Radermacher: VP Business Controlling, ABB Power Generation Segment, Controlling bei einem Global Player, gehalten auf der Konferenz »Controller im Dialog '98« in Frankfurt am Main, 30–31.3.1998

als Risiken definiert, die die Erfüllung der jährlichen finanziellen Zieldaten gefährden.) Aber nicht nur die Risiken wurden eingehend betrachtet, sondern auch neu entstandene Chancen. Auf der Grundlage dieser Informationen wurden dann in den Review-Meetings Entscheidungen über neue Aktivitäten und sich daran anschließende Änderungen des Ressourcenplans und der Vorschau getroffen.

Durch diese Planung und Leistungsüberwachung gewann ABB ein hohes Maß an Flexibilität in der Ressourcenzuweisung und konnte viel eher sicherstellen, dass die vorgegebenen finanziellen Ziele erreicht werden. Denn diese waren zu Beginn des Geschäftsjahrs den Finanzanalysten und Investoren mitgeteilt worden, und hierauf gründeten sich die Erwartungen des Kapitalmarkts, die die Grundlage für die künftige Entwicklung des ABB-Aktienkurses darstellten.

Die Manager der Geschäftssegmente, die im Konzernvorstand vertreten waren, sahen ihre Rolle nicht darin, die Pläne ihrer verschiedenen Geschäftsbereichs- und Regionalmanager bei der jährlichen Prüfung abzugleichen, zu integrieren und ihnen routinemäßig zuzustimmen, sondern darin, sie bei den jeden zweiten Monat stattfindenden Review-Meetings zu hinterfragen. Dort durchgespielte Szenarien zwangen die Beteiligten darüber nachzudenken, wie sie ihre strategischen Positionen und Prioritäten ändern könnten, um auf unvorhergesehene politische, ökonomische oder wettbewerbliche Entwicklungen reagieren zu können. Das mittlere Management, die Leiter der Geschäftsbereiche und Regionen, übernahmen im Managementprozess von ABB eine Ankerrolle. Eine ihrer Aufgaben bestand darin, die verschiedenen materiellen und immateriellen Vermögenswerte sowie die Ressourcen des Unternehmens zu integrieren und miteinander zu breiten Kompetenzprofilen zu verbinden, die ABB dabei halfen, am Markt über Alleinstellungsmerkmale zu verfügen.

Es kam hier entscheidend auf die Rolle des Top-Managements an: Seine Aufgabe bestand darin, eine Corporate Identity zu schaffen – die Barnevik als den »Klebstoff« (The Glue) bezeichnete, der die Organisation zusammenhält – sowie Organisationsnormen zu prägen, die Teamarbeit und Flexibilität fördern. In seiner Terminologie bezeichnete Barnevik diese als das »Schmiermittel« (The Lubricant) der Unternehmensstruktur. All dies ermöglichte ABB die Neutralisierung der zentrifugalen Kräfte, die die unternehmerischen Einheiten in eine Isolationshaltung und in eine unternehmensinterne Konkurrenz treiben könnten, was den internen Austausch von Wissen und Erfahrungen verhindern würde. Um dem zusätzlich entgegenzuwirken, zollt das Top-Management solchen Managern bewusst Anerkennung, die in der Lage sind, qualifizierte Mitarbeiter anzuziehen und zu fördern. Sie werden in der ABB-Terminologie als »Givers« bezeichnet.

Die Kontext-Definition des Top-Managements und die persönlichen Netzwerke der operativen Firmenmanager sind wichtige Grundlagen für diesen überlebenswichtigen Prozess der strategischen Unternehmensführung. Dem mittleren Management kam dabei jedoch eine entscheidende Bedeutung zu: die Herstellung der Verbindungen zwischen den verschiedenen Unternehmenseinheiten. Denn dies stellt in allen Organisationen mit einer Geschäftsbereichsstruktur eine der größten Herausforderung dar, da gerade auf der mittleren Ebene oft die größten Hindernisse für den horizontalen Transfer von Wissen und Erfahrungen existieren. Bei ABB wurde dieser Transfer durch die Schaffung funktionaler Ausschüsse, die die von den besten operativen Firmen entwickelten Best Practices verbreiten sollten, und von Leitungsausschüssen erreicht, die so aufgebaut waren, dass sie den Managern von Einzelfirmen den Rat und die Unterstützung ihrer Kollegen bieten konnten.

Da es entsprechend der ABB-Managementphilosophie die Aufgabe des Top-Managements ist, bei der Inspiration und Energetisierung des Erneuerungsprozesses (also des strategischen Unternehmensführungsprozesses) die Führung zu übernehmen, hat Barnevik die Logik des Inkrementalismus nicht akzeptiert, wonach die Ziele eines Unternehmens durch die aus der Sicht der Vergangenheit gewonnenen Ziele der einzelnen Manager vorgegeben sind. Er bestand vielmehr darauf, ABB eine ehrgeizige, an der Zukunft orientierte Unternehmensmission zu geben. Als Teil des strategischen Unternehmensführungsprozesses von ABB übersetzte Barnevik die Mission in strategische Ziele und operationalisierte seine Vision weiter, indem er seine Ziele in Form finanzieller Leistungsziele ausdrückte: einen Betriebsgewinn von 10 Prozent des Umsatzes und eine 25-prozentige Kapitalrendite (Return on Capital Employed) bis Mitte der 90er-Jahre. Diese Balance zwischen den »Soft Factors« im ABB-Managementsystem, nämlich die ABB-Managementkultur und des Managementdialogs, und den »Hard Factors« in Form der definierten finanziellen Ziele, war die Grundlage seines Erfolgs. Für Letzteres spielte eine weitere Komponente des ABB-Managementsystems eine entscheidende Rolle: das Reportingsystem ABACUS, das wesentliche Dienste im Bereich der »Hard Factors« leistete, nämlich die Bereitstellung der Kennzahlen.

Das »Nervensystem« der ABB-Organisation: das globale Finanzberichtssystem ABACUS

Ein weiterer Eckpfeiler, auf den sich die Managementprozesse von ABB stützten, ist das Reportingsystem ABACUS, das als Integrationswerkzeug für die Finanzdisziplin in der Gruppe dient. ABACUS ist eine zentrale Datenbank für Geschäftsdaten, die heute als Data Warehouse bezeichnet werden würde. In diese Datenbank werden von dezentralisierten Transaktions- und Managementsystemen der operativen Einheiten von ABB automatisch und regelmäßig Daten übertragen. Mit

Hilfe von ABACUS werden Finanzdaten konsolidiert und in ein US-GAAP-Format[20] konvertiert. Dies ist das von ABB weltweit verwendete Standardschema für Finanzberichte, das sowohl im internen als auch im externen Rechnungswesen verwendet wird.

Mit ABACUS können Manager Berichte auf der Basis konsolidierter Finanzdaten nach beliebigen Dimensionen und aus beliebigen Perspektiven abrufen. ABACUS dient bei ABB aber auch zur Unterstützung des strategischen Planungsprozesses, wie zum Beispiel zur Erstellung eines dreijährigen strategischen Finanzplans für alle Geschäftsbereiche, und für die weltweite Budgetierung sowie für die regelmäßigen Vorschaurechnungen auf Basis von Schlüsselkennzahlen. Mit diesem System verfügen die Manager über eine Berichts- und Planungsdatenbank, die es ihnen erlaubt, mit Kollegen in aller Welt auf der Grundlage konsistenter Daten zu kommunizieren und zu interagieren. Es dient daher als wichtiges Integrationswerkzeug in den Managementprozessen von ABB.

ABACUS wurde jedoch nicht nur konzipiert, um einheitliche und detaillierte Leistungsmessungen in sämtlichen Dimensionen der Geschäftsorganisation des Unternehmens aus Sicht des Top-Managements zu ermöglichen. ABACUS wurde auch dafür entwickelt, betriebswirtschaftliche Informationen zu demokratisieren, indem Berichte im Unternehmen im selben Format und zur gleichen Zeit jedem Manager zugänglich gemacht werden. Das Ziel bestand also erstens darin, dem Bedarf von Managern nach einem Werkzeug zur Problemerkennung und -diagnose für ihren jeweiligen Verantwortungsbereich zu entsprechen, und zweitens darin, dem Top-Management ein Tool zur allgemeinen Leistungskontrolle an die Hand zu geben. Gemäß ihrem Managementstil der direkten Interaktion (»Fingers-in-the-Pie-Management«) zögerten die Manager der obersten Leitungsebene nicht, direkt mit einem operativen Manager in Kontakt zu treten, wenn sie durch ABACUS ein Problem zu sehen glaubten. Die Hauptintention bestand jedoch darin, zu helfen statt sich einzumischen. Göran Lindahl stellte dabei, als er, schon Vorstandsmitglied von ABB, noch Leiter des Segments Power Transmission und Distribution war, immer drei Fragen in dieser Reihenfolge: »Was ist das Problem? Was wird unternommen, um es zu lösen? Wie können wir helfen?«.[21]

---

20 Unternehmen, deren Aktien, wie bei ABB, an einer amerikanischen Börse notiert werden, müssen nach amerikanischen Rechnungslegungsvorschriften berichten. Aus Konsistenzgründen verwendet ABB US-GAAP nicht nur als Basis für das externe, sondern auch für das interne Reporting.

21 Ghoshal und Bartlett, The Individualized Corporation, S. 189

Vorteile durch eine unternehmerische Kultur und offenen Dialog

Sumantra Ghoshal und Christopher A. Bartlett beschreiben ihren Besuch bei ABBs amerikanischer Firma in Coral Springs, die für das Relaisgeschäft dort zuständig war, als einen der einprägsamsten von hunderten von Besuchen, die sie im Laufe der Forschungen für ihr Buch »The Individualized Corporation« gemacht haben. Denn dort erfuhren sie von einer eher ungewöhnlichen Turnaround-Geschichte:

ABBs Relaisfirma in Coral Springs war zunächst Teil des Segments Energieübertragung und -verteilung von Westinghouse. Die Geschäftseinheit konnte bescheidene Geschäftsergebnisse, aber fast kein Wachstum aufweisen. Nachdem das Unternehmen jedoch von ABB aufgekauft worden war, stiegen seine Umsatzerlöse innerhalb von vier Jahren um 45 Prozent, während sich seine Profitabilität um 70 bis 99 Prozent verbesserte und die Durchlaufzeiten um 70 Prozent sowie die Lagerbestände um 40 Prozent reduziert wurden. Es schien so, als habe ein etabliertes Unternehmen in einem traditionellen Geschäftszweig beinahe über Nacht das Leistungsprofil eines jungen Wachstumsunternehmens angenommen. Dies hätte nur eine weitere, zwar beeindruckende, aber ansonsten wenig bemerkenswerte Transformation eines Unternehmens sein können, wenn in diesem Fall nicht ein ganz besonderer Umstand hinzugekommen wäre: Dieser Turnaround wurde durch dasselbe Managementteam bewerkstelligt, das zuvor für die stagnierenden Verkaufszahlen und die nur minimale Profitabilität verantwortlich gewesen war.

Als ABB die Firma von Westinghouse übernommen hatte, machte ABB den meisten der wichtigsten Mitarbeiter zu deren Überraschung das Angebot, in dem Unternehmen zu bleiben. Der frühere Firmenleiter wurde sogar gefragt, ob er das gesamte Relaisgeschäft führen wolle – einschließlich des Betriebs in Allentown, bei dem es sich um ABBs eigene Firma in den USA handelte. Wenige Wochen nach der Übernahme flogen Percy Barnevik und Göran Lindahl, der zu dieser Zeit für ABBs Energieübertragungssektor verantwortlich war, in die USA, um ihr Vertrauen in die Manager der ehemaligen Firma von Westinghouse zum Ausdruck zu bringen. Die beiden Top-Manager von ABB gaben auch deutlich zu verstehen, dass die Akquisition nicht dem traditionellen Übernahmemodell folgen würde, bei dem der neue Eigentümer dem Unternehmen sofort eine neue Strategie verordnet. Außerdem waren die früheren Westinghouse-Manager darüber erstaunt, dass Barnevik und Lindahl sich ihnen gegenüber wie Kollegen statt wie Vorgesetzte verhielten, und dass sie als Ingenieure die Relaistechnologie und den Relaismarkt verstanden. Im Gegensatz zu ihren früheren Vorgesetzen glaubten sie, dass der Geschäftsbereich Energieübertragung in eine neue Wachstumsära eintreten würde, und sie waren bereit, in diese Zukunft zu investieren.

Zusammen mit der einzigartigen Managementkultur, die ein unternehmerisches Verhalten, den offenen Dialog zwischen den verschiedenen Managementebenen sowie die globale Nutzung von Wissen und Best Practices förderte, erlaubte dies einem Managementteam, das jahrzehntelang an die traditionelle eingleisige Führung von oben gewöhnt war, sich selbst zu übertreffen und sich zu »jungen« Wachstumsmanagern zu wandeln.

Viele glauben, dass eine so drastische Umstrukturierung, wie sie in Coral Springs durchgeführt wurde, zunächst den Austausch aller wichtigen Mitarbeiter erfordert. Dass diese Annahme falsch ist und dass Mitarbeiter, die in ihrer Karriere dreißig Jahre lang einem traditionellen hierarchischen Firmenmodell verpflichtet waren, in der Lage sind, sich völlig neuen Modellen anzupassen, beweist, dass das neue Organisationsmodell, für das ABB steht, besondere Vorzüge hat.

Das neue Unternehmen ABB

ABB war eines der ersten Unternehmen, das mit einem neuen Modell für eine moderne Unternehmensorganisation und einer modernen Unternehmenskultur hervortrat. Nach mehr als zehn Jahren Erfahrung mit einer Matrixorganisation war es 1998 an der Zeit, das System zu erneuern. Als Percy Barnevik 1998 in den Aufsichtsrat wechselte und Göran Lindahl die Firmenleitung als CEO übernahm, entschied dieser sich, die Transformation von ABB noch weiter zu treiben und dabei auf der Arbeit seines Vorgängers aufzubauen. Seine Mission bestand darin, ABB von einer multinationalen Industriegruppe, die mit ihrer internen Struktur bereits die Grundlagen geschaffen hatte, um Wissen und Best Practice global einzusetzen und das unternehmerische sowie innovative Potenzial seiner Mitarbeiter freizusetzen, zu einem wesentlich flexibleren, wissensbasierten Unternehmen zu machen, das im Wettbewerb unter den Bedingungen der neuen Ökonomie bestehen kann. Er nannte dieses Transformationsvorhaben »Projekt Alpha«. Es konzentrierte sich dabei auf fünf Kernbereiche.[22]

Der *erste Bereich* betraf den Markennamen des Unternehmens, die Corporate Brand. Göran Lindahl war der Überzeugung, dass auch die Markennamen von Firmen, die keine Verbrauchsgüter produzieren, zunehmend wichtiger werden. Ein Firmenname stiftet Identität für Kunden, Aktionäre und Mitarbeiter. Ein Markenname kann sämtliche Stakeholder vereinigen und ist damit heute der Schlüssel zum längerfristigen Erfolg auf den von ihnen dominierten Märkten. Der Firmenname muss deshalb den Stakeholdern zu erkennen geben, wofür das Unternehmen steht.

Der *zweite Bereich* betraf die Entwicklung einer klaren Vorstellung davon, wo sich ABB in zehn Jahren befinden sollte. Göran Lindahl glaubte, dass die Globalisierung in einer Welt ohne Grenzen in eine weitere Phase eingetreten sei, in der

22 Göran Lindahl beschrieb seine Vision der neuen ABB in einer Rede auf der CEO/CFO-Gipfelkonferenz des Kongresses zur Weltwirtschaftsentwicklung vom 22.-24.9.1999 in Washington.

Unternehmen nicht nur Technologie und Management-Know-how, sondern auch Werte global austauschen und besitzen werden. Hierdurch würden die Werte des Unternehmens ABB über die nordeuropäischen Wertvorstellungen und das amerikanische Business-School-Denken hinaus erweitert, was potenzielle Mitarbeiter aus dem gesamten »globalen Talentpool« für die Firma motivieren würde. Gleichzeitig muss das Unternehmen nicht nur die jungen Menschen anziehen, die die neuen Technologien – wie etwa das Internet – beherrschen, die das Fundament der künftigen Entwicklung sein werden, sondern auch Wege finden, auf denen ihre Ideen mit den Erfahrungen der älteren Manager kombiniert werden können, die die geschäftlichen Aspekte besser verstehen und wissen, was die Kunden von ABB erwarten. In den Augen von Lindahl musste sich ABB zu einem schlankeren, flexiblen Unternehmen entwickeln, das weniger von materiellen Vermögenswerten abhängen würde.

Der *dritte Bereich* in Göran Lindahls Transformationsprogramm basierte deshalb auf der Erkenntnis, dass die Kernkompetenzen von ABB Intangible Assets darstellten, die zukünftiges Wertschöpfungspotenzial bergen. Er fasste diese Einsicht in folgende Worte: »Was ABB heute am besten kann, kann dem Unternehmen auch künftig zu neuer Stärke verhelfen.«

Der *vierte Bereich* des Projekts war dem Verständnis für die erforderlichen Änderungen innerhalb des Unternehmens gewidmet. Hierzu traf sich Göran Lindahl über einen Zeitraum von fünf Monaten mit Spitzenmanagern und diskutierte mit ihnen, was an dem Unternehmen änderungsbedürftig sei. Was als vereinzelte Kritik begann, entwickelte sich zu einer umfangreichen Analyse und Lernerfahrung.

Der *fünfte und letzte Bereich* betraf Führung durch Aktion. Göran Lindahl sagte, dass das Management von ABB zwar Ziele definiere und innerhalb der Organisation weitergebe, dass ihre Realisierung jedoch den unternehmerischen Entscheidungen der Manager der Einzelfirmen überlassen bleibe.

Seit 1998, als Göran Lindahl die Leitung von Percy Barnevik übernahm, hat ABB eine Reihe von verschiedenen Maßnahmen durchgeführt. Die Geschäftssegmente von ABB wurden zu sechs neuen Segmenten umorganisiert: Automation, Bautechnologie, Finanzdienstleistungen, Öl, Gas und Petrochemie, Energieverteilung und Energieübertragung. Außerdem wurde die Balance in der Managementstruktur, ABBs Matrixorganisation, zugunsten einer globalen Geschäftssegment- und Geschäftsbereichsstruktur gekippt. Der neue Slogan lautet jetzt: »Globaler denken und lokaler handeln.« ABB akquirierte Esag Bailey Process Automation, um die Marktführung in der Automationsindustrie zu erlangen. Außerdem startete ABB eine groß angelegte Wertmanagementinitiative, bei der sich das Management auf wertsteigernde Aspekte wie die Erhöhung des Geschäftsvolumens und der Gewinnspanne, eine Verringerung des Working Capitals sowie die Eliminierung von nicht produktivem Anlagevermögen konzentrierte. Das Unternehmen analysierte alle seine Investitionsvorhaben, um sicherzustellen, dass sie einen Ertrag bringen, der deutlich höher ist als die durchschnittlichen Kapitalkosten im jeweiligen Geschäftsbereich. Innerhalb der dezentralisierten Gruppe wurden neue IT-gestützte Werkzeuge und zentralisierte Prozesse im Bereich Verwaltung, Finanzen und IT-Services weltweit eingeführt, um eine höhere Effektivität zu erreichen und um Skaleneffekte zu nutzen.

Wertschöpfung durch Intangible Assets in Forschung und Entwicklung

Wesentlich wichtiger ist jedoch, dass ABB Forschung und Entwicklung sowie der Produktinnovation nun noch mehr Gewicht beimisst. Wertmanagementprinzipien bestimmen auch den Bereich Forschung und Entwicklung. ABB gibt hierfür jährlich etwa 2,5 Milliarden US-Dollar aus, was 8 Prozent seiner Umsatzerlöse entspricht und für diese Branche einen hohen Prozentsatz darstellt. Das Ziel besteht darin, die Intangible Assets und das Wissenskapital von ABB auszubauen und diese für seine Kunden weltweit nutzbringend einzusetzen. ABB erweitert seine Geschäfte in Bereiche, in denen es die Kenntnis des Markts mit der neuesten Technologie kombiniert, um seinen Kunden nicht nur ein neues Produkt oder System anzubieten, sondern ihre Wettbewerbsfähigkeit zu erhöhen. Das Top-Management von ABB ist davon überzeugt, dass nur durch die Kultivierung hervorragender Ideen, durch die Ausrichtung dieser Ideen an den Anforderungen der Kunden, durch das Messen ihrer möglichen wirtschaftlichen Wirkung und dadurch, dass man sie bewusst als mögliche Wertschöpfungsquellen schützt, ABB auch weiterhin erfolgreich sein wird, wenn das Unternehmen in die von ihm selbst so genannten Wissens- und Dienstleistungsökonomien der Zukunft hineinwächst. Markus Bayegan, Vice President und bei der ABB-Gruppe zuständig für Forschung und Entwicklung, scheibt auf der Website von ABB:

> *»Wir tätigen diese [umfangreichen] Investitionen [in Forschung und Entwicklung], da wir der Überzeugung sind, dass sie die Grundlage unseres künftigen Wachstums und unserer zukünftigen Profitabilität sind. Auf diese Weise sorgen wir für die Wettbewerbsfähigkeit unserer Produkte und Systeme, entwickeln innovative Lösungen für unsere Kunden und erzielen technologische Fortschritte, durch die sich die grundlegenden Spielregeln unserer Branche verändern. So schaffen wir Werte für unsere Kunden und damit letztlich für alle Unternehmens-Stakeholder.«*[23]

Markus Bayegan führt weiter aus, dass Entwicklungsdurchbrüche, so spannend sie auch sind, sich nicht planen lassen. Er glaubt deshalb, dass Unternehmen eine

23 http://www.abb.com/, Bereich »Technology« im Frühjahr 2001

Umgebung schaffen müssen, in der neuen Ideen Raum gegeben wird. Das Management spielt dabei eine entscheidende Rolle, indem es den Forschungsbemühungen die Richtung weist, Zielvorgaben definiert und Mitarbeiter dazu ermutigt, neue Forschungsergebnisse als Motor für Innovationen einzusetzen. Nach Auffassung von Markus Bayegan, ist es unerlässlich, die Grundlagenforschung sowie risikobehaftete Forschung finanziell zu unterstützen, da diese ein hohes Gewinnpotenzial besitzen. Aus diesem Grund werden 20 Prozent der Ressourcen von ABB auf Forschung, Experimente und Vorstudien verwandt. Anderen Anreizen kommt jedoch auch eine zentrale Bedeutung zu: der Formulierung von herausfordernden Zielvorgaben, dem Lernen aus Fehlern sowie der finanziellen und anderweitigen Belohnung von erfolgreichen Mitarbeitern.

Da der globale Markt einem schnellen Wandel unterworfen ist – und das nicht zuletzt deshalb, weil die Grenzen der Technologie sich so schnell verschieben –, glaubt man bei ABB, dass sich erfolgreiche Unternehmen durch ihre Reaktionsfähigkeit und Flexibilität, durch ihre überlegene Kenntnis der Kundenmärkte und -erwartungen und dadurch auszeichnen, dass sie sich auf den Ausbau und Schutz ihres Wissenskapitals konzentrieren, damit sie komplette Geschäftslösungen anbieten können. Dies ist der strategische Ansatz, der Forschung und Entwicklung der erneuerten ABB die Richtung weist.

Während es sich ABB zum Ziel gesetzt hat, erstklassige Forschungs- und Entwicklungsarbeit zu leisten, bleibt die eigentliche Absicht die Schaffung von ökonomischem Wert. Dies wiederum bedeutet, dass das Unternehmen in der Lage sein muss, diesen Wert zu messen. Die Wertschöpfung durch Forschung und Entwicklung wird durch mehrere Messsysteme unterstützt. Ein offensichtliches Maß ist hierfür die Zahl der Patente und der Patentverfahren. Seit Januar 1999 untersucht das Unternehmen auch die Innovationsintensität in seinen Geschäftsbereichen, gemessen als derjenige Anteil des Jahresumsatzes, der auf Produkte zurückzuführen ist, die in den letzten fünf Jahren entwickelt wurden. Darüber hinaus wird auch die Investitionsrendite von Forschung und Entwicklung gemessen. Und schließlich ist deren gesamte Organisation bei ABB an klaren Zielen orientiert. Dies hat zur Folge, dass Forschungs- und Entwicklungsteams aus tausenden von engagierten Wissenschaftlern und Ingenieuren schnell reagieren und die zu erreichenden Ziele realisieren können.

Wertschöpfung aus Intangible Assets in der Kundenbasis

Zu Beginn einer möglichen Rezession im Kerngeschäft änderte Jörgen Centerman, seit Januar 2001 CEO von ABB, das Tempo der Veränderungen nochmals. Er setzt die von seinem Vorgänger Göran Lindahl begonnene Transformation von ABB fort und richtet das Unternehmen noch stärker an den Kundeninteressen aus. Er kombiniert hierzu Produktinnovationen mit dem Management der Kundenbeziehungen, um den Wert der Leistungen und Produkte von ABB für seine Kunden zu erhöhen.

Mit dieser neuesten Umstrukturierung von ABB wird das Unternehmen innerhalb seiner Branche erneut der Vorreiter bei der Änderung von Organisationsstrukturen sein. Es ist eines der ersten Unternehmen, das sich statt an Produkten vollständig an seinen Kunden orientiert. ABB transformiert jetzt sein weltweites Unternehmen so, dass Kundengruppen im Mittelpunkt stehen.[24] Es wird versucht, das Wachstum zu stimulieren, indem Kunden dabei geholfen wird, in einem von beschleunigter Globalisierung, von Deregulierung, Konsolidierung und E-Business geprägten Geschäftsfeld erfolgreicher zu werden. Hierdurch soll das Problem vermieden werden, dass verschiedene Bereiche der ABB-Gruppe versuchen, demselben Kunden unterschiedliche Produkte und Dienstleistungen zu verkaufen.

ABB hat seine traditionellen Produktsegmente abgelöst und durch drei neue Geschäftseinheiten, die Kundenbereiche Prozessindustrien, Fertigungs- und Konsumgüterindustrien sowie Versorgungsunternehmen, abgelöst. Hinzu kommen die Bereiche Öl, Gas und Petrochemie. Zusätzlich wurde mit New Ventures Ltd. ein neuer Bereich gegründet, der als »Brutkasten« für neue Geschäfte dienen soll. Da neue Technologien auch weiterhin eine der Haupttriebkräfte des Wachstums von ABB sind, muss die Forschungs- und Entwicklungsabteilung des Unternehmens ihre entscheidende Bedeutung behalten. ABB hat New Ventures Ltd. gegründet, um neue Möglichkeiten zu erkennen, in sie zu investieren und ihre Entwicklung zu beschleunigen.

Jörgen Centerman stellte fest, dass diese neue kundenorientierte Struktur die Antwort von ABB auf das darstellt, was er die »stille Revolution« auf dem Markt bezeichnet, die die geschäftliche Landschaft völlig verändert.[25] Als Anzeichen dieser Revolution führt er Globalisierung, Deregulierung, Privatisierung, industrielle Konsolidierung, die neue Bedeutung der Umwelt, neue Technologien, E-Business und kollaborative Strategien an. Alle diese Faktoren haben schnellere Änderungen und eine wachsende Komplexität zur Folge. Jörgen Centerman ist der Überzeugung, dass die Kunden von ABB, die sich mit wachsender Komplexität und steigendem Tempo konfrontiert sehen, Übersichtlichkeit und Einfachheit wünschen. Er glaubt, dass das Internet für Unternehmen neue Chancen der wertschöpfenden Zusammenarbeit mit seinen Kunden ermöglicht hat. Er stellte fest: »Im Gegensatz zum Marketing der Vergangenheit, das sich unspezifisch an die

---

24 News-Artikel »ABB Realigns Organization Around Customers« vom 11.1.2001 unter http://www.abb.com/

25 »ABB Realigns Organization Around Customers« unter http://www.abb.com/

Masse der Kunden wendete, erlaubt das Internet die Interaktion mit einzelnen Kunden sowie die Lieferung individuell angepasster Informationen, Produkte und Dienstleistungen in einem bislang nicht bekannten Maße.«

Jörgen Centerman ist davon überzeugt, dass die flexible, massenhafte Anpassung von Produkten weltweit standardisierte Geschäfts- und Managementprozesse erfordern wird: »In einem wirklich kundenorientierten Unternehmen sind standardisierte Geschäfts- und Managementprozesse unerlässlich. Dies wird im Laufe der Zeit zu einer einzigen Schnittstelle zwischen ABB und seinen Kunden führen und unseren Mitarbeitern die Möglichkeit geben, sich auf die Schaffung von zusätzlichem Wert für unsere Kunden zu konzentrieren«, sagte Centerman. »Das ist es, was unsere Kunden heute verlangen, um die technologischen Fortschritte und die sich schnell ändernden Märkte dazu nutzen zu können, wettbewerbsfähiger zu werden. Dies wiederum wird das Wachstum von ABB stimulieren. Dies schafft sowohl Wert für unsere Aktionäre als auch für die Menschen in den Ländern, in denen wir operieren.«[26]

ABB sieht heute Information und Wissen in einer sich schnell ändernden und einer globalisierten Welt als neue Garanten des Erfolgs. Um seine Führungsposition zu behaupten, will ABB seine Abhängigkeit von materiellen Vermögenswerten reduzieren und sein immaterielles Vermögen durch die intelligente Kombination von Intangible Assets ausbauen. Dies wird als zweite Revolution des Unternehmens bezeichnet. Aus ABB soll ein schlankeres, schnelleres und intelligenteres Unternehmen werden, das ständig in Echtzeit agiert. Die globalen Ressourcen von ABB, seine Kenntnis lokaler Märkte und seine Technologie bieten dem Unternehmen eine einzigartige Plattform zur Wertschöpfung. Das Unternehmen hat es sich zum Ziel gesetzt, so eng mit Kunden zusammenzuarbeiten, dass es zu einem Teil ihres und sie zu einem Teil seines Geschäfts werden.

Lessons learned

Die wichtigste Lektion aus dem Beispiel ABB ist die Bedeutung des Organisationskapitals und der Organisationskultur für die Produktivität eines Unternehmens. Jede große Organisation tendiert dazu, Initiativen Einzelner zu unterdrücken. Die von Percy Barnevik bei ABB geschaffene Organisationskultur hat bewiesen, dass große, globale Organisationen die Voraussetzungen für jene Art unternehmerischer Initiative schaffen können, die eher für kleine Unternehmen typisch ist. Der Schlüssel hierzu war die Matrixorganisation, die ein hohes Maß an Dezentralisierung und zugleich die größere Selbstständigkeit der Manager von Einzelfirmen erlaubte, die Möglichkeit einer zentralen Kontrolle jedoch beibehielt. Ebenso entscheidend war jedoch auch die einzigartige Managementkultur von ABB, die die

26 »ABB Realigns Organization Around Customers« unter http://www.abb.com/

Zusammenarbeit und den Austausch von Wissen zwischen diesen Einheiten ermöglichte und es den Mitarbeitern erlaubte, sich mit der Mission des Unternehmens zu identifizieren.

Zu dieser Kultur gehörte auch ein strategisches Unternehmensführungssystem, das auf einem zentralen Berichts- und Planungssystem basierte (bei ABB auf ABACUS), welches die verschiedenen Teile der Organisation und die verschiedenen Managementprozesse integrierte, eine detaillierte Messung der Performance der Gruppe ermöglichte und mit dessen Hilfe unternehmensinterne Informationen sämtlichen Managern zur Verfügung gestellt wurden. Die traditionelle Hierarchie der Managementprozesse wurde auf den Kopf gestellt. Die Manager der Einzelfirmen übernahmen die Rolle der primären Initiatoren unternehmerischer Maßnahmen. Die Aufgabe des mittleren Managements bestand nicht darin, zu kontrollieren, sondern vielmehr darin, die Zusammenarbeit und den Wissensaustausch zwischen den verschiedenen Firmeneinheiten zu fördern. Das Top-Management schließlich definierte die Unternehmensziele, machte Vorgaben und forderte die Manager auf den nachgeordneten Ebenen durch seine Fragen ständig heraus. Die interne Umstrukturierungsarbeit von ABB bestand seit der Fusion von Asea und BBC im Jahr 1988 darin, zwei sehr traditionelle industrielle Unternehmen in eine globale Organisation zu verwandeln. Sie kann als ein Modell dafür dienen, was Unternehmen in der neuen Ökonomie sowohl innerhalb der Unternehmensgrenzen als auch innerhalb des umfassenden Netzwerks ihrer Geschäftspartner leisten müssen. Sie müssen eine virtuelle Organisation aufbauen, die eine gemeinsame Identität aller beteiligten Einheiten schafft, und die gleichzeitig Normen weitergibt, durch die die Zusammenarbeit mit anderen gefördert wird.

Nur Organisationen, die wie ABB einen derartigen Transformationsprozess ihrer internen Organisation und insbesondere ihrer Managementstrukturen durchgemacht haben, werden in der Lage sein, den nächsten Schritt zu tun: ein ähnliches System für das erweiterte Unternehmen aufzubauen, das das gesamte Partnernetzwerk umfasst.

Die neue Struktur von ABB ist daher auch ein Beispiel dafür, wie Unternehmen bereits geschaffenes strukturelles Kapital und Organisationskapital dazu nutzen können, zu einem extern vernetzten, an Kunden und den anderen Stakeholdern orientierten Unternehmen zu werden, das zu permanenter Innovation fähig ist. Es ist kein Zufall, dass ABB heute seine Forschungs- und Entwicklungsorganisation und seine Kundenorientierung so stark hervorhebt. Denn wie wir im nächsten Fallbeispiel sehen werden, sind kunden- und marktorientierte Innovationen und die schnelle Entwicklung neuer Produkte die Grundlage des Wertmanagements in der neuen Ökonomie.

Vom globalen Unternehmen zum E-Business-Netzwerk

Zahlreiche Unternehmen haben bereits in den 90er-Jahren eine umfangreiche Reorganisation ihrer Geschäftsprozesse und ihrer Unternehmensstrukturen vorgenommen. Dies hat zu kostengünstigeren Strukturen und effizienteren Lieferketten geführt. Die damit einhergehende typische Dezentralisierung von Verantwortung hat dazu beigetragen, Manager und Mitarbeiter produktiver zu machen und deren unternehmerisches Potenzial zu nutzen. Materielle und immaterielle Vermögenswerte konnten so durch die Integration von Geschäftsabläufen und die Implementierung von Best Practices global genutzt werden. Diese Bemühungen waren jedoch eher unternehmensintern orientiert, statt sich auf Märkte und Kunden zu richten.

Genau dies stellt sich heute für zahlreiche Top-Manager als eines der Hauptprobleme für den Erfolg der von ihnen geleiteten Unternehmen dar: Dass die Organisation im Allgemeinen und ihre Führungskräfte im Besonderen noch immer hauptsächlich auf interne Managementaufgaben wie der Verbesserung von Produktentwicklungs- und Herstellungsprozessen, auf die Optimierung von Margen, Working Capital und investiertes Kapital konzentriert sind, statt sich um Kunden, Märkte und Markennamen zu kümmern. Denn nach einer von The Conference Board[27] im Jahr 2001 unter 506 CEOs in den USA, in Europa und Japan durchgeführten Umfrage war das Thema, das diese Top-Manager am meisten beschäftigte, die Treue ihrer Kunden und die Frage, wie diese sich erhalten ließe.

Kundenbeziehungen sind heute wesentlich wichtiger als in der Vergangenheit. Seinen Kunden als vertrauenswürdiger Berater dienen zu können, stellt einen wesentlich größeren Wert dar als die Produktion von Gütern oder die Bereitstellung von Dienstleistungen. Unternehmen mit einer engen Beziehung zu ihren Kunden, erzielen so häufig eine höhere Marktkapitalisierung als Unternehmen, die sich mehr auf die Produktion konzentrieren. Zahlreiche CEOs sind deshalb darum bemüht, ihre Unternehmen von nach innen gerichteten (inside-out) zu am Markt ausgerichteten Organisationen (outside-in) zu transformieren. Man möchte weg von der einseitigen Konzentration auf die Produktion und den Vertrieb der fertigen Produkte (»Push-Prinzip«). Vielmehr ist die umgekehrte Blickrichtung gefragt: die Konzentration auf die Kundenbedürfnisse und den Aufbau von Strukturen, die dabei helfen, die Kunden mit Produkten und Dienstleistungen bedarfsgerecht zu versorgen, wobei die Wertschöpfungskette durch die Kunden angesteuert wird (»Pull-Prinzip«).

---

27 Esther Rudis, Melissa A. Berman und Chuck Mitchell, The CEO Challenge. Top Marketplace and Management Issues 2001, The Conference Board, 2001

Der Wandel der Unternehmen: früher von physischen Assets dominiert, heute durch Kundenkapital

Das vorherrschende Unternehmensmodell des 20. Jahrhunderts forderte, sämtliche physischen Assets zu besitzen, die zur ökonomischen Wertschöpfung erforderlich waren. Dabei wurden Letztere ausschließlich in der Produktion von Gütern gesehen. Die effektive Verwaltung dieser Assets und der damit zusammenhängenden Geschäftsprozesse band enorme Managementkapazitäten. Die Optimierung von Lieferketten, die Kooperation mit Lieferanten und die Integration in Distributionsnetzwerke, die Standardisierung und Verbesserung der Geschäftsabläufe und die Installation neuer Informationstechnologien, die allgemeine Verbesserung der Betriebsleistung und Effektivität sowie der Versuch, durch Unternehmenszusammenschlüsse Kosteneinsparungen zu erzielen: Dies alles hat in den letzten Jahrzehnten den größten Teil der Zeit und Energie des Managements in Anspruch genommen.

Diese Fokussierung auf die Herstellungsprozesse und die sie unterstützenden Assets hat auch einen anderen Bereich des Unternehmenskapitals beeinflusst: das Humankapital. Die Mitarbeiter richteten ihre Aufmerksamkeit in erster Linie auf die internen Produktionsfaktoren statt auf das Management von Kundenbeziehungen. Die Ausbildung von Fähigkeiten, die für die Interaktion mit Kunden von Bedeutung sind, wurde so weniger gefördert.

Zusammenfassend lässt sich daher sagen: Das Unternehmensmodell der meisten Firmen basierte auf einem Konzept, bei dem ein Unternehmen eine Kapitalpyramide darstellt, deren breite Basis physische Assets sind und die so strukturiert ist, dass sie der Produktion und dem Verkauf von Gütern dient (siehe Abbildung 4.6).

In den späten 80er- und in den 90er-Jahren gingen Initiativen zur Verbesserung und Synchronisierung der Lieferkette davon aus, dass es große Vorteile bringen würde, möglichst viele der Faktoren der Lieferkette »inhouse« unter der Kontrolle des Unternehmens zu haben. ERP-Systeme ermöglichten dabei die Anwendung eines konsistenten Prozessmodells und branchenspezifischer Standards. Auch heute noch arbeiten zahlreiche Unternehmen intensiv daran, ihre Lieferkette zu restrukturieren sowie ERP- und SCM-Systeme zu installieren, um bessere Verbindungen zu ihren Lieferanten herzustellen.

Eine unaufhaltsame Revolution war jedoch bereits in Gang gekommen. E-Business-Unternehmen wie Cisco Systems erwiesen sich als beweglicher und erzielten eine höhere Kapitalproduktivität und Unternehmensbewertung als traditionelle Unternehmen. Was war geschehen?

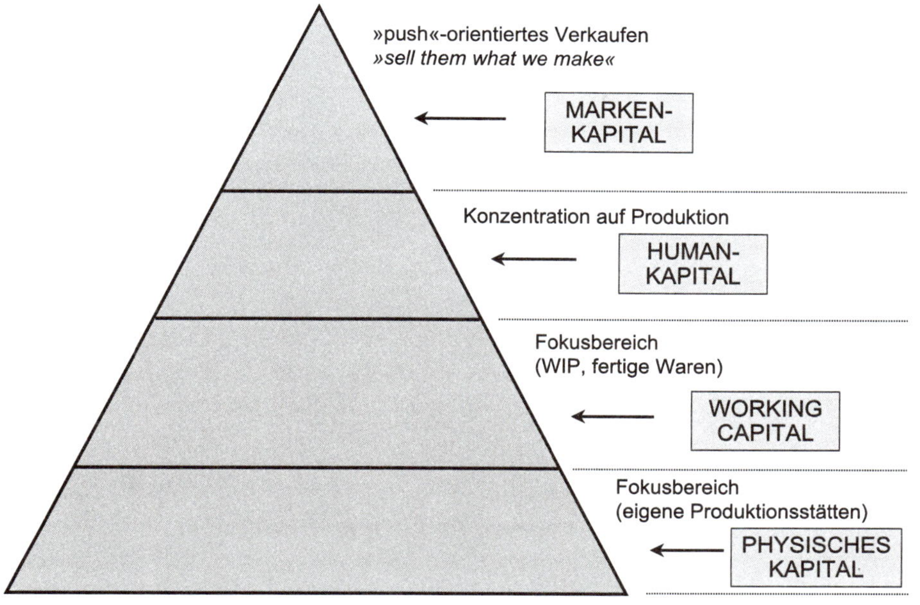

Abbildung 4.6 Das traditionelle Unternehmensmodell[28]

Unternehmen wie Cisco verließen sich immer weniger auf eine interne Basis an physischen Assets und versuchten stattdessen, ihr Finanz- und Humankapital durch die Konzentration auf kunden- und lösungsorientierte Kernkompetenzen produktiver zu nutzen. Das traditionelle Konzept wurde auf den Kopf gestellt, indem physische Assets durch Outsourcing, wie im Fall von Ford bereits dargestellt, zugunsten von Intangible Assets, wie etwa Marken- und Kundenkapital, reduziert wurden. Die damit verbundene Erneuerung hat dann auch andere, bislang unterbewertete Intangible Assets erfasst, wie Humankapital oder Forschung und Entwicklung, und führte zu einer Erhöhung des Gesamtwerts des Unternehmens. Durch die verstärkte Konzentration von Humankapital auf die wertsteigernde Kundeninteraktion statt auf interne Produktions- und Herstellungsaufgaben hat sich auch der Wert des Humankapitals erhöht (siehe Abbildung 4.7). Wie der Fall Cisco zeigen wird, kann ein Unternehmen mit ausgeprägtem Kundenkapital, also einer großen, loyalen Kundenbasis, sogar neue Produkte und Technologien zu einem durchaus höheren Preis durch Akquisitionen hinzukaufen statt sie selbst zu entwickeln, und dennoch den Gesamtwert des Unternehmens in einem nicht gekannten Maß steigern.

28 Means und Schneider, Meta-Capitalism, S. 2

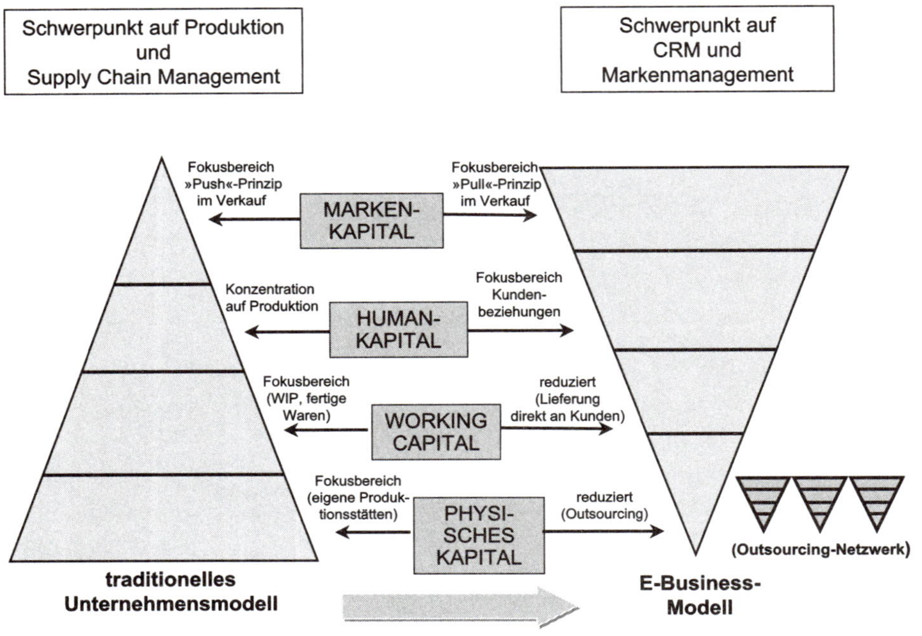

Abbildung 4.7 Der Übergang zu beweglicheren und verstärkt auf Intangible Assets basierenden Geschäftsmodellen[29]

Mit diesem Konzept schaffen Unternehmen gleichzeitig Kunden- und Markenkapital sowie Human- und Finanzkapital. Cisco war einer der Pioniere auf diesem Gebiet, und obwohl das Unternehmen erst 15 Jahre alt war, wurde es 1999 (nach General Electric und Microsoft) eines der drei Unternehmen, die eine Marktkapitalisierung von mehr als 300 Milliarden US-Dollar erreichten. Was am Beispiel von Cisco besonders beeindruckt, ist die Tatsache, dass es dem Unternehmen gelang, dieses Wachstum und die führende Rolle in der Netzwerkindustrie angesichts stärkster Konkurrenz zu erreichen. Während Microsoft und Intel den Vorteil hatten, schon früh von IBM fast ein Monopol übergeben zu bekommen, hatte Cisco keine solche Starthilfe.

Cisco traf zwei Entscheidungen, die das Unternehmen zu einem der führenden Unternehmen der technologischen Revolution machten und die ihm halfen, in hohem Maß Intangible Assets aufzubauen. Zunächst gliederte es den größten Teil der Produktion, Distribution und Logistik an Partnerunternehmen aus und konzentrierte sich auf die Kundenbeziehungen. Lieferanten und Distributoren wurden dabei mit Hilfe von Netzwerktechnologie direkt mit den internen Prozessen und den Kunden verbunden. Zweitens entwickelte Cisco eine Innovations- und

29 Means und Schneider, Meta-Capitalism, S. 6

Akquisitionsstrategie und überwand damit das »Not-Invented-Here-Syndrom«, das man in vielen entwicklungslastigen Unternehmen vorfindet und das die »Time-to-Market« oft entscheidend verzögert. Dies ermöglichte es Cisco, mit der technologischen Entwicklung im Internetbereich Schritt zu halten, zu einer Zeit, in der eigentlich kein einzelnes Unternehmen mehr dazu in der Lage gewesen war, da die Entwicklungen neuer Technologien so schnell vonstatten gingen. Cisco schuf dafür das Modell des vernetzten Unternehmens, das durch Netzwerktechnologie Verbindungen zu allen seinen Partnern unterhält.

Beispiel: Cisco

Cisco Systems wurde 1984 von zwei Studenten der Stanford University, Sandra Lerner und Leonard Bosack, gegründet. Sie wollten an ihrer Universität Netzwerke miteinander verbinden, die aufgrund unterschiedlicher Netzwerkprotokolle bislang keine Informationen austauschen konnten. Die von ihnen erfundene Lösung war der Router, ein spezielles Netzwerkgerät, das verschiedene Netzwerke mit unterschiedlichen Netzwerkprotokollen miteinander verbindet – ein Prinzip, das bis heute die Grundlage für den Geschäftserfolg von Cisco geblieben ist.

Die Unternehmenszentrale befindet sich im kalifornischen San José. Cisco beschäftigt heute weltweit fast 38000 Mitarbeiter, verfügt über 430 Verkaufs- und Kundendienstbüros in 60 Ländern und verkauft seine Produkte in etwa 115 Ländern.[30] Bei Cisco handelt es sich im Gegensatz zu ABB, dessen Ursprünge im traditionellen Industriesektor lagen, um eine echte Neugründung im Technologiesektor, die sich zwischenzeitlich in ein reifes Unternehmen und weltweit zum Marktführer in Sachen Vernetzung und Internetausrüstungen entwickelt hat.

Seit der Auslieferung seines ersten Produkts im Jahr 1986 ist das Unternehmen so sehr gewachsen, dass es jetzt den ersten oder zweiten Platz nach Marktanteilen in fast jedem Marktsegment behauptet, in dem es aktiv ist. Seit das Unternehmen 1990 an die Börse ging, haben sich Ciscos jährliche Umsatzerlöse von 69 Millionen auf 22,2 Milliarden US-Dollar gesteigert (im Geschäftsjahr 2001, das Ende Juli endete). Die Umsatzerlöse und das Ergebnis sind bis vor kurzem in 44 aufeinander folgenden Quartalen stets gestiegen und seine höchste Marktkapitalisierung von 485 Milliarden US-Dollar im Februar 2000 machte Cisco nach Microsoft zum zweitwertvollsten Unternehmen der Welt.

Im Februar 2001 musste das Unternehmen erstmals einräumen, dass es seine Ergebnisziele knapp verfehlt hat und im folgenden Quartal kam es noch schlimmer, so wie in der gesamten Branche. Trotz der gegenwärtigen Schwierigkeiten

30 Stand: Oktober 2001. Siehe Firmeninformationen unter http://www.cisco.com/

von Cisco, die hohen Erwartungen der Investoren in einer sich verschlechternden Wirtschaftssituation zu erfüllen, ist das Unternehmen nach wie vor *das* Modell für ein vernetztes E-Business-Unternehmen und in seinem Marktsegment immer noch eines der erfolgreichsten Unternehmen überhaupt. Was machte Cisco zu einer der größten amerikanischen Erfolgsgeschichten?

- Erstens die Innovationskraft des Unternehmens und seine frühzeitige Orientierung auf die Internettechnologie. Als Netzwerke zum Rückgrat der Unternehmens-IT geworden waren und mehr und mehr PCs verwendet wurden, deren Besitzer sich mit anderen PC-Benutzern über ein LAN, ein WAN oder das Internet verbinden wollten, gelang es Cisco, sich an die Spitze der Entwicklung innovativer Netzwerklösungen zu stellen. Ausgehend von der Erfindung des Routers durch Ciscos Firmengründer war das Unternehmen in der Lage, schneller als seine Konkurrenten mit neuen Lösungen aufzuwarten. In den letzten Jahren geschah dies vornehmlich durch die Akquisition von Start-ups und anderen kleineren Anbietern von innovativen Netzwerktechnologien. Auf diese Weise wurde Cisco weltweit zum führenden Unternehmen auf dem Gebiet der Netzwerktechnologie für das Internet. Die Erfindung des Routers bildete zwar die Grundlage für den Erfolg von Cisco, war jedoch nicht der einzige Grund. Cisco gelang es nach seiner Anfangsphase, durch die Konzentration auf Kernkompetenzen, durch umfangreiche Investitionen in Forschung und Entwicklung sowie durch die gezielten Akquisitionen innovativer Unternehmen und ihrer erfolgreichen Integration auch weiterhin, mit bedeutenden Innovationen aufzuwarten.
- Zweitens basierte Ciscos Erfolg auf seiner fast extremen Kundenorientierung und auf seiner speziellen Organisationsstruktur. Cisco konzentrierte sich auf das, was das Unternehmen am besten kann: die Kundenanforderungen zu verstehen, die passenden Produkte und Dienstleistungen zu entwickeln und die Firma und deren Beziehungen zu Mitarbeitern und Partnern so zu organisieren, dass die Kunden optimal bedient werden konnten. Cisco nutzte dabei seine Intangible Assets in Forschung und Entwicklung, in Form seines Know-hows bei der Gestaltung von Organisationsstrukturen – d.h. des Netzwerks mit seinen Lieferanten – und seine Human-Ressourcen, um für seine Kunden mit Hilfe neuer Technologien Wert zu schaffen. Um dies Wirklichkeit werden zu lassen, schuf Cisco eine vernetzte E-Business-Organisation und verwendete Informationstechnologie, um seine Mitarbeiter und die eigene Organisation mit seinen Kunden und Lieferanten zu verbinden. Cisco stellt heute selbst fast gar keine Produkte mehr her, sondern verlässt sich auf ein digitalisiertes Netzwerk von Lieferanten, die über Cisco direkt mit den Kunden verbunden sind. Dies hat schließlich zu einer Dekapitalisierung des Unternehmens geführt, was sich in einer wesentlich schlankeren Bilanz ausdrückt, verglichen mit Lucent,

Nortel oder Alcatel, die alle in ähnlichen Marktsegmenten tätig sind. Während Ciscos Sachanlagen und Working Capital 1999 nur 3 Prozent seiner gesamten Assets ausmachten, betrug dieser Wert bei Alcatel 15, bei Nortel fast 30 und bei Lucent fast 50 Prozent.[31]

- Drittens basierte der Erfolg von Cisco auf dem intensiven internen Einsatz von Netzwerktechnologie und Internetanwendungen zur Verbesserung der Effizienz, aber auch um durch verbesserten Informationsfluss die Beziehungen zu den Geschäftspartnern zu intensivieren. Die Verwendung von internetbasierten Geschäftsanwendungen und des firmeninternen Netzwerks hat Cisco finanzielle Vorteile in Höhe von fast 1,4 Milliarden US-Dollar pro Jahr erbracht. Dies hat gleichzeitig die Zufriedenheit der Kunden, Partner und Mitarbeitern erhöht und zu einem Wettbewerbsvorteil in Bereichen wie Kundendienst, Auftragsabwicklung und Lieferzeiten geführt. Mit ihr wurden auch Verbesserungen interner Prozesse im Bereich Personal und Training erzielt. Cisco betreibt heute die größte Internet-Commerce-Site der Welt. Das Unternehmen nimmt 90 Prozent seiner Bestellungen über das Internet entgegen. John Chambers, der heutige CEO von Cisco, sagt hierzu: »Der Erfolg von Cisco und unsere Produktivitätssteigerungen sind hauptsächlich auf die Implementierung von Internetanwendungen für die Geschäftsabwicklung zurückzuführen. Die Fähigkeit, das Leistungsvermögen des Internets zur Schaffung eines Geschäftsmodells der New Economy einzusetzen, bestimmt das Überleben und den Wettbewerb angesichts des heute außerordentlich hohen Geschäftstempos.«[32]

Gegen Ende der 80er-Jahre entwickelte sich Cisco von einem typischen Start-up schnell zu einer größeren Firma. Als die Gründer Lerner und Bosack das Unternehmen 1990 verließen, wurde deutlich, dass Cisco eine ausgereiftere Organisation benötigte, um seine Wachstumsraten aufrechtzuerhalten und seine Kunden weiterhin zufrieden stellen zu können. Zu dieser Zeit kam John P. Morgridge zu Cisco, zunächst als CEO und dann ab 1995, als John Chambers diese Rolle übernahm, als Aufsichtsratsvorsitzender. John Morgridge prägte die Unternehmenskultur von Cisco entscheidend.

Die »Seele« von Cisco: seine Management- und Unternehmenskultur

Morgridges Führungsstil bestand aus einer Mischung aus Vertrauen und geschäftlicher Entschlossenheit. Die von ihm geschaffene Kultur zeichnete sich durch offene Türen und direkte Kommunikation, aber auch durch finanzielle Disziplin und eine starke Kundenorientierung aus. Er gewährte den Kunden einen enor-

---

31 Means und Schneider, Meta-Capitalism, S. 14
32 Siehe http://www.cisco.com/warp/public/779/largeent/why_cisco/john.html

men Einfluss auf unternehmerische Entscheidungen von Cisco.[33] Er war dafür bekannt, offen zu sagen, was ihm durch den Kopf ging, und zwar nicht nur intern, sondern auch in Verhandlungen mit Managern anderer Unternehmen. Er hatte eine Abneigung gegen alles Elitäre seitens des Managements. Mit dieser Philosophie gelang es ihm, die Gemeinschaftskultur von Cisco zu stärken. Im Gegensatz zu anderen Firmen belohnte sich das Management von Cisco nicht selbst auf Kosten seiner Mitarbeiter. Mehr als 40 Prozent der Optionen an 40 Millionen Aktien wurden 1997 Mitarbeitern unterhalb der Managementebene gewährt. Ein früherer Cisco-Ingenieur schätzt, dass die ersten 1500 Mitarbeiter des Unternehmens heute allein durch ihre Cisco-Aktien Millionäre sind.[34]

Als Chambers 1995 die Rolle des CEOs übernahm, vollzog sich dies als problemloser Übergang, da Chambers von Morgridge von Anfang an auf diese Aufgabe vorbereitet worden war. Chambers legte nun noch mehr Nachdruck auf die seiner Meinung nach wichtigsten Faktoren für Ciscos künftigen Erfolg: die besten Köpfe der Branche gewinnen und ihre Produktivität steigern, sich ganz auf die Kunden ausrichten und schnell Innovationen umsetzen – falls erforderlich durch Akquisitionen.

Chambers hielt die Arbeit im Team für noch wichtiger als Morgridge. Chambers wusste, dass die optimale Nutzung von Intangible Assets, die häufig auf der Qualität von Beziehungen basieren, Teamgeist erfordert. Hierzu richtete er zunächst ein Prämiensystem ein, das auf dem Erfolg von Teams und nicht auf individuellen Leistungen basierte. Führungskräfte werden deshalb bei Cisco unter anderem auch nach der Qualität der von ihnen aufgebauten Teams bezahlt. »Ich habe bereits vor langer Zeit gelernt, dass im Sport und im Geschäftsleben eine kooperative Gemeinschaft einer Gruppe von Individualisten stets überlegen ist. Dies gilt auch dann, wenn jeder Einzelne besser als das Team ist. Wenn es Ihnen jedoch gelingt, das beste Team aus Mitarbeitern aufzubauen, die gut miteinander zusammenarbeiten können, haben Sie eine Dynastie ins Leben gerufen«, sagte Chambers.[35]

Teamgeist bedeutete auch die Schaffung von Arbeitsbedingungen, bei denen sich Mitarbeiter wohl fühlen und die nicht zuletzt auch dazu führen, dass sie mehr Zeit mit Arbeit verbringen können. Die Cisco-Mitarbeiter müssen sich deshalb keine Gedanken darüber machen, wie sie zum Beispiel Einkäufe in ihrem Arbeitstag unterbringen oder wann sie ihr Auto waschen können. Für sämtliche alltäglichen Bedürfnisse wird innerhalb des Firmengeländes von Cisco in San José im Silicon Valley gesorgt. Man kann im Kasino des Unternehmens morgens ab 7 Uhr frühstücken und später das Mittagessen einnehmen. Es gibt einen Supermarkt, und in

33 Für weitere Einzelheiten siehe: David Bunnell und Adam Brate, Making the Cisco Connection. The Story Behind the Real Internet Superpower, John Wiley & Sons, 2000, S. 22–42

34 Geoff Baum, »Cisco's CEO: John Chambers«, Forbes ASAP, 23.2.1998. Der Artikel ist verfügbar unter http://www.forbes.com/asap/98/0223/052.htm

35 David Bunnell und Adam Brate, Making the Cisco Connection, S. 55

jedem Gebäude stehen den Mitarbeitern mehrere Pausenräume zur Verfügung, in denen sie kostenlos Getränke und einen Imbiss bekommen können. In diesen Pausenräumen befinden sich auch Reinigungsdienste, bei denen Kleidungsstücke abgegeben und am nächsten Tag wieder abgeholt werden können. Sogar eine Sporthalle und eine Autowerkstatt stehen den Mitarbeitern zur Verfügung. Alle diese Angebote erlauben es Cisco-Mitarbeitern, möglichst viel Zeit auf ihre Arbeit zu verwenden. Cisco Employee Connection, Ciscos Intranet, hilft Cisco-Mitarbeitern zudem dabei, weniger Zeit für administrative Aufgaben und für Informationsrecherche aufzuwenden.

Um seinen Mitarbeitern das Gefühl zu geben, in einer flexiblen und dynamischen Firma zu arbeiten, hat Cisco versucht, seine Manager möglichst »unsichtbar« zu machen. Sie sollten jedoch von jedem Mitarbeiter um Unterstützung gebeten werden können. Es ist Cisco gelungen, auch während seines Wachstums eine offene Atmosphäre zu erhalten. Jeder Mitarbeiter kann in das Büro jedes Managers gehen, auch in das des CEOs, um mit ihm oder ihr zu sprechen. Die Mitarbeiter legen ihre eigenen Ziele fest und besprechen sie mit ihrem Manager, anstatt dass ihnen diese von ihm vorgegeben werden. Cisco erwartet von seinen Mitarbeitern Eigeninitiative und Selbstverantwortung bei ihrer Arbeit, Fortbildungs- und Karriereplanung. Sie können auch ihre Arbeitszeit selbst bestimmen oder von Zuhause aus arbeiten und die Ergebnisse über das Internet kommunizieren.

Eine nahezu fanatische Konzentration auf die Kundenerwartungen

Der zweite wichtige Aspekt der Unternehmenskultur von Cisco – neben dem Teamgeist, der Wandlungsbereitschaft und den produktiven Arbeitsbedingungen – ist die konsequente Kundenorientierung. Mitte der 80er-Jahre besaß das Unternehmen weder einen professionellen Vertrieb noch ein effektives Marketing. 1992 machte Cisco erstmals Werbung. Bis dahin erhielt das Unternehmen seine Aufträge allein durch Kundenempfehlungen und über Internetkontakte. Anfänglich waren es Ciscos Ingenieure, die die Router-Protokolle entwickelten, den Kundenservice übernahmen und den Kunden halfen, ihre Router richtig zu konfigurieren – eine Tatsache, die das Unternehmen deutlich von anderen abhob. Auf diese Weise, indem es Kunden Partner sein ließ, lernte das Unternehmen, was Kunden erwarten. Cisco verkaufte den Kunden nicht einfach Router, sondern ließ seinen Kunden auch selbst den Sourcecode der Router erweitern, etwa um ein weiteres Netzwerkprotokoll zu unterstützen. Aufgrund dieser verschiedenen Weiterentwicklungen und Anpassungen durch Ciscos Kunden entstanden die heute gebräuchlichen Multiprotokoll-Router.

Ein weiteres Element von Ciscos spezieller Kundenbeziehung war von Anfang an der intensive Einsatz des Internets. Morgridge machte es zur Priorität von Cisco, ein neues, technologiebasiertes Kundenbeziehungsmanagement zu entwickeln. Auf diese Weise erwarb sich Cisco unter potenziellen Kunden einen guten Ruf, da das Unternehmen zu einer Zeit, als das Internet noch vor seinem Durchbruch stand, bereits über eine beträchtliche Webpräsenz verfügte.

Während bereits Lerner und Morgridge besonderen Nachdruck auf die Kundenbeziehungen des Unternehmens gelegt hatten, ging Chambers noch einen Schritt weiter. Jeden Abend prüft er selbst den Status der so genannten kritischen A-Kunden. Dies sind Kunden, deren Netzwerk aufgrund eines Fehlers instabil geworden ist. Er sucht den direkten telefonischen Kontakt zu diesen Kunden, statt ihnen E-Mails zu schicken, um die Emotionen der Kunden mitzubekommen. Vielleicht am bezeichnendsten für Ciscos Kundenorientierung ist aber die Art der Bezahlung der leitenden Mitarbeiter. Das Gehalt jedes Managers hängt außer vom Erfolg des Teams direkt von der Zufriedenheit der Kunden ab. Cisco führt jährlich eine detaillierte Kundenbefragung durch, bei der Informationen zu etwa 60 Leistungskriterien von der Produktfunktionalität bis zur Servicequalität erfragt werden. Wenn es Managern gelingt, ihre Leistungswerte zu verbessern, können sie mit großzügigen Belohnungen rechnen. Sinken ihre Leistungswerte jedoch, wird ihr Einkommen reduziert.

Die beiden Dinge, die Cisco am wichtigsten sind, und die die Grundlage seiner Unternehmenskultur darstellen, sind zufriedene Kunden und produktive Mitarbeiter. Und das Konzept ging auf: genauso wie die Angestellten schätzten auch Unternehmen die angenehm herausfordernde Atmosphäre bei Cisco.

Die Herausforderung bestand für Cisco jedoch darin, das notwendige Innovationstempo aufrechtzuerhalten, um das führende Unternehmen bei der Nutzung der Chancen des Internetmarkts zu werden und um flexibel zu bleiben – was für ein stetig größer werdendes Unternehmen eine zunehmend schwierigere Aufgabe darstellt. Cisco muss sich einerseits durch Zusammenhalt und Teamarbeit auszeichnen, andererseits jedoch auch progressiv, anpassungsfähig und führend bei neuen Entwicklungen sein. Cisco muss in seiner Technologie vielseitig bleiben und gleichzeitig schnell sein. Die beiden Mittel zur Erreichung dieses Ziels waren Dezentralisierung in kleinere, unternehmerisch selbstständige Einheiten und Akquisitionen.

Die »Muskeln« von Cisco: der unternehmerische und auf Akquisitionen basierende Innovationsprozess

1993 erreichte Ciscos Marktkapitalisierung 714 Millionen US-Dollar. Um aus Cisco Mitte der 90er-Jahre und darüber hinaus ein Unternehmen mit einem Marktwert von mehreren Milliarden zu machen, benötigte Morgridge einen Geschäftsplan, der über Ciscos anfängliche Strategien hinausging. Das primäre Ziel von Cisco war es deshalb, sich über den Router-Markt hinaus zu entwickeln. Große Kunden begannen jetzt ein Interesse an aufkommenden alternativen Netzwerktechnologien zu zeigen, wie zum Beispiel an den so genannten Switches. Morgridges Team, zu dem bereits John Chambers gehörte, entschloss sich, durch eine Auffächerung des Angebots eine breite Palette von verwandten Netzwerkprodukten anzubieten. Dies wurde erforderlich, weil sich in den USA und im Rest der Welt unaufhaltsam der Aufstieg des Internets vollzog, und Cisco sich einen möglichst großen Anteil in diesem Marktsegment sichern wollte. Hierzu musste Cisco innovativ sein und so schnell wie möglich wachsen und expandieren. Denn neue Unternehmen schossen wie Pilze aus dem Boden, um in den Internetnetzwerkmarkt einzutreten, und alle bedrohten sie Ciscos führende Rolle in dieser Branche.

Ciscos Managementteam wollte das Unternehmen von einem horizontalen Marktführer auf dem Gebiet der Router zu einem vertikalen Marktführer im Bereich Netzwerktechnologien für das Internet weiterentwickeln und damit IBMs Erfolg auf dem Rechnermarkt nachahmen. Man erkannte, dass Ciscos 80-prozentiger Marktanteil bei den Routern wenig bedeuten würde, wenn Unternehmen zu neuen Technologien wechselten, und dass es deshalb wesentlich wichtiger sein würde, den Kunden zu besitzen als eine bestimmte Technologie. Aus diesem Grund beschloss man, dass Cisco eine vollständige Netzwerklösung für Unternehmen anbieten muss, einschließlich aller relevanten Technologien und Produkte. Man sah dabei den externen Druck als eine Chance an, den Bereich seiner Lösungen zu erweitern, Standards für eine Reihe von Netzwerktechnologien vorzugeben und Marktführer in der Internetwirtschaft zu werden.

1993 legte Ciscos Management daher einen Geschäftsplan vor, der vier Bereiche nannte, die im Mittelpunkt der künftigen Entwicklung stehen sollten: die Bereitstellung kompletter Geschäftslösungen, um die Kundenbeziehung in der Rolle des vertrauten Beraters festigen zu können, Akquisitionen, die dem Erwerb neuer Technologien dienten, die Definition eines industrieweiten Netzwerkprotokolls und das Setzen eines entsprechenden Standards sowie die Bildung der richtigen strategischen Allianzen.

Cisco hat daher seit 1993 zahlreiche Unternehmen erworben und sich damit aus der einseitigen Abhängigkeit vom Router-Geschäft gelöst. Das Unternehmen bietet heute in der Netzwerkbranche die breiteste Produktpalette an. 1999 war das erste Jahr, in dem das Router-Geschäft bereits weniger als 50 Prozent zu den gesamten Umsatzerlösen beitrug.

Ciscos Akquisitionsstrategie

Eine der ersten wesentlichen Akquisitionen entsprechend der neuen Strategie war diejenige von Crescendo im Jahre 1995, einem Hersteller von Switches, einer Technologie, die zunehmend Ciscos angestammten Bereich der Router gefährdete, da diese billiger und einfacher zu handhaben war. Cisco bezahlte für Crescendo, eine Firma mit einem Jahresumsatz von 10 Millionen US-Dollar, 97 Millionen US-Dollar und setzte sich damit gegen andere Bieter durch. Nach Ansicht der Wall-Street-Analysten ein hoffnungslos überteuerter Preis. Das Cisco-Management aber bewies das Gegenteil, da mit den Crescendo-Produkten gut ein Jahr später bereits 500 Millionen US-Dollar Umsatz erzielt wurden. Nach dieser neuen Berechnungsbasis (500 Mio. statt 10 Mio. Umsatz) hatte Cisco Crescendo in der Tat billig erworben. Denn was die Finanzanalysten nicht berücksichtigt hatten, war die Tatsache, dass Cisco durch die Kombination der Crescendo-Technologie mit den eigenen Absatzmöglichkeiten (der Cisco-Kundenbasis) in der Lage war, vom Stand weg einen viel höheren Umsatz zu erreichen, als Crescendo auf absehbare Zeit jemals selbstständig erzielt hätte. Dies ist ein eindrucksvolles Beispiel für eine erfolgreiche, auf Intangible Assets basierende Strategie, die durch die Kombination verschiedener Assets einen enormen Werthebel realisieren kann.

Im Laufe der Jahre hat Cisco versucht, alle Produkte und Technologien zu identifizieren, die seine Kunden benötigen, und dann das jeweils führende Unternehmen in den einzelnen Produktkategorien gekauft. Wenn Cisco neue Produkte für seine Kunden benötigte und diese selbst nicht schnell genug entwickeln konnte, kaufte Cisco diese neuen Technologien, indem es die entsprechenden Unternehmen erwarb.

Das Management von Cisco hatte das Prinzip der »Internet-Zeit« von Anfang an begriffen. Es war klar, dass die einzige Möglichkeit der Marktbeherrschung, die Cisco hatte, darin bestehen würde, schneller als die Mitbewerber zu sein und sich den Ruf eines Unternehmens zu erwerben, das für das World Wide Web schlechthin steht. In Silicon Valley schossen jedoch neue Internetfirmen dutzendweise aus dem Boden. Cisco bedurfte einer Strategie, um mit diesem Innovationstempo Schritt zu halten, und das Managementteam von Cisco entschied, dass die einzige Antwort auf diese Situation eine Akquisitionsstrategie sei.

Diese Entscheidung bedeutete einen tiefen Einschnitt für Cisco und eine wesentliche Veränderung des Firmencharakters. Das Unternehmen war von exzellenten Technologen gegründet worden, die vor allem technologische Innovation betrieben. Die Firma war deshalb bis dato durch Forschung und Entwicklung dominiert. Chambers war jedoch der Überzeugung, dass er Unternehmen und ihre Ideen kaufen müsse, wenn er schnell genug wachsen wollte, um die eigene Marktführerschaft zu erhalten und auf den Internetbereich auszudehnen. Die Gleichung lautete: Wenn Cisco sein Geschäft auf seine Kernkompetenz aufbaut, wird das Unternehmen den Wert der erworbenen Technologien und Produkte sehr schnell weit über den Akquisitionspreis erhöhen können, indem es sie mit den eigenen Intangible Assets kombiniert, d.h. mit seiner Kundenbasis und seinem Wissen um die Anforderungen der Kunden und seinem Know-how darüber, wie man sie bedient. Cisco konnte auf diese Weise eine wesentlich höhere Wertsteigerung erzielen, als wenn es diese Technologien selbst entwickelt hätte, da das Unternehmen so seine gesamten Managementkapazitäten auf die wesentlich lukrativeren Aktivitäten, wie die Entwicklung neuer Märkte und neuer Kundenbeziehungen sowie ein besseres Verständnis der Kundenanforderungen, konzentrieren konnte.

Das Problem dabei war allerdings, dass Akquisitionen von Technologiefirmen in den meisten Fällen nicht erfolgreich verlaufen, und das vor allem aus zwei Gründen: Die erworbenen Produkte und Technologien sind mit den bereits vorhandenen nicht kompatibel, und je größer die akquirierte Firma ist, umso wahrscheinlicher ist es, dass die Integration an kulturellen Inkompatibilitäten scheitert. Cisco löste dieses Problem durch zwei Maßnahmen:

- Erstens wurde eine Art Basisbetriebssystem für die Netzwerktechnologie entwickelt, welches Internet Operating System (IOS) genannt wurde. Es erlaubt sowohl die schnelle Integration neu erworbener Technologien in die vorhandene Plattform als auch, den Cisco-Kunden *eine* integrierte Lösung zu liefern. Während also verschiedene Netzwerkprotokolle am Markt auftauchten, sah Cisco die Notwendigkeit, ein einheitliches Protokoll zu entwickeln, das zum Beispiel Switches und Router in ein Netzwerk integriert. Das IOS verband so verschiedene Cisco-Technologien wie Hubs, Switches, PCs und Workstation File Server. Eine der ersten Maßnahmen, die Cisco bezogen auf eine neue Technologie nach einer Akquisition vornahm, war, IOS-Code der neuen Plattform hinzuzufügen, so dass sie mit Ciscos existierender Produktlinie integriert werden konnte.
- Zweitens entwickelte Cisco einen strukturierten Akquisitionsprozess. Auf der Basis vordefinierter Kriterien wurden Akquistionskandidaten zum Beispiel auf ihre kulturelle Integrationstauglichkeit hin vorgegeprüft, und solange diese nicht hundertprozentig erfüllt wurden, entschloss sich Cisco nicht, mit dem Prozess fortzufahren. Sobald aber ein Kandidat eine positive Evaluation erbrachte, vollzog sich der Akquisitionsprozess selbst in drei Hauptphasen: die Überzeugung des CEOs der Zielfirma, die Phase der detaillierten »Due Diligence« und die Integrationsphase. In Phase eins versuchte Cisco, den CEO der Zielfirma für eine freundliche Übernahme zu gewinnen und ihn mindestens für die Integrationsphase dem Unternehmen zu erhalten, denn feindliche Übernahmen waren aufgrund der daraus folgenden Integrationsprobleme unerwünscht. In Phase zwei wurde eine detaillierte Due Dilligence durchgeführt,

und zwar nicht nur eine betriebswirtschaftliche, sondern auch eine, die eine Prüfung der Kompatibilität der Unternehmenskulturen und des zu übernehmenden Humankapitals beinhaltete. Außerdem musste die Akquisition für alle wichtigen Stakeholder einen strategischen Gewinn darstellen: für die Cisco-Aktionäre, die Kunden, die Mitarbeiter und die Geschäftspartner. Speziell aus Shareholder-Value-Perspektive musste sich durch die Übernahme ein schnell realisierbarer Mehrwert ergeben. Die dritte Phase des Akquisitionsprozesses betraf die Integration. Nachdem nämlich eine Akquisition ausgehandelt wurde, tritt schnell Ciscos spezialisiertes Integrationsteam auf den Plan, das sich alle wichtigen Funktionen und Abteilungen der übernommen Firma vornimmt, inklusive der Datenverarbeitung, und für eine schnelle Integration dieser Funktionen in die Cisco-Organisation sorgt.

In der Branche war nach einer Akquisition eine Fluktuationsquote von 40 Prozent üblich. Bei Cisco allerdings war interessanterweise die Fluktuationsquote bei Mitarbeitern geringer, die durch eine Akquisition ins Unternehmen eintraten, als bei Mitarbeitern, die direkt von außen eingestellt wurden. Diese niedrige Quote war entscheidend, da die wichtigsten Assets, die durch eine Übernahme erworben wurden, neben der neuen Technologie die Mitarbeiter waren, die ihr Know-how einbrachten.

Chambers schätzte, dass Cisco bei einer Akquisition für einen Mitarbeiter zwischen 500 000 und 2 Millionen US-Dollar bezahlte. Wenn es Cisco nicht gelingen würde, die Mitarbeiter der übernommenen Firma für ihr neues Unternehmen zu erhalten, hätte man eine gravierende Fehlinvestition getätigt. Während der Integrationsphase konzentrierte sich Cisco daher zunächst darauf, die erworbenen Mitarbeiter zu halten und so gründlich und schnell wie möglich zu integrieren, und erst dann darauf, das Geschäft weiter voranzutreiben.

Das »Nervensystem« von Cisco: ein netzwerkgestützter Partnerverbund

Ein wichtiges Prinzip der Cisco-Organisation war die intensive Partnerschaft mit anderen Unternehmen. Bei der Absicht, die Firma über die Router-Technologie hinaus zu entwickeln und schnell zu wachsen, war dem Cisco-Management klar, dass engere Partnerschaften mit anderen Unternehmen nicht nur wünschenswert, sondern unvermeidlich waren. Cisco ging Partnerschaften für die Vermarktung und Entwicklung und mit Produktionsunternehmen ein, an die die eigene Fertigung ausgelagert wurde. Damit das Unternehmen, obwohl es wichtige Teile der Wertkette an Partner abgegeben hatte, als ein Verbund auftreten konnte, der wie *ein* Unternehmen (Single Enterprise) gegenüber dem Kunden agieren konnte, waren signifikante Investitionen in das Organisationskapital und in ein informationstechnisches Nervensystem erforderlich, das alle Partner in Echtzeit miteinander verband.

Bereich Kundenbeziehungsmanagement: Um den Kunden noch besseren Service zu liefern, aber gleichzeitig die eigenen Ressourcen zu optimieren, setzte Cisco voll auf Vernetzung und auf das Internet. Es wurde massiv in ein webbasiertes Kundenportal investiert (CCO – Cisco Connection Online), das es Kunden ermöglichte, nicht nur Netzwerkequipment online fehlerfrei zu konfigurieren, sondern auch gleich die zur jeweiligen Konfiguration passenden Preisinformationen zu erhalten, den Bestellvorgang durchzuführen und den Status des Auftrags jederzeit zu überwachen. Darüber hinaus konnte der Kunde auch auf Produktinformationen, Hinweise für Fehlerbehandlungen etc. zugreifen und sogar Software-Updates herunterladen.

Bereich Lieferketten- und Lieferantenbeziehungsmanagement: Damit dies möglich war, mussten auch die Lieferanten und Subunternehmer, die die Teilefertigung übernahmen, in das Netzwerk eingebunden werden. Dies geschah durch ein webbasiertes Lieferantenportal (MCO-Manufacturing Connection Online). Kundenaufträge wurden somit direkt elektronisch an die Produktionsplanungssysteme der Lieferanten weitergegeben und auch die Lieferung, die wiederum über andere Partner ausgeführt wurde, erfolgte in der Regel direkt vom Lieferanten zum Kunden.

Bereich Mitarbeiterproduktivität: Vertriebsmitarbeiter bei Cisco konnten über die entsprechenden webbasierten Portale ebenfalls auf Informationen über den Kundenauftrag und den Status zugreifen. Die Kommunikation mit dem Kunden wurde damit nicht mehr durch die Auftragsabwicklung dominiert (der Kunde konnte das meiste selbst erledigen, der Vertriebsmitarbeiter intervenieren, wenn Probleme auftraten), sondern konzentrierte sich auf die Beratungsaspekte. Diese Philosophie, Mitarbeiter möglichst von nichtwertschaffenden Aufgaben zu entlasten, galt bei Cisco generell. Sämtliche administrativen Tätigkeiten versuchte man entweder zu automatisieren oder diese für die Mitarbeiter so einfach und zeitsparend wie möglich zu gestalten. Die zentrale Rolle dabei spielte das webbasierte Mitarbeiterportal, über das Mitarbeiter zum Beispiel selbstständig ihre Geschäftsreisen buchen, Probleme mit ihrem PC melden oder ihre Reisekostenabrechnung durchführen können.

Ein E-Business-System, das ein »virtuelles Unternehmen« unterstützt

Ciscos Philosophie eines global vernetzten Unternehmens, das Information strategisch dafür einsetzt, ein Netzwerk von starken und interaktiven Beziehungen mit allen seinen Stakeholdern (Interessenten, Kunden, Partner, Lieferanten und Mitarbeiter) zu schaffen, erforderte es, in eine flexible Informationssysteminfrastruktur zu investieren, die skalierbar ist und die schnell auf neue Unternehmen, seien es Akquisitionen oder neue Geschäftspartner, ausgedehnt werden konnte.

Zudem realisierte Cisco durch diese Infrastruktur, neben den strategischen Vorteilen, durch die interne Nutzung zusätzliche Effizienzgewinne, die sich auf fast 1,4 Milliarden US-Dollar im Jahr addieren. Cisco wurde so vor allem für seine intensive Nutzung von Informationstechnologie und durch ein E-Business-Netzwerk bekannt, das vor allem drei Hauptbeziehungen zu Stakeholdern unterstützte (siehe Abbildung 4.8):

- Cisco Connection Online (CCO) – ein CRM-Portal, das vor allem die Interaktion mit Kunden ermöglicht
- das Intranet für die Mitarbeiter (Cisco Employee Connection – CEC) – ein Mitarbeiterportal, das die einfache und schnelle Kommunikation zwischen ihnen ermöglicht, sie bei administrativen Aufgaben unterstüzt und diese vereinfacht sowie Managern über ein Executive Information und ein Decision Support System zeitnah Informationen liefert
- Cisco Manufacturing Connection Online (MCO) – ein Lieferkettenmanagementportal, das den »virtuellen Herstellungsprozess« unterstützt, indem es Kunden direkt mit den ausgelagerten Herstellungsprozessen bei den Cisco-Lieferanten verbindet

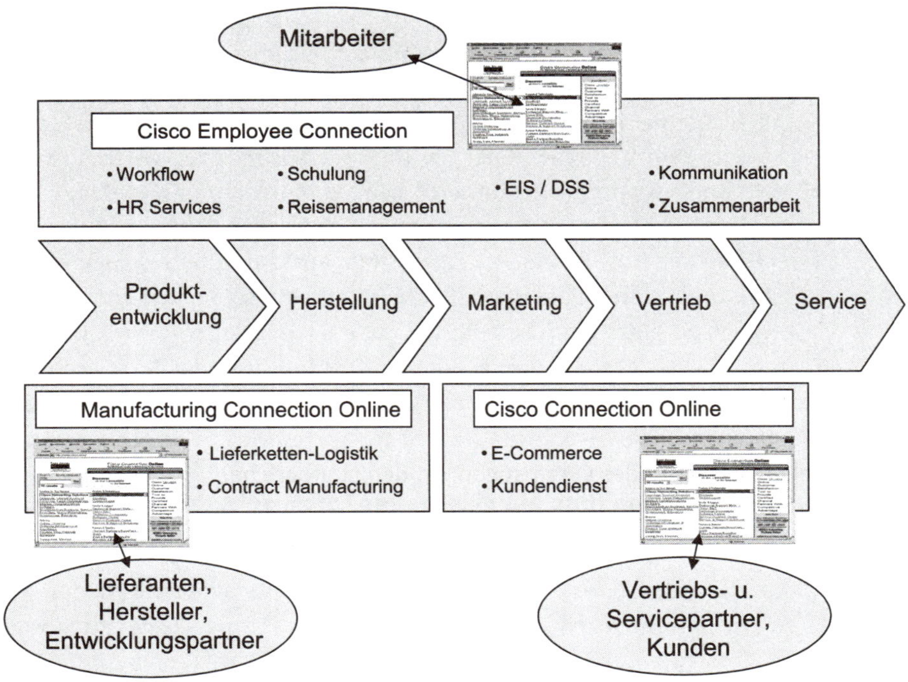

Abbildung 4.8 Ciscos E-Business-System mit den drei strategischen Lösungen CCO, MCO und CEC

Das »Kreislaufsystem« von Cisco: der strategische Unternehmensmanagementprozess

Als Cisco 1993 seine Strategie änderte und sich entschied, in der Netzwerkindustrie zu versuchen, was Microsoft mit PCs und IBM mit Mainframes gelungen war, legte man besonderes Gewicht auf das Wachstum des Unternehmens und auf das Tempo, mit dem dies geschehen sollte. Da man die Zukunft der gesamten Branche bestimmen wollte, musste man beginnen, den Markt statt in Kalender- in Internetjahren zu betrachten. Und weil sich die Entwicklung des Internets in einem solch rasanten Tempo vollzog, entspricht ein Kalenderjahr sieben Internetjahren, wie Chambers einmal erklärte.[36] Statt also Pläne für ein Jahr zu machen und zu verfolgen, begann Chambers, jedes Quartal unter die Lupe zu nehmen und seinen Geschäftsplan bei Bedarf zu korrigieren. Gleichzeitig fing das Unternehmen an, um einige Jahre vorauszudenken und zu versuchen, künftige Entwicklungen zu antizipieren. Denn bis dahin hatte Ciscos Managementteam niemals weiter als ein Jahr im Voraus gedacht.

Cisco erreichte seine ehrgeizigen Ziele durch die Festlegung einer klaren Strategie sowie durch die schnelle und vorausschauende Anpassung an Änderungen des Markts. Dies war nur möglich, weil strategisches Management zu einem kontinuierlichen Prozess wurde:

- Das Managementteam analysierte die Unternehmensleistung, vierteljährlich statt einmal im Jahr, unter strategischen Gesichtspunkten und prüfte, ob die tatsächliche Leistung mit den strategischen Zielen übereinstimmte. Falls erforderlich, passte das Unternehmen seine Pläne und die Zuweisung von Ressourcen entsprechend an.
- Das Management unternahm mit Hilfe einer Szenario-Technik in regelmäßigen Abständen den Versuch, einige Jahre vorauszublicken, um zu ermitteln, wohin sich der Markt entwickelt, und um die eigene Marktposition in der Zukunft zu definieren.

Durch die Verbindung dieser beiden Prozesse – der längerfristigen Vorausschau, die zu einer regelmäßigen Anpassung der aktuellen Strategie und der strategischen Ziele führte, und des kurzfristigen, an den strategischen Zielen orientierten Performancemanagements – gelang Cisco die Erreichung seiner ehrgeizigen Ziele in einer äußerst dynamischen Marktumgebung mit extrem starker Konkurrenz.

Ein wichtiger Aspekt von Ciscos strategischem Managementsystem war seine Aufteilung in Marktsegmente. Die zugrunde liegende Philosophie basierte auf dem, was das Managementteam bei Hewlett-Packard gesehen hatte, nämlich das

---

36 Glenn Rifkin, »Growth By Acquisition – The Case of Cisco Systems«, Strategy & Business 2/1997, S. 5

Zerlegen von Märkten in Segmente, die jeweils einzeln bearbeitet werden, und auf der Devise von General Electric, nach der es darauf ankam, in jedem Segment entweder die Nummer Eins oder Zwei zu sein. Cisco definierte vier Marktsegmente und entwarf eine Matrix, bei der die vier Marktsegmente eine Achse und die Produkte, zugehörige Dienstleistungen und die Distribution die Kategorien der anderen Achse bildeten (siehe Abbildung 4.9). Für jedes der vier Segmente definierte man Marktziele in Form von Zielmarktanteilen auf der Zeitachse. Daraufhin legte man zunächst die Produkt-, Dienstleistungs- und Distributionsanforderungen der einzelnen Segmente fest, die sich aus den jeweils definierten Marktsegmentzielen ergaben. Dann wurde entschieden, wie diese Produkte entwickelt und verkauft und wie der zugehörige Service organisiert werden sollte: entweder mit eigenen, bereits vorhandenen Ressourcen, durch Partnerschaften oder durch Akquisition eines Spezialisten.

Mit dieser Vorgehensweise gelang es Cisco, einen eher marketinggetriebenen strategischen Business-Development-Ansatz mit der eher technologisch ausgerichteten Produktentwicklung zu koppeln und so den Innovations- und strategischen Managementprozess eng mit den Marktentwicklungen zu verbinden. Diese »Outside-in«-Koppelung von zwei wertschaffenden Prozessen, die in Unternehmen mit starkem Forschungs- und Entwicklungsanteil oft getrennt erfolgen, nämlich der Vermarktungs- und der Produktentwicklungsprozess, half auch dabei, die Kräfte und Ressourcen in Forschung und Entwicklung auf die kritischsten Bereiche zu konzentrieren. Dies erlaubte es Cisco, »auf der Internetwelle zu reiten« und schneller als der Markt zu wachsen.

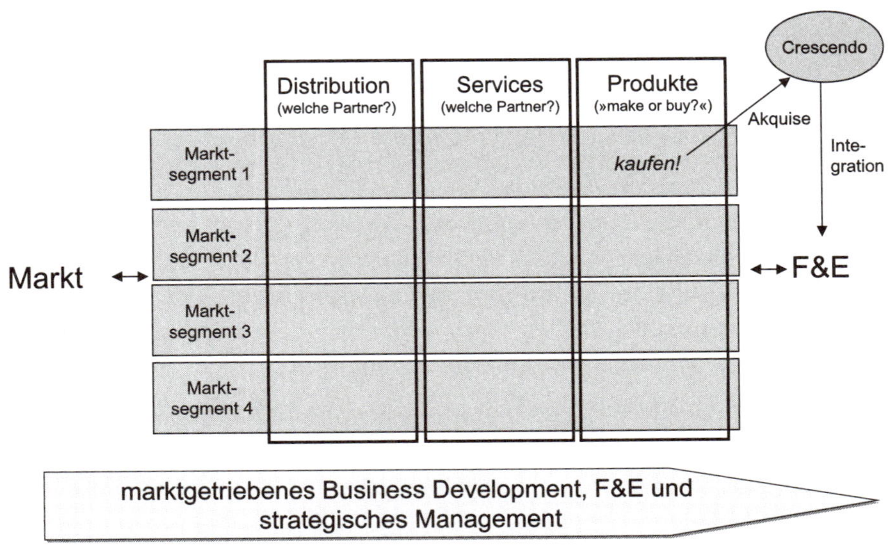

Abbildung 4.9 Ciscos Marktmatrix als Basis für seinen strategischen Management- und Innovationsprozess

Angesichts des sich schnell entwickelnden Internetmarkts und des Wachstums einiger Konkurrenten erkannte das Managementteam, dass sich ein Weg finden musste, um die Vorteile eines großen Unternehmens und die Innovationsfähigkeit in der Produktentwicklung eines kleineren zu kombinieren. Deshalb entschied sich Ciscos Managementteam, den Bereich Forschung und Entwicklung in unternehmerisch agierende Geschäftsbereiche aufzuteilen, jedoch die Vorteile eines großen Unternehmens bei der Optimierung und dem Management der Herstellungs-, Distributions- und Finanzierungsressourcen zu nutzen. Mit dieser Unternehmensstruktur konnte Cisco Intangible Assets und Wissenskapital in der Entwicklung auf eine Weise nutzen, wie dies kleineren Firmen nicht möglich ist. Kein kleineres Unternehmen würde innerhalb von 18 Monaten eine Umsatzsteigerung von 10 auf 500 Millionen US-Dollar erzielen können, wie es Cisco nach der Akquisition von Crescendo gelang. Kleinen Unternehmen fehlt das Organisationskapital, um die vorhandene unternehmerische Innovationskraft in Forschung und Entwicklung durch das in den Bereichen Distribution, Finanzen und Produktion vorhandene Organisationskapital in einem Maß zu skalieren, wie es Cisco auch dank seines Partnernetzwerks möglich war.

Cisco: Vorsprung durch E-Business

Cisco operiert in einer Branche, die traditionellerweise von großen, kapitalintensiven Herstellerfirmen dominiert wird. Jedoch ist Cisco – verglichen mit seinen Konkurrenten auf dem Gebiet der Multiprotokoll-Netzwerksysteme – ein deutlich schlankeres Unternehmen, das aber wesentlich mehr Wert für seine Aktionäre geschaffen hat.

Cisco hat dadurch Geschichte gemacht, dass das Unternehmen als erstes die Vorteile von E-Business innerhalb seiner gesamten Wertschöpfungskette genutzt hat. Es war ebenfalls eines der ersten Unternehmen, das bewiesen hat, dass E-Business mehr ist als der Verkauf von Produkten über das Internet. Das Unternehmen nutzte das gesamte Wertschöpfungspotenzial der neuen Technologie: optimale Abläufe, Management der Beziehungen zu Partnern, Kostenreduktion, erhöhtes Innovationstempo, besserer Service und höhere Kundenzufriedenheit.

Die Grundlage des Erfolgs von Cisco war seine Entscheidung, das Modell eines »Outside-in«-Unternehmens zu adaptieren, das sich mehr an den Beziehungen zu seinen Kunden und am Aufbau seines Markennamens statt an der traditionellen Rolle eines Herstellers orientiert. Dabei delegierte das Unternehmen die Herstellung seiner Produkte so effektiv wie kein Unternehmen vor ihm: Durch den intensiven Einsatz von Netzwerktechnologie gelang es Cisco, seine Lieferanten und Distributoren eng mit seinen firmeninternen Abläufen zu verbinden, mit dem Ergebnis, dass Cisco die Herstellungskosten um 30 Prozent senken konnte, und dass das Unternehmen einen verbesserten Kundendienst anbieten und seine Produkte schneller liefern konnte.

Cisco hat ein Ecosystem geschaffen, in dem Chip-Hersteller, Hersteller von elektronischen Komponenten, Distributoren und Logistikpartner, Cisco-Mitarbeiter und Kunden zu einem einzigen Informationssystem verbunden wurden. Dieses System ermöglicht den Geschäftspartnern von Cisco, große Teile der Lieferkette des Unternehmens zu managen. Die Herstellerfirmen arbeiten so wie Cisco-eigene Produktionsstätten und die gesamte Lieferkette reagiert auf dasselbe Signal: Jegliche Bedarfsänderung an einem Punkt der Kette wird sofort an alle anderen weitergegeben. Ciscos E-Business-Lieferkette hat so die Ineffizienzen eliminiert, die mit Outsourcing traditionellerweise verbunden sind. Dies brachte auch Vorteile für Ciscos Partner.

Durch das integrierte Management sämtlicher finanzieller Transaktionen innerhalb seines Ecosystems hat Cisco für sich und seine Partner Kosteneinsparungen erzielt und sie von administrativen Aufgaben mit geringem Wertschöpfungspotenzial befreit. Mit seiner global vernetzten Unternehmensstruktur hat Cisco nicht nur mehr Wert für sich selbst, sondern auch für seine Geschäftspartner erwirtschaften können, die es auf diese Weise noch enger an das Cisco-Ecosystem binden konnte. Die größte Wertsteigerung resultiert jedoch aus der Verbesserung der Kundendienstqualität. Dies hilft Cisco, sein Hauptziel zu erreichen: Kundenkapital aufzubauen.

Ciscos Unternehmenskultur legt besonderes Gewicht auf den Aufbau von Beziehungen, auf Geschwindigkeit, Flexibilität und Innovation. Dies sind die Grundlagen seines Erfolgs. Die in Ciscos Unternehmenskultur integrierte Offenheit und Transparenz ermutigt seine Mitarbeiter, sich Wissen intern gegenseitig zugänglich zu machen, um Wissenskapital zu schaffen. Sie inspiriert sie auch, sich mit Personen außerhalb des Unternehmens zusammenzuschließen, um Wissenskapital zu erwerben und zu erhalten: entweder durch die enge Zusammenarbeit mit den Kunden, Geschäftspartnern und mit Start-ups oder durch die nahtlose Integration der Mitarbeiter erworbener Unternehmen.

Was Cisco vor allem auszeichnet, ist seine Fähigkeit, Mehrwert durch Akquisitionen zu schaffen. Seit der ersten Akquisition im Jahr 1993 hat Cisco über 50 weitere Firmen gekauft, jährlich durchschnittlich etwa sieben bis neun. Selbst wenn Cisco im Wettbewerb mit anderen interessierten Firmen gezwungen war, einen Preis für eine Akquisition zu zahlen, der weit über dem lag, den eine traditionelle Schätzung des Firmenwerts ergeben hätte, war es für das Unternehmen letztlich doch nie zu teuer, da es mit der harten Währung seiner vorhandenen Kundenbasis sowie seinem überlegenen Marketing- und Distributionspotenzial bezahlte. Cisco entwickelte nicht nur eine auf Intangible Assets basierende Wertschöpfungsstrategie, die ihrerseits von der Schaffung von Kundenkapital abhing, sondern baute auch die hierzu erforderlichen Organisationsstrukturen und -prozesse sowie eine Unternehmenskultur auf, die dies ermöglichte.

Lessons learned

Während ABB seine Organisation, seine Kultur, seine Abläufe und Strukturen auf die Optimierung der Produktivität *innerhalb* eines weltweit operierenden Unternehmens konzentrierte, indem das Unternehmen unternehmerische Initiativen anregte und den Austausch von Wissen und Best Practices zwischen den einzelnen Ländern ermöglichte, ging Cisco noch einen Schritt weiter und setzte auch die Beziehungen zu seinen externen Partnern ein, um Mehrwert zu schaffen.

Während für ABB der große Schritt darin bestand, ein globales Unternehmen zu werden, das seine materiellen und immateriellen Vermögenswerte weltweit nutzt, und dabei zugleich den für kleinere Unternehmen typischen unternehmerischen Elan zu bewahren, war dies für Cisco nur die Ausgangsbasis, um seinen Aktionsradius auf das gesamte Ecosystem zu erweitern und das Unternehmen zunehmend mit einer von außen nach innen gerichteten Sichtweise zu optimieren und zu führen, d.h. seine Aktivitäten an der Kundenperspektive auszurichten. ABB hat mit seiner letzten, im Januar 2001 bekannt gegebenen Umstrukturierung die Organisation der Geschäftseinheiten von einer Produkt- auf eine Kundensegmentorientierung umgestellt und beginnt damit, denselben Weg wie Cisco zu beschreiten. Eine der wichtigsten Lektionen aus den Erfahrungen von Cisco ist es deshalb, dass in einer Branche, die sich durch komplexe Produkte und kurze Innovationszyklen auszeichnet, letztlich die Kundenbeziehung den entscheidenden Beitrag zum Erfolg leistet. Sie kann als der Eckpfeiler einer auf Intangible Assets basierenden Strategie angesehen werden, die den Wert für die Aktionäre und alle anderen Stakeholder eines Unternehmens steigert.

Die Qualität und die Intensität der Beziehungen zu anderen Parteien wie etwa zu Lieferanten, Distributoren und Mitarbeitern, ist jedoch ebenfalls wichtig. Wenn diese Beziehungen nicht optimal funktionieren, wird das Unternehmen nicht in der Lage sein, seine Kunden mit einem Oursourcing-Modell zufrieden zu stellen. Die Qualität der Beziehungen zu den anderen wichtigen Stakeholdern ist für den Unternehmenserfolg deshalb ebenso ausschlaggebend, wie über die richtigen Produkte und Lösungen für die Kunden zu verfügen.

Cisco hat gezeigt, dass die Wertschöpfung mit Hilfe von Intangible Assets wesentlich höhere Gewinne und mehr Wert für Aktionäre und andere Stakeholder erzielen kann als ein Geschäftsmodell, das auf traditioneller Produktherstellung und auf physischen Assets basiert. Unternehmen, die sich in diese Richtung entwickeln wollen, müssen jedoch einige wichtige Punkte beachten.

- Sie müssen entscheiden, welches die Stärken des Unternehmens sind und wie sich mit der Konzentration auf diese Kernkompetenzen wirtschaftlicher Wert schaffen lässt, d.h. durch welches Produkt- oder Serviceangebot.
- Sie müssen eine klare Strategie dafür definieren, wie das Unternehmen wachsen soll und welche Marktsegmente wie mit welchen Zielen bearbeitet werden sollen, d.h. auf welche aufkommenden Kundenanforderungen man setzten will und auf welche nicht.
- Sie müssen Aktivitäten, die nicht zum Kernbereich gehören, an Geschäftspartner ausgliedern, diese aber durch entsprechend designte Geschäftsprozesse wieder in das Ecosystem eng integrieren, damit das ganze Gebilde wie eine einzige Organisation gegenüber Kunden agieren kann.
- Sie müssen Informations- und Netzwerktechnologien intensiv nutzen, um das Unternehmen intern, aber auch in kollaborativen Geschäftsprozessen mit Partnern und Kunden effizienter zu machen und so die mit Outscourcing-Modellen normalerweise verbundenen Ineffizienzen zu eleminieren.
- Sie müssen klare Strategien definieren, wie Mitarbeiter einzeln und im Team produktiver gemacht werden können, da dies das wichtigste Potenzial eines Unternehmens bei der Wertschöpfung aus Kundenbeziehungen und Innovationen ist.
- Sie müssen eine unverwechselbare Beziehung zu ihren Kunden aufrechterhalten. So sollten Kunden beispielsweise als Partner im Produktdesign fungieren können, wie dies bei Cisco geschieht. Wenn dies nicht möglich ist, weil keine direkte Beziehung zu den Endkunden besteht, muss sich das Unternehmen für die Schaffung eines starken Markennamens einsetzen.
- Sie müssen Innovation als »Outside-in«-Prozess managen, indem man sich an kurz- bis mittelfristigen Kundenanforderungen orientiert. Dabei sollten auch »Buy-Optionen« berücksichtigt werden. Bei einer Akquisitionsstrategie muss allerdings durch entsprechende strukturierte Verfahren sichergestellt werden, dass Mitarbeiter und Technologien der übernommenen Unternehmen zügig integriert werden können.

Virtuelle Marktplätze und Private Exchanges

Cisco schuf ein Netzwerk, das die Beziehungen zwischen sich und seinen Outsourcing-Partnern optimierte. In Zukunft, wenn mehrere Unternehmen solche Outsourcing-Dienste in Anspruch nehmen, wird es für ein Unternehmen jedoch von Vorteil sein, sich solche Dienste mit anderen Unternehmen zu teilen, um von noch größeren Skalen- und Kosteneinsparungseffekten bei Aktivitäten im Nicht-Kernbereich zu profitieren.

Wenn mehr und mehr Unternehmen zu netzwerkbasierten Strukturen übergehen, wird der nächste logische Schritt in der Entwicklung von Organisationsmodellen daher in der verstärkten Nutzung elektronischer Marktplätze bestehen. Das Outsourcing von ganzen Prozessen wird zu einem häufiger verwendeten Modell werden, da sich Unternehmen verstärkt auf ihre Kernkompetenzen konzentrieren und gleichzeitig den eigenen Kapitalbedarf reduzieren können. Outsourcing ist dabei an sich nichts Neues. Neu ist jedoch die zu erwartende Performance, wenn das Outsourcing-Modell auf dem intensiven Einsatz von Informationsmanagement und Netzwerktechnologie basiert. Da sich der Outsourcing-Provider auf seine eigenen Kernkompetenzen konzentriert, kommt noch hinzu, dass er zusätzlichen Mehrwert schafft und seine Geschäftsprozesse und sein Humankapital auf dem Gebiet des von ihm angebotenen Dienstes optimiert. Auch er baut auf diese Weise Intangible Assets auf. Neu ist auch, dass der Outsourcing-Provider statt als interne Shared-Service-Einheit als Geschäftspartner behandelt wird. Dies dürfte eine neue Marktdynamik freisetzen und zur Neudefinition einiger wichtiger Geschäftsregeln führen.

Mit einem solchen E-Business-Outsourcing-Modell könnte ein beträchtlicher Teil oder vielleicht sogar die gesamte Lieferkette ausgegliedert werden. Im Unternehmen verbliebe dann nur noch die Produktentwicklung, das Kundenbeziehungsmanagement und das General Management. Auch dürften sich Unternehmen zunehmend dazu entschließen, viele ihrer heute intern gemanagten Support-Prozesse, wie zum Beispiel im Finanz- und Rechnungswesen, in der Personalverwaltung oder im Management von Partnern, an Spezialisten auszulagern. Manche Unternehmen werden auch die Unternehmens-IT, die Rechtsabteilung sowie Teile von Marketing und Vertrieb ausgliedern, wenn das Management dieser Funktionen als nicht erfolgsentscheidend eingestuft wird.

Die neuen internet- und netzwerkbasierten Technologien, wie etwa elektronische Marktplätze, spielen dabei eine entscheidende Rolle. Denn gut organisierte E-Business-Netzwerke, die Unternehmen und ihre Lieferanten und Serviceprovider durch gut strukturierte Prozessmodelle und Informationstechnologie eng miteinander koppeln, können kontinuierliche Optimierungsmöglichkeiten bieten, die die Performance, die das Unternehmen mit Hilfe seiner eigenen internen Ressourcen in Nicht-Kernbereichen erreichen kann, spielend übertreffen.

B2B-Marktplätze und internetbasierte Handels-Communities sind dabei, die Katalysatoren des E-Business zu werden. Diese könnten für die Optimierung von Geschäftsprozessen innerhalb eines Netzwerks von mehreren Unternehmen, also eines Ecosystems, eine ähnliche Rolle spielen, wie dies ERP-Systeme in den 90er-Jahren für die Optimierung von Geschäftsprozessen innerhalb einzelner Unternehmen gespielt haben. Elektronische Märkte bündeln Produkte und Dienstleistungen von Lieferanten für den Bedarf von möglichen Käufern und umgekehrt und bieten dadurch beiden neue Wertschöpfungsmöglichkeiten.

Durch die Bereitstellung einer zentralen Plattform für die Automatisierung von Transaktionen, durch die Aggregation von Informationen und deren gemeinsamer Nutzung und durch das Schaffen eines breiteren Markts und damit einer verbesserten Marktliquidität, reduzieren solche elektronischen Marktplätze Herstellungs-, Prozess- und Verkaufskosten und tragen zur effektiveren Nutzung der finanziellen und menschlichen Ressourcen der daran beteiligten Unternehmen bei.

Elektronische Märkte entstehen primär in zwei Bereichen: Sie optimieren entweder branchenspezifische Abläufe oder sie dienen der Optimierung branchenneutraler funktionaler Aufgaben. Erstere (vertikale elektronische Märkte) werden von bestimmten Branchenteilnehmern organisiert, um spezielle, die Gewinnspanne senkende Mängel der Lieferketten zu beseitigen. Letztere (horizontale elektronische Märkte) automatisieren bestimmte branchenneutrale funktionale Aufgaben, wie etwa in der Finanzbuchhaltung, der IT, der Beschaffung und der Personalverwaltung. »Meta E-Markets« kombinieren verschiedene horizontale und/oder vertikale elektronische Märkte und schaffen so ein integriertes Angebot für ihre Kunden. »Private Exchanges« wiederum sind interne Märkte, die innerhalb einer Unternehmensgruppe die Zusammenarbeit optimieren und verbessern helfen und die ihre Transaktionsschnittstelle für die Lieferanten- und Kundenseite darstellen.

Ein vertikaler elektronischer Markt für die Automobilindustrie: Covisint

Covisint ist eines der bekanntesten Beispiele für einen solchen elektronischen Marktplatz. Covisint (»Cooperation, Vision and Integration«) wurde im März 2000 von General Motors, Ford und DaimlerChrysler als eine Art Einkaufsgemeinschaft initiiert. Inzwischen gehören auch die französische PSA-Gruppe (Peugeot und Citroën) und Renault sowie Nissan zu den Anteilseignern. Beteiligt sind außerdem die Softwarehäuser Oracle und Commerce One, an dem SAP eine Minderheitsbeteiligung hält. Wie der Covisint-Chef Kevin English jüngst der Frankfurter Allgemeinen Zeitung sagte, ist Covisint weit mehr als nur eine Einkaufshilfe. Sein Unternehmen sei geschaffen worden, um den gesamten automobilen Wertschöpfungsprozess von der ersten Schraube bis zum Endprodukt effizienter und schneller zu machen. English wurde mit den Worten zitiert: »Heute müssen Sie immer noch Monate warten, bis Sie ihren bestellten Mercedes-Benz bekommen, wir wollen dafür sorgen, das es nur noch zwei bis drei Wochen dauert.« Dafür sollen über das Internet Hersteller und Zulieferer zusammengebracht werden, der

Markt soll transparenter werden, Entscheidungen könnten schneller fallen, wenn sofort klar ist, ob und zu welchem Zeitpunkt wie viele Einheiten eines benötigten Werkstücks von wem erhältlich sind. Mehr als 4600 Unternehmen haben sich inzwischen bei Covisint registrieren lassen. Fords Online-Börse »AutoXchange« und die Online-Börse »TradeXchange« von General Motors werden in Covisint integriert. Trotz der immensen Anfangsinvestitionen rechnet man bereits im Jahr 2002 damit, die Gewinnzone zu erreichen.

Interessant sind vor allem die Kostenvorteile, die Covisint seinen Mitgliedern bringen soll. Nach Untersuchungen von Ford kostet die Bearbeitung einer einzigen schriftlichen Bestellung 150 US-Dollar. Die Online-Kosten derselben Transaktion betragen hingegen lediglich 5 bis 15 US-Dollar. Es wird daher erwartet, dass Covisint die Gesamtkosten für ein Automobil um mindestens 10 Prozent reduzieren wird. Jupiter Media Metrix hat geschätzt, dass am Angebot von Covisint teilnehmende Autohersteller und Lieferanten im Jahr 2005 hierdurch 174 Milliarden US-Dollar einsparen könnten, was in etwa einer Kosteneinsparung von 3000 US-Dollar pro Automobil entspricht.[37] Wie die erste Praxis zeigte, lassen sich durch Covisint tatsächlich bis zu 17 Prozent im Einkauf sparen.[38.]

Das Covisint-Projekt, das de facto eine Kooperation zwischen Konkurrenten darstellt, wird weit über die Automobilindustrie hinaus Konsequenzen haben. Das Projekt gilt als wichtiger Test für die Kooperation zwischen Unternehmen, die auf der Absatzseite miteinander im Wettbewerb stehen, und wird als Modell dafür gesehen, wie elektronische Märkte die Effizienz von B2B-Beziehungen auch bei Wettbewerbern verbessern und dabei nachhaltig Mehrwert schaffen können. Sollte dies gelingen, könnten elektronische Marktplätze zu einem wesentlichen Element der neuen B2B-Ökonomie werden.

Die Zukunft der elektronischen Märkte

Viele Unternehmen arbeiten daran, nicht zu ihrem Kerngeschäft zählende Aufgaben an entsprechende Serviceprovider auszugliedern und sich gleichzeitig besser mit ihren Lieferanten und Kunden zu integrieren. E-Business-Modelle scheinen einzigartige Vorteile der Kosteneinsparung, eine verbesserte Effektivität und engere Beziehungen zu Geschäftspartnern zu bieten. Die größte technische Herausforderung ist es jedoch, die notwendige Integration zwischen diesen Unternehmen tatsächlich zu realisieren.

---

37 Rachel Konrad, »Head-on Collision – Old and New Economies Clash in Auto Industry Marketplace«, CNET news.com, 15.11.2000 (http://news.cnet.com/news/0–1007–201–3412381–0.html)

38 FAZ, 17.12.2001

Nachdem nun die erste Begeisterung für elektronische Märkte, elektronische Meta-Märkte und Ähnliches abgeklungen ist, konzentrieren sich die meisten Unternehmen darauf, interne Prozesse zunächst mit Hilfe von E-Business-Szenarien zu verbessern und diese direkt mit denjenigen ihrer Lieferanten zu verbinden, mit denen sie intensiver zusammenarbeiten. Dies schafft dann die Grundlage dafür, an der zweiten und dritten Phase der Entwicklung elektronischer Märkte teilnehmen zu können. Der nächste Schritt stellt die Implementierung einer Private Exchange dar, einer Art interner Marktplatz für die Einheiten einer Unternehmensgruppe, über den die gruppeninternen Transaktionen abgewickelt werden und der als Gateway für die Interaktion mit Lieferanten und Kunden und später dann auch mit externen elektronischen Märkten dienen kann.

Dieser Prozess der Implementierung einer E-Business-Netzwerkinfrastuktur wird die meisten Unternehmen über die nächsten Jahre in Anspruch nehmen. Der Lohn wird, neben dem strategischen Nutzen des besser integrierten Ecosystems und besserem Kundenservice, in signifikanten Kosteneinsparungen bestehen, die nach Expertenschätzungen in einem Bereich von bis zu 30 Prozent der Gesamtkosten liegen könnten. Es geht jedoch nicht allein darum, für eine bessere Kommunikation etwa über einen Webbrowser zu sorgen. Am wichtigsten ist die Qualität der Integration der Backoffice-Systeme zwischen den Geschäftspartnern. Sobald diese bei einer kritischen Zahl von Unternehmen erfolgreich abgeschlossen ist, wird erst wirklich die Zeit der elektronischen Märkte gekommen sein. Wie lange es auch dauern mag, bis diese neuen Konzepte auf breiterer Front akzeptiert worden sind, eines steht schon jetzt fest: Die Geschäftseinheit der digitalen Ökonomie wird das Netzwerk sein.

Grundregeln für den Aufbau von Organisationskapital

Ausgehend von den Erfahrungen von ABB und Cisco können nun zusammenfassend sechs Grundregeln für den Aufbau von Organisationsstrukturen und -prozessen festgehalten werden, die den Herausforderungen einer verstärkt auf Intangible Assets basierenden Wirtschaft gewachsen sind:

1. Es gibt nicht nur einen richtigen Weg! Seien Sie kreativ und gestalten Sie eine Organisation, die zur Kultur, zum Geschäftsmodell und zur Strategie Ihres Unternehmens passt.
2. Beginnen Sie mit der Strategie, also der Definition der Kernkompetenzen und der Marktziele, und richten Sie Ihre Organisation daran aus. Ihre Organisation muss Ihre Strategie unterstützen – und nicht umgekehrt.
3. Kein Organisationsmodell ist für alle Zeiten das richtige. Seien Sie darauf vorbereitet, dass die Organisation an Änderungen Ihrer Geschäftsstrategie angepasst werden muss, die aufgrund von Veränderungen des Marktumfelds not-

wendig werden. Ihre Organisation sollte so angelegt sein, dass ein ständiges Change Management möglich ist.

4. Ihr Organisationsmodell muss die Schaffung von Wissenskapital und Intangible Assets in Form von Regeln, Prozessbeschreibungen und Best Practices unterstützen und anregen.
5. Des Weiteren sollte Ihr Organisationsmodell die einzelnen Mitarbeiter produktiver machen und sie dazu anregen, mehr persönliche Verantwortung im Sinne unternehmerischen Handelns zu übernehmen. Ihre Organisation sollte außerdem einen ständigen Dialog zwischen allen Managementebenen und Bereichen ermöglichen und den einzelnen Mitarbeitern einen mühelosen und schnellen Zugriff auf allgemeines und prozessbezogenes Wissen bieten, um den erforderlichen Zusammenhalt Ihres Unternehmens sicherzustellen.
6. Die wichtigsten Teile Ihres Organisationskapitals sind jedoch nicht Prozesse, Informationstechnik oder Strukturen und noch nicht einmal die einzelnen Mitarbeiter. Was produktive Interaktionen zwischen Personen ermöglicht – zwischen Mitarbeitern, Kunden und Geschäftspartnern –, ist die unverwechselbare Kultur eines Unternehmens. Der Schlüssel zu produktivem Humankapital und zu produktiven Geschäftsbeziehungen ist soziale Dynamik. Dies wird zukünftig noch mehr gelten als heute. Entwerfen Sie eine Organisation, die Ihre Kultur unterstützt. Eine neue Kultur zu schaffen, ist wesentlich schwieriger und zeitaufwendiger als eine neue Organisationsstruktur zu entwickeln.

Teil 3
Das neue Management

5 Neue Produktivfaktoren verändern das Management

»Vor 20 Jahren verfügten wir über die Werkzeuge, nämlich finanzorientierte Werkzeuge, die für das Management materieller Produktivfaktoren und der entsprechenden Strategien benötigt wurden. Heute leben wir in einer anderen Welt. Jetzt wird wirtschaftlicher Wert aus Intangible Assets geschaffen. Deshalb benötigen wir neue Managementwerkzeuge. Unternehmen verstehen heute zwar, was sie tun müssen, welches die richtigen Strategien sind, um im Wettbewerb der neuen Ökonomie erfolgreich zu sein. Sie verfügen aber nicht über die Managementinstrumente, die sie in die Lage versetzen, dies auch umzusetzen. Ergebnis ist, dass sieben von zehn Unternehmen bei der Strategieumsetzung scheitern.«
David P. Norton, Miterfinder der Balanced-Scorecard[1]

Die zunehmende Globalisierung, das Aufkommen neuer Technologien, aber auch die Deregulierung von Schlüsselindustrien haben einen Wettbewerbsdruck erzeugt, der Unternehmen in den letzten Jahren gezwungen hat, sich auf tief greifende und weit reichende Art zu restrukturieren. Dabei haben Unternehmen, wie in Teil 2 beschrieben, in zwei Phasen signifikant in Struktur- oder Organisationskapital investiert bzw. investieren noch:

In der ersten Phase versuchten sie, Organisationsstrukturen zu entwickeln, die ihnen helfen sollten, insbesondere wissensbasierte Assets, effektiver auf globaler Ebene zu nutzen, wie zum Beispiel Best Practices bei Geschäftsabläufen, Mitarbeiter-Know-how, Investitionen in Forschung und Entwicklung, jedoch auch Einkaufsressourcen und materielle Vermögenswerte, wie etwa Fertigungskapazitäten (vgl. die ABB-Fallstudie in Teil 2).

Als Wert stärker durch das Engagement in Produktentwicklung und durch den Aufbau von dauerhaften Kundenbeziehungen geschaffen wurde und anlageintensive, auf physischen Assets basierende Produktionsaktivitäten mehr und mehr zu »Commodities« wurden, die keine nachhaltigen Wettbewerbsvorteile mehr bieten konnten, reagierten Unternehmen in einer zweiten Umstrukturierungsphase mit Devertikalisierung und Dekapitalisierung. Sie lagerten die Aktivitäten aus, die keine größeren Wettbewerbsvorteile mehr boten, und versuchten sich mehr auf die lukrativere Kundenseite, auf das Kundenbeziehungsmanagement zu konzentrieren (vgl. die Cisco-Fallstudie in Teil 2). Der Fokus lag dabei auf der Schaffung

1 Aus dem Interview mit David P. Norton in diesem Buch

von Strukturen, die eine bessere Nutzung von Humankapital und der Beziehungen zu den Geschäftspartnern für produktivere, kollaborative Geschäftsabläufe erlauben. Hier ist zum Beispiel das so genannte Supply Chain Management zu nennen, mit dem Mehrwert für die Kunden geschaffen wird, neue Wettbewerbsvorteile erzielt und gleichzeitig die Kosten reduziert werden. Zurzeit befinden wir uns am Anfang dieser zweiten Phase, in der die meisten Unternehmen erst damit beginnen, in neue Organisationsstrukturen und in damit zusammenhängende E-Business-Infrastrukturen zu investieren.

Organisatorische Innovation war jedoch in den letzten beiden Jahrzehnten nicht der einzige Bereich, in dem zunehmend in Intangible Assets investiert wurde. Ein zweiter wichtiger Bereich ist der der Produktinnovation, also Forschung und Entwicklung. Als ein Hinweis hierauf wird oft die Tatsache genannt, dass in den letzten zwei Jahrzehnten die Zahl der kreativ arbeitenden Fachkräfte in den entwickelten Volkswirtschaften stark angestiegen ist, beispielsweise hat sich diese Zahl in den USA zwischen 1980 und 1999 von 3,7 auf 7,6 Millionen mehr als verdoppelt.[2] Mindestens ebenso wichtig für das Wertschöpfungspotenzial eines Unternehmens ist also neben organisatorischer Innovation die Produktinnovation.

Eine von PricewaterhouseCoopers unter mehr als 800 CEOs und Board Directors in Großbritannien, Frankreich, Deutschland, Spanien, Australien, Japan und den USA durchgeführte Umfrage ergab, dass Unternehmen, die 80 Prozent ihrer Umsatzerlöse durch neue Produkte erzielten, ihre Marktkapitalisierung innerhalb von fünf Jahren im Durchschnitt verdoppelt haben. Überdurchschnittlich erfolgreiche Unternehmen, die jährlich einen Total Shareholder Return (TSR[3]) von mehr als 37 Prozent erzielen und die in den letzten fünf Jahren einen kontinuierlichen Umsatzzuwachs verzeichnen konnten, generieren im Durchschnitt 61 Prozent ihrer Umsatzerlöse aus neuen Produkten und Dienstleistungen. Bei der Vergleichsgruppe der weniger erfolgreichen Unternehmen beträgt dieser Wert nur 26 Prozent.[4] Zudem erwirtschaften Investitionen in Innovationen Renditen, die deutlich über den durchschnittlichen Kapitalkosten liegen. Eine Untersuchung der Ergebnisse nach Steuern von Software- und Biotechnologieunternehmen, also von Unternehmen, die fast ausschließlich auf innovationsrelevantem Wissenskapital und Intangible Assets basieren, zeigt, dass die durchschnittliche Eigenkapitalrendite dieser Unternehmen um 50 Prozent über der Rendite von Unterneh-

2 Leonard Nakamura, »Economics and the New Economy. The Invisible Hand Meets Creative Destruction«, Federal Reserve Bank of Philadelphia Business Review 7–8/2000, S. 17

3 Der Total Shareholder Return ist die Gesamtrendite eines Investments in Aktien, bei deren Berechnung sowohl Dividendenzahlungen als auch Aktienkursveränderungen berücksichtigt werden.

4 Frank Milton und Trevor Davis, »Innovation and Growth. Thriving Beyond 2000«, http://www.pwcglobal.com/Extweb/industry.nsf/docid/C80F5245FE5866B385256A1F001AE541 im Februar 2000

men liegt, die in erster Linie in physische Assets investieren, und um 130 Prozent über der Rendite von Finanzanlagen.[5] Die Untersuchung zieht damit den direkten Vergleich zwischen der Rendite traditioneller Investitionen (etwa in Wertpapiere oder physische Assets wie Produktionsanlagen) und der Rendite von Innovationskapital oder Intangible Assets:

Finanzanlagen	
Durchschnittlicher Ertrag über zehn Jahre von US-Staatsanleihen:	4,5 %
Materielle Vermögenswerte/Physische Assets	
Durchschnittliche Eigenkapitalrendite von Unternehmen mit physischen Assets und Warenbeständen:	7,0 %
Immaterielle Vermögenswerte/Intangible Assets	
Durchschnittlich erwartete Kapitalrendite für Unternehmen der Biotechnologie- und Softwarebranche:	10,5 %

Das Wertschöpfungspotenzial von innovationsbezogenen Investitionen in Intangible Assets kann sogar noch größer sein. Im Rahmen einer Untersuchung der Daten von 83 Chemieunternehmen über einen Zeitraum von 25 Jahren wird festgestellt, dass die durchschnittliche Rendite von Investitionen in Forschung und Entwicklung vor Steuern 25,9 Prozent betrug, während traditionelle Investitionsprogramme nur eine Rendite von 15 Prozent erbrachten.[6]

Investitionen in Intangible Assets, beispielsweise in Forschung und Entwicklung sowie in Organisationskapital, etwa in neue IT-Anwendungen, die eine höhere Qualität der Beziehungen zu Geschäftspartnern und Kunden ermöglicht, wurden so in die Position des wichtigsten Wertschöpfungsfaktors der Unternehmen gehoben. Die Dringlichkeit von systematischem Innovationsmanagement ist deshalb heute jedem Unternehmensleiter bewusst. In Zukunft wird jedoch die Investition in Forschung und Entwicklung und in Informationstechnik für das erfolgreiche Bestehen im Wettbewerb allein nicht mehr ausreichen.

Erfolgreiches Wachstum wird von denjenigen Unternehmen ausgehen, die alle vorhandenen Fähigkeiten und Mitarbeiter zur Verfolgung künftiger Marktanforderungen nutzen. Die Zeit ist vorbei, in der neue Ideen ausschließlich von Individuen ausgingen (als bedeutende Entdeckungen und Erfindungen, wie die Elektri-

5 Die Studie wurde von Baruch Lev durchgeführt und ist erwähnt in: Thomas A. Stewart, »Accounting Gets Radical«, Fortune Magazine, 16.4.2001

6 David Aboody und Baruch Lev, »R&D Productivity in the Chemical Industry«, März 2001 (http://www.stern.nyu.edu/~blev/chemical-industry.doc)

zität und das Telefon) oder mit spezialisierten Funktionsabteilungen (wie z. B. der Forschungs- oder der Marketingabteilung) verbunden waren. Heute müssen *alle* Managementebenen und Mitarbeiter wie auch die wichtigsten externen Stakeholder in unternehmerische Innovationsprozesse einbezogen werden.

Innovation als Schlüsselfaktor der Wertschöpfung in der neuen Ökonomie muss auf der operativen Ebene erfolgen, also dort, wo täglich mit Kunden und anderen Geschäftspartnern umgegangen wird – zum Beispiel durch neue Abläufe und Strukturen. Sie muss ebenso auf der Produkt- und Marktentwicklungsebene Eingang finden, wo neue Technologien konzipiert und neue Produkte entwickelt und vermarktet werden. Und schließlich muss Innovation auch auf der strategischen Ebene erfolgen, auf der Unternehmen definieren, wo investiert wird, um künftig Wert zu schaffen, und wo entschieden wird, wie man welche Intangible Assets zur Förderung von Wachstum kombinieren wird – beispielsweise eine neue Organisationsform mit einem innovativen Produkt, das entweder selbst entwickelt oder erworben wird. Sämtliche dieser Innovationsaktivitäten auf den verschiedenen Ebenen müssen miteinander vernetzt werden, damit Unternehmen sich als Ganzes schnell und erfolgreich erneuern können.

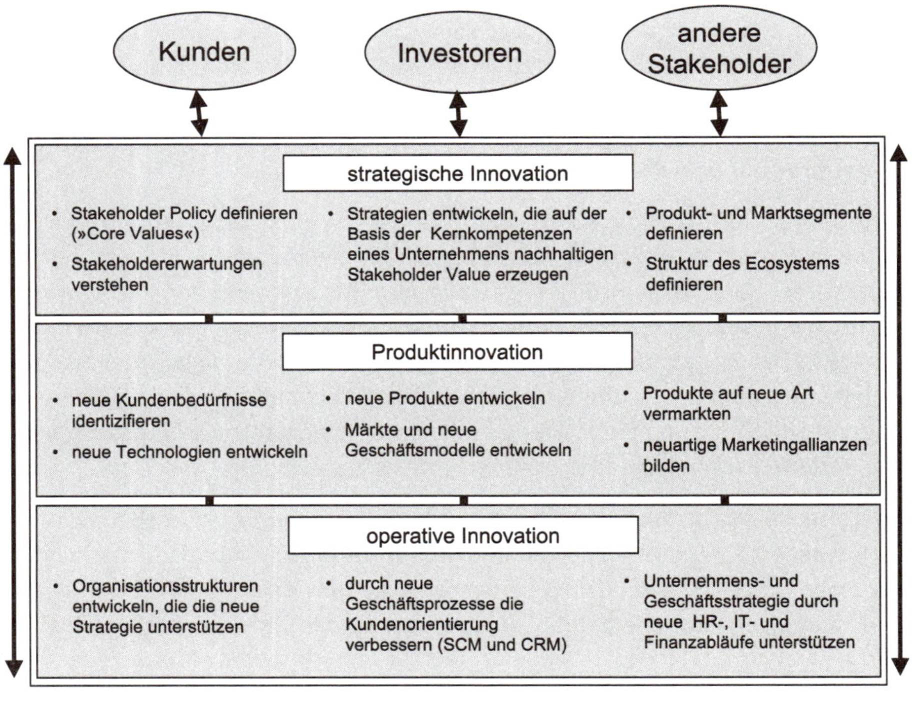

Abbildung 5.1 Das Unternehmen als Innovationssystem

Dafür wird ein Managementsystem benötigt, das fähig ist, die gesamte Organisation zu ständiger profitabler und wertschaffender Innovation in allen Bereichen und auf allen Ebenen anzuleiten, ohne dabei einen gemeinsamen Fokus vermissen zu lassen. Es muss dabei helfen, die Effektivität der Unternehmensaktivitäten, ihre Effizienz und ihren geschäftlichen Erfolg unter den Bedingungen der neuen Ökonomie zu messen, Managementprozesse besser zu organisieren und das externe Berichtswesen und die Kommunikation mit den wichtigsten Stakeholdern so zu gestalten, dass in dem stärker durch Stakeholder dominierten Umfeld der neuen Ökonomie optimale Ergebnisse erzielt werden können.

Es ist davon auszugehen, dass Unternehmen in naher Zukunft massiv in neue Managementsysteme und so genannte Corporate-Performance-Management-Konzepte investieren werden. Viele Fragen sind bezüglich eines allgemein anwendbaren Konzepts für das neue Managementsystem allerdings noch offen, obwohl es bereits einzelne viel versprechende Ansätze sowohl aus der akademischen Forschung als auch aus der Praxis von Beratungsunternehmen und ersten Anwenderunternehmen gibt, die sich als Bausteine für das neue System nutzen lassen.

Dieser Teil des Buchs soll deshalb dem Leser einen konzeptionellen Rahmen für ein neues Managementsystem liefern, das zur Führung von Unternehmen in der mehr auf Intangible Assets basierenden neuen Ökonomie besser geeignet ist als die bislang üblichen Managementinstrumente. Dabei ist es das Ziel des Autors, dem Leser einen möglichst umfassenden Überblick über die Elemente des neuen Systems, über deren Zusammenhang und auch über die entsprechenden Managementkonzepte zu geben. Es soll und kann jedoch keine bereits hundertprozentige Lösung präsentiert werden. Die folgenden Kapitel sollen vielmehr Managern, Controllern, Beratern und anderen, die sich mit diesen Themen beschäftigen, Anregungen liefern, um für ihr Unternehmen oder das ihrer Kunden die Managementwerkzeuge zu konzipieren, die heute und in Zukunft benötigt werden. Damit soll es den Beginn einer Reise darstellen, die viele Organisationen und Unternehmen in den nächsten Jahren in eine neue Management-Welt mit neuen und verbesserten Instrumenten und Methoden für ein erfolgreiches Corporate Performance Management führen wird.

Vieles spricht dafür, dass Initiativen, die solche neuen Managementwerkzeuge und Methoden entwickeln und implementieren, die nächste größere Welle der Produktivitätsverbesserung auslösen können. Indem Unternehmen vorausschauender handeln, dabei ihre Chancen und Risiken besser abschätzen und ihre neuen Produktivfaktoren besser nutzen können, verbessern sie ihre Performance und Rendite. Dies bedeutet jedoch nicht, dass Unternehmen, die diese noch nicht durchgeführt haben, die Phase der organisatorischen operativen Erneuerungen, wie sie beispielhaft in Teil 2 dargestellt wurden, einfach überspringen können. Denn diese stellen eine wesentliche Basis für das neue Managementsystem dar, sowohl organisatorisch als auch informationstechnisch: Sie liefern erst die flexibleren Strukturen und Prozesse, die die neuen operativen Wertschöpfungsaktivitäten im Bereich Produktinnovation und Beziehungsaufbau mit Geschäftspartnern beherrschbar machen und die sich mit dem im Folgenden beschriebenen Managementansatz systematisch und funktionsübergreifend steuern lassen. Die entsprechenden operativen Informationssysteme stellen, quasi als Nebenprodukt, die Daten und Informationen bereit, die für das neue Managementsystem als Rohmaterial benötigt werden. Ein wohl organisiertes, auf E-Business basierendes Geschäftssystem ist somit eine gute Grundlage für das neue Managementsystem.

Die meisten Unternehmen werden die erste Phase größerer Investitionen in neue Strukturen und Abläufe in nächster Zukunft abschließen. Es ist daher an der Zeit, mit dem fehlenden Gegenstück zu den neuen Organisationsstrukturen und -prozessen zu beginnen: mit der Konzeption und Implementierung eines neuen Managementsystems. Bevor wir uns damit näher beschäftigen, soll jedoch erst ein Experte und Innovator auf dem Gebiet des neuen strategischen Managementsystems zu Wort kommen: David P. Norton, Miterfinder der Balanced Scorecard.

Interview mit David P. Norton

Der Harvard-Professor Robert S. Kaplan und der Managementberater David P. Norton haben die Balanced Scorecard zum ersten Mal 1992 in einem Artikel im Harvard Business Review beschrieben. Sie haben damit ein Managementsystem vorgestellt, das sich nicht ausschließlich auf finanzielle Informationen, sondern auch auf wichtige nichtfinanzielle Leistungsindikatoren (Key Performance Indicators – KPI) stützt.

Das Konzept von Kaplan und Norton basiert auf eingehenden Untersuchungen erfolgreich geführter Unternehmen. Diese ergaben, dass jene Unternehmen eine ausgewogene, systematische Vorgehensweise beim Management der Kundenanforderungen, der internen Prozesse, der Innovation und Weiterbildung und ihrer finanziellen Leistung entwickelt hatten. Sie schlugen daher vor, KPIs in vier so genannte Perspektiven zu untergliedern: in die finanzielle, die Kunden- und Markt-, die interne sowie die Innovations- und Lernperspektive. In den darauf folgenden Jahren entwickelte sich die Balanced Scorecard zu einem der erfolgreichsten Konzepte des Unternehmensmanagements und fand weltweit das Interesse von Managern und Beratern. Etwa 50 Prozent der größten US-amerikanischen Unternehmen haben entweder bereits ein auf der Balanced Scorecard basierendes Managementsystem implementiert oder sind im Begriff, dies zu tun.

Kaplan und Norton beschreiben das ursprüngliche Konzept von 1992 in ihrem ersten Buch »Balanced Scorecard«, das 1996 veröffentlicht wurde.[7] Eine weiterentwickelte Version dieses Konzepts stellten sie in ihrem kürzlich erschienenen Buch »Die strategiefokussierte Organisation« vor, in dem die Balanced Scorecard als Strategiemanagementsystem statt als Messsystem beschrieben wird.[8] Sie führten einen neuen Ansatz für die Unternehmenssteuerung ein, der Strategiemanagement zu einem kontinuierlichen Prozess macht, der nicht nur das Top-Management, sondern alle Mitarbeiter eines Unternehmens einbezieht.

David Norton ist Mitbegründer und Präsident der Balanced Scorecard Collaborative[9], eines Anbieters von Professional Services, dessen Mission die weltweite Verbreitung, Unterstützung bei der Anwendung, Verbesserung und Konsistenzsicherung der Balanced Scorecard ist.

Das Interview mit David Norton fand im Februar 2001 statt. Ich bin ihm zum ersten Mal etwa zwei Jahre zuvor begegnet. Damals arbeiteten wir gemeinsam an einem »White Paper«, das ein Konzept für ein solches neues strategisches Managementsystem beschreibt und sich auch damit befasst, wie eine integrierte analytische Softwareanwendung es unterstützen kann.[10]

Jürgen Daum: David, lassen Sie uns mit der Balanced Scorecard beginnen. Viele glauben noch immer, dass sie ein Messsystem ist. Der Titel Ihres kürzlich erschienenen Buchs, das Sie zusammen mit Robert Kaplan geschrieben haben, lautet: »Die strategiefokussierte Organisation. Führen mit der Balanced Scorecard«. Es ist also offensichtlich die Strategie, nicht das Messsystem, die im Zentrum des neuen Managementsystems steht, das Sie als »Balanced Scorecard« bezeichnen. Doch warum ist Strategie in der heutigen Wirtschaft so wichtig geworden?

David Norton: Strategie war immer schon wichtig. Was heute aber anders ist, ist die Geschwindigkeit der wirtschaftlichen Veränderungen. Und dabei sind vor allem die fundamentalen Veränderungen wesentlich: das Aufkommen der Wissensökonomie und des Wissensarbeiters. Früher basierte eine Unternehmensstrategie auf dem Einsatz materieller Vermögenswerte, wie zum Beispiel in der Stahlindustrie und der Automobilbranche und in produzierenden Unternehmen im Allgemeinen. Wie in der neuen Ökonomie Wert geschaffen wird, wird dagegen

7 Robert S. Kaplan und David P. Norton, The Balanced Scorecard. Translating Strategy into Action, Harvard Business School Press, 1996. Deutsche Ausgabe: Balanced Scorecard. Strategien erfolgreich umsetzen, Schäffer-Poeschel, 1997

8 Robert S. Kaplan und David P. Norton, The Strategy-focused Organization, Harvard Business School Press, 2000. Deutsche Ausgabe: Die strategiefokussierte Organisation. Führen mit der Balanced Scorecard, Schäffer-Poeschel, 2001

9 http://www.bscol.com/

10 Dies war ein White-Paper über SAPs Strategic-Enterprise-Management-Lösung, für die der Autor damals als Produktmanager zuständig war.

durch Intangible Assets bestimmt, wie etwa durch das Wissen ihrer Mitarbeiter, durch Computersysteme und Software, durch ihre Arbeitsabläufe und durch eine Unternehmenskultur, die Innovation ermöglicht. Alle diese Dinge lassen sich finanziell nur schwer quantifizieren. Aber in ihnen liegt heute der Unterschied zwischen Erfolg und Misserfolg begründet. Vor 20 Jahren verfügten wir über die Werkzeuge, nämlich finanzorientierte Werkzeuge, die für das Management materieller Produktivfaktoren und der entsprechenden Strategien benötigt wurden. Heute leben wir in einer anderen Welt. Jetzt wird wirtschaftlicher Wert aus Intangible Assets geschaffen. Deshalb benötigen wir neue Managementwerkzeuge. Unternehmen verstehen heute zwar, was sie tun müssen, welches die richtigen Strategien sind, um im Wettbewerb der neuen Ökonomie erfolgreich zu sein. Sie verfügen aber nicht über die Managementinstrumente, die sie in die Lage versetzen, das auch erfolgreich umzusetzen. Das Ergebnis ist, dass sieben von zehn Unternehmen bei der Strategieumsetzung scheitern.

Jürgen Daum: Ich erinnere mich daran, wie Sie auf einer Ihrer Konferenzen gesagt haben, dass ein Hauptunterschied zwischen einem auf materiellen und einem stärker auf Intangible Assets basierenden Unternehmen darin besteht, dass Intangible Assets schwieriger zu managen sind, da sie mehr einen potenziellen Wert als einen Wert an sich darstellen. Sie sagten, Unternehmen benötigten daher nicht nur ein strategisches Managementsystem, um schnell und strukturiert auf Änderungen des Markts reagieren zu können, sondern auch, um ihre Aktivitäten, die sich auf diese Intangibles beziehen, zu fokussieren, um damit dann tatsächlich finanziellen Wert zu schaffen. Sie sagten, dass die Strategie deshalb die einzigartige Weise repräsentiert, mit der ein Unternehmen Wert schafft.

David Norton: Ja, genau das ist Strategie. Strategie ist die Methode, mit der eine Organisation für ihre Aktionäre oder für ihre Stakeholder Wert schafft. Wenn sie ein Privatunternehmen sind, besteht ihr Ziel darin, längerfristigen finanziellen Wert für ihre Aktionäre zu erwirtschaften. Wenn sie ein Krankenhaus sind, besteht ihr Ziel darin, längerfristig die Gesundheit ihrer Patienten zu erhalten. So wird jeweils der geschaffene Wert gemessen. Ihre Strategie definiert, wie sie diesen Wert erzeugen. Ein wesentlicher Unterschied zwischen alter und neuer Ökonomie besteht darin, dass es keine Eins-zu-eins-Beziehung zwischen einem Intangible Asset, wie etwa dem Wissen eines Mitarbeiters, und dem finanziellen Ergebnis gibt. Wenn ich meine Mitarbeiter für einen Monat auf eine Schulung schicke, kann ich nicht direkt aufzeigen, dass meine Verkaufszahlen steigen oder meine Kosten sinken. Stattdessen muss ich sicherstellen, dass sich durch das Training so etwas wie Qualitätsverbesserung einstellt, und wenn sich die Qualität verbessert, könnte das Vertrauen der Kunden steigen, und wenn dies geschieht, dann verbessern sich vielleicht die Verkaufszahlen. Es ist eine Logik in vier Schritten, zwischen dem Training einer Person und dem Erzielen eines Ergebnisses. Das wesentliche Merkmal von Intangible Assets ist, dass sie die Schritte beschreiben müssen, die zur endgültigen Wertgenerierung führen. Und das genau ist es, was Strategie ausmacht.

Ein weiterer Unterschied zwischen alter und neuer Ökonomie besteht darin, dass sich der Wert eines einzelnen Intangible Assets, wie etwa Wissen, nicht isoliert feststellen lässt. Wertmanagement auf Basis von Intangible Assets funktioniert eher wie ein Kochrezept: Es bedarf mehrerer Zutaten. Schulung ist nur eine. Sie müssen zum Beispiel auch in Informationssysteme investieren, sie müssen ein Incentive-Programm aufsetzen und schließlich auch Führung zeigen. Man muss mehrere Assets kombinieren, um ein Ergebnis zu erzielen. Ein Finanzsystem kann diesen Prozess der Wertschöpfung unmöglich beschreiben. Das Finanzsystem produziert immer nur Momentaufnahmen: Es ist nicht in der Lage, die zeitliche Logik von Ursache und Wirkung darzustellen. Finanzsysteme sind immer singulär. Sie betrachten »Arbeit« als eine Kategorie und »Lagerbestand« als eine andere. Sie sind nicht in der Lage, verschiedene Assets zu einem, sagen wir »strategischen Rezept« zu integrieren. Und das ist der Grund, weshalb die Balanced Scorecard so populär wurde.

Jürgen Daum: Kommen wir auf Ihr kürzlich erschienenes Buch zurück. Ihre zentrale Aussage darin ist, dass die gesamte Organisation strategiefokussiert werden muss. Welches sind die wichtigsten Prinzipien einer derart strategiefokussierten Organisation?

David Norton: Die Grundidee basiert auf dem Wort »fokussiert«. Jedes Performance-Managementsystem hat einen Fokuspunkt. Normalerweise handelt es sich dabei um die finanzielle Performance. Alles in der Organisation wird dann an ihr ausgerichtet. Wenn es das Budget ist, ist jeder an kurzfristigen finanziellen Zielen orientiert und lebt nur im Budget des jeweiligen Jahres. Manche Organisationen führen Qualitätsprogramme ein und werden qualitätsfokussiert. Was wir bei unserer Arbeit mit zahlreichen Unternehmen gelernt haben, ist, dass sie ihre Strategie, wenn sie diese erfolgreich umsetzen wollen, zum Fokuspunkt ihres Managementsystems machen müssen. Alles muss an der Strategie ausgerichtet werden. Das bedeutet, wenn Sie jemandem erklären, was Ihre Organisation tut, dass Sie ihn über Ihre Strategie aufklären sollten. Wenn Sie Entlohnungs- und Incentive-Systeme schaffen, sollten Sie sich an der Strategie ausrichten. Wenn Sie Ressourcen im Unternehmen durch Budgets zuteilen, dann sollte dies entsprechend der Strategie geschehen. Solche Dinge scheinen sich von selbst zu verstehen, aber so geschieht es in den meisten Unternehmen nicht. Statt Dinge an der Gesamtstrategie auszurichten, sind die meisten Managementsysteme nur an einem Teil ausgerichtet, zum Beispiel an Qualität, am Budget oder am EVA. Dies alles sind gute Konzepte. Sie sind jedoch nur ein Aspekt der Strategie. Sie müssen einen Schritt zurücktreten und eine holistische Beschreibung jedes Elements der Strategie finden und diese dann in das Zentrum Ihrer Organisation stellen. Ich glaube, dass der Durchbruch, den die Balanced Scorecard hier bringt, damit zu tun hat, dass ein Unternehmen zum ersten Mal eine Möglichkeit hat, seine Strategie zu beschreiben, weil sie es erlaubt, nichtfinanzielle Faktoren, also Intangible Assets, zu berücksichtigen und zu zeigen, wie diese zum Finanzergebnis in Beziehung stehen. Und wenn Sie sie beschreiben können, dann können Sie sie auch managen. In der Vergangenheit haben wir versucht, etwas zu managen, das wir noch nicht einmal beschreiben konnten, was unmöglich ist.

Jürgen Daum: Sie haben jedoch auch gesagt, dass ein auf einer Balanced Scorecard basierendes Managementsystem eine Strategie nicht nur beschreibe. Es mache sie auch zu einem kontinuierlichen Prozess. Dieses Managementsystem scheint also kein statisches, sondern eher ein dynamisches System zu sein. Können Sie erläutern, wie die Balanced Scorecard eine Strategie zu einem kontinuierlichen Prozess macht?

David Norton: Die Balanced Scorecard beschreibt die Theorie Ihrer Strategie. Sie definiert Ihre Hypothese – das ist der von mir verwendete Ausdruck. Sie gehen davon aus, dass B eintreten wird, wenn Sie A tun. Das ist Ihre Strategie: A tun und so B herbeiführen. Nun teilen Sie das Ihrer Organisation so mit, dass es verstanden wird: A muss getan werden, damit B eintritt. Strategie ist jedoch eine komplexe Angelegenheit. Sie sind sich nicht sicher, ob B eintreten wird. Sie müssen also nun Ihre Strategie über Ihr Feed-back-System überwachen. Im Prinzip tun Sie nichts anderes, als Ihre Hypothese zu testen.

Ein Managementteam sollte sich jeden Monat treffen und gemeinsam die erreichten Fortschritte prüfen. Sie sollten ständig die Frage stellen: Wenn ich A tue, tritt B dann ein? Zum Beispiel: Wenn ich die Mitarbeiter schule, erhöht sich die Qualität tatsächlich? Und wenn sich die Qualität verbessert hat, wirkt sich dies positiv auf die Kundentreue aus? Auf diese Weise beginnen Sie, Ihre Strategie zu testen. Man entwickelt keine Strategie, um diese dann ein Jahr lang nicht mehr anzusehen. Dies muss kontinuierlich geschehen. Ich habe selten ein Unternehmen kennen gelernt, das über eine grundfalsche Strategie verfügte.

Eine große New Yorker Bank, die sich bemühte, eine Fusion mit einer anderen Bank zu verdauen, setzte es sich zum Ziel, keinen Kunden bei dem Zusammenschluss zu verlieren. Man stellte dann aber fest, dass man Kunden in einem bestimmten Bereich verloren hatte. Als man sich die Kunden, die man verloren hatte, genauer ansah, kam heraus, dass es sich dabei um unprofitable Kunden handelte. Man hatte also Geld dafür ausgegeben, diese Kunden zu behalten, während man hätte froh sein sollen, sie zu verlieren. Als die Bank sah, was geschehen war, bemerkte man, dass die Strategie einen Fehler hatte, und man korrigierte die Ziele. Statt eine möglichst große Zahl von Kunden zu behalten, ging es nun darum, die meisten profitablen Kunden, die wirkliche Assets darstellten, zu behalten. Das Ergebnis der Änderungen war, dass der Zusammenschluss ein Erfolg wurde. Die Idee, die Kunden behalten zu wollen, war nicht falsch. Die Bank hat nur einen kleinen Fehler gemacht und sich nicht gefragt, welche Kunden gehalten werden sollten. Sie machte einen Lernprozess durch und es gelang ihr schließlich, 95 Prozent der gemeinsamen Kunden-Assets zu erhalten. Fünf Jahre später kam es zu einer weiteren Zusammenführung mit einer anderen größeren Bank und diesmal gelang es, 99 Prozent der kombinierten Assets zu erhalten.

Sie können hier sehen, wie diese Bank nicht nur ihre Strategie geändert hat, sondern wie sie das Gelernte als Kernkompetenz innerhalb der Organisation bewahrte. Das ist die Idee kontinuierlichen Lernens. Es ist eine geschlossene Schleife. Zu Beginn ist Ihre Strategie eine Theorie. Sie wird dann von Ihnen getestet und anhand weiterer Erfahrungen modifiziert.

Jürgen Daum: Es handelt sich also um »Organisational Learning«?

David Norton: Ja, genau.

Jürgen Daum: Organisational Learning hat vermutlich sehr viel mit der Qualität der Kommunikation zwischen den Personen innerhalb einer Organisation zu tun. Und wie wir anhand des Aufkommens von ERP-Systemen im Laufe der 90er-Jahre gesehen haben, kann Informationstechnik bei der Verbesserung der Kommunikation, die mit betrieblichen Managementprozessen in Zusammenhang steht, sehr nützlich sein. Sie kann helfen, die richtigen Informationen zum richtigen Zeitpunkt den richtigen Mitarbeitern verfügbar zu machen. Auf welche Weise, glauben Sie, kann ein Informationssystem ein auf einer Balanced Scorecard basierendes Managementsystem und verwandte strategische Managementprozesse unterstützen?

David Norton: Ein computerbasiertes Managementsystem ist wichtig. Ohne ein computerbasiertes Managementsystem sind Sie als Unternehmen blind und nicht lernfähig. Und ich glaube, dass dies in zweierlei Hinsicht gilt: Zum einen erlaubt Ihnen ein Computersystem, dass Informationen als Grundlage für das Lernen zu Ihnen zurückfließen, und zum anderen vergrößert es Ihren Kommunikationsradius. Nach meiner Erfahrung geschieht dies auf zwei Ebenen. Auf Ebene eins klären die Top-Manager gemeinsam ihre Strategie, entwerfen eine Scorecard und teilen dies der Organisation mit. Diese Art der Kommunikation erfolgt auf ziemlich hoher Abstraktionsebene. Dies ist jedoch wichtig, da es die Welt für die Organisation, für das Unternehmen, vereinfacht. Die Strategie sagt: Diese zehn Dinge sind wichtig. Dies sind die zehn Dinge, die wir erreichen wollen und auf die sich alle konzentrieren sollen. Das wird verstanden und die Mitarbeiter beginnen entsprechend zu handeln. Und am ersten Tag brauchen ihre Mitarbeiter kein Mess- oder Computersystem, um das zu tun. Sie müssen wissen, dass Sicherheit wichtig ist. Sie müssen wissen, dass die Zufriedenheit der Kunden wichtig ist. Sie erzielen bereits Erfolge durch die klare Mitteilung der Prioritäten Ihrer Organisation.

Nachdem Sie dies getan haben, müssen Sie jedoch auf die nächste Ebene gelangen. Das Informationssystem erlaubt es Ihnen, feiner zu werden und ins Detail zu gehen. Nehmen Sie etwa die Bank, die, statt die wirklichen Assets, irgendwelche Kunden zu behalten versuchte. Ohne ein Informationssystem wäre sie nicht in der Lage gewesen, ihre Strategie umzusetzen, denn sie hätte nicht wissen können, welche Kunden unprofitabel sind. Ohne diese Informationen wäre sie völlig orientierungslos gewesen. Sie hätte nicht sagen können: Wir sollten uns keine Sorgen darum machen, dass wir diese Kunden verlieren, denn sie sind nicht profitabel. Die alles entscheidende Frage aber war: Welche sind die profitablen Kunden? Das Informationssystem erlaubte der Bank zunächst, die Hypothese zu testen und festzustellen, dass der Verlust von Kunden nicht bedenklich war, da es sich um unprofitable Kunden handelte. Und zweitens erlaubte es ihnen, darauf zu reagieren. Ohne ein Informationssystem wären sie dazu nicht in der Lage gewesen.

Sie können das Informationssystem auch dazu verwenden, die Scorecards tiefer in der Organisation zu verankern. Einer der Schlüsselfaktoren einer erfolgreichen Strategieimplementierung ist die einheitliche Ausrichtung der Organisation, von der Spitze bis zur Basis. Eine Maßnahme ist die Information und Schulung der Basis. Wenn Sie es jedoch erreichen, dass die Mitarbeiter an der Basis die neue Strategie und Scorecard wirklich internalisieren und ihre eigenen Scorecards und Ziele auf eine Weise zu formulieren, die mit den Scorecards der obersten Ebene konsistent ist, dann haben Sie etwas sehr Wirkungsvolles. Und noch einmal: Ohne ein Informationssystem ist dies kaum zu erreichen, während es mit einem Informationssystem sehr leicht ist. Ein Informationssystem gibt Ihnen die Möglichkeit, das Problem der Strategieumsetzung von zwei Seiten aus anzugehen: Sie können damit tiefer in die Organisation eindringen und feiner in der Umsetzung werden, und gleichzeitig können Sie damit detailliertere Daten und Informationen erhalten und auf diese Weise tiefere Einsichten erlangen.

Jürgen Daum: Sie erwähnten, dass das Führungsteam in der ersten Phase der Definition der Strategie, jedoch auch in der Ausführungsphase eine wichtige Rolle spielt. Was genau ist nun die Beziehung zwischen der Balanced Scorecard und dem Führungsteam, wenn man berücksichtigt, dass die Balanced Scorecard kein Messsystem, sondern ein strategisches Managementsystem ist?

David Norton: Die Balanced Scorecard ist definitiv kein Messprogramm. Sie ist eine Technik zur Beschreibung einer Strategie. Sie verwendet eine Sprache, die sich Messgrößen bedient, da hierdurch Klarheit geschaffen wird: Messgrößen sind unzweideutig. Sie könnten sagen, dass Qualität wichtig ist. Doch was ist mit Qualität gemeint? Termintreue? Die durchschnittliche Fehlerrate? Messgrößen zwingen Sie, spezifischer und deutlicher zu werden. Was Sie im Grunde tun, ist dies: Sie verwenden Messgrößen zur Beschreibung der Strategie. Genau das ist es, was eine Balanced Scorecard tut.

Zunächst liegt die Verantwortung für die Strategie beim Führungsteam. Es hat überhaupt keinen Zweck, mit der Beschreibung der Strategie zu beginnen, wenn das Führungsteam nicht daran beteiligt ist. Noch wichtiger ist, dass Strategie immer Veränderung bedeutet. Sie versuchen, Ihre Organisation an ein Ziel, an einen Ort zu führen, wo sie noch nie gewesen ist. Und um dies zu erreichen, müssen Sie grundlegende Änderungen herbeiführen. In der heutigen Wirtschaft ist das Ausmaß dieser Änderungen allumfassend. Sie müssen alles ändern: die Fähigkeiten Ihrer Mitarbeiter, die Organisationsstruktur, die Technologie. Sie müssen E-Commerce einführen und neue Investitionen tätigen. Die kritische Rolle der Top-Manager bei der Strategieumsetzung besteht deshalb im Management eines komplexen Änderungsprozesses. Hierbei ist die Balanced Scorecard behilflich, da sie die Vision davon, wo es hingehen soll, kommunizieren kann; sie hilft dabei, mögliche Fortschritte zu messen; sie hilft dabei, Feedback zu bekommen. Im Kern geht es darum, dass das Führungsteam die Balanced Scorecard als ein Werkzeug nutzt, um Veränderungen zu managen.

Ohne die Beteiligung der Unternehmensführung lassen sich die erforderlichen Änderungen nicht herbeiführen. Es lässt sich keine Umstrukturierung durchführen. Die erforderlichen Investitionen in Training und Qualität können nicht erfolgen. Allein die Unternehmensführung kann dies leisten. Ohne die Beteiligung des Top-Managements werden Sie den Nutzen einer Balanced Scorecard nicht realisieren können. Die erste Frage, die ich stelle, wenn man mir sagt, dass in einem Unternehmen eine Balanced Scorecard eingesetzt wird, lautet: Wer nutzt sie? Wenn sie vom Führungsteam verwendet wird, bin ich optimistisch, was mögliche Ergebnisse anbetrifft. Ist dies nicht der Fall, weiß ich, dass die Leute ihre Zeit verschwenden.

Jürgen Daum: Sie sagen, dass die Balanced Scorecard den Mitgliedern des Führungsteams eines Unternehmens auch helfen kann, besser miteinander zu kommunizieren und zu einem gemeinsamen Verständnis dessen zu gelangen, was die Unternehmensstrategie wirklich beinhaltet. Häufig besteht das Problem von Führungsteams nach meiner Erfahrung mit Kunden darin, dass zum Beispiel der Marketingleiter nur auf den Marktanteil fixiert ist, dass der Fertigungsleiter nur die

Auslastung der Produktionskapazitäten und der CFO, der Finanzchef, nur die finanziellen Aspekte im Auge hat. Wenn sie ihre Strategie erfolgreich umsetzen wollen, müssen sie zusammenkommen und ein gemeinsames Verständnis dessen erarbeiten, was genau die Strategie des Unternehmens sein soll. Können Sie erläutern, wie die Balanced Scorecard hierbei helfen kann?

David Norton: Das Implementieren einer Strategie bedeutet, dass jede Facette, jeder Bereich der Organisation auf eine gemeinsame Richtung hin seinen Beitrag leisten muss. Und dies beginnt auf der obersten Ebene. Das typische Führungsteam, der Vorstand, besteht aus etwa zehn Personen. Diese Leute sind an die Spitze gelangt, weil sie die besten in ihrer jeweiligen Nische waren. Der Finanzchef, der Personalchef, der Fertigungsleiter oder der Marketingleiter, jeder oder jede von ihnen beherrscht eine komplexe Disziplin. Und wenn sie in das Führungsgremium gelangen, verstehen sie zwar sehr viel von ihrem jeweiligen Fach, aber sehr wenig von dem der anderen. Eines der wunderbaren Dinge die geschehen, wenn sie nun ihre Strategie mit Hilfe der Balanced Scorecard entwickeln, ist, dass diese Manager nun etwas über die übrigen Bereiche lernen.

Sie lernen etwas über Marketing und Kundensegmentierung. Oder sie lernen etwas über den Prozess der Personalentwicklung. In hohem Maß findet wechselseitiges Lernen statt. Das versetzt sie in die Lage, zu erkennen, wie ihr Bereich in der Organisation durch die anderen beeinflusst wird. Dies schafft ein gemeinsames Bewusstsein, das durch das Verständnis der verschiedenen Teile der Strategie und wie sie selbst da hineinpassen, entsteht. Und dies wird jedes Mal, wenn das Managementteam zusammenkommt, noch verstärkt. Sie fokussieren sich auf dieses gemeinsamen Modell: ihre Strategie. Plötzlich stellen sie fest, dass Marketing nicht mehr länger der ausschließliche Verantwortungsbereich des Marketingleiters ist. Die Manager beginnen nun, im Team daran zu arbeiten. Häufig wird zur Beschreibung der Art und Weise, wie Manager versuchen, ihre Organisationen mit Hilfe kritischer Leistungsindikatoren zu lenken, der Ausdruck »Cockpit« verwendet. Aber eigentlich geht es dabei darum, dass sie als Team zusammenarbeiten und alle dieselben Indikatoren und dasselbe Geschäftsmodell betrachten, und zu verstehen, wie sie es gemeinsam zum Erfolg führen.

Jürgen Daum: Können Sie die Vorteile zusammenfassen, die aus der Anwendung eines auf einer Balanced Scorecard basierenden Managementsystems resultieren?

David Norton: Wir sehen jetzt den Nutzen der Balanced Scorecard an den Ergebnissen, die die Pionier-Unternehmen mit ihr erzielen konnten. Verschiedene Untersuchungen zeigen, dass es sieben von zehn oder sogar neun von zehn Unternehmen nicht gelingt, eine Strategie erfolgreich umzusetzen. Im Gegensatz dazu haben unsere eigenen Untersuchungen gezeigt, dass Balanced-Scorecard-

Unternehmen diese Schwierigkeiten überwinden – mit teilweise verblüffenden Ergebnissen.

Wir verfügen über eine Reihe von Fallstudien über Unternehmen, die im Laufe der 90er-Jahre eine Balanced Scorecard dazu verwendet haben, die Implementierung ihrer Strategie zu unterstützen. Sie haben beachtliche Erfolge vorzuweisen. Hierzu gehören Unternehmen wie Mobil Oil, das innerhalb seiner Branche vom Unternehmen mit der geringsten zu dem mit der höchsten Profitabilität aufgestiegen ist. Oder Saatchi & Saatchi, das innerhalb von drei Jahren seinen Shareholder Value verfünffachen konnte. Oder Cigna Property & Casualty, die einen Unternehmenswertzuwachs von 3 Milliarden US-Dollar verzeichnen konnten. Die Top-Manager dieser Unternehmen würden sagen, dass der Einsatz der Balanced Scorecard für ihren Erfolg entscheidend war, dass er ohne die Balanced Scorecard nicht möglich gewesen wäre.

Sie alle verfügten über gute Mitarbeiter, gute Strategien und gute Kunden, aber sie waren ohne Balanced Scorecard nicht in der Lage, dies in geschäftlichen Erfolg umzusetzen. Die Balanced Scorecard gab ihnen die Möglichkeit, die gesamte Organisation zu fokussieren. Die meisten Mitarbeiter wollen, dass ihr Unternehmen erfolgreich ist, sie haben die besten Absichten. Wenn es jedoch an einer gemeinsamen Ausrichtung fehlt, stehen sie sich oft gegenseitig im Wege. Manchmal verursachen sie so mehr Arbeit als sie erledigen. Mit Hilfe der Scorecard gelingt es, sämtliche Energien in die gleiche Richtung zu bündeln. Und Fokussierung macht hier den Unterschied. Im Endergebnis bedeutet dies: Balanced-Scorecard-Anwender setzen ihre Strategie erfolgreich um.

Jürgen Daum: Welche sind die kritischen Erfolgsfaktoren und welche möglichen Fehler müssen vermieden werden, wenn ein Unternehmen ein auf einer Balanced Scorecard basierendes Managementsystem einführen möchte?

David Norton: Die erste und wichtigste Bedingung für den Erfolg ist, dass sie über Sponsoren im Top-Management verfügen. Dann muss man erkennen, dass es sich bei der Balanced Scorecard nicht um ein Messsystem, sondern um ein Programm zur Umsetzung von Strategien handelt. Mit der Balanced Scorecard schaffen Sie sich ein Werkzeug, das Ihre Navigationshilfe sein wird. Dann würde ich sagen: Fangen Sie an! Verbringen Sie nicht zu viel Zeit mit Analysen. Sehen Sie, dass Sie das Programm aufgesetzt bekommen. Erkennen Sie gleichzeitig, dass Sie die Balanced Scorecard mit einem Informationssystem verbinden müssen, dass Sie sie an die gesamte Organisation kommunizieren müssen, dass Sie sie in Ihren Budgetierungsprozess integrieren müssen. Um den vollen Nutzen der Balanced Scorecard zu realisieren, müssen Sie auch diese anderen Schritte unternehmen. Und wenn Sie dies tun, werden erfahrene Manager die Balanced Scorecard wirklich als Werkzeug sehen, und Sie werden im Gebrauch lernen, mit ihr umzugehen. Es gibt dabei nicht den einen richtigen Weg. Wenn Sie jedoch überzeugt sind, unterstützen Sie das Programm, und Sie verstehen es und ändern schließlich auch Ihre eigenen Managementmethoden. Im Gebrauch werden Sie lernen die Scorecard zu gestalten. Wenn diese drei Bedingungen erfüllt sind, werden Sie Erfolg haben.

Jürgen Daum: Sie haben jetzt zehn Jahre Erfahrung mit Unternehmen zum Thema »Balanced Scorecard« gesammelt. Die Balanced Scorecard hat sich in diesem Zeitraum zum weltweit erfolgreichsten Managementsystem entwickelt. Welches werden nach Ihrer Auffassung in den nächsten zehn Jahren die größten Herausforderungen für Unternehmen in dieser immer dynamischeren und immer stärker auf Intangible Assets basierenden Wirtschaft sein und was bedeutet dies für die weitere Entwicklung des strategischen Managementsystems?

David Norton: Ich sehe eine Reihe unterschiedlicher Herausforderungen. Eine bezieht sich auf das Umfeld von Unternehmen. Investoren, Gesetzgeber und Mitarbeiter verlangen alle nach mehr Einsicht in den aktuellen Zustand eines Unternehmens. Und die einzige Art, wie Unternehmen heute Rechenschaft ablegen, ist finanziell. Ich glaube deshalb, dass ein Balanced-Scorecard-Ansatz zum Standard für das externe Berichtswesen an Investoren und Anteilseigner werden wird. Diese Gruppen fragen bereits heute nach dieser Art von Information, sie wird jedoch nicht auf strukturierte Art geliefert. Genauso wie sich die Wirtschaft insgesamt immer mehr von einer sachanlagenintensiven zu einer Intangibles-intensiven Wirtschaft gewandelt hat, genauso wird auch die Rechnungslegung ihren Fokus von materiellen Gütern auf Intangibles wechseln. Und das ist die Migration vom Finanzreporting zum Balanced Scorecard Reporting. Die zweite Sache, die ich kommen sehe, hat mit Management als eigener Disziplin zu tun. Wenn Sie sich die Management-Lehrbücher genauer anschauen, können Sie feststellen, dass in vielen Bereichen der heutigen Unternehmensorganisation sehr ausgefeilte Konzepte angewendet werden. Im Bereich Treasury und Finanzanlagen beschäftigt man sich mit Finanzderivaten. In Raffinerien wird lineare Programmierung angewendet. Statistische Analysen kommen im Marketing für die Analyse der Kundenzufriedenheit zum Einsatz. Nur auf der Top-Managementebene von Unternehmen findet man in der Regel nicht viel »Rocket Science« vor. Die auf Intangible Assets basierende neue Ökonomie verlangt jedoch, dass sich Top-Manager die Beziehungen zwischen Aktionen, Investitionen und ihren längerfristigen Auswirkungen genauer ansehen. Mit anderen Worten, sie verlangt nach Systemdenken, nach »Systems Thinking«. Ich bin der Auffassung, dass Sie im General Management eine verstärkte Hinwendung zu Systems Thinking sehen werden und zu den analytischen Werkzeugen, die zu seiner Unterstützung erforderlich sind.[11]

11 Das Konzept des »Systems Thinking« ist in Kapitel 8 näher beschrieben.

Als dritte Herausforderung sehe ich schließlich das Konzept einer »Balanced Strategy«. Wenn wir von der Balanced Scorecard sprechen denken die meisten an einen Ausgleich zwischen finanziellen und nichtfinanziellen Messgrößen. Darüber hinaus ist jedoch deutlich geworden, dass die Strategie selbst einen Balanceakt darstellt. Eine Strategie besteht nicht darin, nur ein Ziel oder nur ein Thema, wie zum Beispiel das Management der Produktivität, zu verfolgen. Eine Strategie erfordert, dass Sie ein Gleichgewicht zwischen kurzfristigen Aktivitäten, wie etwa der operativen Effektivität, und längerfristigen Aktivitäten, wie zum Beispiel Produktinnovation, herstellen. Typischerweise muss eine Strategie in einem Zeitspektrum mehrere Punkte abdecken. Sie muss sich kurzfristig auf Produktivität konzentrieren, mittelfristig auf die Schaffung von Kundenwert und die Kommunikation von Kundenwert und langfristig auf Innovation. Alle drei Dinge müssen gleichzeitig geschehen. Wenn sie in ein Unternehmen investieren, treffen Anteilseigner ein Urteil darüber, ob dies geschehen wird oder nicht. Sie machen zwar eine längerfristige Investition, wollen jedoch auch kurzfristig Performance sehen. Unternehmen werden deshalb ihre gesamte Strategie darlegen und darüber nach außen berichten müssen. Sie werden über die von Ihnen geplanten Produkte, über ihre Produkt-Pipeline berichten müssen, über den Status bei der Kundentreue und der Qualität der Kundenbeziehungen und schließlich auch über die Kosten pro Transaktion. Ich denke, man wird einen höheren Reifegrad sowohl im Strategiemanagement als auch bei der externen Kommunikation von Unternehmen beobachten können.

Jürgen Daum: Diese Tendenz, externen Parteien nicht nur finanzielle, sondern auch nichtfinanzielle Zahlen auf strukturierte Weise zu kommunizieren, ist sehr interessant. Ich habe dies kürzlich mit Controllingexperten hier in Deutschland diskutiert. Tatsache ist, dass schon heute von Controllern verlangt wird, dass sie diese Art der externen Kommunikation auf der Basis nichtfinanzieller Werttreiber unterstützen, die externe Parteien, hauptsächlich Investoren, Einsicht in den längerfristigen Wertschöpfungsprozess des Unternehmens gewähren soll.

David Norton: Ja, ich glaube, das wird sich in Europa schneller als in den USA durchsetzen. Die Tendenz dazu besteht hier wie dort, in den USA ist man jedoch wesentlich reservierter, wenn es um die Mitteilung negativer Fakten an die Aktionäre geht. Es gibt einen starken Widerwillen auf Seiten der Unternehmensleitung, mehr Informationen herauszugeben, als man muss. Ich glaube, in Europa ist das weniger der Fall. Sie werden hier wohl mehr Innovation sehen.

Jürgen Daum: David, haben Sie vielen Dank für dieses sehr interessante Gespräch.

Was ist ein Managementsystem und was sollte das neue Managementsystem leisten?

In der wissensbasierten neuen Ökonomie, in der Aufwand und Ergebnisse nicht mehr so direkt korrelieren, erfordert geschäftlicher Erfolg mehr als nur die Kontrolle und das Management von Ressourcen und Kosten. Um heute geschäftlichen Erfolg zu haben, müssen risikoreiche Entscheidungen darüber getroffen werden, worin der Geschäftszweck des Unternehmens besteht, welches seine Strategie ist, wie das Gleichgewicht zwischen kurzfristiger Profitabilität und Marktanteilszielen bzw. zwischen kurzfristiger Profitabilität und den notwendigen Investitionen in Innovation und in Intangible Assets aussehen soll. Er erfordert die Steuerung von Effizienz *und* von Effektivität.

Während die Effizienz einer Organisation (wofür traditionell als Stellvertreter ihre Kosten stehen) eine wichtige Voraussetzung für die Fähigkeit darstellt, Wert zu schaffen, ist es ihre Effektivität (wofür traditionell als Stellvertreter ihre Erlöse herangezogen werden), die heute zu Wettbewerbsvorteilen und zu Wachstum führt und damit schließlich zu geschaffenem Wert. Das Management muss also mit der Definition der gewünschten Ergebnisse beginnen und muss dann die Ressourcen des Unternehmens so organisieren, dass diese Ergebnisse erzielt werden können. Und das Managementsystem ist genau dafür das Werkzeug. Es muss die Organisation auf ihrem Weg in unerforschte Gebiete und zu neuen, verbesserten Ergebnissen führen. Es muss den aktuellen Status des Geschäfts und aller seiner Wertschöpfungsprozesse messen, die erforderlichen Entscheidungen und Managementprozesse strukturieren und institutionalisieren, um die Organisation in die Lage zu versetzen, ihre Chancen optimal zu nutzen und die damit in Zusammenhang stehenden Risiken in den Griff zu bekommen. Außerdem muss das Managementsystem dabei unterstützen, die erzielten Ergebnisse besser nach außen zu kommunizieren und die Stakeholder für das Unternehmen zu engagieren.

Das neue Managementsystem muss deshalb die Werte aller relevanten Unternehmens-Stakeholder, die ja beispielsweise als Mitarbeiter, Investoren und Geschäftspartner wichtige Lieferanten von Unternehmensressourcen sind, institutionalisieren, d.h. im Strategiemanagementprozess berücksichtigen. Es muss Werkzeuge, Strukturen und Prozesse bereitstellen, die gewährleisten, dass sämtliche Aktivitäten und Initiativen an der Unternehmensstrategie ausgerichtet sind, um das volle Potenzial der Intangible Assets des Unternehmens zu nutzen, und dass sowohl Produktinnovation als auch das operative Geschäft und die Beziehung zu Kunden aus einer wertorientierten Sicht gemanagt werden können. Das neue System muss dabei helfen, Innovation zu einem kontinuierlichen Prozess auf der strategischen, der Produktentwicklungs- und der operativen Ebene zu machen. Es muss dabei helfen, ein Unternehmen produktiver zu machen und die verborgenen Werte ans Licht zu bringen und es dem Unternehmen ermöglichen, auf systematische Weise neue Intangible Assets aufzubauen, um Wettbewerbsvorteile und nachhaltige Ergebnisse für seine Stakeholder zu erzielen.

Intangible Assets – Was ist aus der Perspektive des Managementsystems wichtig?

Die Aufnahme von Informationen über die nichtfinanziellen Erfolgsfaktoren in Managementberichte ist ein Schritt in die richtige Richtung, er reicht jedoch nicht aus, um die Intangible Assets eines Unternehmens richtig zu managen und ihr Potenzial voll zu nutzen. Denn Wertschöpfung auf der Basis von Intangibles ist in den meisten Organisationen ein recht komplexer Prozess. Es erfordert ein gründliches Verständnis des Wesens und der Eigenschaften von Intangible Assets, um zu wissen, was wirklich bedeutsam ist, um den konzeptionellen Rahmen für das neue Managementsystem entwerfen zu können.

Skalierbarkeit, Netzwerkeffekte und wachsende Grenzerträge werden als die Hauptvorteile von Intangible Assets genannt. Es wird jedoch häufig übersehen, dass Intangible Assets, wie materielle und finanzielle Vermögenswerte, den grundsätzlichen ökonomischen Regeln von Nutzen und Kosten unterliegen. Es muss also auch die Kostenseite, also die Nachteile und Einschränkungen, die mit Intangible Assets verbunden sind, betrachtet werden, um ein vollständiges Bild zu erhalten.

Positive betriebswirtschaftliche Effekte von Intangible Assets

(+)

Die drei wichtigsten positiven Effekte (oder Werthebel) von Intangible Assets sind das Fehlen von Engpasseigenschaften bzw. die einfachere Skalierbarkeit, wachsende Grenzerträge und das Auftreten von Netzwerkeffekten.[12]

Fehlen von Engpasseigenschaften bzw. einfachere Skalierbarkeit

Wissensbasierte Assets wie etwa ein Softwareprogramm oder das Manuskript eines Buchs lassen sich fast beliebig vervielfältigen und können *gleichzeitig* mehreren Kunden zur Verfügung gestellt werden. Sie weisen nicht die Engpasseigenschaften physischer Assets auf, wie etwa ein Mietwagen, der zu einem bestimmten Zeitpunkt immer nur einem Kunden vermietet werden kann, oder eine Maschine, die gleichzeitig immer nur für die Herstellung eines Produkts eingesetzt werden kann.

Wachsende Grenzerträge

Durch die typische Kostenstruktur von wissensbasierten Produkten (hohe Fixkosten in Form von Produktentwicklungskosten, sehr geringe variable oder Grenz-

---

12 Die folgende Darstellung der Vor- und Nachteile von Intangible Assets folgt der Argumentation von Baruch Lev: Intangibles. Management, Measurement, and Reporting, Brookings Institution Press, 2001, S. 21–49

kosten), steigt der Gewinn mit der Anzahl der verkauften Einheiten in der Regel stark an, vor allem, sobald die initialen Investitionen in die Produktentwicklung verdient sind. Dies führt oft zu wachsenden Grenzerträgen.

Netzwerkeffekte
Weil in der Regel mit der Anzahl der Nutzer von wissensbasierten Produkten auch der positive Effekt für die bestehenden Nutzer steigt, können solche Produkte oft von Netzwerkeffekten profitieren, die zu einem exponentiellen Anwachsen des Netzwerks führt, sofern es gelingt, das neue Produkt als Standard im Markt zu etablieren. Beispielsweise steigt mit der Anzahl der Nutzer eines Softwareprogramms der Nutzen der bestehenden Nutzer, da damit die Wahrscheinlichkeit steigt, dass jemand, mit dem man zusammenarbeiten möchte, das gleiche Programm verwendet und die Zusammenarbeit so einfacher wird.

Negative betriebswirtschaftliche Effekte und Eigenschaften von Intangible Assets

Daneben gibt es auch negative Effekte, die positive Effekte aufheben und sogar ins Negative verkehren können (negative Werthebel). Die wichtigsten sind: ein zu kleiner relevanter Markt und damit ein fehlendes Wachstumspotenzial, das Fehlen von eindeutigen Besitzrechten, das größere Investitionsrisiko, das mit Intangible Assets verbunden ist, und die Nichthandelbarkeit von Intangible Assets. Aufgabe des Managementsystems ist es, diese abzufangen bzw. zu begrenzen.

Zu kleiner relevanter Markt und damit fehlendes Wachstumspotenzial
Die Skalierbarkeit von Intangible Assets ist zwar nicht durch sie selbst begrenzt, wie das bei physischen Assets der Fall ist, und sie können gleichzeitig mehreren Kunden zur Verfügung gestellt werden. Die Skalierbarkeit ist aber sehr wohl von der Größe des relevanten Markts abhängig. Ist dieser nicht groß genug, ist möglicherweise das notwendige Wachstumspotenzial, um die für Intangible Assets typischen hohen Anfangsinvestitionen zu decken, nicht gegeben, und das Unternehmen kann die angepeilte Rendite nicht erzielen. Möglicherweise verwandelt sich diese sogar in einen Verlust. Deshalb ist gerade bei Investitionen in Intangibles Marktforschung noch wichtiger geworden, um früh genug feststellen zu können, ob der relevante Markt groß genug ist, das notwendige Wachstum möglich zu machen, damit sich der Erfolg einstellen kann.

Keine eindeutigen Besitzrechte
Der Nutzen von Sach- und Finanzanlagen lässt sich vom jeweiligen Eigentümer bzw. Investor in der Regel vollständig sichern. Nicht so bei Intangible Assets. Wissensbasierte Assets weisen oft so genannte Spillover-Effekte auf, indem Wettbewerber durch Nachahmen den Nutzen desjenigen, der in eine Innovation investiert hat, begrenzen. Diese Effekte werden auch durch das Abwandern von

Mitarbeitern und andere Formen von »Wissenslecks« begünstigt. Teilweise lässt sich dies durch Patent- oder Markenschutz begrenzen, aber meist nicht vollständig verhindern. Das Fehlen von vollständigen Schutzmöglichkeiten führt so zu einem dauernden Spannungsverhältnis zwischen dem (oft enormen) Wertschöpfungspotenzial von Investitionen in Intangible Assets und der Schwierigkeit, die damit verbundenen Renditeerwartungen durch die volle Nutzung der geschaffenen Assets zu erfüllen. Das Problem lässt sich oft nur über Time-to-Market lösen, also dadurch, dass man mit dem neuen Produkt schneller als der Mitbewerber am Markt ist, und zum Beispiel durch Netzwerkeffekte den eigenen Marktanteil schnell nach oben treibt, um dann über eine Marktführerschaft (und das entsprechende Umsatzvolumen und Skaleneffekte) den Nutzen aus den Investitionen in die Produktentwicklung zu ziehen. Das Managementsystem muss hier helfen, im Rahmen des Strategiemanagement- und Feedback-Prozesses Wachstumsgrenzen schnell zu erkennen und zu beseitigen und den Output zu steuern.

Größeres Investitionsrisiko

Investitionen in die Innovationsfähigkeit des Unternehmens, also in die Produktentwicklung, in Organisationsstrukturen und in die Mitarbeiter sind wesentlich risikoreicher als andere Unternehmensaktivitäten, wie etwa in der Fertigung oder im Finanzbereich. So sind (z. B. im Pharmabereich) in der Regel nur eine kleine Anzahl von Innovationen für den größten Teil des zu erzielenden Umsatzes verantwortlich. Nur einige wenige Produkte sind so genannte Blockbuster. Der Rest sind wertlos gewordene Investitionen. Allerdings ist das Risiko von Innovationsinvestitionen nicht immer gleich, sondern hängt von der jeweiligen Phase im Innovationsprozess ab. Während dieses Prozesses, der mit Grundlagenforschung und der Ideenphase beginnt, sich über die Prototyping- und dann Implementierungs- und Entwicklungsphase fortsetzt und schließlich mit der Vermarktungsphase endet, nimmt das Risiko kontinuierlich ab und das zukünftige Ergebnis (Umsatzpotenzial, Gewinn) lässt sich immer genauer abschätzen. Wie die Optionstheorie zeigt, ist Risiko nicht an sich schlecht, sondern lässt sich als enormer Werthebel einsetzen, sofern es gelingt, den möglichen Verlust zu begrenzen. Und genau dies ist eine der Aufgaben des neuen Management- und Controllingsystems.

Nichthandelbarkeit von Intangible Assets

Das Fehlen von organisierten Märkten und eines offenen Wettbewerbs für Intangible Assets gibt Unternehmen in der Regel keine Gelegenheit, geschaffene Assets anderweitig als innerhalb der eigenen Organisation zu verwerten. Dies reduziert die Anzahl der Möglichkeiten zur Risikominimierung, zum Beispiel durch teilweisen Verkauf der Assets während des Entwicklungsprozesses. Dadurch erhöht sich einerseits das inhärente Risiko von Investitionen in Intangible Assets, auf der anderen Seite begrenzt es auch das daraus resultierende mögliche Wachstum. Es gibt erste Ansätze für Intellectual Property Exchanges über das Internet (wie z. B. pl-x.com), die sowohl Bewertungs- und Versicherungsservices als auch eine Handelsplattform anbieten. Allerdings steht diese Entwicklung noch ganz am Anfang. Eine andere Lösung, um diesem Problem zumindest teilweise zu begegnen, ist ein phasenorientierter Ansatz bei Investitionen in Intangible Assets. Investitionen in die Produktentwicklung werden so nicht auf einmal gleich zu Beginn des Entwicklungsprozesses freigegeben, sondern phasenweise beim Erreichen wichtiger Meilensteine. An jedem dieser Meilensteine wird entschieden, ob man die Entwicklung weiterverfolgt, aufgibt oder den letzten Schritt nochmals wiederholt. Nach der so genannten Real-Optionen-Methode lässt sich mit diesem Verfahren der Wert einer solchen Investition beträchtlich erhöhen, da die Flexibilität, über die das Management in einem solchem Prozess verfügt, bewusst genutzt und die Auswirkungen der Entscheidungen an den jeweiligen Entscheidungspunkten sehr transparent werden, da immer wieder neue Information, etwa über die Marktseite, in die Entscheidung einfließen können, die erst während des Entwicklungsprozesses bekannt werden.[13]

Falsche Managemententscheidungen

Die meisten negativen Auswirkungen im Zusammenhang mit Intangible Assets entstehen jedoch durch falsche Managemententscheidungen. Intangible Assets und die mit ihnen verbundenen Wertschöpfungsprozesse sind im Allgemeinen wesentlich schwieriger zu managen als physische Assets. Ihre virtuelle Natur erschwert dies, und sie sind der direkten Kontrolle durch die Unternehmensleitung häufig entzogen. Ungenutzte Kapazitäten einer Produktionsstätte zu erkennen und entsprechende Korrekturmaßnahmen zu ergreifen, zum Beispiel die Arbeitslast zwischen einzelnen Werken neu zu verteilen oder den Verkaufspreis zu senken, sind klare Aufgabenstellungen für die meisten Manager, während die Optimierung der Netzwerkeffekte einer neuen Technologie für sie eine Herausforderung darstellt. Unternehmerische Fehlentscheidungen, die aus der mangelnden Fähigkeit resultieren, Intangible Assets richtig zu managen, sind daher der hauptsächliche begrenzende Faktor, der ihre Nutzung und das durch sie mögliche wirtschaftliche Wachstum einschränkt. Die systematische Verhinderung solcher Fehlentscheidungen durch ein verbessertes Managementsystem und durch die Bereitstellung von entsprechenden Informationssystemen dürfte deshalb bedeutende positive Auswirkungen auf den Unternehmenserfolg und das Unternehmensergebnis haben. Unternehmen, die in der Lage sind, die Vorteile von Intangible Assets zu nutzen und ihre Nachteile und negativen Effekte durch ein verbessertes Managementsystem zu beschränken, werden deutliche Vorteile im

13 Das Konzept der Real-Options-Bewertung ist in Kapitel 7 näher beschrieben.

Vergleich zu anderen Unternehmen haben, die noch damit kämpfen, eine auf Intangible Assets basierende Strategie zu entwickeln.

Wie wird Wert auf der Basis von Intangible Assets geschaffen?

Die Grundzüge der unternehmerischen Wertschöpfung können in allgemeiner Form folgendermaßen beschrieben werden: *Investiere* in Geschäftsbereiche, also in Markt- und Produktsegmente und ihre zugehörigen Assets, die den höchsten (finanziellen und nichtfinanziellen) Ertrag aus der Sicht der Unternehmens-Stakeholder versprechen, *manage diese Investitionen* durch die Maximierung ihres Nutzens und durch die Beschränkung und Kontrolle ihrer negativen Effekte und *steuere die operativen Aktivitäten und Geschäftsprozesse* in einer Weise, die maximale Erlöse und Gewinn für das Unternehmen garantiert.

Die Entscheidung, in einen bestimmten Geschäftsbereich, also in ein bestimmtes Marktsegment zu investieren, ist eine strategische. Sie hängt von finanziellen Überlegungen ab, zum Beispiel von den Renditeerwartungen, um den maximalen Shareholder Value zu erzielen, sowie von nichtfinanziellen Überlegungen, beispielsweise von Überlegungen, die den Zweck des Unternehmens betreffen, und die mit den Erwartungen von anderen Stakeholder-Gruppen außer den Anteilseignern in Zusammenhang stehen, wie etwa von Kunden und Mitarbeitern, von Nichtregierungsorganisationen und der Öffentlichkeit insgesamt. Sie hängt definitiv auch von den Kernkompetenzen eines Unternehmens ab, von den ihm zur Verfügung stehenden Assets, den materiellen und immateriellen, auf die eine neue Strategie aufbauen kann. Die Aufgabe bei einer solchen Investitionsentscheidung, die im Prinzip den Kern einer Strategie ausmacht, besteht für das Management in der Definition des Tätigkeitsfelds des Unternehmens unter Berücksichtigung seiner Kernkompetenzen, in der Definition des dabei angestrebten Ergebnisses und darin, festzulegen, durch welche Art von Investition das Unternehmen dieses Ergebnis zu erreichen beabsichtigt.

Das Problem bei Unternehmen, die auf Intangible Assets basieren und auf die wir uns hier konzentrieren wollen, besteht darin, dass es keine direkte Beziehung zwischen Investitionen in Intangible Assets und dem finanziellen Ergebnis gibt. Man kann nicht aufzeigen, dass sich die Verkaufszahlen erhöhen und die Kosten sinken werden, wenn ein Unternehmen seine Mitarbeiter für einen Monat zu einer Schulung schickt, wie David Norton in unserem Interview sagte. Man muss vielmehr durch die richtige Auswahl der Schulungsmaßnahmen, durch den richtigen Einsatz der geschulten Mitarbeiter und durch die Anpassung der entsprechenden Geschäftsprozesse sicherstellen, dass beispielsweise tatsächlich die Servicequalität verbessert und dass das Unternehmen mit neuen, technologisch führenden Produkten auf den Markt kommt und gleichzeitig die Time-to-Market verkürzt (z.B. durch ein Training, das den Mitarbeitern aus Forschung und Entwicklung einen mehr kunden- und marktorientierten Ansatz vermittelt). Und wenn sich die Qualität des Kundendienstes verbessert und das Unternehmen zur richtigen Zeit mit wettbewerbsfähigen Produkten auf den Markt kommt, könnte sich das Vertrauen der Kunden in das Unternehmen verbessern. Wenn das Vertrauen der Kunden in das Unternehmen gestärkt wird, beziehen Kunden möglicherweise weitere Produkte aus derselben Quelle und der Marktanteil wird sich verbessern. Wenn sich der Marktanteil verbessert, wird das Unternehmen schließlich in der Lage sein, nachhaltigere Erlöse und Gewinne zu erzielen.

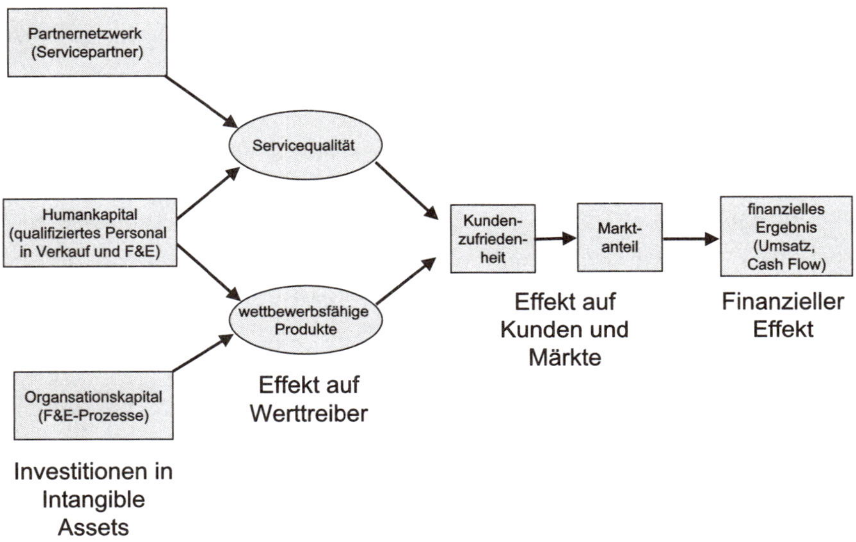

Abbildung 5.2 Erfolgreiche Investitionen in Intangible Assets erfordern eine mehrstufige Logik ihrer Realisierung – einen strategischen Plan.

Zwischen dem Training eines Mitarbeiters und dem daraus resultierenden finanziellen Ergebnis besteht eine mehrstufige Logik. Daher erfordern Investitionen in Intangible Assets, wie hier in das Humankapital, dass ein Unternehmen die Schritte beschreibt, die den Wertschöpfungsprozess bestimmen, der, aufbauend auf diesen Intangible Assets, bestimmte finanzielle Ergebnisse erzielen soll (siehe Abbildung 5.2).

Da Intangible Assets und Wissen, das die Grundlage vieler immaterieller Vermögenswerte ausmacht, nur schwer zu greifen und in realen Wert für Kunden und Anleger umzusetzen sind und darüber hinaus ständigen Änderungen unterliegen, müssen sie in einen allgemein anwendbaren Rahmen gestellt werden, der sie mit einem gemeinsamen Ziel verbindet. Einen solchen Rahmen zu liefern ist die Aufgabe der Strategie und des strategischen Managementprozesses. Ihre Aufgabe ist es, verschiedene Intangible und eventuell auch physische Assets zu einem einzigartigen »Rezept« zu kombinieren, über das sich ein Unternehmen am Markt differenzieren kann.

Eine andere wesentliche Eigenschaft von Intangible Assets ist, dass ihr wirtschaftlicher Wert für ein Unternehmen in der Regel in weit höherem Maß von externen Faktoren abhängig ist, als das bei physischen der Fall ist. Ein Unternehmen muss also nicht nur versuchen, sämtliche erforderlichen Schritte, von der Investition bis zum Ergebnis, möglichst unter seine Kontrolle zu bringen, sondern es muss auch bereit sein, seine Strategie ständig anzupassen. Auf Intangible Assets basierende Wettbewerbspositionen können nur gehalten oder gar ausgebaut werden, wenn das Unternehmen solchen externen Entwicklungen immer eine Nasenlänge voraus ist und die eigene Strategie vorher angepasst hat, bevor diese Änderung eintritt. Dafür reicht es nicht aus, allein die Implementierung einer einmal definierten Strategie zu kontrollieren. Strategische Lernprozesse müssen ständig reaktiviert und die Strategie selbst auf der Grundlage neuer praktischer Erfahrungen immer wieder revidiert werden. Strategiemanagement sollte daher nicht ein eingleisiger, von oben nach unten verlaufender Prozess sein, bei dem eine vom Vorstand definierte Strategie kommuniziert und ihre exakte Ausführung erwartet wird, sondern sollte eher einer geschlossenen Schleife gleichen, die Feedback- und Lernzyklen enthält und so die laufende Anpassung an sich verändernde Realitäten erlaubt (siehe Abbildung 5.3).

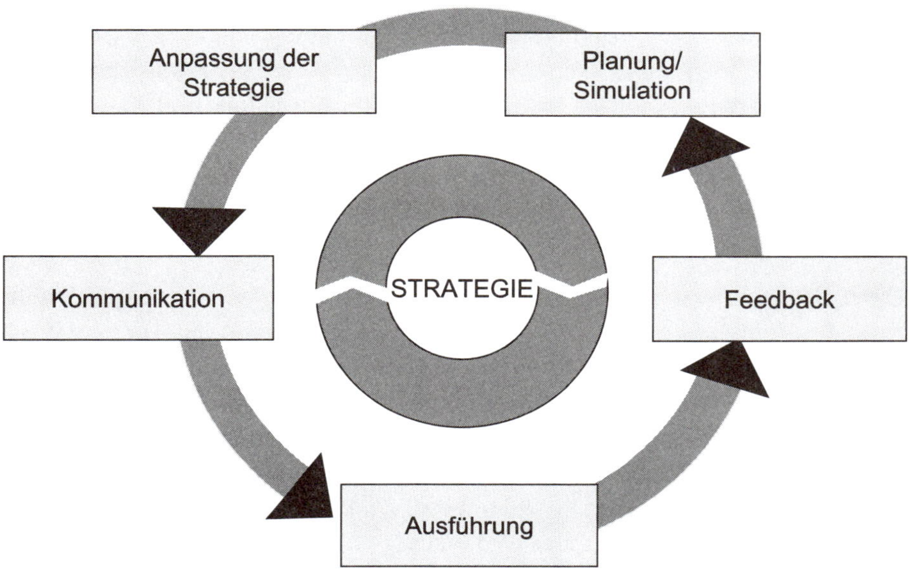

Abbildung 5.3 Strategiemanagement muss in Form einer Feedback-Schleife erfolgen.

Strategiearbeit wird zu einem wichtigen Produktions- oder Wertschöpfungsfaktor und muss als systematischer und kontinuierlicher Prozess angegangen werden. Intangible Assets und die entsprechenden Wertschöpfungsprozesse, zum Beispiel in der Produktinnovation und im Aufbau von Kundenbeziehungen, schaffen finanziellen Wert nur durch ihre intelligente Kombination, die allerdings ständig an die Änderungen des Markts angepasst werden muss, ohne dass man dabei die einmal gesetzten Ziele aus den Augen verliert. Das neue Managementsystem muss deshalb die Anforderungen des langfristig angelegten Wert- und Strategiemanagements mit denjenigen der Optimierung der kurzfristigen Unternehmensperformance in Einklang bringen können, indem es die beiden Managementprozesse bezüglich Strategie und Performance integriert.

Das Management von Produktinnovations- und Marktentwicklungsprozess

Patente, Vermarktungslizenzen, eingetragene Marken, der Vorteil des Schnelleren oder die Definition eines Industriestandards sind Möglichkeiten, um sich den Nutzen von Intangible Assets im Bereich Produkt- und Marktentwicklung zu sichern. Allianzen in Forschung und Entwicklung und in der Vermarktung sind Beispiele dafür, wie man das mit Intangibles verbundene Risiko zu managen versucht. Außerdem könnten die durch die fehlende Vermarktungsmöglichkeit gegebenen Einschränkungen durch entsprechende Exit-Strategien gemildert werden, etwa durch Lizenzierung oder den Verkauf über eine Internetbörse.

Die Nutzung der Vorteile und die Beschränkung der möglichen negativen Effekte dieser Investitionen ist das Ziel. Wenn wir uns den Prozess der Produktinnovation ansehen, erfordert er anfänglich Investitionen in Forschung und Entwicklung, dann Investitionen in Maßnahmen, die den Nutzen und die Vorteile der anfänglichen Investitionen für das Unternehmen sichern, und schließlich Investitionen in die Vermarktung oder in die Multiplikation der Anwendung einer neuen Technologie auf dem Markt.

Um die Einschränkungen bei der Nutzung von Intangible Assets zu begrenzen, ist es wichtig, im Vorhinein Synchronisations- und Entscheidungspunkte im Prozess zu definieren, an denen festgelegt wird, ob weitere Investitionen sinnvoll sind (basierend auf dem Erfolg der Forschungs- und Entwicklungsaktivitäten bzw. angesichts der aktuellen Marktsituation), wie groß das derzeitige Risiko ist, und ob sich das Risiko (z. B. durch zusätzliche Allianzen) weiter begrenzen lässt. Da das Ergebnis von Investitionen in Produktinnovation und damit verbundene Intangibles immer sehr unsicher ist, besteht die einzige Möglichkeit für das erfolgreiche Management solcher Investitionen im Aufbau eines eigenen Managementprozesses für Produktinnovation, der diese Check-Points institutionalisiert und sicherstellt, dass neue relevante wirtschaftliche und technische Informationen gesichtet und daraufhin befragt werden, ob weitere Investitionen sinnvoll sind und erfolgen können.

Das Management der operativen Prozesse

Das Management der operativen Prozesse, d.h. der Geschäftsprozesse, die festlegen, wie Kunden die von ihnen bestellten Waren und Dienstleistungen erhalten (Lieferkettenmanagement) und auf welche Weise damit zusammenhängende Aufgaben in den Bereichen Finanzen (Rechnungsstellung und Bezahlung), Marketing und Vertrieb (Werbemaßnahmen und Direktmarketing) und Kundendienst (Beratung, Installation und Wartung) erledigt werden, steht auch mit den beiden anderen bereits beschriebenen Bereichen in Beziehung, die das Managementsystem unterstützen muss. Denn die Art und Weise, wie ein Unternehmen seine operativen Abläufe organisieren sollte, hängt von seiner strategischen Entscheidung darüber ab, wo seine Kernkompetenzen liegen sollen und wie es überhaupt Wert schaffen möchte. Wenn es etwa entscheidet, dass es wichtiger ist, den Kunden statt die Produktion zu »besitzen«, sollte die Fertigung ausgelagert werden und man sollte sich auf die Entwicklung neuer Methoden konzentrieren, mit denen sich die Beziehungen zu Kunden effektiver und mit mehr Wert für den Kunden gestalten lassen wie dies Cisco getan hat. Die Organisation der operativen Abläufe muss jedoch auch mit dem Produktinnovationsprozess synchronisiert werden. Denn wenn ein Unternehmen mit einer neuen Technologie oder mit neuen Produkten auf den Markt kommt, erfordern diese Produkte möglicherweise auch ein neues Distributions-, Kundendienst- und Verkaufsmodell.

Diese drei Geschäftsprozessebenen machen zusammen das *Wertschöpfungssystem* des Unternehmens aus. Da in auf Intangible Assets basierenden Unternehmen die Beziehung zwischen getätigten Investitionen und den daraus folgenden finanziellen und nichtfinanziellen Ergebnissen indirekter und das damit verbundenen Risiko demzufolge größer ist, müssen solche Unternehmen versuchen, sämtliche notwendigen Schritte, von der Investition bis zum Ergebnis, auf allen drei Ebenen durch richtiges Management möglichst weitgehend unter Kontrolle zu bekommen. Nur so lassen sich die Chancen nutzen und die Nachteile und Risiken einschränken. Dies erfordert ein Managementsystem, das die strategischen Managementprozesse, die Produkt- und Marktentwicklungsprozesse und die operativen Geschäftsprozesse miteinander integriert und synchronisiert (siehe Abbildung 5.4).

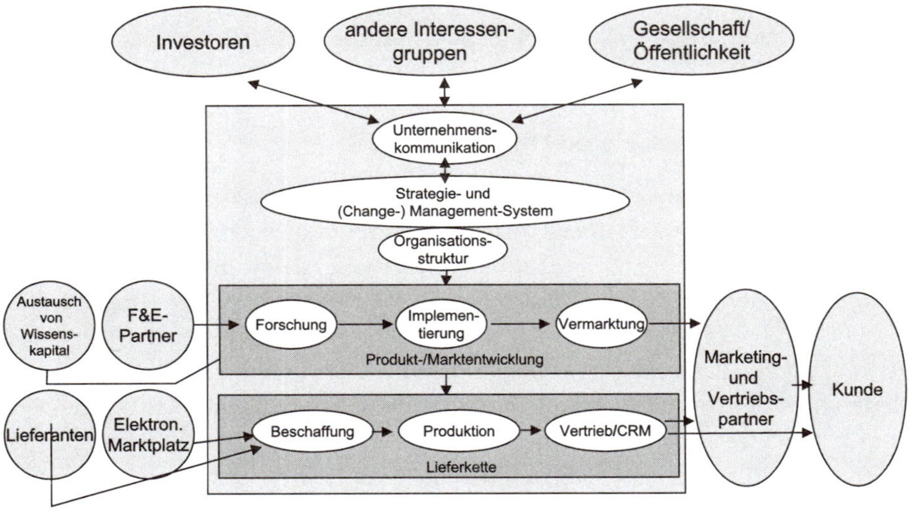

Abbildung 5.4 Beispiel eines auf Intangible Assets basierenden Wertschöpfungssystems

Dieses neue Managementsystem soll so den notwendigen Einblick in das Wertschöpfungssystem eines Unternehmens ermöglichen: in seine Werttreiber und in die dynamischen Beziehungen zwischen ihnen. Es soll einen hohen Grad an Transparenz bieten und einen kontinuierlichen Dialog und Kommunikationsprozess zwischen sämtlichen betroffenen internen und externen Parteien ermöglichen. Es soll eine umfassende Sicht auf das gesamte Unternehmen und seine wertschöpfenden Prozesse ermöglichen: nicht nur auf die Aktivitäten innerhalb des Unternehmens, sondern auch auf die in den Organisationen von Geschäftspartnern, sofern diese für das Erzielen des gewünschten Ergebnisses wesentlich sind. Es muss den Prozess der Schaffung immaterieller Werte transparenter gestalten, und es dem Management, den Mitarbeitern und anderen Stakeholdern leichter machen, zu erkennen, worin der wahre Wert des Unternehmens besteht, und wie sie zu seiner Vermehrung beitragen können. Und schließlich muss es eine effektivere Kommunikation mit den wichtigsten Stakeholdern ermöglichen, die den Marktwert von Unternehmen beträchtlich positiv beeinflussen können. Letzteres gilt gerade im Zusammenhang mit Intangibles, wo der Erwartungswert der Stakeholder, etwa der Finanzanalysten und Investoren, eine große Hebelwirkung hat.

6 Architektur und Elemente des neuen Managementsystems

»Manchmal fühle ich mich wie hinter dem Lenkrad eines Rennwagens. Ich muss meine Augen nach vorne richten, muss aber gleichzeitig meine Aufmerksamkeit dem Rückspiegel widmen um zu sehen, wer mir zu nahe kommt. Vom Beifahrersitz sagen mir Verbraucher, wann und wo sie abgesetzt werden wollen und hinter mir üben sich meine Aktionäre und Geschäftspartner in Besserwisserei. Eine der größten Herausforderungen dabei ist, dass es keine Straßenschilder gibt, die bei der Navigation helfen. Und alle paar Minuten erinnert mich ein Schrei daran, dass noch niemand herausgefunden hat, auf welcher Straßenseite wir eigentlich fahren sollten.«
Stephen Case, Chairman AOL Time Warner[1]

Jede Organisation muss zunächst bestimmen, was ihre »Theory of Business« ist.[2] Die Theorie des Geschäfts definiert, welche die Kernkompetenzen eines Unternehmens sind, für welchen Geschäftszweck diese eingesetzt werden sollen und für welche Stakeholder durch sie Wert geschaffen werden soll. Erst wenn dies klar ist, erfolgt die Er- oder Überarbeitung der Strategie, die definiert, wie genau dieser Wert in Zukunft geschaffen werden soll, durch welche Maßnahmen und unter Einsatz welcher Ressourcen und mit welchen genauen Zielen. Daraus ergibt sich dann, wie das Wertschöpfungssystem des Unternehmens konfiguriert werden muss, dessen Kenntnis für die Konzeption des Managementsystems, zum Beispiel für die Auswahl der richtigen Messgrößen des Controlling- und Reportingsystems und für das Design der Managementprozesse, neben der Strategie, mit entscheidend ist.

Aufgabe der Strategie ist es, die Geschäftstheorie in konkrete Performance zu übersetzen. Ihre Aufgabe besteht darin, es einer Organisation zu ermöglichen, die von ihr gewünschten Ergebnisse unter sich laufend verändernden Marktbedingungen zu erreichen. Die Aufgabe der Strategie besteht also auch darin, beständig interne Aktivitäten und Initiativen mit Markttrends und Änderungen in den Erwartungen der Kunden und Stakeholder auszugleichen. Die Theorie des Geschäfts und die Strategie sind konzeptionelle Modelle, die in realen Unternehmen durch das implementiert werden, was ich als das Wertschöpfungssystem eines Unternehmens bezeichne, sein Geschäftssystem, das durch seine wert-

1 Jeffrey E. Garten, The Mind of the C.E.O., S. 38
2 Peter F. Drucker hat die Idee der »Theory of the Business« beschrieben etwa in: Management Challenges for the 21st Century, HarperCollins, 2001, S. 43

schöpfenden Prozesse repräsentiert wird. Erst wenn die Theorie des Geschäfts und die Strategie eines Unternehmens definiert sind, kann eine Organisation daher angeben, welche die für ein erfolgreiches Management von Chancen und Risiken kritischen Faktoren sind, deren Steuerung durch das Managementsystem unterstützt werden muss.

Das Managementsystem selbst besteht aus den Elementen Rechnungswesen, Controlling- oder Monitoringsystem, den Managementprozessen und den Kommunikationsprozessen mit externen Stakeholdern. Rechnungswesen und Controllingsystem sollen objektive Informationen über den Prozess- und Marktstatus der Unternehmensaktivitäten liefern. Managementprozesse ermöglichen einen schnellen und effizienten Wissensaustausch zwischen einzelnen Managern im Unternehmen bzw. im Ecosystem und institutionalisieren Entscheidungsprozesse zur Anpassung der Strategie und zur Optimierung der kurzfristigen Performance, der operativen Aktivitäten und der Ressourcenallokation. Die Kommunikationsprozesse mit den Stakeholdern sollen diese einerseits für das Unternehmen engagieren und andererseits deren Erwartungen und Ziele in den strategischen Managementprozess integrieren. Ein solchermaßen konzipiertes Managementsystem erlaubt es einem Unternehmen, den eigenen kurz- und langfristigen Erfolg bei einem sich dynamisch änderndem Unternehmensumfeld kontinuierlich zu steuern und zu optimieren.

Bevor jedoch die Elemente des neuen Managementsystems näher beschrieben werden, soll zunächst erörtert werden, wie man sich Klarheit darüber verschaffen kann, wie der Prozess der Strategie(re)definition ablaufen kann, und wie das operative Design des Unternehmens und damit sein Wertschöpfungssystem ausgestaltet sein soll.

Definition der Theory of Business

Jedes Unternehmen verfügt bereits über eine explizite oder implizite Theorie seines Geschäfts. In den meisten Fällen existiert diese Theorie implizit, also nicht in ausformulierter Form, jedoch in den Köpfen der Kerngruppe der Manager als gemeinsame Annahmen darüber, worin das Geschäft des Unternehmens besteht bzw. worin es nicht besteht. In einer Zeit schneller Veränderungen und allgemeiner Unsicherheit lohnt es sich für jedes Unternehmen, seine Geschäftstheorie erneut zu durchdenken, insbesondere wenn es seine Intangible Assets in den Griff bekommen und optimieren will. Eine klare Analyse und ein deutliches Bild der Theorie des Geschäfts ist die Grundvoraussetzung für die einheitliche Ausrichtung und Orientierung aller in das Geschäfts- oder Wertschöpfungssystem eines Unternehmens involvierten Parteien.

Intangible Assets besitzen zwei wesentliche Eigenschaften: Die mit ihnen verbundenen Chancen sind durch ihre unbegrenzte Skalierbarkeit nach oben offen, gleichzeitig sind aber die Risiken beträchtlich. Zur Ausbildung von Managern gehört die Vorbereitung auf den Umgang mit Risiken. Manager sind jedoch häufig weniger erfahren in der Nutzung plötzlich auftretender Chancen, die zu ihrer Realisierung sehr schnelle Entscheidungen in Situationen großer Unsicherheit erfordern. Dieses Problem kann auf zweierlei Weise begrenzt oder sogar eliminiert werden: durch die bessere Kenntnis der eigenen Fähigkeiten (der des Unternehmens) sowie durch die Begrenzung der Nachteile und Risiken durch ein adäquates Managementsystem. Kennt man die eigenen Stärken und Fähigkeiten, die Kernkompetenzen, fällt es leichter, wichtige und strategische Entscheidungen auch schnell und unter Zeitdruck zu fällen.

Die Ermittlung der Kernkompetenzen eines Unternehmens

Die Ermittlung der Kernkompetenzen eines Unternehmens erfolgt in zwei Schritten: zunächst werden sie identifiziert, dann werden sie bewertet.

Eine Methode zum systematischen Identifizieren der Kernkompetenzen einer Organisation besteht darin, die verschiedenen Aufgabenbereiche eines generischen Wertschöpfungssystems, das noch um die Supportfunktionen wie zum Beispiel Personalmanagement, Finanzen, Informationstechnik und Partnermanagement zu ergänzen ist, der Reihe nach durchzugehen und zu prüfen, ob das Unternehmen im jeweiligen Bereich über besondere Kompetenzen und Fähigkeiten im Verhältnis zu vergleichbaren Unternehmen verfügt. Man muss demnach die Kompetenzen und Fähigkeiten eines Unternehmens in allen wertschaffenden Bereichen beurteilen. Das betrifft den Bereich Strategie- und Change Management, sein Produktinnovationspotenzial, seine Fähigkeiten im Bereich der operativen Geschäftsprozesse und dem Management der Kundenbeziehungen, seine Kompetenzen im Bereich der Supportfunktionen und schließlich seine Fähigkeit zu effektiver, wertorientierter Kommunikation mit Investoren und anderen Stakeholdern. Der zweite Schritt besteht dann in der Bewertung dieser Kernkompetenzen im Verhältnis zu anderen, vergleichbaren Unternehmen.

Beides kann durch Interviews bzw. strukturierte Befragungen der Top-Manager, Führungskräfte, Mitarbeiter, Kunden, Lieferanten, Geschäftspartner und Investoren, von Finanz- oder Branchenanalysten und von Meinungsführern der wichtigsten Stakeholder-Gruppen erfolgen. Um einen entsprechenden Fragebogen zu entwickeln, kann die folgende Liste von Bewertungskategorien und -elementen als Richtlinie dienen. Sowohl die durch den Fragebogen zu behandelnden Themen als auch die Art der Formulierung der Fragen muss natürlich an das einzelne Unternehmen und eventuell auch an die jeweilige Personengruppe angepasst werden. Die folgende Liste hat deshalb nur Beispielcharakter:

Fähigkeiten im Bereich Strategie, Change Management und General Performance Management

- Grad des Verständnisses von Veränderungen innerhalb der Branche und im Unternehmensumfeld sowie die Reaktionsgeschwindigkeit auf solche Veränderungen
- Erfolgsrate bei der Implementierung einer neuen Strategie, Geschwindigkeit und Qualität der Umsetzung
- Existenz einer Change-Management-Kultur und Grad der Einbeziehung der Mitarbeiter in den Change-Management-Prozess
- Genauigkeit von Forecasts und Ergebnis-Volatilität

Fähigkeiten im Bereich Produktinnovation

- Effektivität in der Entdeckungsphase im Verhältnis zu den eingesetzten Ressourcen. Zahl der erfolgreichen Produktideen in einem bestimmten Zeitraum im Verhältnis zu den getätigten Investitionen und der Zahl der beschäftigten Mitarbeiter – Vergleich mit ähnlichen Unternehmen
- Fähigkeit zur Implementierung der Produktideen: Zahl der Patente und Lizenzen, Time-to-Market in der Produktentwicklung, Zunahme kodifizierten Wissens etc.
- Fähigkeiten im Bereich Business Development und Marketing: Geschwindigkeit bei der Multiplikation der Anwendungsrate neuer Produkte pro Marktsegment, Fähigkeit zur Initiierung von Netzwerkeffekten und deren Erfolg

Operative Fähigkeiten und Fähigkeiten im Kundenbeziehungsmanagement

- Effektivität des Lieferkettenmanagements: Grad der »Availablity to Promise«, Durchlaufzeiten, Rüst- und Rekonfigurationszeiten, Kosten, Lagerbestand
- Effektivität im Bereich Kundenbeziehungsmanagement: Kundenzufriedenheit, Kundentreue, Anzahl der Neukunden pro Periode, Entwicklung des durchschnittlichen Customer Lifetime Values

Fähigkeiten in den Supportbereichen

- Fähigkeiten im Bereich des Personalmanagements und des Managements der Mitarbeiterproduktivität: Entwicklung der Skills der Mitarbeiter im Verlauf der Zeit, externe Fluktuationsrate, Attraktivität des Unternehmens für Bewerber, Value Added Per Person etc.
- Effektivität des Finanzbereichs: Gesamtkosten des Finanzbereichs im Verhältnis zum Umsatz, Kosten pro Transaktion, z.B. in den Bereichen Rechnungsstellung und Buchhaltung, Forderungsbestand, Höhe der notwendigen Barreserven/freien Finanzmittel, durchschnittliche Rendite der Finanzanlagen, Kosten

für die Bereitstellung und Verteilung von Managementinformationen und -berichten, Qualität der bereitgestellten Managementinformationen und der Decision Support Services

- Fähigkeiten im Bereich Informationstechnik: Anzahl Mitarbeiter, die online sind/IT-Unterstützungsgrad von Geschäftsprozessen, Server und Netzwerk-Ausfallzeiten, Geschwindigkeit bei der IT-Unterstützung neuer Geschäftsprozesse, IT-Kosten im Verhältnis zum Umsatz

Fähigkeiten im Bereich externe Kommunikation

- allgemein: Zahl der positiven und negativen Erwähnungen in der Presse
- Investor Relations: Bewertung der gebotenen Informationen und Services durch Finanzanalysten, dauerhafter Aufschlag auf den Aktienkurs durch gute Kommunikation (per Benchmark)
- Stakeholder-Kommunikation: Einschätzung der Informationspolitik des Unternehmens durch die Meinungsführer der wichtigsten Stakeholder-Gruppen

Auf der Basis der Ergebnisse der Befragungen kann nun eine Kernkompetenzen-Map bzw. eine Scorecard der spezifischen Fähigkeiten des Unternehmens erstellt werden, die die eigene Leistungsfähigkeit und die Kompetenzen im Vergleich mit ähnlichen Unternehmen aufzeigt. Sind die Kernkompetenzen ermittelt und im Verhältnis zu anderen Unternehmen der Branche bewertet, kann im nächsten Schritt der Geschäftszweck definiert werden.

Definition des Geschäftszwecks

Die Definition des Geschäftszwecks erfolgt in drei Schritten: die detaillierte Analyse der vorher ermittelten und bewerteten Kernkompetenzen im Hinblick auf deren kombiniertes Leistungspotenzial, die Identifikation von Märkten und potenziellen Käufern für auf Basis dieser Kernkompetenzen erstellbare Leistungen und schließlich die Definition der Value Proposition und des Mission Statements des Unternehmens.

Ziel der detaillierten Analyse der Kernkompetenzen ist es, dass das Management versteht, warum das eigene Unternehmen über diese Stärken und Kompetenzen verfügt, was im Detail die Unterscheidungsmerkmale und Wettbewerbsvorteile sind und welchen Wert sie in ihrer Kombination aus externer Sicht darstellen. Es erfolgt also eine Einschätzung hinsichtlich dieser Kompetenzen aus Marktsicht und die Ermittlung der auf dieser Basis am Markt anbietbaren Produkte und Dienstleistungen.

Mit dem nächsten Schritt, der Identifikation von Märkten und des potenziellen Bedarfs für diese Kernkompetenzen bzw. der damit anbietbaren Produkte und

Dienstleistungen, prüft eine Organisation ihre geschäftlichen Möglichkeiten. Es zeigt sich, in welchen Marktsegmenten, also für welche Zielgruppen und wie mit den Top-Kernkompetenzen Wert geschaffen werden kann. Hierbei kann es sich durchaus um einen Bereich handeln, in dem das Unternehmen noch nicht tätig ist.

Aus diesem Grund kann die Neudefinition bzw. die Überprüfung des Geschäftszwecks auch für ein Unternehmen sinnvoll sein, in dem das Management meint, dass der Geschäftszweck klar sei. Es könnte der Fall eingetreten sein, dass ein Unternehmen im Laufe der Zeit Kompetenzen entwickelt hat, die in einem ganz anderen Geschäftsfeld wertvoll sind, als es derzeit tätig ist, was zu völlig neuen Wertschöpfungsmöglichkeiten führen kann. Das Ergebnis dieses Schritts sollte eine Value Proposition und ein Mission Statement für das Unternehmen sein, die relativ vereinfacht beschreiben, *wie* die Organisation *mit Hilfe welcher Kernkompetenzen* für *wen* Wert schaffen will.

Das Resultat dieser Phase ist, dass das Unternehmen entweder den bereits definierten Geschäftszweck klarer erfassen und genauer beschreiben kann oder dass man einen neuen Geschäftszweck definiert hat. In beiden Fällen müssen für die erfolgreiche Optimierung bzw. Realisierung noch die wichtigsten Stakeholder, die berücksichtigt werden müssen, identifiziert und die Unternehmensstrategie definiert werden.

Ermitteln der wichtigsten Stakeholder des Unternehmens

Was genau sind Stakeholder und was ist ihre Rolle im Verhältnis zum Unternehmen? Ein Stakeholder ist jemand, der sein wirtschaftliches, politisches oder gesellschaftliches Schicksal mit dem Unternehmen verbunden hat und somit ein vitales Interesse an seinem Erfolg hat. Als Stakeholder können sich Gruppen, Organisationen oder Einzelpersonen präsentieren, die auf ein Unternehmen »setzen«. Dabei gibt es folgende Möglichkeiten:

- Geld in das Unternehmen mit einer bestimmten Renditeerwartung investieren (Investor)
- die Produkte des Unternehmens kaufen und Geld für ein Leistungsversprechen seitens des Unternehmens bezahlen und auf die Leistungserfüllung vertrauen (Kunde)
- die eigene Arbeitskraft, Wissen und Kreativität gegen Bezahlung in den Wertschöpfungsprozess des Unternehmens einbringen mit der Erwartung, für das eigene berufliche Fortkommen das richtige Unternehmen gewählt zu haben (Mitarbeiter)
- andere Geschäftschancen opfern (die sich durch andere Partner bieten) und Geld in das Ecosystem eines Unternehmens (z. B. in den Aufbau von Produkt-

Know-how) im Vertrauen auf eine verlässliche und profitable Geschäftspartnerschaft investieren (Geschäftspartner)

- in die gewerbliche Infrastruktur und in Bildung, die einem Unternehmen direkt oder indirekt zugute kommen, in der Erwartung investieren, wirtschaftlichen Wohlstand für die eigenen Bürger zu schaffen (öffentliche Verwaltung, Staatsregierungen, Kommunen)
- Vertrauen und den Glauben an die Nützlichkeit der Organisation für das Allgemeinwohl aufbringen (die Öffentlichkeit allgemein) und die eigene Reputation mit dem Unternehmen verbinden (Nichtregierungsorganisationen) und so das öffentliche positive Image einer Organisation begründen

Aufgrund der größeren Offenheit im Umgang mit Stakeholdern und des zunehmenden Wettbewerbs um potenzielle Stakeholder, haben diese in den letzten Jahren zunehmend an Einfluss auf Unternehmen gewonnen. Globale Kapitalmärkte haben Unternehmen mit aktiveren und fordernden Anteilseignern und Finanzanalysten konfrontiert, die inzwischen einen großen Einfluss auf die Unternehmensleitung haben und die Manager auch zum Rücktritt zwingen können, wenn sie nicht die erwartete Leistung zeigen.

Auch andere Stakeholder-Gruppen haben an Macht gewonnen. Der Zunahme der Wahlmöglichkeiten für Mitarbeiter und Geschäftspartner auf einem globalen und offenen Markt entspricht die Abnahme ihrer Loyalität einzelnen Unternehmen gegenüber. Talentierte Softwarespezialisten können sich heute ihren Arbeitgeber weltweit aussuchen. Kunden können über das Internet ihre Waren dort bestellen, wo man ihnen den günstigsten Preis anbietet. Lieferanten sind aus denselben Gründen weniger abhängig von einzelnen Kunden und nutzen ihre neue wirtschaftliche Macht, beispielsweise bei Preisverhandlungen. Zusätzlich sind vor allem multinationale Konzerne zunehmend der Kritik von Nichtregierungsorganisationen ausgesetzt, die der Öffentlichkeit unter professionellem Einsatz der Medien aufzuzeigen versuchen, dass diese Unternehmen ihre wirtschaftlichen Ergebnisse häufig zulasten sozialer und ökologischer Ziele erreichen. Dies kann einen beträchtlichen Prestigeverlust zur Folge haben und den wirtschaftlichen Erfolg in einer Welt, in der viele Menschen die Auffassungen dieser Nichtregierungsorganisationen teilen, empfindlich beeinträchtigen, wie dies bei Shell geschehen ist.

Die Stakeholder werden von Unternehmen immer häufiger als Anbieter wichtiger Unternehmensressourcen und damit als strategische Partner angesehen. Eine gute Beziehung zu ihnen stellt deshalb ein Asset dar. Eine gutes Verhältnis zu Investoren macht es leichter, neue Vorhaben und Investitionen zu finanzieren. Eine gute Beziehung zu bestehenden und potenziellen Geschäftspartnern bietet die Möglichkeit, weitere Unternehmen als Partner zu gewinnen, das eigene Ecosystem zu erweitern und auf diese Weise beispielsweise Netzwerkeffekte zu erzielen. Bei guten Beziehungen zu den Mitarbeitern ist es einfacher, weitere qualifizierte Mitarbeiter zu gewinnen und den Ausbau des Strukturkapitals zu fördern, was wiederum dabei hilft, Wert für Kunden und Shareholder zu schaffen.

Unternehmen, besonders in den auf Intangible Assets basierenden Branchen, bei denen im Allgemeinen eine wesentlich größere Abhängigkeit von guten Beziehungen zu den Stakeholdern als bei traditionellen besteht, formulieren also eine proaktive Politik gegenüber ihren Stakeholdern und etablieren einen möglichst effizienten Kommunikationsprozess mit ihnen. Voraussetzung dafür ist allerdings, dass die für das Unternehmen wichtigsten Stakeholder-Gruppen systematisch identifiziert werden.

Je nach Geschäftszweck und aktiven Kernkompetenzen ergeben sich für Unternehmen hinsichtlich ihrer Stakeholder unterschiedliche Prioritäten. Wenn sich zum Beispiel ein Unternehmen in einem Geschäftsfeld engagiert, in dem geschäftlicher Erfolg einerseits ständige technologische Innovation verlangt und andererseits auf einen möglichst großen, aktiven Kundenstamm angewiesen ist, der für schnelle Marktanteilsgewinne bei den neuen Lösungen sorgt und als Eintrittsbarriere für mögliche neue Wettbewerber dienen kann, gibt es für dieses Unternehmen mindestens zwei wichtige Stakeholder-Gruppen: die talentierten Mitarbeiter, die in der Produktentwicklung, im Verkauf und im Kundenservice benötigt werden, sowie die Kunden, die durch langfristige und dauerhafte Kundenbeziehungen die Basis für künftige Erlöse und Wachstum darstellen.

Welche Priorität ein börsennotiertes Unternehmen mit breit gestreutem Anteilsbesitz seinen Anteilseignern gibt, hängt unter anderem davon ab, wie es sein künftiges Wachstum finanzieren will.[3] Wenn es beabsichtigt, im Bereich Produktinnovation hauptsächlich auf Akquisitionen zu bauen, wie dies zum Beispiel bei Cisco der Fall war, ist es stark vom Wert der eigenen Aktie abhängig, die ja immer häufiger als »Akquisitionswährung« eingesetzt wird. Daher werden die Kapitalmarktteilnehmer, institutionelle Investoren und Finanzanalysten eine der Stakeholder-Gruppen mit höchster Priorität für ein solches Unternehmen darstellen. Wenn es hingegen beabsichtigt, organischer von innen heraus zu wachsen und die bestehenden Investoren dem zustimmen, könnten die Anteilseigner vielleicht erst an zweiter Stelle stehen, im Vertrauen darauf, dass gute Produkte und zufriedene Kunden im Laufe der Zeit fast automatisch zu Shareholder Value führen werden.

---

3 Existiert ein dominanter Anteilseigner, erübrigt sich die Frage natürlich. Da aber zunehmend mehr Unternehmen börsennotierte Aktiengesellschaften mit breit gestreutem Anteilsbesitz sind, dürfte diese Fragestellung immer mehr in das öffentliche Interesse rücken, wie auch gerade die aktuelle Diskussion um das Thema Corporate Governance zeigt.

Die Entscheidung, welcher der Stakeholder-Gruppen eines Unternehmens der erste und welcher der zweite Rang eingeräumt wird, ist deshalb wichtig, da Unternehmen nicht in der Lage sein werden, die vielen verschiedenen interessierten Parteien alle gleich zu behandeln und allen die gleiche Aufmerksamkeit des Managements zukommen zu lassen.

Zum Teil ergibt sich die Entscheidung bereits aus dem Geschäftszweck eines Unternehmens und aus seinem Mission Statement, die ja auch definieren, für wen Wert geschaffen werden soll. Dies muss noch um eine Analyse der kritischen Ressourcen ergänzt werden, die allerdings erst nach Beendigung der Strategiedefinition vollständig möglich ist. Benötigt das Unternehmen zum Erreichen dieser strategischen Ziele vor allem talentierte Mitarbeiter, die am Arbeitsmarkt schwer zu bekommen sind, wären somit die Mitarbeiter ebenfalls ein Kandidat für die Top-Stakeholder-Gruppe. Für ein Unternehmen in der Ölindustrie, das auf einen guten Ruf in Sachen Umweltfragen angewiesen ist, um geschäftlich erfolgreich zu bleiben, kann die Beziehung zu Umweltgruppen fast ebenso wichtig sein wie diejenige zu seinen Investoren.

Ob ein Unternehmen in der Lage ist, zwei verschiedene Stakeholder-Gruppen, die sich die höchste Priorität teilen, gleichermaßen zu betreuen, hängt davon ab, wie konsistent die Erwartungen dieser Gruppen an das Unternehmen sind und ob das Top-Management in der Lage ist, beiden Gruppen genügend Zeit zu widmen.

Die Konzentration auf eine oder höchstens die zwei wichtigsten Stakeholder-Gruppen bedeutet jedoch nicht, dass die übrigen vernachlässigt und instrumentalisiert werden, Unternehmen also eine statische Stakeholder-Politik auf der Basis eines »Nullsummenspiels« verfolgen sollen, wie dies weiter oben bereits erläutert wurde. Wenn Unternehmen ihre verschiedenen Stakeholder-Gruppen als Lieferanten wichtiger Unternehmensressourcen betrachten und diese auch so behandeln, indem sie diese in die Gestaltung und Weiterentwicklung des eigenen Ecosystems aktiv einbeziehen, besteht die Chance, den geschaffenen Mehrwert, das Einkommen und den Wert für alle Stakeholder-Gruppen signifikant zu steigern. Die SAP AG mit ihrem Netzwerk, bei dem die Partner als sekundäre Stakeholder betrachtet werden können, wurde bereits als Beispiel für ein solches, für alle Stakeholder wertschaffendes Ecosystem benannt. Nachdem die Theorie des Geschäfts, also die Kernkompetenzen, der Geschäftszweck und die wichtigsten Stakeholder definiert sind, wird der nächste wesentliche Schritt fällig: die Definition der Unternehmensstrategie.

Definition der Unternehmensstrategie

Wie David Norton im vorangegangenen Interview definiert hat, ist die Strategie die für eine Organisation spezifische Art und Weise, wie sie für ihre Stakeholder

Wert schaffen will. Im Gegensatz zum Geschäftszweck, der auf abstrakterer Ebene beschreibt, wie ein Unternehmen für wen wirtschaftlichen Wert schaffen will, muss die Strategie das Ziel genauer definieren: welches Ergebnis die Organisation wann erreichen möchte und das entsprechende »Rezept« dafür liefern, also konkret beschreiben, wie man dies umsetzen möchte.

Die Definition einer Unternehmensstrategie muss deshalb mit dem gewünschten Ergebnis aus der Perspektive der Stakeholder beginnen. Sobald die wichtigste Stakeholder-Gruppe definiert ist, müssen deren Erwartungen unter Berücksichtigung der bestehenden Möglichkeiten, also der Kernkompetenzen des Unternehmens und seiner Marktchancen, in entsprechende Geschäftsziele übersetzt werden. Zusätzlich müssen auch Ziele für die Stakeholder der zweiten Prioritätsstufe definiert werden, wenn diese Parteien wichtige Ressourcen für die geschäftlichen Aktivitäten des Unternehmens bereitstellen und es mit ihnen enger zusammenarbeiten muss. Diese Ziele dienen dann als Sekundär- oder Randbedingungen der zu definierenden Unternehmensstrategie.

Hier ein vereinfachtes Beispiel: Bei einem Unternehmen, als dessen wichtigste Stakeholder-Gruppe seine Kunden definiert wurden, könnten die Erwartungen der Kunden darin bestehen, dass das Unternehmen sie mit den besten auf dem Markt angebotenen Produkten versorgt. Selbst Beschwerden von Kunden über die Produktqualität können ein Hinweis darauf sein, dass Kunden sehr hohe Erwartungen an die Qualität des Produktangebots dieses Anbieters – und nur dieses Anbieters – stellen. Das Management kann nun diese Erwartungen der Kunden und ihre Beschwerden als Indikator dafür betrachten, dass die Kunden der Überzeugung sind, dass das Unternehmen tatsächlich fähig ist, die besten Produkte auf dem Markt zu liefern (es nur in ihrem Fall nicht getan hat, deshalb die Beschwerde). Wenn das Management diese Überzeugung teilt, kann es sie als Wachstumschance nutzen und sie zu einem Intangible Asset machen, indem die Produktinnovationsfähigkeiten und die Beziehungen zu den Kunden, die fest an diese Fähigkeiten glauben, gepflegt, ausgebaut und systematisch als Werttreiber genutzt werden.

Das oberste Ziel der Strategie des Unternehmens könnte dann die Vergrößerung seines Marktanteils unter seinen vorhandenen Kunden (indem es diesen neue Produkte verkauft) und die Vergrößerung seines Gesamtmarktanteils (indem es Käufer für seine Produkte findet, die noch keine Kunden sind) sein. Es würde dabei einmal auf seine Kompetenz bei der Entwicklung innovativer Produkte bauen, zusätzlich könnte es aber auch versuchen, die Qualität seiner Kundenbeziehung zu verbessern – beispielsweise durch ein neues Kundendienstmodell, das einen besseren Service und damit eine niedrige Kundenabwanderungsquote verspricht. Da dieses Unternehmen nun zur Erreichung seiner Ziele in der Produktentwicklung und im Kundendienst davon abhängig sein würde, qualifizierte Mitarbeiter in ausreichender Zahl zu finden, würde eine sekundäre Bedingung darin bestehen, eine bestimmte Fluktuationsrate unter den Mitarbeitern nicht zu überschreiten, ihre Zufriedenheit zu erhöhen, mehr führende Fachkräfte der eigenen Branche zu gewinnen oder eine größere Zahl junger qualifizierter Mitarbeiter einstellen zu können, als dies konkurrierenden Unternehmen gelingt. Eine weitere sekundäre Bedingung wäre auch, eine bestimmte Rendite für die Anteilseigner zu erzielen, die mindestens oberhalb der Kapitalkosten und nach Möglichkeit oberhalb der Erwartungen der Anteilseigner liegt, um so als Unternehmen ein attraktives Investment darzustellen und die Unternehmensstrategie sowie die notwendigen Aktivitäten und Projekte auch weiterhin finanzieren zu können.

Die Definition einer Strategie besteht also darin, ausgehend vom gewünschten Ergebnis, die Erwartungen der Stakeholder sekundärer Priorität als Randbedingung berücksichtigend, nach entsprechenden Marktchancen zu suchen, die die maximale Nutzung der Kernkompetenzen des Unternehmens erlauben, entsprechende marktbezogene Ziele zu definieren und zu beschreiben, wie man diese genau erreichen möchte. Dazu ist es sinnvoll, auf folgende Fragen eine Antwort zu finden:

- Welcher Kundentyp sollte mit welchen Produkten bedient werden (Definition der Produkt/Marktsegment-Kombinationen)?
- Welche Marktanteils-, Umsatz- und Ergebnisziele sollen in diesen Marktsegmenten bis wann erreicht werden?
- Wie sollen diese neuen Produkte entwickelt und hergestellt werden (z.B. durch unternehmensinterne Entwicklung oder durch Akquisitionen, mittels eigener Fertigungskapazitäten oder über Partner)?
- Wie sollen die neuen Produkte vermarktet und die Marktziele erreicht werden (z.B. mit oder ohne Vermarktungs- und Distributionspartner)?

Nachdem die marktbezogenen strategischen Ziele definiert sind, muss das Management im zweiten Schritt die Mittel und Ressourcen benennen, die zur Erreichung dieser Ziele erforderlich sind. Es muss daher auch Ziele für wichtige Basisressourcen (Mitarbeiterentwicklung, Finanzierung, Ausbau der Informationstechnik) und für andere Aktivitäten, beispielsweise Marketing, Partnermanagement und Mergers and Aquisitions vorgeben.

Das Ergebnis sollte aus einer detaillierten Liste strategischer Ziele für die verschiedenen funktionalen Bereiche des Unternehmens bestehen, die sicherstellen, dass das Gesamtziel erreicht werden kann. Es ist für ein gemeinsames Verständnis der neuen Strategie innerhalb der gesamten Organisation und für ihre spätere erfolgreiche Umsetzung wichtig, dass das Managementteam über die zwischen den verschiedenen Zielen bestehenden Ursache-Wirkungs-Ketten zu einer gemeinsamen

Meinung findet. Selbst wenn Manager sich über die strategischen Teilziele oder Maßnahmen einigen, mit denen das Gesamtziel erreicht werden soll, sind sie häufig – ohne sich dessen selbst bewusst zu sein – unterschiedlicher Meinung bezüglich der Reihenfolge und Prioritäten dieser Maßnahmen und strategischen Teilziele sowie hinsichtlich der zwischen ihnen bestehenden Abhängigkeiten. Wenn dies nicht von vornherein geklärt wird, führte dies später zu unnötigen Reibungsverlusten während der Strategieumsetzung und kann sogar ihr völliges Fehlschlagen zur Folge haben.

Für jedes der strategischen (Teil-)Ziele wird das Management anschließend einen Zielwert festlegen, dieses also quantifizieren. Das Managementteam muss sich dazu darüber einigen, wie die Fortschritte bei der Zielerreichung gemessen und welche Messgrößen verwendet werden sollen, bevor es den Zielwert selbst definieren kann. Anschließend muss das Team festlegen, welche Initiativen und größeren Projekte aufgesetzt werden müssen, um diese Ziele erreichen zu können. Denn häufig stellen die Ziele eine größere Herausforderung für eine Organisation dar und erfordern umfassende Veränderungen, die nicht im Tagesgeschäft erledigt werden können. In einem solchen Fall muss ein größeres Projekt (oder eine Initiative) gestartet werden, das Mitarbeiter aus verschiedenen Bereichen der Organisation zusammenführt und das somit über die Grenzen interner Abteilungen und Funktionen hinweg agieren kann. Einmal definiert, können diese Ursache-Wirkungs-Ketten auch hervorragend als Ausgangsbasis für die Einschätzung der mit der neuen Strategie verbundenen Risiken dienen, da durch die Ursache-Wirkungs-Ketten deutlich wird, wie und ob das Gesamtziel und einzelne strategische (Teil-)Ziele, deren Erreichen ja einen Erfolgsfaktor darstellt, von der erfolgreichen Realisierung anderer strategischer Ziele abhängen. Als Ausgangspunkt für die Einschätzung strategischer Risiken als Teil des strategischen Managementprozesses und um sich über die kritischen Bereiche gleich zu Anfang einig zu werden, sollte das Managementteam für jedes strategische Ziel die Wahrscheinlichkeit seines zielgenauen Erreichens einschätzen und es so mit einem Risikograd versehen.

Das Ergebnis der Strategiedefinition stellt also eine umfassende Beschreibung der Strategie als Ursache-Wirkungs-Kette strategischer (Teil-)Ziele dar, die zusätzlich die entsprechenden Zielwerte (auf der Basis der definierten Messmethoden), eventuell aufgesetzte Initiativen und die Risikograde aufführt (siehe Abbildung 6.1).

Diese Darstellung der Ursache-Wirkungs-Kette strategischer Ziele orientiert sich am Balanced-Scorecard-Konzept von Kaplan und Norton, das sich in der Praxis für erfolgreiches Strategiemanagement bewährt hat. Es stellt einen umfassenden Rahmen zur Beschreibung einer Strategie und zur Messung des Fortschritts ihrer Realisierung dar. Nachdem eine Scorecard entwickelt wurde, dient sie als organisierende Struktur für das Strategiemanagementsystem und erlaubt es einem

Unternehmen, seine Strategie systematisch in konkrete Aktionen und Ergebnisse zu übersetzen.[4] Sie bildet die Grundlage für den Strategiemanagementteil des neuen, von mir in diesem Buch vorgeschlagenen Managementsystems.

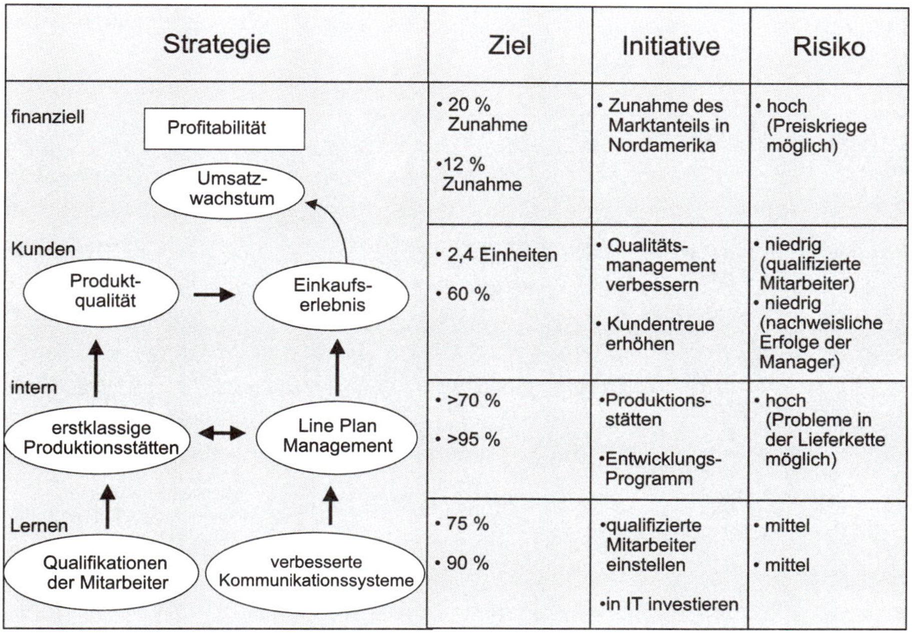

Abbildung 6.1 Beispiel einer Ursache-Wirkungs-Kette entsprechend dem Balanced-Scorecard-Konzept

Die klassische Balanced Scorecard mit den vier Perspektiven Finanzen, Kunden/Markt, interne Geschäftsprozesse und Wachstum und Lernen (siehe Abbildung 6.2) sollte allerdings flexibel auf die jeweiligen Erfordernisse angepasst werden.

So sollten zum Beispiel die Stakeholder erster und zweiter Priorität auf der Scorecard jeweils durch eine eigene Perspektive vertreten sein – falls notwendig, zusätzlich zu den vier Basisperspektiven. Die Reihenfolge der Perspektiven für die Ursache-Wirkungs-Kette sollte mit derjenigen Perspektive beginnen, die die Stakeholder-Gruppe erster Priorität repräsentiert. Die anderen Perspektiven sollten entsprechend der Priorität folgen, die der mit ihnen im Zusammenhang stehenden Stakeholder-Gruppe entspricht bzw. der Bedeutung, die der jeweiligen Perspektive für die Erreichung des Hauptziels der Strategie zukommt.

4 Das Konzept wird in Kaplans und Nortons Buch »Die strategiefokussierte Organisation« detailliert beschrieben. Eine verkürzte Version wird auch in dem SAP White Paper »SAP Strategic Enterprise Management – Translating Strategy into Action: The Balanced Scorecard« (dt.: »SAP Strategic Enterprise Managment – Strategien erfolgreich umsetzen: Die Balanced Scorecard«) beschrieben, das ich 1999 zusammen mit David Norton geschrieben habe.

Das Ziel besteht daher nicht so sehr darin, eine ausgewogene Darstellung sämtlicher Perspektiven zu liefern, sondern darin, deutlich festzustellen, welche das wichtigste (Teil-)Ziel ist und welche nachgeordneten Ziele für die Verwirklichung dieses wichtigsten Ziels erreicht und quasi als Randbedingung berücksichtigt werden müssen. Nur so wird zum Beispiel jedem beteiligten Mitarbeiter klar, was das (Haupt-)Ziel seines Unternehmens ist.

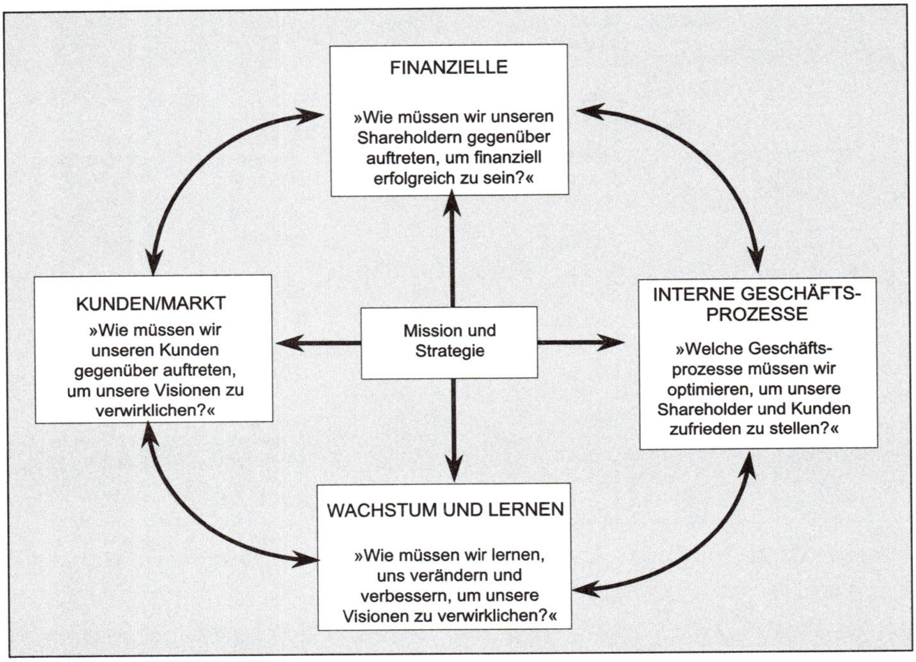

Abbildung 6.2 Die vier Perspektiven der von Kaplan und Norton vorgeschlagenen Balanced Scorecard

Aber auch nach außen sollten die Zielprioritäten, die ja auch die Prioritäten hinsichtlich der verschiedenen Stakeholder darstellen, klar kommuniziert werden. Dies ist die Voraussetzung dafür, dass produktive Beziehungen zu allen Stakeholdern entstehen können. Häufig treffen Manager öffentlich Feststellungen, wie etwa dass für das Unternehmen an erster Stelle seine Kunden und dann seine Mitarbeiter kommen. In vielen Fällen sind sie sich noch nicht einmal darüber im Klaren, dass die Grundlage ihres Geschäfts (aus guten Gründen) einem anderen Paradigma verpflichtet ist. Wenn sie öffentliche Erklärungen abgeben, von denen ihre Stakeholder wissen, dass sie nicht zutreffen, kann dies den Beziehungen zu ihnen nur schaden. Die Entscheidung bezüglich der Stakeholder-Prioritäten sollte also bewusst getroffen und an alle Stakeholder kommuniziert werden.

Abbildung 6.3 stellt dieses Konzept in grafischer Form für eine Non-Profit-Organisation dar. Diese Organisation hat ihre »Kunden« als wichtigste Stakeholder-Gruppe definiert, die als ihre beitragszahlenden Mitglieder die Hauptquelle der Mittel sind, mit denen sie ihre gemeinnützigen Aktivitäten finanziert. Um neue Mitglieder zu gewinnen, ist die Organisation Partnerschaften mit anderen Organisationen eingegangen, die bestimmte Services für Mitglieder erbringen und gleichzeitig in der Mitgliederwerbung aktiv sind.

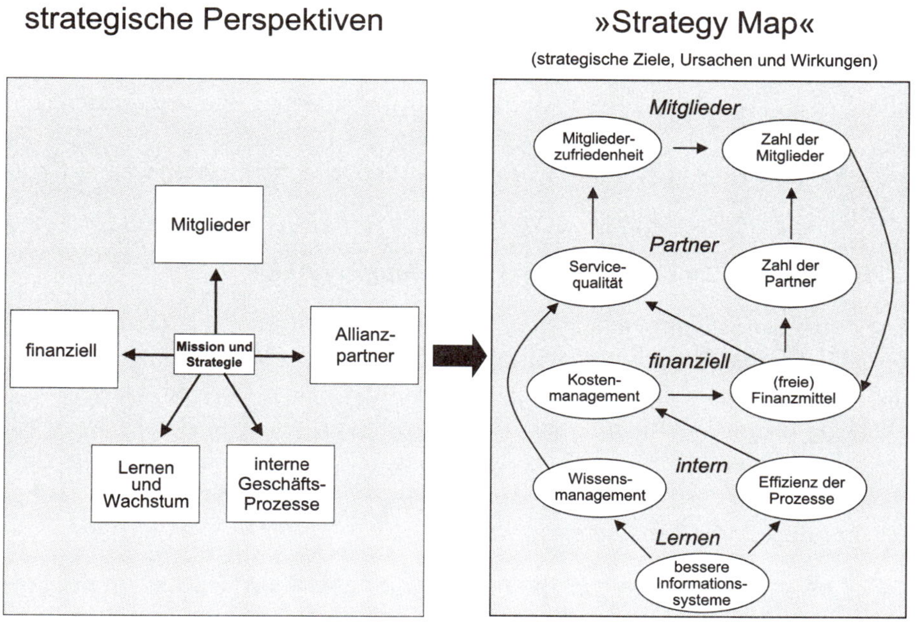

Abbildung 6.3 Scorecard mit fünf Perspektiven, die die Strategie einer Non-Profit-Organisation beschreibt

Das Ergebnis der Strategiedefinition ist daher eine Strategy-Map, welche die Ursache-Wirkungs-Zusammenhänge von strategischen Zielen und zusätzlich, wie in Abbildung 6.1 dargestellt, die Zielwerte, Initiativen und Risikograde angibt, aber auch beschreibt, wie ein Unternehmen welche Wertschöpfungsziele für seine wichtigsten Stakeholder-Gruppen erreichen will.

Erfolgt die Strategiedefinition (und auch eine eventuell spätere Überarbeitung) auf strukturierte und systematische Weise, versetzt dies selbst Organisationen, deren Intangible Assets schnell an Wert und Bedeutung verlieren, in die Lage, dauerhaften Geschäftserfolg zu erzielen.

Außerdem ist der Vorgang der Strategiedefinition, wenn er regelmäßig erfolgt, ein wichtiges Mittel, um das Managementwissen einzelner Top-Manager für die

Organisation zu sichern und es in dauerhaftes Strukturkapital zu transformieren. Wenn das individuelle Know-how, das Humankapital verschiedener Manager (ihr Fachwissen und ihre Erfahrungen) mit Hilfe solcher Kompetenz-, Markt- und Strategie-Maps in Strukturkapital des Unternehmens transformiert wird, ermöglicht dies nicht nur dem Nachfolger eines Top-Managers, der das Unternehmen verlassen hat, einen schnelleren und müheloseren Einstieg, sondern gestattet es dem Unternehmen auch, Management-Know-how zu akkumulieren und schneller strategisch zu lernen.

Ein Ergebnis einer neuen Strategie und ein wichtiges strategisches Ziel für die interne Perspektive der Balanced Scorecard könnte sein, Geschäftsmodell, Organisationsstruktur oder Geschäftsprozesse zu überarbeiten und anzupassen, um das Unternehmen in die Lage zu versetzten, die neuen strategischen Ziele zu erreichen. Dabei geht es um das Design des Wertschöpfungssystems einer Organisation.

Definition und Design des Wertschöpfungssystems

Erst durch die richtige Konfiguration des Wertschöpfungssystems kann eine Strategie im Zeitablauf und unter intensivem Wettbewerb erfolgreich umgesetzt werden. Die Ausgestaltung des Wertschöpfungssystems eines Unternehmens ist also abhängig von seiner Theorie des Geschäfts und von seiner Strategie. Wenn ein Unternehmen seine Geschäftstheorie oder seine Strategie ändert, muss es deshalb prüfen, ob die aktuelle Konfiguration des Wertschöpfungs- und Geschäftssystems noch mit ihnen übereinstimmt.

Das Wertschöpfungssystem einer Organisation besteht aus der Summe der Prozesse, durch die sie Wert für ihre Stakeholder schafft. Dazu zählen ihre strategischen Change-Management-Prozesse, ihre Produktinnovations- und Vermarktungsprozesse sowie ihre operativen und Kundenbeziehungsprozesse und die Kommunikationsprozesse mit den wichtigsten anderen Stakeholdern. Schließlich gehören hierzu auch die Methoden und Verfahren, mit denen eine Organisation ihre wichtigsten Basisressourcen, wie etwa Humankapital, Finanzkapital, Geschäftspartner und Informationstechnik, beschafft, entwickelt, einsetzt, nutzt und optimiert.

Nachdem also die Strategie definiert wurde, kann der Blick auf das Wertschöpfungssystem als eine abschließende Überprüfung angesehen werden, um festzustellen, ob jeder im Managementteam die neue Strategie in ihrer konkreten Umsetzung im Tagesgeschäft versteht und ihr zustimmt. Dieser Blick dient jedoch auch dazu, die während der Strategiedefinition offen gelassenen Detailfragen zu klären und entsprechende Entscheidungen herbeizuführen. Hierbei handelt sich in der Regel um Dinge, die im Strategiedefinitionsprozess als Ausführungsdetails betrachtet und beiseite gelassen wurden, beispielsweise um die Frage, wie etwa der Kundenservice im Rahmen der neuen Strategie organisiert werden soll, welche Aufgaben selbst übernommen werden und wo man sich eher auf Partner verlässt. Oft sind es jedoch diese Detailfragen, die einen entscheidenden Einfluss auf die erfolgreiche Umsetzung einer neuen Strategie im Tagesgeschäft haben, deren Wichtigkeit aber von den Leuten, die darüber häufig ad hoc entscheiden, nicht gesehen wird. Auch dürfen Änderungen, die bei einzelnen wichtigen Wertschöpfungsprozessen des Unternehmens im Rahmen der Strategieimplementierung durchgeführt werden, nicht dazu führen, dass diese nicht mehr zu den übrigen Wertschöpfungsprozessen passen und so den Erfolg der Gesamtstrategie gefährden. Deshalb ist es erforderlich, dass das Managementteam selbst das gesamte Wertschöpfungssystem einer abschließenden systematischen und kritischen Betrachtung unterzieht.

Das Managementteam muss sich beispielsweise darauf einigen, wie es seine Produktinnovations- und Vermarktungsprozesse organisieren will. Soll alles im eigenen Unternehmen entwickelt, die Zusammenarbeit mit Forschungs- und Entwicklungspartnern gesucht oder sogar intellektuelles Eigentum anderer lizenziert werden? Wie sollen die internen Forschungs- und Entwicklungsaktivitäten und die Implementierungs- und Vermarktungsphasen des Produktinnovationsprozesses organisiert werden? Soll eine Zusammenarbeit mit Verkaufs- und Distributionspartnern erfolgen? Diese müssten dann bereits sehr früh in die Produktinnovation mit einbezogen werden, um eine erfolgreiche Vermarktung sicherzustellen.

Außerdem muss geklärt werden, wie die operativen Geschäftsprozesse im Rahmen der aktuell gültigen Strategie organisiert werden sollen. Wie wird das Unternehmen seine Lieferkette organisieren, d.h., wie sollen die Kunden die bestellten Produkte und Dienstleistungen erhalten? Sollen hierzu nur unternehmensinterne Produktions- und Dienstleistungsressourcen herangezogen oder soll stattdessen die Zusammenarbeit mit Partnerunternehmen gesucht und alle oder nur einige Teilbereiche der Produktion ausgelagert werden, um sich allein auf die Beratung der Kunden und auf Customer-Care-Aktivitäten konzentrieren zu können?

Was außerdem definiert werden muss und eine wichtige Komponente im Wertschöpfungssystem des Unternehmens darstellt, ist die Art und Weise, wie eine Organisation ihre wichtigsten Basisressourcen beschaffen, entwickeln, nutzen und managen will. Das Managementteam muss daher im Rahmen der Feineinstellung des Wertschöpfungssystems auch Richtlinien für das Human-Resource-, Finanz-, Allianz- und Informationstechnikmanagement festlegen. Dies kann beispielsweise anhand der folgenden Fragen erfolgen:

- **Bereich Personal:** Sollte das Unternehmen in bestimmten kritischen Bereichen, wie zum Beispiel in Forschung und Entwicklung, auf freiberufliche Mitarbeiter setzen oder nicht, sollte es Teile des Personalmanagements, etwa die Personalbeschaffung, auslagern?
- **Bereich Finanzen:** Wie soll das Wachstum des Unternehmens finanziert werden? Nur intern durch freien Cashflow oder akzeptiert man neue Anteilseigner oder die Abhängigkeit von einer Bank? Vor allem im ersten Fall muss das Unternehmen sicherstellen, dass bestimmte Cashflow-Ziele in der Scorecard definiert werden. Sollten darüber hinaus bestimmte Aufgaben im Finanzbereich, etwa im Bereich Forderungseinzug, an externe Dienstleistungsanbieter ausgelagert werden?
- **Bereich IT:** Auch im Bereich IT muss das Managementteam entscheiden, ob eigene Managementressourcen eingesetzt werden oder ob es sich hier auf Outsourcing-Partner verlassen möchte. Je strategischer eine Aufgabe ist, umso eher wird das Management wahrscheinlich die Kontrolle darüber selbst behalten wollen, da sie einen desto entscheidenderen Erfolgsfaktor im Wettbewerb darstellt. Wenige Unternehmen werden daher ihren gesamten Bereich Business Intelligence und Geschäftsanalyse auslagern wollen, da diese Managern und Wissensarbeitern die wichtigen Informationen für die erfolgreiche Bearbeitung ihrer jeweiligen Aufgaben liefern und die Ausgestaltung sehr vom individuellem Unternehmen abhängt. Andererseits könnte dies in Teilbereichen, zum Beispiel bei der Grunddatenermittlung, im Bereich der Erstellung von Rolling Forecasts etc. durchaus Sinn machen, und zwar immer dann, wenn es sich um regelmäßig wiederkehrende Abwicklungsprozesse handelt.
- **Bereich Allianzen:** Das Management muss außerdem darüber entscheiden, ob Unternehmensallianzen nur dezentral gemanagt werden oder ob es zusätzlich ein zentrales Alliance Management Competence Center geben soll. Im Rahmen eines solchen Competence Centers könnten die Kompetenzen für das Anbahnen, das Entwickeln und das Management von Kooperationen in einer Zentralabteilung gepoolt werden, die neben der Bereitstellung von Services im Bereich Recht, Steuern und Business Development außerdem für die generelle Allianzpolitik der Organisation und für die Ausbildung von dezentralen Allianzmanagern verantwortlich ist. Wenn die Zusammenarbeit mit Partnern für die Organisation neu ist, könnte ein zentraler Ansatz sinnvoll sein. In dem Maß, wie die Fähigkeit einer Organisation, seine Allianzen zu managen, sich weiterentwickelt, können große Teile dieser Aufgaben wieder in die operativen Einheiten dezentralisiert werden.

Typischerweise spielen Basisressourcen die Rolle von einschränkenden Randbedingungen für den Erfolg der Gesamtstrategie und stellen so wichtige Komponenten im Wertschöpfungssystem eines Unternehmens dar (siehe Abbildung 6.4). Sie müssen daher bei der abschließenden Überprüfung der Strategie und des damit in Zusammenhang stehenden Wertschöpfungssystems berücksichtigt werden. Welche Ressourcen tatsächlich Basisressourcen für das Unternehmen sind, ist abhängig von seiner Geschäftstheorie und Strategie.

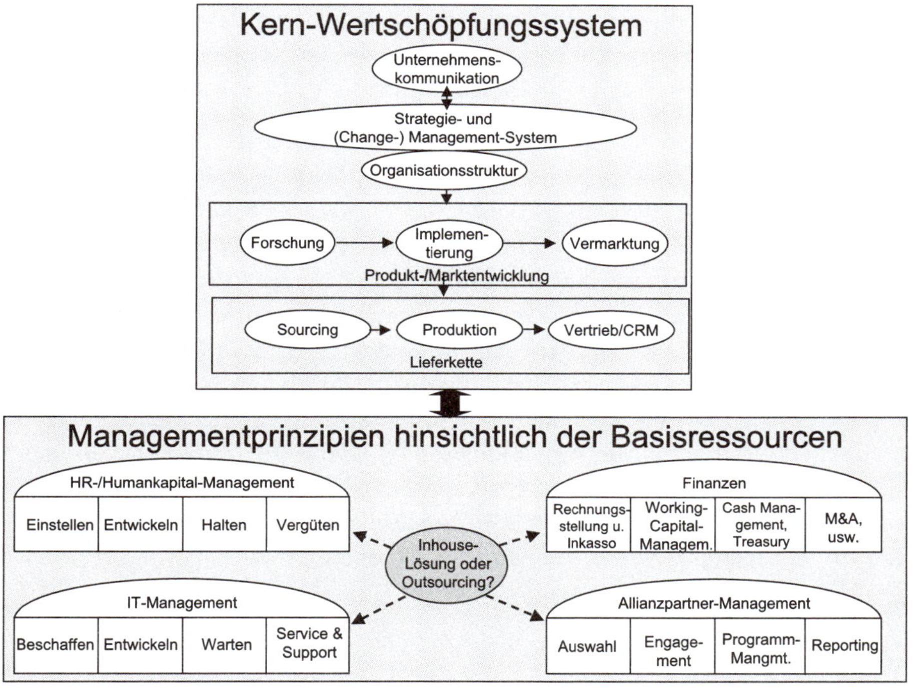

Abbildung 6.4 Wertschöpfungssystem und Managementprinzipien hinsichtlich der Basisressourcen

Sobald dieser letzte Schritt, die abschließende Einigung des Managements über das Wertschöpfungssystem der Organisation, abgeschlossen ist, haben wir die Grundlagen für die Konzeption eines umfassenden Performance-Messsystems erstellt, das später als Ausgangspunkt für die Unterstützung der Managementprozesse dienen wird.

Die Rolle von Controlling und Rechnungswesen

Wie kann ein Unternehmen, besonders ein auf Intangible Assets basierendes, seine Leistung, also die Performance und den geschaffenen Wert, messen? Finanzielle Messwerte, sprich: Finanzkennzahlen, mögen ausreichen, um die mit materiellen Vermögenswerten in Zusammenhang stehende Leistung eines Unternehmens zu messen und zu bewerten. Diese Messwerte ermöglichen jedoch keine ausreichende Beurteilung der Business Performance, die mit Intangible Assets in

Zusammenhang steht, und insbesondere nicht die Bewertung und Beurteilung dieser immateriellen Vermögenswerte selbst. Dies hat zur Folge, dass der Zusammenhang zwischen den von einem Unternehmen berichteten finanziellen Daten und dem tatsächlich geschaffenen Wert mehr und mehr verloren geht. Die aus Finanzanlagen und physischen Assets resultierenden Erlöse und Cashflows begründen oft nur einen sehr kleinen Teil des Werts eines Unternehmens. Der Rest des Unternehmenswerts beruht zum größten Teil auf dem künftigen Erlös- und Cashflow-Potenzial seiner Intangible Assets.[5]

Unternehmen müssen ihren Managementfokus von der ausschließlichen Betrachtung der physischen Assets und der kurzfristigen finanziellen Performance lösen und auf das Finden des richtigen Gleichgewichts zwischen der Maximierung der kurzfristigen Performance und dem Aufbau von Geschäftsoptionen lenken, die sich erst zukünftig positiv auswirken werden. Damit dies geschehen kann, werden Managementprozesse benötigt, die den systematischen Ausbau und die Verwertung von Intangible Assets sicherstellen: auf der strategischen Ebene durch neue Kombinationen vorhandener und akquirierter Intangibles, in Forschung und Entwicklung durch neue Erfindungen und in der Vermarktung durch den Aufbau von produktiven Partnernetzwerken und Kundenbeziehungen. Als Basis für diese neuen Managementprozesse ist ein Controlling- und Rechnungswesensystem erforderlich, das die notwendigen Performancekennzahlen und Grundrechnungen zur Verfügung stellt, die im neuen Umfeld benötigt werden.

Unternehmen experimentieren bereits seit einiger Zeit damit, ihre Intangible Assets, wie zum Beispiel ihre Forschung und Entwicklungspipeline oder ihre Kundenbeziehungen, in ihr Managementberichtswesen aufzunehmen. Sie definieren Key Performance Indicators und andere Kennzahlen, die mit ihren Intangible Assets in Verbindung stehen, um Unternehmensressourcen besser zu allokieren und diese wichtigen Assets richtig zu managen. Viele Organisationen beginnen mit einer Balanced Scorecard und tragen kritische nichtfinanzielle Daten zusammen, um Controllern und Managern dabei zu helfen, Probleme möglichst frühzeitig zu erkennen, Geschäftsprozesse zu verbessern sowie strategische und organisatorische Ziele zu erreichen, und zwar mit Methoden, die auf jeder Ebene der Organisation – vom Wissensarbeiter über den Abteilungsleiter bis zum Vorstand – verstanden und mit Erfolg eingesetzt werden können. Auch werden sich Unternehmen zunehmend darüber klar, welchen Wert ihre externen Stakeholder auf diese Informationen legen. Dies ist vermutlich der Grund dafür, warum nach einer Studie von Ernst & Young nichtfinanzielle Leistungsindikatoren bereits

5 Ein Teil wird mit Sicherheit auch auf kurzfristig änderbaren Marktmeinungen und Spekulation beruhen. Eine höhere Transparenz bei den Intangibles bzw. bei den entsprechenden Wertschöpfungsprozessen sorgt dafür, dass diese Restgröße, die auf Spekulation etc. basiert, isoliert und dadurch auch minimiert werden kann.

heute zu mindestens 35 Prozent die Einschätzung des Unternehmenswerts aus Sicht eines Investors begründen.[6]

Finanzkennzahlen sind »Lagging Indicators«, sie informieren über die Unternehmenswirklichkeit nur mit zeitlicher Verzögerung. Vorausschauendes Management bedeutet deshalb, dass Führungskräfte ihre Aufmerksamkeit sowohl der finanziellen, kurzfristigen Leistung (denn dies ist der Prüfstein für die Effizienz ihrer Organisation) als auch den Intangible Assets widmen müssen, von denen zukünftige Erlös- und Wachstumsmöglichkeiten abhängen. Es ist daher für das neue Managementsystem eine wichtige Aufgabe, die Überwachung von Messgrößen und Kennzahlen zu unterstützen, welche Auskunft über den Status der wichtigsten wertschöpfenden Prozesse, die mit den Intangible Assets des Unternehmens in Zusammenhang stehen, aber auch Auskunft über die kurzfristige Performance geben.

Das Thema ist heute nicht mehr, ob nichtfinanzielle Indikatoren wichtig sind, sondern vielmehr, wie Unternehmen damit umgehen sollen und wie das Finanz- und Rechnungswesen so verbessert werden kann, dass es über die gesamte Unternehmensleistung, inklusive derjenigen, die mit den Intangible Assets zusammenhängt, Auskunft geben kann.

Über diese zentrale Frage habe ich mit einem der weltweit führenden Experten auf dem Gebiet der Rechnungslegung und des Berichtswesens im Zusammenhang mit Intangible Assets gesprochen, mit Professor Baruch Lev.

Interview mit Professor Baruch Lev: Ein neues Rechnungswesenmodell, das Intangible Assets berücksichtigt

Baruch Lev ist Professor für Rechnungswesen und Finanzen an der Leonard N. Stern School of Business der New York University, Direktor des Vincent C. Ross Instituts für den Forschungsbereich Rechnungswesen und in dieser Funktion auch Leiter des Projekts zur Erforschung von Intangible Assets. Seinen Master of Business Administration (MBA) erwarb er an der Universität von Chicago, wo er anschließend auch promovierte. Er lehrte an der Universität von Chicago, der Universität von Berkeley in Kalifornien und an der Universität von Tel Aviv, wo er Dekan der Business School war. Er ist Gastdozent der Ecole nationale des ponts et chaussées in Paris sowie der City University Business School in London. Daneben ist er Berater zahlreicher Unternehmen und institutioneller Investoren. Er geht einer internationalen Vortragstätigkeit nach und leitet Seminare für Manager zu Fragen des Finanz- und Rechnungswesens und des Intellektuellen Eigentums. Er

6 Ernst & Young LLP, Measures That Matter, The Ernst & Young Center for Business Innovation, 1997

arbeitet eng mit Institutionen wie der U.S. Securities and Exchange Commission und dem Financial Accounting Standards Board, der OECD, der EU und dem Brookings Institute in den USA zusammen. Im Rahmen seiner Forschungsarbeit beschäftigt er sich mit der optimalen Verwertung von Informationen bei Investitionsentscheidungen, mit Fragen der Unternehmenswertermittlung, Corporate Governance und zuletzt mit Intangible Assets und Intellectual Capital und hier besonders mit den Themen Performancemessung, Bewertung und Berichtswesen im Zusammenhang mit Intangible Assets.

Ausgehend von seiner ausgedehnten Forschungs- und Beratertätigkeit schlägt Baruch Lev ein neues Rechnungswesenmodell vor, das Intangible Assets ihrer Bedeutung entsprechend berücksichtigt. Dieses Modell soll Managern und Investoren bessere Informationen zur effektiveren Führung und Beurteilung der heute von Intangible Assets dominierten Unternehmen liefern. Er hat dieses Konzept jüngst im Rahmen eines Buchs vorgestellt.[7] In diesem Interview, das im August 2001 stattfand, wollte ich mehr über das neue Rechnungswesenmodell für die neue Ökonomie erfahren.

Jürgen Daum: Herr Lev, Sie sind Professor für Rechnungs- und Finanzwesen und ein anerkannter Experte auf dem Gebiet der Intangible Assets. Wie kam es zu Ihrem Interesse an Intangible Assets?

Baruch Lev: Die Aufgabe des Bereichs Finanzen, insbesondere des Rechnungswesens, bestand schon immer im Erfassen, Dokumentieren und Berichten der Performance von Geschäftsorganisationen und der erzielten Ergebnisse, aber auch in der Bereitstellung von Informationen über die Faktoren künftiger Umsatzerlöse und künftigen Wachstums – der Assets. Und die auf dem Prinzip der doppelten Buchführung basierende Finanzbuchhaltung hat diese Aufgaben seit ihrer Erfindung vor 500 Jahren relativ gut bewältigt – bis in jüngster Zeit Intangible Assets zunehmend an Bedeutung gewannen. Intangible Assets sind allerdings nichts völlig Neues. Es hat sie immer gegeben. Mit dem Aufkommen neuer Informationstechnologien hat sich jedoch die Struktur von Unternehmen innerhalb des letzten Jahrzehnts so dramatisch geändert, dass Intangible Assets heutzutage häufig die wichtigsten Assets von Unternehmen darstellen. Materielle und finanzielle Vermögenswerte werden immer schneller zu bloßen Commodities, die bestenfalls noch einen durchschnittlichen Return on Investment erbringen. Außergewöhnliche Gewinne, dominante Wettbewerbspositionen und manchmal sogar zeitweilige Monopole werden durch Investitionen in Intangible Assets, wie zum Beispiel in Forschung und Entwicklung, in Werbung oder neue Geschäftsmodelle und -prozesse, erzielt. Empirische Untersuchungen haben zum Beispiel gezeigt,

7 Baruch Lev, Intangibles

dass Unternehmen, die stark in Forschung, Entwicklung und Werbung investieren, wesentlich bessere Ergebnisse und höhere Aktienkurse erzielen, als Unternehmen, die in diesen Bereichen weniger investieren. Leider ist das herkömmliche Rechnungswesen außerstande, Intangible Assets zu erfassen, zu bewerten und darüber zu berichten. Unternehmen investieren riesige Beträge in Intangible Assets, sie sind jedoch nicht in der Lage, über die Ergebnisse zu berichten und diese richtig zu managen. Dies zwingt Investoren und oft auch Manager dazu, im Dunkeln zu agieren. Eine Konsequenz hieraus ist beispielsweise die höhere Aktienkurs-Volatilität in wissensbasierten Sektoren, wie etwa in der Softwarebranche oder der Pharmaindustrie. Aus diesem Grunde begann ich mich für Intangible Assets zu interessieren.

Jürgen Daum: Warum ist das traditionelle Rechnungswesen in unserer heutigen wissens- und informationsbasierten Ökonomie ein Auslaufmodell?

Baruch Lev: Eines der Hauptprobleme mit unserem heutigen Rechnungswesen ist, dass es immer noch ausschließlich auf dem Transaktionsprinzip basiert. Aufgezeichnet wird nur, was auf rechtlich bindenden Transaktionen mit externen Parteien basiert, wie etwa ein Verkaufs-, ein Einkaufsvorgang oder eine Kreditaufnahme. In der industriellen Wirtschaft und der Agrarwirtschaft wurde Wert für Unternehmen größtenteils durch solche Transaktionen geschaffen: durch die rechtliche Übertragung von Eigentumsrechten. Sie haben beispielsweise etwas für zehn US-Dollar gekauft und für zwölf verkauft. Das Rechnungswesen registrierte beide Transaktionen und errechnete das Ergebnis: einen (Roh-)Gewinn von zwei US-Dollar. Aber in der heutigen, wissensbasierten Ökonomie sind die Dinge wesentlich komplexer.

Oft wird wirtschaftlicher Wert geschaffen oder vernichtet, lange bevor eine Verkaufstransaktion stattfindet. Die erfolgreiche Entwicklung eines Medikaments, zum Beispiel, schafft beträchtlichen wirtschaftlichen Wert, aber die Realisierung dieses Werts, der Verkauf, kann jahrelang auf sich warten lassen. Bis zu diesem Zeitpunkt weist das Rechnungswesen nichts von diesen geschaffenen Werten aus, während die entsprechenden Investitionen, etwa in Forschung und Entwicklung, als Aufwand verbucht werden. Diese unterschiedliche Behandlung von geschaffenen Werten und den entsprechenden Investitionen durch das Rechnungswesen ist der Hauptgrund für die wachsende Lücke zwischen dem Marktwert von Unternehmen und dem, was in der Bilanz berichtet wird. Selbst heute, nach den Kurskorrekturen an den Börsen, ist der Marktwert von Standard & Poors-500-Unternehmen in den USA im Durchschnitt immer noch sechsmal höher als ihr Buchwert.

Jürgen Daum: Finanzdaten sind jedoch nach wie vor die einzigen zuverlässigen Informationen über Unternehmen, die Investoren und der Öffentlichkeit zugänglich sind. Analysten, welche die wirtschaftliche Leistung von Unternehmen untersuchen und Investoren Empfehlungen geben, verwenden in ihren Berichten fast ausschließlich finanzielle Daten. Und diese Finanzdaten basieren auf Informationen, die aus der Rechnungslegung, also dem Rechnungswesen eines Unternehmens stammen.

Baruch Lev: Ja, und genau das ist das Problem. Finanzdaten reichen nicht aus, um die Leistungsfähigkeit und das Wertschöpfungspotenzial heutiger Unternehmen korrekt einzuschätzen, wo Intangible Assets zu den entscheidenden Werttreibern geworden sind. Die Profitabilität und die Performance eines Unternehmens anhand des Return on Investment, des Return on Assets oder Equity ermitteln zu wollen, ist eine grundfalsche Vorgehensweise, da der Wert der wichtigsten Vermögenswerte – des immateriellen Kapitals – im Nenner dieser Kennzahlformeln nicht mit berücksichtigt wird. Messgrößen, die Angaben über Preisverhältnisse machen, zum Beispiel die Price-to-Book-Ratio, sind ebenfalls irreführend, da der Wert der Intangible Assets in den Buchwerten nicht enthalten ist. Unternehmensbewertungen im Rahmen von Fusionen oder Übernahmen bleiben unvollständig ohne eine Schätzung des Intellektuellen Kapitals. Optimale Entscheidungen über die Allokation von Ressourcen innerhalb von Unternehmen erfordern die Kenntnis des Werts des immateriellen Kapitals. Ich werde häufig von Vorständen gefragt, wie viel sie in Forschung und Entwicklung, in Mitarbeiterfortbildung oder in den Ausbau einer Marke investieren sollen. Manager verfügen nicht über die betriebswirtschaftlichen Werkzeuge, um richtige Ressourcenallokationsentscheidungen treffen zu können. Diese und ähnliche Situationen erfordern die korrekte Bewertung von Intangible Assets in praktisch allen wirtschaftlichen Sektoren – in den alten sowie in den neuen.

Jürgen Daum: Und warum geschieht dies nicht? Warum werden Intangible Assets von Unternehmen und ihren Rechnungswesenfachleuten nicht in den Büchern berücksichtigt?

Baruch Lev: Intangible Assets, zum Beispiel Neuentwicklungen in Form eines neuen Medikaments, eines neuen Softwareprogramms, Marken oder einzigartiger Organisationsformen, die einen Wettbewerbsvorteil darstellen, wie etwa die internetbasierte Lieferkette von Cisco, werden im Allgemeinen nicht auf Märkten gehandelt, und die Eigentumsrechte an solchen Assets können von dem jeweiligen Unternehmen nicht vollständig gesichert werden, mit Ausnahme von Intellectual Properties wie Patenten und Trademarks. Das mit diesen Assets – beispielsweise einem Medikament oder einem Softwareprogramm, die sich noch in der Entwicklung befinden und möglicherweise nicht auf den Markt gebracht werden können – verbundene Risiko ist im Allgemeinen höher als das mit Sachanlagen verbundene. Daher werden Intangible Assets oder Wissenskapital besonders von Rechnungswesenfachleuten und Managern häufig nur ungern als Vermögenswerte, als Assets behandelt, die mit Finanz- und Sachanlagen auf eine Stufe zu stellen und in die Bilanz und die Finanzberichte aufzunehmen sind. Und nach den Generally Accepted Accounting Principles (GAAP), den gängigen Rechnungslegungsvorschriften, dürfen deshalb Aufwendungen für den Ausbau einer Marke, um Innovation voranzutreiben und zu fördern oder die Produktivität von Mitarbeitern zu erhöhen, nicht aktiviert werden.

Jürgen Daum: Wenn Sie sich das Phänomen der Internetunternehmen, der Dotcoms anschauen, das ja für Immaterialität schlechthin steht, scheinen die von Ihnen erwähnten Bedenken hinsichtlich der Aktivierungsfähigkeit von Intangible Assets aufgrund ihrer fehlenden freien Handelbarkeit und den hohen Risiken gerechtfertigt zu sein, wenn man sich vorstellt, wie viel Geld Aktionäre dieser Unternehmen verloren haben. Zunächst wusste niemand, ob das ausgewählte Dotcom-Unternehmen auf dem Markt erfolgreich sein würde oder nicht. Und als diese Unternehmen in Schwierigkeiten gerieten, gab es oft keine bleibenden Vermögenswerte, die auch nur für eine annähernde Kompensation der Anleger hätten verkauft werden können.

Baruch Lev: Was im Fall des Internets geschehen ist, ist auch im Zusammenhang mit anderen revolutionären Erfindungen der Vergangenheit geschehen. Die Menschen sind angesichts neuer Technologien immer zu enthusiastisch. So war es mit der Elektrizität, mit dem Aufkommen der Eisenbahn und mit dem Automobil. Im ersten Moment, wenn die neue Technologie sich zu verbreiten beginnt, fürchtet jeder, den Zug zum sicheren Reichtum zu verpassen und investiert beträchtliche Geldsummen in die neuen Aktien. Später stellt man fest, dass es eine Menge Geld kostet, um mit diesen Investitionen Geld zu verdienen, und dies auch dann, wenn das Unternehmen erfolgreich ist. Es wird dann plötzlich zweifelhaft, ob man mit solchen Investitionen überhaupt erfolgreich sein kann, also eine dem Risiko entsprechende Rendite erzielen kann. In einer wettbewerbsintensiven Wirtschaft ist es nicht klar, welche dieser neuen Unternehmen sich schließlich durchsetzen werden. So gab es zu Beginn des 20. Jahrhunderts allein in den USA 200 Automobilhersteller. Die Leute waren über diese Unternehmen begeistert, und der Wert der Aktien schoss in Schwindel erregende Höhen. Heute haben wir nur noch drei, eigentlich nur zwei Automobilhersteller, da Chrysler nun Teil von DaimlerChrysler ist.

Ich glaube, dass es sich mit dem Internet ähnlich verhalten wird. Unter den zahllosen Internetunternehmen werden einige erfolgreich sein, wahrscheinlich America Online (AOL), eBay und Amazon – in jedem kleinen Marktsegment höchstens ein oder zwei Unternehmen. Das Internet ist also ein spezielles Phänomen, das mit einer neuen Erfindung, einer neuen Technologie in Zusammenhang steht. Sie können es nicht mit etablierten Märkten und Unternehmen vergleichen, die sich, nebenbei bemerkt, künftig auch auf das Internet stützen müssen. Und viele Branchen der so genannten Old Economy sind ebenfalls reich an Intangible Assets. In einer kürzlich von mir gemeinsam mit Feng Gu von der Universität Boston durchgeführten Untersuchung, in der wir die Daten von Unternehmen für den Zeitraum von 1990 bis 1999 untersuchten, stellten wir fest, dass das immaterielle Kapital, also die Summe der Intangibles, von Luftfahrt- und Rüstungsunternehmen (Aerospace and Defense) ihren Marktwert bei weitem überstieg. Bei Lebensmittel- und Getränkeunternehmen (Food/Beverages) war die Relation von immateriellem Kapital und Bilanzwert 7:1.[8] Dies sind die Informationen, die Investoren benötigen. Wenn Investoren zuverlässigere Informationen über Intangible Assets dieser Internetunternehmen gehabt hätten, wäre es einfacher gewesen, ihren tatsächlichen Wert einzuschätzen. Das Fehlen zuverlässiger Informationen über Intangible Assets stellt heutzutage ein großes wirtschaftliches und soziales Problem dar.

Jürgen Daum: Warum ist das so?

Baruch Lev: Für ein Unternehmen, das über zahlreiche Intangible Assets verfügt, liefert eine auf GAAP basierende Finanzbuchhaltung und ein entsprechendes Berichtswesen unzureichende Informationen, was dazu führt, dass Investoren im Dunkeln tappen und Manager sich auf Vermutungen stützen müssen. So hat man zum Beispiel zeigen können, dass die Behandlung von Investitionen in Intangibles als Aufwand in der Rechnungslegung zu einer systematischen Unterschätzung der Profitabilität von Unternehmen mit einem stark Intangibles-basierten Wachstum führt. Zusammen mit anderen Autoren habe ich über 1500 forschungs- und entwicklungsintensive Unternehmen untersucht. Dabei haben wir festgestellt, dass Unternehmen, deren Forschungs- und Entwicklungsaufwand stark wächst und die gleichzeitig nur ein geringes Wachstum auf der Erlösseite verzeichnen können – typischerweise junge, stark von Intangible Assets abhängige Unternehmen –, von Investoren systematisch unterbewertet werden. Dadurch erhöhen sich nicht nur die Kapitalkosten für diese Unternehmen, sondern die Kosten zur Finanzierung des künftigen Wohlstands ganzer Volkswirtschaften, deren wirtschaftliche Wertschöpfung allgemein in immer stärkerem Maß von Innovationsinvestitionen abhängt. Hierdurch wird möglicher Wohlstand verhindert, da Investitionskapital nicht dahin gelenkt wird, wo es am produktivsten eingesetzt werden könnte.

Jürgen Daum: Unternehmen sollten also über ihre Intangible Assets berichten. Häufig wird der Wert von Intangible Assets als Differenz zwischen dem Markt-

8 Baruch Lev, Feng Gu, Intangible Assets, http://www.stern.nyu.edu/~blev/

und dem Buch- oder Bilanzwert eines Unternehmens berechnet. Ist dies die richtige Vorgehensweise?

Baruch Lev: Nein, diese Methode ist unzureichend, da sie auf zwei falschen Annahmen beruht. Zum einen wird angenommen, dass es auf den Kapitalmärkten keine falsche Preisfindung gibt. Dies ist aber nicht richtig, wie sich beim Zerplatzen der Internet-Seifenblase gezeigt hat. Zum anderen wird angenommen, dass die auf historischen Werten beruhenden Bilanzansätze der Assets deren aktuellen Wert wiedergeben. Der Ansatz »Markt- minus Buchwert« zur Bewertung von Intangible Assets ist außerdem unzureichend, da er zirkulär ist. Man sucht ja deshalb nach Möglichkeiten, den Wert von Intangible Assets einzuschätzen, um Managern und Investoren neue Informationen geben zu können. Die Kennzahl »Markt- minus Buchwert« ist jedoch von etwas abgeleitet, das Investoren bereits wissen, und liefert daher keine neuen Informationen. Wir brauchen ganz offensichtlich andere Methoden, um den Wert von Intangible Assets zu bestimmen.

Jürgen Daum: Was schlagen Sie stattdessen vor?

Baruch Lev: Zunächst benötigen wir ein Ziel für den Entwurf eines verbesserten Informationssystems. Und das von mir für das neue Rechnungswesen- und Informationssystem vorgeschlagene Ziel besteht darin, zwei wichtige Triebkräfte, durch die moderne Volkswirtschaften charakterisiert sind, in ihrer Entfaltung zu unterstützen: die Demokratisierung und die Externalisierung von Entscheidungsprozessen, sowohl innerhalb von Organisationen als auch auf den Kapitalmärkten.

Jürgen Daum: Was verstehen Sie unter Demokratisierung und Externalisierung von Entscheidungsprozessen?

Baruch Lev: Die Demokratisierung der Kapitalmärkte zeigt sich an der zunehmenden Bedeutung, die private Investoren auf diesen Märkten spielen. Während professionelle Analysten nach wie vor eine zentrale Rolle auf Kapitalmärkten spielen, werden Millionen privater Anleger zu ihren eigenen Analysten. Eine große Zahl von Finanz-Websites versucht auf die Bedürfnisse dieser neuen »Analysten« einzugehen. Die meisten dieser Sites beinhalten jedoch lediglich öffentlich zugängliche Informationen, wie zum Beispiel die Abschlussdaten von Unternehmen, Gewinnschätzungen von Analysten usw., zusammen und bereiten diese auf. Diese Informationen enthalten keine Daten über Intangible Assets oder Wissenskapital. Während Analysten zumindest teilweise solche Informationen vom Management der Unternehmen erhalten können, sind sie für Privatinvestoren nicht zugänglich.

Die Externalisierung des Entscheidungsprozesses von Managern bezieht sich auf Änderungen in der Struktur von Unternehmen. In den vertikal integrierten Unternehmen des industriellen Zeitalters war die Entscheidungsautorität weitestgehend zentralisiert und auf die Grenzen der Organisation beschränkt. Die Manager fanden die meisten der von ihnen benötigten Informationen im Unternehmen selbst. Im Gegensatz dazu wird eine wachsende Zahl wichtiger Entscheidungen in modernen Unternehmen in Absprache mit Institutionen und Personengruppen getroffen, die sich außerhalb der rechtlichen Grenzen des Unternehmens befinden: mit Kunden, Allianzpartnern, Lieferanten ausgelagerter Dienstleistungen usw. Ein vernetztes Unternehmen benötigt aktuellste Informationen über seine Partner und muss auch selbst Informationen an die Partner seines Netzwerks liefern. Der Prozess der Demokratisierung und Externalisierung schafft neue Interessengruppen und steigert damit zugleich den Bedarf an relevanten Informationen.

Jürgen Daum: Und worin besteht nun Ihr neues Rechnungswesenmodell für die neue Ökonomie? Wie sollen Unternehmen über ihre Intangible Assets berichten?

Baruch Lev: Die für Entscheidungsträger – Manager oder Investoren – wichtigsten Informationen in der gegenwärtigen wirtschaftlichen Umwelt betreffen die »Value Chain« eines Unternehmens. Unter der Value Chain verstehe ich den Innovationsprozess, der mit der Discovery- oder Forschungsphase beginnt, wo die Ideen zu neuen Produkten und Services entstehen. Dann folgt die Entwicklungsphase, in der diese Ideen in neue Produkte oder Services implementiert werden und die technologische Machbarkeit festgestellt wird, was dann schließlich in der Phase der Vermarktung kulminiert. Erfolgreiche, wissensbasierte Unternehmen, die in den Hightech-, wissenschaftsabhängigen, Internet- und Dienstleistungssektoren operieren, jedoch auch in traditionellen Branchen, wie in der Luftfahrt- und Rüstungsindustrie, in der chemischen Industrie, der Konsumgüterindustrie sowie im Einzelhandel und in den Bereichen Öl und Gas tätige Unternehmen, sind in systematischen, sorgfältig geplanten und ausgeführten Innovationsprozessen engagiert.

Und es sind diese Innovationsprozesse, durch die in diesen Unternehmen ökonomischer Wert geschaffen wird. Gegenwärtige Rechnungswesen- und Controllingmethoden liefern keine relevanten und zeitnahen Informationen über den Innovationsprozess, der für das Überleben und den Erfolg von Unternehmen von so entscheidender Bedeutung ist. Investitionen in der Forschungsphase werden im Rechnungswesen vollständig als Aufwand verbucht, und wichtige Vorgänge im wertschaffenden Implementierungsstadium der Innovationskette, wie etwa eine FDA-Genehmigung[9] für ein neues Medikament, die Erteilung eines Patents oder ein erfolgreicher Beta-Test eines Softwareprodukts, werden Investoren noch

9 FDA = Food and Drug Administration (US-amerikanische Behörde, die die Marktzulassung für neue Medikamente erteilt)

nicht einmal separat mitgeteilt. Und selbst über das Vermarktungsstadium, in dem separat aufzeichenbare Kosten und Erlöse generiert werden, wird nur sehr zusammenfassend berichtet. All dies führt dazu, dass die Beurteilung der Effizienz des Innovationsprozesses eines Unternehmens, zum Beispiel des Return on Investment im Bereich Forschung und Entwicklung oder von Technologie-Akquisitionen, des Erfolgs einer Kooperation und der Fähigkeit des Unternehmens, seine Produkte schnell auf den Markt zu bringen, nicht möglich ist. Was ich daher als wichtiges ergänzendes Element eines neuen Rechnungswesen- und Controllingsystems empfehle, ist ein so genanntes Value Chain Blueprint, ein kennzahlbasiertes Informationssystem, das sowohl als Basis interner Entscheidungsprozesse als auch für das externe Berichtswesen an die Investoren dienen kann.

Jürgen Daum: Ein Value Chain Blueprint, ist das so etwas wie eine Balanced Scorecard?

Baruch Lev: Ja, es hat etwas mit einer Balanced Scorecard gemeinsam. Das Value Chain Blueprint konzentriert sich, wie eine Balanced Scorecard, sowohl auf finanzielle als auch auf nichtfinanzielle Werttreiber. Im Gegensatz zu einer Balanced Scorecard, bei der die Hauptintention darin besteht, Strategien und die Implementierung neuer Strategien durch ihre Beschreibung besser zu managen, besteht der Zweck eines Value Chain Blueprints darin, genauer über die Performance eines Unternehmens zu berichten und dabei zu helfen, diese zu managen, indem sie beschreibt, wie ein Unternehmen diese Performance erzeugt. Und da die Performance heute von der Fähigkeit zur Innovation und davon abhängt, neue Produkte erfolgreich auf den Markt zu bringen, muss sich ein Performance-Berichts- und Managementsystem auf die Innovation Value Chain konzentrieren. Genau dies geschieht mit Hilfe des Value Chain Blueprints.

Jürgen Daum: Was genau ist nun ein Value Chain Blueprint? Wie sieht es aus?

Baruch Lev: Ein Value Chain Blueprint besteht aus neun Kennzahlgruppen, die hauptsächlich Informationen über nichtfinanzielle Faktoren liefern. Sie beschreiben die Phasen des Innovationsprozesses erfolgreicher Unternehmen (siehe Abbildung 6.5).

Diese neun Kennzahlgruppen sind den drei Hauptphasen der Innovationskette zugeordnet: Forschung bzw. Lernen, Implementierung und Vermarktung. Für den Forschungsbereich liefern drei Kennzahlgruppen Informationen über *die interne Erneuerungsfähigkeit* – etwa über den Erfolg von Forschungs- und Entwicklungsaktivitäten –, über *erworbene Fähigkeiten* – zum Beispiel über zugekaufte Technologien –, sowie über den Status des *»Networkings« im Bereich Forschung und Lernen* – etwa durch Forschungs- und Entwicklungsallianzen und Joint-Ventures oder Communities of Practice. In der Implementierungsphase geben drei weitere

Kennzahlgruppen Auskunft über geschaffenes *Intellektuelles Eigentum* – wie zum Beispiel in Form von Patenten, eingetragenen Marken oder Lizenzvereinbarungen –, über die *technologische Machbarkeit* – wie etwa den Status klinischer Tests für ein neues Medikament oder den Status von Beta-Tests eines Softwareprogramms –, sowie über *Internetaktivitäten* – etwa den Umfang von Online-Bestellungen, die Zahl der Besucher der Unternehmens-Webpage usw. Über die Vermarktungsphase liefern drei Kennzahlgruppen Informationen: erstens über die *Kundenseite* – wie etwa über Kundenabwanderungsraten, durch die Angabe des durchschnittlichen Customer Values, des aktuellen Werts von Markennamen oder den Status von Marketingallianzen –, zum zweiten über die *Performance in der Vermarktungsphase* – durch Erlöskennzahlen wie etwa Innovationserlöse[10], Lizenzerlöse aufgrund von Patenten oder Knowledge Earnings[11] und schließlich über die *Wachstumsperspektiven* – durch Informationen über die Product Pipeline, also über die noch in der Entwicklung befindlichen Produkte, über geplante Markteinführungen, über den erwarteten Break-Even-Zeitpunkt und über die Cash-Burn-Rate. Die Aufgabe des Value Chain Blueprints besteht in der Bereitstellung von Informationen über das Innovationspotenzial eines Unternehmens und über den Erfolg bei dessen Realisierung. Es ist daher ein Informationssystem, das darauf abzielt, den Zusammenhang zwischen Ressourceneinsatz und Ergebnissen zu erfassen. Der Zweck des Value Chain Blueprints besteht darin, eine umfassende Darstellung der für die wirtschaftliche Beurteilung eines Unternehmens relevanten Informationen zu liefern. Für bestimmte Unternehmen sind aber möglicherweise nicht alle aufgeführten Kennzahlen und Informationskategorien relevant. Zum Beispiel ist die Kennzahlgruppe Nummer vier für Unternehmen, die über keine Patente verfügen, nicht relevant. Und die Informationen über Internetaktivitäten werden bei Unternehmen, die keine Online-Aktivitäten entfalten, keine Rolle spielen. In diesen und ähnlichen Fällen würden Unternehmen nur einen Teil des von mir vorgeschlagenen umfassenden Value Chain Blueprints nutzen. Ich möchte darauf hinweisen, dass mein Value Chain Blueprint sich von den meisten anderen vorgeschlagenen Informationssystemen darin unterscheidet, dass es wissenschaftlich fundiert ist und auf einer Reihe empirischer Untersuchungen basiert. Jede der vorgeschlagenen Messgrößen und jeder Indikator konnte durch entsprechende Untersuchungen als Werttreiber identifiziert werden, d.h., es konnte eine statistische Korrelation zwischen dieser Größe und der des Unternehmenswerts aufgezeigt werden.

---

10 Innovationserlöse sind nach Baruch Lev Erlöse, die durch Produkte generiert wurden, die in den letzten drei bis fünf Jahren auf den Markt gekommen sind.

11 Knowledge Earnings oder Wissenskapitalerträge sind nach Baruch Lev Gewinne, die auf Intangible Assets basieren – im Gegensatz zu solchen, die aus Investitionen in Finanzanlagen und physische Assets resultieren. Die Berechnung dieses Werts wird in Kapitel 7 beschrieben.

Abbildung 6.5 Das Value Chain Blueprint nach Baruch Lev[12]

Jürgen Daum: Wie sollten Unternehmen die richtigen Messgrößen auswählen?

Baruch Lev: Um einen maximalen Nutzen zu erbringen, sollten Value-Chain-Scoreboard-Indikatoren oder -Messgrößen drei Kriterien erfüllen. Sie sollten erstens eindeutig quantifizierbar sein. Zweitens sollten sie auf Standards basieren, damit sie über verschiedene Geschäftsbereiche und auch Firmen hinweg für Benchmarking- und Bewertungszwecke vergleichbar sind. Das dritte und wichtigste Kriterium ist, dass sie durch empirische Forschungen für die wirtschaftliche Beurteilung eines Unternehmens als relevant bestätigt werden. Dies kann entweder dadurch geschehen, dass eine signifikante statistische Korrelation zwischen diesen Messgrößen und Unternehmenswertindikatoren, wie zum Beispiel der Aktienrendite und Produktivitätsverbesserungen, dargelegt werden kann. Diese drei Auswahlkriterien für bestimmte Scoreboard-Indikatoren stellen sicher, dass das vorgeschlagene Informationssystem die Anforderungen und Informationsbedürfnisse interner und externer Benutzer erfüllt. Ein typisches Unternehmen wird etwa zehn bis zwölf solcher kritischer Value-Chain-Indikatoren nutzen, um sowohl Manager als auch Investoren – selbstverständlich in Detaillierungsgrad und Häufigkeit unterschiedlich – über die Innovationsaktivitäten eines Unternehmens

12 Baruch Lev, Intangibles, S. 111

zu informieren, unter besonderer Berücksichtigung von Investitionen in Intangible Assets und ihrer Transformation in greifbare finanzielle Ergebnisse.

Jürgen Daum: Was könnte Unternehmensleiter dazu motivieren, das Konzept des Value Chain Blueprints für die Veröffentlichung solcher doch sehr detaillierter Informationen einzusetzen?

Baruch Lev: Zunächst ist es auch ein wichtiges Ziel des Blueprints, Manager in ihren Entscheidungen zu unterstützen. Bezüglich der Veröffentlichung von Informationen für die Kapitalmärkte bin ich fest davon überzeugt, dass die meisten Manager den Großteil oder alle dieser Informationen freiwillig bekannt geben werden, wenn ein kohärentes, wohl definiertes und entscheidungsrelevantes System entwickelt wird, das die wichtigsten Merkmale von Intangible Assets und ihre Rolle im gesamten Wertschöpfungsprozess eines Unternehmens wiedergibt. Mein Optimismus gründet sich darauf, dass die Verfügbarkeit einer Rechnungslegungs- und Berichtsstruktur, die von den wichtigsten, die Rechnungslegungsstandards beeinflussenden Institutionen und vielleicht auch von anderen einflussreichen Parteien, wie zum Beispiel den großen Wirtschaftsprüfungsgesellschaften, befürwortet wird, einen offeneren Umgang mit diesen Informationen und eine entsprechende Veröffentlichungswelle einleiten wird.

Unternehmen, die gute Neuigkeiten mitzuteilen haben, werden die ersten sein, die solche Informationen publizieren, und werden dadurch andere motivieren, sich ihnen einzuschließen. Da keine Neuigkeiten auf Kapitalmärkten immer gleichbedeutend mit schlechten Neuigkeiten sind, werden solche Unternehmen, die keine Informationen veröffentlichen, negative Konsequenzen zu spüren bekommen. Ich schlage daher vor, dass die entsprechenden, für Rechnungslegungsgrundsätze zuständigen Organisationen, in den USA vorzugsweise das FASB, mit klarer Ermutigung und Führung durch die SEC, die wichtige Aufgabe der Standardisierung von Informationen über Intangible Assets übernehmen und so eine kohärente Informationsstruktur und einen umfassenden Satz miteinander in Zusammenhang stehender Berichte über die Entwicklung der Value Chain eines Unternehmens erstellen, mit einem speziellen Fokus auf Intangible Investments und Intangible Assets.

Jürgen Daum: Sie haben zuvor erwähnt, dass das Value Chain Blueprint ein wichtiges Element eines neuen Rechnungswesen- und Controllingsystems darstellt. Welche sind die anderen Elemente und wie soll die derzeit übliche Rechnungswesenpraxis verändert werden?

Baruch Lev: Das Value Chain Blueprint wird die gängige Rechnungslegung nicht ersetzen. Es geht traditionellen Accounting-Informationen zeitlich voraus und ergänzt sie mit zusätzlichen Informationen über die wichtigsten Phasen der Value

Chain, die in Finanzberichten nicht wiedergegeben werden. Finanzielle Informationen sind nach wie vor nützlich und für eine abschließende »Realitätsprüfung« erforderlich, wenn ermittelt werden soll, ob tatsächlich Wert geschaffen oder vernichtet wurde, wenn Produkte, Dienstleistungen oder neue Prozesse die Value Chain durchlaufen. Das zweite Element eines neuen Rechnungswesensystems ist daher eine überarbeitete Version der gängigen Finanzbuchhaltung und -berichterstattung.

Jürgen Daum: Was muss nach Ihrer Ansicht an unserem gegenwärtigen Finanzbuchhaltungssystem und der Berichterstattung von Unternehmen geändert werden?

Baruch Lev: Die wichtigsten, dringend erforderlichen Änderungen des gegenwärtigen Finanzbuchhaltungssystems und Berichtswesens von Unternehmen haben mit der angemessenen Berücksichtigung von Intangible Assets in diesen Rechenwerken und Berichten zu tun. Gegenwärtige GAAP-Richtlinien verhindern die Berücksichtigung von Intangible Assets fast vollständig. Hierzu gehören zum einen intern hergestellte Intangible Assets und die meisten erworbenen, wie zum Beispiel »In-Process R&D«. Ein derart weit reichendes Ignorieren von Intangibles als Unternehmens-Assets beeinträchtigt die Qualität und Sinnhaftigkeit der durch die Bilanz mitgeteilten Informationen. Noch problematischer an dieser Praxis ist der verfälschende Effekt auf die Gewinn- und Verlustrechnung: Aufwand und Erlöse, die eigentlich zusammen gesehen werden müssten, werden in unterschiedlichen Perioden berichtet, und für den Leser ist kein Zusammenhang mehr herstellbar. Der korrekte und periodengerechte Vergleich von Erlösen und Aufwendungen wird durch die zeitliche Verzögerung verhindert, die sich durch die sofortige Verbuchung von Intangibles als Aufwand und die erst in späteren Perioden anfallenden Erlöse ergibt. Was notwendig ist, ist also eine signifikante Erweiterung des Begriffs »Asset« im Rechnungswesen und in der Berichterstattung.

Es ist unbedingt erforderlich, dass in der Finanzbuchhaltung und in Finanzberichten auch immaterielle Vermögenswerten eine ihrer Bedeutung angemessene Berücksichtigung finden. Ich bin mir voll darüber im Klaren, dass einer der Hauptgründe, warum Rechnungslegungsfachleute sich davor scheuen, Investitionen in Intangible Assets zu aktivieren, das mit dieser Art Investition verbundene Risiko ist. Investitionen in Intangibles sollten jedoch als Assets anerkannt und aktiviert werden, wenn sich die Unsicherheit signifikant reduziert hat, ob eine solche Investition jemals einen Ertrag abwerfen wird. Wenn beispielsweise Forschungs- und Entwicklungsprojekte die Phasen von der Konzeption über technische Machbarkeitstests bis hin zum fertigen Produkt durchlaufen, nimmt die Unsicherheit bezüglich der technologischen Machbarkeit und des kommerziellen Erfolgs kontinuierlich ab. Deshalb schlage ich vor, Investitionen in Intangible Assets mit positiven Ertragsaussichten, die belegbar sind, zum Beispiel dadurch, dass bestimmte Tests bestanden wurden, auch in der Rechnungslegung als Assets anzuerkennen. Dies würde eine korrektere periodische Zuordnung von Kosten und zugehörigen Erlösen ermöglichen, besonders bei Unternehmen mit hohen Wachstumsraten bei den Investitionen in Intangible Assets. Die so anerkannten Intangible Assets würden dann in der Bilanz dargestellt und so auf eine Ebene mit Sachanlagen gestellt werden. Abschreibungen und Wertberichtigungen auf Intangible Assets werden dann wertvolle Informationen über die Einschätzung von Managern bezüglich des erwarteten Nutzens dieser Assets liefern. Um die Möglichkeiten der Manipulation von Geschäftsergebnissen zu beschränken, sollten Intangible Assets in einer separaten Rechnung berücksichtigt werden, so dass skeptische Investoren auf einfache Weise das Ergebnis ohne die Berücksichtigung von Intangible Assets ermitteln können.

Jürgen Daum: Diese von Ihnen vorgeschlagene Erweiterung der gegenwärtigen Bilanzierungsregeln bezüglich der Aktivierung von Intangibles stellt in der Tat eine wesentliche Änderung der gegenwärtigen Rechnungslegungspraxis dar. Für wie wahrscheinlich halten Sie es, dass dies so umgesetzt wird?

Baruch Lev: Ich bin der festen Überzeugung, dass eine grundlegende Überarbeitung des derzeit verwendeten Rechnungswesensystems erforderlich ist. Eine solche weit reichende Veränderung in der Rechnungslegungspraxis wird jedoch ohne regulatorisches Eingreifen, d.h. ohne eine Änderung der gegenwärtigen Rechnungslegungsregeln und -richtlinien, nicht erfolgen, da mit Widerstand von Seiten des Managements zu rechnen ist. Die Prioritäten sollten deshalb geändert werden, um einen Erfolg wahrscheinlicher zu machen. Ich schlage vor, mit einem freiwilligen, aber wohl definierten und strukturierten Berichtssystem, bei dem es sich um das Value Chain Blueprint handelt und das zusätzlich zur bislang üblichen Rechnungslegung erfolgt, den Anfang zu machen. Zu einem späteren Zeitpunkt kann dann das Rechnungswesen selbst angepasst werden. Ich glaube, dass sich auf diese Weise der Widerstand gegen das neue System verringern lässt, da so Manager, Rechnungswesenfachleute und Controller Erfahrungen in der Veröffentlichung von Informationen über Intangible Assets sammeln und die erfolgreiche Annahme dieser Änderungen auf den Kapitalmärkten beobachten können.

Jürgen Daum: Angesichts der sich gegenwärtig abschwächenden Konjunktur hört man öfter die Meinung, dass »neue Ökonomie«, »Internet-Seifenblase« und »Intangible Assets« ein und dasselbe und nicht mehr relevant und wichtig sind. Stimmt Sie das bedenklich?

Baruch Lev: Ja, ich bin darüber besorgt, dass das Thema Intangible Assets, dem ich einen großen Teil meiner Forschungsarbeit und beruflichen Aktivitäten der letzten Jahre gewidmete habe, durch die Welle der Unzufriedenheit mit der so genannten New Economy mitfortgetragen wird und ungerechtfertigterweise an allgemeiner Beachtung und Aufmerksamkeit verliert. Ich bin besorgt darüber, dass das dauerhafte Phänomen der zunehmenden Investitionen in Intangible Assets, die die Hauptquelle für Unternehmenswert und -wachstum darstellen, mit einer vorübergehenden rückläufigen Wirtschaftsentwicklung und mit der höheren Volatilität an den Aktienmärkten und den finanziellen Schwierigkeiten in einigen Technologiesektoren in einen Topf geworfen werden. Ich befürchte außerdem, dass dies die Sicht auf die realen, grundlegenden wirtschaftlichen Entwicklungen verdecken könnte, in denen technologische Erneuerung und Innovation, die durch Investitionen in Intangible Assets herbeigeführt wurden, eine solch wichtige Rolle spielen. Eine rückläufige Konjunktur und die aktuelle Lage auf den Finanz- und Kapitalmärkten ändern jedoch nichts an der grundlegenden Tatsache, dass das Überleben eines Unternehmens im Wettbewerb in erster Linie von intelligenten Investitionen in Intangible Assets abhängen wird, die zu Innovation und effektiveren Prozessen und Verfahren auf der Vermarktungsseite führen. Die zentrale Rolle, die Investitionen in Intangible Assets für den Erfolg von Unternehmen, das Wachstum von Volkswirtschaften und die Verbesserung des sozialen Wohls insgesamt spielen, bleibt davon unberührt.

Jürgen Daum: Zurzeit befinden wir uns in den meisten Volkswirtschaften wirtschaftlich in einer Abwärtsphase. Was empfehlen Sie Managern in dieser Situation im Hinblick auf Intangible Assets?

Baruch Lev: In der boomenden Wirtschaft und auf den Kapitalmärkten der 90er-Jahre konnten gröbere Controlling- und Bewertungsmodelle toleriert werden, zumindest teilweise. In der heutigen, langsamer wachsenden Wirtschaft und angesichts stagnierender Kapitalmärkte müssen Manager der Ressourcenallokation mehr Beachtung schenken. Sie sollten die Fähigkeit entwickeln, den erwarteten Return on Investment im Bereich Forschung und Entwicklung, Mitarbeiterfortbildung, Informationstechnik, Markenführung und bei anderen Intangible Assets festzustellen, und diesen mit dem Ertrag von Investitionen in Sachanlagen vergleichen zu können, um eine optimale Allokation der Unternehmensressourcen sicherzustellen. Außerdem sollten Manager Intangible Assets im Hinblick auf ihren effizienten Einsatz kontinuierlich überwachen. In Zeiten hoher Gewinne und entscheidender Bedeutung der Geschwindigkeit, mit der neue Produkte auf den Markt gebracht werden, hat etwa die Lizenzierung von Patenten und von Know-how nicht die oberste Priorität, aber sie kann eine wichtige Erlösquelle in Zeiten langsameren Wachstums sein. Allerdings verfügen die meisten Unternehmen heute nicht über die erforderlichen Informationen und Managementwerkzeuge, um Intangible Assets effektiv zu managen. Investitionen in solche Managementsysteme könnten deshalb eine wichtige Aufgabe werden – gerade in einer wirtschaftlichen Abschwungphase. In einem wirtschaftlichen Umfeld, das Unternehmen mehr fordert, sehe ich die Notwendigkeit zu erhöhter, statt geringerer Aufmerksamkeit für Intangible Assets, sowohl seitens des Managements als auch seitens der Investoren. Der Zeitpunkt ist gekommen, Intangible Assets in den internen strategischen und Performance-Managementprozessen und auch in der Aktien- und Portfolio-Analyse von Investoren vollständig zu berücksichtigen.

Jürgen Daum: Professor Lev, ich bedanke mich für dieses interessante Gespräch.

7 Das neue Rechnungswesen- und Controllingsystem

»Investoren benötigen verschiedene Informationen, um zukünftige Gewinne und Cash Flows abzuschätzen. Historische finanzielle Ergebnisse sind der Ausgangspunkt, sie reichen aber alleine nicht aus. Investoren müssen das Geschäftsmodell des Unternehmens verstehen, seine Produktmärkte, die spezifischen Sachanlagen und Intangible Assets, auf denen sein Wettbewerbsvorteil basiert, und die Qualität des Managementteams. Sie müssen auch die Schlüssel-Meilensteine für die Entwicklung des Unternehmens verstehen und seine Fortschritte bei entscheidenden operativen Performance-Messgrößen.«
SEC Taskforce[1]

Der Hauptzweck des Rechnungswesens und der Rechnungslegung besteht darin, Investoren, andere wichtige Stakeholder sowie das Management über die aktuelle wirtschaftliche Situation eines Unternehmens zu informieren. Dies geschieht dadurch, dass über die Performance der abgelaufenen Periode und über geschaffene, erworbene oder auch vernichtete Möglichkeiten künftiger Wertschöpfung berichtet wird, also über die Net-Assets. Traditionellerweise erfolgte dies mittels der Gewinn- und Verlustrechnung sowie der Bilanz und der Information über die Verbindlichkeiten. Dargelegt wurde so das erzielte Ergebnis der Periode und der aktuelle Stand der Assets. Indem über Investitionen in zukünftige Geschäftsoptionen, also über die Assets, und darüber, welche Beträge das Unternehmen an Dritte zurückzahlen und von seinen künftigen Erlösen abziehen muss, berichtet wird, können Investoren das Potenzial eines Unternehmens einschätzen, um künftig Gewinne und Free Cashflows zu generieren.

Dieser bislang gültige Rahmen für das Rechnungswesen muss nun in Richtung der auf Intangibles basierenden Unternehmens-Performance und -wertschöpfung erweitert werden. Da ein großer Teil der Wertschöpfung heute vor den Verkaufstransaktionen stattfindet, muss das neue Rechnungswesensystem alle Werte erfassen, die durch vorgelagerte Prozesse, Aktivitäten und Ereignisse geschaffen werden, nicht nur diejenigen in der Fertigung. Es muss über das Wertschöpfungspotenzial von Geschäftsmöglichkeiten berichten, die durch eine neue Strategie geschaffen werden. Außerdem muss es Einsichten in die Werte und das

1 SEC Taskforce, „Strengthening Financial Markets. Do Investors Have the Information They Need?", SEC, 2001, S. 4. Der Artikel kann unter http://www.fei.org/finrep/files/SEC-Taskforce-Final-6-6-2k1.pdf abgerufen werden.

Geschäftspotenzial ermöglichen, das durch Produktinnovationen geschaffen wird, zum Beispiel durch die FDA-Genehmigung eines neuen Medikaments oder den erfolgreichen Beta-Test einer neuen Software. Ferner muss es über die zusätzlichen Geschäftsoptionen und den Mehrwert berichten, der dadurch entsteht, dass beispielsweise ein anpassungsfähigeres Lieferkettennetzwerk implementiert oder die Kundentreue verbessert werden konnte. Und schließlich muss es Einblick in die Produktivität der Basisressourcen ermöglichen, etwa von Human- und Finanzkapital.

Benötigt wird also ein umfassendes Controllingsystem, welches das gesamte Wertschöpfungssystem eines Unternehmens umfasst sowie ein diesem zugrunde liegendes Rechnungswesensystem, das die Informationen über alle relevanten Investitionen eines Unternehmens und alle seine Wertschöpfungsaktivitäten erfassen und zu einer Grundrechnung verarbeiten kann, die sowohl für die Bewertung seiner aktuellen Performance als auch seiner künftigen Leistungsfähigkeit relevant sind. Das Controllingsystem muss daher Messgrößen und Kennzahlen für sämtliche wertschöpfenden Prozesse enthalten, unabhängig davon, ob diese durch Sachanlagen oder Intangible Assets unterstützt werden und ob es sich um finanzielle oder nichtfinanzielle Kennzahlen handelt.

Standardisierung der Kennzahlen für das neue Controllingsystem

Da viele der an einem Unternehmen interessierten Parteien zeitnahe Informationen benötigen, die sie mit denen über andere Unternehmen vergleichen können, ist es wünschenswert, dass die in einem neuen Controlling- und Berichtssystem für ein Unternehmen oder einen Geschäftsbereich enthaltenen Messgrößen und Kennzahlen standardisiert werden. Denn nur so können diese über Unternehmen und Geschäftsbereiche hinweg verglichen und für Bewertungs- und Benchmarking-Zwecke verwendet werden.

Im finanziellen Bereich gibt es, unterstützt durch verbindliche Rechnungslegungsvorschriften und -richtlinien sowie durch internationale Übereinstimmung zu Best-Practice-Regeln, einen allgemein akzeptierten Rahmen für Rechnungswesenverfahren, Finanzkennzahlen und ihre Berechnungsschemata. Das Problem der Einbeziehung nichtfinanzieller Kennzahlen in das Performance-Management- und Controllingsystem besteht darin, dass hierfür keinerlei Standards verfügbar sind, und es zu viele verschiedene Möglichkeiten bei der Auswahl- und Verwendung nichtfinanzieller Performance-Kennzahlen gibt.

Doch selbst im finanziellen Bereich, wo Kennzahlen einem allgemeinen Standard sehr nahe kommen und so Vergleiche zwischen Unternehmen ermöglichen, ist die Situation heute häufig noch nicht zufrieden stellend, da einzelne Unternehmen beispielsweise ihr Betriebsergebnis oder Operative Income auf unterschiedliche Weise ermitteln.

Die größte Schwierigkeit, die mit der Definition eines allgemeinen standardisierten Berichtsrahmens für nichtfinanzielle Performance-Informationen verbunden ist, besteht darin, dass zum Beispiel die für Investoren nützlichsten Informationen zu Intangible Assets branchen- und unternehmensspezifisch sind. Es wäre für eine allgemeine Standardisierungsinstitution, wie beispielsweise die amerikanische FASB oder das Deutsche Rechnungslegungs Standards Committee (DRSC), die die Rechnungslegungsrichtlinien festlegen, wahrscheinlich nicht praktikabel, für hunderte verschiedener Branchen genau anzugeben, welche Kennzahlen veröffentlicht werden sollten. Und selbst wenn solche Richtlinien für die verschiedenen Industriezweige erstellt werden könnten, ist das Tempo, mit dem sich diese Branchen weiterentwickeln, so hoch, dass derartige Regeln nicht schnell genug geändert werden könnten, um den Anforderungen von Investoren und der Finanz-Community zu entsprechen. Was von solchen Standardisierungsinstitutionen jedoch geleistet werden könnte, ist die Definition eines Rahmens, der in allgemein gültiger Sprache beschreibt, welche Art von Informationen berichtet werden sollten und wie das geschehen soll. Dies ist es, was in den USA von einer durch die SEC (Securities and Exchange Commission) inspirierten Task Force empfohlen wird.

Diese Task Force hat die Möglichkeiten zur Verbesserung des externen Berichtswesens von Unternehmen, insbesondere in Bezug auf Intangible Assets, untersucht und in einem abschließenden Bericht im Mai 2001 empfohlen, einen allgemeinen Rahmen für ein freiwilliges, ergänzendes Berichtswesen über Intangible Assets und operative Performance-Kennzahlen zu schaffen.[2] Unternehmen sollen Kennzahlen veröffentlichen, die es Investoren erleichtern, den Einfluss der Intangibles des Unternehmens auf zukünftige Gewinne und Cashflows zu beurteilen. Dieser Rahmen soll jedoch keine bestimmten Kennzahlen vorschreiben (da deren Relevanz von der jeweiligen Branche und dem jeweiligen Unternehmen abhängig ist), sondern eine Struktur, Sprache und einen Prozess anbieten, der Unternehmen dabei helfen kann, auf konsistente Weise zu erklären, wie ihre geschäftlichen Aktivitäten Wert schaffen und einen Vergleich zwischen Unternehmen in derselben Branche ermöglichen soll. Der Rahmen soll demnach eine allgemeine, generische Vorgehensweise definieren, die Unternehmen verwenden sollten, um ihr Geschäftssystem und ihren Wertschöpfungsprozess (in meiner Terminologie: ihr Wertschöpfungssystem) zu beschreiben. Unternehmen könnten dann aus den

2 Der Bericht des SEC Task Force mit dem Titel »Strengthening Financial Markets: Do Investors Have the Information They Need?« kann unter http://www.fei.org/finrep/files/SEC-Taskforce-Final-6–6-2k1.pdf heruntergeladen werden.

aufgeführten Komponenten die für sie relevanten auswählen und ihr Berichtswesen auf diese fokussieren.

Zusätzlich zu einem solchen standardisierten, allgemeinen Rahmen könnten die spezifischen Messgrößen und Kennzahlen für eine bestimmte Branche in Zukunft von Branchenverbänden in Form eines umfassenden Katalogs standardisierter, branchenspezifischer Performance-Messgrößen, inklusive ihrer Beschreibung, definiert und auch bei Bedarf aktualisiert werden. Aus dieser Liste können Unternehmen dann wiederum die für sie relevanten Parameter auswählen.

Da die Relevanz einer bestimmten Messgröße für die Bewertung eines Unternehmens häufig relativ und subjektiv ist, sollte sie tatsächlich, wie Baruch Lev dies in unserem Interview vorgeschlagen hat, durch empirische Untersuchungen belegt werden. Dies könnte durch unabhängige Organisationen geschehen, wie dies beispielsweise bei der Prüfung von Bilanzen und Jahresabschlüssen durch Wirtschaftsprüfungsunternehmen üblich ist. Die Praxis der Prüfung nichtfinanzieller Messgrößen, die im externen Berichtswesen verwendet werden sollen, durch unabhängige Dritte wird wahrscheinlich weitere Verbreitung finden, da Unternehmen die Glaubwürdigkeit der entsprechenden Berichte in den Augen von Investoren und anderen externen Nutzern erhöhen und zudem sicherstellen wollen, dass diese den gängigen Standards entsprechen.[3] Gefördert durch die Verbreitung des Internets wurden in jüngster Zeit bemerkenswerte Fortschritte bei der für die Veröffentlichung und den Austausch selbst komplexer Geschäftsdaten notwendigen Standardisierung gemacht. Entscheidend sind hier die auf dem XML-Standard[4] basierenden Sprachen, die als Katalysator für die Entwicklung eines Messgrößen- und Berichtswesen-Frameworks für nichtfinanzielle Geschäftsinformationen dienen können. Da ein solcher technologiegestützter Standard Unternehmen die einfache Veröffentlichung und den problemlosen Austausch von Informationen über ihre Websites ermöglicht, ist es wahrscheinlich, dass derartige Techniken für den Austausch von Performance-Informationen schon bald weit verbreitet sein werden.

Ein Beispiel hierfür ist XBRL (eXtensible Business Reporting Language). XBRL ist eine XML-basierte Sprache zur Unterstützung der Bereitstellung, der Bearbeitung, des Austauschs und der Analyse finanzieller Unternehmensinformationen. Trotz gemeinsamer Vorgehensweisen und Standards waren Finanzdaten verschiedener Unternehmen häufig nicht miteinander vergleichbar, da jedes Unternehmen sein

3 Siehe hierzu das Beispiel von Shell in Teil 2.

4 XML ist eine so genannte Markup-Sprache, die speziell zur Informationsübertragung über das World Wide Web konzipiert wurde. Eine XML-Anwendung – wie XBRL – besteht aus einem Satz von Elementen und aus einer Dokumentstruktur, die Dokumente eines bestimmten Typs beschreiben können. Elemente in einem XML-Dokument enthalten die eigentlichen Informationen und zeigen auch die logische Struktur dieser Informationen an.

eigenes Verfahren zur Strukturierung seiner Finanzberichte und zur Aggregation von Rechnungswesendaten zu Berichtspositionen in diesen Finanzberichten verwendete. XBRL stellt jetzt allgemeine, XML-basierte Definitionen für solche Berichtspositionen bereit, und erlaubt es Unternehmen damit, ihre Finanz- und Performance-Informationen mit ihren Stakeholdern leichter auszutauschen. Die XBRL-Standards werden vom XBRL Committee, einer Organisation mit mehr als 70 Mitgliedern, festgelegt, die weltweit die wichtigsten Wirtschaftsprüfungsunternehmen, Softwareunternehmen und andere Organisationen repräsentieren.[5] XBRL unterstützt eine US-GAAP- und IAS-basierte Finanzberichterstattung sowie eine wachsende Zahl lokaler GAAP-Standards, wie etwa den deutschen HGB-Abschluss, und wird daher mit hoher Wahrscheinlichkeit der weltweite Standard für den Austausch und die Publikation von finanziellen Unternehmensinformationen werden. Abbildung 7.1 zeigt ein XBRL-Schema für US-GAAP.

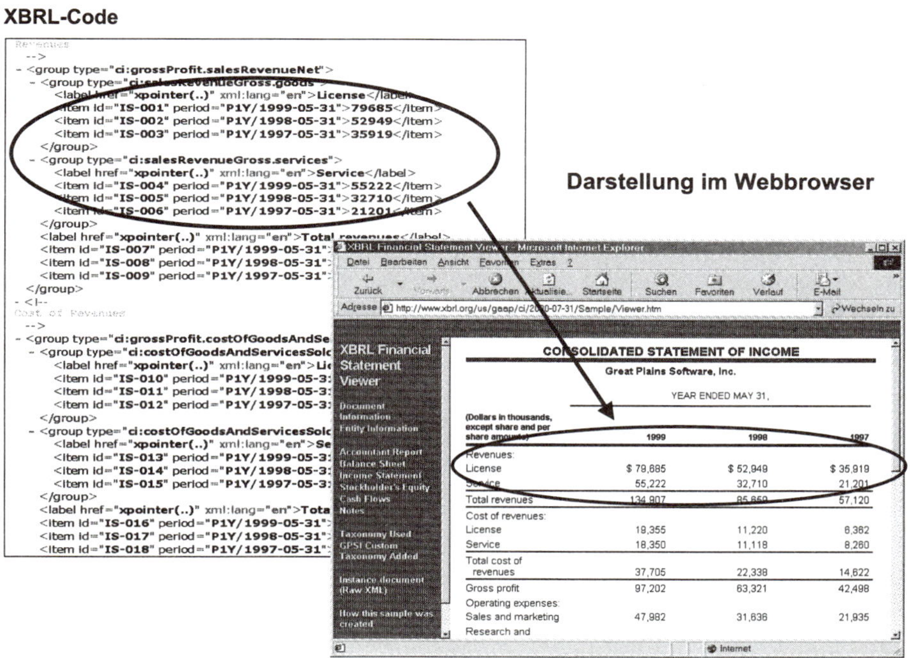

Abbildung 7.1 Ausschnitt einer XBRL-basierten Gewinn- und Verlustrechnung nach der XBRL-Taxonomie für das Financial Reporting von kommerziellen und industriellen Unternehmen nach US-GAAP

Während XBRL für die Daten von Finanzabschlüssen gedacht ist, gibt es andere ähnliche Initiativen, die XML-basierte Standards für die Veröffentlichung und den

5 Weitere Einzelheiten finden Sie auf der XBRL-Homepage unter http://www.xbrl.org/

Austausch nichtfinanzieller Geschäftsdaten verwenden. So hat zum Beispiel die Balanced Scorecard Collaborative, das Unternehmen von Kaplan und Norton, das Balanced Scorecard XML Standard Committee gegründet, zu dessen Mitgliedern Vertreter sämtlicher größerer Hersteller von Balanced Scorecard-Softwareanwendungen gehören. Der BSC-XML-Standard enthält beispielsweise standardisierte Elemente für Messgrößen, strategische Ziele, Perspektiven und Zielgrößen, um eine einheitliche Balanced-Scorecard-Terminologie zu etablieren. Der Standard macht so die nahtlose Integration von Balanced Scorecard-Anwendungen über das Internet möglich und erlaubt es auf diese Weise, performance- und strategiebezogene Informationen zwischen verschiedenen Softwareanwendungen und Unternehmen einfacher auszutauschen.

Die Entwicklungen zur Etablierung von allgemeinen Standards für die Verwendung von finanziellen und nichtfinanziellen Messgrößen und Kennzahlen in Unternehmensberichten sind viel versprechend. Es wird jedoch noch einige Zeit dauern, bis die neuen Technologien auf einer breiteren Basis angewendet werden. Während diese XML-basierten Sprachen eine wertvolle Syntax und Semantik für die Standardisierung von Messgrößen und Kennzahlkatalogen bieten, ist jedoch der Inhalt dieser Kataloge noch nicht definiert. Trotz zunehmender Dringlichkeit wird es noch einige Zeit dauern, bis Standardisierungsinstitutionen, Branchenverbände, Unternehmensberater oder spezielle Outsourcing-Dienstleister mit den Einzelheiten eines solchen Berichtsrahmens und standardisierten Messgrößen und Kennzahllisten hervortreten werden, die von einer kritischen Masse von Unternehmen akzeptiert werden kann.

Bis dies der Fall ist, müssen Unternehmen in eigener Regie weiterarbeiten. Um dafür eine gewisse Hilfestellung zu bieten, möchte ich mit dem im Folgenden beschriebenen Rahmen Unternehmen mit signifikanten Intangible Assets in die Lage versetzen, ihr eigenes verbessertes Controlling-, Accounting-, Berichts- und Managementsystem zu definieren. Dieser Rahmen basiert auf den Erkenntnissen der Fachdiskussion der letzten Jahre und gerade der jüngsten Zeit zu diesen Themen – sowohl in den USA als auch in Europa. Und obwohl diese Diskussion noch nicht abgeschlossen ist, bin ich sicher, dass Unternehmen, die jetzt mit dem Aufbau eines solchen Controllingsystems beginnen, es künftig leicht an neue Standards anpassen können. Sie werden aber schon jetzt durch erhöhte Transparenz von einer besseren Performance und einer angemesseneren Berücksichtigung ihrer Intangibles durch Investoren und Finanzanalysten profitieren.

Die Konzeption des neuen Controllingsystems

Die Aufgabe des Controllingsystems als eines wichtigen Teils des neuen Managementsystems ist die quantitative Erfassung der in den Aufbau bestimmter materieller oder immaterieller Kompetenzen geflossenen Investitionen und der dadurch erzielten Ergebnisse, also der durch diese Investitionen erreichten Performance. Die Aufgabe ist also im Prinzip das Messen von In- und Output.

Ein Unternehmen, besonders in Industriezweigen, die von Intangible Assets dominiert werden, ist heute ein wesentlich komplexeres wirtschaftliches System als ein einfaches Handelsunternehmen oder ein landwirtschaftlicher Betrieb es waren, bei denen das Messen von Input und Output an den Grenzen der Organisation, nämlich auf der Basis von externen Transaktionen, ausreichte. Es ist aber auch komplexer als ein Industrieunternehmen, in dem die Kosten- und Leistungsrechnung zur Abbildung der internen Ressourcenverbräuche und Leistungsprozesse im Fertigungsbereich hinzugekommen sind. Heute sind oft nicht die internen Prozesse, sondern die extern erzielten Effekte, wie etwa Netzwerkeffekte, entscheidend. Der größte Teil des von Unternehmen geschaffenen Werts beruht auf neuen Strategien, die schnell und erfolgreich umgesetzt werden, auf der Entwicklung erfolgreicher Produkte und den zugehörigen Vermarktungsprozessen sowie auf verbesserten Kundenbeziehungen. Immer geringere Bedeutung hat die Herstellung von Produkten, womit auch die rein intern orientierten Leistungsprozesse an Gewicht verlieren.

Diese Änderungen müssen sich im Managementsystem und seinen Controllingwerkzeugen widerspiegeln. Das neue Controllingsystem muss sich daher in seiner Struktur und seinen Inhalten am Wertschöpfungssystem heutiger Unternehmen orientieren, d.h. an einem System, das die wichtigsten Wertschöpfungsprozesse und Aktivitäten einer Organisation darstellt, die durch ständige Innovation zunächst immateriellen und dann daraus resultierenden finanziellen Wert schafft. Und das dafür erforderliche Controllingwerkzeug ist ein Kennzahlsystem, das eine konzentrierte Sicht auf die erfolgskritischen Bereiche eines Unternehmens ermöglicht: auf die Gesamt-Performance und auf den Erfolg bei der Implementierung einer neuen Strategie, auf die Performance bei der Entwicklung neuer Produkte und bei der Time-to-Market, auf die Performance im operativen Bereich und beim Management der Basisressourcen, wie etwa des Human- oder des Finanzkapitals, oder wichtiger informationstechnischer Ressourcen.

Das Tableau de bord: die Schalttafel des Unternehmens

Inzwischen gibt es bereits mehrere Konzepte für das Controlling von nichtfinanziellen Werttreiben und Intangibles. Hier einige Beispiele:

- Die von Kaplan und Norton vorgeschlagene Balanced Scorecard stellt das passende Konzept sowohl für ein Berichtswesen zur Verfügung, das über den Status der Strategieimplementierung informiert, als auch für die Auswahl der dafür geeigneten Messgrößen.

- Das Konzept der Real-Options-Bewertung[6] stellt Bewertungsverfahren für durch neue Strategien geschaffene »reale« Geschäftsoptionen bereit und kann gleichzeitig als entscheidungsunterstützendes Werkzeug für das Management dieser Optionen, der entsprechenden Investitionsprojekte und der damit verbundenen Chancen und Risiken, dienen.
- Das von Baruch Lev vorgeschlagene Value Chain Blueprint liefert den bislang fehlenden Standard, um über die Produktivität des Produkt- und Marktentwicklungsprozesses eines Unternehmens Rechenschaft ablegen zu können, und ein Kennzahlsystem für die Steuerung und Optimierung dieses wichtigen Wertschöpfungsprozesses.
- Das SCOR-Modell des Supply Chain Councils ermöglicht ein umfassendes Benchmarking im Bereich Lieferkettenmanagement.[7]
- Der Customer-Lifetime-Value-, mit dem man versucht, den Wert eines Kunden für ein Unternehmen über den gesamten Lebenszyklus der Unternehmen-Kunden-Beziehung zu erfassen und bietet die Möglichkeit, die in der Kundenbetreuung geschaffenen Intangible Assets zu bewerten.
- Mit Hilfe des »Value Added per Person« kann die Produktivität der Belegschaft, des Humankapitals, bewertet werden.

Dies sind Konzepte, die bereits eine breitere Anerkennung gefunden haben und auch angewendet werden. Was bislang noch fehlte, ist ein umfassendes System, ein Rahmen für die vollständige Ermittlung und Darstellung der Performance eines Unternehmens, und zwar in allen wertschöpfenden Bereichen, inklusive derjenigen, deren Aktivitäten auf Intangible Assets basieren. Dieses soll Messgrößen aus den Bereichen Gesamtperformance, Strategieumsetzung, Produktinnovation, Markt- und Business Development sowie aus dem Bereich Operations und aus den Support-Managementprozessen, die die Basisressourcen des Unternehmens steuern, zu einem einzigen, umfassenden Controllingsystem zusammenfassen. Manager werden so über den Status aller wertschaffenden Prozesse informiert.

Das neue Controllingsystem sollte sich daher am Wertschöpfungssystem eines Unternehmens orientieren und dieses quasi als Referenz benutzen, wenn es relevante quantitative Management- und Controllinginformationen liefern soll. Ich bezeichne ein solches kennzahlbasiertes Controllingsystem als das Tableau de bord (siehe Abbildung 7.2). Dieser Begriff kennzeichnet eine Organisation, die Indikatoren und quantitative Größen sowohl über die Gesamtperformance eines

6 Real Options Valuation (ROV) wird in diesem Kapitel noch näher behandelt.

7 Siehe http://www.supply-chain.org/. Das SCOR-Konzept (SCOR = Supply Chain Organization) wird weiter unten kurz beschrieben.

Unternehmens als auch über den Status der wichtigsten wertschaffenden Prozesse bereitstellt.

Der Ansatz geht auf das französische Konzept eines Tableau de bord zurück, der Schalttafel eines Unternehmens, die für den »Chef d'entreprise« die Indikatoren und Kennzahlen bereitstellt, die für die erfolgreiche Steuerung seines Unternehmens wesentlich sind.

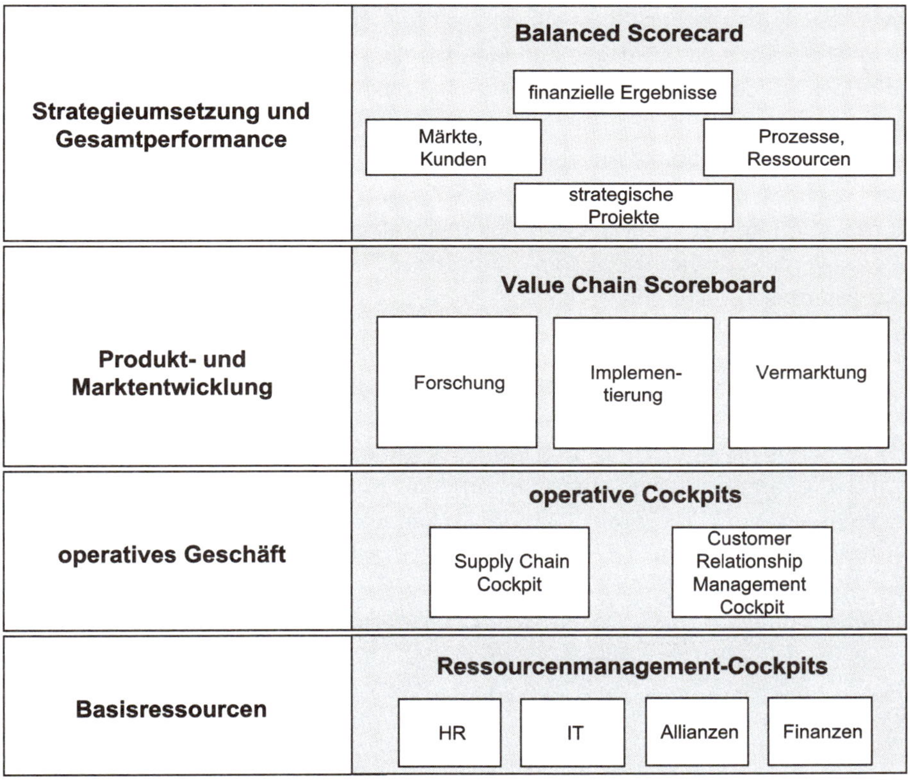

Abbildung 7.2 Das Tableau de bord als kennzahlbasiertes Controllingsystem

Das Konzept war in Frankreich bekannt, lange bevor die Balanced Scorecard entstand. Die traditionelle Form eines französischen Tableau de bord basiert auf finanziellen Kennzahlen und Daten, die aus der Bilanz und der Gewinn- und Verlustrechnung eines Unternehmens stammen. Da es in Frankreich einen obligatorischen Kontenplan für das externe Rechnungswesen gibt, existierte somit ein Standard, der dafür sorgt, dass das externe Berichtswesen verschiedener Unternehmen gleich strukturiert ist und dieselben Merkmale aufweist. Daher war es auch möglich, standardisierte Tableau-de-bord-Vorlagen zu erstellen, die sich schnell und einfach für ein spezifisches Unternehmen anpassen ließen. Die Existenz eines solchen Standards war wahrscheinlich der Grund dafür, warum die Verwendung des Tableau-de-bord-Konzepts in Frankreich bereits seit vielen Jahren weit verbreitet ist.

Dieses Konzept wurde Ende der 80er-Jahre so erweitert, dass auch nichtfinanzielle Parameter berücksichtigt werden konnten. Es erhielt nun die Bezeichnung »Tableau de bord de Gestion«[8]. Ziel dieser Erweiterung war es, dem Management zu erlauben, Schieflagen früher zu erkennen, als dies durch Finanzkennzahlen möglich ist, die die Realität immer nur mit Verzögerung abbilden. Das neue Tableau de bord soll das Management also über die wichtigsten Frühwarnindikatoren informieren, damit dieses in der Lage ist, proaktiv zu agieren. Das Tableau sollte aber keine Antworten für jede denkbare Frage liefern, sondern eine bestimmte, begrenzte Anzahl quantitativer Informationen bereitstellen, die über den Status der wichtigsten Wertschöpfungsbereiche und der entsprechenden operativen Prozesse informieren. Diese Informationen sollen in kurzen Zeitabständen aktualisiert werden und kohärent sein, so dass das Top-Management seine Entscheidungen direkt darauf stützen kann.

Die Philosophie hinter der Konzeption des Tableau de bord de Gestion ist der Schlüssel zur Steuerung von Unternehmen – gerade in einer auf Intangible Assets basierenden Ökonomie: Das Top-Management soll den Blick nicht nur auf das Gesamtergebnis und den Status der Strategieumsetzung richten, sondern auch auf die wichtigsten wertschöpfenden operativen Prozesse. Denn Wert mit Intangible Assets wird nicht direkt, sondern im Rahmen der wertschöpfenden Prozesse geschaffen, bei denen Investitionen in Intangibles fließen bzw. die auf den geschaffenen Intangible Assets aufbauen. Werden die wertschaffenden Prozesse und die Investitionen in entsprechende Intangibles vollständig erfasst und überwacht, hat man die Grundlage für das neue Managementsystem in Form eines erweiterten Controllingansatzes geschaffen.

Daraus ergibt sich die Notwendigkeit für ein erweitertes, stärker holistisches Controllingsystem, das die bislang übliche Kostenrechnung und das interne Rechnungswesen, aber auch das Konzept der Balanced Scorecard durch die Bereitstellung zusätzlicher und detaillierterer Informationen über die Betriebsbereiche ergänzt, die im Wesentlichen die neuen immateriellen Werte schaffen. Das Konzept eines Tableau de bord de Gestion, das systematisch alle wichtigen Wertschöpfungsprozesse eines Unternehmens um- und erfasst, ist dafür genau der richtige Ansatz. Ich nenne das neue Mess- und Bewertungssystem daher ebenfalls

8 Es wurde beschrieben in: Jacques de Guerny, Jean-Claude Guiriec und Jaques Lavergne, Principe et mise en place du tableau de bord de gestion, Masson, 1990. Dieses Buch enthält detaillierte Beschreibungen, wie ein Messsystem für Unternehmen eingerichtet werden kann. Leider waren Intangible Assets zu diesem Zeitpunkt noch nicht von Interesse. Sie sind in dem Konzept nicht berücksichtigt.

Tableau de bord, um es in die Nähe der Philosophie des ursprünglichen französischen Konzepts zu rücken.

Das Tableau de bord, als die neue Schaltzentrale des Unternehmens und als sein Controllingsystem, umfasst vier Sichten:

- eine der Balanced Scorecard mit Indikatoren zur Strategieumsetzung und zur Gesamtperformance
- eine für den Bereich Produkt- und Marktentwicklung, die die quantitative Beurteilung der Effektivität und Effizienz der Produktinnovation und des Marktentwicklungsprozesses erlaubt
- eine operative in Form von »Cockpits« zur Steuerung der Prozesse im Supply Chain Management und im Customer Relationship Management
- eine auf die wichtigsten Basisressourcen, zur Steuerung der Supportfunktionen einer Organisation

Diese umfassende Sicht, die das Tableau de bord bietet, macht es möglich, Indikatoren der Balanced-Scorecard-Sicht, die über den Status der strategischen Leistung (im Change Management) und über die Gesamtperformance informieren, sofort mit Informationen über Verbesserungen oder Verschlechterungen in den entsprechenden Ausführungsbereichen und bei den operativen Aktivitäten zu verknüpfen, um die Ursachen für eventuelle Abweichungen zu ermitteln. Da nur die wichtigsten Wertschöpfungsprozesse und deren Indikatoren dargestellt werden, ist sichergestellt, dass dies nicht zu einer Informationsflut führt. Umgekehrt sind auch die wichtigsten operativen Prozesse in ihrem Status ohne weiteren Drilldown jederzeit im Tableau de bord sichtbar, so dass Veränderungen und Abweichungen, aber auch überraschend auftretende Chancen sofort erkannt und darauf proaktiv reagiert werden kann, bevor sich diese im Gesamtergebnis der finanziellen Dimension der Balanced-Scorecard-Sicht möglicherweise negativ niederschlagen.

Beispielsweise können so Parameter, die in der Balanced-Scorecard-Sicht über den Status der Strategieumsetzung in einem wichtigen Bereich der Produktentwicklung oder über den Status eines strategischen Ziels im Zusammenhang mit neuen Abläufen in den Kundenbeziehungen informieren, direkt mit wichtigen Messgrößen in Beziehung gesetzt werden: sowohl mit denjenigen, die über das entsprechende Entwicklungsprojekt und die Marktentwicklungsaktivitäten im Produktinnovationsprozess informieren als auch mit der Performance im Bereich des Kundenbeziehungsmanagements, die im CRM-Cockpit dargestellt wird. Auf diese Weise können die interne Perspektive, deren Ziel etwa die Implementierung eines neuen Prozesses in der Produktentwicklung zur effizienten Kooperation mit Entwicklungspartnern ist, die Markt- und Kundenperspektive und die Produkt- und Marktentwicklungssicht miteinander verknüpft werden.

Für die Auswahl und Verwendungen der Messgrößen für die verschiedenen Sichten des Tableau de bord bedarf es aber einer Systematik und einiger Grundregeln, die sicherstellen, dass eine gewisse Konsistenz, aber auch die Wiederverwendbarkeit dieser Messgrößen in anderen Sichten gesichert ist.

Allgemeine Regeln für die Arbeit mit Messgrößen und Kennzahlen für Unternehmensberichte

Die Arbeit am neuen Mess- und Kennzahlsystem für die Unternehmenssteuerung sollte gleich zu Beginn strukturiert werden. Dadurch vermeidet man Doppelarbeit bei der Implementierung sowie Missverständnisse und Fehldeutungen im Gebrauch. Dieser Aufwand lohnt sich, da ja die definierten Messgrößen zukünftig als Grundlage für die gesamte interne Strategie- und Performancekommunikation (zwischen einzelnen Managern oder zwischen Controllern und Managern) und später auch für die externe Kommunikation (mit Geschäftspartnern, Investoren und Analysten) dienen soll.

Zunächst sollte daher ein Rahmen für eine Messgrößenbibliothek entworfen werden, bevor mit der Definition der Messgrößen für die einzelnen Tableau-de-bord-Sichten selbst begonnen wird. So ist eine gewisse Konsistenz und vor allem ein gemeinsames Verständnis einer Messgröße unter allen Beteiligten in in- und externen Management- und Kommunikationsprozessen sichergestellt. Zudem fällt es so wesentlich leichter, bei entsprechendem Bedarf neue Messgrößen zu definieren und auch das Mess- und Kennzahlsystem später mit Hilfe von analytischen Softwareanwendungen zu automatisieren, um Managementprozesse besser zu unterstützen. Der Rahmen für eine solche Messgrößenbibliothek kann aus den folgenden Attributen bestehen, die für jede einzelne Messgröße definiert werden sollten, die innerhalb des Mess- und Controllingsystems des Unternehmens verwendet wird. Bei der Liste dieser Attribute handelt es sich nur um einen Vorschlag. Sie sollte je nach den speziellen Anforderungen einer Organisation erweitert bzw. angepasst werden:

- **Beschreibung:** Jede Messgröße sollte durch einen kurzen Text möglichst genau beschrieben werden. Die Beschreibung sollte erläutern, welches der Zweck dieser Messgröße ist, was genau damit gemessen wird, was die Vorteile der Verwendung dieser Messgröße und welche Mängel und möglichen Nachteile damit verbunden sind. Es sollten auch die Bereiche genannt werden, in denen die Verwendung dieses Parameters sinnvoll bzw. nicht sinnvoll ist.
- **Berechnungsschema:** Die Messgrößenbibliothek sollte für jede Messgröße ein detailliertes Schema oder eine Formel enthalten, die genau angibt, wie diese ermittelt bzw. berechnet wird.

- **Aktualisierungshäufigkeit:** Die Messgrößenbibliothek sollte für jede einzelne Messgröße auch angeben, wie häufig diese aktualisiert werden kann und aktualisiert wird, und wie und weshalb sich die Messgrößenwerte zwischen verschiedenen Aktualisierungen in ihrer Qualität oder Berechnungsmethode unterscheiden können. Möglicherweise wird derselbe Messwert gleichzeitig für strategische Zwecke in der Balanced-Scorecard-Sicht und zur Überwachung operativer Vorgänge in einem Operations Cockpit verwendet. Die Aktualisierungshäufigkeit kann jedoch unterschiedlich sein: In der Balanced Scorecard wird der Wert vielleicht monatlich, im Operations Cockpit hingegen möglicherweise jede Woche oder sogar jeden Tag aktualisiert. Es kann vorkommen, dass die Methode zur Berechnung des Messwerts je nach Aktualisierungsfrequenz variiert. Wenn beispielsweise der Operating Profit vor dem Monatsabschluss ermittelt wird, werden möglicherweise für bestimmte Aufwandspositionen Standardkosten verwendet, da der real angefallene Aufwand erst nach dem Monatsabschluss zur Verfügung steht. Der Benutzer dieser Messgröße muss auf diesen Umstand hingewiesen werden, so dass er damit richtig umgehen kann.
- **Datenquelle:** Für jede Basismessgröße[9], die im Unternehmensmesssystem verwendet wird, sollte die Datenquelle angegeben werden. Für jede später in einem Bericht verwendete Messgröße sollte es möglich sein, einem Prüfpfad zu folgen, über den man zurück zur ursprünglichen Datenquelle gelangt, um die Daten entweder verifizieren oder weiter analysieren zu können. Dies ist besonders dann wichtig, wenn Unternehmensberichte, die auch nichtfinanzielle Kennzahlen und Messgrößen enthalten, von Wirtschaftsprüfern geprüft werden sollen, wie dies bereits bei Unternehmen wie etwa Shell erfolgt. Doch auch bei nur interner Verwendung kann dies hilfreich sein, wenn ein Manager die Zuverlässigkeit der Daten im jeweiligen Bericht in Frage stellen sollte – eine Situation, die wohl jeder Controller aus seiner Erfahrung kennt.
- **Eigentümer:** Jeder Messgröße sollte ein Eigentümer zugeordnet werden, der für die korrekte Datenbeschaffung sowie für die Konsistenz und korrekte Ermittlung der Messgröße zuständig ist.

Sobald der Rahmen der Messgrößenbibliothek festgelegt wurde, kann mit der Definition der Messgrößen für die verschiedenen Bereiche des Tableau de bord selbst begonnen werden. Sämtliche Messgrößendefinitionen sollten in der Messgrößenbibliothek abgelegt werden, damit sie später in beliebigen Bereichen des

9 Eine Basismessgröße ist eine Messgröße, die nicht aus anderen Messgrößen errechnet ist. »Umsatzerlöse« könnte beispielsweise eine Basismessgröße sein. »Operating Profit«, in dessen Berechnung die Messgröße »Umsatzerlöse« einfließt, ist keine Basismessgröße, sondern eine errechnete.

Tableau de bord auf möglichst einfache Weise wiederverwendet werden können, ohne die Definition noch einmal erstellen zu müssen (siehe Abbildung 7.3).

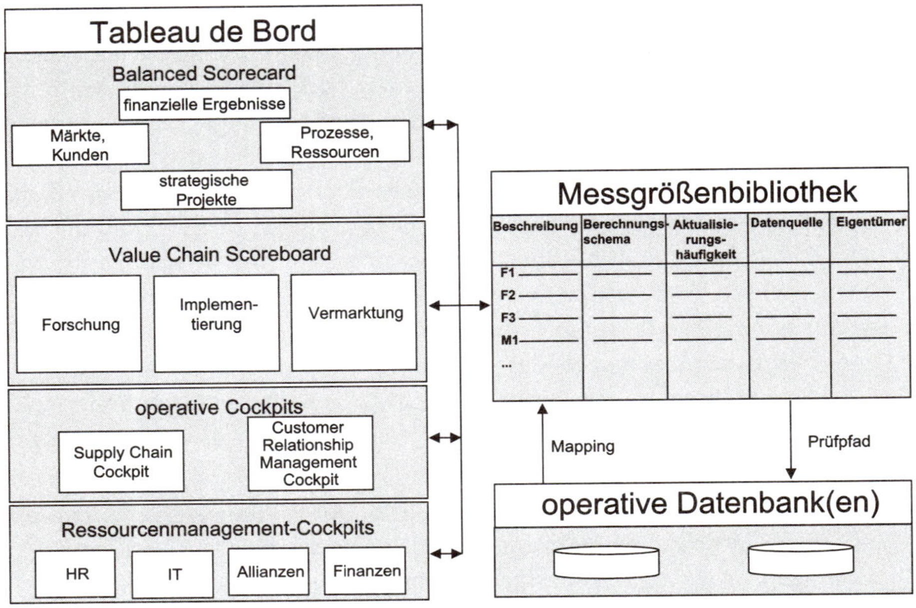

Abbildung 7.3 Die Messgrößenbibliothek stellt die Messgrößen und Kennzahlen für die einzelnen Sichten des Tableau de bord bereit.

Strategische Indikatoren und Messgrößen zur Gesamtperformance

Das Controllingsystem sollte Informationen über Input und Output, also über Investitionen und die damit erzielten Erträge bzw. über Aufwand und Erlöse liefern. Außerdem soll es Informationen bereitstellen, die es Managern ermöglichen, den Prozess zwischen beidem besser zu steuern. Investoren sollten anhand dieser Informationen die tatsächliche Performance dieses Prozesses einschätzen können. Was bedeutet dies für den Bereich des Strategie- und Performancemanagements einer Organisation?

Input auf der strategischen Ebene entspricht den in die verschiedenen Produkte und Marktsegmente eines Unternehmens geflossenen Investitionen. Hierzu gehören aber auch Investitionen in wichtige Change Management- und Prozessinnovationsaktivitäten sowie in die Entwicklung von Basisressourcen. Selbst Investitionen von Allianzpartnern, die für den Erfolg der Strategie eines Unternehmens von Bedeutung sind, können als Input auf der Ebene des Strategie- und Performancemanagements betrachtet werden.

In der Strategie- und Performancemanagementsicht des Tableau de bord sollten also Indikatoren und Messgrößen zu finden sein, die es ermöglichen, ein Bild davon zu erhalten, wie erfolgreich das Unternehmen mit seinen Investitionen oder denen der Partner in die verschiedenen Produkte und Marktsegmente ist, wie gut die wichtigsten Change-Management- und Prozessinnovationsaktivitäten umgesetzt werden, wie die Entwicklung wichtiger Basisressourcen voranschreitet, aber auch wie sich die kurzfristige Gesamtperformance, also das aktuelle Ergebnis sowie das Geschäftsrisiko entwickelt hat. Einen systematischen Ansatz hierfür bietet das Balanced-Scorecard-Konzept.

Die Balanced Scorecard

Norton & Kaplan

Die Balanced Scorecard wurde zunächst bekannt als Messsystem. Sie war zunächst ein Konzept für eine systematische und strukturierte Zusammenstellung finanzieller und nichtfinanzieller Performancekennzahlen in einem Bericht, der es dem Leser zu erkennen erlaubt, wie eine Organisation unter strategischen Gesichtspunkten dasteht; nicht nur hinsichtlich der finanziellen Leistungen, sondern auch im Hinblick auf die Interaktion mit den Kunden, die Effizienz der internen Prozesse sowie die Effektivität von Innovations- und Wachstumsinitiativen. Während Kaplan und Norton das Konzept in der Zwischenzeit zu einem strategischen Managementsystem weiterentwickelt haben, ist derjenige Teil des Systems, der sich mit der Messung verschiedenster strategischer Erfolgsfaktoren beschäftigt, nach wie vor aktuell. Denn die quantitative Einschätzung der Strategieumsetzung, der Business Performance und des Geschäftsrisikos auf der Basis objektiver Informationen stellt eine wichtige Grundlage für den Strategie- und Performancemanagementprozess und den damit im Zusammenhang stehenden Managementdialog dar.

In erster Linie dient die Balanced Scorecard der erfolgreichen Strategieumsetzung, erst in zweiter Linie dem eher kurzfristig orientierten General Performance Management. Die Messgrößen für die Balanced Scorecard sollten deshalb aus den im Rahmen der Strategiedefinition festgelegten strategischen Zielen abgeleitet werden (siehe Kapitel 6). Ob es sich um eine Finanzanlage, eine Change-Mangement-Initiative oder ein größeres Projekt handelt: Ohne das Ziel einer Investition zu kennen, lässt sich der angestrebte Output, also das erwünschte Ergebnis, nicht definieren. Die Bestimmung der Messgrößen hilft aber auch bei der Feineinstellung der strategischen Ziele. Deshalb sollte die erste Grobdefinition der strategischen Messgrößen bereits im Rahmen der Strategiedefinition erfolgen, und nach der endgültigen Definition des strategischen Messsystems sollten nochmals die strategischen Ziele überprüft werden. Die Beantwortung folgender Fragen hat sich bei der Auswahl der richtigen Messgrößen für die Balanced Scorecard als hilfreich erwiesen:

- Kann man am Wert der Messgröße wirklich ablesen, ob das gewünschte Ziel erreicht wird, und liegt dieser im Einflussbereich der für dieses Ziel verantwortlichen Mitarbeiter? Mit anderen Worten: Gibt es eine direkte Korrelation zwischen der gewünschten Aktion und dem Wert der Messgröße oder existieren noch eine Reihe anderer beeinflussender Faktoren?

- Können die zur Berechnung dieses Parameters erforderlichen Daten problemlos beschafft werden? Kann bei Bedarf ein Prüfpfad angegeben werden oder sind die Daten für eine ähnliche Messgröße bereits verfügbar, die man stattdessen verwenden könnte?
- Ist die Messgröße von den Managern oder Mitarbeitern, die sie verwenden sollen, leicht zu verstehen? Ist sie als Auslöser eines bestimmten Verhaltens geeignet, insbesondere wenn sie als Grundlage für ein Zielvereinbarungs- und Bonussystem dienen soll?
- Sind die ausgewählten Messgrößen mit den anderen Messgrößen in einer Ursache-Wirkungs-Kette der Strategie in Beziehung zu setzen? Erfolgt die Messung entlang der strategischen Wertkette?

Die Definition der strategischen Messgrößen gemäß dem Konzept der Balanced Scorecard könnte mit einer Brainstorming- und Vorauswahlsitzung beginnen. Anschließend sollten diese Messgrößen im Projekt- oder Managementteam diskutiert und daraufhin einer Plausibilitätsprüfung anhand der oben angeführten Fragen unterzogen werden. Diejenige Person, die für ein bestimmtes strategisches Ziel verantwortlich ist, sollte überprüfen, ob die ausgewählte Messgröße geeignet ist, den Fortschritt im Hinblick auf dieses Ziel zu überwachen. Wenn eine Messgröße ausgewählt wurde, müssen sämtliche ihrer Attribute definiert und innerhalb des Teams über sie Einigkeit erzielt werden. Die Ergebnisse der Definition der Messgrößen für die Balanced Scorecard könnten dann wie in Abbildung 7.4 dargestellt aussehen.

Messgrößen für die Balanced Scorecard

Perspektive	Nr.	strategisches Ziel	Messgröße
Finanzen	F1	Wert erhöhen	erwarteter diskontierter Cash-Flow
	F2	Produktivität um 10% p.a. erhöhen	Profitabilität
	F3	Working Capital verringern	WC, DSO, Cash-to-Cash-Zyklus
Märkte/ Kunden	M1	neue Kunden akquirieren	% der Kunden < 1 Jahr
	M2	Kundenzufriedenheit erhöhen	Kundenzufriedenheitsindex
	M6	Kundenbindung erhöhen	Kundenabwanderungsrate
Prozesse	P1	Auftragsabwicklung verbessern	Auftragsdurchlaufzeit, Kosten
	P2	Forecast-Qualität verbessern	Anzahl verspäteter Lieferungen
	P3	Lagermanagement verbessern	Lagerumschlagsrate
Lernen	L1	Umsätze neuer Produkte erhöhen	% Verkäufe von Produkten < 2 Jahre
	L2	Qualifikationsniveau verbessern	vorhandene/benötigte Qualifikationen
	L3	Mitarbeiterzufriedenheit erhöhen	Mitarbeiterzufriedenheitsindex

Abbildung 7.4 Strategische Messgrößen werden entsprechend der in der Strategiedefinitionsphase festgelegten Ziele ausgewählt.

Konzepte für das General Performance Management

Wie kann nun, aufbauend auf der Balanced Scorecard und zusätzlich zur Strategieumsetzung, auch das eher kurzfristig orientierte Performancemanagement unterstützt werden?

Generell gibt es zwei verschiedene Ansätze für das Performancemanagement: Einmal kann man dazu *auf* ein Unternehmen quasi aus einer Top-down-Sicht sehen, indem man die Gesamtperformance analysiert. Der zweite Ansatz besteht darin, *in* das Unternehmen hineinzusehen und die Performance der Prozesse zu analysieren, die letztlich wertschöpfend sind. Das Konzept des Tableau de bord versucht beides zu verbinden, indem in der Strategie- und Performancemanagementsicht die Gesamtperformance dargestellt wird, aber gleichzeitig auch über die der wertschöpfenden Prozesse informiert wird – allerdings nur über die wichtigsten und dort wiederum nur über die wichtigsten Faktoren, um eine Informationsflut zu vermeiden.

Bleibt die Frage, wie die Gesamtperformance ermittelt und so dargestellt werden kann, dass diese sich einfach per Drill-down entlang der Unternehmensstruktur weiteranalysieren lässt, aber bereits auf der Top-Ebene genügend Einblick gewährt, um Problembereiche zu erkennen und zu einer weiteren detaillierteren Analyse anzuregen.

Ein Ansatz ist hier das Portfolio-Konzept. Es hat den Vorteil, dass es strategische Messgrößen aus verschiedenen Perspektiven der Balanced Scorecard in einem Bild kombinieren kann, um viele verschiedenen Unternehmenseinheiten (Produkt-Profit-Center, Tochtergesellschaften, Regionen etc.) auf einen Blick hinsichtlich der verschiedenen Dimensionen miteinander vergleichen zu können. Die dabei einfließenden Messgrößen, typischerweise zwei bis drei, könnten die wichtigsten Messgrößen der Balanced Scorecards dieser Einheiten darstellen. Es ist damit ein hervorragendes Instrument, um auf effiziente Weise viele verschiedene Geschäftseinheiten von einem strategischen Standpunkt aus im Hinblick auf die wichtigsten Ziele der Gruppe oder des Konzerns zu vergleichen (siehe Abbildung 7.5). Dabei könnte als zusätzlicher Service die Möglichkeit angeboten werden, von den wenigen im Portfolio dargestellten strategischen Messgrößen per Drill-down auf die detaillierten Balanced Scorecards der jeweiligen Einheiten zuzugreifen.

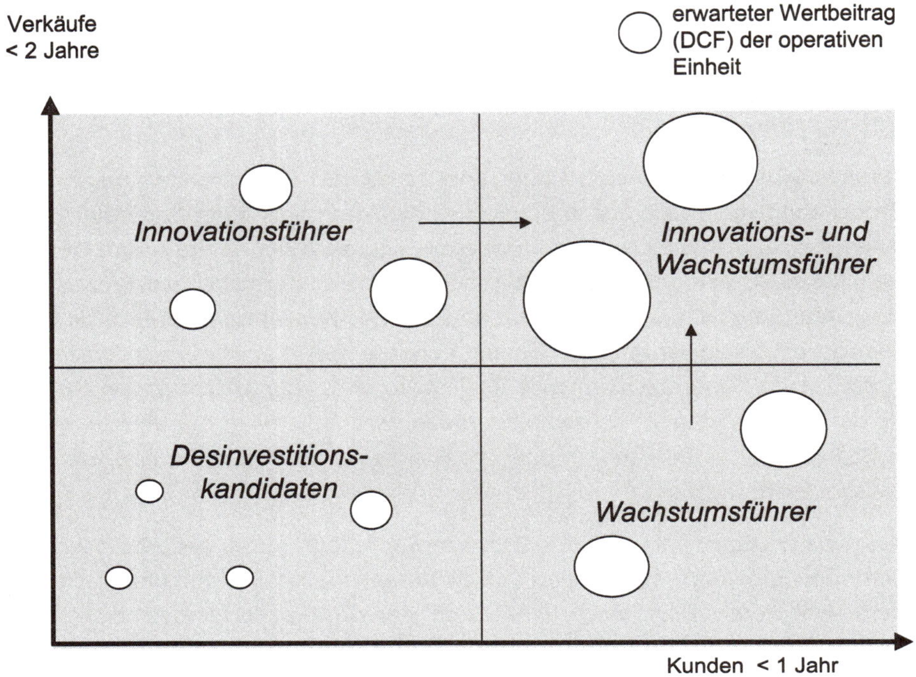

Abbildung 7.5 Portfolioanalyse der Performance der verschiedenen operativen Einheiten eines Unternehmens

Das Konzept der Wissenskapitalerträge (Knowledge Capital Earnings)

Ein von Baruch Lev vorgestelltes Konzept zur Erfassung der General Performance, der Gesamtleistung eines Unternehmens oder einer Geschäftseinheit, besteht in der Ermittlung seiner Wissenskapitalerträge und seines Wissenskapitals, zusätzlich zu den Erträgen aus Finanz- und Sachanlagen.[10]

Bei der Ermittlung der Wissenskapitalerträge nach Lev beginnt man mit dem Ergebnis eines Unternehmens – mit dem in der Gewinn- und Verlustrechnung ausgewiesenen Gewinn – und untersucht dann, durch welche Assets dieser Gewinn geschaffen wurde. Ein Unternehmen hat beispielsweise 500 Millionen Euro erwirtschaftet. Seine Bilanz zeigt, dass es über Finanzanlagen in Höhe von 1 Milliarde und über Sachanlagen in Höhe von 2 Milliarden Euro verfügt. Wie weiter oben ausgeführt wurde, beträgt die durchschnittliche Rendite von Finanzanla-

10 Das Konzept wird ausführlich in der Studie von Feng Gu und Baruch Lev beschrieben: Intangible Assets. Measurement, Drivers, Usefulness, April 2001. Die Studie kann von folgender Webadresse heruntergeladen werden:
http://www.stern.nyu.edu/~blev/intangible-assets.doc

gen nach Steuern 4,5 Prozent und die von Sachanlagen 7 Prozent. 45 bzw. 140 Millionen Euro können demnach auf die Finanz- und Sachanlagen zurückgeführt werden. 315 Millionen Euro des Gesamtgewinns müssen also auf anderen Assets basieren. Baruch Lev bezeichnet diese Restgröße als »Wissenskapitalerträge« (Knowledge-Capital Earnings – KCE). Diese dienen als Basis für die Berechnung des Wissenskapitals, indem man die entsprechenden Erträge mit der zu erwartende Rendite für intellektuelle Vermögenswerte und Intangible Assets (10,5 Prozent) multipliziert. Um eine Rendite in Höhe von 315 Millionen zu erzielen, muss das Unternehmen also über Intangible Assets im Wert von 3 Milliarden Euro verfügen. Durch den separaten Ausweis der Wissenskapitalerträge und vor allem des Wissenskapitals selbst wird transparent, welcher Anteil des Unternehmensgewinns auf andere Assets als auf die in der Bilanz ausgewiesenen zurückzuführen ist.[11] Dies könnte dann der Einstieg in eine detailliertere Wertschöpfungssystemanalyse mittels des Tableau de bord sein.

Zusammen mit Marc Bothwell, einem Vice President der Credit Suisse Asset Management, hat Lev die Implikationen untersucht, die sich ergeben, wenn man Unternehmen anhand dieser Messgröße einem Leistungsvergleich unterzieht. Sie analysierten und bewerteten zum dritten Mal führende amerikanische Unternehmen in 22 Branchen anhand ihres Wissenskapitals mit Hilfe einer so genannten Wissenskapital-Scorecard. Das Ergebnis wurde im April 2001 im US-amerikanischen CFO Magazine veröffentlicht.[12] Es weist deutlich die Vorteile auf, die sich aus der Einbeziehung des Wissenskapitals in die Investitionsanalyse ergeben. Bei Unternehmen, wie beispielsweise Dell Computer und Pfizer, deren Marktwert einem Vielfachen ihres Bilanzwerts entspricht (bei Dell dem 17,5-, bei Pfizer dem 18,2-fachen), ergibt sich ein wesentlich vernünftigeres Verhältnis zwischen Marktwert und Comprehensive Value, wenn das Wissenskapital dem Buchwert hinzugerechnet wird (diese Summe bezeichnet Lev als »Comprehensive Value«). Bei Dell beträgt dann das »Multiple« nur 1,26 und bei Pfizer 1,9.

Nach der Auffassung von Lev können Unternehmen, bei denen das Verhältnis des Buchwerts zum Comprehensive Value deutlich größer als 1 ist, als überbewertet angesehen werden. Unternehmen, bei denen dieser Wert kleiner als 1 ist, sind wahrscheinlich unterbewertet. Die negative Korrelation zwischen diesem Zahlenverhältnis und den Stock Returns, also der Rendite auf das Aktieninvestment der 105 mit Hilfe der Wissenskapital-Scorecard bewerteten Unternehmen, war erstaunlich groß. Zwischen dem 31. August 2000, dem Beginn der Scorecard-Analyse, und dem Jahresende 2000 betrug der durchschnittliche gewichtete Stock

11 Skizziert wurde hier nur das Grundprinzip des Konzepts. In Wirklichkeit ist es ein wenig komplexer. Das Konzept ist detailliert beschrieben in: Feng Gu und Baruch Lev, Intangible Assets

12 http://www.cfo.com/Article?article=2514

Return von 53 Unternehmen, bei denen der Verhältniswert Marktwert/Comprehensive Value unter dem Mittelwert von 1,08 lag, 7 Prozent. Für die 52 Unternehmen, bei denen der Wert dieses Verhältnisses oberhalb des Mittelwerts lag, betrug der durchschnittliche Stock Return –15,5 Prozent. Unternehmen mit einigen der höchsten Multiples, wie zum Beispiel Broadcom (8,5) und Siebel Systems (5,8), haben seither mit die größten Wertverluste am Aktienmarkt erleben müssen. Der Wert von Broadcom ist im Untersuchungszeitraum um 80 Prozent gefallen, während Siebel einen Wertverlust von 60 Prozent hinnehmen musste. Im Vergleich dazu ist es Unternehmen mit geringen Multiples, bei denen also der Marktwert den Comprehensive Value gar nicht oder kaum übersteigt, wesentlich besser ergangen. So stiegen beispielsweise die Aktien von Rockwell International, das einen Verhältniswert von 0,62 hatte, und von Georgia Pacific (0,35) im gleichen Zeitraum um 15 Prozent. Levs Wissenskapitalerträge bzw. der Comprehensive Value könnte als Kennzahl in die finanzielle Perspektive der Balanced-Scorecard-Sicht aufgenommen werden und auch als Basis für eine Portfolio-Analyse von Geschäftsbereichen oder Tochtergesellschaften dienen.

Das Konzept der Real-Options-Bewertung (Real Options Valuation – ROV)

Ein interessantes Konzept für die Bewertung der möglichen Strategien eines Unternehmens oder auch einzelner Investitionsprojekte ist das Konzept der Real-Options-Bewertung. (Real Option Valuation – ROV). Mit seiner Hilfe können so genannte reale (Geschäfts-)Optionen, die durch die möglichen zukünftigen Strategiepfade oder Investitionsprojekte eröffnet werden, unter Berücksichtigung der Entscheidungsflexibilität, über die das Management im Rahmen des Managementprozesses verfügt, genauer bewertet und damit einer besseren Analyse im Rahmen der entsprechenden Entscheidungsprozesse unterzogen werden. – Was sind reale Optionen?

Das Real-Options-Konzept basiert auf dem Modell für Finanzoptionen, das von Fischer Black und Myron Scholes 1973 in den USA entwickelt wurde. Finanzoptionen stellen Rechte dar, sie sind Finanzinstrumente: Sie verleihen das Recht, ein Wertpapier, wie beispielsweise eine Aktie oder eine Anleihe, zu einem vorher festgelegten Preis (der Ausübungspreis) vor dem Ablauf eines bestimmten Datums (dem Verfallsdatum) zu kaufen oder zu verkaufen. Finanzoptionen sind in erster Linie Risiko- und Chancenmanagement-Instrumente, denn sie erlauben es einem Investor, den wahren Wert eines Investments in das Offenhalten einer Option, mit der entweder ein Risiko minimiert und/oder eine mögliche zukünftige Geschäftschance eröffnet werden soll, einzuschätzen und so zu entscheiden, ob es sich tatsächlich lohnt, die Option weiter aufrechtzuerhalten, d.h. das Investment in diese fortzusetzen.

Das Konzept der Real Options versucht genau die gleichen Prinzipien auf »reale« Produkt- oder Dienstleistungsgeschäfte anzuwenden. Reale Optionen stellen die Möglichkeit dar, in die realen wertschöpfenden Assets eines Unternehmens zu investieren oder diese zu liquidieren. Reale Optionen können so als Möglichkeiten angesehen werden, in das Potenzial eines Unternehmens zu investieren, in Zukunft reale Produkte oder Dienstleistungen am Markt zu verkaufen. Dabei kann es sich entweder um Investitionen in ganze (neue) Geschäftsfelder bzw. regionale Märkte oder auch um Investitionen in ein Entwicklungsprojekt handeln. Der Wert einer solchen Option zu einem bestimmten Zeitpunkt, im Gegensatz zu Finanzoptionen, ist jedoch in starkem Maß von der Fähigkeit des Managements abhängig, operative Prozesse (z.B. in der Produktinnovation) im Laufe der Zeit anzupassen, sobald neue Informationen vorliegen oder die vorher bestehenden Unsicherheiten auf andere Weise aufgelöst wurden. Reale Optionen werden so durch die Entscheidungen des Managements »ausgeübt«.

Viele Strategien und Investitionsprojekte können nämlich erst mit der Zeit in einer Weise erweitert oder angepasst werden, die mehr Erfolg verspricht, wenn die dafür erforderliche Informationslage eintritt. Darüber hinaus können Investitionen oft auch in Stufen erfolgen, wobei die Flexibilität zur Reaktion auf künftig veränderte Bedingungen gewahrt bleibt. Diese Flexibilität stellt einen eigenen Wert dar. Sie verstärkt die Vorteile und begrenzt die Nachteile von Strategien und erhöht dadurch deren Wert. Das Konzept der Real-Options-Bewertung versucht, die Flexibilität zu bewerten, die gerade auf Intangible Assets basierenden Strategien inhärent sind. Reale *Verkaufsoptionen* sind Optionen zur Aufgabe, zum Outsourcing oder zur grundlegenden Veränderung von bestehenden Geschäftsaktivitäten. Sie kommen »ins Geld«, wenn der durch die Aufgabe, durch das Outsourcing oder Veränderung realisierbare Wert größer ist als der Wert des entsprechenden Geschäftsfelds in Form seiner aktuellen Nutzung. Reale *Kaufoptionen* sind Optionen zur Erweiterung einer bereits getätigten Investition oder für eine neue Investition (in eine Strategie, in ein Geschäftsfeld oder Projekt). Sie kommen »ins Geld«, wenn der Gegenwartswert der Rendite der erweiterten oder neuen Investition den Gegenwartswert ihrer Kosten (den Ausübungspreis) überschreitet. Derartige Optionen sind besonders wertvoll für solche Unternehmen, die in Reaktion auf neue Marktinformationen über vielfältige Möglichkeiten zur Investition in neue Projekte verfügen. Da die möglichen Vorteile häufig weniger begrenzt sind als die Nachteile, also nach oben offen sind (Verluste sind meistens auf 100 Prozent des investierten Betrages begrenzt), sind reale Kaufoptionen in der Regel wertvoller als Verkaufsoptionen – das ist der Grund, warum sich Unternehmertum lohnt.

Es gibt mehrere Methoden zur Bewertung realer Optionen. Eine ist die Entscheidungsbaum-Methode. Im Folgenden wird dazu ein Beispiel beschrieben, das zeigt, wie diese Methode von einem Pharmaunternehmen eingesetzt werden kann, um zu entscheiden, ob in eine klinische Versuchsreihe eines neuen Medikaments investiert werden soll. Dabei geht es um die Beantwortung der Frage, ob das Forschungs- und Entwicklungsprojekt fortgesetzt, modifiziert oder eingestellt werden sollte:[13]

Um dies entscheiden zu können, muss das Unternehmen zunächst die möglichen zukünftigen Produkterlöse abschätzen. Der Bereich Marktforschung wurde daher beauftragt, Informationen über die wahrscheinliche Entwicklung der Zahl der möglichen Anwender für das neue Medikament zu beschaffen – sowohl bei Bestandskunden als auch die Zahl möglicher Neukunden. Anschließend wurde versucht, die Durchdringungsrate in diesem Produktsegment insgesamt abzuschätzen, indem man ermittelte, wie hoch der Prozentsatz an Patienten ist, die überhaupt schon ein Produkt dieser Kategorie anwenden. Aus beiden Informationen lässt sich dann die Durchdringungsrate für das neue Produkt und damit sein möglicher zukünftiger Marktanteil errechnen. Zusätzlich wurde der zu erzielende Preis geschätzt, der sich auf Basis der geplanten Marketing- und Marktdurchdringungsstrategie erzielen lässt, sowie die Anzahl Produkteinheiten, die jährlich von einem Kunden im Durchschnitt erworben werden. Auf dieser Grundlage lässt sich dann die Erlösvorschau erstellen.

Bei einem Forecast von Produkterlösen für mehrere Jahre muss man sich allerdings auch mit Fragen der Preisentwicklung beschäftigen, die die geplanten Erlöse negativ beeinflussen könnten. Hierzu gehören beispielsweise mögliche Veränderungen bei technologischen Markteintrittsbarrieren oder Faktoren, die die Zahl der verkauften Produkte beeinflussen können, etwa die Verschreibungspraxis von Ärzten. Durch wechselseitige Abhängigkeiten können sich die erlösbeeinflussenden Faktoren gegenseitig in ihrer Wirkung noch verstärken. Die Simulation mit Hilfe eines System Dynamics-Softwaretools kann deshalb zur Ermittlung realistischerer Erlös-Forecasts hilfreich sein.[14] Wenn ein solches Modell einmal existiert, kann es auch dazu verwendet werden, die Erlösprognosen zu korrigieren, sobald neue Marktinformationen verfügbar sind. Das Ergebnis kann anschließend in die Entscheidungsbaum-Analyse der Real-Options-Bewertung übernommen werden, die dann letztendlich dem Management die Informationen darüber liefern soll, ob es sinnvoll ist, in eine klinische Versuchsreihe zu investieren und mit dem Forschungs- und Entwicklungsprojekt so fortzufahren wie ursprünglich geplant oder nicht.

13 Dieses Beispiel wurde von L.E.K. Consulting LLC in seiner Newsletter-Serie »Shareholder Value Added«, Band XVI, Making Real Decisions with Real Options, beschrieben. Der Newsletter kann unter der Adresse http://www.lek.com/ heruntergeladen werden.

14 Das Konzept des »Systems Thinking« ist in Kapitel 8 näher beschrieben.

Die klinische Versuchsreihe, die geplant war und deren wirtschaftlicher Sinn nun untersucht werden soll, ist die erste von drei Versuchsreihen, die erforderlich sind, um die Wirksamkeit des Medikaments zu überprüfen. Anschließend wird dann von der amerikanischen Food and Drug Administration (FDA) die Zulassungsfähigkeit für den amerikanischen Markt geprüft. Auf der Grundlage wissenschaftlicher Evidenz und akademischer Forschungen können die Wahrscheinlichkeiten, mit der die einzelnen Versuchsreihen bestanden werden, mit 75, 50 und 65 Prozent angegeben werden. Die Wahrscheinlichkeit der Zulassung durch die amerikanische Aufsichtsbehörde – vorausgesetzt, die drei Versuchsreihen werden bestanden – beträgt 85 Prozent. Eine Schätzung der Kosten des gesamten Versuchs- und Zulassungsprozesses ergibt eine Summe von 23 Millionen US-Dollar.

Die Real-Options-Bewertung kann nun diese Informationen über Risiken und Kosten im Rahmen der Entscheidungsbaum-Analyse verwenden, um eine systematische Bewertung des Projekts hinsichtlich seiner Risiken, aber auch hinsichtlich der Entscheidungsflexibilität, die das Management beim Abschluss jeder Testphase besitzt, durchzuführen. Dies geschieht folgendermaßen:

Zunächst wird ein Entscheidungsbaum entworfen, der sämtliche möglichen Resultate der künftigen Versuchsreihen sowie alle zugehörigen Entscheidungsmöglichkeiten des Managements enthält. Anschließend wird der Net Present Value (NPV), der Gegenwartswert, jedes möglichen Endzustands mit Hilfe der Discounted-Cash-Flow-Methode berechnet. Beginnend mit dem letzten Jahr des Evaluierungszeitraums arbeitet man sich dann unter der Annahme, dass das Unternehmen an jedem Entscheidungspunkt die Alternative mit dem höchsten NPV wählt, rückwärts bis zur Gegenwart vor. Durch diesen Prozess lässt sich klären, ob es sinnvoll ist, an den einzelnen Entscheidungspunkten fortzufahren wie ursprünglich geplant, weitere Versuche aufzugeben oder eine Versuchsreihe zu wiederholen, falls eine der Versuchsreihen fehlschlägt. Wie Abbildung 7.6 zeigt, erweist es sich im vorliegenden Beispiel als der optimale Entscheidungspfad, das Medikament zu überarbeiten und erneut zu testen, wenn die erste Versuchsphase fehlschlagen sollte, die zweite Phase zu wiederholen, wenn diese fehlschlagen sollte, und die Entwicklung des Medikaments aufzugeben, wenn die dritte und letzte Phase fehlschlagen sollte. Um nun den Gegenwartswert des Projekts vor der ersten Test-phase zu berechnen, muss man die (nicht gewählten) Alternativen mit niedrigerem Kapitalwert an den verschiedenen Entscheidungspunkten ausschließen, um zu einem angepassten Net Present Value von 9,3 Millionen US-Dollar zu gelangen (75 % x 13,2 + 25 % x – 2,5).

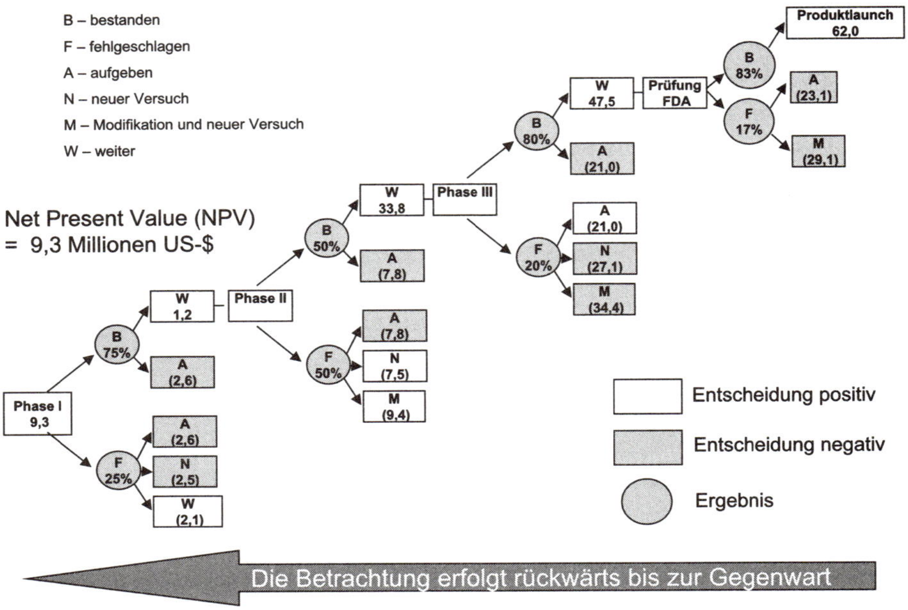

Abbildung 7.6 Beispiel einer Entscheidungsbaum-Analyse nach dem Real-Options-Konzept (Angaben in Mio. US-$)[15]

Verglichen mit einer einfachen linearen DCF- oder Barwertanalyse, bei der der Entscheidungsbaum nicht verwendet wird und die einen negativen Kapitalwert von 1,8 Millionen US-Dollar ergibt[16], liegt der Wert der Entscheidungsbaum-Analyse wesentlich höher, da sie den Wert der realen Optionen berücksichtigt, der in der Flexibilität des Managements besteht, an jedem Entscheidungspunkt – wenn die jeweilige Testphase nicht bestanden wurde – unter den verbleibenden Optionen diejenige mit dem höchsten Gegenwartswert zu wählen.

Eine derartige Entscheidungsbaum-Analyse ist eine interessante Methode zur Bewertung stufenweiser Investitionen mit mehreren Ausstiegs- bzw. Anpassungsoptionen im Zeitablauf, wie dies beispielsweise für den Produktinnovationsprozess eines Unternehmens typisch ist. Der wahre Wert einer solchen Investitionen kann nur erfasst und verstanden werden, wenn sowohl aktuelle als auch mögliche zukünftige Entscheidungen berücksichtigt werden. Durch die Beschreibung der optimalen Reaktionen auf mögliche künftige Ereignisse, bevor diese eintreten,

15 Das vorliegende Beispiel wurde von L.E.K. Consulting LLC in der Newsletterreihe »Shareholder Value Added«, im Newsletter XVI, Making Real Decisions with Real Options, beschrieben. Der Newsletter kann von der Webseite http://www.lek.com/ heruntergeladen werden.

16 Die Berechnung erfolgt folgendermaßen: Zunächst wird die Gesamterfolgswahrscheinlichkeit (75 % x 50 % x 80 % x 83 % = 25 %) und die Wahrscheinlichkeit eines Misserfolgs berechnet (100 % – 25 % = 75 %), anschließend der DCF-Wert selbst (25 % x 62 Mio. US-$ + 75 % x – 23,1 Mio.US-$ = –1,8 Mio.US-$).

kann das Management Klarheit darüber gewinnen, wie und wann es künftige Investitionsentscheidungen treffen sollte, wodurch sich die Wahrscheinlichkeit von Fehlentscheidungen signifikant verringern lässt. Die Entscheidungsbaum-Analyse ist daher ein nützliches Werkzeug gerade zur Beurteilung von Investitionen in die Produktinnovation und sollte deshalb zur Unterstützung des strategischen Managementprozesses und beim General Performance Management von Organisationen verwendet werden, die in die Produktinnovation größere Beträge investieren.

Andere Methoden zur Real-Options-Bewertung beinhalten die binominale Methode[17], die davon ausgeht, dass in jeder neuen Entscheidungsphase genau zwei Möglichkeiten bestehen, und die Black-Scholes-Methode[18], die alle wesentlichen Faktoren für die Optionsbewertung erfasst und eine sehr genaue Methode für eindimensionale Fragestellungen darstellt, bei denen es um die Bewertung von Optionen geht, die auf einer einzigen marktpreisabhängigen Risikoquelle basieren.

So hilfreich die Analyse realer Optionen auch sein mag, um den Wert von Flexibilität aufzuzeigen, ist das Ergebnis möglicherweise dennoch wertlos, wenn die Eingabewerte zu unsicher bleiben. Diese Methode sollte also nur zum Einsatz kommen, wenn genaue Prognosedaten verfügbar sind bzw. diese Daten im Lauf der Zeit aktualisiert werden können, beispielsweise im Kontext des strategischen Managementprozesses. Aber selbst dann, wenn die Modelle keine präzisen Bewertungsergebnisse liefern, gibt es eine sinnvolle Verwendung für sie: Sie können eingesetzt werden, um zu berechnen, welche Investitionen erforderlich wären, um einen gegebenen Wert zu rechtfertigen. Zum Beispiel könnte man damit den Investitionsbetrag berechnen, der erforderlich wäre, um eine bestimmte Bewertung einer Geschäftseinheit oder sogar eines ganzen Unternehmens zu rechtfertigen, das laufend in Produktinnovation engagiert ist.

Das jedoch wertvollste Ergebnis der Anwendung der Real-Options-Bewertung und -Analyse stellen wahrscheinlich die dadurch bewirkten Änderungen der Einstellungen des Managements dar. Ein besseres Verständnis für den Wert von Flexibilität veranlasst Manager, systematisch nach Optionen zum Ausbau, zur Aufgabe oder zur Anpassung von Geschäftsaktivitäten Ausschau zu halten, die ansonsten unrealisiert verfallen würden. Es hindert Manager daran, alles auf eine Karte zu setzen und sich auf die wahrscheinlichsten Szenarien zu fixieren, und hält sie stattdessen an, mehrere alternative Pfade gleichzeitig zu verfolgen, Investi-

17 Die binominale Methode ist im bereits genannten L.E.K.-Newsletter beschrieben.
18 Ein Anwendungsbeispiel aus der Ölindustrie für die Black-Scholes Methode ist u.a. beschrieben in: Keith J. Leslie und Max P. Michaels, »The Real Power of Real Options«, The McKinsey Quarterly 3/2000. Der Bericht kann unter der Webadresse http://www.mckinseyquarterly.com/ heruntergeladen werden.

tionen stufenweise zu tätigen und Entscheidungen zu treffen, die die zukünftige Flexibilität erhöhen. Dies führt dazu, dass sich ein Unternehmen an neue Situationen und Chancen besser und schneller anpassen kann und das Risiko gleichzeitig minimiert wird. Im Endeffekt bedeutet dies dann erhöhten Shareholder- und Stakeholder-Value.

Damit ist die Diskussion der Fragen abgeschlossen, wie Messgrößen, die Strategie- und General Performance Management eines Unternehmens – zum Beispiel mit Hilfe des Balanced-Scorecard-Konzepts und der Portfolio-Technik – unterstützen, diese ausgewählt, definiert und verwendet werden sollten. Anhand der Methode der Ermittlung der Wissenserträge wurde ein Beispiel für eine Bewertungsmethode der Gesamtperformance vorgestellt, die eine bessere Beurteilung der Ergebnisse und Return on Investments gerade von Unternehmen erlaubt, die über ein signifikantes Maß an Intangible Assets verfügen. Die Methode der Real-Options-Bewertung steht für eine Bewertungsmethode, die das Gesamtergebnis einer Investition (das kann ein ganzes Geschäftsfeld oder auch ein größeres Entwicklungsprojekt sein) zum jeweiligen Zeitpunkt unter Berücksichtigung der Zukunftsoptionen und -risiken transparenter macht, und es so dem Management erlaubt, bessere strategische Investitionsentscheidungen zu treffen.

Das Produktinnovations-Cockpit

Die Produkt- und Marktentwicklungssicht des Tableau de bord sollte über die Produktinnovationsfähigkeit und über die zugehörigen Vermarktungspotenziale eines Unternehmens informieren. Neben der Performance in der Produkt- und Marktentwicklung, also bei der Entwicklung neuer Produkte und Marktsegmente, soll aber auch über die mit der Innovationskette in Zusammenhang stehenden Assets informiert werden (wobei es sich hauptsächlich um Intangible Assets handelt). Die Produktinnovationskette eines Unternehmens stellt dabei den systematischen Innovationsprozess dar, wie er in forschungs- und entwicklungsintensiven Unternehmen heute üblich ist. In zahlreichen wissensbasierten Unternehmen ist dieser Prozess eine der Hauptquellen der Wertschöpfung. Jede Produktinnovationskette – wobei ein Unternehmen oft in mehreren parallel (pro Marktsegment oder Produktgruppe) engagiert ist – repräsentiert aber auch eine größere Investition.

Mit der Methode der Bewertung realer Optionen wurde ein Modell vorgestellt, das Unternehmen aus strategischer Perspektive bei der Entscheidung unterstützt, ob eine Investition in eine Produktinnovation noch Wert schaffen kann oder ob das entsprechende Projekt beendet werden sollte. Dies reicht jedoch noch nicht aus, um die Investition selbst, also das Entwicklungsprojekt, effektiv zu managen und zum Erfolg zu führen, sobald eine Go-Entscheidung vorliegt. Um in systematischer Weise sicherzustellen, dass (Markt-)Vorteile genutzt und Risiken beschränkt werden, bedarf es vielmehr eines Messsystems, das es erlaubt, jeden Schritt des Wertschöpfungsprozesses innerhalb der Produktinnovationskette zu überwachen. Genau dies soll das von Baruch Lev eingeführte Konzept des Value Chain Blueprints leisten.

An diesem Konzept, das die Produktinnovationskette in drei Hauptphasen, nämlich Forschung, Implementierung und Vermarktung unterteilt, orientiert sich auch die Struktur für das Produktinnovations-Cockpit. Der einzige Unterschied ist dabei, dass die direkt kundenbezogenen Aktivitäten nicht der Produktinnovationskette, wie beim Value Chain Blueprint, sondern dem CRM-Cockpit zugeordnet werden.

Hier einige Beispiele von Messgrößen für die Produkt- und Marktentwicklungssicht bzw. für das Produktinnovations-Cockpit des Tableau de bord:

Phase 1: Forschung/Entdeckungsphase

Messgrößen für die Forschungsphase sollen zeigen, wie erfolgreich eine Organisation im Erwerb neuer Fähigkeiten und im (Er-)Finden neuer Produktideen ist – sei es aufgrund interner Aktivitäten, durch die Akquisition extern entwickelter Technologien, die Nutzung vorhandener Ideen im Markt oder durch Allianzen und Networking-Aktivitäten:

1. Interne Erneuerung:
   - Erfolg in der Forschungs- und Entdeckungsphase
   - Training und Mitarbeiterentwicklung im Bereich Forschung und Entdeckung
   - institutionalisierte Prozesse, Knowledge Management
2. Neu erworbene Fähigkeiten:
   - Technologie-Akquisitionen (Anzahl und Erfolg)
   - Nutzung im Markt vorhandener Ideen (Spill-over)
   - Rendite/Produktivität der Investition
3. Networking:
   - F&E-Allianzen und Joint Ventures
   - Integration von Lieferanten und Kunden in die Forschungsphase
   - Communities of Practice

Phase 2: Implementierung

Zum Monitoring der Implementierungsphase sollen Messgrößen herangezogen werden, die darüber Aufschluss geben, wie erfolgreich ein Unternehmen die Erfindungen der Phase 1 in Intellektuelles Eigentum oder in andere Optionen für ihre erfolgreiche Vermarktung, etwa in Form verkaufsfähiger Produkte, umsetzt.

Dabei kann es sich um eine FDA-Genehmigung, einen erfolgreichen Beta-Test einer neuen Software, um einen funktionsfähigen Prototypen eines neuen Produkts oder um die nachweisliche Realisierung eines »First Mover Advantage« durch schnellen Markteintritt handeln. Baut ein Unternehmen neue Vermarktungskanäle zum Beispiel über das Internet auf, kann ein weiterer Indikator für geschaffene Geschäftsoptionen das Ausmaß der Implementierung von Weblösungen auf der Basis dieser Erfindungen sein.

4. Aufbau von Intellektuellem Eigentum:
   - Patente, Markenrechte und Copyrights
   - Lizenzvereinbarungen
   - codiertes Know-how
5. Nachweis der technologischen Machbarkeit:
   - Erfolg von klinischen Tests, FDA-Genehmigungen
   - Beta-Tests, erfolgreiche Pilotprojekte
   - Markteintritt vor der Konkurrenz (Realisierungsrate bei First Mover Advantage)
6. Internet/Aufbau neuer Vermarktungskanäle:
   - Zahl von Besuchern der Unternehmens-Website
   - Online-Käufe
   - größere Internetallianzen

Phase 3: Vermarktung

In der Vermarktungsphase soll das Value Chain Blueprint Informationen darüber liefern, wie gut ein Unternehmen im Schaffen von Vermarktungsmöglichkeiten für seine Erfindungen und neuen Produkte und somit im Erzielen konkreter und fassbarer (finanzieller) Ergebnisse ist. Positive Anzeichen hierfür sind Fortschritte bei Marketingallianzen – besonders, wenn ein Unternehmen auf Netzwerkeffekte setzt – und die positive Entwicklung des Markenwerts und des Markenimages. Wird das Internet als Vertriebskanal genutzt, geben die Online-Verkaufszahlen weiteren Aufschluss über die Entwicklung dieses Vermarktungskanals. Das Produktinnovations-Cockpit soll außerdem die Erfolgskontrolle von Marketingmaßnahmen für einzelne Produkte und Innovationen ermöglichen, indem es über die Entwicklung der entsprechenden Erlöse, Gewinne und Marktanteile informiert. Auch soll sich das Potenzial für die Zukunft einschätzen lassen, indem etwa Einzelheiten zu möglichen Produkteinführungsterminen und zum Status der Entwicklungsprojekte mitgeteilt werden. Hierzu gehören auch Informationen zu geplanten (Marketing-)Initiativen, zum erwarteten Break Even und zur Cash Burn Rate, etwa bei Marktentwicklungsmaßnahmen.

7. Marktentwicklung:
   - Marketingallianzen
   - Wert von Markennamen
   - Anteil von Online-Verkäufen
   - Marktanteil im Vergleich zur Konkurrenz
8. Performance:
   - Erlöse, Gewinn und Marktanteil
   - Lizenzeinnahmen für Patente und Know-how
   - Wissenskapital und Wissenskapitalerträge
9. Wachstumsperspektiven:
   - Umfang und Reifegrad der Produktpipeline, geplante Markteinführungen
   - zu erwartende Effizienzsteigerung
   - neue geplante Initiativen
   - geplanter Break Even und Cash Burn Rate von Produktinnovationsprojekten

Die Produkt- und Marktentwicklungssicht bzw. das Produktinnovations-Cockpit des Tableau de bord bietet eine umfassende Sicht auf die Produktinnovationskette eines Unternehmens und erlaubt es so Managern und auch Investoren (sofern dies nach außen berichtet wird), die Produktinnovationsperformance und das Produktinnovationspotenzial eines Unternehmens einzuschätzen. Das hier dargestellte generische Modell muss natürlich jeweils an die Gegebenheiten des einzelnen Unternehmens angepasst werden. Einige der genannten Aspekte sind für ein bestimmtes Unternehmen möglicherweise nicht relevant, während für ein anderes Elemente fehlen könnten. Es empfiehlt sich daher, bevor man mit der Auswahl und Definition von Messgrößen für das Produktinnovations-Cockpit des Tableau de bord beginnt, zunächst die Aktivitäten und Ereignisse zu definieren, die in jeder der neun Sichten für das eigene Unternehmen oder den jeweiligen Geschäftsbereich relevant sind. Die Beantwortung folgender Fragen kann dabei hilfreich sein:

- Was tun wir dafür, um uns intern zu erneuern und neue Ideen zu entwickeln, wie investieren wir in Forschung und Innovation?
- Welche Technologien, Komponenten oder welches andere Know-how beziehen wir dabei von außen, und wie genau gehen wir dabei vor?
- Wie setzen wir Netzwerke (zu Entwicklungspartnern, Kunden, User-Communities, Vermarktungspartnern u.a.) in der Produktinnovation ein?
- Wie schaffen wir Intellektuelles Eigentum und sichern dieses für das Unternehmen? Die identifizierten Hauptaktivitäten sollten durch mindestens eine Mess-

größe im Produktinnovations-Cockpit des Tableau de bord repräsentiert werden. Jede dieser ausgewählten Messgrößen sollte dann, ähnlich wie bei der Definition der Balanced-Scorecard-Sicht, einer Verwendbarkeitsprüfung hinsichtlich der Relevanz und Aktionsorientierung, der Möglichkeit, die Daten dafür beschaffen zu können, und hinsichtlich der Verständlichkeit und der Konsistenz mit anderen Messgrößen der Produktinnovationskette geprüft werden.

Das Verfahren zur Definition der Messgrößen dieses Produktinnovations-Cockpits kann ähnlich ablaufen wie die Definition der Balanced-Scorecard-Messgrößen (Brainstorming, grobe Vorauswahl, genaue Prüfung auf Verwendbarkeit). Auch diese Messgrößen werden dann in die Messgrößenbibliothek eingestellt, sofern sie dort noch nicht vorhanden sind.

Bei der Definition der Messgrößen, die später Aufschluss über die Leistungsfähigkeit des Produktinnovationsprozesses geben, sollte darauf geachtet werden, dass Input-Messgrößen der Forschungs- und Entdeckungs- sowie der Implementierungsphase mit Output-Messgrößen der Vermarktungsphase in Beziehung gesetzt werden können. Dazu müssen Input- und Output-Messgrößen gewählt werden, für die vergleichbar detaillierte Daten beschafft bzw. ermittelt werden können. Soll beispielsweise der Erfolg von Produktinnovationsaktivitäten auf der Produktebene ermittelt werden, müssen sich auf dieser Ebene sowohl Investitionen und Aufwendungen als auch Erlöse oder andere Output-Größen entweder direkt oder indirekt ermitteln lassen. Ansonsten kann man später die für die Forschung und die Produktentwicklung investierten Ressourcen (Manntage, Finanzmittel) nicht mit den durch das neue Produkt erzielten Erlösen oder mit anderen Output-Erfolgsgrößen vergleichen.

Die Operations-Cockpits

Während die Aufgabe des Produktinnovationsprozesses im Wertschöpfungssystem heutiger Unternehmen im Aufbau von Optionen für zukünftige Geschäfte und Erlöse, also in der Entwicklung von attraktiven und vermarktbaren Produkten besteht, liegt der Fokus der so genannten Operations, also der operativen Geschäftsprozesse, darin, die geschaffenen Optionen, die Intangible Assets, in greifbare Produkte und Services zu transformieren und ihren Wert in Form von Erlösen zu realisieren. Ersteres, die Produktion der Produkte ist Aufgabe des Supply Chain Managements. Hierzu gehören zum Beispiel der Einkauf von Rohmaterialien, die Herstellung der fertigen, an Kunden auslieferbaren Produkte und die Distribution, also der Prozess, der dafür sorgt, dass das Produkt zum Kunden kommt.

Die zweite wesentliche Aufgabe im operativen Bereich besteht darin, Kundenbeziehungen zu knüpfen, auszubauen und zu erhalten, um an diese Kunden nicht nur heute, sondern immer wieder Produkte verkaufen und zugehörige Dienstleistungen anbieten zu können.

Zusammenfassend lassen sich die operativen Wertschöpfungsprozesse abstrakt folgendermaßen beschreiben: Das Supply Chain Management muss einen bestimmten Bedarf befriedigen bzw. einen Anspruch eines Kunden erfüllen, indem ein Produkt zu einem bestimmten Zeitpunkt an einen Kunden ausgeliefert wird. Aufgabe des Customer Relationship Managements ist es, diesen Bedarf durch ein kundenorientiertes Marketing und durch entsprechende Verkaufsaktivitäten eventuell erst bewusst zu machen, auf die Produkte des Unternehmens zu lenken und in Form einer bindenden Transaktion (Verkauf) in ein Geschäft für das Unternehmen zu verwandeln. Darüber hinaus sollen im Customer Relationschip Management dauerhafte Kundenbeziehungen aufgebaut werden. Supply Chain Management und Customer Relationship Management werden im Unternehmenswertschöpfungssystem durch zwei eigene Prozesse repräsentiert, die von einem Lieferketten- und einem Kundenbeziehungsmanagement-Cockpit aus überwacht werden.

Das Supply Chain-Cockpit

Das Supply Chain Management soll sicherstellen, dass bestellte Produkte in der richtigen Menge und Qualität zur richtigen Zeit am richtigen Ort eintreffen. Spätestens dort werden die Dinge daher – auch in wissensbasierten Unternehmen – greifbar und physisch. Supply Chain Management ermöglicht einem Unternehmen die korrekte Auslieferung von Gütern und optimiert gleichzeitig den Ressourceneinsatz (Beschaffungs-, Produktions-, Distributionskapazitäten, aber auch Finanzkapital in Form von Lagerbestand) .

Während Herstellungsaktivitäten, also das so genannte Manufacturing, in vielen Branchen zunehmend zu Commodities werden, repräsentieren sie andererseits eine der am weitesten entwickelten Disziplinen in Unternehmen, bei der es auf spezialisiertes Fachwissen ankommt. Wenn ein Unternehmen sich zum Ziel gesetzt hat, hervorragende Kundenbeziehungen aufzubauen, muss es sich auf ein erstklassiges Supply Chain Management verlassen können, das sicherstellt, dass die Produkte den Kunden termintreu geliefert werden (damit die Kunden wieder kaufen und zukünftige Erlöse gesichert sind) und dass die Einkaufs-, Produktions- und Distributionsressourcen optimal genutzt werden (damit die Produktionskosten möglichst gering gehalten werden).

Ein Durchbruch bestand darin, Supply Chain Management als einen Prozess zu betrachten. Mit der Verbreitung der Business-Process-Reengineering-Welle in den 90er-Jahren hat sich die Idee einer durchgängigen Lieferkette immer mehr durchgesetzt und führte zu der heute gängigen Bezeichnung »Supply Chain

Management«. Dabei ging es zunächst um die Optimierung der Lieferkette, also von Materialbeschaffung, Produktion und Distribution einer einzelnen Firma. Da viele Unternehmen sich jedoch im gleichen Zeitraum zu globalen Organisationen entwickelten, wurde aus dem zunächst noch relativ überschaubaren Supply Chain Management eine ziemlich komplexe Aufgabe. Wenn eine Lieferkette nicht nur innerhalb eines einzelnen Werks, sondern über verschiedene Konzerneinheiten, weltweit verstreute Lager, Fabriken und Distributionszentren hinweg gemanagt werden muss, so muss dieser Managementprozess auf einem durchgängigen und flexibel konfigurierbaren Lieferkettennetzwerk basieren, das die verschiedenen Standorte und Ressourcen mit Hilfe eines Informationssystems untereinander verbinden kann. Erst so wird die notwendige Transparenz geschaffen, um die vorhandenen Kapazitäten optimal auszulasten und gleichzeitig zugesagte Liefertermine einzuhalten, indem der Materialfluss innerhalb dieses Netzwerks optimiert wird.

Konsequenterweise war der Aufbau solcher Lieferkettennetzwerke in zahlreichen globalen Unternehmen während der 90er-Jahre einer der Investitionsschwerpunkte im Bereich Organisationskapital. Diese Entwicklung ist noch nicht abgeschlossen, sondern ist gerade in die nächste Phase eingetreten. Angesichts des Trends zum »dekapitalisierten Unternehmen«, das Assets in Bereichen, die nicht zu den Kernkompetenzen zählen, auslagert, indem zum Beispiel die Produktion und Distribution an andere Unternehmen delegiert wird – Beispiel Cisco – und angesichts des Trends zur kundenbedarfsgerechten Belieferung (Pull- statt Push-Prinzip), ist die Aufgabe des Lieferkettenmanagements noch komplexer geworden. Die beiden größten Herausforderungen für das Supply Chain Management sind heute:

- Die Lieferanten, an die beispielsweise Produktionsabläufe ausgelagert wurden, müssen so in das Lieferkettennetzwerk integriert werden, als handele es sich bei ihnen um eine interne Abteilung. Für den Kunden soll die Auslagerung nicht spürbar sein.
- Das Lieferkettennetzwerk muss adaptive und schnelle Rekonfigurationen erlauben, falls sich der Kundenbedarf plötzlich ändert. Eine rasche Anpassung des Lieferkettennetzes muss dann möglich sein, ohne dass dies zu Engpässen im Netzwerk oder zur suboptimalen Auslastung der Kapazitäten führt. Gleiches gilt für die Herstellung neu entwickelter Produkte. Erfordern diese Änderungen im Lieferkettenprozess, so müssen auch hier die notwendigen Rekonfigurationen rasch möglich sein, um schnell mit dem neuen Produkt auf den Markt kommen zu können.

Das Supply Chain-Cockpit des Tableau de bord soll deshalb Informationen über die Effizienz der Lieferkettenprozesse bereitstellen, sowohl innerhalb des Unternehmens als auch im gesamten Ecosystem. Es muss außerdem Aufschluss darüber geben, wie erfolgreich die Lieferkettenprozesse die Anforderungen der Kunden erfüllen, zum Beispiel hinsichtlich der Qualität der gelieferten Produkte und der Termintreue. Außerdem soll es darstellen, wie gut das Unternehmen in der Lage ist, die Lieferkette schnell umzustrukturieren, um auf veränderte Kundenanforderungen einzugehen oder neue Produkte rasch auf den Markt bringen zu können.

Über eine effiziente, zuverlässige und anpassungsfähige Lieferkette zu verfügen, ist ein wichtiger Wettbewerbsvorteil und kann eine Option für zusätzliche Erlöse darstellen, wenn das eigene Lieferkettennetzwerk anderen Unternehmen als Dienstleistung angeboten wird. Das zugehörige Organisationskapital wird dann zu einem Intangible Asset. Das Supply Chain-Cockpit soll daher Messgrößen zu den folgenden drei Hauptbereichen enthalten:

- Effizienz der Lieferkette: Kapazitätsauslastung, Durchlaufzeiten, Kosten, gebundenes Kapital, Qualität und Effizienz von kollaborativen Prozessen
- Zuverlässigkeit der Lieferkette: Auftragserfüllungsrate, Zahl der verzögerten oder aus Qualitätsgründen beanstandeten Lieferungen, Zuverlässigkeit der Partner des Lieferkettennetzwerks, Prozentsatz der beanstandeten Aufträge, Jobs bei den fünf wichtigsten Partnern
- Anpassungsfähigkeit der Lieferkette: Reaktionszeit bei notwendigen Rekonfigurationen, Einfluss von Rekonfigurationen auf die Durchlaufzeit und die Kosten

Die Auswahl der Messgrößen für das Supply Chain-Cockpit folgt den gleichen Prinzipien wie die der Messgrößen für das Produktinnovations-Cockpit und die Balanced-Scorecard-Sicht des Tableau de bord. Diese Lieferkettenmessgrößen sollen dann auch in die Messgrößenbibliothek aufgenommen werden, um sie bei entsprechendem Bedarf im Tableau de bord zu einem späteren Zeitpunkt auch an anderer Stelle (z.B. in der Balanced Scorecard) verwenden zu können.

Es empfiehlt sich, die Anzahl der Messgrößen für das Supply Chain-Cockpit auf ein Maximum von neun bis zehn zu begrenzen (drei für jeden beschriebenen Messbereich), um es nicht mit Informationen zu überfrachten. Typischerweise wird das Supply Chain-Cockpit hauptsächlich Output-Messgrößen enthalten. Dies hat seine Richtigkeit, da die Aufgabe des Tableau de bord nicht darin besteht, Informationen für das eigentliche Management der Lieferkette bereitzustellen, sondern lediglich über den Gesamtstatus und die Ergebnisse im Supply Chain Management zu berichten.

Zusätzlich kann ein umfassendes Supply Chain-Cockpit eingerichtet werden, das detailliertere Informationen über die einzelnen Prozessschritte bietet und das Management der Lieferkette direkt unterstützt. Eine interessante Möglichkeit würde dann darin bestehen, vom Tableau de bord aus auf detailliertere Informationen des operativen Supply Chain-Cockpits für Detailanalysen zugreifen zu können. Zur Vermeidung von Inkonsistenzen sollten dann die Messgrößen des Supply Chain-Cockpits im Tableau de bord aus diesem umfassenderen Supply Chain-Cockpit direkt entnommen oder zumindest auf der Basis der Messgrößen des operativen Supply Chain-Cockpits errechnet werden. Ein Konzept zur Einrichtung eines derartigen umfassenderen Supply Chain-Cockpits, das inzwischen weiter Verbreitung gefunden hat, ist das SCOR-Modell (Supply Chain Operations Reference), das vom Supply Chain Council (SCC)[19] vorschlagen wurde.

Das SCOR-Modell ist ein branchenübergreifendes Referenzmodell für die Beschreibung von Lieferketten, inklusive der entsprechenden Terminologie und allgemein gültiger Kennzahlen mit den dazugehörigen Best Practice Benchmarks. Es wurde vom SCC entwickelt. Das SCC ist eine unabhängige, globale Non-Profit-Organisation mit über 400 Mitgliedsunternehmen, die über Zweige (»Chapters«) in Nord- und Lateinamerika, in Europa und Asien verfügt. Das Modell beschreibt Lieferkettenkonfigurationen und dient ihrer quantitativen Analyse. Nach diesem Modell ist eine Lieferkettenkonfiguration durch vier zentrale Prozesse definiert, zwischen denen jeweils eine Kunden- und Lieferantenbeziehung besteht, so dass jeder Prozess sowohl Kunde des vorhergehenden als auch Lieferant des nachfolgenden ist (siehe Abbildung 7.7):

- **Planung:** Nachfrage und Angebote planen
- **Beschaffung:** Material einkaufen
- **Produktion:** Produzieren
- **Distribution:** Auftragsverwaltung, Lagerverwaltung, Transport- und Installationsmanagement

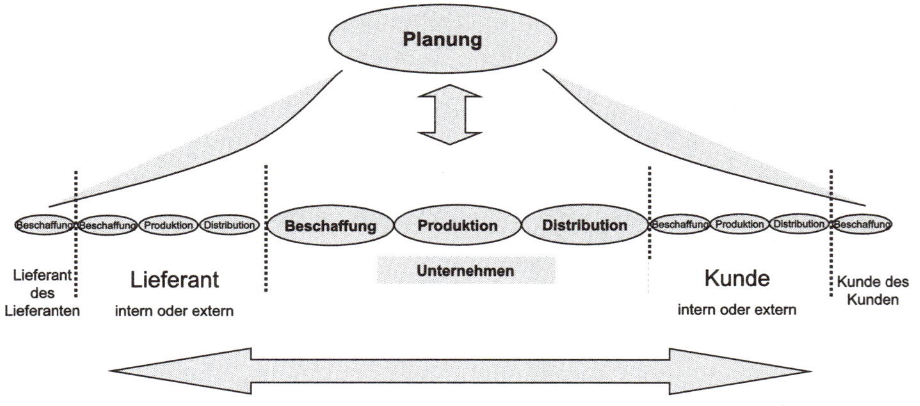

Abbildung 7.7 Das SCOR-Modell

19 Der SCC arbeitet gemeinschaftlich am Erhalt, der Weiterentwicklung und Verbreitung des SCOR-Modells. Er besteht aus zahlreichen führenden Industrieunternehmen, Logistik- und Distributionsdienstleistern sowie Supply-Chain-Softwarefirmen (http://www.supply-chain.org/).

Ziel des SCOR-Modells ist es, eine gemeinsame Sprache für die Kommunikation über die virtuelle Lieferkette eines Systems, das mehrere Unternehmen umfasst, aber auch innerhalb eines Konzerns bereitzustellen. So können Verbindungspunkte zwischen der Lieferkette eines Unternehmens und der eines Partnerunternehmens einfacher identifiziert und dann optimiert werden. Dieses Modell bildet auch die Grundlage für die Supply Chain Scorecard, die vom SCC für Leistungsvergleiche der Lieferketten verschiedener Unternehmen sowie für interne Managementzwecke vorgeschlagen wird (siehe Abbildung 7.8). Es stellt damit eine gute konzeptionelle Basis für die Definition eines Supply Chain-Cockpits und für die Auswahl der entsprechenden Messgrößen dar.

SCOR Supply Chain Scorecard

Performance Versus Competitive Population

	Overview Metrics	SCOR Level 1 Metrics	Actual	Parity	Advantage	Superior
Customer- Facing	Delivery Performance/ Quality	Delivery Performance to comm. date	50%	85%	90%	95%
		Fill rates	63%	94%	96%	98%
		Perfect Order Fulfillment	0%	80%	85%	90%
		Order Fulfillment Lead Times	7 days	7 days	5 days	3 days
	Flexibility & Responsiveness	Production Flexibitlity	45 days	30 days	25 days	20 days
Internal- Facing	Costs	Total Logistics Management Costs	19%	13%	8%	3%
		Warranty Costs	NA	NA	NA	NA
		Value Added Employee Productivity	$122K	$156K	$306K	$460K
	Assets	Inventory days of supply	119 days	55 days	38 days	22 days
		Cash-to-Cash Cycle Time	196 days	80 days	46 days	28 days
		Net Asset Turns (Working Capital)	22 turns	*8 turns*	*12 turns*	*19 turns*

Abbildung 7.8 Die SCOR-Lieferketten-Scorecard[20]

Das Customer Relations-Cockpit

Gute Kundenbeziehungen sind in jedem Unternehmen die Basis für die Fähigkeit, Verkäufe zu realisieren und damit Erlöse zu erzielen. Sie stellen daher ein wesentliches Intangible Asset dar. Kundenbeziehungen schaffen beispielsweise zusätzlichen finanziellen Wert, wenn bestehenden Kunden neue Produkte verkauft werden können, und so zusätzliche Erlöse und zusätzlicher Cashflow generiert werden.

20 Vgl. »SCOR Version 5.0! Introduction Web Cast« unter http://www.supply-chain.org/

Während in der Vergangenheit Verkaufsaktivitäten die Hauptaufgabe von Unternehmen auf der Kundenseite darstellten, ist es heute das Customer Relationship Management (CRM), also nicht mehr allein die Ausführung einer einzelnen Verkaufstransaktion, sondern das Management der zugrunde liegenden Ressource, eben der Kundenbeziehung, die Verkaufstransaktionen erst ermöglicht. Gute Kundenbeziehungen stellen Optionen auf zukünftige Einkommens- oder Erlösströme dar und sind eine wichtige Basis für künftiges Wachstum. Sie können außerdem als Markteintrittsbarriere fungieren, die es neuen Wettbewerbern erschwert, einem Unternehmen Marktanteile abzunehmen.

Im Gegensatz zur traditionellen periodenorientierten Managementsicht auf den Kunden in Form einer Momentaufnahme wird es deshalb nun wichtiger, den Kunden aus der Perspektive des gesamten Customer Life-Cycle zu betrachten, um in der Lage zu sein, diesen Life-Cycle proaktiv zu optimieren und den Customer Value für das Unternehmen zu maximieren. Die Kundenbeziehung wird dann quasi wie ein Investment bzw. ein Asset gemanagt (siehe Abbildung 7.9).

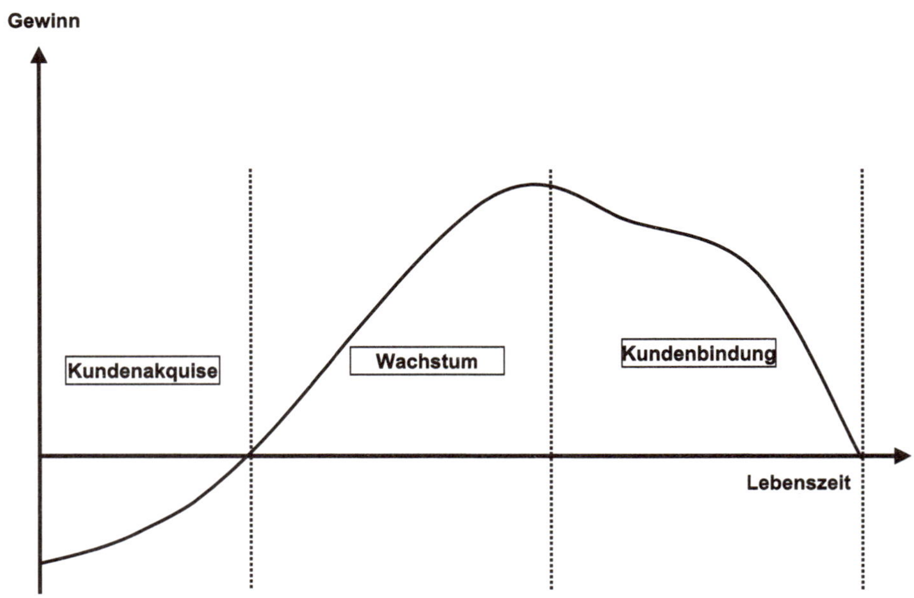

Abbildung 7.9 Die Phasen des Customer Life-Cycle Managements (CLCM)

Ähnlich wie bei anderen Investitionsprojekten wirkt sich die in der Anfangsphase erforderliche Investition, hier in die Kundenakquisition, negativ auf die Profitabilität aus, während erst später, wenn die Kundenbeziehung etabliert ist und wiederkehrende Verkäufe zu höheren Erlösen führen, die Gewinnkurve ansteigt und schließlich gegen Ende des Lebenszyklus der Kundenbeziehung wieder abflacht.

Soll der Return on Investment optimiert werden, hilft die reine Periodenbetrachtung nicht weiter. Es muss der gesamte Lebenszyklus der Kundenbeziehung periodenübergreifend betrachtet werden, um beispielsweise in der Lage zu sein, geeignete Marketingmaßnahmen für den richtigen Zeitpunkt zu planen, die entweder den Gewinn bzw. Erlös erhöhen und/oder den Lebenszyklus verlängern helfen, um so den Gegenwartswert der Investition in die Kundenbeziehung zu maximieren.

Individualisierte und personalisierte Kommunikations- und Beziehungsstrategien sind der Schlüssel zum Aufbau von guten Kundenbeziehungen. Unternehmen müssen deshalb versuchen, jede einzelne Transaktion zu einer persönlichen Interaktion mit dem Kunden zu machen und auf dieser Grundlage eine tragfähige Beziehung aufzubauen, die den Kunden zu weiteren Käufen veranlasst. Dies muss allerdings aus einer Betrachtung des Kundenlebenszyklus heraus gesteuert und optimiert werden. Erfolgreiches CRM umfasst daher folgende Aufgaben:

- Erkennen potenzieller Kunden und ihre Akquise als (Erst-)Käufer
- Ausführen kundenbezogener Transaktionen zu deren Zufriedenheit (hier kommt dann bei Produktverkäufen auch das Supply Chain Management ins Spiel)
- Kundenbetreuung und -service über sämtliche vom Kunden verwendete Kommunikations- und Interaktionskanäle
- aktives Management des Kunden-Portfolios und Maximierung des Return on Investment über den gesamten Beziehungs-Lebenssyklus hinweg

Während die ersten drei Punkte die täglich anfallenden Aufgaben in Marketing, Vertrieb und Kundendienst darstellen, beschreibt der vierte Bereich eher eine längerfristige Aufgabe, die den Rahmen und die übergeordneten Ziele und Strategien für die anderen Aktivitäten vorgibt.

Das strategische Ziel im Kundenbeziehungsmanagement besteht im Schaffen eines Kundenbeziehungs-Portfolios, auf dessen Basis maximale und nachhaltige Erlöse, Gewinne, aber auch Wachstum erzielt werden können. Der strategische CRM-Prozess, der sowohl den individuellen Customer Lifetime Value als auch den des Gesamtkunden-Portfolios optimiert (das bereits erwähnte Customer Portfolio Lifetime Value Management – CPLVM), sollte deshalb hinsichtlich der operativen CRM-Aktivitäten in den Bereichen Marketing, Vertrieb und Service eine Koordinationsrolle einnehmen. Dies könnte beispielsweise folgendermaßen geschehen: Im Rahmen des CPLVM wird durch eine Analyse des Kundenverhaltens der Vergangenheit ermittelt, wie sich die durchschnittliche Kundenbindungsrate für eine bestimmte Kundengruppe in den nächsten Jahren entwickeln wird. Wenn diese Information nun mit der Information über die Profitabilität der verschiedenen Kundengruppen kombiniert wird, können die Kundengruppen ermittelt werden, deren Return on Investment von bestimmten Marketingmaßnahmen oder -kampagnen am größten ist. Diese so identifizierten Kundengruppen dienen dann als Ausgangsbasis für den operativen CRM-Prozess des Kampagnenmanagements. Durch die Konzentration der Marketingaktivitäten auf die wertvollsten Kunden des gesamten Portfolios kann so der Customer Lifetime Value[21] weiter erhöht werden. Damit die operativen CRM-Aktivitäten kontinuierlich den durchschnittlichen Customer Lifetime Value des Kunden-Portfolios erhöhen, muss der CPLVM-Prozess eine Koordinationsrolle übernehmen und die Ziele für die operativen Prozesse und Aktivitäten vorgeben.

Die Ermittlung von Daten über Kunden und kundenbezogene Aktivitäten und Datenqualität sind essenziell für ein erfolgreiches CRM und für die Optimierung des Customer Values. Deshalb sollten zusätzlich auch Messgrößen ins Customer Relations Cockpit aufgenommen werden, die Aufschluss über den Erfolg bei der Beschaffung dieser Daten geben, insbesondere wenn das Unternehmen stark in Online-Aktivitäten engagiert ist. Das Customer Relations Cockpit sollte Messgrößen für folgende Bereiche enthalten:

- **Kundenwert:** Customer Value Added[22] pro Periode, die Entwicklung des durchschnittlichen Customer Lifetime Value pro Kundengruppe (errechnet auf Basis von Kundenbindungsrate und Kundenergebnis)
- **Effektivität der Marketingaktivitäten:** Rücklaufquote, Weiterempfehlungsrate, Konversionsrate von Suspects (vermutete potenzielle Käufer, z.B. aufgrund einer Profilanalyse) zu Prospects (Interessenten), Deckungsbeitrag pro Kampagne, Marketingkosten
- **Effektivität der Vertriebsaktivitäten:** Verkaufserlöse, Handelsspanne/Deckungsbeitrag, Konversionsrate von Prospects (Interessenten) zu Kunden/Käufern, Größe und Entwicklung der Vertriebspipeline (Anzahl der Leads, der identifizierten Opportunities aus den Leads, der erstellten Angebote und der getätigten Abschlüsse), Kundenbindungsrate, Vertriebskosten, Marktanteil
- **Effektivität der Serviceaktivitäten:** Kundendiensterlöse, Prozentsatz der gelösten/offenen Kundenprobleme, Anzahl der Beschwerden und Rücksendungen, Kundenzufriedenheit, Servicekosten, Auslastungsquote

---

21 Der Wert, den die Kundenbeziehung im Laufe ihrer Lebenszeit für ein Unternehmen darstellen, lässt sich berechnen, indem die Kundenbindungsrate mit den erwarteten Kundenerträgen multipliziert und anschließend der Kapitalwert dieser künftigen Profite, die mit der Kundenbindungsrate gewichtet sind, berechnet wird.

22 Der durchschnittliche Value Added pro Kunde lässt sich für eine Geschäftseinheit oder eine Kundengruppe errechnen, indem vom jeweiligen Operating Income die Kosten für die Akquisition und Kundenbindung abgezogen und das Ergebnis durch die Anzahl der Kunden geteilt wird.

- **Effektivität der Datengewinnung über aktuelle und potenzielle Kunden:** Wiedererkennungsrate (auf der Website), Prozentsatz unvollständiger Benutzerprofile/-stammsätze, Prozentsatz der registrierten User/der Kunden mit Kundenkarte

Die Auswahl und Definition der CRM-Messgrößen folgt hier wieder denselben Grundsätzen wie die Definition der Messgrößen für die anderen Sichten des Tableau de bord. Es empfiehlt sich auch hier, die Anzahl der Indikatoren für das CRM-Cockpit auf zehn zu begrenzen (zwei oder drei für jeden beschriebenen Messbereich), um es nicht mit Informationen zu überfrachten. Idealerweise sollte ein Messgrößensatz (also die Messgrößen pro Themenbereich) wiederum Input-Messgrößen, etwa die Kundenbindungsrate, und Output-Messgrößen, etwa den Customer Lifetime Value, enthalten. Detailliertere Informationen könnten separat zugänglich gemacht werden, beispielsweise durch ein operatives CRM-Cockpit, ähnlich wie dies bereits beim Supply Chain-Cockpit dargestellt wurde.

Das Basisressourcen-Cockpit: Human-Resources-, Allianzen-, IT- und Finanzsicht

Human Resources, Finanzkapital, Allianzen und Informationstechnik stellen Basisressourcen für die Wertschöpfungsprozesse des Unternehmens zur Verfügung, um zum Beispiel in der Produktentwicklung oder im CRM messbaren Kundenwert schaffen zu können. Informationen über den Status der entsprechenden Prozesse (Beschaffung, Entwicklung und Sicherung dieser Basisressourcen) sind daher von Bedeutung, wenn es um die Frage geht, wie gesund ein Unternehmen ist. Wenn die Fähigkeiten der Mitarbeiter im Schnitt schlechter werden und diejenigen Mitarbeiter, die ein Unternehmen zur erfolgreichen Durchführung einer neuen Strategie oder für eine Produkteinführung benötigt, das Unternehmen verlassen, gerät seine Zukunft in Gefahr. Wenn zunehmend die Finanzmittel zur Finanzierung von notwendigen Investitionen fehlen, ist die Situation noch kritischer. Wenn zur Erlangung künftiger Marktanteile Netzwerkeffekte wichtig sind, und das Unternehmen hierzu auf Allianzen angewiesen ist, ist der Entwicklungsstatus dieser Allianzen ebenfalls als kritischer Erfolgsfaktor anzusehen. Ein Unternehmen wird auf Dauer auch nicht erfolgreich sein können, wenn seine IT-Infrastruktur mit seiner Geschäftsstrategie nicht Schritt halten und sie nicht angemessen unterstützen kann.

Der Schlüssel zum Unternehmenserfolg hinsichtlich der Basisressourcen liegt in ihrer möglichst intelligenten, unternehmensspezifischen Verwendung. Denn ein Unternehmen generiert nur Mehrwert, wenn der durch den Einsatz der Basisressourcen geschaffene Wert über ihren Kosten liegt. Da Unternehmen um diese Ressourcen oft miteinander konkurrieren und so die Preise antreiben, liegt der Schwellenwert, ab dem Mehrwert generiert wird, relativ hoch. Beispielsweise müssen besonders talentierten Mitarbeitern heute überdurchschnittliche Gehälter bezahlt werden. Damit ein solches Talent tatsächlich Mehrwert für das Unternehmen schaffen kann, muss dieses aber im Sinne des Unternehmens erst systematisch (weiter-)entwickelt werden. Das Gleiche trifft auf Partnerschaften oder auch auf Informationstechnologie zu. Bei Letzterem können zwar die Technologiekomponenten gekauft werden, aber die eigentliche unternehmensspezifische Lösung muss »entwickelt«, zumindest konfiguriert und immer wieder an die aktuellen Anforderungen angepasst werden. Die Basisressourcen müssen daher nicht nur effizient, sondern auch effektiv, also zielorientiert im Sinne des Unternehmens gemanagt werden. Dazu müssen Basisressourcen entsprechend der Unternehmensziele beschafft bzw. ausgewählt, entwickelt und erhalten werden.

Dies gilt umso mehr, da Basisressourcen typischerweise nur einen sehr indirekten Einfluss auf die Performance eines Unternehmens haben. Um sie möglichst effektiv einzusetzen ist es deshalb wichtig, dass sich alle wesentlichen Entscheidungen und Aktivitäten, die mit ihnen verbunden sind, wie etwa die Personalbeschaffung und -entwicklung, die IT- oder Partnerstrategie und letztlich auch die Finanzierungsstrategie, an der Unternehmensstrategie orientieren. Ausgehend von den strategischen Zielen der Balanced Scorecard müssen die Ziele und Parameter für jeden einzelnen Bereich der Basisressourcen abgeleitet werden. Diese Ziele dienen dann als Maßstab für die operativen Aktivitäten und Entscheidungen im Management der Basisressourcen, um diese optimal verwerten zu können.

Jede Sicht des Basisressourcen-Cockpits des Tableau de bord sollte Performancemessgrößen für Ziele enthalten, die aus strategischen Zielen der Balanced Scorecard abgeleitet wurden. Diese für den jeweiligen Basisressourcenbereich abgeleiteten Ziele, kann man dann auch als die strategischen Ziele für die Human Resources, für den Finanzbereich, die IT usw. bezeichnen. Zusätzlich muss jede Sicht auch Messgrößen zur quantitativen Erfassung der Effizienz und Effektivität der entsprechenden Geschäftsprozesse enthalten, wie etwa zur Personalbeschaffung, -entwicklung und -abrechnung im Bereich Human Resources, zum Cash- und Working-Capital-Management im Finanzbereich, zur Entwicklung und Implementierung neuer IT-Lösungen sowie dem Auf- und Ausbau von Partnerbeziehungen im Bereich Allianz- oder Partnermanagement.

Die Definition der Messgrößen für die strategischen Ziele pro Basisressource sollte denselben Prinzipien wie der Definition der Messgrößen für die Balanced Scorecard folgen. Die Definition der Messgrößen für die operativen Geschäftsaktivitäten sollten sich an den damit in Zusammenhang stehenden Geschäftsprozessen orientieren, d.h., für jeden wichtigen Prozess sollte ein Parameter in die Cockpit-Sicht der Basisressource aufgenommen werden.

Im Folgenden werden für einige typische Basisressourcen die Aspekte dargestellt, die bei der Auswahl der entsprechenden Messgrößen berücksichtigt werden sollten. Darüber hinaus werden auch einige Beispielmessgrößen genannt. Für jedes Unternehmen muss allerdings individuell festgelegt werden, welches die relevanten Basisressourcen sind, die ins Tableau de bord mit einem eigenen Cockpit aufgenommen werden sollen. Ein Kriterium für die Auswahl ist beispielsweise, dass die entsprechenden Ressourcen eine entscheidende Rolle in einem oder mehreren Wertschöpfungsprozessen des Unternehmens spielen, aber gleichzeitig schwer zu beschaffen sind.

Die Human Resources-Sicht

Im Industriezeitalter war die Personalabteilung vor allem auf administrative Tätigkeiten, wie beispielsweise die administrative Abwicklung der Einstellung, die Lohn- und Gehaltsabrechnung und die Abwicklung sozialer Leistungen fokussiert. In der neuen Ökonomie sind die Aufgaben des HR-Managements anspruchsvoller geworden. Sie bestehen nicht nur darin, sicherzustellen, dass ein Unternehmen entsprechend seiner Strategie über die passenden Mitarbeiter mit den richtigen Fähigkeiten zur richtigen Zeit in den richtigen Jobs verfügt, sondern es muss sich darüber hinaus um den systematischen Aufbau von Humankapital kümmern.

Unternehmen beschäftigen heute in den wesentlichen wertschaffenden Bereichen, zum Beispiel in der Produktentwicklung, in der Kundenberatung, aber auch zur Steuerung komplexer Fertigungsprozesse, oft so genannte Wissensarbeiter, also hoch qualifizierte Mitarbeiter, die in der Lage sind, mit anderen internen und externen Wissensarbeitern und auch mit Experten auf Kundenseite unter Einsatz der Prozesse und des Organisationskapitals des Unternehmens effektiv zusammenzuarbeiten. Das Problem ist dabei, dass Wissensarbeiter, die in den wesentlichen Wertschöpfungsprozessen des Unternehmens, dort wo die Kernkompetenzen angewendet werden, produktiv mitwirken können, nicht einfach am Arbeitsmarkt beschafft werden können und dann sofort einsatzfähig sind. Normalerweise dauert es ein bis zwei Jahre bis neue Mitarbeiter ihre maximale Leistungsfähigkeit in einem solchen Aufgabengebiet entfaltet haben. Dabei muss viel in die Auswahl, Akquise und Entwicklung solcher Wissensarbeiter investiert werden. Und dann muss es dem Unternehmen auch noch gelingen, diese Mitarbeiter möglichst lange zu halten.

In der HR-Sicht muss das Messsystem Informationen darüber liefern, wie erfolgreich ein Unternehmen neue Mitarbeiter akquiriert, wie schnell diese Mitarbeiter integriert werden, ob das Unternehmen über die von ihm benötigten Fähigkeiten verfügt sowie schließlich darüber, wie produktiv die Mitarbeiter sind, zum Beispiel in wertschaffenden Konstellationen mit anderen Mitarbeitern. Außerdem sollte die HR-Abteilung auch Verfahren und Instrumente entwickeln, die Managern dabei helfen, die Produktivität ihrer Teams zu überwachen und systematisch zu entwickeln. Darüber hinaus sollte diese Sicht auch Aufschluss über die Effektivität der administrativen Prozesse des HR-Managements geben.

Um Mitarbeiter entsprechend der Unternehmensziele entwickeln zu können, ist es erforderlich, pro Funktion die entsprechenden Skills und Kompetenzen zu definieren und regelmäßig, mindestens einmal jährlich, mit den aktuellen Skills und Kompetenzen der Funktionsinhaber abzugleichen, um entsprechende Entwicklungs- und Weiterbildungsmaßnahmen einleiten zu können. Werden diese Informationen in einer so genannten Skill-Datenbank abgelegt, hat das Management zusätzlich die Möglichkeit, diese Daten zu aggregieren, um bei strategischen Entscheidungen immer auch im Blick zu haben, inwiefern die für eine neue Strategie erforderlichen Skills und Kompetenzen im Unternehmen vorhanden sind bzw. wie groß die Lücke ist. Aber auch bei eher operativen Entscheidungen, etwa der, ob man ein bestimmtes Kunden-Großprojekt übernehmen soll und kann, sind solche Informationen hilfreich. Auf der Basis dieser Informationen ist dann das HR-Management in der Lage, das Humankapital systematisch und langfristig im Sinne des Unternehmens weiterzuentwickeln oder bei Strategieänderungen, die zu Skill- und Kompetenzlücken führen, schnell gegensteuern zu können. Hier sind einige Beispiele für das, was die HR-Sicht messen kann:

- **Performance bei den kritischen strategischen HR-bezogenen Erfolgsfaktoren:** Zahl der unbesetzten Stellen, die kritische Qualifikationen erfordern, oder andere Parameter, die sich auf strategische Ziele des HR-Managements beziehen (z.B. den Aufbau bestimmter Skills oder Kompetenzen in ausreichendem Maß)
- **Mitarbeiterproduktivität:** durchschnittlicher Value Added per Person pro Berichtsperiode, die Entwicklung des Value Added per Person, Umsatz und Gewinn pro Mitarbeiter
- **Effektivität der Mitarbeiterakquise:** Anzahl der Bewerbungen in einem Zeitraum, Einstellungsquote bei Bewerbungen mit geeignetem Profil, Einstellungskosten, durchschnittlicher erwarteter Value Added per Person bei Neueinstellungen über die folgenden zwei Jahre
- **Effektivität der Personalentwicklung:** Job-Rotationsrate; Anzahl der Mitarbeiter pro Berichtsperiode, die von »low value adding Jobs« zu stärker wertschaffenden wechseln; Skill- und Kompetenzlücke (in Prozent) pro Funktions- bzw. Unternehmensbereich
- **Effektivität der Mitarbeiterbindung:** Kündigungsrate pro kritischer Mitarbeitergruppe, durchschnittliche Verweildauer im Unternehmen

- **Effizienz des administrativen HR-Managements:** Zahl der Mitarbeiter; Verwaltungskosten pro Mitarbeiter; Kosten pro Transaktion (pro Einstellung, pro Abrechnung etc.); Prozentsatz der unbesetzten Stellen

Die Allianzen-Sicht

Durch Allianzen können Unternehmen sich zusätzliche Ressourcen in kritischen Bereichen wie Forschung und Entwicklung oder Marketing und Vertreib verschaffen und die eigenen Fähigkeiten multiplizieren. Dies gilt besonders dann, wenn Time-to-Market ein kritischer Faktor ist und ein Unternehmen keine Möglichkeit hat, die entsprechenden Ressourcen schnell genug selbst zu beschaffen bzw. aufzubauen. Allianzen sind auch ein Instrument des Risikomanagements, da zum Beispiel Entwicklungsrisiken verringert werden können, indem man sie mit anderen teilt. Und schließlich können sie auch dazu dienen, Netzwerkeffekte zu erzeugen. Je nachdem, wie sehr überhaupt und in welchen Bereichen sich ein Unternehmen auf Allianzen ein- und verlässt, wird sich auch die Ausprägung des Performancemesskonzepts in der Allianzen-Sicht im Tableau de bord unterscheiden oder überhaupt relevant sein. Hier einige Beispiele für Messgrößen, die verwendet werden könnten:

- **Effektivität der Allianzen in Marketing und Vertrieb:** Anzahl der aktiven/ruhenden Allianzpartner, (durchschnittlicher) Umsatz pro aktivem Allianzpartner je Segment, durchschnittliche Anzahl qualifizierter Mitarbeiter (Personen mit Kenntnissen über die Produkte des eigenen Unternehmens) pro Allianzpartner je Segment
- **Effektivität der Allianzen in Forschung und Entwicklung:** Time-to-Market neuer Produkte im Vergleich zu ähnlichen Produktentwicklungen ohne Allianzpartner, Value Added aus Allianzen in Forschung und Entwicklung (z.B. eingesparter Management-/Entwicklungsaufwand und minimierte Risikokosten versus den Kosten der Allianz/der entgangenen Erlöse bei gemeinsamer Vermarktung)

Die IT-Sicht

Kein Unternehmen kann heute Organisationskapital schaffen, das die Produktivität seiner Mitarbeiter erhöht, neue Strategien erfolgreich umsetzen und seine Geschäftsprozesse effizient und effektiv organisieren, ohne sich hierzu maßgeblich auf Informationstechnik zu stützen. Das Problem besteht darin, dass der Beitrag der Informationstechnik zur Performance eines Unternehmens indirekt ist und sich nicht direkt quantitativ erfassen lässt. Allerdings gibt es einige wesentliche Erfolgsfaktoren für effizientes und effektives IT-Management, die als Basis für das Performancemonitoring des Bereichs IT dienen können. Ein Erfolgsfaktor ist das aktive Management der Wartungslast bzw. der freien IT-Ressoucen. Viele

IT-Abteilungen sind oft zu sehr damit beschäftigt, die bestehende Systemarchitektur in Betrieb zu halten und zu warten, um sich mit der aktiven und vor allem zeitnahen Unterstützung neuer Strategien oder auch nur verbesserter Geschäftsprozesse befassen zu können. Der Ressourcenverbrauch durch die Wartung der bestehenden IT-Landschaft, die so genannten Costs of Ownership, kann einen beträchtlichen Umfang annehmen und schlimmstenfalls sämtliche verfügbaren Ressourcen erschöpfen, so dass der IT-Abteilung die Entwicklung und Implementierung neuer Lösungen unmöglich wird. Der Grad der Verwendung von Standards spielt dabei eine große Rolle. Ein wichtiges Ziel für das IT-Management ist es daher, die vorhandenen IT-Mitarbeiter möglichst wenig mit Wartungsaufgaben zu beschäftigen und möglichst viele für den Ausbau der IT-Infrastruktur und deren Anpassung an veränderte Geschäftsbedingungen frei zu halten.

Hätte der Bereich IT unbegrenzt Zugriff auf Ressourcen und könnte beliebig neue Mitarbeiter einstellen, wäre dieses Ziel natürlich einfach zu erreichen, aber mit Sicherheit nicht im Sinn des Unternehmens. Deshalb besteht ein weiteres wichtiges Ziel darin, die Gesamtkosten der Informationstechnik und den Ressourcenverbrauch im Vergleich zum Branchendurchschnitt so gering wie möglich zu halten.

Weitere Ziele für den IT-Bereich sind der Grad der Flexibilität, mit dem auf der Basis der bestehenden IT-Landschaft auf neue Geschäftsanforderungen reagiert werden kann, sowie die Zuverlässigkeit von Systemen und Diensten. Je mehr sich Unternehmen auf Informationstechnik verlassen – etwa bei der Integration von Outsourcing-Partnern, beim Kundenservice oder bei Online-Shops – desto wichtiger ist es, dass Webserver bzw. die hierfür erforderlichen Anwendungsserver 24 Stunden am Tag, 7 Tage die Woche ausfallsfrei verfügbar und die Systemperformance und die Antwortzeiten für Benutzer akzeptabel sind.

Hier sind einige Beispiele dafür, welche Messgrößen in der IT-Sicht des Tableau de bord Verwendung finden könnten:

- **IT-Gesamtkosten und -Ressourcenverbrauch:** Anteil der IT-Kosten am Gesamtumsatz, IT-Kosten im Verhältnis zum Branchendurchschnitt oder zu anderen Benchmarks
- **Flexibilität:** Anteil der freien Ressourcen/Mitarbeiter an den Gesamtressourcen, die in neuen Projekte eingesetzt werden bzw. dafür zur Verfügung stehen und nicht für die Aufrechterhaltung der aktuellen Infrastruktur gebunden sind, Standardisierungsgrad je Unternehmensfunktion/Prozentsatz der Technologien, die ein bestimmtes Alter überschritten haben
- **Zuverlässigkeit:** Server- und Netzwerkausfallrate, durchschnittliche Antwortzeit/Download-Zeit von Webseiten, fehlgeschlagene Seiten- und Serveranforderungen

- **Standardisierungsgrad:** Prozentsatz der in den verschiedenen Bereichen des Unternehmens standardisierten IT
- **Effektivität der neu implementierten Lösungen:** ROI neuer Lösungen und Systeme bzw. Amortisationszeit, Produktivitätsverbesserungen durch die Informationsressourcen des Unternehmens (z.B. Produktivitätsverbesserungen für Mitarbeiter, indem sie von administrativen Aufgaben entlastet werden)
- **Strategische Effektivität:** Performance und Implementierungsfortschritt von IT-Projekten, die für die Umsetzung der Unternehmensstrategie kritisch sind

Die Finanzsicht

Eine Aufgabe des Bereichs Finanzen besteht darin, die finanzielle Liquidität des Unternehmens zu sichern, dafür zu sorgen, dass Finanzkapital und Finanzmittel so effizient und effektiv wie möglich eingesetzt werden (indem das Working Capital minimiert und Überschüsse möglichst rentabel angelegt werden), und finanzielle Transaktionen, wie etwa Forderungseinzug, ausgehende Zahlungen, Cash-Management, Geldanlage und -aufnahme und finanzielles Risikomanagement (z.B. durch Fremdwährungs-Hedging) mit maximaler Effizienz durchgeführt werden.

Das Finanzmanagement hat daher große Ähnlichkeit mit dem Supply Chain Management: Es muss sicherstellen, dass Geld in der benötigten Menge zum richtigen Zeitpunkt und an der richtigen Stelle im Unternehmen zur Verfügung steht, um Lieferanten, Mitarbeiter und Aktionäre pünktlich zu bedienen. Gleichzeitig soll unnötiger »Lagerbestand« in Form von Forderungen oder nicht benötigten Cash-Beständen vermieden bzw. minimiert werden. Außerdem sollen, wie bei der physischen Supply Chain, Transaktionen möglichst effizient und kostengünstig abgewickelt werden. Es ist daher wenig verwunderlich, dass in jüngster Zeit das Konzept einer Financial Supply Chain aufgekommen ist.

Dieses Konzept bietet den Vorteil, dass es den Blick von der Optimierung allein einzelner Aufgaben weg und hin zur Optimierung des gesamten Finanzflusses entlang der Lieferkette lenkt. Denn hier schlummert noch jede Menge Optimierungspotenzial. Das Prinzip dabei gleicht demjenigen des Supply Chain Managements: Finanzkapital wird durch Informationen ersetzt. Wenn bereits bei der Rechnungsstellung bekannt ist, ob ein Kunde ein Problem mit der Rechnung hat, kann sofort reagiert werden und nicht erst nach Wochen, wenn erst mehrere Mahnungen später bekannt wird, dass mit der Rechnung etwas nicht in Ordnung war. Dies vermeidet eigentlich unnötige Außenstände und reduziert so das Working Capital des Unternehmens. Ein Mittel zum Erreichen dieses Ziels ist der Einsatz von Electronic Bill Presentment and Payment (EBPP), d.h. der elektronischen Zustellung und Bezahlung von Rechnungen. Hierbei wird die Rechnung dem Kunden in elektronischer Form im Kundenportal, also auf einer Webseite des Unternehmens präsentiert (oder auf der Website eines Outsourcing-Partners). Der Kunde erhält dann vom System automatisch eine E-Mail, die ihn auf die neue Rechnung hinweist und einen Link direkt zur Rechnung auf der Unternehmens-Website enthält. Er kann dann die Rechnung genehmigen und auch sofort bezahlen (z. B. durch Bankeinzug oder durch Auslösen einer Überweisung) oder auch, unter Angabe der Gründe, ablehnen. Das Unternehmen kann dann, über entsprechende Workflows ausgelöst, das Problem zeitnah beheben bzw. sofort eine korrigierte Rechnung erstellen.

Mit Hilfe von EBPP kann jedoch nicht nur der Forderungsbestand und die Unsicherheit in der Liquiditätsplanung reduziert und damit das gebundene Kapital vermindert werden, sondern es können auch die Kosten der Rechnungsstellung deutlich gesenkt werden. Unternehmensberater gehen davon aus, dass sich mit Hilfe von EBPP die Rechnungsstellungskosten um bis zu 70 Prozent senken lassen.

Am anderen Ende der Financial Supply Chain sind global operierende Unternehmen dazu übergegangen, so genannte Payment Factories einzurichten, die die Zahlungen an Lieferanten weltweit elektronisch zusammenfassen und die Zahlungswege über bevorzugte Banken und Finanzdienstleister optimieren. Auf diese Weise kann die Gesamtzahl der Zahlungstransaktionen sowie der teuren grenzüberschreitenden Überweisungen drastisch reduziert und damit eine erhebliche Einsparung bei Transaktionskosten und Bankgebühren erzielt werden.

Der dritte Interaktionspunkt zur Reduzierung der Kosten und des im Finanzbereich gebundenen Working Capitals besteht darin, das Cash-Management und das Treasury, d.h. die Investition von Überschüssen und die Kapitalaufnahme bei Banken, durch elektronische Vernetzung mit Finanzdienstleistern sowie mit Kapital- und Devisenbörsen effektiver zu gestalten. Wird das Finanzmanagement aus der Perspektive einer integrierten Financial Supply Chain betrachtet, ergibt sich gegenüber der traditionellen Sichtweise ein deutlich höheres Optimierungspotenzial (siehe Abbildung 7.10).

Die zweite wesentliche Aufgabe des Bereichs Finanzen, neben dem Management der Liquidität, der Finanzanlagen und -aufnahmen und der Finanzströme, besteht in der Bereitstellung von Werkzeugen und Informationen, die es sowohl Managern als auch Investoren erlauben, die Performance des Unternehmens zu beurteilen bzw. zu optimieren. Diese Aufgabe, typischerweise als Controlling, Rechnungslegung und externes Berichtswesen bezeichnet, fällt aber nicht in den Aufgabenbereich des Finanzressourcenmanagements. Aus diesem Grund werden diese Aufgabenfelder in der Finanzsicht des Tableau de bord nicht berücksichtigt.

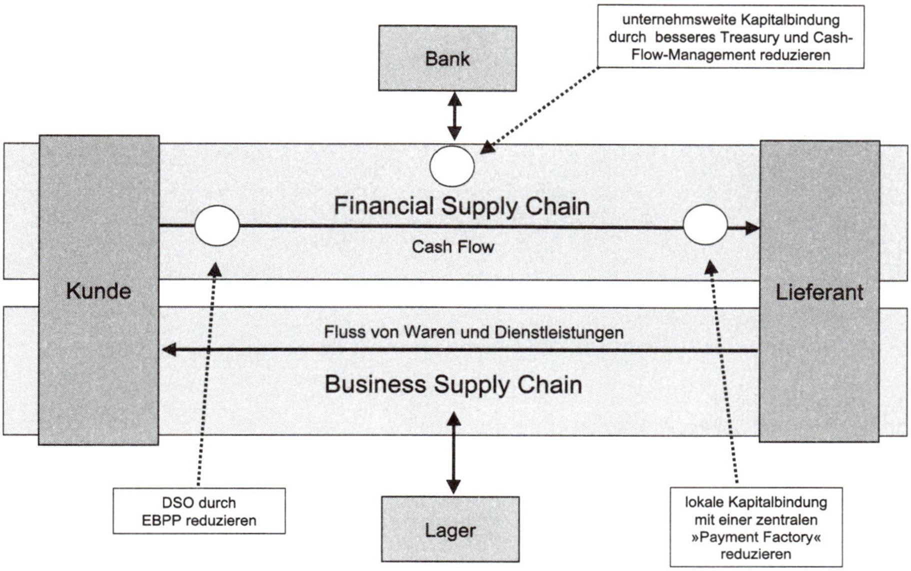

Abbildung 7.10 Die Financial Supply Chain und ihre drei Interaktionspunkte

Die Finanzsicht könnte demnach die folgenden Messgrößen enthalten:

- **Gesamteffizienz:** in der Financial Supply Chain gebundenes Working Capital im Vergleich zu branchenspezifischen Benchmarks, Gesamtkosten im Verhältnis zum Umsatz im Vergleich zum Branchen-Benchmark
- **Effizienz des Forderungseinzugs:** Days Sales Outstanding (DSO), Kosten pro Rechnung, Genauigkeit des Cash-In Forecasts
- **Zahlungsabwicklungseffizienz:** Kosten pro Eingangsrechnung, Prozentsatz der manuellen Eingriffe und Interventionen in der Payment Factory
- **Effizienz im Bereich Treasury:** Return on Investment der Finanzanlagen (im Vergleich zum Marktdurchschnitt), durchschnittliche Finanzierungskosten im Verhältnis zum Kapitalmarkt-/Branchendurchschnitt, durchschnittliche Kosten pro Transaktion
- **Cash-/Liquiditätsvorschau und Finanzrisiko:** verfügbare Barmittel in drei, sechs oder zwölf Monaten auf Basis des letzten Business Forecasts und der geplanten Treasury-Transaktionen, Exposure/Risiko im Bereich Fremdwährungen und Finanzanlagen

Ein neues Modell für Rechnungswesen und Rechnungslegung

Nachdem die Definition bzw. Auswahl der Messgrößen für die verschiedenen Sichten abgeschlossen ist, könnte ein fertiges Tableau de bord etwa wie das Beispiel in Abbildung 7.11 aussehen.

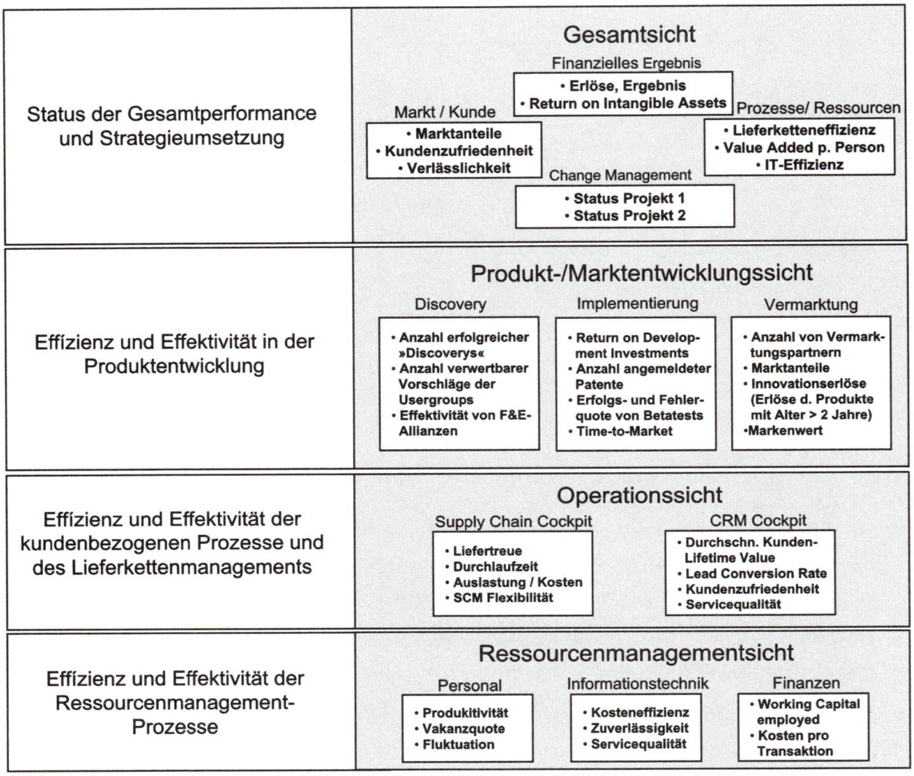

Abbildung 7.11 Beispiel eines Tableau de bord, das Messgrößen für die holistische Unternehmensperformanceanalyse bereitstellt

Was bedeutet es für das Rechnungswesen, wenn Unternehmen Tableaux de bords oder ähnliche Konzepte verwenden, um ihr Geschäft besser steuern und managen zu können? Reicht es aus, ein Messsystem wie ein Tableau de bord, das finanzielle und nichtfinanzielle Performancemessgrößen enthält, einzuführen und ein Data Warehouse oder ähnliche Tools zur Erhebung der neuen Messgrößen zu verwenden, das Rechnungswesen selbst aber unverändert zu lassen?

Sich erst einmal auf die schnelle Bereitstellung der neuen Performancemessgrößen zu konzentrieren, ist wahrscheinlich der richtige erste Schritt. Längerfristig wird dies jedoch nicht genügen. Denn ohne Investitionen in Intangible Assets im Rechnungswesen systematisch zu berücksichtigen, ist es nicht möglich, in effizienter Weise deren Return on Investment zu ermitteln, der in der Finanzsicht der Balanced Scorecard sowie in den Produkt- und Marktentwicklungssichten des Tableau de bord dargestellt werden sollte.

Natürlich kann man einige Zeit mit Improvisationen leben und die Berechnungen für die Messgrößen des Tableau de bord sogar manuell vornehmen oder grobe Schätzungen zugrunde legen. Sobald jedoch das neue Performancemesskonzept, das Tableau de bord, an Akzeptanz innerhalb und möglicherweise auch außerhalb des Unternehmens gewonnen hat, werden nicht nur die Anforderungen an die Aktualität, Genauigkeit, Verlässlichkeit und die Nachprüfbarkeit der Zahlen zunehmen, sondern das Management und andere interessierte Parteien werden auch nach Verbesserungen bei der Ermittlung der Finanzperformance fragen.

Als Grundlage des neuen Performancemesssystems, des Tableau de bord, wird deshalb im zweiten Schritt auch ein verbessertes Rechnungswesensystem benötigt, das in der Lage ist, Aufwendungen für Forschung und Entwicklung, für den Aufbau eines Markennamens sowie die Schaffung von Kundenwert als Investitionen zu berücksichtigen. Es muss über Gewinn und Cashflow präziser Rechenschaft ablegen können und darüber hinaus Aufschluss über den Risikostatus eines Unternehmens geben.

Im Folgenden werden deshalb nun einige Überlegungen für ein verbessertes Rechnungswesen vorgestellt, das Unternehmen in Zukunft in die Lage versetzen soll, systematisch, überprüfbar und vollständig mittels ihrer finanziellen Rechenwerke über ihre wirtschaftliche Performance zu berichten. Alle wirtschaftlichen Aktivitäten von Unternehmen, mit denen diese Mehrwert für ihre Aktionäre und Stakeholder schaffen, müssen wieder vom Rechnungswesen und der Rechnungslegung erfasst und sowohl intern als auch extern transparent gemacht werden, damit diese vom Management, von Investoren und anderen Stakeholdern ihrer Bedeutung entsprechend gewürdigt werden können.

Die Unternehmensbilanz

Die Bilanz eines Unternehmens stellt eine Momentaufnahme dar, die aufzeigen soll, über welche Wertschöpfungsressourcen (also über welche Assets) ein Unternehmen verfügt und vollständig unter seiner Kontrolle hat und woher es die Mittel erhalten hat, diese zu erwerben oder aufzubauen (von Aktionären oder durch Darlehen Dritter). Der Aspekt der vollen Kontrolle über die Assets hat bisher den anderen Aspekt, die Investitionen in den Aufbau neuer Assets, »geschlagen«, was dazu führte, dass Investitionen, deren Nutzen nicht vollständig für das Unternehmen gesichert werden kann oder einem hohen Risiko unterworfen sind – typisch im Bereich Produkt- und Marktentwicklung oder beim Aufbau von Kundenbeziehungen – nicht als Assets in der Bilanz behandelt werden dürfen. Dass diese Praxis nicht der wirtschaftlichen Realität entspricht und zu entsprechenden Problemen nicht nur bei der Transparenz, sondern auch bei der Steuerung und Optimierung der Tätigkeit von Unternehmen führt, ist bereits seit längerem bekannt.

Es gibt, neben dem bereits diskutierten EVA-Konzept, das Intangibles über so genannte Adjustments in der Bilanz (und damit indirekt auch in der Gewinn- und Verlustrechnung) für die Managementrechnung berücksichtigt, auch den Vorschlag, Intangible Assets mit ihrem Marktwert in die Bilanz aufzunehmen, um so die Lücke zwischen dem Marktwert eines Unternehmens und seinem Buchwert, dem Wert seines Nettovermögens, zu schließen. Dies sollte die Transparenz erhöhen, denn der Marktwert des Unternehmens ließe sich dann leicht anhand der verschiedenen in der Bilanz aufgeführten Assets detailliert erläutern.

Das Problem dieses Vorschlags besteht darin, dass die Intangible Assets (als Residualgröße zu den anderen Assets) sich nicht direkt in den Wert des Unternehmens als ganzes übersetzen lassen. Der Werttreiber des Marktwerts eines Unternehmens ist vielmehr das von Finanzanalysten und institutionellen Investoren *vermutete* Potenzial eines Unternehmens, in Zukunft Gewinne und Cashflow zu generieren. Diese Vermutung muss nicht unbedingt der Wirklichkeit entsprechen.

Intangible Assets gehören zwar zu den wichtigsten Wertschöpfungsfaktoren, und Informationen darüber helfen Investoren, den Wert eines Unternehmens richtig einzuschätzen. Die Absicht der GAAP-basierten Rechnungslegung ist es aber nicht, dass die Bilanz eines Unternehmens seinen Marktwert widerspiegeln soll. Dazu ist der Marktwert eines Unternehmens viel zu sehr von Marktkräften auf den Kapitalmärkten (z.B. Angebot und Nachfrage, Spekulation) und von Marktpsychologie abhängig und hat in der Regel nur indirekt etwas mit dem fundamentalen Wert der Assets des Unternehmens zu tun. Die Aufgabe der Financial Statements eines Unternehmens, insbesondere die der Bilanz, ist es vielmehr, Informationen über Investitionen in die Assets des Unternehmens, über Veränderungen bei den Assets und Verbindlichkeiten von einer Berichtsperiode zur nächsten zu liefern. Diese Informationen helfen Investoren, wenn sie mit anderen Informationen kombiniert werden, zum Beispiel mit solchen aus einem Tableau de bord, den Wert eines Unternehmens besser einzuschätzen. Investitionen in Intangibles in der Bilanz zum Marktwert anzusetzen, ist auch kaum praktikabel, da für zahlreiche Intangible Assets kein Markt existiert, und ein Marktwert so nicht festgestellt werden kann.

Eine bessere Art der Berücksichtigung von Intangible Assets in der Unternehmensbilanz besteht deshalb darin, sie als reine Investition zu behandeln und diese mit dem Wert des Investments bzw. des erfolgten Aufwands anzusetzen. Die Bilanz soll also Aufschluss über die in den Aufbau von Wertschöpfungspotenzial für die

Zukunft geflossenen Investitionen geben, und nicht über den aktuellen Marktwert dieser Assets. Wie erfolgreich das Unternehmen bei der Weiterentwicklung dieser Potenziale und bei der Realisierung, also beim Generieren von Umsätzen und Cashflow ist, muss aus anderen Informationen abgeleitet werden. Die Gewinn- und Verlustrechnung und das Cashflow Statement informieren darüber, wie erfolgreich das Unternehmen in der Vergangenheit Investitionen in Gewinn und freien Cashflow umgesetzt hat. Dies kann als Indikator dafür angesehen werden, inwiefern das Unternehmen in der Lage ist, diese Performance zu wiederholen. Gleichermaßen aussagekräftig sind auch Informationen über den Status der verschiedenen Wertschöpfungprozesse des Unternehmens, wie sie im Tableau de bord dargestellt sind. Denn diese holistische Sicht auf das Unternehmen erlaubt Investoren und Management Rückschlüsse darauf, wie erfolgreich das Unternehmen bei der Entwicklung der durch die Investitionen aufzubauenden Potenziale ist, welche Risiken bestehen und wie schnell es dabei voranschreitet.

Eine Marktbewertung der Intangible Assets würde zu einer ständigen Neubewertung führen, um den aktuellen Marktwert der Assets wiederzugeben. Eine objektive Einschätzung der Performance des Unternehmens wäre für einen Außenstehenden so nicht mehr möglich. Die Bewertung des Unternehmens bzw. die Marktwertermittlung ist nicht Sache des Rechnungswesens oder des Managements, sondern des Markts, der Analysten und der Investoren. Das Management muss dafür die notwendigen Informationen liefern: über die Rechnungslegung und weitere Berichte, zum Beispiel in Form eines Tableau de bord-basierten Supplementary Reportings.

In der Bilanz würden also Investitionen mit Finanzierungen verglichen werden. Zu diesen Investitionen würden außer dem Umlaufvermögen und den Sachanlagen auch Intangible Assets gehören. Um der zunehmenden Bedeutung der Effektivität und der Kapitalanforderungen von Prozessen (z.B. der Lieferkette) sowie der größeren Wichtigkeit der Beziehungen zu Geschäftspartnern für den wirtschaftlichen Erfolg eines Unternehmens Rechnung zu tragen, sollten dabei für jede dieser Kategorien – wo dies relevant ist – Unterpositionen in die Bilanz aufgenommen werden. Die Bilanz könnte also wie folgt aussehen:

Investitionen (Aktiva)

- Investitionen in Intangible Assets:
  - Forschung und Entwicklung
  - Kundenakquise und Kundenbindung
  - Aufbau von Markennamen
  - Strukturkapital und Wissensmanagement
  - Mitarbeiterschulung

- Investitionen in Sachanlagen:
  - Grundstücke und Gebäude
  - Betriebs- und Geschäftsausstattung
  - ...
- Investitionen in Finanzanlagen:
  - Beteiligungen an Tochtergesellschaften
  - Beteiligungen an Partnerunternehmen
  - Ausleihungen an Geschäftspartner
  - ...
- Investitionen in das Working Capital/Umlaufvermögen:
  - Materielle Lieferkette (Lagerbestände usw.)
  - Financial Supply Chain (Forderungsbestand, Cash-Bestände usw.)
  - ...

Im Anhang sollte das Unternehmen auch über Investitionen von Allianz- und Geschäftspartnern berichten, sofern diese das eigene Ecosystem betreffen (z. B. Investitionen in die erweiterte Lieferkette, die längerfristig auch dem Unternehmen zugute kommen).

Finanzierung (Passiva)

- Eigenkapital
  - Grundkapital:
    - Aktien in Händen institutioneller Anleger
    - Aktien in Händen privater Anleger
    - Aktien in Händen von Mitarbeitern
    - Aktien in Händen des Managements
    - Aktien in Händen anderer wichtiger Stakeholder
    - eigene Aktien
  - Kapitalrücklage
  - Gewinnrücklage
  - ....
- Fremdkapital
  - kurzfristige Verbindlichkeiten:
    - Verbindlichkeiten gegenüber Lieferanten und anderen Geschäftspartnern (aus Lieferungen und Leistungen)
    - ....

  - langfristige Verbindlichkeiten:
    - ausgegebene Anleihen (in den Händen institutioneller Anleger, Banken, Geschäftspartner ...)
    - aufgenommene Darlehen (von Banken, Geschäftspartnern ...)
  - Rückstellungen:
    - für kurzfristig fällige Aufwendungen
    - für langfristig fällige Aufwendungen
- Sonstige

Aufwendungen mit Investitionscharakter, also Investitionen in Intangible Assets, sollten jedoch nicht mechanisch aktiviert werden. Wie Baruch Lev im Gespräch in Kapitel 6 vorgeschlagen hat, sollte dies erst dann geschehen, wenn offensichtlich wird, dass tatsächlich Assets durch diese Aufwendungen/Investitionen geschaffen wurden. Das ist der Fall, wenn die Unsicherheit hinsichtlich der zukünftigen wirtschaftlichen Nützlichkeit der Investitionen deutlich abgenommen hat, beispielsweise durch einen erfolgreich verlaufenen Test unter einer repräsentativen Gruppe von Neukunden bezüglich der Wahrscheinlichkeit von Wiederholungskäufen. Die planmäßige Abschreibung der Intangible Assets, auf der Basis der erwarteten wirtschaftlichen »Lebensdauer«, würde beginnen, wenn die ersten Erlöse aus den entsprechenden Investitionen erzielt werden. Die Intangible Assets, die ja typischerweise immer noch mit einem relativ hohen Restrisiko behaftet sind, wären dann mindestens einmal jährlich, in kritischen Fällen auch vierteljährig, einer Prüfung hinsichtlich ihrer tatsächlichen Verwertbarkeit aus Markt- und Technologiesicht zu unterziehen. Müssen diese Erwartungen zurückgeschraubt werden, sind Wertberichtigungen und außerordentliche Abschreibungen vorzunehmen.

Ist der Prozess der systematischen Erhebung, Sammlung und Dokumentation von Informationen für die Aktivierung von Investitionen in Intangible Assets einmal aufgesetzt, hat dies den zusätzlichen Vorteil, dass das Management nun über wertvolle objektive und nachprüfbare Informationen über den Erfolg der entsprechenden Programme in der Produktentwicklung bzw. im Kundenbeziehungsmanagement verfügen kann, die den Aufbau von Intangible Assets vorantreiben. Planmäßige und außerplanmäßige Abschreibungen auf Intangible Assets zeigen dann, wie erfolgreich ein Geschäftsbereich oder ein Unternehmen in der Verwertungsphase der Intangible Assets ist.

Die Gewinn- und Verlustrechnung

Die bislang übliche Form der Gewinn- und Verlustrechnung (GuV) fokussiert auf den im Industriezeitalter wichtigsten Kostenblock: die Herstellkosten der verkauften Produkte, also die Stück- oder variablen Kosten. Als Rohstoffe und direkte Lohnkosten noch den größten Teil der Produktkosten ausmachten, war dies eine wichtige Information. Heute haben auf Intangible Assets basierende Unternehmen nur sehr niedrige variable Kosten bzw. Stückkosten, die direkt in das Produkt einfließen, müssen jedoch hohe Aufwendungen bzw. Investitionen in die Fähigkeit tätigen, überhaupt neue Produkte herstellen bzw. vermarkten zu können. Diese Veränderungen im Wertschöpfungssystem der Unternehmen sollten in der GuV angemessen berücksichtigt werden, und der Leser muss Aufwendungen und Investitionen mit den erzielten Erlösen vergleichen können.

Wie bereits bemerkt führt die derzeitige Rechnungslegungspraxis gerade bei Unternehmen, die in hohem Maß in Intangible Assets investieren und vor allem bei jungen Wachstumsunternehmen, zu einer Verfälschung der Ergebnissituation, nämlich zu einem zu geringen Ergebnis (die Investitionen in die Intangibles werden ja vollständig als Aufwand verbucht). Umgekehrt geben Unternehmen, die hauptsächlich von vorhandenen Intangible Assets leben und in neue Intangible Assets und zukünftige Leistungen nicht mehr oder sehr wenig investieren, zu hohe Gewinne an, da die vergangenen Investitionen in Intangible Assets bei ihrer gegenwärtigen Verwertung nicht mehr berücksichtigt und zum Beispiel in Form von Abschreibungen von den so erzielten Erlösen abgezogen werden – ganz abgesehen davon, dass so auch nicht transparent wird, dass ein solches Unternehmen die eigene Zukunft aufs Spiel setzt.

Hinzu kommt, dass Unternehmen heute wesentlich höhere Kosten in Bereichen haben, die in der Vergangenheit nicht von Bedeutung waren, zum Beispiel höhere Verwaltungskosten, die mit einer veränderten Praxis beim Umgang mit Kunden, also mit einem (manchmal auch nur vermeintlich) verbesserten Kundenservice zusammenhängen. Häufig werden diese Kosten nicht transparent, da die entsprechenden Kostenarten nicht mit dem Kundenservice in Verbindung gebracht werden, und in der GuV etwa in den allgemeinen Verwaltungskosten aufgehen, obwohl ihre Kenntnis für die Einschätzung der betrieblichen Effizienz sehr aufschlussreich wäre.

Um für Manager und Investoren relevante Informationen zu liefern, muss die GuV Aufschluss über die in den heutigen Unternehmen tatsächlich geleistete Wertschöpfung geben. Dies wird nicht mehr durch den Vergleich von erzielten Erlösen und Umsätzen mit Produktherstellungskosten und Gemeinkosten wiedergegeben. Die übrigen Wertschöpfungsbereiche müssen ebenfalls in der GuV reflektiert werden. Dies bedeutet, dass Erlöse – soweit möglich – entsprechend der verschiedenen Wertschöpfungsbereiche aufgegliedert werden sollten, zum Beispiel in Produkterlöse oder Serviceerlöse. Auf der Aufwandsseite müssen die Ressourcenverbräuche aller Wertschöpfungsbereiche jeweils separat ausgewiesen werden: die Kosten des Kundenbeziehungsmanagements, des Marketings, Vertriebs und Kundenservices, der Produkt- und Marktentwicklung sowie der Beschaffung von Rohmaterial und Herstellung von Produkten. Die GuV sollte daher, wie das Tableau de bord, am Wertschöpfungssystem eines Unternehmens orientiert sein. Wenn ein Unternehmen umfangreiche Forschungs- und Entwicklungsarbeit leistet und Produktinnovationen tätigt, sollten diese als separater Posten dort auftauchen. Auch Aufwendungen für Kundenakquise und Kundenbindung sollten separat aufgeführt werden. Diese beinhalten dann auch die Abschreibungen auf die in der Bilanz aktivierten Intangible Assets. Auf diese Weise werden Aufwendungen und Erlöse in der Periodenrechnung wieder vergleichbarer und liefern eine genauere Angabe über Gewinn oder Verlust.

Wenn ein Unternehmen bei Vertrieb und Marketing ein umfangreiches Netzwerk von Allianzpartnern aufgebaut hat, kann dieses Netzwerk ein wichtiges Asset darstellen. Es kann als Quelle künftiger Erlöse gesehen werden, da neue Produkte durch dieses Partnernetzwerk leichter und schneller vermarktet werden, erfolgskritische Marktanteile schneller erreicht und insgesamt First-Mover-Vorteile realisiert werden können. Die Angabe der durch das gesamte Ecosystem erzielten Erlöse in einem Produkt- oder Marktsegment im Anhang und des Anteils, der davon auf das eigene Unternehmen entfällt, gibt wichtige Informationen über die Größe und die Entwicklung des Ecosystems oder Partnernetzwerks. Hier ein Beispiel, wie eine solche GuV gegliedert sein könnte:

Umsatzerlöse (nach Produkt- und Kundengruppen)

- jeweils abzüglich der Herstellungskosten von Produkten und Dienstleistungen (einschließlich der Abschreibung auf Sachanlagen und auf Intangible Assets, wie z.B. Investitionen in das Lieferkettennetzwerk)
- jeweils abzüglich der Kosten für Produktentwicklung und Markteinführung sowie für die Entwicklung neuer Marktsegmente (einschließlich planmäßiger und außerplanmäßiger Abschreibungen auf Intangible Assets im Bereich Forschung und Entwicklung, Markenaufbau und Business Development)

Rohergebnis

- abzüglich der Kosten für den Kundenservice
(operativer Aufwand)
- abzüglich des Periodenaufwands für Kundenakquise und Kundenbindung (einschließlich der Abschreibungen auf Intangible Assets im Bereich Kundenbeziehungsaufbau)

Operative Ergebnis

- abzüglich der Kosten für das HR-Management
- abzüglich der Kosten für das Finanzmanagement
- abzüglich der Kosten für das Management der Allianzen
- abzüglich der Kosten für das IT-Management
- abzüglich sonstiger operativer Aufwendungen und Verwaltungskosten

Betriebsergebnis

- abzüglich der Kosten für das General Management (Personal- und Sachkosten, z.B. für das Corporate Center)
- abzüglich sonstiger allgemeiner Verwaltungskosten

Unternehmensergebnis vor Steuern und vor sonstigem Aufwand/Erlös

- zuzüglich/abzüglich außergewöhnlicher Erlöse bzw. Aufwandungen oder von solchen, die nicht zum Kerngeschäft gehören (z.B. aus Beteiligungen)
- abzüglich Steuern vom Einkommen und Ertrag

Nettoergebnis

Die Kapitalflussrechnung

Traditionell besteht der Zweck der Kapitalflussrechnung, des Cashflow-Statements, darin, die Liquiditätssituation eines Unternehmens transparent zu machen und Aufschluss darüber zu geben, wie das Management die finanziellen Ressourcen des Unternehmens einsetzt. Der Nutzen im Hinblick auf die Liquiditätslage ist jedoch nur relativ, da die Kapitalflussrechnung nur eine Momentaufnahme liefert bzw. sich auf eine vergangene Periode bezieht. Wesentlich wichtiger wären Angaben über die zukünftige Entwicklung der Liquidität, jeweils auf der Basis der aktuell verfügbaren Informationen aus den operativen Forecasts und geplanten Treasury-Transaktionen. Für diesen Zweck stellt deshalb die Finanzsicht des Tableau de bord wesentlich geeignetere Informationen bereit, die direkt aus dem Treasury-Bereich stammen, wo ja täglich auf der Basis genau dieser Daten agiert wird. Soll also über die Liquiditätslage berichtet werden, wäre ein entsprechender Bericht im Anhang, der auf den Messgrößen und den der Finanzsicht zugrunde liegenden Forecasts des Tableau de bord aufbauen sollte, die bessere Lösung.

Manager und Investoren müssen aber auch wissen, wie groß die Selbstfinanzierungskraft eines Unternehmens, der so genannte Free Cashflow, ist, der angibt, in welchem Umfang Cashflow über das für den laufenden Betrieb benötigte Maß hinaus generiert wurde. Diese Information ergänzt die Information über die

Gewinn- und Verlustsituation aus der GuV und zeigt, inwieweit ein Unternehmen in der Lage ist, Wachstumsinvestitionen aus den eigenen Einnahmen zu finanzieren und wie viel darüber hinaus für Ausschüttungen an Investoren oder für wichtige Akquisitionen zur Verfügung steht. Das Cashflow Statement eines Unternehmens könnte demnach etwa folgendermaßen aussehen:

Nettoergebnis

- zuzüglich der Abschreibungen für Intangible Assets und Sachanlagen
- zuzüglich/abzüglich nicht Cash-relevanter operativer Aufwendungen/Erlöse

Operativer Cashflow

- abzüglich der Investitionen in das Working Capital
- abzüglich der Investitionen in Sachanlagen und Intangible Assets
- auzüglich/abzüglich anderer nichtoperativer Investitionen oder Cashflows

Free Cashflow

Der Risikobericht

Unternehmen, die stärker in Intangible Assets investieren, sind im Allgemeinen einem höheren Risiko ausgesetzt, als dies bei anderen Unternehmen der Fall ist. Denn die Beziehungen zwischen Investitionen in Intangible Assets und den dadurch erzielbaren Ergebnissen sind wesentlich indirekter und hängen von zahlreichen externen und internen Faktoren ab, die oft nicht unter der Kontrolle des Managements stehen. Die Unsicherheit und das Risiko, ob mit diesen Investitionen jemals positive Ergebnisse erzielt werden können, ist deshalb relativ groß. Andererseits gibt es aber auch eine Reihe von Vorteilen im Zusammenhang mit Investitionen in Intangible Assets und in wissensbasierte Produkte, die den Unternehmen, die in diese investieren, zugute kommen. Die geschaffenen Assets, zum Beispiel in Form von kodifiziertem Wissen, weisen nicht die typischen Engpascharakteristika auf wie etwa Produktionsanlagen. Somit ist das Unternehmen bei entsprechenden Vermarktungsmöglichkeiten relativ schnell in der Lage, Skaleneffekte und wachsende Grenzerträge zu erzielen, die einen ersten Markterfolg rasch zur Marktführerschaft verwandeln können. Die Vorteile bestehen also im Wesentlichen darin, dass es nur bedingt Wachstumsgrenzen gibt, sobald sich die Investition als tragfähig erwiesen hat.

Und aus der Optionentheorie ist bekannt, dass der Wert einer Option steigt, wenn es gelingt, das Risiko des ihr zugrunde liegenden Geschäfts zu begrenzen und gleichzeitig die Upside offen zu lassen. Ein erfolgreiches Management von auf Intangible Assets basierenden Unternehmen umfasst daher zweierlei: Zum einen kommt es darauf an, die Upside auszuweiten, indem wachsende Grenzerträge und Netzwerkeffekte durch rasches Handeln und verkürzte Markteinführungszeiten genutzt bzw. induziert werden. Zum anderen muss die Downside begrenzt werden, einerseits indem durch entsprechende Managementprozesse sichergestellt wird, dass das Unternehmen schnell auf gefährliche Veränderungen im Umfeld reagieren kann, und andererseits durch das systematische Monitoring der Risikofaktoren im Wertschöpfungssystem des Unternehmens.

Dies erfolgt durch den Risikobericht, der über den Status der inhärenten Risiken eines Geschäftssystems berichten soll. Bei der Konzeption dieses Berichts sollte man sich am Wertschöpfungssystem des Unternehmens orientieren. Er wird daher von seiner Struktur her einem Tableau de bord sehr ähnlich sein und ergänzt dieses.

Während das Tableau de bord dem Management helfen soll, die Wertschöpfungsprozesse zu optimieren und insbesondere die Nutzung der Vorteile der geschaffenen Intangible Assets zu intensivieren, besteht die Aufgabe des Risikoberichts darin, die vorhandenen Risiken transparent zu machen und Aktivitäten zur Verringerung bzw. Begrenzung dieser Risiken einzuleiten. Für die interne Steuerung des Unternehmens sollten also zwei Controllingwerkzeuge zur Verfügung stehen: das Tableau de bord und ein Risikostatusbericht.

Aber nicht nur Manager, sondern auch Investoren sind am Risikostatus des Unternehmens interessiert. Ein Risikobericht würde ihnen und auch anderen Stakeholdern, wie zum Beispiel Banken (Stichwort »Basel II«[23]), Lieferanten und auch Mitarbeitern wertvolle Informationen darüber liefern, wie wahrscheinlich es ist, dass das Unternehmen den geplanten Return on Investment bzw. die Umsatz- und Ergebnisziele erreichen kann. Ein externer Risikobericht könnte in etwa wie folgt aussehen:

Strategische und globale Risiken

- demographische Veränderungen
- Währungs- und Kapitalmarktrisiken
- Aufkommen so genannter Disruptive Technologies[24]
- Änderung der gesetzlichen Rahmenbedingungen

23 Mit »Basel II« werden die neuen Eigenkapitalrichtlinien für Banken bezeichnet. Die Eigenkapitalvorschriften für Kreditinstitute sollen überarbeitet und an die tatsächlichen Risiken des Bankgeschäfts angepasst werden.

24 »Disruptive Technologies« bezeichnet neue Technologien, die zum Zeitpunkt ihres Aufkommens nicht in das bestehende Geschäft eines Unternehmens passen. Die Konsequenz ist oft, dass ein Unternehmen nicht weiter auf diese Technologien achtet. Vgl. hierzu: Clayton M. Christensen, The Innovator's Dilemma. When New Technologies Cause Great Firms to Fail, Harvard Business School Press, 1997

- strategische Informationslücken/fehlende Informationen über (größere) Marktrends, neue Wettbewerber und die eigenen Kompetenzen
- mangelndes internes Alignment/fehlende Integrationskraft, was sich beispielsweise daran zeigen kann, dass die Geschäftsbereiche eines Unternehmens sich nicht oder nur wenig an der Gesamtstrategie ausrichten

Risiken in der Produkt- und Marktentwicklung

- Mitarbeiterfluktuation/Verlust von Wissensträgern
- Zuverlässigkeit von Entwicklungspartnern
- Technologie- und Engineering-Risiken
- Marktänderungsrisiken (während des Entwicklungsprozesses)
- Zuverlässigkeit der Marketingpartner
- Höhe der Markteintrittsbarriere für Wettbewerber/Geschwindigkeit, mit der die Konkurrenz auf eigene Produktankündigungen reagieren kann

Operative Risiken (Supply Chain Management)

- Ausfallrate im Lieferkettennetzwerk/Zuverlässigkeit
- Ausfallzeiten/-häufigkeit bei Rekonfigurationen des Netzwerks (bei Bedarfsänderungen oder der Einführung neuer Produkte)
- Zuverlässigkeit wichtiger Lieferkettenpartner
- Umweltrisiken
- (Einkaufs-)Preis- und Vertragsrisiken

Operative Risiken (Customer Relationship Management)

- Zuverlässigkeit der Sales Forecasts (Sales Pipeline)
- Verlust von Großkunden
- allgemeine branchenspezifische Entwicklung der Kundentreue
- (Verkaufs)Preis- und Vertragsrisiken

Risiken bei Basisressourcen

- Human Resources: Bindung von Mitarbeitern mit aus strategischer Sicht kritischen Fähigkeiten, Personalaufwandsrisiken (z.B. bei Mitarbeiter-Stock-Optionsplänen)/Vertragsrisiken
- Allianzen: Bindungsgrad kritischer Allianzpartner an das Unternehmen
- IT: System- und Netzwerkausfallrate, Softwarefehlerrate, Mitarbeiterbindung bei Experten mit kritischem System-Know-how
- Finanzen: Forderungsausfallrate, Währungsrisiken, Kreditrisiken (z.B. bei Darlehen an Partner), Zinsrisiko, Risiko von Wertpapieranlagen

Architektur des neuen Controlling- und Rechnungswesensystems

Wie sieht die Architektur eines integrierten Controlling- und Rechnungswesensystems für die neue Ökonomie aus? Um diese Frage zu beantworten und den Grundriss für die Architektur des Systems zu entwickeln, soll zunächst an die Anforderungen an ein solches System erinnert werden:

1. Jeder Vorgang (Aktivitäten, Prozesse und Ereignisse), der für das Wertschöpfungssystem relevant ist, sollte entlang der Wertschöpfungskette eines Unternehmens im Controllingsystem festgehalten und quantifiziert werden (z. B. eine Veränderung in der Kundenzufriedenheit oder Mitarbeiterloyalität, der Erfolg oder Misserfolg im Entwicklungsprozess bzw. das Ergebnis entsprechender Tests). Die Ergebnisse sollten in ausgewählter bzw. aggregierter Form in das Tableau de bord aufgenommen werden.
2. Im Accountingsystem sollten Aufwendungen für den Aufbau von zukünftigem Wertschöpfungspotenzial als Investitionen anerkannt, aktiviert und planmäßig abgeschrieben werden.
3. Sowohl die im Controlling- als auch im Accountingsystem dargestellten Ergebnisse müssen sich nachvollziehen lassen und überprüfbar sein.

Um die Daten für die Messgrößen des Tableau de bord effizient und weitgehend automatisiert zu sammeln und aufzubereiten, wird allgemein die Installation eines Data Warehouse[25] empfohlen. Ein solches Data Warehouse ist in der Tat ein geeignetes Werkzeug, um Daten aus verschiedensten Quellen so zusammenzuführen, dass diese aus einer integrierten Entscheidungs- bzw. Auswertungssicht dargestellt und analysiert werden können. Es ist deshalb eine wichtige Grundlage für ein Controllingsystem, das dabei unterstützen soll, die Wertschöpfungsfaktoren eines Unternehmens vollständig und quantitativ zu erfassen, darzustellen und zu analysieren. Um dieses Ziel jedoch zu erreichen, wird ein Data Warehouse alleine nicht ausreichen. Um bei wichtigen Messgrößen die notwendige Genauigkeit, Konsistenz und Nachprüfbarkeit zu gewährleisten, sind zusätzliche Werkzeuge und Verfahren erforderlich.

Traditionell hat diese Rolle die Kostenrechnung bzw. das interne Rechnungswesen übernommen, das sicherstellt, dass die Daten für die Kosten- und Leistungsrechnung bzw. die Ergebnisrechnung in konsistenter und nachvollziehbarer Weise ermittelt werden. Interessanterweise werden deshalb derartige finanzielle

---

25 Ein Data Warehouse ist eine Datenbank, die speziell für Auswertungs- und Reportingzwecke strukturiert ist und eine Kopie der Daten aus verschiedenen Transaktionssystemen und eventuell auch aus Datenquellen außerhalb des Unternehmens enthält. Ein Data Warehouse wird allgemein als die Basis für ein Reporting- und Analysesystem betrachtet, das bei analytischen Fragestellungen und bei Entscheidungsprozessen unterstützen soll, die eine Sicht benötigen, die »quer« zur Struktur der Transaktionssysteme liegt.

Informationen in Data-Warehouse-basierten Reporting- und Analyseanwendungen immer noch überproportional häufig verwendet, verglichen mit Daten anderer Bereiche. Zusätzlich zum Data Warehouse werden deshalb auch Erweiterungen im Accountingsystem in Form von weiteren Sichten benötigt, und zwar dort, wo an Genauigkeit bzw. Konsistenz ähnlich hohe Anforderungen gestellt werden, wie dies bisher bei Kostendaten der Fall war. Dies könnte zukünftig beispielsweise im Produktinnovationsbereich der Fall sein, wo man möglicherweise Markt- oder CRM-Daten, die Auskunft über die Entwicklung von Vermarktungschancen und -risiken im Lauf des Entwicklungsprozesses geben, im Rahmen von komplexeren Value-Kalkulationen verwenden möchte, deren Ergebnisse dann vielleicht auch in das externe Berichtswesen einfließen sollen und deshalb Audit-fähig sein müssen. Dafür werden neben Dokumentations- und Kontierungsfunktionen auch komplexere Bewertungs-, Abgrenzungs- oder (Währungs-)Umrechnungsfunktionen benötigt, wie dies bislang eben nur im klassischen Rechnungswesen üblich war.

Natürlich ist es vorstellbar, dass ein Teil dieser Funktionen softwaretechnisch im Data Warehouse selbst zur Verfügung gestellt wird. Dies ist auch genau das Konzept hinter den so genannten analytischen Softwareanwendungen, die in ihrer Funktionalität weit über reines Reporting hinausgehen und komplexere Datenbearbeitungen erlauben. So gibt es beispielsweise auf dem Markt Lösungen für Financial Analytics (z. B. eine analytische Kostenrechnung), für CRM Analytics, für SCM Analytics, für HR Analytics, PLM Analytics u.a. Der Vorteil des Konzepts ist die Flexibilität. Man ist nicht an die starren Daten- und Auswertungsstrukturen der Transaktionssysteme gebunden, sondern bewegt sich in einer Modellierungswelt, die wesentlich einfacher neuen Auswertungsanforderungen angepasst werden kann. Gleichzeitig hat man gegenüber einem reinen Reportingsystem mehr Komfort in Form fertig einsetzbarer Anwendungsfunktionen, die im Rahmen von Analysen oder auch in Planungsprozessen eingesetzt werden können. Den Nachteil der Nichtnachvollziehbarkeit (Daten werden ins Data Warehouse kopiert und dabei eventuell verdichtet oder sonst wie manipuliert, so dass die Herkunft später nicht mehr nachvollziehbar ist) kann man zumindest teilweise reduzieren, indem in das Data Warehouse die Rohdaten kopiert werden (in den so genannten Operational Data Store – ODS) und die nachfolgende Bearbeitung protokolliert wird.

Sollen jedoch verschiedene Auswertungssichten miteinander und mit dem, was in den Financial Statements berichtet wird, abstimmbar, d.h. etwa Differenzen erklär- und belegbar sein (z. B. durch Buchungen nachweisbar), wird man nicht umhin kommen, die Verarbeitung der Daten im Rahmen des Accountings, also im Rahmen der doppelten Buchführung abzuwickeln und dann das Ergebnis zur Auswertung an das Data Warehouse weiterzureichen.

Zwischen dem Accounting- und dem Data-Warehouse-System bestehen also hinsichtlich der Möglichkeiten, die diese durch ihre Konstruktion bieten, wesentliche Unterschiede. Dies macht auch Sinn. Denn es ist zum Beispiel nicht möglich, über eine hohe Genauigkeit, Stetigkeit, Vergleichbarkeit und Konsistenz der Daten wie im traditionellen Rechnungswesen zu verfügen, und gleichzeitig die Flexibilität zu besitzen, die Struktur des Systems jederzeit ändern und neue Berechnungen und Simulationsmodelle definieren zu können.

Die Lösung besteht daher in einer Kombination der beiden Systeme. Aus Gründen der Datenkonsistenz sollten Daten, die über beide Systeme hinweg konsistent sein sollen (also im Rechnungswesen und in den analytischen Anwendungen bzw. im Data Warehouse), nur aus einer Quelle stammen dürfen: aus dem Accounting. Sie werden dort generiert und ins Data Warehouse kopiert, wo sie dann nicht mehr weiter verändert werden. Sie können dann dort mit anderen Daten kombiniert werden, die direkt aus den operativen Anwendungen ins Data-Warehouse-System übernommen werden, da an diese nicht so hohe Anforderungen hinsichtlich Audit-Fähigkeit, Konsistenz etc. gestellt werden (bestimmte Marktdaten, Kundenzufriedenheitsstatistiken etc.).

Die Architektur des Controlling- und Rechnungswesensystems sollte also prinzipiell so angelegt sein, dass im Rechnungswesen alle Daten aus Transaktionen, Prozessen und Ereignissen verarbeitet werden können, die für die Beurteilung der Wertschöpfung bzw. der Unternehmensleistung relevant sind und für die vor allem Konsistenz, Zuverlässigkeit, Auditierbarkeit und Vergleichbarkeit mit den externen Financial Statements im Vordergrund stehen. Dazu wird man sich hier zum Beispiel an die Prinzipien der doppelten Buchführung halten und die Zusatzsichten als so genannte parallele Bücher führen. Die Ergebnisse sollen dann einfach und zu beliebig definierbaren Zeitpunkten in das Data Warehouse übernommen werden können, denn für bestimmte Daten kann es Sinn machen, diese auch vor dem Periodenabschluss in die Auswertungsrechnung zu übernehmen, da diese nicht mehr wesentlich verändert werden, wie etwa bestimmte Kosteninformationen.

Die Daten des Controllingsystems, also beispielsweise die des Tableau de bord, entstammen dem Data Warehouse, das gleichermaßen Daten aus dem Accountingsystem wie aus anderen Quellen verarbeiten kann. Auf der Datenbasis des Data Warehouse setzen dann die analytischen Softwareanwendungen auf, die für Ad-hoc-Analysen oder auch für die Errechnung bestimmter Kennzahlen für das Tableau de bord bzw. für den Risikoreport verwendet werden. Umgekehrt unterstützen diese analytischen Anwendungen dann detaillierte Analysen von Informationen und Messgrößen des Tableau de bord (Drill-down-Analysen). Die Architektur des integrierten Controlling- und Rechnungswesensystems baut also auf drei wesentlichen Ebenen auf: der des Accountings (auditierbare, konsistente Grundrechnung), der des Data Warehouse inklusive analytischer Anwendungen (Auswertungsrechnung) und dem Monitoring bzw. Reporting (Tableau de bord bzw. Risikobericht – siehe Abbildung 7.12).

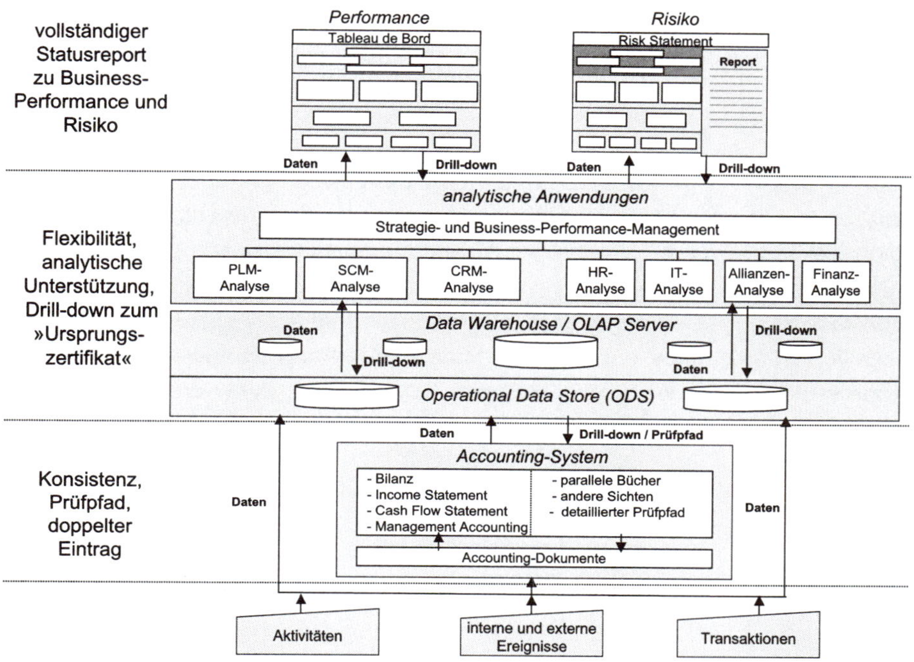

Abbildung 7.12 Die Architektur des Controlling- und Accountingsystems

Das Rechnungswesen- oder Accountingsystem erlaubt es, spezifische Aktivitäten, Ereignisse und Transaktionen systematisch, abgestimmt und mit einer gewissen Stetigkeit in den Methoden, in Form von Belegen aufzuzeichnen, die später einen genauen Prüfpfad für die in den »Büchern« dargestellten Ergebnisse erlauben. Es muss Methoden für buchhaltungstypische Aufgabenstellungen und Bearbeitungen bereitstellen. So sollte es beispielsweise möglich sein, Forschungs- und Entwicklungskosten ohne großen Aufwand zu stornieren und in gleicher Höhe als Intangible Assets zu aktivieren (und dann auch automatisch abzuschreiben), sobald die Voraussetzungen dafür gegeben sind. Das Buchhaltungssystem sollte auch in der Lage sein, verschiedene Bücher parallel zu führen, zum Beispiel eins, in dem Aufwendungen für Investitionen in Intangibles aktiviert wurden, und ein weiteres, in dem diese Ausgaben weiterhin als Kosten in der GuV bzw. Ergebnisrechnung verbleiben. Damit kann ein Unternehmen dann nach beiden Prinzipien parallel berichten. Eine automatisch vom Buchhaltungssystem erstellte »Abstimmbrücke« sollte dann auf einfach nachvollziehbare Weise für den Leser die Unterschiede in beiden parallelen Rechnungen erklären können. Und schließlich sollte es jede Art von Geschäftsinformationen verarbeiten können, für die ein Unternehmen eine Buchführungslogik oder eine detaillierte Protokollfunktion und volle Nachvollziehbarkeit durch das Belegprinzip benötigt. Die Paradigmen des Buchführungssystems sind daher: Konsistenz, Prinzip der doppelten Buchführung und Belegprinzip bzw. vollständige Prüf- und Nachvollziehbarkeit.

Auf der Ebene der analytischen Anwendungen als Teil des Controllingsystems werden für die verschiedenen Wertschöpfungsprozesse eines Unternehmens Berechnungsfunktionen auch für komplexere Messgrößen sowie multidimensionale Analyse- und Simulationsfunktionen bereitgestellt. Darüber hinaus werden auch die mit den Wertschöpfungsprozessen in Zusammenhang stehenden Managementprozesse durch diese Anwendungen unterstützt. Dazu zählt beispielsweise die Möglichkeit, Ziele und Verantwortliche im System zu hinterlegen und dies dann mit den Ist-Daten automatisch zu vergleichen. Die datentechnische Basis dafür bildet ein Data Warehouse, das Informationen aus sämtlichen internen und externen Quellen erfassen kann, die zur Überwachung der Wertschöpfungsprozesse eines Unternehmens benötigt werden. Möglicherweise wird das Data Warehouse noch durch so genannte OLAP-Data Marts[26] ergänzt. Das Data Warehouse erlaubt es auch, externe Daten ins Controllingsystem einzubringen. Dazu können zum Beispiel auch Daten aus den Transaktionssystemen der Partnerunternehmen gehören. Dies würde dann die datentechnische Basis für ein Controlling, zum Beispiel ein Kostencontrolling, der gesamten Lieferkette darstellen (Collaborative Cost Management). Das Data Warehouse sollte durch einen Operational Data Store (ODS) ergänzt werden, in dem sämtliche eintreffenden Daten in ihrer Originalform (einschließlich eines Ursprungszertifikats[27]) gespeichert werden, bevor ihre Aggregation und weitere Verarbeitung erfolgt. Nur auf diesem Weg ist später überhaupt eine Art Prüfpfad für Daten vorhanden, die nicht durch das Accountingsystem gelaufen sind, aber aufgrund ihrer hohen Bedeutung (z. B. Verwendung im Top-Reporting-System, dem Tableau de bord), jederzeit und soweit als möglich nachvollziehbar sein sollen. Die Paradigmen für die Ebene der analytischen Anwendungen und des Data Warehouses sind: Flexibilität in der Modellierung, Unterstützung bei Ad-hoc-Analyse und Simulation und eine gewisse Nachvollziehbarkeit durch ODS und Ursprungszertifikat.

---

26 OLAP = Online Analytical Processing. OLAP-Data Marts stellen datentechnisch Untermengen des großen Data Warehouses dar, die Daten für mehrdimensionale Auswertungen und Simulationen für bestimmte fachliche Sichten separieren (z. B. eine OLAP-Datenbank für CRM-Daten, eine andere für HR-Daten). Moderne Data-Warehouse-Systeme kombinieren beide Techniken. Es können dann innerhalb des Data Warehouses mehrere Auswertungs- oder Info-Cubes (mehrdimensionale Datenmodelle) definiert werden.

27 Damit ist eine Art elektronischer Stempel gemeint, also ein Protokoll, das später darüber Auskunft geben kann, wann und aus welcher Quelle ein Datensatz ins DW-System kopiert wurde.

Auf der Ebene des Monitorings bzw. des Reportings sind das Tableau de bord und der Risikostatusbericht angesiedelt, die eine umfassende Sicht auf die Performance sämtlicher relevanter Wertschöpfungsprozesse eines Unternehmens, auf die Gesamtleistung, auf den aktuellen Status der Umsetzung von Strategien, aber auch auf den aktuellen Status der im Geschäftssystem des Unternehmens inhärenten Risiken ermöglichen. Die Paradigmen für das Tableau de bord und den Risikobericht sind: Vollständigkeit und Relevanz.

Die Bereitstellung von anwendungs- und problemorientiert strukturierten, d.h. an den Wertschöpfungsprozessen orientierten, Performanceinformationen und der dazu passenden Auswertungstools ist die Aufgabe des Controllingsystems. Das Accountingsystem soll dafür Services übernehmen, in Form von Bewertungs-, Dokumentations- und Abstimmfunktionen. Beides stellt die Basis für das Managementsystem dar. Das Controllingsystem verbessert zwar die Informationsbasis, stellt allerdings noch nicht sicher, dass das Unternehmen effektiv und intelligent mit den bereitgestellten Informationen umgehen und als ganze Organisation auf von einzelnen Managern anhand der Controllingdaten erkannte Herausforderungen reagieren kann. Was darüber hinaus erforderlich ist, sind Verfahren und Prozesse, die einen schnellen und effizienten Wissensaustausch zwischen Managern im Unternehmen ermöglichen, um eine optimale Verwertung dieser Informationen und die Umsetzung in koordinierte Aktionen und Handlungen sicherzustellen. Letzteres wird durch die Implementierung geeigneter Managementprozesse erreicht. Beides, Managementprozesse und Controlling- bzw. Monitoringsystem, stellen die Grundlage für das neue Managementsystem dar und ermöglichen erst Organizational Intelligence.

8 Managementprozesse und -konzepte für das neue Managementsystem

»Dass es eine Verbindung zwischen den ausgewählten Messgrößen und dem Managemenverhalten gibt ist nicht neu – genau dafür sind Messgrößen da. Was aber neu ist, ist die Einsicht, dass wenn Manager besser auf Marktanforderungen reagieren und Verantwortung für ihre Aktionen übernehmen sollen, das Budget der falsche Leistungsanreiz und das falsche Kontrollsystem ist und dass es durch ein Steuerungssystem ersetzt werden muss, das eine Kultur von Verantwortlichkeit und Unternehmertum unterstützt. Solche alternativen Steuerungsmechanismen sind nicht nur relevanter für die heutigen Unternehmen, sondern setzen auch Zeit und Energie für andere, wichtigere Managementaktivitäten frei.«
Jeremy Hope und Robin Fraser, CAM-I BBRT[1]

Das Managementsystem soll Entscheidungsprozesse zur Anpassung der Strategie, aber auch der operativen Unternehmensaktivitäten und der Ressourcenallokation im Rahmen der Managementprozesse institutionalisieren. Dies soll es dem Unternehmen erlauben, den eigenen kurz- und langfristigen Erfolg bei sich dynamisch änderndem Unternehmensumfeld kontinuierlich zu steuern und zu optimieren.

Jedes Unternehmen sieht sich heute durch die schnellen Änderungen der Marktbedingungen, der Technologien und des Kundenverhaltens herausgefordert. Peter Drucker schreibt: »One cannot *manage* change. One can only be ahead of it«.[2] Unternehmen und andere Organisationen müssen deshalb zu Change Leadern werden, wollen sie im heutigen Umfeld überleben. Eine wesentliche Eigenschaft eines Change Leaders ist es, Veränderungen als Chance anzusehen. Eine Change-Leader-Organisation sucht geradezu nach Veränderungen im Umfeld und verfügt über die Organizational Intelligence, um schnell zu identifizieren, welche Veränderungen intern bzw. im Geschäftssystem des Unternehmens erfolgen müssen und wie diese effektiv innerhalb und außerhalb des Unternehmens umgesetzt werden können. Ziel dabei ist es, nicht nur die eigene Marktposition zu halten, sondern diese unter Ausnutzung dieser Marktveränderungen auszubauen.

Dies gilt besonders für Unternehmen, die auf Intangible Assets basieren. Wie bereits dargestellt, sind diese einem wesentlich höheren Risiko, vor allem einem

1 Jeremy Hope und Robin Fraser, Beyond Budgeting – Managing in the New Economy, CAM-I/ Beyond Budgeting Round Table White Paper, September 2000, S. 12
2 Peter F. Drucker, Management Challenges for the 21st Century, S. 73

höheren Marktänderungsrisiko ausgesetzt. Knowledge Assets sind beispielsweise laufend durch Spill-over-Effekte gefährdet: Wettbewerber können wissensbasierte Geschäftsmodelle einfacher kopieren als dies bei einem auf physischen Assets basierenden Wertschöpfungssystem möglich ist. Denn es erfordert zum Beispiel hohe Kapitalinvestitionen, die nicht jedes Start-up-Unternehmen aufbringen kann.

Teilweise lässt sich das Problem durch Patent- und Markenschutz begrenzen, aber meist nicht vollständig beseitigen, da Wissensprodukte leichter kopiert werden können als andere Produkte. Das Problem lässt sich daher oft nur über Time-to-Market lösen, also dadurch, dass man mit dem neuen Produkt schneller als der Wettbewerber auf dem Markt ist und den eigenen Marktanteil nach oben treibt. Dies erfordert eine enge Kopplung der internen Entwicklungsaktivitäten mit den Marktentwicklungen einerseits und mit den Vermarktungsaktivitäten andererseits. Die schnelle Anpassungsfähigkeit bei drohenden negativen Marktänderungen ist dabei der Erfolgsfaktor.

Dies gilt heute nicht mehr ausschließlich für die wissens- und forschungsintensiven Branchen wie Pharma und Technologie. In dem Maß, in dem Unternehmen – auch in traditionellen Branchen – immer mehr von Intangible Assets abhängig werden, tritt das Phänomen auch hier auf. Managementsysteme müssen deshalb generell so konzipiert sein, dass sie Managern helfen, nicht nur die Performance bei Kosten und Erlösen zu überwachen und zu optimieren, sondern auch dabei, Wachstumsgrenzen im Wertschöpfungssystem sofort zu erkennen und zu beseitigen und den Output, also den Vermarktungsprozess, zu steuern. Was benötigt wird, sind Managementprozesse, die ein dynamisches Vorgehen und eine schnelle, ja fast kontinuierliche Anpassung des Geschäftssystems und der Geschäftsaktivitäten auf Technologie- und Marktveränderungen ermöglichen.

Das Problem des traditionellen Managementprozesses

Traditionell basiert das Managementsystem eines Unternehmens auf dem Jahresbudget. Die Budgetplanung ist das zentrale Instrument des bislang üblichen Managementsystems. Alle traditionellen Managementprozesse und -verfahren beziehen sich darauf: von der Strategieplanung über die Ressourcenallokation und das Kostenmanagement bis hin zum monatlichen Soll/Ist-Vergleich sowie zur Entscheidung über Managementvergütungen und -prämien. Das Budget bestimmt, wie sich Manager verhalten und auf welche Aktivitäten und Ziele sie sich konzentrieren. Das Hauptproblem besteht heute in der Inflexibilität des budgetbasierten Managementsystems.

Diese Budgets, deren Erstellung beträchtlichen Aufwand kostet und auch viel Zeit des Managements in Anspruch nimmt, werden, sobald diese freigegeben sind, de facto für das folgende Geschäftsjahr festgeschrieben. Im Rahmen des monatlichen Soll-/Ist-Vergleichs wird dann geprüft, wie gut der Manager das Budget einhält. Sein Hauptziel besteht deshalb darin, dass Budget nicht zu überschreiten, schließlich hängt davon auch sein Bonus ab.

Ein strategisches Instrument, das Manager auf etwas festlegt, was sie am Ende des letzten Geschäftsjahrs für richtig hielten, kann aber in einer globalen wissensbasierten Wirtschaft kaum effektiv sein. Der monatliche Soll/Ist-Vergleich, bei dem die Ist-Zahlen, also aktuelle Erlöse und Aufwendungen, mit dem Budget verglichen werden, das oft bereits wenige Wochen nach Beginn des neuen Geschäftsjahrs überholt ist, hält die entsprechenden Manager in der fiktiven Welt des vergangenen Budgets gefangen.

Unternehmen versuchen deshalb, die unflexible Budgetplanung zu überwinden. Sie gehen stattdessen zu einer kontinuierlichen Prognose im Rahmen von Managementprozessen über, die eine koordinierte und rasche Anpassung an antizipierte Änderungen im Geschäftsumfeld möglich machen, die entsprechenden Change-Management-Aktivitäten, aber auch Kontinuität und kurzfristige Performance in eine Balance bringen können. Im angelsächsischen Sprachraum wird dies heute oft als »Beyond Budgeting« bezeichnet.

Der Schlüssel dazu ist ein integrierter Strategie- und Corporate-Performance-Managementprozess, dessen Basis nicht mehr ein starres Budget, sondern ein dynamischer Forecasting-Prozess ist (siehe Abbildung 8.1).

Statt eines monatlichen Soll/Ist-Vergleichs wird durch das monatliche Forecasting im Rahmen des Performancemanagements, das nicht nur hinsichtlich der finanziellen Performance erfolgt, sondern auch hinsichtlich der Werttreiber, die mit den verschiedenen Wertschöpfungsprozessen eines Unternehmens in Zusammenhang stehen, der Blick von Managern auf aktuelle und künftige Risiken und Chancen gelenkt, statt auf die Vergangenheit. Sie werden dadurch veranlasst, nach vorne zu schauen und Marktziele unter sich verändernden Bedingungen zu erreichen, statt darüber nachzudenken, wie sie das Budget noch besser einhalten können.

Für das Unternehmen als ganzes liefert der rollierende Forecast-Prozess realistischere Einschätzungen über die zu erreichenden Jahresziele und erlaubt es dem Top-Management so, rechtzeitig Fehlentwicklungen gegenzusteuern.

Budgets und Prognosen sind Werkzeuge zur Ressourcenallokation. Diese müssen jedoch an der Strategie, dem vorherrschenden Geschäftsklima und den Geschäftsbedingungen ausgerichtet werden. Das wiederum bedeutet, dass die Budgetplanung und der rollierende Forecast-Prozess, also die Ressourcenallokationsprozesse, in das Strategiemanagement integriert werden müssen. Da eine

Strategie zunächst eine Hypothese des Managements darüber darstellt, wie ein Unternehmen Wettbewerbsvorteile erzielen und Wert schaffen kann, muss die Strategie kontinuierlich angepasst werden, sobald neue Informationen über die Wirklichkeit zur Verfügung stehen oder sobald sich diese ändert. Dazu wird ein Feedback-System benötigt, das diese Information liefert. Wesentliche Elemente dieses Feedback-Systems sind das Tableau de bord, das die entsprechenden Messgrößen liefert, und der Forecasting-Prozess, der dafür sorgt, dass diese nicht nur im Ist-Zustand, sondern auch in der Vorschau, in ihrer wahrscheinlichen zukünftigen Entwicklung, angezeigt werden können und so zu Auslösern für strategische und operative Anpassungsmaßnahmen werden. Dafür müssen Unternehmen neben dem passenden Controlling- und Accountingsystem auch die entsprechenden Managementprozesse implementieren.

Ein Modell für integrierte strategische und operative Managementprozesse

In vielen Unternehmen sind Managementprozesse nicht besonders gut strukturiert, zu unflexibel im Hinblick auf Veränderungen des Umfelds und unzureichend an Markt und Stakeholdern ausgerichtet. Die Fähigkeit eines Unternehmens, seine Strategie an seinen Stakeholdern auszurichten und eine nachhaltige Performance in einer sich schnell ändernden Umgebung zu erzielen, stellt jedoch einen kaum zu überschätzenden Wertschöpfungsfaktor dar. Genau dies ist häufig der Grund, warum ein Unternehmen langfristig erfolgreicher und profitabler als ein anderes ist, das über ähnliche Assets verfügt.

Im Folgenden wird daher ein Modell beschrieben, das als Blaupause für die Integration strategischer, Performance- und operativer Managementprozesse in ein einheitliches Managementsystem dienen soll. Dieses kann ein Unternehmen bei der erfolgreichen Implementierung seiner Strategien unterstützen, indem es strukturierte Feedbacks und Anpassungen der Strategie sowie der operativen Aktivitäten und Prozesse institutionalisiert.

Strategie- und Corporate-Performance-Managementprozesse

Die Managementprozesse, durch die ein Unternehmen seine Strategie und seine Gesamtperformance steuert, werden als Strategie- und Corporate-Performance-Managementprozesse bezeichnet. Die Rolle der Strategie ist es, zu definieren, wie das Unternehmen mit welchen Assets und in welcher Kombination Wert für seine Stakeholder schaffen möchte. Der Strategiemanagementprozess soll dabei die Strategiearbeit zu einem laufenden Prozess anstatt zu einer einmaligen Aktion machen und einen kontinuierlichen strategischen Dialog im Unternehmen etablieren. Denn gerade auf Intangible Assets basierende Wettbewerbspositionen können nur gehalten oder gar ausgebaut werden, wenn das Unternehmen externen Entwicklungen, die diese gefährden, immer eine Nasenlänge voraus ist. Die eigene Strategie muss also schon frühzeitig angepasst werden, und zwar bevor diese Änderung eintritt. Hinzu kommt, dass Strategien erst einmal Hypothesen des Managements sind. Die Realität muss zeigen, ob es tatsächlich so ist, oder was geändert werden muss, damit man erfolgreich sein kann. Im Rahmen des Strategiemanagements wird also ein strategischer Feedback-Regelkreis eingerichtet, der für eine organisierte Anpassung der Strategie sorgt. Das Ziel dieses Managementprozesses besteht damit darin, neue Strategien in der Organisation umsetzbar zu machen, indem diese strukturiert in Ziele und Verantwortlichkeiten heruntergebrochen werden, und der Fortschritt der Implementierung systematisch überwacht wird. Zielabweichungen führen dann zu strategischen »Korrekturzündungen« im Rahmen der regelmäßigen strategischen Planung, als Teilprozess des Strategiemanagements. Hier kommen dann beispielsweise Techniken wie die Szenarienplanung (zum Identifizieren und Managen langfristiger strategischer Risiken), Real-Options-Bewertung (zum Managen von größeren Projekt- und Investitionsrisiken) und Systems-Thinking-Techniken (zum Identifizieren von Wachstumsgrenzen im System) zum Einsatz. Man könnte diesen Prozess auch als den strategischen Change-Managementprozess bezeichnen.

Ergänzend dazu und integriert in den Strategiemanagementprozess wird ein Corporate-Performance-Managementprozess benötigt, um das laufende Spannungsverhältnis zwischen kurzfristiger und langfristiger Performance beherrschbarer zu machen, das typischerweise mit der Höhe des Anteils von Intangible Assets im Unternehmen zunimmt. Ziel des Corporate-Performance-Managementprozesses ist es, die Unternehmensaktivitäten und Ressourcen im Hinblick auf die kurzfristigen Ergebnisziele (etwa kommunizierte Jahresumsatz- und Ergebnisziele) hin zu optimieren. Ziel des Strategiemanagementprozesses ist es, langfristige wertschaffende Optionen auf- und auszubauen. Anders formuliert, optimiert der Performancemanagementprozess die Verwertung der vorhandenen Assets im Hinblick auf die kurzfristigen Ergebnisziele, und der Strategiemanagementprozess treibt den Aufbau solcher Assets (immer relativ zum Markt) voran. Da beide Prozesse unterschiedliche Techniken und eine andere mentale Haltung erfordern, aber in der Regel vom gleichen Managementteam bearbeitet werden, macht es Sinn, die daraus resultierenden Aufgaben zu trennen, etwa durch regelmäßige Performance-Review-Meetings und separate Strategie-Review- oder Planungsmeetings, die seltener als jene, aber ebenfalls regelmäßig stattfinden. Abstimmungs- und Integrationspunkt zwischen beiden ist der monatliche und rollierende Forecasting- und Reportingprozess auf der Basis des Tableau de bord (siehe Abbildung 8.1).

Der Strategiemanagementprozess besteht aus einem Haupt- und einem Unterprozess für die strategische Planung, die quasi eine Supportfunktion für den Prozessschritt der Strategieüberprüfung und Anpassung im Hauptprozess übernimmt. Der Corporate-Performance-Managementprozess besteht lediglich aus einem Hauptprozess. Hier die Beschreibung der einzelnen Prozessschritte wie in Abbildung 8.1 dargestellt:

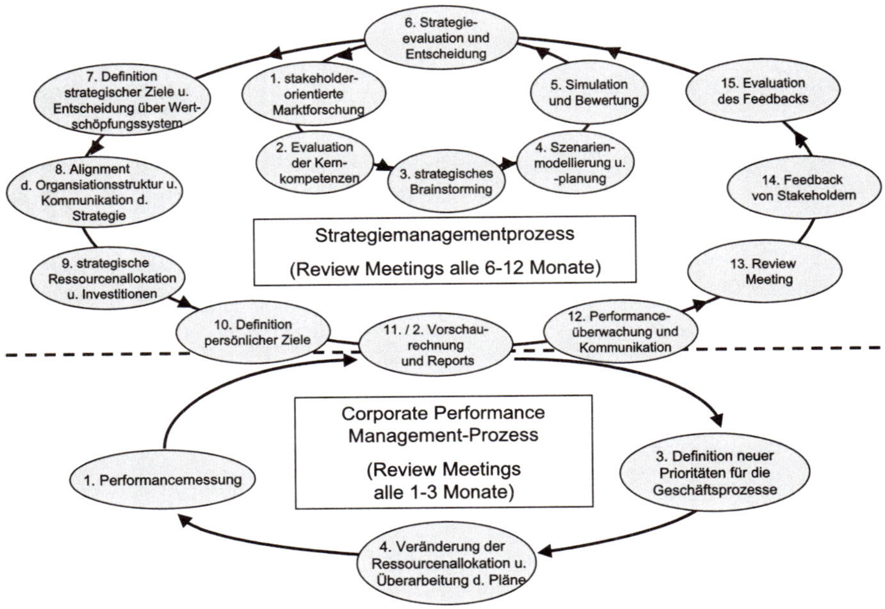

Abbildung 8.1 Integrierte Strategie- und Corporate-Performance-Managementprozesse

Strategische Planung (1.–6.) im Rahmen des Strategiemanagements

Bei Unternehmen, die in einem dynamischen Geschäftsumfeld agieren, ist es zu wenig, sich nur einmal im Jahr mit der Strategie bzw. deren Anpassung zu beschäftigen. Dies muss vielmehr kontinuierlicher erfolgen, was bedeutet, dass der Vorstand sich beispielsweise mindestens zweimal im Jahr (wie bei Cisco), mit der strategischen Planung und der daraus folgenden Überarbeitung der Strategie beschäftigen muss. Der Prozess der strategischen Planung kann dabei folgendermaßen ablaufen:

1. Er beginnt mit der Stakeholder-orientierten Marktforschung: Die Mitarbeiter der strategischen Planung bzw. des strategischen Controllings analysieren die Erwartungen der wichtigsten Stakeholder (z.B. der Investoren) sowie die bestehenden bzw. sich entwickelnden Chancen auf Produktmärkten, auf denen die Kernkompetenzen des Unternehmens zum Tragen kommen.

2. Daraufhin wird der aktuelle Status der Kernkompetenzen des Unternehmens evaluiert und analysiert (siehe Kapitel 6).
3. Die Ergebnisse beider Schritte werden in einem strategischen Brainstorming des Managementteams vorgestellt, zu dem je nach Bedarf interne und externe Experten hinzugezogen werden. Als Ergebnis dieses Meetings werden drei bis vier Vorschläge für mögliche neue oder angepasste strategische Szenarien definiert.
4. Diese Szenarien werden daraufhin durch die Mitarbeiter der strategischen Planung bzw. des strategischen Controllings weiter ausgearbeitet. Ausgehend von ihnen werden verschiedene Strategien modelliert. In diesen Strategiemodellen wird versucht, die Dynamik und die Abhängigkeiten der verschiedenen Werttreiber und die entsprechenden Risikofaktoren jeder Strategie abzubilden. Dies kann beispielsweise im Rahmen eines Systems-Dynamics-Modells erfolgen. Die entsprechenden Modelle werden dann zusammen mit dem Managementteam fertig gestellt, das seine Einschätzungen zu möglichen Strategien und zu den Abhängigkeiten zwischen den verschiedenen Werttreibern und Risikofaktoren einbringt.
5. Anschließend wird das Modell dazu verwendet, Simulationen durchzuführen, um zu einer quantitativen Bewertung der verschiedenen Strategien und Szenarien zu kommen. Auch dies wird wieder zusammen mit dem Managementteam durchgeführt, das während der Simulationssitzungen Korrekturen seiner Einschätzungen über die Wahrscheinlichkeit bestimmter Annahmen (z.B. bezüglich der Veränderung von Wechselkursen, von Preisentwicklungen oder der Reaktionsgeschwindigkeit von Konkurrenten) vornimmt, um schließlich Strategien und Szenarien zu finden, die auf allgemeine Zustimmung stoßen. Jede der alternativen Strategien, einschließlich der gegenwärtigen, dem so genannten Base Case, wird dann, zum Beispiel nach der Discounted-Cashflow-Technik, bewertet. Das Ergebnis wird anschließend mit den Erwartungen der Stakeholder bzw. mit deren, in Phase 1 definierten Zielen verglichen.
6. Das Managementteam entscheidet dann, ob die aktuelle Strategie unverändert gelassen, geändert oder eine neue Strategie gewählt werden soll. Die verbleibenden Szenarien werden für zukünftige Strategieplanungszyklen aufbewahrt, die dann darauf direkt wieder aufsetzen können.

Strategiemanagement (7.–15.)

Sobald über eine neue oder angepasste Strategie entschieden ist, muss dafür gesorgt werden, dass die Organisation diese umsetzen kann. Dazu muss die Strategie in konkrete Ziele heruntergebrochen werden.

7. Für die neue Strategie werden zunächst die damit im Zusammenhang stehenden Markt- und Produktsegmente (die Strategiematrix) definiert, auf die sich

das Unternehmen konzentrieren will. Die Strategie wird dann in detaillierte strategische Ziele zerlegt, die für die wichtigsten Stakeholder, die Ressourcen, Prozesse und Innovationsfelder gelten sollen. Für jedes dieser Ziele wird eine verantwortliche Person benannt. Zusätzlich muss das Managementteam entscheiden, welche größeren Initiativen oder Projekte aufgesetzt werden müssen, um das für das Erreichen der strategischen Ziele erforderliche Change Management anzustoßen. Ferner muss noch Einigkeit darüber erzielt werden, welche Auswirkungen die neue Strategie auf die Konfiguration des Wertschöpfungssystems des Unternehmens haben soll und welches die diesem innewohnenden Risiken sind, über die im Risikostatusbericht informiert werden soll.

8. Im Anschluss daran müssen die Organisations- und Managementstruktur überprüft werden, um festzustellen, ob zum Beispiel Anpassungen an eine neue Markt/Produkt-Segmentstruktur erforderlich sind. Die neu definierte Markt/Produkt-Segmentstruktur, die strategischen Ziele und eine neue Organisationsstruktur müssen dann allen Mitarbeitern sowie den wichtigsten Stakeholdern kommuniziert werden.
9. Das Management muss den verschiedenen Verantwortungsbereichen, Initiativen und Projekten finanzielle, personelle und mögliche andere Ressourcen entsprechend den strategischen Zielen und Prioritäten zuweisen. Frühere Budgets und operative Pläne müssen angepasst werden, um sicherzustellen, dass die Ressourcenallokation und die operativen Aktivitäten an der Strategie ausgerichtet sind. Hierzu gehören auch Entscheidungen über die Fortsetzung, Einstellung oder den Ausbau wichtiger Investitionen, beispielsweise in bestimmte Produktentwicklungen.
10. Dann werden die strategischen Ziele in persönliche Ziele für sämtliche Manager und für alle Mitarbeiter heruntergebrochen, die bei der Zielerfüllung eine Rolle spielen. Dies beinhaltet auch die Definition von Boni und Prämien bei Zielerreichung, Über- und Untererfüllung.
11. Das Management wird in regelmäßigen Abständen auf der Basis der Balanced-Scorecard-Sicht des Tableau de bord über die aktuelle Performance der Strategieumsetzung und anhand des Risikostatusberichts über Änderungen von Risiken im Geschäftssystem informiert.
12. Über die berichtete Performance und die Risiken wird zwischen Managern, Mitarbeitern und Controllern kommuniziert, sei es persönlich, über das Intranet oder per Telefon. Beispielsweise sind Manager und Mitarbeiter in der Lage, ihre eigene Performance (die sich auf ihre persönlichen Ziele bezieht) mittels einer persönlichen webbasierten Scorecard zu überwachen und dazu Kommentare und Einschätzungen abzugeben, die dann von Vorgesetzen oder Kollegen eingesehen werden können.

13. Das Managementteam trifft sich zu einem Review-Meeting, um über mögliche Maßnahmen zu beraten, entsprechende Entscheidungen zu treffen und um sich über die Kommunikationsstrategie gegenüber den Investoren und anderen Stakeholdern zu verständigen. Dies kann beispielsweise in einem Management-Cockpit-Raum erfolgen.
14. Die Stakeholder werden in einem auf dem Tableau de bord basierenden Bericht über die strategische Performance des Unternehmens, über die aktuellen Risiken durch den Risikostatusbericht sowie über die vom Management beabsichtigten Reaktionen informiert. Dies kann ebenfalls durch ein webbasiertes Portal erfolgen.
15. Das Feedback der Stakeholder zur strategischen Performance des Unternehmens und zu den vom Management vorgeschlagenen Reaktionen wird zusammengetragen und bildet die Basis für die Überprüfung der aktuellen Strategie (Phase 6). Ein neuer strategischer Planungszyklus beginnt.

Der Corporate-Performance-Managementprozess

Durch den Corporate-Performance-Managementprozess soll die kurzfristige Gesamtperformance (typischerweise die des aktuellen Geschäftsjahrs) durch taktische Reaktionen auf Veränderungen des ökonomischen Umfelds innerhalb der Grenzen der vorgegebenen Strategie so gesteuert werden, dass nach außen kommunizierte Jahresziele erreicht werden. Dies gelingt letztlich durch die Anpassung der operativen Prozesse und Aktivitäten in den verschiedenen Wertschöpfungsprozessen des Unternehmens. Damit dies aber koordiniert und möglichst effektiv erfolgen kann, bedarf es eben eines Corporate-Performance-Managementprozesses, der hilft, taktische Anpassungen der Pläne und Ressourcenallokationen über die verschiedenen betrieblichen Prozesse und Funktionen hinweg zu managen. Daraus ergeben sich dann natürlich Anstöße für und Berührungspunkte mit den operativen Managementprozessen, etwa im Bereich Produktentwicklung oder CRM. Der Corporate-Performance-Managementprozess erfolgt typischerweise auf der Basis eines Zyklus von ein bis drei Monaten. Die verschiedenen Phasen des Prozesses können folgendermaßen beschrieben werden (siehe Abbildung 8.1):

1. Die aktuelle (Perioden-)Performance der operativen Abläufe wird mit Hilfe der verschiedenen Sichten des Tableau de bord gemessen. Sie wird dann vom Top-Management, jedoch auch von jedem verantwortlichen operativen Manager analysiert.
2. Im nächsten Schritt werden für jeden Bereich Vorschaurechnungen (Forecasts) erstellt. Jeder Manager mit Verantwortung für einen der operativen Wertschöpfungsprozesse gibt nun eine Schätzung der Performance für seinen Bereich auf der Basis der Messgrößen des Tableau de bord für die nächsten 12-

18 Monate bzw. für die verbleibenden Monate des Geschäftsjahrs ab. Darauf folgt eine detaillierte Risiko- und Chancenanalyse, indem der aktuelle Forecast mit dem letzten bzw. dem ursprünglichen Jahresbudget verglichen wird (siehe Abbildung 8.2). Die Ergebnisse bilden dann die Basis für Vorschläge, die von den Managern für mögliche Anpassungs- bzw. Optimierungsmaßnahmen in ihrem Bereich gemacht werden. Deren mögliche Auswirkungen auf die Gesamtperformance wird von diesen dann mittels entsprechender analytischer Anwendungen analysiert und simuliert und im Tableau de bord abgelegt. Das Tableau de bord zeigt so nun pro Messgröße drei Zahlen: Ist-Wert, Forecast ohne Anpassung und Forecast unter Berücksichtigung der vorgeschlagenen Anpassungsmaßnahmen. Wenn sich an den aktuellen Performancemanagementzyklus auch ein neuer Strategiemanagementzyklus anschließt, wird das Ergebnis dieser Risiko- und Chancenanalyse auch dazu verwendet, die Risikokennzahlen des Risikostatusberichts zu aktualisieren bzw. diesen durch neue Risikoparameter zu ergänzen, sobald anhand der Forecast-Analyse neue Risiken sichtbar werden. Dies ist, nebenbei bemerkt, eine gute Methode, um den Risikostatusbericht auf dem neuesten Stand zu halten.

3. Auf der Basis der erstellten Forecasts (und basierend auf einer Änderung der Strategie, falls das Management gerade erst einen Strategiemanagementzyklus abgeschlossen hat) und aufgrund der Analyse der voraussichtlichen Geschäftsrisiken definiert das Management Prioritäten für die Geschäftsprozesse neu und entscheidet über die von den operativen Managern vorgeschlagenen Anpassungsmaßnahmen. Das Ziel besteht hierbei darin, unter den Vorgaben der aktuellen Strategie die jährlichen/vierteljährlichen Ziele zu erreichen, die den Investoren und den Stakeholdern kommuniziert wurden. So könnte das Management beispielsweise entscheiden, dass die Entwickler den Vertrieb bei der Einführung eines neuen Produkts beim Kunden für zwei Monate unterstützen sollten (z.B. durch Beratung), statt die Arbeit an der nächsten Produktversion fortzusetzen. Etwa, weil sie sicherstellen wollen, dass die Absatzziele erreicht werden, wenn diese durch Aktivitäten der Konkurrenz oder eine späte Produktfreigabe in Gefahr geraten und den Gesamterfolg einer Strategie gefährden würden. In dieser Phase geht es also um das Abwägen von Prioritäten im operativen Wertschöpfungssystem: Hat also zum Beispiel aktuell in einem bestimmten Segment der Vertrieb oder die Produktentwicklung Vorrang? Zur Unterstützung solcher Entscheidungen werden dann möglicherweise wieder dynamische Simulationsmodelle eingesetzt.

4. Diese Änderungen in der operativen Ressourcenallokation können in den entsprechenden operativen Bereichen eine Überarbeitung der Pläne und des Budgets erforderlich machen. Die Überarbeitung erfolgt in Phase vier. Da damit die zu Jahresbeginn aufgestellten Budgets flexibel werden, kann man hier auch von

rollierenden Budgets im Gegensatz zu einem über das Jahr fixen Budget reden. Dies ist aber etwas anderes als eine rollierende Vorschaurechnung (Rolling Forecast). Ein rollierendes Budget ist ein regelmäßig angepasster (interner) Ressourcenallokationsplan, ein Rolling Forecast eine regelmäßig angepasste Vorschaurechnung aus Marktsicht.

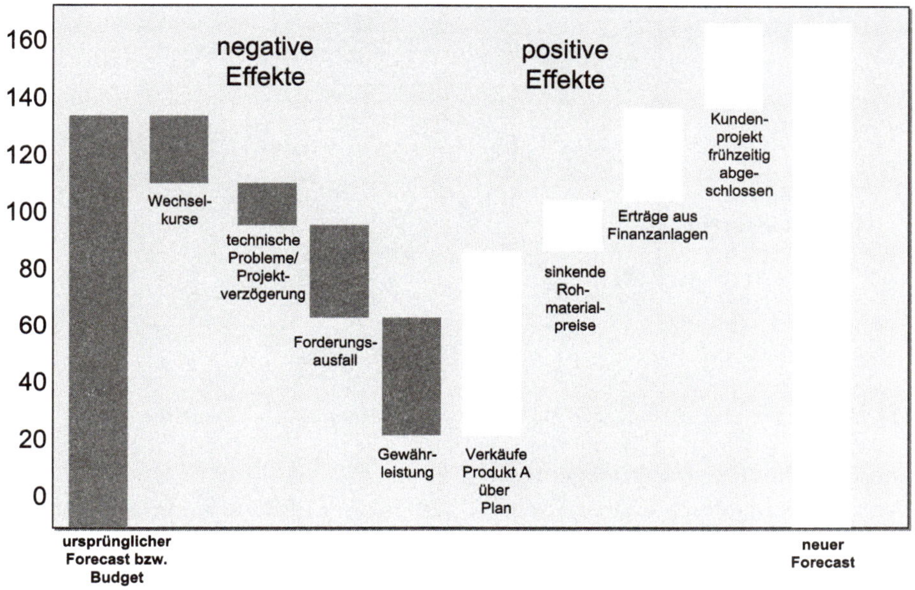

Abbildung 8.2 Vergleich von Vorschaurechnungen zur Analyse der Veränderungen bekannter Geschäftsrisiken und -chancen

Management der operativen Wertschöpfungsprozesse

Die Gesamtperformance wird durch die operativen Prozesse des Business Execution Systems vorangetrieben. Diese müssen allerdings mit der Strategie abgestimmt und untereinander koordiniert sein. Nicht nur das Management dieser Prozesse selbst ist daher für den Unternehmenserfolg entscheidend, sondern auch ihre Integration mit den Strategie- und dem Corporate-Performance-Managementprozessen. Aus Letzteren erfolgen, wie oben beschrieben, laufend, aber in koordinierter Weise, Korrekturzündungen für Änderungen in den operativen Prozessen (siehe Abbildung 8.3). Nur so ist eine größere Organisation wie ein Unternehmen in der Lage, positive und nachhaltige Gesamtergebnisse zu erzielen.

Zu den operativen Managementprozessen gehört das Management des Produkt- und Marktentwicklungsprozesses und des Produkt-Portfolios, das Supply Chain Management, das Customer Relationship Management sowie das Management der Basisressourcen.

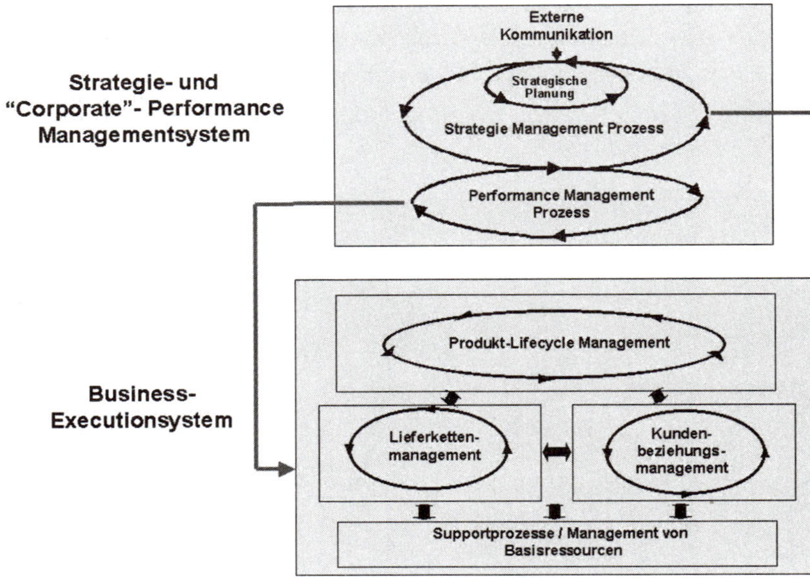

Abbildung 8.3 Korrekturzündungen für Änderungen in den operativen Prozessen

Das Produkt-Lifecycle-Management

Das Produkt-Lifecycle-Management (PLM) bezieht sich auf ein bestimmtes Markt- oder Produktsegment, das durch den Strategiemanagementprozess definiert wurde. Es unterstützt das Portfolio-Management der zu einem Segment gehörenden bestehenden, neuen und zukünftigen Produkte (bzw. der entsprechenden Entwicklungsprojekte), und zwar innerhalb der durch das Management vorgegebenen Einschränkungen und auf der Grundlage der erfolgten strategischen Ressourcenallokation. Ein solcher PLM-Prozess, der auch das Business Development bzw. Marktentwicklungsaktivitäten für neu entwickelte Produkte umfasst,[3] läuft in folgenden Phasen ab (siehe Abbildung 8.4):

1. Das Management eines Produkt-Lifecycle beginnt mit der produktbezogenen Marktforschung für das betreffende Produkt-/Marktsegment. Dabei werden quantitative Informationen gesammelt, wie zum Beispiel Prognosen zur zukünftigen Entwicklung der Nachfrage, der eigenen Marktanteile und der von Wettbewerbern, zu möglichen Preisentwicklungen usw. Es werden jedoch auch qualitative Informationen über Markt- und Technologietrends, über die wahrscheinliche Entwicklung des Kaufverhaltens von Kunden, über so genannte Lead Customers, also innovative und führende Anwender möglicher neuer Pro-

3 Marktentwicklungsaktivitäten werden hier dem PLM zugeordnet, da sie sich eher auf das Produkt beziehen als auf einen bestimmten Kunden oder eine Kundengruppe, die das Ziel der CRM-Prozesse sind.

dukte, sowie Informationen aus Anwender-Communities zusammengetragen. Ergebnis dieser ersten Phase sind dann eine oder mehrere Produktideen.

2. Anschließend beginnt eine technologische Forschungsphase mit dem Zweck, für die Produktideen die technische Machbarkeit zu testen. Dies beinhaltet auch eine grobe kommerzielle Vorstudie, mit der geprüft wird, ob sich ein mögliches Entwicklungsprojekt von der Kostenseite und dem Marktpotenzial her rechnen wird. Auf der Basis dieser Informationen wird dann entschieden, ob ein Prototyp erstellt werden soll oder ob die Produktidee, zumindest im Moment, nicht weiterverfolgt werden soll.
3. In der folgenden Phase soll durch einen Prototyp sowohl die technologische Machbarkeit als auch das Vermarktungspotenzial an Lead-/Pilotkunden verifiziert werden.
4. Wenn dies zu einem positiven Ergebnis führt, wird ein Businessplan erstellt, der nicht nur alle notwendigen Aufwendungen (z.B. Investitionen in die Produkt- und Marktentwicklung, Wartungsaufwand), sondern auch wahrscheinliche Erlöse und Gewinne für die Dauer der Produktlebenszeit aufführt. Je nach Bewertung des Ergebnisses, bei der angesichts hoher Entwicklungsrisiken beispielsweise auch Techniken der Real-Options-Methode zur Anwendung kommen können, wird das Investment freigeben oder das Projekt eingestellt.
5. Daraufhin wird das neue Produkt entwickelt, und eventuell werden entsprechende Patente angemeldet.
6. Die Markt- und Business-Development-Aktivitäten beginnen bereits vor dem Abschluss der Entwicklungsphase. Hierzu gehört u.a. die Akquisition von geeigneten Marketing- und Vertriebspartnern und die Entscheidung über die Preisgestaltung, Planungen für eine eventuell erforderliche Rekonfiguration der Lieferkette und von Marketingkampagnen, die die Produkteinführung begleiten sollen, und die Schulung der Vertriebsmitarbeiter. Dies bedeutet auch, dass spätestens jetzt die Abstimmung mit den Managementprozessen der Operations beginnen sollte, um die Produktion und den Vertrieb auf die Fertigung und den Verkauf des neuen Produkts vorzubereiten.
7. Dann wird das Produkt einem abschließenden Anwendertest unterzogen, um für eine erfolgreiche Markteinführung letzte Anpassungen und Verbesserungen vorzunehmen. Sobald das Produkt eingeführt ist, wird durch den Kundenservice und von Benutzergruppen oder Allianzpartnern kontinuierlich Feedbacks von Kunden eingeholt, um das Produkt weiter zu verbessern oder Anregungen für neue Produktideen zu erhalten. Hier schließt sich dann der Kreislauf des PLM-Prozesses wieder.

Sobald die neuen Produkte am Markt sind, besteht die Aufgabe der Marktforschung auch darin, Marktinformationen zu sammeln, um zu beurteilen, ob das

Unternehmen in die aktuellen Produkte überhaupt weiterhin investieren sollte. Eine kontinuierliche Bewertung des einzelnen Produkt-Businessplans, der ja den gesamten Lebenszyklus eines Produkts auf die Gesamtwirtschaftlichkeit hin betrachtet, und die Betrachtung des gesamten Produkt-Portfolios, inklusive der neuen und in Entwicklung befindlichen Produkte, stellt für diese Entscheidung die Voraussetzung dar. Dazu muss dieser regelmäßig an neue Marktgegebenheiten angepasst werden. Nur so ist das Unternehmen in der Lage, Ressourcen freizusetzen, um neue Marktchancen im Rahmen der Produktentwicklung nutzen zu können, und damit sowohl das Risiko zu minimieren als auch die Rendite auf die eingesetzten Ressourcen kontinuierlich zu verbessern.

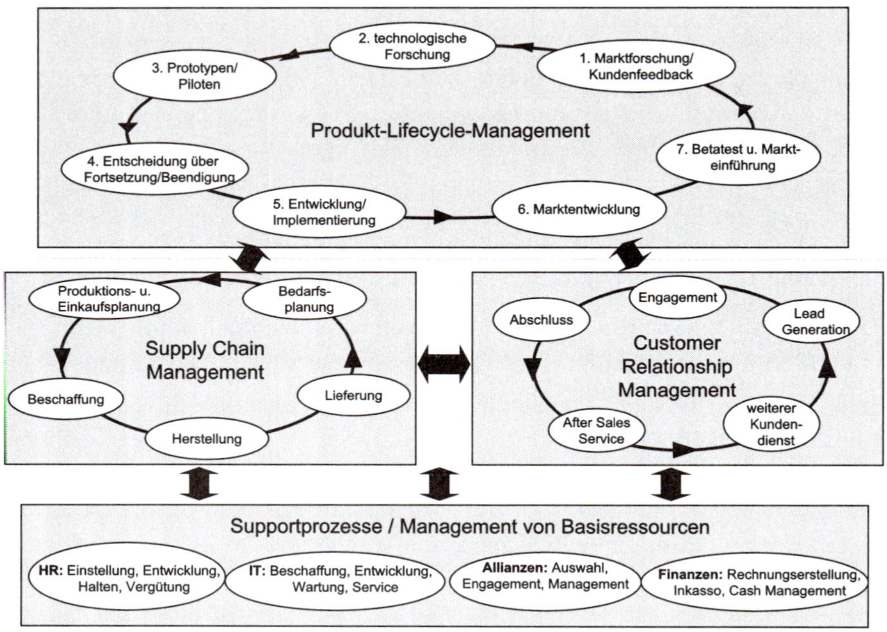

Abbildung 8.4 Die operativen Managementprozesse des Business Execution Systems

Managementprozesse der Operations

Die auf die Operations bezogenen Managementprozesse sind in das Managementsystem des Unternehmens über Abstimmungspunkte mit dem Strategie- und Corporate-Performance-Management (siehe Abbildung 8.5) sowie mit dem PLM-Prozess (von der Produktentwicklung zur Supply-Chain-Management-Konfiguration und von der Marktentwicklung zu kundenorientierten Marketingaktivitäten) integriert. Diese Managementprozesse der Operations, also die des Supply Chain Managements und des CRMs, haben drei Aufgaben:

- Koordination der operativen Prozesse
- Optimierung der operativen Prozesse
- Erkennen von Wertschöpfungschancen und Auslösen der entsprechenden Neukonfiguration der operativen Prozesse (Prozessinnovation)

Für die Ausführung dieser Aufgaben stützen sich Manager hauptsächlich auf detaillierte Managementinformationen über die Lieferkette und die Kundenbeziehungen, die zeitnah durch die entsprechenden Cockpits bereitgestellt werden. Für Koordinationsaufgaben wird dieses Monitoring kontinuierlich eingesetzt. Um bestehende Abläufe zu optimieren und Wertschöpfungschancen zu identifizieren, sollten Manager und die entsprechenden Mitarbeiter jeden Monat Zeit für die systematische Analyse der Informationen über die operativen Prozesse einplanen. Dies erfolgt mit Hilfe geeigneter Analysewerkzeuge und analytischer Softwareanwendungen, die es ermöglichen, Möglichkeiten zur weiteren Optimierung vorhandener Prozesse zu erkennen oder Wertschöpfungschancen auszumachen, die durch eine Neukonfiguration der Geschäftsprozesse (etwa beim Supply Chain Management) oder durch die Einleitung bestimmter Aktivitäten (etwa eine Marketingkampagne im CRM) genutzt werden können.

Support-Managementprozesse/Managementprozesse in Bezug auf die Basisressourcen

Die Managementprozesse in Bezug auf die Basisressourcen sind in das Managementsystem über die Strategie integriert, nämlich über die strategischen Ziele für die entsprechenden Basisressourcen und über die Planungs- und Forecasting-Prozesse, aus denen sich die Anforderungen anderer operativer Prozesse an die kurz- und langfristige Verfügbarkeit und Qualität bestimmter Ressourcen ergeben. Die wichtigste Aufgabe des Managements der Basisressourcen besteht im Management der Effizienz interner Prozesse und der Effektivität der gesamten jeweiligen Funktion. Für das Management der Effektivität muss der dafür verantwortliche Manager laufend die strategischen Ziele des gesamten Unternehmens und die operativen Ziele anderer Unternehmenseinheiten mit den Aktivitäten seiner eigenen Abteilung abstimmen. Diese Manager müssen daher nicht nur über ihre eigene Funktion bestens informiert sein, sondern auch über den Status und den Forecast in anderen Bereichen des Unternehmens, die zu einer erhöhten oder verringerten Ressourcennachfrage für die eigene Abteilung in der Zukunft führen können. Obwohl es sich bei den entsprechenden Bereichen, die die Basisressourcen managen, »nur« um unterstützende Funktionen handelt, müssen sie daher über den Status der aktuellen Gesamtperformance, über die der einzelnen Wertschöpfungsprozesse sowie über die entsprechenden Forecasts informiert sein. Sie müssen immer auch das gesamte Tableau de bord im Blick haben und kontinuierlich Informationen mit ihren, für die anderen Prozesse des Unternehmens verantwortlichen Kollegen austauschen. In den Managementprozess für eine solche Supportfunktion müssen daher vor allem die beiden folgenden Aufgaben Eingang finden:

- regelmäßige (monatliche) Überprüfung der Effizienz und Effektivität der mit der Funktion in Beziehung stehenden operativen Prozesse und , falls erforderlich, Anpassung der Prozesse
- mindestens ebenso häufiges Monitoring der Ziele und der Entwicklung der Ressourcenanforderungen der anderen Bereiche des Unternehmens, ein beständiger Abgleich dieser Anforderungen und der verfügbaren Ressourcen sowie Auslösen von Beschaffungs- oder Ressourcenaufbauprozessen, wenn sich abzeichnet, dass vorhandene Ressourcen in Zukunft nicht mehr ausreichen werden.

Innovative Managementkonzepte

In den letzten Jahren sind einige interessante Konzepte im Bereich Strategie- und Corporate-Performance-Management entwickelt worden, die zur Bereicherung und Optimierung dieser Managementprozesse beitragen können. Im Folgenden sollen vier dieser Konzepte kurz skizziert werden:

- das *Beyond Budgeting*, das die herkömmliche Budgetierung durch ein flexibleres Managementsystem ersetzen soll
- die *Szenarienplanung*, die Manager in die Lage versetzen soll, strategische Risiken besser in den Griff zu bekommen
- das *Systems Dynamics/Systems Thinking*, das Managern helfen soll, die Dynamik ihrer ökonomischen Systeme besser zu verstehen und Wachstumshemmnisse zu beseitigen
- das *Management-Cockpit*, das die Zusammenarbeit von Managementteams und die Entscheidungsfindung im Team verbessern soll

Beyond Budgeting

Das Konzept des Beyond Budgetings wurde vom Beyond Budgeting Round Table (BBRT) des Consortium for Advanced Manufacturing International (CAM-I) entwickelt, ein Programm, das von mehr als 50 globalen Unternehmen finanziert wurde.[4] Ziel des Programms war es, Unternehmen zu analysieren, die kein Budget mehr verwenden, und die Beschränkungen der Budgetierung in Unternehmen zu untersuchen, die Budgets als Managementinstrument einsetzen. Das Ergebnis war das Beyond-Budgeting-Konzept.[5]

4 Mehr über das BBRT finden sie unter http://www.cam-i.org/bb.html

5 Die folgende Liste von Beschränkungen traditioneller Unternehmenshaushalte, der Prinzipien des Beyond-Budgeting-Modells und die Fallstudien wurden entnommen aus einem von SAPs mySAP Financials-Produktmanagement und dem CAM-I Beyond Budgeting Round Table gemeinsam verfassten White Paper: Beyond Budgeting, SAP AG, 2001, S. 6–9

Das Beyond-Budgeting-Modell soll dabei helfen, die Beschränkungen des traditionellen budgetbasierten Managementsystems zu überwinden, um eine flexible, anpassungsfähige Organisation zu schaffen, die einzelnen Managern das Selbstvertrauen und die Freiheit gibt, Alternativen zu verfolgen, schnelle Entscheidungen zu treffen sowie mit Kollegen in multifunktionalen Teams innerhalb des Unternehmens und darüber hinaus an innovativen Projekten zusammenzuarbeiten (siehe Abbildung 8.5).

Dazu wurden vom BBRT zwölf Prinzipien definiert, die für die Implementierung des Beyond-Budgeting-Konzepts einen Rahmen festlegen. Dabei haben die Beyond-Budgeting-Prinzipien 1–6 mit dem Klima zu tun, in dem Performancemanagement erfolgt. Sie beziehen sich damit sozusagen auf die Kultur des Performancemanagements eines Unternehmens. Dazu werden sowohl das Design einer Organisation als auch die Regeln gezählt, nach denen Verantwortung und Macht an Manager delegiert wird. Die Prinzipien 7–12 beziehen sich auf den Performancemanagementprozess. Eines der Schlüsselelemente besteht hier darin, dass Ziele, Messgrößen und Vergütungen voneinander entkoppelt werden, d.h., dass sie nicht durch einen Performancevertrag miteinander verbunden werden. Das durch die zwölf BBRT-Prinzipien beschriebene Managementsystem erinnert stark an das in Teil 2 beschriebene Managementsystem von ABB. Hier die Liste der zwölf Prinzipien:

Abbildung 8.5 Das Beyond-Budgeting-Konzept

1. **Self Governance** – Feste bürokratische Regeln und Verfahren werden durch klare Werte und Grenzen ersetzt, die den Managern im hektischen Tagesgeschäft die Freiheit geben, die sie für schnelle, effektive Entscheidungen benötigen.
2. **Leistungsverantwortung** – Eine zentrale Bedeutung kommt der Akquise und Entwicklung von Mitarbeitern zu, die über die erforderliche Motivation zum Dienst am Kunden und zur Übernahme von Eigenverantwortung für das Erreichen von Zielen verfügen.
3. **Empowerment** – Verantwortung und Entscheidungsbefugnis wird an lokale Manager übertragen. Grundprinzip ist hierbei, dass Entscheidungen möglichst nahe am Kunden getroffen werden sollten.
4. **Struktur** – Die neue Organisation basiert auf einem Netzwerk wechselseitig abhängiger Geschäftseinheiten mit effektiven vertikalen und horizontalen Kommunikationsmöglichkeiten. Das Ziel ist es dabei, möglichst viele kleine, unternehmerisch agierende Einheiten entstehen zu lassen.
5. **Koordination** – Indem Geschäfts- und Managementprozesse so gestaltet werden, dass sie natürlich ineinander greifen, um Kundenwert zu schaffen, verwenden sie prozess- und projektbasierte Beziehungen, um auf Kundenanforderungen in Echtzeit zu reagieren. Da jede Einheit für ihre Ergebnisse selbst verantwortlich ist, wird die zentrale Kontrolle durch marktähnliche Kräfte ersetzt, die durch ein Netzwerk von internen Lieferanten-Kunden-Vereinbarungen gesteuert werden.
6. **Führung** – Die Führungspersönlichkeiten fordern Manager heraus und spornen sie zum Erreichen größerer Leistungsziele und zu größeren Performanceverbesserungen an, um so das inkrementelle Denken des Budgetierungsmodells zu überwinden. Der Führungsstil wandelt sich von Kontrolle und Anweisung hin zu Coaching und Ermutigung.
7. **Zieldefinition** – Nur auf der Basis von relativen Zielen, die auf Wettbewerber- und Branchen-Benchmarks basieren, werden lokale Manager tatsächlich ehrgeizigere Ziele anvisieren (denn gegen einen allgemeinen Markttrend können sie nicht angehen). Darüber hinaus werden Manager dadurch, dass Zielvorgaben an einer Reihe von wichtigen Leistungsindikatoren orientiert werden, ermutigt, außer rein finanziellen auch strategische Ziele zu verfolgen.
8. **Strategieprozess** – Manager müssen über die Freiheit verfügen, Alternativen zu erkunden, nach neuen Wegen für das Schaffen von Kundenwert zu suchen und neue Geschäftsmodelle zu entwickeln. Neue Initiativen werden eher von strategischen Zielen abgeleitet als auf der Basis von politischen Überlegungen und Abteilungsegoismen, wie dies für den traditionellen Budgetierungsprozess typisch ist.

9. **Antizipationssystem** – Manager benötigen rechtzeitig Hinweise auf Veränderungen, besonders auf sich anbahnende Probleme. Zahlreiche Manager verwenden eine rollierende Vorschaurechnung, um die nähere Zukunft im Auge zu behalten. Eine zunehmend wichtigere Rolle im Antizipationssystem erhält das Management kurzfristiger Kapazitäten. Durch die Integration von Informationen über Kundenaufträge mit der Lieferkette müssen die Kapazitäten nicht weit im Voraus festgelegt werden, wodurch sich fixe in variable Kosten verwandeln.
10. **Ressourcennutzung** – Entscheidungen über Investitionen und Ressourcen an Manager vor Ort zu übertragen und sie vom jährlichen Budgetzyklus abzukoppeln, stellt sicher, dass diese nur getroffen werden, wenn sie wirklich erforderlich sind. Dies gibt Managern die Freiheit, zur rechten Zeit die notwendigen Maßnahmen zu ergreifen. Ein ständiger Druck in Richtung Kostensenkung wird durch das Sichtbarmachen von Beispielen für besonders effiziente Ressourcennutzung im Unternehmen aufrechterhalten. Wo geeignet, sollten interne Märkte geschaffen werden, auf denen interne Lieferanteneinheiten internen Kundeneinheiten ihre Dienste anbieten.
11. **Messen und Kontrolle** – Die Kontrollmechanismen müssen vielfältig sein. Zeitnah müssen Daten über den aktuellen Status und über wichtige Indikatoren sowie rollierende Vorschauen mit Hilfe schneller und offener Informationssysteme bereitgestellt werden. Die entsprechenden Messgrößen werden an alle Managementebenen gleichzeitig weitergeleitet, wobei auf der lokalen Ebene mehr Details enthalten sein sollten als auf höheren Managementebenen.
12. **Motivation und Vergütungen** – Bewertungen, die auf relativen Messgrößen beruhen, motivieren zu Leistungsverbesserungen. Dabei steht die Leistung von Teams und ganzen Unternehmen im Vordergrund, weniger die von Individuen. Diese Sichtweise fördert den Austausch von Informationen und Wissen innerhalb des Unternehmens und garantiert, dass die verschiedenen Aktivitäten koordiniert erfolgen.

Einige Unternehmen haben das Beyond-Budgeting-Konzept bereits in ihre Managementprozesse übernommen. In den meisten Fällen ergab sich dadurch eine deutliche und nachhaltige Steigerung der finanziellen Performance, die sich über Jahre verfolgen ließ. Von diesen Unternehmen waren bisher 14 Gegenstand der Untersuchungen des CAM-I Beyond Budgeting Round Table (BBRT). Im Folgenden sind einige vom BBRT dokumentierte Beispiele aufgeführt:

SKF – Ein schwedisches Unternehmen, das weltweit führend in der Herstellung von Kugellagern ist und im Jahr 2000 einen Umsatz von 40 Milliarden Schwedischen Kronen (4,2 Milliarden Euro) verzeichnen konnte. Während Total Quality

Management (TQM) bereits in den frühen 90er-Jahren begonnen hatte sich durchzusetzen, führte das Unternehmen 1996 das so genannte SKF100 ein. Hierbei handelt sich um einen Satz von Werten und Zielsetzungen, einer Reihe von mehrstufigen Balanced Scorecards, die das Unternehmen in seiner Entwicklung bis 2007, dem Jahr seines hundertjährigen Bestehens, bestimmen sollen. Diese definieren einen breiten Rahmen an ehrgeizigen Unternehmenszielen, innerhalb dessen jährliche Ziele für jede Abteilung und jedes Geschäftssegment bestimmt werden. Diese Ziele und Messgrößen brachten das Unternehmen jedoch auf einen Kollisionskurs mit seinem traditionellen Budgetierungssystem, das dann auch 1995 aufgegeben wurde. SKF ist jetzt ein wesentlich marktorientierteres Unternehmen, das heute – nach einigen mageren Jahren – ein starkes Wachstum verzeichnet.

Svenska Handelsbanken – Eine schwedische Universalbank mit etwa 2,25 Milliarden Euro Umsatz, 8 500 Angestellten und 600 Profit Centern (bei denen es sich zumeist um Filialen handelt). Svenska Handelsbanken hat starre Jahresbudgets durch ein System von marktgesteuerter Zielsetzung, kontinuierlichen Forecasting- und Ressourcenallokationsprozessen für die einzelnen Profit Center und marktähnlichen Beziehungen zwischen Supporteinheiten und operativen, kundennahen Einheiten ersetzt. Seit das Budgetierungsmodell in den 70er-Jahren aufgegeben wurde, hat die Bank ihre skandinavischen Konkurrenten in Hinsicht auf fast jede Performancemessgröße überholt: bei der Eigenkapitalrendite, beim Total Shareholder Return (TSR), dem Gewinn pro Aktie, der Cost-to-Income-Ratio sowie bei der Kundenzufriedenheit – und zwar nachhaltig, jahraus, jahrein seit nunmehr 30 Jahren. Svenska Handelsbanken ist die kosteneffizienteste Bank Europas und wurde kürzlich zu einer der besten europäischen Internetbanken gewählt.

Borealis A/S – Ein dänisches Unternehmen, das 1994 als Joint Venture zweier skandinavischer Ölfirmen (Statoil aus Norwegen und Neste aus Finnland) gegründet wurde. Borealis ist führend auf dem Gebiet der Polymer-Forschung und -Entwicklung und ist heute mit seinem Umsatz von etwa 2,8 Milliarden Euro Europas größter und weltweit der viertgrößte Hersteller von Polymeren. Die petrochemische Industrie ist dafür bekannt, dass sie sehr ausgeprägten Zyklen unterworfen ist und der finanzielle Erfolg stark vom Ölpreis abhängt. Die Einführung des Beyond-Budgeting-Konzepts ermöglichte es dem Unternehmen, auf Marktveränderungen wesentlich flexibler zu reagieren. Seit Borealis das traditionelle Budgetierungsmodell 1995 aufgegeben hat, hat das Unternehmen seinen Shareholder Value verdoppelt und die Kosten innerhalb von fünf Jahren um 30 Prozent senken können.

Das Beyond-Budgeting-Modell erfordert nicht nur eine neue Vorgehensweise bei der Budgeterstellung, Ressourcenallokation und Planung, sondern ebenso einen ganzheitlichen Ansatz im Strategie- und Corporate-Performance-Management: von der strategischen Planung über die Zieldefinition, der kontinuierlichen und ereignisgesteuerten Vorschau und des Performancemanagements auf der Basis finanzieller und nichtfinanzieller Key Performance Indicators (KPI). Um dies erfolgreich umsetzen und Organisations- und Managementprozessmodelle in Übereinstimmung mit Beyond-Budgeting-Prinzipien unterstützen zu können, machen Unternehmen immer mehr von Informationstechnik Gebrauch, etwa von analytischen Softwareanwendungen. Entscheidend beim Beyond-Budgeting-Modell ist allerdings der kontinuierliche Managementprozess, wie es bereits im Rahmen des Frameworks für die neuen Managementprozesse beschrieben wurde. Während das Beyond-Budgeting-Konzept vor allem eine Verbesserung des Corporate-Performance-Managementprozesses im Blick hat, setzt das Konzept der Szenarienplanung bei der strategischen (Langfrist-) Planung an.

Szenarienplanung

Um wichtige strategische Entscheidungen begründet treffen zu können, müssen Manager vorausschauen und versuchen, Unsicherheiten in ihren Planungen zu berücksichtigen. Die meisten Menschen reagieren auf Unsicherheiten jedoch mit Verdrängung. Sie übernehmen unbewusst eine deterministische Sicht der möglichen Ereignisse. Sie halten es für ausgemacht, dass bestimmte Dinge entweder eintreten oder nicht. Beispielsweise gingen bestimmte Menschen davon aus, dass der Ölpreis immer stabil bleiben und der Kalte Krieg nie enden würde. Da sie niemals versucht haben, überraschende Ereignisse vorauszusehen, sind sie in radikal veränderten Situationen hilflos. Szenarien sind ein Werkzeug, das Managern helfen soll, in einer Welt voller Unsicherheiten einen Blick in die Zukunft zu werfen, um sich für unerwartete Ereignisse vorbereiten zu können. Sie sind ein Werkzeug, um strategische Chancen und Risiken zu managen.

Bei Szenarienplanungen entwerfen Manager verschiedene, plausible Zukunftsszenarien und spielen diese dann bis ins Detail mit dem Ziel durch, mögliche Überraschungen zu antizipieren und Verständnisproblemen zuvorzukommen.[6] Szenarien sind letztlich ein Werkzeug, mit dem sich die Wahrnehmungen des Managementteams ordnen und strukturieren lassen. Es geht hierbei nicht darum, sich die Zukunft nach den eigenen Wunschvorstellungen auszumalen und dann zu hoffen, dass alles genau so eintritt. Ebenso wenig geht es darum, das wahrscheinlichste Zukunftsszenario zu entwerfen und sich dann danach auszurichten. Das Ziel ist vielmehr, strategische Entscheidungen zu treffen, die sich bei allen möglichen Entwicklungen bewähren können. Wie auch immer die Zukunft ausse-

6 Näheres zum Thema Szenarienplanung: Peter Schwartz, The Art of the Long View, Bantam Doubleday Dell, 1996

hen mag: Ein Unternehmen und sein Managementteam wird viel eher vorbereitet und handlungsfähig sein, wenn es über verschiedene Szenarien ernsthaft nachgedacht hat. Bei der Szenarienplanung geht es um Entscheidungen *heute* und um das Verständnis ihrer möglichen Konsequenzen.

Szenarienplanung entstand nach dem Zweiten Weltkrieg als eine Methode für die militärische Planung. Sie wurde später zum Werkzeug für die Geschäftsplanung weiterentwickelt. Anfang der 70er-Jahre erreichte die Szenarienplanung dann eine neue Qualität durch Pierre Wack, der Planer bei Royal Dutch/Shell in London war. Er und seine Kollegen suchten nach Ereignissen, die die Ölpreisentwicklung beeinflussen konnten. Und sie fanden verschiedene bedeutende Ereignisse, die sich als »Driving Forces« erwiesen. Zum einen begannen die Ölreserven in den USA zur Neige zu gehen. Gleichzeitig stieg der Ölbedarf in Amerika kontinuierlich an. Zum anderen zeigte die gerade entstandene Organization of Petroleum Exporting Countries (OPEC) Anzeichen, ihr Gewicht in Zukunft ausspielen zu wollen. Vor allem deshalb, weil die meisten ihrer Mitglieder arabische Staaten sind, die die westliche Unterstützung Israels nach dem Sechstagekrieg 1967 nicht gutheißen. Diese Faktoren zusammengenommen ergaben ein Bild, das das Planungsteam überzeugte, dass die arabischen Staaten den Ölpreis erhöhen könnten. Die Frage war nur: wann? Es war wahrscheinlich, dass dies vor 1975 geschehen würde, da dann ältere Preisabsprachen zur Neuverhandlung anstanden. Pierre Wack und seine Kollegen entwickelten daraufhin zwei Szenarien: Das eine ging davon aus, dass der Ölpreis stabil bleibt – was damals der allgemeinen Managementmeinung bei Shell entsprach. Mit dem zweiten Szenario wurde die viel plausiblere Zukunft beschrieben und durch Fakten belegt, nämlich, dass es eine massive Ölpreiserhöhung seitens der OPEC und in der Folge eine Ölkrise geben würde. Damit konnte das Shell-Management veranlasst werden, sich mit einem solchen Szenario früh genug zu beschäftigen, und die Entscheidungen vorzubereiten, die in einem solchen Fall schnell getroffen werden mussten. Im Oktober 1973, nach dem Yom-Kippur-Krieg, war es dann so weit: Die Ölkrise war da. Shell war damals die einzige größere Ölfirma, die darauf vorbereitet war, und das Management reagierte schnell. In den folgenden Jahren entwickelte sich Shell durch diesen Vorteil von einer der schwächeren der sieben größten Ölfirmen zur zweitgrößten und profitabelsten Ölfirma weltweit. Damit war Szenarienplanung als Technik für die strategische Unternehmensplanung erstmals erprobt und wurde in den folgenden Jahren von Shell und später auch von anderen Unternehmen weiterentwickelt.

Um unter Bedingungen der Unsicherheit erfolgreich sein zu können, müssen Manager in der Lage sein, ihre impliziten Annahmen darüber, wie die Welt funktioniert, zu hinterfragen, um klarer zu sehen. Das Ziel der Szenarienplanung ist es deshalb vor allem, Managern dabei zu helfen, ihre Wahrnehmung zu verändern, diese mehr an die Realität, so wie sie ist und wie sie sein wird, anzupassen. Das Ergebnis ist jedoch keine genaue Vorhersage der Zukunft, sondern es sind bessere Entscheidungen für die Zukunft.

Der Prozess der Szenarienplanung wurde von Peter Schwartz, einem Experten im Bereich Szenarienplanung, beschrieben.[7] Er gliedert den Prozess in insgesamt acht Phasen:

1. **Uncovering the decision:** Hier geht es um die Identifizierung von strategischen Entscheidungen, die ein Unternehmen bzw. sein Management in der nahen Zukunft zu treffen hat. Dies beinhaltet auch die Identifizierung der Schlüsselfaktoren im Geschäftssystem, die den Erfolg oder Misserfolg der Entscheidung beeinflussen.
2. **Information-hunting and -gathering:** Das ist die Forschungsphase. Hier werden systematisch Informationen rund um die vorher identifizierte Entscheidung und Fragestellung gesammelt.
3. **Identifying the driving forces:** In dieser Phase werden die Driving Forces im makroökonomischen Umfeld identifiziert, die die vorher identifizierten Schlüsselfaktoren im Geschäftssystem beeinflussen, die wiederum über Erfolg oder Misserfolg entscheiden.
4. **Uncovering the predetermined elements:** Als Predetermined Elements bezeichnet Peter Schwartz Entwicklungen und Logiken, die in Szenarien wirken, ohne von einer bestimmten Ereigniskette abzuhängen. Sie treten also mit großer Sicherheit ein, unabhängig davon, welches der erstellten Szenarien sich in der Zukunft realisiert. Die am häufigsten auftretenden Predetermined Elements sind demographische Entwicklungen, da diese sich nur sehr langsam vollziehen.
5. **Indentifying critical uncertainties:** In jedem Plan gibt es Unsicherheiten und Unwägbarkeiten, die aber entscheidenden Einfluss auf das Ergebnis haben. Szenarienplanung soll ein Unternehmen darauf vorbereiten, mit diesen Unwägbarkeiten umzugehen und auf jede mögliche Variante reagieren zu können. Diese kritischen Unsicherheiten werden hier identifiziert.
6. **Composing scenarios:** Nachdem nun alle Elemente für die Erstellung bzw. das Schreiben der Szenarien vorhanden sind, werden nun verschiedene Szenarien zusammengestellt, die beschreiben, wie die Driving Forces sich wahrscheinlich auf der Basis von verschiedenen Annahmen über die Predetermined Elements und die Critical Uncertainties entwickeln und welchen Einfluss sie auf die Schlüsselfaktoren des Geschäftssystems haben werden.

7 Peter Schwartz, The Art of The Long View

7. **Analysis of implications of the decisions according to scenarios:** Sobald die Szenarien stehen, wird jeweils die Auswirkung auf die in Phase 1 identifizierte Entscheidung untersucht und es werden mögliche Reaktionsstrategien entwickelt.
8. **Selection of leading indicators and »signposts«:** Wenn nun die entwickelten Szenarien und ihre »Reaktionsstrategien« quasi vorbereitet in der Schublade liegen, ist es wichtig, früh genug zu wissen, welches der beschriebenen Szenarien zum Tragen kommt. Dafür werden entsprechend der Szenarien und Strategien Messgrößen definiert, die einen Frühwarnhinweis geben können, welches der Szenarien eintritt. Diese könnten dann beispielsweise in den Risikobericht aufgenommen werden.

Systems Dynamics oder Systems Thinking

Während das Ziel der Szenarienplanung darin besteht, das Risiko strategischer Entscheidungen zu verringern, indem mögliche externe Entwicklungen antizipiert werden, ist es das Hauptziel von Systems Dynamics, Managern zu helfen, die Dynamiken im Geschäftssystem zu verstehen, um Wachstumshemmnisse zu überwinden, indem begrenzende Faktoren rechtzeitig erkannt werden. Systems Dynamics oder Systems Thinking ist eine Methode, die für die Analyse und das Management komplexer Rückkopplungssysteme entwickelt wurde, wie man sie zum Beispiel in Wirtschaftssystemen und anderen sozialen Systemen findet. Das Konzept wurde von Jay W. Forrester in den frühen 60er-Jahren am MIT entwickelt. Er begann damals das, was er während seiner Arbeit als Elektroingenieur über diese speziellen Systeme gelernt hatte, auf alltägliche Systeme zu übertragen.

Was Systems Dynamics von anderen Möglichkeiten der Analyse komplexer Systeme unterscheidet, ist die Anwendung von Feedback-Schleifen. Entsprechend dem Konzept besteht die Wirklichkeit aus ineinander greifenden zirkulären Prozessen, wird jedoch von den meisten Menschen als linear wahrgenommen, wodurch das Verständnis von Systemen und die Entscheidungsfindung im Hinblick auf Systeme erschwert wird. Peter Senge, Experte für Systems Thinking, verwendet ein Beispiel aus dem Kalten Krieg, um dies zu erläutern:[8]

Die USA hatten eine Sicht des Rüstungswettlaufs, die in etwa dem folgenden Modell entsprach:

Die UdSSR rüstet auf → Bedrohung für die USA → die USA rüsten auf

---

8 Peter M. Senge, The Fifth Discipline. The Art and Practice of the Learning Organization, Doubleday, 1994, S. 70. Dieses Buch bietet eine der besten Beschreibungen des Systems-Dynamics-Konzepts (oder des Systems Thinking, wie Peter M. Senge es nennt).

Die Sicht des Rüstungswettlaufs aus der Perspektive der sowjetischen Führung war ein Spiegelbild der amerikanischen:

Die USA rüsten auf → Bedrohung für die UdSSR → die UdSSR rüstet auf

Aus der Sicht der USA waren die Sowjets der Aggressor, und die Aufrüstung der USA mit Nuklearwaffen war eine defensive Antwort auf die von den Sowjets ausgehende Bedrohung. Aus der Sicht der Sowjets waren die USA der Aggressor, und die Aufrüstung der UdSSR mit Nuklearwaffen war eine defensive Antwort auf die von den US-Amerikanern ausgehende Bedrohung. Diese beiden Linien bilden jedoch zusammen einen Kreis. Die beiden linearen oder nichtsystemischen Sichtweisen interagieren und bilden gemeinsam ein System, einen Satz von Variablen, die sich gegenseitig beeinflussen – und zwar gerade deshalb, weil die Akteure nur ihre jeweilige begrenzte, lineare Sicht auf die Realität haben und das Gesamtsystem nicht überblicken. Die Gesamtsystemsicht auf der Basis eines Systems-Dynamics-Modells würde den Rüstungswettlauf als kontinuierlichen Kreislauf sich verstärkender Aggression aufzeigen.

Von ihrem jeweils eigenen Standpunkt aus betrachtet erreicht jede Seite kurzfristig ihr Ziel. Beide reagieren auf eine subjektiv wahrgenommene Bedrohung. Ihr Handeln führt jedoch längerfristig zum Gegenteil des gewünschten Ergebnisses, nämlich zu einer erhöhten Bedrohung. Das längerfristige Ergebnis der Bemühungen beider Seiten um mehr Sicherheit erhöhte die Unsicherheit für alle, bis es schließlich zu einer Ansammlung von Nuklearwaffen kam, deren gesamte Sprengkraft 10 000 Mal größer war als die Sprengkraft aller während des Zweiten Weltkriegs eingesetzten Waffen.

Dasselbe Phänomen tritt auch in Wirtschafts- und Geschäftssystemen auf. Herkömmliche Prognose-, Planungs- und Analysemethoden sind nicht in der Lage, mit dynamischer Komplexität angemessen umzugehen. Dynamische Komplexität liegt vor, wenn sich die langfristigen Folgen einer Handlung drastisch von ihren kurzfristigen Folgen unterscheiden. Sie liegt auch vor, wenn sich die lokalen Folgen einer Handlung deutlich von den Folgen an einer entfernteren Stelle des Systems unterscheiden. Das Konzept des Systems Dynamics bzw. Systems Thinking will dieser Komplexität gerecht werden. Um dies leisten zu können, müssen zunächst die Rückkopplungen des Objekts der Entscheidung (ein Geschäftssystem, eine Strategie oder ein Szenario) ermittelt werden. Anschließend wird es weiter analysiert, um positive Rückkopplungen, negative/balancierende Rückkopplungen und Verzögerungsfaktoren zu bestimmen, welches die Bausteine eines Systems-Dynamics-Modells der Wirklichkeit darstellen.

Eine positive Rückkopplung ist ein Wachstumsmotor. In jeder Situation, in der Wachstum auftritt, kann man davon ausgehen, dass eine positive Rückkopplung dabei eine Rolle spielt. Das durch positive Rückkopplung beschleunigte Wachstum kann auch ein negatives sein. Dies ereignet sich zum Beispiel in Situationen, in denen kleine negative Ereignisse sich verstärken, etwa wenn Anleger aufgrund einer Paniksituation auf den Finanzmärkten ihre Einlagen bei einer Bank abziehen, dies zu einer Verschlechterung der finanziellen Lage der Bank führt, was weitere Anleger zur gleichen Reaktion animiert, bis die Bank tatsächlich finanziell kollabiert. Bei positiven Rückkopplungsprozessen bauen kleine Änderungen aufeinander auf, und eine Bewegung wird so verstärkt.

Negative bzw. balancierende Rückkopplung tritt überall dort auf, wo ein zielgerichtetes Verhalten vorliegt. Wenn das Ziel darin besteht, sich nicht fortzubewegen, funktioniert die negative Rückkopplung wie die Bremsen eines Autos. Besteht das Ziel darin, sich mit 100 km/h zu bewegen, wird die negative Rückkopplung eine Beschleunigung bis auf diese Geschwindigkeit bewirken, aber nicht mehr. In einem balancierenden System existiert ein Selbstregulierungsmechanismus, der versucht, ein bestimmtes Ziel aufrechtzuerhalten. Das Füllen eines Glases mit Wasser ist ein balancierender Prozess, eine negative Rückkopplung mit dem Ziel eines vollen Glases. Die Einstellung neuer Mitarbeiter ist ein balancierender Prozess mit dem Ziel einer bestimmten Mitarbeiterzahl oder Wachstumsrate. Balancierende Prozesse bzw. negative Rückkopplungen liegen jedem zielgerichteten Verhalten zugrunde. Was balancierende Prozesse für das Management so kompliziert machen, ist die Tatsache, dass die Ziele häufig implizit sind und dass niemand erkennt, dass überhaupt ein balancierender Prozess mit negativer Rückkopplung vorliegt. Das Erkennen solcher Prozesse ist jedoch für die Systems-Dynamics-Modellierung fundamental.

Zahlreiche Rückkopplungsprozesse enthalten Verzögerungsfaktoren, die dazu führen, dass sich die Folgen bestimmter Handlungen erst allmählich einstellen. Derartige Verzögerungsfaktoren können bewirken, dass über ein Ziel weit hinausgeschossen wird. Sie können jedoch auch einen positiven Effekt haben, wenn sie erkannt und berücksichtigt werden. Verzögerungsfaktoren kommen in Geschäftssystemen überall vor. Wir investieren heute, um in einer fernen Zukunft die Früchte zu ernten, oder ein Mitarbeiter wird eingestellt, doch er erreicht erst nach einigen Monaten seine volle Produktivität. Verzögerungsfaktoren werden jedoch häufig nicht erkannt und können zur Instabilität oder sogar zum Zusammenbruch eines Systems führen, insbesondere wenn sie lange Verzögerungen hervorrufen. Jeder Anpassungszyklus in einer negativen Rückkopplungsschleife mit einem Verzögerungsfaktor kompensiert den vorausgehenden Zyklus, so dass die Einstellung auf das gewünschte Ziel hin mit großer Verzögerung und nur allmählich erfolgt.

Durch die Kombination positiver und negativer Rückkopplungen mit einem oder mehreren Verzögerungsfaktoren lässt sich das Modell eines vollständigen dynamischen Systems erstellen. So lässt sich beispielsweise ein Modell zur Analyse eines Geschäftssystems mit Wachstumsschranken aufbauen. Ein sich verstärkender Prozess wird angestoßen (positive Rückkopplung), um das gewünschte Ergebnis zu erzielen, der zu einer Erfolgsspirale führt. Er hat jedoch auch unbeabsichtigte Sekundäreffekte, die im balancierenden Prozess zum Ausdruck kommen, die den Erfolg schließlich verlangsamen, wenn diese nicht erkannt werden, und der limitierende Faktor deshalb nicht behoben wird. Üblicherweise neigen wir dazu, wenn wir auf eine Wachstumsgrenze stoßen, uns auf den sich verstärkenden Prozess zu konzentrieren und diesen mit Gewalt voranzutreiben. Der Schlüssel zum Erfolg liegt jedoch im balancierenden Prozess, der eine negative Rückkopplung aufweist. Wird beispielsweise von einem Unternehmen ein neues Produkt am Markt erfolgreich verkauft, steigen Umsatz und Gewinn. Der Unternehmer kann weitere Verkäufer einstellen und mehr in Werbung investieren. Dadurch steigen die Verkaufszahlen weiter, wodurch er noch mehr Verkäufer engagieren und noch mehr für Werbung ausgeben kann (positive Rückkopplung). Allerdings führen die steigenden Verkaufszahlen dazu, dass auch immer mehr produziert werden muss. Die Auslastung der Produktionsanlagen steigt immer mehr an. Mit der sich erhöhenden Auslastung nimmt die Fehlerrate und die Durchlaufzeit zu. Dadurch verzögert sich die Belieferung der Kunden und diese senden immer häufiger mangelhafte Waren zurück. Wodurch wiederum die Kundenzufriedenheit sinkt und sich das Image am Markt verschlechtert. Folge: Die Kunden kaufen weniger (balancierender Prozess mit negativer Rückkopplung). Es nutzt dem Unternehmer wenig, noch mehr Geld für Werbung oder Verkäufer auszugeben, er muss stattdessen rechtzeitig in weitere Fertigungskapazitäten investieren und diesen entscheidenden limitierenden Faktor beseitigen (siehe Abbildung 8.6).

Mit Hilfe eines Systems-Dynamics-Modell können Manager die Auswirkungen bestimmter Entscheidungen und Aktionen auf bestimmte begrenzende Faktoren simulieren und prüfen, welche Auswirkungen diese auf den Output haben. Die Simulation eines Szenarios oder einer Strategie auf der Basis eines Systems-Dynamics-Modells gibt so Einblick in die Dynamik eines Geschäftssystems und kann die Vorteile, die so genannte Upside, eines auf Intangible Assets basierenden Wertschöpfungsprozesses verstärken, indem der limitierende Faktor rechtzeitig erkannt und behoben wird. So können zum Beispiel genügend Netzwerkeffekte induziert werden, um die Vorteile des First Movers in Form einer Marktführerschaft in einem neuen Produkt-/Marktsegment zu sichern.

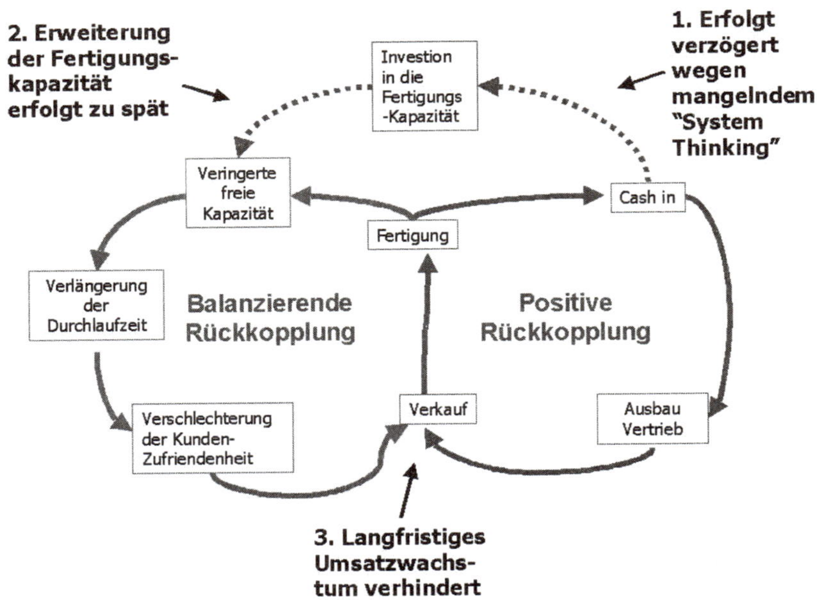

Abbildung 8.6 Systems-Dynamics-Modell mit Wachstumsschranken

Beide Konzepte, Szenarienplanung und Systems Dynamics, sind nützliche Werkzeuge, wenn es um die Unterstützung des strategischen Planungsprozesses besonders im Hinblick auf das Management von Investitionen in Intangible Assets geht – speziell dann, wenn sie miteinander kombiniert werden. Das eine Konzept limitiert die Downside, das strategische Risiko von Investitionen in Intangible Assets, dass andere hilft, die Upside hochzutreiben – beides entscheidende Werthebel bei risikoreichen Investitionen.

Das Management-Cockpit

Das Management-Cockpit[9] ist zunächst einmal ein Konzept für die Ausstattung eines Raums für Management-Meetings (siehe Abbildung 8.7), aber auch für die Strukturierung von Performancemanagement-Meetings. Es ist dazu bestimmt, Managementteams produktiver zu machen, indem die Kommunikation zwischen den Teammitgliedern verbessert und ihre Aufmerksamkeit auf strategische Themen konzentriert wird.

9 Das Management-Cockpit wurde ursprünglich von Patrick Georges entwickelt, die Rechte am Management-Cockpit-Konzept wurden 1998 von der SAP AG erworben. Die Bezeichnung »Management Cockpit« ist ein eingetragenes Warenzeichen der SAP AG.

Abbildung 8.7 Ein Management-Cockpit-Raum zur Unterstützung effizienter Management-Meetings (Quelle: SAP)

Im Mittelpunkt des Konzepts steht ein System mit ca. 100 Messgrößen und anderen kritischen, nichtstrukturierten Geschäftsdaten, die auf den vier Wänden des Management-Cockpit-Raums mit Hilfe ergonomisch gestalteter Diagramme dargestellt sind. Die Diagramme oder »Visuals«, die die Messgrößen darstellen, sind so gestaltet, um vor allem das Senior Management bei Entscheidungen zu unterstützen. Während der Management-Cockpit-Meetings sind nur diejenigen Messgrößen und Diagramme sichtbar, die für die anstehende Diskussion oder die zu treffende Entscheidung relevant sind. Dies soll Manager zum Handeln motivieren, wenn ihnen während der Treffen der Status der wichtigsten strategischen Messgrößen angezeigt, und es ihnen ermöglicht wird, die Beziehungen zwischen den verschiedenen zugrunde liegenden Geschäftsprozessen und Erfolgsfaktoren zu verstehen. Das Konzept wurde von Prof. Patrick M. Georges in Brüssel entwickelt, einem Experten auf dem Gebiet von Human Intelligence Management.[10]

Die Elemente des Konzepts sind die vier Wände mit ihren logischen Sichten, das so genannte Flight Deck in einer Ecke des Raums, das aus einem Computer mit sechs Bildschirmen besteht, sowie die Trainings- und Checklisten, die einem Managementteam helfen sollen, Team-Meetings effektiver abzuwickeln und die erforderlichen Entscheidungen schneller zu treffen. Die Schwarze Wand (Black Wall) stellt die wichtigsten Leistungsindikatoren/Messgrößen in sechs verschiedenen Sichten dar, die sämtliche relevanten Managementbereiche des Unternehmens abdecken. Jede logische Sicht ist einem der Kernbereiche gewidmet, die das Management überwachen muss. Sie ist nach dem Frage-Antwort-Prinzip auf-

10 Siehe das Interview mit Patrick Georges in Kapitel 9.

gebaut. Eine logische Sicht stellt daher immer eine Antwort auf eine Frage dar. Solche Fragen sind beispielsweise: Ist die finanzielle Performance des Unternehmens in Ordnung? Wie hoch ist unser Marktanteil im Vergleich zu den wichtigsten Wettbewerbern? Wie erfolgreich sind wir bei der Kundenbindung und der Neukundenakquise? Wie effizient sind wir unternehmensintern mit unseren Geschäftsprozessen? Die Antwort erfolgt für jede logische Sicht in sechs verschiedenen so genannten Frames. Jeder dieser Frames enthält entweder ein Diagramm oder Textinformationen (siehe Abbildung 8.8).

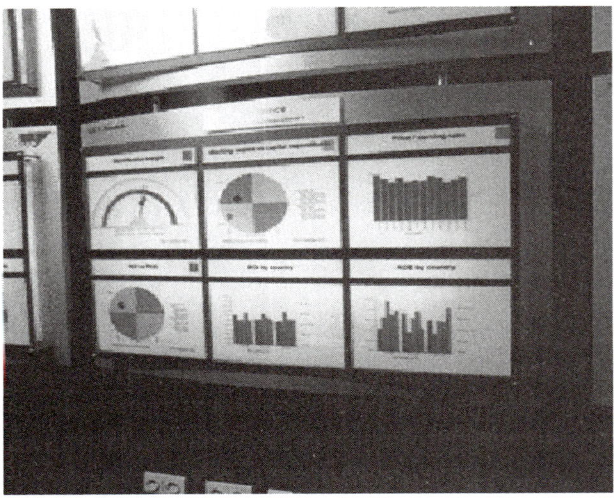

Abbildung 8.8 Beispiel einer logischen Sicht des Management-Cockpits (hier: Red Wall)

Die anderen drei Wände stellen, jede jeweils wieder durch sechs logische Sichten, Indikatoren zur Beantwortung detaillierterer Fragen dar. Die Rote Wand (Red Wall) liefert Informationen über den Markt und die Kunden, die Blaue Wand (Blue Wall) über interne Prozesse und Ressourcen und die Weiße Wand (White Wall) über den Status wichtiger Projekte und strategischer Initiativen. Die Struktur ist also derjenigen der Balanced Scorecard sehr ähnlich.

Ein solches, durch entsprechende Software unterstütztes Management-Cockpit, macht es auch möglich, jedem Mitglied des Managementteams über ein webbasiertes Portal den Zugriff auf die Management-Cockpit-Daten zu gewähren. Die Mitglieder können auf diesem Wege die Daten analysieren und von ihrem Arbeitsplatz oder sogar von zu Hause aus Simulationen durchführen, um beispielsweise die nächste Managementsitzung vorzubereiten.

Nach dem Konzept von Professor Georges spiegelt die Management-Cockpit-Struktur auch den Aufbau der darin abgehaltenen Sitzungen wider. Die Sitzung beginnt mit einer Untersuchung des aktuellen Status durch die Analyse und Diskussion der Informationen der Schwarzen Wand, die danach unter Einbeziehung der Informationen der Blauen und der Roten Wand vertieft werden. Die Sitzung wird dann mit der Betrachtung des Status von strategischen Projekten (Weiße Wand) und eventuell durch das Aufsetzen neuer Projekte beendet. Am Ende der Sitzung hat das Managementteam alle wichtigen Entscheidungen getroffen und sich dabei auf die wirklich dringenden Themen konzentriert.

Das Management-Cockpit stellt demnach durch strukturierte Kommunikationsprozesse in Sitzungen sowie während deren Vor- und Nachbereitung ein nützliches Konzept für den Aufbau einer allgemeinen Managementinformations- und Kommunikationsbasis dar.

Professor Georges hat inzwischen mehr als 50 Organisationen, hauptsächlich in Europa, bei der Implementierung und beim Betrieb eines solchen Management-Cockpit-Raums unterstützt. Eines der ersten Unternehmen war Iglo-Ola (Unilever Belgium), wo Ghislain Malcorps, der frühere Finanzcontroller, die Installation und den Ausbau des Management-Cockpits begleitet und vorangetrieben hat.

Interview mit Ghislain Malcorps: Erfahrungen bei der Einführung und Nutzung des Management-Cockpits

Iglo-Ola (Unilever Belgium) ist eine Tochtergesellschaft der Unilever-Gruppe mit einem Umsatz von 150 Millionen Euro zum Zeitpunkt des Interviews. Das Unternehmen beschäftigt 300 Mitarbeiter, wovon die Hälfte in der Logistik tätig ist. Es operiert ausschließlich in Belgien und Luxemburg und ist auf tiefgefrorene Fertiggerichte und Eiscreme spezialisiert. In Deutschland ist Langnese-Iglo sein Schwesterunternehmen. Iglo-Ola ist eine reine Marketing- und Vertriebsorganisation. Alle verkauften Produkte werden von ausländischen Schwesterunternehmen importiert. Das Unternehmen liefert direkt an die Einzelhändler. Die beiden Hauptfunktionen, die bei Iglo-Ola in Belgien gemanagt werden müssen, sind daher einerseits Marketing und Werbung und andererseits Logistik.

Ich besuchte Ghislain Malcorps und den Management-Cockpit-Raum seines Unternehmens im November 1998, wenige Monate nachdem das Cockpit eingerichtet worden war, und war bereits damals davon beeindruckt. Malcorps spielte bei der Einführung des Management-Cockpit-Raums eine wichtige Rolle und fungierte auch als so genannter Cockpit Officer. Das folgende Interview mit ihm fand im Frühjahr 2000 statt. Inzwischen ist er in den Ruhestand getreten.

Jürgen Daum: Herr Malcorps, Sie waren in Ihrem Unternehmen einer der wesentlichen Förderer der Implementierung des Management-Cockpits, für das Sie auch verantwortlich waren. Der Management-Cockpit-Raum bei Iglo-Ola ist nun schon seit zwei Jahren im Einsatz und Sie haben in dieser Zeit umfangreiche Erfahrungen damit gesammelt. Warum haben Sie und Ihr Managementteam einen solchen Raum eingerichtet?

Ghislain Malcorps: Nun, wenn ich an die Situation vor der Einführung des Management-Cockpits zurückdenke, würde ich sie aus der Perspektive eines Managers so charakterisieren, dass wir zwar eine Unmenge von Daten hatten, jedoch nur sehr wenig Informationen und Wissen besaßen. Das Unternehmen verfügte über sehr umfangreiche Datenbestände, jedoch wusste niemand genau, welche Daten man sich anschauen sollte und was wirklich wichtig war. Häufig konnten Daten mit anderen Daten nicht verbunden werden, so dass es äußerst schwierig war, sie zu interpretieren. Die verfügbaren Managementdaten entsprachen nicht den Anforderungen des Senior und Middle Managements. Sie waren nicht besonders gut aufbereitet und deshalb nur schwer verdaulich. Sie enthielten zahlreiche Widersprüche, es gab mehrere Versionen derselben Daten, ein zu umfangreiches Zahlenmaterial und keine visuelle Aufbereitung. Häufig fehlte auch der Fokus auf strategische Themen und Parameter. Die tägliche Erfahrung der Manager und Entscheider des Unternehmens war durch einen Mangel an gesichertem Wissen und an Aufmerksamkeit für die Strategie des Unternehmens gekennzeichnet. Außerdem gab es keine effiziente Kommunikation über die Strategien unter den Managern.

Jürgen Daum: Ich kann mir vorstellen, dass diese Situation für zahlreiche Unternehmen nicht untypisch ist.

Ghislain Malcorps: Da haben Sie wahrscheinlich Recht. Ich vermute jedoch, dass viele Manager und Entscheider nicht wissen, wie viel besser ein Managementsystem sein könnte und welche Managementinformationen und welches Wissen ihnen entgehen. Ganz einfach deshalb, weil es ihnen an Vergleichsmöglichkeiten fehlt. In unserem Fall wurden wir darauf aufmerksam, als wir vom Management-Cockpit hörten und von seinem Erfinder, Prof. Georges, mehr über dieses innovative Konzepte erfuhren. Das Konzept eines Konferenzraums und eines Kommunikationswerkzeugs, mit dessen Hilfe die Führungsmannschaft die gewählten Strategien offen darlegt und das garantiert, dass jeder von ihnen informiert ist und die Strategien und die geschäftlichen Grundannahmen jedem klar sind und von jedem geteilt werden und dass die kurzfristigen Entscheidungen mit längerfristigen Strategien voll kompatibel sind, schien uns die Lösung unseres Problems zu sein. Zumal wir es soeben erst in seinem vollen Umfang erkannt hatten. Daher trafen unser Chairman und das Managementteam die Entscheidung, einen solchen Management-Cockpit-Raum bei Iglo-Ola einzuführen.

Jürgen Daum: Die Einführung eines solchen neuen Managementsystems in Ihrem Unternehmen – neu im Vergleich zu dem bisherigen Managementsystem, das auf herkömmlichen Finanzberichten basierte – stellte wahrscheinlich für jeden Manager und für die Finanz- und Controllingabteilung eine große Herausforderung dar. Wie sind Sie bei der Einführung des Management-Cockpit-Raums vorgegangen?

Ghislain Malcorps: Das Management-Cockpit sollte als vereinheitlichende, die Strategie fokussierende Schnittstelle zwischen dem Chairman und dem Vorstand sowie zwischen dem Vorstand und dem erweiterten Vorstand dienen – zu dem auch die Manager der operativen Ebene zählen. Die erste von uns zu lösende Aufgabe bestand daher darin, einen Konsens über die Mission des Unternehmens und seine Strategien zu erzielen.

Jürgen Daum: Gab es den bis dahin noch nicht?

Ghislain Malcorps: Doch, es gab ihn auch schon vorher. Die Mission und die Strategien des Unternehmens wurden jedoch nicht regelmäßig überprüft und neu diskutiert, wie dies beispielsweise mit dem monatlichen Finanzbericht geschah. Das bis dahin verwandte Reporting- und Managementsystem regte nicht zur Diskussion von Strategien an. Daher hatte jeder Manager und Executive sein eigenes Verständnis von der Mission und der Strategie des Unternehmens, und daher auch seine eigenen Prioritäten. Es war eines der wichtigsten Ziele des Management-Cockpit-Projekts, gemeinsame strategische Prioritäten zu setzen, um sicherzustellen, dass die kurzfristigen Entscheidungen mit den längerfristigen Strategien kompatibel waren. Hierzu bedurfte es zunächst eines konsistenten Verständnisses der Mission und im Anschluss daran der Strategien des Unternehmens.

Jürgen Daum: Was genau ist nun das Management-Cockpit und wie sieht es bei Iglo-Ola Belgien aus?

Ghislain Malcorps: Es ist ein Entscheidungszentrum, in dem das Managementteam sich regelmäßig trifft, um die Performance und die Strategien des Unternehmens zu diskutieren. Es ist auch ein leistungsstarkes Kommunikationswerkzeug. Die Unternehmensleitung legt mit seiner Hilfe die gewählten Strategien offen und das Cockpit garantiert, dass jeder Manager informiert ist. An seinen Wänden werden die Mission, kritische Erfolgsfaktoren sowie die wichtigsten Leistungsindikatoren in grafisch aufbereiteter Form auf Tafeln angezeigt. Die Schwarze Wand zeigt an, was für das Unternehmen wichtig ist: Natürlich das Ergebnis und die Handelsmarge sowie die wichtigsten Ziele, die die Strategien und das Mission Statement des Unternehmens widerspiegeln, wie Innovationen, Wachstumsraten usw. Die Blaue Wand beschreibt das Innenleben des Unternehmens, etwa die Produktivität in einigen sensiblen Bereichen wie der Logistik, die Kostenentwicklung, die Qualifikationen der Mitarbeiter usw. Auf der Roten Wand ist die Umgebung des Unternehmens dargestellt: Informationen über Kunden und Konkurrenten, Marktanteile, makroökonomische Indikatoren, die Entwicklung der Preise wichtiger Rohmaterialien und dergleichen mehr. Der Aktionsplan der Geschäftsleitung ist auf der Weißen Wand angezeigt. Er stellt die strategischen Stoßrichtungen sowie drei rollierende Meilensteine dar.

Jürgen Daum: Was verstehen Sie unter strategischen Stoßrichtungen?

Ghislain Malcorps: Als strategische Stoßrichtungen werden die wichtigsten Strategien bezeichnet, die aus dem Mission Statement des Unternehmens abgeleitet wurden. Die Zusammenfassung dieser wichtigsten Strategien wird als »Broad Action Plan« bezeichnet. Diese Stoßrichtungen sind weitestgehend aktionsgesteuert. Sie werden jeweils durch eine Grafik und durch eine Liste aller Stoßrichtungen mit ihrem jeweiligen Status auf der Weißen Wand dargestellt. Die anderen Tafeln der Weißen Wand zeigen Messgrößen zu den Human Resources und zu sämtlichen Projekten, mit denen die Strategien umgesetzt werden sollen. Die Verfolgung der verschiedenen Projekte war nach unserer Erfahrung bei Iglo-Ola eine wesentliche Aufgabe des Management-Cockpits.

Jürgen Daum: Können Sie uns ein Beispiel für ein solches Projekt nennen?

Ghislain Malcorps: Ein Beispiel für ein Projekt und für solch eine grafische Darstellung auf der Weißen Wand des Management-Cockpits ist »Mehr Wert durch SAP«, d.h., wir wollten damals einen größeren Wert aus unserer Implementierung des ERP-Systems von SAP realisieren. Das Projekt war in mehrere Phasen unterteilt, jede mit einem definierten Fertigstellungstermin. Zu solchen Projekten gehören auch Fusionen und Akquisitionen von Unternehmen, größere Investitionen und Umstrukturierungen. In der grafischen Darstellung wird durch einen farbigen Punkt angegeben, ob die für das Projekt verantwortliche Person die erforderlichen Zwischenziele erreicht hat oder nicht. Natürlich ist für jedes Projekt ein Manager als Verantwortlicher definiert, dessen variables Einkommen an die zeitgerechte Realisierung des Projekts gebunden ist.

Jürgen Daum: Die von Ihnen erwähnten grafischen Darstellungen scheinen eine Hauptrolle für das Konzept des Management-Cockpits zu spielen. Wie wurden diese bei Iglo-Ola gestaltet?

Ghislain Malcorps: Jede Wand ist in so genannte logische Sichten unterteilt, von denen jede einen bestimmten Titel trägt und zu einer Frage des Broad Action Plans in Beziehung steht. Die Frage wird durch die sechs Grafiken oder Visuals der jeweiligen logischen Sicht beantwortet, von denen einige mit anderen Grafiken im Cockpit in Beziehung stehen. Die Grafiken stellen, wie in einer Scorecard, normalerweise einen einzigen Key Performance Indicator (KPI) dar, da sie auf nur eine Information beschränkt sein sollten: Weniger ist mehr. Sie sind farbig codiert: Grün, Gelb und Rot machen die so dargestellten Daten leichter lesbar und damit auch »verdaulich«. Vor allem am Anfang neigt man intuitiv dazu, die Grafiken mit erläuternden und quantitativen Informationen zu überfrachten. Ein solcher Fleckenteppich verliert jedoch seine Aussagekraft und kann manchmal völlig ineffektiv werden.

Jürgen Daum: Gibt es für jeden KPI klare Managementverantwortlichkeiten?

Ghislain Malcorps: Jedes Visual und damit jeder KPI hat einen so genannten Sponsor, den Leiter der jeweiligen Abteilung, sowie einen Eigentümer der Daten. Der Controller, der Leiter der Controllingabteilung ist, in diesem Fall ich selbst, ist für die Dokumentation und das allgemeine Management des Cockpits verantwortlich. Nach ersten Erfahrungen wurde uns das Fehlen einer vollständigen Dokumentation deutlich. Wir mussten unser Know-how und die von uns gesammelte Erfahrung schützen und gleichzeitig jedem Manager, der diese Visualisierungen verstehen musste, einen Leitfaden an die Hand geben. Wir entschlossen uns zur Herausgabe eines Leitfadens für die Visuals, sobald das gesamte Cockpit eine mehr oder weniger stabile Form angenommen hatte.

Jürgen Daum: Was haben Sie darin dokumentiert?

Ghislain Malcorps: Die Dokumentation besteht aus einer Beschreibung des Eigentümers der Daten und des Visuals, der Definition des Visuals, einschließlich der vollständigen Formel, sowie einer kurzen, aber vollständigen Beschreibung, wie das Visual zu lesen und interpretieren ist und wie häufig die Daten aktualisiert werden.

Jürgen Daum: Ich könnte mir vorstellen, dass diese Art von Managementinformationen sehr viel stärker strukturellen und inhaltlichen Änderungen ausgesetzt ist als herkömmliche, rein finanzorientierte Managementberichte. Wie häufig ändern sich die Inhalte des Management-Cockpits?

Ghislain Malcorps: Modifikationen und Neudefinitionen der Visuals werden normalerweise während der Vorstandssitzungen vereinbart. Die meisten Visuals werden monatlich aktualisiert. In manchen Fällen wird alle zwei Monate, wie zum Beispiel bei den Nielsen-Zahlen, vierteljährlich oder sogar nur einmal im Jahr aktualisiert, wie etwa bei der Kundenzufriedenheit nach Beendigung der erfolgten jährlichen Umfrage. Eine größere Überarbeitung findet einmal im Jahr im Dezember statt, nachdem der detaillierte Implementierungsplan für das nächste Jahr diskutiert wurde.

Jürgen Daum: Ich möchte noch einmal auf die Implementierungsphase des Management-Cockpits zurückkommen. Sie sagten, dass der erste Schritt die Definition des Mission Statements war?

Ghislain Malcorps: Ja, die Definition des Mission Statements war der erste Schritt, und es war ein äußerst wichtiger Schritt, weil er allen im Unternehmen eine Identifikationsmöglichkeit gab, eine Richtung, an die man sich halten kann und die in Zukunft nur noch schwer zu ändern sein würde. Die dabei zu beantwortenden Fragen lauteten: Wer sind wir? Was sind unsere Werte? Was sind unsere Stärken und Schwächen? Was ist unsere Rolle im Umfeld des Unternehmens? Wir fragten uns jedoch auch: Wer oder wie möchten wir in Zukunft sein?

Jürgen Daum: Wie ist es Ihnen gelungen, ein konsistentes Mission Statement zu formulieren, auf das sich alle Manager einigen konnten? Gab es jemanden, der diesen Prozess moderiert hat?

Ghislain Malcorps: Ja, diese Rolle wurde von Professor Georges übernommen: Er moderierte während der entscheidenden Phasen beim Einrichten des Management-Cockpits bei Iglo-Ola. Wir hatten zahlreiche Diskussionen, zunächst mit jedem einzelnen Mitglied des Vorstands, der aus sechs Personen bestand, und anschließend mit allen gemeinsam. Auf der nächsten Ebene fanden Gruppendiskussionen mit dem erweiterten Vorstand statt, der aus insgesamt 20 Personen bestand, die dem Vorstand halfen, das Mission Statement in seine endgültige Form zu bringen. Gleichzeitig war es sozusagen der Roll-out des Mission Statements auf der zweiten Managementebene.

Jürgen Daum: Was war der nächste Schritt im Implementierungsprozess nach der Fertigstellung des Mission Statements?

Ghislain Malcorps: Der nächste Schritt war nun, aus dem Mission Statement die wesentlichen Strategien abzuleiten. Das Ergebnis war der bereits erwähnte Broad Action Plan mit seiner Liste der zwölf wichtigsten strategischen Stoßrichtungen. Besonders wichtig war es, nicht nur die strategische Stoßrichtung im Allgemeinen zu definieren, sondern zeitlich genau anzugeben, welche Stoßrichtungen kurzfristig innerhalb der nächsten drei Monate, mittelfristig innerhalb des nächsten Jahres und welche längerfristig für einen darüber hinausreichenden Zeitraum wichtig waren. Zu diesem Zweck definierten wir drei Visuals auf der Weißen Wand des Management-Cockpits in Form von so genannten Rolling Milestones. Zudem waren auf der Wand auch sämtliche strategischen Stoßrichtungen mit ihrem aktuellen Status aufgeführt. Jeder Strategie ordneten wir außerdem Ziele zu, wie etwa im Bereich Innovation. Hier setzten wir es uns zum Ziel, dass 20 Prozent unseres jährlichen Umsatzes aus Innovationen stammen sollten. Bei den Gemeinkosten war es unser Ziel, für die nächsten fünf Jahre die Kosten jährlich um 0,5 Prozent des Umsatzes zu senken.

Jürgen Daum: Sind das die KPI-Messgrößen?

Ghislain Malcorps: Nein. Das sind einfach nur die Ziele. Festzulegen, wie die Zielerreichung mit Hilfe von KPIs gemessen werden soll, ist ein weiterer Schritt des Implementierungsprozesses. Sehr häufig werden diese beiden Schritte kombiniert. Die Definition von KPIs und der entsprechenden Zielwerte ist ebenfalls von entscheidender Bedeutung und häufig schwierig – was oft zu langen Diskussionen führt, sich aber nicht vermeiden lässt.

Jürgen Daum: Können Sie uns ein Beispiel geben, worüber hier diskutiert werden muss?

Ghislain Malcorps: Wenn Sie beispielsweise den Innovationsgrad in einem Unternehmen messen wollen, müssen Sie sich zunächst darauf einigen, wie diese Messung erfolgen soll. Eine Möglichkeit könnte darin bestehen, die Zahl der Produkteinführungen anzugeben. Doch dann müssen Sie sich darüber einig werden, über welchen Zeitraum diese Zählung erfolgen soll: für den Zeitraum seit Jahresbeginn, für die letzten 12 oder die letzten 24 Monate? Und selbst wenn Sie diese Diskussion beendet haben, muss noch in einem weiteren Punkt Einigkeit erzielt werden: Soll die Vergangenheit überhaupt so dominant in diese Messgröße eingehen, oder sollten nicht eher Daten über die Gegenwart oder sogar Plandaten berücksichtigt werden? Und nicht jede Produkteinführung ist ein Erfolg – Was ist mit den Flops? Sollen sie mitgezählt werden? Und schließlich: Soll dabei auch die Profitabilität der einzelnen Innovationen berücksichtigt werden, oder ist der Umsatz ein ausreichender Indikator?

Jürgen Daum: Ich verstehe. Wenn man das vertraute Terrain der finanziellen Zahlen, mit denen sich jeder seit dem Studium der Betriebswirtschaft auskennt, verlässt, muss für nichtfinanzielle Leistungsindikatoren wesentlich sorgfältiger definiert werden, was wie gemessen werden soll ...

Ghislain Malcorps: ... und Sie müssen dabei auch mögliche zukünftige geschäftliche Entwicklungen berücksichtigen oder zumindest schnell darauf reagieren, indem Sie die Berechnungsverfahren solcher Messgrößen anpassen. Denn Sie müssen verhindern, dass Messgrößen plötzlich irrelevant und nutzlos werden, ohne dass Manager und Executives dies sofort bemerken. Das heißt: Sie benötigen einen sehr erfahrenen und engagierten Controller.

Jürgen Daum: Könnten Sie dies bitte ein wenig ausführlicher erläutern? Wie kann eine Messgröße bzw. ein KPI plötzlich nutzlos oder irrelevant werden, wenn zuvor sorgfältig definiert wurde?

Ghislain Malcorps: Ich gebe Ihnen ein Beispiel: Um Ihre Gemeinkosten quantitativ erfassen und managen zu können, müssen Sie sie mit einer anderen Messgröße vergleichen. Absolute Gemeinkosten sagen wenig darüber aus, ob Ihre Gemeinkosten hoch sind oder nicht. Zum Beispiel lassen sich Gemeinkosten als Prozentsatz des Umsatzes ausdrücken. Dies entspricht dem gesunden Menschenverstand. Normalerweise würde jeder zustimmen, dass dies ein guter Vergleich ist, da die Gemeinkosten zunehmen, wenn das Geschäft – und damit der Umsatz – wächst. Die implizite Annahme hinter dieser Messmethode ist jedoch, dass es immer eine Korrelation zwischen dem Umfang des operativen Geschäfts und dem Umsatz gibt. Wenn Ihnen nicht klar ist, dass dies eine Annahme und kein Naturgesetz ist, kann es vorkommen, dass sich das Management weiterhin auf einen Indikator stützt, der inzwischen irrelevant, wenn nicht falsch ist. Was wäre, wenn beispielsweise explodierende Fischpreise aufgrund niedrigerer Fangquoten unseren Umsatz im Bereich Fischtiefkühlkost in die Höhe schnellen ließen? Wenn Sie sich im Voraus nicht über derartige Möglichkeiten Gedanken machen, indem Sie beispielsweise solche Effekte während der Berechnung des Indikators neutralisieren, würde dies dem zuständigen Manager als persönliche Leistung angerechnet werden. Ein weiterer Faktor, der bei der Berechnung von Umsatzzahlen bedacht werden muss, ist die Inflation. Sie müssen innerhalb des Managementteams darüber Einigkeit erzielen, ob solche Effekte neutralisiert werden sollen oder nicht. All dies sind wichtige Fragen, die eine angemessene Behandlung erfordern, wenn Sie ein effizientes Werkzeug bauen wollen, dem seine Anwender vertrauen.

Jürgen Daum: Alle diese Diskussionen Indikator für Indikator zu führen, scheint sehr wichtig zu sein, wenn das Management-Cockpit künftig so viel Nutzen wie möglich stiften soll. Laufen Sie aber hierbei nicht Gefahr, dass die Beteiligten den Überblick verlieren?

Ghislain Malcorps: Dies ist der Grund dafür, warum der nächste Schritt im Implementierungsprozess die so genannte Zertifizierungs- oder Prüfungsphase ist. Sie bestand in der Zuordnung der Indikatoren zu den Aussagen des anfänglichen Mission Statements. Hierbei diskutierten wir Fragen wie: Gibt es für jede strategische Aussage einen eigenen Leistungsindikator? Wie viele Performanceindikatoren gibt es? Reichen sie aus? Sind es nicht zu viele? Lässt sich jeder Indikator einer strategischen Aussage zuordnen? Wenn dies nicht möglich ist, sollten wir die strategische Aussage dann umformulieren oder umgekehr den Indikator weglassen? Mit Hilfe dieses »Alignments« stellten wir sicher, dass wir unsere Strategie nicht aus den Augen verloren, während wir uns in die Diskussion operativer Indikatoren vertieften, und wir stellten ebenfalls sicher, dass jedes strategische Ziel im Tagesgeschäft gemessen wurde.

Jürgen Daum: Die Definition der Messgrößen und ihrer Berechnungsverfahren ist jedoch noch nicht alles. Ein sehr wichtiges Element des Management-Cockpit-Konzepts ist die Visualisierung der Indikatoren auf den Wandtafeln.

Ghislain Malcorps: Richtig. Dies ist der letzte Schritt des Prozesses: die Auswahl der geeigneten Visualisierung für die einzelnen Parameter, der so genannten Visuals. Auch hier gab es lange Diskussionen, da wir zum ersten Mal mit diesen neuen Displays konfrontiert waren, mit den »Ampeln« usw. Auch diese Diskussionen waren Teil des Lernprozesses. Während dieses Schritts müssen nicht nur die geeigneten Visuals ausgewählt, sondern auch die Häufigkeit der Aktualisierung, der Eigentümer usw. festgelegt werden.

Jürgen Daum: Was sind Ihre Schlussfolgerungen und wie sieht die Zusammenfassung Ihrer Erfahrungen aus, nachdem Sie diesen Prozess durchlaufen haben?

Ghislain Malcorps: Wie Sie sehen, geht es bei der Implementierung eines Management-Cockpits nicht einfach darum, einige attraktive Visualisierungen zur Anzeige des Status einiger zufällig ausgewählter Performanceindikatoren auszuwählen: Das ist echte Arbeit, die einige Zeit braucht. Das Cockpit ist nur die Spitze des Eisbergs. Vergessen Sie nicht die vorausgehenden Schritte, die Diskussionen, die Analysen, die in verschiedenen Bereichen durchzuführen sind, die Entscheidungen, die zu treffen sind und die Prioritäten, die man setzen muss. All dies sind bereits erste positive Ergebnisse des Cockpits, noch bevor es wirklich eingesetzt wird. Selbst wenn Sie den Prozess an diesem Punkt abbrechen würden, wären Ihre Managementwerkzeuge in jedem Fall deutlich besser als vorher. Die Bedingungen für den Erfolg des Management-Cockpits liegen tatsächlich in den Schritten zu seiner Implementierung.

Jürgen Daum: Wie lange dauert es insgesamt, ein Management-Cockpit zu implementieren?

Ghislain Malcorps: In unserem Fall mussten wir einige außergewöhnliche Hindernisse überwinden, so dass wir zusätzliche Zeit benötigten. Während der Implementierung wurde beispielsweise der gesamte Vorstand unseres Unternehmens neu besetzt. Fünf Vorstandsmitglieder waren innerhalb des Unilever-Konzerns befördert worden und ein Mitglied trat in den Ruhestand. Ein weiteres Problem wurde durch die anfänglich von uns verwandte Software verursacht, mit der wir größere Schwierigkeiten hatten. Es gab zum damaligen Zeitpunkt noch nicht die SEM-Software von SAP, zu der jetzt standardmäßig ein Management-Cockpit gehört. Wir mussten unsere eigene Anwendung auf der Basis von Microsoft Excel erstellen. Unter normalen Umständen hätte der Prozess etwa neun Monate gedauert, um ungefähr 100 stabile Visuals zu definieren, was normalerweise die Anzahl von Visuals eines vollständigen Cockpits ist. Wenn Sie jedoch mit den wichtigsten Visuals der Schwarzen Wand beginnen, ist es möglich, das Management-Cockpit in einer Prototyp-Version schon früher einzusetzen. Dies ist auch hilfreich, um Erfahrungen zu sammeln, die in die Endversion einfließen können.

Jürgen Daum: Wie wird das Management-Cockpit bei Iglo-Ola Belgien eingesetzt?

Ghislain Malcorps: Das Cockpit wird für die Vorstandssitzungen, die Sitzungen des erweiterten Vorstands sowie für bestimmte Abteilungs-Meetings verwendet. Jedes Meeting beginnt mit einer zweistündigen Tour durch die verschiedenen Visuals und Indikatoren, wobei ein klarer Schwerpunkt auf den Visuals liegt, deren Ampel auf rot oder gelb steht. Die wichtigsten Probleme werden benannt und mögliche Erklärungen dafür sofort diskutiert, so dass alle Teilnehmer über die Probleme, die vorgeschlagenen Lösungen und die ergriffenen Maßnahmen unterrichtet sind. Sehr wichtig ist die Tatsache, dass keine längeren Diskussionen über die Genauigkeit der Zahlen stattfinden. Da die Zahlen in aussagekräftige visuelle Elemente übersetzt werden, die beispielsweise Ist- und Sollwerte vergleichen und sich auf die bildliche Darstellung von Abweichungen konzentrieren, wird der Schwerpunkt der Aufmerksamkeit nicht auf die zugrunde liegenden Zahlen, sondern auf die Situation selbst gelenkt, auf die Hot Points, an denen korrigierende Maßnahmen im Geschäft selbst ergriffen werden müssen.

Wir müssen selbstverständlich einen hohen Qualitäts- und Genauigkeitsgrad der den Visuals zugrunde liegenden Zahlen sicherstellen, da das Cockpit ansonsten unglaubwürdig würde. Dies liegt natürlich in der Verantwortung des Controllers und Cockpit Officers, wie diese Rolle von Professor Georges bezeichnet wird. Das Management-Cockpit ist im Unternehmen der Ort, an dem alle Strategien schriftlich fixiert und sichtbar sind, und wo sie angepasst werden, wenn dies erforderlich ist. Hier kann auch jeder den Erfolg dieser Strategien ablesen. Das Management-Cockpit ist also zugleich das Nervenzentrum des Unternehmens, das seine Strategien und Antriebskräfte repräsentiert und wo Aktionen definiert werden, um die strategischen Ziele zu erreichen.

Jürgen Daum: Was wurde aus dem bisherigen Reporting des Managements? Gibt es das weiterhin, oder wurde es durch das Management-Cockpit vollständig ersetzt?

Ghislain Malcorps: Wir erwarteten, dass die Verwendung des Cockpits den Umfang der schriftlichen Reports, d.h. unserer herkömmlichen monatlichen Finanzberichte, reduzieren würde. Dies erfolgte, wenn überhaupt, nur in geringem Maß, um vielleicht zwei Prozent. Der Grund hierfür ist, dass das Cockpit ein strategisches Werkzeug ist, das es vorher nicht gab, und das deshalb nichts anderes ersetzt. Es ist eine Ergänzung zum traditionellen Reporting, das für Aufsichtsbehörden und den Fiskus, für das Budgetcontrolling und für das Berichtswesen an die Konzernzentrale weiterhin benötigt wird. Dennoch gibt das Cockpit auch diesen Reports eine strategische Gewichtung und hilft so, sie besser zu strukturieren oder zumindest teilweise überflüssig zu machen.

Jürgen Daum: Was sind nach Ihrer Erfahrung die kritischen Erfolgsfaktoren bei der Implementierung und dem Einsatz eines Management-Cockpits? Was würden Sie anderen Unternehmen raten, die es einführen möchten?

Ghislain Malcorps: Zunächst benötigen Sie die volle Unterstützung des Chairmans und der übrigen Vorstandsmitglieder. Das Management-Cockpit muss als das wichtigste Managementwerkzeug angesehen werden, das die Strategie für alle klar macht. Unabdingbar ist auch Disziplin hinsichtlich der termingerechten Aktualisierung der Daten und Geduld während der Implementierungsphase. Unterschätzen Sie auch nicht die Ressourcen, die für die Einrichtung und den Betrieb des Cockpits erforderlich sind. Ferner sollten Sie sich überlegen, wie Sie das »Buy-in« anderer Personen in der Organisation erreichen können, um sie in das Strategiesystem des Unternehmens einzubinden.

Jürgen Daum: Wenn ich Sie bitten würde, Ihre Erfahrungen mit dem Management-Cockpit zusammenzufassen, was würden Sie sagen?

Ghislain Malcorps: Das Management-Cockpit ist ein hervorragendes Tool, um in einem Unternehmen einen strategischen Fokus zu schaffen und das Managementteam in die Lage zu versetzen, sich im Tagesgeschäft mehr auf strategische Fragen zu konzentrieren. Außerdem ist es ein hervorragendes Tool zur Erfassung und Bewahrung des Management-Know-hows einer Organisation. Die personellen Veränderungen in unserem Vorstand während der Implementierungsphase haben gezeigt, dass das Cockpit auch eine höhere Rotationsrate im Management, wie dies in multinationalen Unternehmen häufig vorkommt, wesentlich leichter verkraftbar macht. Der Grund hierfür ist, dass es die Erfahrungen und das Managementwissen der Vergangenheit speichert und so eine intelligente und effiziente Dokumentation für die neuen Manager darstellt.

Jürgen Daum: Herr Malcorps, ich danke Ihnen für dieses sehr interessante Gespräch.

Externes Berichtswesen und Kommunikation mit den Stakeholdern

Gute Außenbeziehungen, die oft die Basis für die Realisierung des Werts von Intangible Assets darstellen, spielen heute für Unternehmen eine entscheidende Rolle. Nicht nur das Management muss deshalb mit besseren Informationen als in der Vergangenheit versorgt werden. Auch wichtige externe Stakeholder sowie die breite Öffentlichkeit müssen besser über den Status eines Unternehmens und seine Strategien informiert sein. Nur so können sie ein Unternehmen richtig beurteilen.

Untersuchungen haben gezeigt, dass Unternehmen, die eine aktive, professionelle Informationspolitik betreiben, mit einem Bonus auf dem Kapitalmarkt rechnen und dadurch einen höheren Aktienkurs erzielen können. Wenn ein Unternehmen die Finanz-Community und seine Investoren besser und zeitnah informiert, können diese die künftige Performance und sein Potenzial besser einschätzen. Die Unterbewertung eines Unternehmens und der Managementleistung ist so weniger wahrscheinlich. Damit kann ein so genanntes Value Gap, d.h. eine Lücke zwischen dem »wirklichen« Wert eines Unternehmens und einem (zu niedrigen) Marktwert, vermieden werden. Gleichzeitig wird durch die höhere Transparenz das Risiko für die Investoren verringert. Dies hat geringere Kapitalkosten zur Folge, die die Messlatte für den Shareholder Value senken, und dem Unternehmen helfen, eine höhere Bewertung am Markt zu erzielen (siehe Abbildung 8.9). Dies gilt besonders für Unternehmen mit signifikanten Intangible Assets, bei denen die Unternehmensleistung ja gerade im Ausbau von Wertpositionen besteht, die sich nicht im traditionellen Rechnungswesen und den üblichen Finanzberichten niederschlagen.

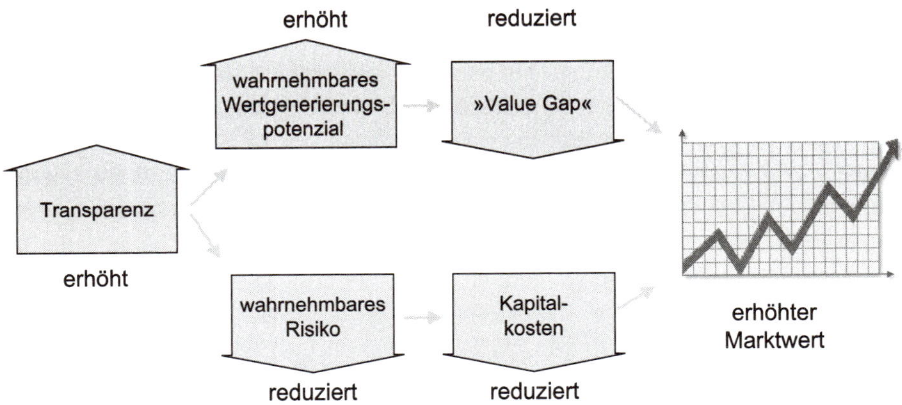

Abbildung 8.9 Steigerung des Marktwerts durch regelmäßige, zeitnahe Information von Finanzanalysten und Investoren

Nach einer Studie von Arthur Andersen Deutschland besteht zwischen einer überdurchschnittlichen Aktienperformance und der Qualität der Investor Relations ein direkter Zusammenhang.[11] Diejenigen Unternehmen, die hinsichtlich der Qualität ihrer Investor Relations zu den zehn besten Unternehmen gezählt werden, wurden von Investoren auch als gut oder sehr gut in Bezug auf das zukünftige Shareholder-Value-Potenzial eingestuft und erlebten in der Vergangenheit auch eine überdurchschnittliche Performance ihres Aktienkurses. Die Qualität der

11 Arthur Andersen, Stoxx 50 Shareholder Value und Investor Relations im Wettbewerb um institutionelles Kapital, 1999, S. 30

externen Kommunikation eines Unternehmens stellt für Investoren daher ein wichtiges Kriterium und für das Management einen bedeutsamen Werttreiber dar.

Die Integration externer Kommunikations- und interner Managementprozesse

Für die Bewertung eines Unternehmens aus der Anlegerperspektive ist das entscheidende Kriterium das Zukunftspotenzial. Es ist daher wichtiger denn je, dass das Management den Investoren zuverlässige Informationen über das Zukunftspotenzial zukommen lässt. Es wird jedoch nur dann dazu in der Lage sein, wenn es sich intern auf ein Managementsystem stützen kann, das nicht nur für das gesamte Unternehmen, sondern auch für einzelne Produktgruppen und Geschäftsbereiche deren operative Performance, aber auch den Fortschritt beim Aufbau von Zukunftspotenzial, eben von Intangible Assets, messen und darauf aufbauend entsprechende Prognosen hinsichtlich der zukünftigen Performance zur Verfügung stellen kann. Denn dies ist die Voraussetzung dafür, dass das Management intern optimieren kann, was nach außen kommuniziert wird. Nur so können gesetzte und kommunizierte Ziele bzw. die dadurch bei den Analysten und Anlegern geweckten Erwartungen auch erfüllt werden. Die Realisierung des vollen Werts des Zukunftspotenzials eines Unternehmens auf Stakeholder-Märkten hängt deshalb nicht nur von der Qualität der kommunizierten Informationen ab, sondern auch von der Verfügbarkeit und Leistungsfähigkeit eines geeigneten Managementsystems.

Beide Prozesse, die externen Kommunikations- und die internen Managementprozesse, müssen daher integriert werden. Ohne eine geeignete Unternehmenskommunikation sind Investoren nicht in der Lage, den wahren Wert eines Unternehmens und das Managementrisiko einzuschätzen. Am Ende ist das Unternehmen unterbewertet und kann zum Ziel von Übernahmen werden. Ohne ein entsprechendes Managementsystem ist wiederum das Management nicht in der Lage, unternehmensinterne Fortschritte zu messen, so dass kein Material zur Verfügung steht, das an Investoren kommuniziert werden könnte. Aber auch wenn beides existiert, aber isoliert nebeneinander herläuft, können diese Ziele nicht erreicht werden. Erst wenn sichergestellt ist, dass die extern kommunizierten Daten, aus den internen abgeleitete sind bzw. nach internen Gesichtspunkten wieder deaggregiert werden können, um feststellen zu können, welche Bereiche wie viel zur Gesamtperformance beigetragen haben, und auch nur, wenn die strategischen Ziele mit den Erwartungen der Stakeholder im Rahmen des Strategiemanagementprozesses laufend abgeglichen werden, kann ein Unternehmen sein volles Wertpotenzial ausspielen. Für die Integration beider Prozesse werden eine einheitliche Datenbasis für Performancedaten sowie analytische Anwendungen benötigt, die eine enge Verzahnung aller Prozessschritte der externen Kommunikation mit denen der strategischen Planung und dem Strategie- und Corporate-Performance-Management ermöglichen (siehe Abbildung 8.10).

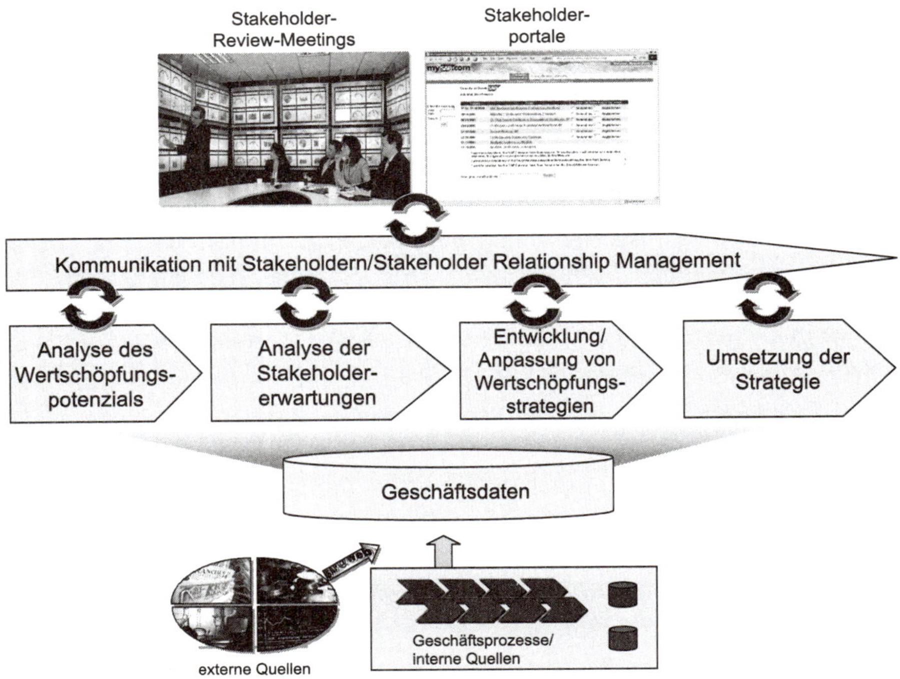

Abbildung 8.10 Integration interner Management- und externer Kommunikationsprozesse

Das Unternehmensportal für Investoren und Stakeholder

Die tägliche Kommunikation mit einer wachsenden Zahl von Stakeholdern – für zahlreiche Unternehmen heute Realität – ist für die meisten Investor Relations und Corporate-Communications-Abteilungen eine große Herausforderung. Stakeholder werden in Zukunft verstärkt nach einer interaktiven und auch individualisierten Kommunikation mit Unternehmen verlangen, beispielsweise über die Unternehmens-Website oder per E-Mail. Gleichzeitig nimmt die Zahl der zu bearbeitenden Anfragen zu. Eine einheitliche Datenbasis stellt sicher, dass Informationen für unterschiedliche Stakeholder miteinander und mit den intern verwendeten Managementinformationen konsistent sind. Durch geeignete Softwarelösungen für das Stakeholder Relationship Management kann die Kommunikation in Bereichen automatisiert werden, in denen keine direkte Interaktion seitens der Mitarbeiter und Manager des Unternehmens von den Stakeholdern erwartet wird. In Bereichen, wo dies doch der Fall ist, können die entsprechenden Aufgaben mit Unterstützung des Systems effizienter abgewickelt werden.

Wenn beispielsweise einzelne Stakeholder spezielle Informationen per E-Mail empfangen möchten, können sie dies selbst durch den Zugriff auf ihr webbasiertes Stakeholder-Portal einstellen, und das System versendet dann automatisch die Informationen zum gewünschten Zeitpunkt bzw. in der gewünschten Frequenz (z.B. Quartalsberichte jeweils direkt nach ihrer Veröffentlichung). Die US-amerikanische Börsenaufsicht SEC möchte die Praxis, dass Quartalsberichte zeitgleich mit ihrer Übermittlung an die SEC mindestens auf der Webseite des Unternehmens publiziert werden, als obligatorisch für Unternehmen, deren Aktien an einer US-amerikanischen Börse gelistet sind, vorschreiben.[12] Wird das Stakeholder-Relationship-Managementsystem mit webbasierten Unternehmensportalen für Investoren und Stakeholder kombiniert, kann dies sehr effizient abgewickelt werden, zum Beispiel dadurch, dass die entsprechenden Berichte nach Freigabe der Daten automatisch vom System auf der Webseite aktualisiert werden. Zusätzlich können interessierte Stakeholder automatisiert per E-Mail auf die neuen Berichte hingewiesen und mit einem Link direkt aus der E-Mail auf die entsprechende Webseite geleitet werden.

Über ein solches Stakeholder-Portal kann ein Unternehmen einen Informationsservice mit hochaktuellen Daten und Ad-hoc-Services, beispielsweise für die Selbstanalyse der Daten, für Investoren und Analysten, 24 Stunden am Tag und sieben Tage in der Woche on demand bereitstellen. Darüber hinaus können Analysten und andere Stakeholder auf der Basis der Daten in den Webreports auch einfache Simulationen, zum Beispiel einen Risiko-Stress-Test durchführen, wie dies gerade von einigen Experten in den USA nach dem Enron-Skandal gefordert wird.[13] Selbst komplexere Simulationen würden sich auf diese Weise durchführen lassen. So könnten Investoren beispielsweise analysieren wollen, wie das Net Income aussehen würde, wenn man andere Bewertungsmethoden, zum Beispiel andere GAAP-Regeln, zugrunde legt, oder wie sich die Veränderung bestimmter Umfeldvariablen, etwa Wechselkurse, Rohstoffpreise, Zinssätze etc., auf die künftige Entwicklung des Unternehmens auswirken. Natürlich besteht nach wie vor die Einschränkung, dass Unternehmen, deren Aktien an einer Börse in den USA gehandelt werden, sehr vorsichtig mit der Veröffentlichung zukunftsgerichteter Daten sein müssen, um ein mögliches Prozessrisiko mit Anlegern beim späteren Verfehlen der Forecasts zu vermeiden. Es wird jedoch gegenwärtig darüber diskutiert, die entsprechenden Gesetze zu lockern, um es Unternehmen zu erlauben,

---

12 Pressemeldung der SEC: »SEC to Propose New Corporate Disclosure Rules«, 13.02.2002 (http://www.sec.org/)

13 Siehe hierzu das Testimonial von Baruch Lev vor dem Enron-Untersuchungsausschuss des amerikanischen Kongresses (unter http://www.stern.nyu.edu/~blev/ zugänglich), in dem er fordert, dass Unternehmen in Zukunft nicht nur über ihre Intangibles, sondern eben auch über die Risikolage und die »Unexectuted Obligations« im Rahmen eines »Risk Stress-Tests« berichten sollen.

Investoren die Informationen zu geben, die sie heute brauchen: zukunftsrelevante Informationen über wichtige Werttreiber.

Unterstützt durch ein Stakeholder-Portal und ein Stakeholder-Relationship-Managementsystem kann ein Unternehmen bei Investoren und anderen Stakeholdern auch regelmäßig strukturiertes Feedback, Bewertungen der Performance und der Strategien des Unternehmens per E-Mail und Website einholen. Über einen entsprechenden Link in der E-Mail werden die Empfänger zu einem elektronischen Fragebogen auf der Website des Unternehmens geführt, in dem sie bestimmte Fragen beantworten und Eingaben machen können. Da diese Informationen dann in elektronischer Form automatisch an die zentrale Performancedatenbank des Unternehmens gesendet werden, können sie direkt im Rahmen des Strategiemanagementprozesses verwendet werden, um zusammen mit den internen Forecasts und Feedback-Informationen als Grundlage für die Entscheidung darüber zu dienen, ob eine bestimmte Strategie beibehalten, angepasst oder ganz ersetzt werden soll.

Das auf dem Tableau de bord basierende externe Berichtswesen

Investoren und andere Stakeholder benötigen grundsätzlich die gleichen Informationen wie Manager, um sich ein wirklichkeitsnahes Bild eines Unternehmens machen zu können. Dies gilt insbesondere für Unternehmen mit signifikanten Intangible Assets, bei denen das bislang übliche Reporting wenig aussagefähig ist. Der Vorschlag, der vom amerikanischen Financial Accounting Standards Board (FASB), der Rechnungslegungsstandards setzenden Organisation in den USA, und von zahlreichen Experten gemacht wurde, geht dahin, dass Informationen über Intangibles in Form eines so genannten Supplementary Reports zusätzlich zu den normalen GAAP-basierten Finanzberichten veröffentlicht werden sollten. Denn nur so können Investoren, Analysten und andere Stakeholder zu einem besseren Verständnis der Performance eines Unternehmens und seiner Zukunftsperspektiven gelangen. Eine Task Force der US-amerikanischen SEC hat das Gleiche gefordert und empfohlen, dass dieser Supplementary Report auf KPIs basiert, die sich am Geschäftsmodell (bzw. Wertschöpfungsmodell) orientieren.[14] Das Konzept des Tableau de bord stellt deshalb auch für das externe Reporting den richtigen Rahmen und die richtige Struktur zur Verfügung. Die Darstellung nach außen wird natürlich in aggregierterer Form erfolgen als das interne Managementreporting. Die Entscheidung darüber, was wie veröffentlicht werden soll, wird dann im Rahmen des Strategiemanagementprozesses gefällt, wie es oben beschrieben wurde.

---

14 Der Report kann unter http://www.fei.org/finrep/files/SEC-Taskforce-Final-6–6-2k1.pdf heruntergeladen werden.

Ein Pionier auf dem Gebiet der Veröffentlichung eines solchen externen KPI-basierten Supplementary Reports war der schwedische Finanzdienstleister Skandia, der bereits 1997 unter der Leitung von Leif Edvinsson einen solchen Bericht publiziert hat. In Abbildung 8.11 ist ein Ausschnitt aus dem Supplementary Report von 1998 dargestellt.[15] Das Konzept hat übrigens inzwischen auch in Dänemark Eingang in die offiziellen Rechnungslegungsregeln für Unternehmen gefunden. Dort sind seit Januar 2002 Unternehmen mit »signifikantem« Intellectual Capital verpflichtet, zusammen mit den Jahresabschlusszahlen ein solches »Intellectual Capital Statement« zu veröffentlichen, das ziemlich genau dem Konzept des Supplementary Reports entspricht.[16]

AMERICAN SKANDIA

American Skandia pr ovides varia ble ann uities an d is the sixth-lar gest compan y in the US varia ble ann uity ma rket.

	1997	1996	1995	1994*
FINANCIAL FOCUS				
Return on capital employed (%)[1]	21.9	27.1	28.7	12.2
Operating result (MSEK)	1,027	579	355	115
Value added/employee (SEK 000s)	2,616	2,206	1,904	1,666
CUSTOMER FOCUS				
Number of contracts	189,104	133,641	87 836	59,089
Savings/contract (SEK 000s)	499	396	360	333
Surrender ratio (%)[2]	4.4	4.4	4.1	4.2
Points of sale	45,881	33,287	18,012	11,573
HUMAN FOCUS				
Number of employees, full-time	599	418	300	220
Number of managers	88	86	81	62
Of whom, women	50	27	28	13
Training expense/employee (SEK 000s)	2.7	15.4	2.5	9.8
PROCESS FOCUS				
Number of contracts/employee	316	320	293	269
Adm. exp./gross premiums written (%)	3.5	2.9	3.3	2.9
IT expense/admin. expense (%)	8.1	12.5	13.1	8.8
RENEWAL & DEVELOPMENT FOCUS				
Share of gross premiums written from new launches (%)	0.9	23.7	49.2	11.1
Increase in net premiums written (%)	31.9	113.7	29.9	17.8
Development expense/adm. exp. (%)	9.8	9.9	10.1	11.6
Share of staff under 40 years (%)	76	78	81	72

1) Changed calculation methods for 1996 and 1997.
2) Surrenders during the year in relation to the average mathematical reserve, net.

SKANDIA REAL ESTATE

Skandia i s one of Sweden Õs lagest property owners, with about 300 holdin gs.

	1997	1996	1995	1994*
FINANCIAL FOCUS				
Direct yield (%)	5.96	5.93	6.16	6.60
Net operating income (MSEK)	1,130	1,215	1,258	1,399
Market value (MSEK)	19,206	20,092	20,702	21,504
Total yield (%)	7.73	-0.62	5.06	4.44
CUSTOMER FOCUS				
Customer satisfaction index (max. value = 100)	69	58	56	n.a.
Average lease (years)	n.a.	8.6	8.5	n.a.
Average rent (SEK/sq.m.)	951	960	970	1,041
Telephone accessibility (%)	60	71	60	n.a.
HUMAN FOCUS				
Human capital index (max. value = 1,000)	n.a.	615	617	n.a.
Employee turnover (%)	10.0	10.1	7.9	7.7
Average years of service with company	12.0	10.0	10.1	10.2
College graduates/ total number of office staff (%)	36	32	31	31
PROCESS FOCUS				
Occupancy rate measured by area (%)	93.7	91.8	89.7	89.3
Financial occupancy rate (%)	96.2	94.9	93.0	91.2
Net operating income per sq. m. (SEK)	553	569	590	657
Costs per sq. m., Sweden (SEK)	304	274	276	272
RENEWAL & DEVELOPMENT FOCUS				
Property turnover: purchases (%)	0.2	3.1	3.2	0.8
Property turnover: sales (%)	8.1	1.1	6.1	0.4
Change and development of existing holdings (MSEK)	235	311	333	313
Training expense/ administrative expense (%)	0.8	1.0	1.5	1.0

Abbildung 8.11 Ausschnitt aus Skandias Supplementary Report von 1998

15 Der Skandia-Report kann unter http://www.skandia.com/en/includes/documentlinks/annualreport1998/supplements1998.zip heruntergeladen werden.

16 Siehe dazu: »A Guideline for Intellectual Capital Statements« auf der Website des dänischen Handels- und Industrieministeriums unter http://www.efs.dk/download/pdf/videnUK.pdf

9 Die Einführung des neuen Managementsystems – neue Rollen für Manager

»Vor fünfzig Jahren standen im Zentrum der Informationstechnik DATEN – ihre Sammlung, Speicherung, Übertragung und Darstellung. Der Schwerpunkt lag auf dem »T« in »IT«. Die neue Informations-Revolution legt den Schwerpunkt auf das »I«. Es ist eine Revolution der KONZEPTE.[...] Sie findet nicht im Bereich Informationstechnologie [...] statt und wird nicht vom Chief Information Officer (CIO) angeführt. Sie wird angeführt von Leuten, auf die die Informationsindustrie herabsieht: von Rechnungswesenleuten und Controllern. [...] Und das führt schnell zu einer Neudefinition der Aufgaben, die durch Information unterstützt werden sollen, und damit zu einer Neudefinition der Institutionen, die diese Aufgaben ausführen.«
Peter F. Drucker[1]

Die meisten Unternehmen sind heute noch weit davon entfernt, über ein Managementsystem zu verfügen, wie es hier beschrieben wurde. Der Grund ist sicherlich nicht mangelnde Einsicht in die Notwendigkeit neuer Managementwerkzeuge, sondern einfach die Tatsache, dass die Aufgabe zu komplex und zu schwierig erscheint. Vielfach werden daher nur halbherzige Schritte in die richtige Richtung unternommen, indem einzelne Teile der neuen Konzepte eingeführt werden. Ein Beispiel hierfür ist die Erweiterung der Finanzberichte des Managements um nichtfinanzielle Parameter, so dass diese nun einer Balanced Scorecard ähnlich sehen. Häufig bleiben jedoch die Managementprozesse und die Managementkultur unverändert. Dies führt dazu, dass die Bemühungen, die mit der Einführung des neuen Berichtswesens verbunden sind, quasi verpuffen, und – was noch schlimmer ist – dass das Unternehmen einem effektiven neuen Managementsystem nicht wirklich näher kommt. Wenn bei der Einführung nicht systematisch vorgegangen wird, wie dies Ghislain Malcorps im vorangegangenen Interview anhand der Einführung des Management-Cockpits bei Iglo-Ola in Belgien erläutert hat, kann der Schaden unter Umständen größer sein als der Nutzen, da statt Klarheit und strategischer Fokussierung im Management Verwirrung entsteht, und das neue System noch nicht bzw. nicht richtig und das alte nicht mehr funktioniert.

Allerdings bin ich überzeugt, dass ein Unternehmen heute keine Wahl mehr hat. Sollte es nicht gelingen, die Managementsysteme in den nächsten Jahren gründ-

1 Peter F. Drucker, Management Challenges for the 21st century, S. 97

lich zu überholen und auszubauen, werden die Opportunitätskosten sehr hoch sein: Ein Unternehmen wird dann unter den Bedingungen der neuen Ökonomie nicht in der Lage sein, sein volles Potenzial zu entfalten und wird im Wettbewerb mit anderen Unternehmen zurückfallen. Das Managementsystem eines Unternehmens wird somit zu einem entscheidenden Wettbewerbsfaktor, der übrigens auch in den Augen von Finanzanalysten und Anlegern zunehmend an Bedeutung gewinnt. Doch wie und wo fängt man am besten an?

Wenn ein Unternehmen keine dringenden operativen Probleme mit seinem vorhandenen Managementsystem hat, was zum Beispiel der Fall wäre, wenn kein zeitnahes konsolidiertes Performanceberichtswesen und keine rollierende Vorschaurechnung existiert, empfiehlt es sich, direkt mit der genauen Definition von Geschäftszweck und Strategie zu beginnen, wie dies in Kapitel 6 beschrieben ist. Ansonsten sollten zunächst diese operativen Probleme behoben werden, indem die Prozesse verbessert und entsprechende Informationssysteme implementiert werden. Denn zeitnahe und genaue Ist-Daten und Forecast-Informationen stellen eine wichtige Basis für ein gutes Managementsystem dar. Warum sollte mit Geschäftszweck und Strategie begonnen werden?

Die Antwort lautet: Da ohne diese der nötige strategische Fokus fehlt und die Gefahr besteht, dass ein vermeintlich verbessertes Managementsystem das Chaos vergrößert, indem es dabei hilft, unkoordinierte Aktivitäten besser voranzutreiben. Denn leider gibt es in vielen Unternehmen keine Strategie und kein Mission Statement, über das unter allen Managern Konsens besteht. Oft bleiben Strategien auch allzu abstrakt. Dies führt einerseits dazu, dass jeder Manager die vermeintlich gemeinsame Strategie auf seine Weise interpretiert und andererseits, dass Strategien nicht über konkrete koordinierte Aktionspläne und Ziele systematisch vorangetrieben werden können. Das Unternehmen als ganzes verfügt dann über keine einheitliche Strategie, da die einzelnen Abteilungen und Geschäftseinheiten sich in unterschiedliche Richtungen bewegen. Es ist daher nicht möglich, ein funktionierendes neues Managementsystem zu entwerfen, ohne dass im Management ein Konsens über die Strategie und das Mission Statement besteht. Nur so kann festgelegt werden, was für ein Unternehmen relevant ist, und auf welche Faktoren sich das Managementsystem konzentrieren muss.

Der Entwicklungs- und Implementierungsplan

Deshalb sollte vor dem Start irgendwelcher Aktivitäten zur Implementierung eines neuen Managementsystems oder zur Verbesserung des bestehenden ein langfristig angelegter Projektplan entworfen werden, durch den alle Entwicklungs- und Implementierungsschritte systematisch entwickelt werden und so sichergestellt ist, dass diese ineinander greifen und nicht gegeneinander gearbeitet wird. Ein Entwicklungs- und Implementierungsplan für ein neues Managementsystem könnte etwa folgendermaßen aussehen:

1. Im Managementteam wird ein Konsens über die Strategie und das Mission Statement erzielt. Dies ist sehr arbeitsintensiv und zeitaufwendig. Hierbei treten häufig vorher verborgene Differenzen in der Wahrnehmung, dem Denken und den Interessen der verschiedenen Mitglieder des Managementteams zu Tage. Zur Lösung dieses Konflikts kann es beitragen, wenn die Diskussion durch objektive Marktinformationen, die beispielsweise durch einen externen Experten beigesteuert werden, auf die Sachebene konzentriert wird, und wenn eine dritte, neutrale Partei diese Meetings moderiert. Dieser Prozess kann mehrere Wochen oder sogar Monate beanspruchen.
2. Während des Prozesses muss auch ein Konsens über das Wertschöpfungssystem des Unternehmens erzielt werden. Es muss entschieden werden, ob die interne Organisationsstruktur noch zur vereinbarten Strategie passt. Außerdem muss festgelegt werden, wie die wichtigsten Wertschöpfungsprozesse gestaltet werden sollen und in welchem Maß das Unternehmen, etwa in Forschung und Entwicklung, mit externen Partnern zusammenarbeiten und inwieweit auch proprietäres Wissen mit ihnen geteilt werden soll.
3. Im Anschluss daran wird das Monitoringsystem definiert, das strategische und operative Sichten (z.B. im Rahmen eines Tableau de bord) auf der Basis des Wertschöpfungssystems des Unternehmens miteinander verknüpft. Dies ist ein wichtiger Schritt, da dieses System ab jetzt die Grundlage für die gesamte interne und externe Kommunikation sein wird. Hierdurch wird eine gemeinsame Verstehensbasis geschaffen. Diese Aufgabe kann nicht einfach an das Controlling delegiert werden, sondern das Management muss selbst durch Vorschläge für Messgrößen und durch die Teilnahme an der Diskussion über ihre Relevanz und Ermittlung gestaltend mitwirken. Denn in das Monitoringsystem muss originäres Management-Know-how einfließen, und die Messgrößen müssen von allen Managern verstanden und akzeptiert werden. Spätestens in dieser Phase stellt sich auch die Frage nach einem unterstützenden Informationssystem, das die erforderlichen Daten zeitnah für alle Manager zur Verfügung stellen kann, und nach den entsprechenden Prozessen für die Konsolidierung von Unternehmensdaten, für die rollierende Vorschaurechnung und für das Reporting. Die Implementierung eines Data Warehouse und entsprechender analytischer Softwareanwendungen für Konsolidierung, Planung und Reporting stellt deshalb ein wichtiges Teilprojekt dieser Phase dar.
4. Es müssen kontinuierliche Managementprozesse eingerichtet werden, zum Beispiel durch die Institutionalisierung vorstrukturierter Strategie- und Performancemanagement-Meetings des Managementteams. Bei diesen Meetings

muss der Status der strategischen Ziele und der Performance, jedoch auch wichtiger Geschäftsrisiken überprüft und diskutiert werden. Bei Bedarf sind notwendige Korrekturmaßnahmen zu treffen. Dies geschieht auf der Grundlage der durch das Monitoringsystem bereitgestellten strukturierten Informationen, etwa in der Form des Management-Cockpits. Zusätzlich sollte über die bessere Unterstützung interner Kommunikationsprozesse nachgedacht werden, um eine effektive Kommunikation sowohl zwischen Managern als auch zwischen den in die Entscheidungsprozesse einbezogenen Mitarbeitern in den Phasen zwischen den Management-Meetings zu ermöglichen. Dazu könnten dann weitere webbasierte Softwareanwendungen für das erweiterte Strategie- und Performancemanagement und zur Unterstützung von interaktiven Simulationen zum Einsatz kommen.

5. Sobald die interne Basis des Managementsystems steht und funktioniert, sollte die Verbesserung der externen Kommunikationsprozesse in Angriff genommen werden. In dieser Phase beginnen Unternehmen mit der Veröffentlichung von Supplementary Reports für Stakeholder. Das Feedback von Stakeholdern kann entweder über das Stakeholder-Portal des Unternehmens oder vom Managementteam selbst im Rahmen eines informellen Gesprächs mit einer ausgewählten Gruppe von Stakeholdern zusammengetragen werden. Dieses Treffen könnte zum Beispiel auch im Management-Cockpit stattfinden, in dem die vorher von den Stakeholdern eingesammelten Informationen in Kombination mit bestimmten internen Unternehmensdaten dargestellt werden.
6. In der folgenden Phase geht es dann darum, die Managementverfahren auf eine neue Stufe zu heben. Im Managementteam soll ein Verständnis für die Dynamiken im Geschäftssystem entstehen, indem mit Szenarienplanung und Systems-Dynamics-Modellierung begonnen wird. Dieser Schritt steht am Ende des Prozesses, da er wahrscheinlich das anspruchsvollste Element des neuen Managementkonzepts darstellt und im Übrigen auch auf eine solide Basis an Daten, Prozessen und Verfahren angewiesen ist, die durch die vorangegangenen Schritte erst geschaffen wird. Mit Hilfe dieser Methoden kann ein Managementteam die strategischen Risiken des Unternehmens (durch Szenarienplanung) begrenzen sowie die strategischen Vorteile verstärken, um das volle Wachstumspotenzial zu nutzen, indem es die beschränkenden Faktoren durch Systems Thinking und durch Systems-Dynamics-Modelle und entsprechende Simulationen erkennt. Es empfiehlt sich bei beiden Verfahren, zunächst mit einigen einfachen Übungen in einem workshopähnlichen Meeting des Managementteams zu beginnen, das durch einen externen Experten geleitet wird. Sobald das Managementteam mehr Vertrauen in die Methoden gewonnen hat, und die Mitarbeiter der entsprechenden Stabsstellen in Szenarienplanung und Systems-Dynamics-Modellierung ausgebildet sind, kann damit

begonnen werden, diese Verfahren im Rahmen der regelmäßigen Strategieplanungs- und Management-Meetings einzusetzen.

In der Regel werden zwei bis drei Jahre vergehen, bis das neue Managementsystem voll produktiv wird. Es ist daher sehr wichtig, dass zwischenzeitlich Erfolge sichtbar werden, um Manager und Controller zu motivieren, mit der Entwicklung und Implementierung des Systems fortzufahren. Man sollte deshalb versuchen, so schnell wie möglich mit einem Prototypen produktiv zu werden. Wenn die Strategie, das Wertschöpfungssystem und die ersten (die wichtigsten) Messgrößen definiert sind, sollte so bald als möglich ein erstes Performance-Review-Meeting mit dem Managementteam auf der Basis des Prototypen stattfinden, auch wenn noch nicht alle Indikatoren für alle Bereiche festgelegt wurden. Der Prototyp wird dann von Meeting zu Meeting aufgrund der gemachten Erfahrungen und der Vorschläge seitens der Manager verbessert.

Bei der Arbeit mit diesem neuen Ansatz wird das Managementteam seine Grenzen kennen lernen und feststellen, wo das Monitoringsystem und die Strategie angepasst oder verbessert werden können. Im Laufe der Zeit werden das Managementsystem und die Strategie kontinuierlich weiterentwickelt und an neue Gegebenheiten angepasst.

Um einen Anfang zu machen und die ersten Erfahrungen zu sammeln, wird auch noch keine umfassende IT- und Softwareunterstützung benötigt. Eine ausgefeilte analytische Softwareanwendung zur Unterstützung der Managementprozesse kann auch erst dann effektiv eingesetzt werden, wenn die Verfahren im Unternehmen ausgefeilter geworden sind, und die Anwender über mehr Erfahrung mit den neuen Verfahren verfügen. Allerdings sollte man von Anfang an den Aufbau einer geeigneten Datenbasis und die Implementierung eines Data Warehouses vorantreiben.

Wie sich Manager persönlich vorbereiten sollten

Ein neues Managementsystem zu entwerfen, einzuführen und damit zu arbeiten, stellt für Controller, Strategieplaner, IT-Experten, Konzernbuchhalter und besonders für Manager eine Herausforderung dar. Um die neuen Konzepte und das neue System voll auszunutzen, müssen Manager ihren Horizont erweitern.

Die Hauptaufgabe der Unternehmensführung besteht heute im Management von Wertschöpfungschancen: Zum einen derjenigen, die sich innerhalb eines Unternehmens ergeben, etwa durch Innovationen mit Hilfe vorhandener Intangible Assets. Zum anderen derjenigen, die sich außerhalb des Unternehmens bieten, etwa durch neue Marktchancen oder Partnerschaften, Übernahmen und Fusionen, um von außerhalb neue Intangible Assets zu erwerben. Das Chancenmanagement stellt an Manager bisher ungewohnte Anforderungen. Manager sind in der Regel darauf trainiert, Risiken zu vermeiden und die täglich anfallenden Probleme zu lösen. Die Probleme im Tagesgeschäft müssen gelöst werden, sonst geht es nicht voran. Aber Risiken sollten nicht immer um jeden Preis vermieden, wenn auch begrenzt werden. Noch wichtiger ist es, bei sich bietenden Chancen schnell zu reagieren und die große Linie einer möglichen zukünftigen Entwicklung zu sehen. Dazu müssen Manager eine andere Denkweise entwickeln, wollen sie unter den Bedingungen der neuen Ökonomie erfolgreich sein.

Manager sollten deshalb anhand der folgenden Übungen versuchen, ihren eigenen Lernprozess voranzutreiben:

- Beginnen Sie damit, den Status der Intangible Assets in Ihrem Unternehmen bewusst zu überwachen. Indem Sie regelmäßig nichtfinanzielle Indikatoren der wichtigsten Wertschöpfungsprozesse Ihres Unternehmens verfolgen, werden Sie mit der Zeit ein Verständnis dafür gewinnen, welche Beziehungen zwischen diesen Indikatoren bestehen und welche Logik zwischen Ihren Intangible Assets und den finanziellen Ergebnissen existiert.
- Suchen Sie den Erfahrungsaustausch mit Managern anderer Unternehmen. Manager anderer Unternehmen haben mit ihren Managementsystemen ähnliche Probleme wie Sie. Nehmen Sie zum Beispiel regelmäßig an Managerarbeitskreisen teil, um Kenntnisse und Erfahrungen auszutauschen. Wenn Sie mit Problemen, Herausforderungen und Lösungen, die in anderen Industriezweigen auftreten, vertraut werden, wird es Ihnen leichter fallen, von Ihrem mentalen Modell zu abstrahieren, das Ihre momentane Wahrnehmung Ihres Geschäfts- und Managementsystems bestimmt.
- Experimentieren Sie im Managementteam mit neuen Formen der Zusammenarbeit. Laden Sie dazu einen erfahrenen externen Experten als Moderator ein. Versuchen Sie, Ihren eigenen Stil für Management-Cockpit-ähnliche Meetings zu entwickeln.
- Bestehen Sie darauf, bei den Messmethoden immer besser zu werden. Versuchen Sie, die Bereiche Ihres Unternehmens zu identifizieren und besser zu verstehen, die eine verstärkte Aufmerksamkeit seitens des Managements benötigen und deren Performance gemessen und in die Managementberichte aufgenommen werden sollte. Planen Sie monatliche oder anfangs sogar wöchentliche persönliche »Forschungstage« ein, an denen Sie mit Mitarbeitern und anderen Managern Ihres Unternehmens über die Geschäftsprozesse sprechen, mit denen es diese jeweils zu tun haben. Reden Sie auch mit Externen, wie etwa mit Kunden, Geschäftspartnern, Branchenexperten oder sogar Konkurrenten, über das Geschäfts- und Wertschöpfungssystem Ihres Unternehmens.

- Beginnen Sie mit Systems Thinking. Nehmen Sie zum Beispiel an einem Einführungskurs für Manager teil, um die Grundprinzipien des Systems Thinking zu verstehen. Fangen Sie damit an, für sich selbst Systems-Dynamics-Modelle aufzumalen, um kleinere Probleme besser zu verstehen. Versuchen Sie dann, mit der Unterstützung eines Experten für Systems Thinking/Systems Dynamics und zusammen mit den Kollegen im Managementteam einen wichtigen Geschäftsprozess/-bereich Ihres Unternehmens zu modellieren.
- Beginnen Sie bei Ihrem nächsten strategischen Planungszyklus mit Szenarienplanung. Hierzu ist einige Vorbereitung erforderlich. Mitarbeiter der entsprechenden Stellen müssen Daten sammeln und Forschungsarbeit leisten, um Entwürfe für zwei bis drei Szenarien vorzubereiten. Engagieren Sie einen Szenarienplanungsexperten, der diesen Mitarbeitern dabei hilft und das Management-Meeting moderiert.

Interview mit Patrick M. Georges: Wie können Manager ihre persönliche Produktivität verbessern?

Professor Dr. Patrick M. Georges ist ein führender Neurochirurg in Brüssel und Experte für Human Intelligence Management. 1989 hat er, zusammen mit Neurologen, Wissenschaftlern und Computerspezialisten, das Management-Cockpit konzipiert. Inzwischen hat er zusammen mit seinem Team mehr als 50 solcher Management-Cockpits in Firmen und Non-Profit-Organisationen implementiert. Im Rahmen seiner Managementseminare trainiert er Techniken, mit denen Manager ihre persönliche intellektuelle Produktivität verbessern können. Er ist außerdem Direktor des International Institute for Human Intelligence Management an der HEC (Ecole des hautes études commerciales) School of Management in Paris.

Jürgen Daum: Herr Professor Georges, warum glauben Sie, ist die Idee und das Konzept eines Management-Cockpits gerade bei Top-Managern so gut angekommen?

Patrick Georges: Weil diese Leute verzweifelt nach etwas suchen, das Ihnen wirklich helfen kann, in der heutigen immer mehr fordernden Geschäftswelt effektiver zu werden. Traditionelle Managementinformationssysteme und andere Werkzeuge, wie das klassische Managementreporting, sind nicht dafür optimiert, Top-Manager bei den Aufgaben zu unterstützen, für die diese verantwortlich sind und wofür sie bezahlt werden: marktbezogene Ziele unter extremer Unsicherheit mit einer riesigen und oft nicht direkt steuerbaren Organisation zu erreichen.

Jürgen Daum: Was brauchen sie stattdessen?

Patrick Georges: Als wir vor mehr als zehn Jahren damit begonnen haben, die täglichen Herausforderungen von Managern und vor allem auch von Managementteams zu untersuchen, stellten wir schnell fest, dass das Hauptproblem dieser Leute darin besteht, mit der Informationsflut fertig zu werden, der sie ausgesetzt sind. Sich auf seine Arbeit konzentrieren und die Informationsflut auf ein Minimum reduzieren zu können, stellte sich als der grundsätzliche persönliche Erfolgsfaktor für Manager heraus. Wissenschaftliche Studien zeigen, dass das menschliche Gehirn mit einem Informationsstrom, dem etwa 800 Zeichen pro Minute entsprechen, gerade noch effektiv umgehen kann. Unsere Untersuchungen haben gezeigt, dass Führungskräfte im Durchschnitt mit einer Informationsdichte von 4000 Zeichen pro Minute bombardiert werden – in Form von Telefonaten, E-Mails, Faxen, Meetings und Berichten. Es kristallisierte sich heraus, dass ein Element einer möglichen Lösung die intelligente Reduktion des Informationsstroms sein müsste. Durch ein zweites Element müsste es möglich gemacht werden, die *gemeinsame* Intelligenz eines Managementteams durch ein systematischeres Vorgehen bei der Organisation und beim Ablauf von Management-Meetings besser zu nutzen. Die Lösung, die sich aus den Untersuchungen ergab, war das Management-Cockpit. Dieses hilft, die Informationsflut zu organisieren und zu strukturieren, auf hunderte von Fragen zu antworten, die sich aus der Aufgabe ergeben, ein Unternehmen zu führen. Es schafft zusätzlichen Wert, indem es kollaborative Intelligenz zum Wissen der einzelnen Manager addiert und reduziert damit Unsicherheit und Stress.

Jürgen Daum: Das Management-Cockpit, das vor allem auf die Unterstützung von Managementteams abzielt, repräsentiert nur einen Teil Ihrer Forschungen im Bereich Human Intelligence. Ein anderer Schwerpunkt Ihrer Arbeit ist es, Verfahren zu entwickeln, durch die Führungskräfte ihre mentale und intellektuelle Produktivität verbessern können. Können Sie das bitte näher erläutern?

Patrick Georges: Zuallererst möchte ich festhalten, dass jeder mit der Intelligenz leben muss, die ihm die Natur gegeben hat. Aber wir können die Produktivität gegebener menschlicher Intelligenz durch bessere Arbeitsmethoden und ein verbessertes Arbeitsumfeld verbessern. Und das ist genau der Bereich, auf den ich mich in meiner Arbeit konzentriere.

Jürgen Daum: Wie definieren Sie menschliche Intelligenz und wie kann man deren Produktivität verbessern?

Patrick Georges: Aus Praktikabilitätsgründen definiere ich menschliche Intelligenz (Human Intelligence) als die Fähigkeit, unsere Ziele durch das Überwinden von Hindernissen und durch die Nutzung der uns zur Verfügung stehenden Ressourcen zu erreichen. Wenn man die individuelle intellektuelle Produktivität erhöhen möchte, muss man herausfinden, welches die Schwächen der menschlichen Intelligenz und die Blockaden für ihren produktiven Einsatz sind.

Jürgen Daum: Und welches sind diese Schwächen oder Produktivitätsblockaden?

Patrick Georges: Das Problem hängt mit einigen besonderen Eigenschaften des menschlichen Gehirns zusammen. Zum Beispiel ist die Konzentrationsfähigkeit nicht sehr gut ausgeprägt. Die Erkennungsfähigkeit von Formen ist ungenügend. Das Kurzzeitgedächtnis kann nur wenige Informationen gleichzeitig speichern. Das Langzeitgedächtnis speichert die Informationen auf seine eigene Weise und vergisst oft, was es eigentlich »auf Lager« hat. Das Gehirn verarbeitet Informationen nur langsam. Es kann nur eine einzige Sache zu jedem Zeitpunkt gut bearbeiten und ist schnell überlastet.

Jürgen Daum: Es scheint so, dass das menschliche Gehirn nicht besonders effizient ist. Was kann man hier unternehmen?

Patrick Georges: Leider gibt es hier keine Wunderwaffe. Aber wenn Sie verstehen, wie das menschliche Gehirn arbeitet, können Sie beachtliche Ergebnisse und Produktivitätsverbesserungen erzielen. Der Schlüssel, um das volle intellektuelle Potenzial einer Person ans Licht zu bringen, ist es, eine bessere Unterstützung in allen Phasen des Denkprozesses bereitzustellen. Das bedeutet: Sie müssen die Konzentrationsfähigkeit steigern, Aufmerksamkeit fokussieren, die Wahrnehmung von Formen verbessern, das Kurzzeitgedächtnis und das im Langzeitgedächtnis gespeicherte Wissen effizienter organisieren.

Jürgen Daum: Und wie macht man das? Wie kann man den Denkprozess in seinen verschiedenen Phasen in diesen unterschiedlichen Bereichen besser unterstützen?

Patrick Georges: Nehmen wir den ersten Punkt: Konzentrationsfähigkeit. Unser Intelligenzgrad hängt in starkem Maß von dieser Fähigkeit ab, zum Beispiel wie lange wir produktiv an einem Vorgang arbeiten können. Aber die Konzentrationsfähigkeit des Gehirns ist wählerisch und sehr begrenzt. Es ist unmöglich, sich auf alles zu konzentrieren, das einem vor die Nase kommt. Wir bemühen uns deshalb kontinuierlich, den kognitiven Aufwand einer Aufgabe zu reduzieren, indem wir nur bestimmte Informationsquellen beachten. Wir filtern Informationen. Idealerweise sollte unsere Intelligenz uns dazu anleiten, die Informationen, auf die wir uns konzentrieren werden, auf der Basis der gerade zu bearbeitenden Aufgabe auszuwählen. In den meisten Fällen ist dies leider nicht so. So nimmt eine menschliche Stimme oder ein Gesicht sofort einen großen Teil unserer Aufmerksamkeit in Anspruch, sobald diese unseren Hör- oder Sehbereich erreichen. Dies geschieht auch in dem Fall, dass wir dadurch überhaupt keine wünschenswerten oder für die zu bearbeitende Aufgabe nützlichen Informationen erhalten. Wir müssen deshalb unsere Konzentrationsfähigkeit bewusst unterstützen und schützen, damit sie sich auf die richtigen Informationen und Dinge konzentrieren kann, also auf Informationen, die zu unseren Zielen passen, anstatt sich an überholten Reflexen oder den Zielen anderer zu orientieren.

Jürgen Daum: Und wie kann zum Beispiel ein Manager seine Konzentrationsfähigkeit besser schützen?

Patrick Georges: Nicht jeder Mensch verfügt über die gleichen natürlichen Konzentrationsfähigkeiten, sie variieren von Person zu Person. Man kann dies beispielsweise durch einen einfachen selektiven Hörtest messen. Wenn Sie Probleme haben, sich zu konzentrieren, dann sollten Sie sich an einige Grundregeln halten, um Ihren Konzentrationsschutz zu erhöhen. Eine diese Regeln könnte sein, dass Sie nie in Gegenwart des Verkäufers eine Kaufentscheidung treffen. Der Verkäufer zieht die Aufmerksamkeit des Interessenten auf sich, indem er seine Stimme und sein Gesicht in den Wahrnehmungs- und Aufmerksamkeitsbereich des Kunden platziert, wodurch er bei diesem die Möglichkeiten reduziert, sich auf die rationalen Elemente des Entscheidungsprozesses zu konzentrieren. Als intelligenter Käufer sollten Sie immer den Laden für einige Minuten verlassen, bevor Sie sich entscheiden, ob Sie kaufen oder nicht. Eine andere Regel könnte sein, dass Sie darauf achten, beim Arbeiten keine menschlichen Stimmen zu hören. Die menschliche Stimme ist eine Informationsquelle erster Priorität für das Gehirn, die dieses zwingt, die gehörte Information zu verarbeiten. Die menschliche Stimme belegt einen großen Prozentsatz unserer Konzentrationsfähigkeit, wenn man sich ihr aussetzt, egal ob dies bewusst oder unbewusst geschieht. Wenn Sie also an etwas arbeiten möchten, das Ihre volle Konzentration verlangt, dann schließen Sie die Tür, und ziehen Sie den Stecker Ihres Telefons. Wenn Sie sich in einem Zustand tiefer Konzentration befinden, kann es nach einer Unterbrechung, zum Beispiel durch einen Telefonanruf, bis zu 20 Minuten dauern, um denselben Konzentrationsgrad wieder zu erreichen. Dies sind nur einige Beispiele für die Regeln, die ich in meinen Seminaren vermittle.

Jürgen Daum: Diese Regeln zu kennen, ist eine Sache. Sie erfolgreich anzuwenden, eine andere. Wie können Manager sicherstellen, erfolgreich damit zu sein?

Patrick Georges: Manche dieser Regeln entsprechen dem gesunden Menschenverstand. Das Hauptproblem für viele Leute ist, dass sie nicht diszipliniert genug sind. Meine Empfehlung lautet deshalb: Schreiben Sie Ihre drei bis fünf Hauptregeln auf ein Blatt Papier, und prüfen Sie regelmäßig, zum Beispiel einmal pro Woche, ob Sie sich ihrer immer noch bewusst sind.

Jürgen Daum: Sie haben eben erwähnt, dass unser Kurzzeitgedächtnis ziemlich schwach ist und nur wenige Informationen gleichzeitig behalten kann. Was ist zu tun?

Patrick Georges: Unser Kurzzeitgedächtnis ist unser Arbeitsgedächtnis. Es ist der Ort, wo entschieden wird, was für Ihre momentane Arbeit behalten werden muss und was vergessen werden kann. Es ist die mangelnde Leistungsfähigkeit unseres

Kurzzeitgedächtnisses hinsichtlich Speicherdauer und Kapazität, die unsere Intelligenz am meisten beeinträchtigt. Unser Arbeitsgedächtnis funktioniert wie eine Schultafel, auf der während des Denkprozesses Informationen, die für die Situation oder die Entscheidung relevant sind, angeschrieben werden. Diese Informationen können sowohl aus unserem Langzeitgedächtnis als auch aus unserer Umwelt stammen. Aber das Kurzzeitgedächtnis, das sich wahrscheinlich in den vorderen Gehirnlappen befindet, ist klein, und dort hinterlegte Informationen werden schnell wieder gelöscht. Die Speicherkapazität des Kurzzeitgedächtnisses entspricht etwa sieben Informationseinheiten. Wir können sieben verschiedene Informationen für einige Sekunden bis zu zehn Minuten behalten, aber wir haben Probleme, zehn zu behalten. Wenn zusätzliche Informationseinheiten gespeichert werden sollen, werden dafür die zuerst abgespeicherten Informationen vergessen. Der Schluss für einen guten Vortrag oder einen guten Managementbericht ist daher: Sie müssen Ihren Zuhörern oder Lesern etwas Zeit geben zwischen der Präsentation von verschiedenen Gruppen einzelner Daten oder Informationen, so dass diese eine Art Zwischenbilanz ziehen oder es mit dem ersten Informationspaket, das sie erhalten haben, konsolidieren und gruppieren können. Diese Informationskonsolidierung oder -gruppierung leert das Arbeitsgedächtnis und ermöglicht es dem Gehirn so, ein neues Informationspaket zu speichern, ohne dass der Gehalt des vorher Gespeicherten dabei verloren geht. Beispielsweise verdanken gute Schachspieler ihre Intelligenz ihrer stark ausgeprägten Fähigkeit, die Positionen auf dem Schachbrett zu kategorisieren und zu gruppieren. Dieses Prinzip ist der Grund dafür, weshalb wir die Wände des Management-Cockpits in so genannte logische Sichten unterteilt haben, wobei jede einfach von den anderen zu unterscheiden ist und aus nicht mehr als sechs einzelnen Informationseinheiten, den Visuals, besteht.

Jürgen Daum: Was empfehlen Sie Managern, die damit beginnen möchten, ihre mentale und intellektuelle Produktivität zu verbessern?

Patrick Georges: Respektieren Sie Ihren Biorhythmus und Ihre intellektuelle Produktivitätskurve über den Tag! Morgens, zwischen 7 und 11 Uhr haben Sie Ihre produktivste Zeit. Reservieren Sie diese Zeit für Ihr wichtigstes Projekt, schließen Sie die Tür und beantworten Sie keine Telefonanrufe. Beginnen Sie Ihren Tag nie damit, Ihre Post oder E-Mails zu lesen. Morgens ist Ihr Gehirn sehr aufnahmefähig und »offen«. Wenn Sie dann Ihre Post lesen, werden Sie es mit den Angelegenheiten und Zielen anderer Leute programmieren. Ab 11 Uhr haben Sie Ihren Kommunikationshöhepunkt. Erledigen Sie wichtige Telefonanrufe und halten Sie wichtige Meetings ab. Verschieben Sie die nicht so bedeutenden Aufgaben und Meetings auf den frühen Nachmittag, wenn Ihre Intelligenz am schwächsten ist. Wählen Sie Ihr Tagesziel jeden Morgen, wenn Sie aufwachen. Beschließen Sie, etwas Wichtiges bis zum Tagesende erledigt zu haben. Sie werden Ihr Gehirn damit »programmieren«, so dass es wahrscheinlicher wird, dass Sie Ihr Ziel auch erreichen.

Jürgen Daum: Die Aufgabe eines Managers ist es, Entscheidungen zu treffen. Was ist der Schlüssel für bessere Managemententscheidungen?

Patrick Georges: Sie können Ihre Entscheidungsgenauigkeit als Manager vor allem durch die Beschaffung von harten Fakten verbessern. Wir sind ziemlich schlecht in der korrekten Einschätzung von Wahrscheinlichkeiten. Für Manager, die jeden Tag Entscheidungen auf der Basis von Einschätzungen der Eintrittswahrscheinlichkeit von bestimmten positiven oder negativen Geschäftsereignissen treffen müssen, kann diese Tatsache beträchtlichen Schaden anrichten. Hat ein Ereignis eine 2-prozentige statistische Eintrittswahrscheinlichkeit, schätzen wir diese intuitiv auf 10 Prozent. Hat etwas eine 95-prozentige Eintrittswahrscheinlichkeit, schätzen wir diese auf 80 Prozent. Wir tendieren dazu, große Risiken zu unterschätzen und kleine zu überschätzen. Wir sind auch gegenüber möglichen Verlusten empfindlicher und aufmerksamer als gegenüber möglichen Gewinnen. Wir tun deshalb mehr dafür, einen kleinen Verlust zu vermeiden als einen größeren Gewinn zu realisieren. Versuchen Sie deshalb, Entscheidungen möglichst immer nur auf der Basis von harten Fakten zu treffen. Viele Top-Manager sind sehr überrascht, wenn Sie solche statistischen Fakten sehen, wie zum Beispiel, dass bestimmte Kunden, mit denen Sie viel Zeit verbringen, für das Unternehmen nicht profitabel sind. Oder dass ein bestimmter Verkäufer systematisch immer nur 80 Prozent des Ziels erreicht, das er sich selbst setzt, während ein anderer immer 105 Prozent seines selbstgesteckten Ziels erreicht. Deshalb: Sorgen Sie vor allem für verlässliche Geschäftsdaten.

Jürgen Daum: Manager stehen dauernd unter Druck und sind gestresst. Was können Sie als ein Anti-Stress-Programm für Manager empfehlen?

Patrick Georges: Stellen Sie sicher, dass jeder Ihrer Absichten eine Entscheidung folgt. Eine Absicht ist ein Stück Information, das einen Wunsch in uns hervorruft. Es ist das »ich muss dies oder jenes tun«, das uns zum Beispiel nach einem Meeting durch den Kopf geht. Es ist wie ein rotes Lämpchen in unserem Kopf, eine Sorge. Es kann nicht ausgeschaltet werden, bis eine Entscheidung getroffen oder etwas unternommen wurde. Sie sollten sich trainieren, zu erkennen, wenn Sie eine Absicht im Kopf haben und sollten diese vor allem nicht in Ihr Unterbewusstsein abtauchen lassen. Deshalb wäre es am besten, diese sofort aufzuschreiben oder direkt zu handeln. Sorgen und Hintergrundstress haben ihre Ursache in diesen vielen Absichten, die wir jeden Tag haben. Sie bringen unser Unterbewusstsein in Unordnung, weil wir uns ihrer nicht richtig angenommen haben, solange sie sich in unserem Bewusstsein befanden. Manager sollten deshalb immer ein Notizbuch oder Diktiergerät dabei haben, mit dem sie ihre Absichten, Wünsche und Sorgen sammeln können, sobald diese entstehen. Sie können damit ihr Gedächtnis entlasten. Wenn Sie sich nicht die gute Gewohnheit zugelegt haben, sich bereits tagsüber Notizen zu machen, sollten Sie sich wenigstens zwingen, dies zu tun, bevor Sie zu Bett gehen. Sorgen und Absichten, die nicht aufgeschrieben werden und deshalb im Gedächtnis verbleiben, sind ein Rezept für eine schlechte Nachtruhe.

Jürgen Daum: Welchen Tipp würden Sie mir abschließend geben, den ich bezüglich der Verbesserung meiner intellektuellen Produktivität unbedingt beachten sollte?

Patrick Georges: Löschen oder vernichten Sie so viele Nachrichten wie möglich. Mindestens die Hälfte der Informationen, die Manager heute erhalten, ist Junk Mail, die ihnen nicht dabei helfen, ihre Ziele zu erreichen. Wir müssen unsere Intelligenz darauf trainieren, den alten Reflexen zu misstrauen, die uns sagen, dass etwas, das sich in unserer Post oder in unserem E-Mail-Eingang befindet, tatsächlich von Interesse für uns ist. Machen Sie regelmäßig und jeden Tag ein kurzes Meeting mit sich selbst, Ihre ruhige halbe Stunde, eine kurze ruhige Aktivität zu einem festen Zeitpunkt. Das wird Sie wieder ins Lot bringen, sogar an einem hektischen Geschäftstag.

Jürgen Daum: Herr Professor Georges, vielen Dank für das sehr interessante Gespräch.

Die neue Rolle des CFO und des CIO

Neben den Businessmanagern, tragen zwei Bereiche entscheidend zum Unternehmenserfolg in einer auf Intangible Assets basierenden Wirtschaft bei: der des Chief Financial Officers (CFO) und der des Chief Information Officers (CIO). Denn neben dem Management der Finanzressourcen ist der CFO als ökonomisches Gewissen des Unternehmens für die betriebswirtschaftliche Transparenz und die »Business Intelligence« eines Unternehmens, also für die Ausgestaltung des Managementsystems, zuständig. CIOs obliegt das Management einer der wichtigsten Basisressourcen in einem auf Intangible Assets basierenden Unternehmen: der Infrastruktur zur Informationssammlung, -speicherung, und -verteilung.

Der CFO benötigt die Hilfe des CIO, der die informationstechnische Infrastruktur für das neue Managementsystem bereitstellen muss, um seine Ressourcen und die Fähigkeiten seines Teams auf diejenigen Projekte zu konzentrieren, die für den ökonomischen Erfolg des Unternehmens am entscheidendsten sind.

Der CFO und der CIO sind daher über ein gemeinsames Ziel miteinander verbunden: Sie stellen ihren Unternehmen die neuen Konzepte für das erforderliche Informationsmanagement und für eine verbesserte Business Intelligence zur Verfügung. Beide sehen sich als Partner der Businessmanager, und sie leisten für die erfolgreiche Umsetzung der Unternehmensstrategie einen aktiven Beitrag. Beide sind unverzichtbare Experten in ihren jeweiligen Aufgabenbereichen. Wenn sie jedoch ihre Kräfte vereinen, ist das Ganze größer als die Summe seiner Teile. Der Gesamtnutzen für das Unternehmen steigt exponentiell an. Um dies tun zu können, müssen beide verstehen, was ihre Rolle im Unternehmen unter den Bedingungen der neuen Ökonomie ist, und wie sie zum Erfolg ihres Unternehmen beitragen können.

Vom CFO zum Chief Value Officer und zum Business-Intelligence-Verantwortlichen

Traditionell sind CFOs zunächst einmal für das Management der Finanzprozesse und der Finanzressourcen verantwortlich. Ihre Aufgabe ist es, sicherzustellen, dass das Unternehmen stets über ausreichende Liquidität verfügt, um das laufende Geschäft, anstehende Investitionen und Ausschüttungen an die Aktionäre zu finanzieren. Außerdem müssen Finanztransaktionen wie Forderungseinzug oder Ausgangszahlungen möglichst effizient abgewickelt und Finanzierungskosten und die Renditen der Finanzanlagen optimiert werden. Hier handelt es sich um die operativen Aufgaben des Bereichs Finanzen und Controlling.

Der zweite große Bereich an Aufgaben, für die CFOs verantwortlich sind, umfasst die Dokumentation der Performance eines Unternehmens, die Erstellung von Finanzabschlüssen, von Managementreports und die Organisation und Begleitung von Budgetierungs-, Planungs- und Forecasting-Prozessen sowie die Übernahme von Analyseaufgaben für die Entscheidungsunterstützung des Managements (Controlling). Die Rolle des CFO ist mit dem Aufkommen der auf Intangible Assets basierenden Ökonomie in beiden Bereichen wesentlichen Änderungen unterworfen.

Das Aufkommen neuer kollaborativer E-Business-Modelle, wie sie am Beispiel Cisco beschrieben wurden, werden Unternehmen in Zukunft veranlassen, auch ihre Finanzprozesse zu überdenken und diese neu zu organisieren. Nachdem bei den neuen E-Business-Modellen zunächst die Verkaufs- bzw. CRM- und dann die Supply-Chain-Management-Prozesse im Vordergrund standen, gerät nun der Bereich Finanzen in den Fokus. Wenn Kunden online bestellen können, möchten sie schließlich auch online bezahlen oder eine falsche Rechnung online reklamieren können. Gleichzeitig denken Unternehmen darüber nach, wie sie durch E-Finance-Modelle Finanzprozesse effizienter abwickeln können, um Kosten zu sparen und Finanzbestände und damit die Kapitalbindung weiter zu reduzieren.

Durch Electronic Bill Presentment and Payment (EBPP) lassen sich beispielsweise nicht nur die Kosten für die Rechnungserstellung und den Forderungseinzug reduzieren, sondern auch die durchschnittliche Zeit, die bis zur Bezahlung einer Rechnung verstreicht, was wiederum zu einem verringerten Forderungsbestand führt. So genannte Payment Factories, die die Ausgangszahlungen eines Unternehmens global zusammenfassen und die Zahlungswege über bevorzugte Banken weltweit optimieren, reduzieren nicht nur die Transaktionskosten, sondern auch den Bedarf an vorzuhaltenden Zahlungsmitteln in den operativen Geschäftseinheiten. Angesichts dieser neuen Möglichkeiten zur Optimierung der Financial Supply Chain von Unternehmen wird das aktive und laufende Working Capital Management an Bedeutung gewinnen und die Working-Capital-Effizienz, vor allem im eigenen Bereich, als Maßstab für die Qualität eines CFO gelten.

E-Finance-Modelle bieten die Möglichkeit, Finanzprozesse an externe Dienstleister auszulagern, ohne die Integrität der Geschäftsprozesse und des finanziellen Gesamtbilds zu gefährden. Das Internet macht es möglich, dass es keine Rolle mehr spielt, wo beispielsweise die Debitorenbuchhaltung räumlich angesiedelt ist: intern oder bei einem externen Dienstleister. Geschäftsprozesse an verschiedenen Standorten können mit Hilfe des Internets und über das E-Business-Netzwerk durch den damit möglichen Informationsfluss in Echtzeit integriert sein.

CFOs, die die Möglichkeiten der Automatisierung von Finanzprozessen unter Einsatz von E-Business-Modellen nutzen, können Kosten senken und Ressourcen freisetzen, die dann für Aktivitäten einsetzbar sind, die mehr Wert schaffen. Auch lässt sich die Interaktion der Kunden mit den Finanzprozessen des Unternehmens vereinfachen und damit für die Kunden komfortabler und zeitsparender gestalten. Wenn ein CFO außerdem diese Prozesse teilweise oder vollständig an externe Anbieter auslagert, können oft die Gesamtkosten des Finanzbereichs signifikant gesenkt werden.

Unterstützung von Entscheidungen

Heute müssen CFOs mehr leisten als einfach nur die Bücher, also das Rechnungswesen ihres Unternehmens in Ordnung zu halten und das Management und die Anleger mit verlässlichen Finanzinformationen zu versorgen. Das Management, aber auch Investoren und Finanzanalysten benötigen eine wesentlich breitere und klarere Sicht auf finanzielle und nichtfinanzielle Erfolgsfaktoren und auf den Status der materiellen und immateriellen Vermögenswerte. Es gehört zur Aufgabe des CFO, diese Informationen über das gesamte Unternehmen, also über alle Geschäftsbereiche, Standorte und Funktionen hinweg, bereitzustellen, auch wenn diese aus vielen verschiedenen Quellen stammen, und das Unternehmen über eine komplexe Informationssystemlandschaft verfügt. CFOs müssen eine vollständige und integrierte Sicht auf sämtliche Finanz- und Geschäftsaspekte des Unternehmens bieten können, auch auf Aktivitäten außerhalb der Grenzen des

Unternehmens, zum Beispiel in Partnerunternehmen. Dazu ist ein E-Business-Accountingsystem erforderlich, das die unterschiedlichen operativen Systeme in das Rechnungswesen möglichst in Echtzeit integrieren kann.

Auf der Basis eines Rechnungswesens für das 21. Jahrhundert, das konzeptionell auf den bereits dargestellten Überlegungen zu einem neuen Rechnungswesen basiert, müssen CFOs mit den Managementteams ihrer Unternehmen die Konzepte für ein neues Management- und Controllingsystem ausarbeiten, das den Herausforderungen der neuen Ökonomie gewachsen ist. Ihre Aufgabe ist es, diesen Prozess nicht nur zu begleiten, sondern aktiv voranzutreiben und zu gestalten. Das erfordert auch den Entwurf neuer Lösungen für eine verbesserte Informationsinfrastruktur, die den Anforderungen an effizientes und effektives Rechnungswesen und Controlling sowie an das Managementsystem gewachsen ist. Hierzu gehören neben einem leistungsstarken E-Business-Accountingsystem, das in einem heterogenen Systemumfeld agieren kann, ein Data Warehouse und analytische Anwendungen zur Unterstützung von Entscheidungs- und Managementprozessen sowie für die externe Kommunikation (siehe Abbildung 9.1). Betriebswirtschaftliche und kulturelle Erwägungen müssen dabei mit den technischen Möglichkeiten konvergieren, die neue IT- und Softwarelösungen bieten. In diesem Punkt muss der CFO eng mit dem CIO zusammenarbeiten. Beide müssen ihr Fachwissen auf den Gebieten Betriebswirtschaft bzw. Management auf der einen und Informationstechnik auf der anderen Seite zusammenfließen lassen.

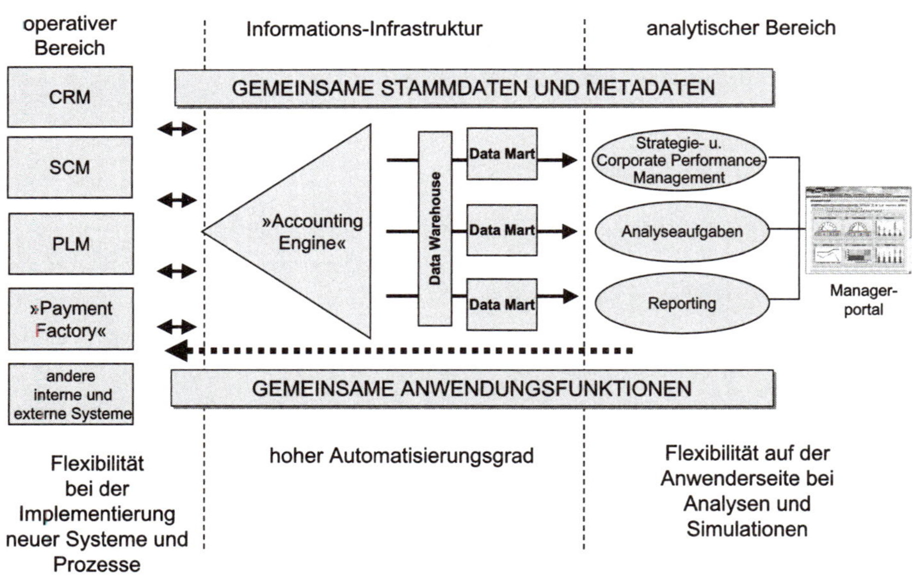

Abbildung 9.1 Business-Information-Infrastruktur als Basis für das neue Management- und Controllingsystem (Vgl. SAP AG, Empowering Finance for E-Business, 2001)

Der Chief Value Officer (CVO)

Im Zuge der Neupositionierung eines Unternehmens zur optimalen Wertschöpfung in der neuen Ökonomie müssen auch der CFO und der Bereich Finanzen und Controlling ihre Rollen innerhalb der Organisation neu definieren: Welche Art von Organisationsstruktur kann den Bereich Finanzen und Controlling bei der Erfüllung seiner neuen Aufgaben am besten unterstützen? Die meisten Finanzabteilungen haben – unter dem Einfluss von Investitionen in Informationssysteme und in Shared Service Center – bereits in den letzten Jahren eine deutliche Wandlung erfahren. Sie kommen heute mit weniger Ressourcen aus und haben Transaktionsprozesse weiter automatisiert, was ihnen eine stärkere Fokussierung auf Services für die Entscheidungsunterstützung erlaubt. Zukünftig wird der Bereich Finanzen und Controlling noch schlanker werden. Da immer mehr Front-Office und Analyseaufgaben als Self-Services mittels webbasierter Portale an die Businessmanager selbst verlagert und Backoffice-Aufgaben in Shared Service Centern konzentriert oder sogar an externe Dienstleister ausgelagert werden, werden die im Bereich Finanzen und Controlling verbleibenden Mitarbeiter zunehmend als Managementberater, Koordinatoren und Konzeptionalisten fungieren, zum Beispiel für die konzeptionelle betriebswirtschaftliche Wartung und Weiterentwicklung der Controlling-, Management- und Reportingsysteme. Standardisierte integrierte Prozesse und Systeme werden in das Unternehmen eingebettet sein. Anwender werden global darauf zugreifen und sie nutzen können, ohne dazu wissen zu müssen, wo sie angesiedelt sind und gewartet werden (siehe Abbildung 9.2).

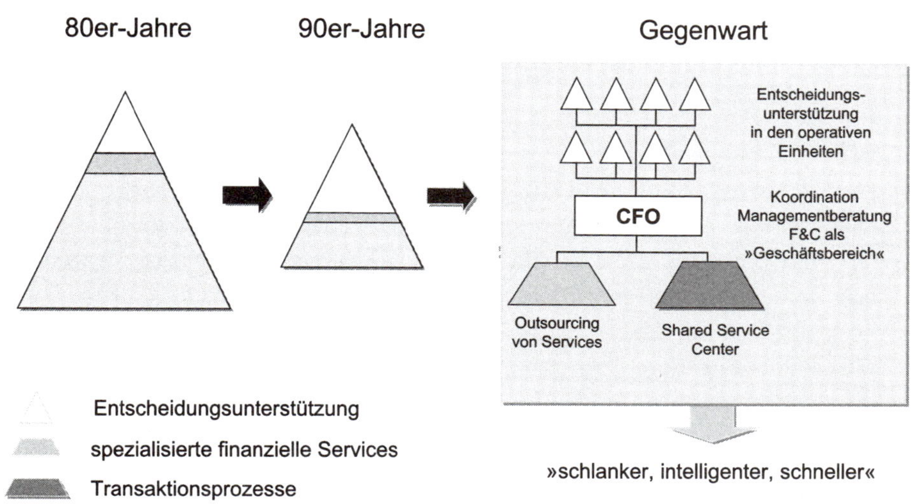

Abbildung 9.2 Neustrukturierung des Bereichs Finanzen und Controlling (Vgl. SAP AG, Empowering Finance for E-Business, 2001)

Der Druck aus dem Managementteam gegenüber dem CFO, bessere und zuverlässigere Geschäftsdaten zu liefern, die auch die Anforderungen einzelner Manager erfüllen, und das Managementsystem an das sich immer schneller wandelnde Unternehmensumfeld rechtzeitig anzupassen, wird in Zukunft noch zunehmen. Der Bereich Finanzen und Controlling wird sich daher zukünftig noch mehr auf diese Aufgabenbereiche konzentrieren und versuchen müssen, durch Automatisierung bzw. durch Auslagerung von anderen Aufgaben, etwa im Bereich Financial Supply Chain Management, aber auch bei der Datenbeschaffung, Konsolidierung und rollierenden Vorschau den Freiraum zu gewinnen und die Ressourcen freizusetzen, die dafür benötigt werden. CFOs und ihre Mitarbeiter müssen in Zukunft der Analyse der Geschäftsprozesse und des Unternehmensumfelds wesentlich mehr Zeit widmen, um Managern helfen zu können, die ökonomischen Implikationen bestimmter geschäftlicher Konstellationen zu verstehen und das Managementsystem des Unternehmens auf dem neuesten Stand zu halten. Das folgende Szenario könnte daher für viele CFOs in Zukunft Wirklichkeit werden:

- Das Management der Financial Supply Chain ist vollständig an externe Dienstleister ausgelagert. Der CIO und sein Team übernehmen den Betrieb des Accountingsystems, des Data Warehouses und der analytischen Anwendungen, wobei der CFO und sein Team für die konzeptionelle Wartung und Weiterentwicklung dieser Systeme zuständig sind.
- Manager und externe Stakeholder werden mit Hilfe eines webbasierten Unternehmensportals in der Lage sein, jederzeit auf Analysetools und die entsprechenden Daten zuzugreifen, um selbstständig anspruchsvolle Analysen, Simulationen und »What-If-Szenarien« durchzuführen, statt sich hierzu an die Mitarbeiter der Controllingabteilung bzw. der Abteilung für Investor Relations wenden zu müssen.
- Der CFO wird das Business Intelligence Competence Center des Unternehmens leiten, dessen Aufgabe darin bestehen wird, Manager beim Verständnis neuer Geschäftsprobleme zu unterstützen, die fundierte ökonomische Kenntnisse erfordern. Hierzu wird auch die Sammlung, Zusammenstellung und redaktionelle Bearbeitung relevanter, unstrukturierter interner und externer Businessinformationen gehören, die Managern und zum Beispiel Investoren im Rahmen der im letzten Punkt beschriebenen Self-Services zur Verfügung gestellt werden. Darüber hinaus erbringt das Center noch eine Reihe anderer Services wie Managementberatung und betriebswirtschaftliche Trainings (teilweise auch in Form von Webcasts), M&A Services, Investor Relations Services etc.

Die Kernkompetenz des CFO wird künftig darin bestehen, das Wertschöpfungssystem seines Unternehmens zu verstehen und zu überwachen, um maximalen

Wert für das Unternehmen zu schaffen. Dies wird auch die Fähigkeit umfassen, dieses Verständnis – in Zusammenarbeit mit den Kollegen des Managementteams – in entsprechende Konzepte für ein passendes Management- und Reportingsystem zu übersetzen sowie das Management und die Investoren mit den zugehörigen Services zu versorgen, statt sich wie in der Vergangenheit nur um die Buchführung und das Treasury-Management des Unternehmens zu kümmern. Die traditionelle Rolle des CFO wird sich daher von der des obersten »Finanzverwalters und Buchhalters« zu der eines agilen und aktiven Chief Value Officers (CVO) wandeln, der das Wertschöpfungssystem, dessen Prozesse und das noch nicht realisierte Wertschöpfungspotenzial eines Unternehmens ständig im Blick hat und auf seine Realisierung drängt. Der CFO wird so von einem Verwalter administrativer Prozesse zu einem echten Businesspartner für seine Managementkollegen, der durch das Schaffen der notwendigen Managementtransparenz direkt am Erfolg des Unternehmens beteiligt ist.

Herausforderungen für den CIO auf seinem Weg zum Partner für das Businessmanagement

Die wichtigste Aufgabe des CIO war es in der Vergangenheit, für das reibungslose Funktionieren der IT-Systeme zu sorgen. Sekundär musste er sich auch mit neuen Technologien auseinander setzen und die Unternehmensleitung überzeugen, in diese Technologien zu investieren, wenn sie für den Erfolg des Unternehmens bedeutsam waren. Die Investitionsentscheidungen traf er jedoch nicht selbst.

Viele CEOs sehen ihre CIOs noch immer eher als »Techniker« und zeigen sich skeptisch bei der Beantwortung der Frage, ob sie in den Vorstand gehören. Besonders zurückhaltend reagieren sie auf die Frage, ob ihre IT-Manager etwas zur Unternehmensstrategie beitragen können, da sie davon ausgehen, dass sie eher an Technologie- als an Businessfragen interessiert sind. Diese Bedenken lassen sich nicht so einfach von der Hand weisen. Die Ausbildung vieler IT-Spezialisten befähigt sie zur Lösung technischer, nicht betriebswirtschaftlicher Probleme. In dem Maß, wie das E-Business-Netzwerk zum Rückgrat eines Unternehmens wird und Unternehmen zu Online-Interaktionen mit Kunden und Geschäftspartnern übergehen, muss sich dies ändern. Und in vielen Unternehmen sind diese Änderungen auch bereits eingetreten. Die meisten CIOs, die ich kenne, sind im Wortsinn echte *Information* Officers, d.h., sie entwickeln Konzepte für das *Informationsmanagement* und überlassen das *Technologiemanagement* ihrem Chief Technology Officer (CTO).

Profil und Aufgaben des CIO

Zunächst muss der CIO die Unternehmensstrategie verstehen, um zu ihr einen Beitrag leisten zu können. Und am Rande bemerkt: Da er in heutigen Unternehmen eine besonders kritische Funktion erfüllt, sollte der CIO auf jeden Fall dem Vorstand angehören, allein schon deshalb, um in die strategischen Entscheidungsprozesse immer einbezogen zu werden, deren Ergebnis – neue Strategien – er ja mit der passenden IT-Infrastruktur unterstützen soll.

Zweitens muss er zusammen mit dem CTO Technologieentwicklungen aktiv verfolgen. Es gehört zu seinen Aufgaben, zu untersuchen, wie sich neue Technologien auf die Geschäftsstrategie seines Unternehmens auswirken könnten. Er muss Konzepte dafür entwickeln, wie sich mit Hilfe dieser neuen Technologien Wettbewerbsvorteile erreichen lassen.

Drittens muss der CIO seine Abteilung wie ein Unternehmer führen und ständig nach Möglichkeiten suchen, wie sich für die (internen) Kunden mehr Wert schaffen lässt, während er gleichzeitig versucht, die Effizienz zu verbessern. Tatsächlich sind in zahlreichen Unternehmen die IT-Abteilungen als Shared Service- oder Profit Center organisiert, manchmal sogar als juristisch eigenständige Einheiten ausgegründet oder sogar komplett an einen externen Dienstleister outgesourct. Eine Möglichkeit, um im IT-Bereich Wert für das Unternehmen zu schaffen, besteht darin, ein Maximum an Flexibilität bei der Gestaltung und Umgestaltung seines Geschäftssystems und der Geschäftsprozesse zu garantieren. In einem risikoreichen Geschäftsumfeld, in dem es auf schnelle Anpassungsfähigkeit ankommt, ist Flexibilität einer der Schlüssel zum Erfolg.

Viertens muss die IT-Abteilung ständig nach Wegen suchen, wie nicht nur die Mitarbeiter in ihrer täglichen Arbeit, sondern auch die Geschäftspartner und Kunden produktiver gemacht werden können. Die Informationstechnik ist das wichtigste Werkzeug eines Unternehmens, um Humankapital und individuelles Wissen in Struktur- und Organisationskapital zu transformieren, das multipliziert werden kann.

In der heutigen Geschäftswelt können CIOs einen Vorteil erzielen, indem sie sich auf die Flexibilität ihres IT-Bereichs und auf Prozesse und entsprechende IT-Lösungen konzentrieren, die Wissensarbeiter in ihrer täglichen Arbeit produktiver machen. Da sich die Änderungen im Geschäftssystem von Unternehmen zunehmend schneller vollziehen, und die wichtigsten Ressourcen für die Wertschöpfung Intellektuelles Kapital, Intangible Assets und die Mitarbeiter sind, die diese Vermögenswerte schaffen, stehen Wissensarbeiter, geschäftliche Flexibilität und laufende Produktivitätsverbesserungen heute auf der Tagesordnung von CEOs ganz oben. Wenn der CIO in der Lage ist, seinem Unternehmen bei der Entwicklung dieser Fähigkeiten zu helfen, leistet er einen wichtigen Beitrag zum Erfolg des Unternehmens und wird damit, wie der CFO, zu einem strategischen Partner seiner Kollegen in der Unternehmensführung. Und seine Chancen, diese Ziele zu erreichen, stehen angesichts der neuesten Entwicklungen in der Informationstechnik nicht schlecht.

Die flexible, vernetzte und anwenderzentrierte IT-Infrastruktur

Unternehmen, die sich in Richtung Business-Netzwerkstrukturen bewegen und deren Wertschöpfung in erster Linie auf Wissensarbeit basiert, sind zunehmend davon abhängig, die Flexibilität ihres Geschäfts- und Wertschöpfungssystems und die Produktivität ihrer Mitarbeiter ständig zu steigern. Ihre IT-Infrastruktur kann dabei entweder ein wesentliches Hindernis oder ein entscheidender Wegbereiter sein – je nachdem, ob sie diese Erfolgsfaktoren unterstützt oder behindert. Die IT-Infrastruktur eines Unternehmens muss daher äußerst *flexibel* sein, sie muss das *Netzwerkprinzip* unterstützen und wesentlich *anwenderzentrierter* sein als etwa die traditionelle Mainframe-Umgebung. Denn nur eine flexible IT-Infrastruktur erlaubt eine schnelle Neukonfiguration von Geschäftsmodellen und -prozessen.

Nur eine IT-Infrastruktur auf der Basis des Netzwerkprinzips unterstützt eine direkte und schnelle Interaktion zwischen Personen, egal ob sie sich innerhalb des Unternehmens befinden oder nicht. Diese Interaktion erfolgt vorzugsweise über das Internet. Eine IT-Infrastruktur, die auf dem Netzwerkprinzip basiert, ist außerdem eine wichtige Voraussetzung für Flexibilität. Denn es muss zum Beispiel möglich sein, die IT-Systeme eines akquirierten Unternehmens oder eines neuen Geschäftspartners, der sich dem Eco-System des Unternehmens anschließt, schnell zu integrieren.

Nur eine anwenderzentrierte IT-Infrastruktur kann Wissensarbeiter wirklich produktiv werden lassen. Um ihre Arbeit effektiv ausführen zu können, müssen Wissensarbeiter zwei Voraussetzungen vorfinden, die sich durch Informationstechnik erfüllen lassen: Sie müssen in der Lage sein, Informationen, die sie für ihre Arbeit benötigen, jederzeit und sofort zu erhalten, und sie müssen schnell und effizient mit anderen internen oder externen Wissensarbeitern kommunizieren und zusammenarbeiten können. Wissensarbeit ist jedoch, im Gegensatz zu vielen operativen Aufgaben in Industrieunternehmen, normalerweise keine standardisierte, repetitive Arbeit. Die Informationen für Wissensarbeiter dürfen daher nicht über standardisierte Benutzeroberflächen zur Verfügung gestellt werden, sondern müssen über anwenderzentrierte, individuell konfigurierbare webbasierte Portale zugänglich sein, die für die Aufgaben ausgelegt sind, mit denen sich diese Personen befassen, und die sie dann auch direkt mit der Außenwelt verbinden können.

Als die Materialisierung einer anwenderzentrierten IT-Infrastruktur kann deshalb ein anwender- und rollenbasiertes Webportal angesehen werden. Es stellt Wissensarbeitern einen einzigen Anlaufpunkt für sämtliche relevanten internen und externen Informationsquellen und alle benötigten Kommunikations- und Interaktionskanäle zur Verfügung.

Ergänzend dazu wird eine IT-Plattform benötigt, die einerseits die notwendige Flexibilität bei der Konfiguration und Rekonfiguration der bestehenden IT-Landschaft ermöglicht und gleichzeitig beliebig viele weitere Systeme in diese Landschaft integrieren kann, die also einen eindeutigen Netzwerkcharakter hat. Als die Materialisierung hierfür kann eine so genannte Exchange-Infrastruktur angesehen werden, wie sie bei elektronischen Marktplätzen zum Einsatz kommt. Diese separiert die Meta- und Stammdaten aller integrierten Systeme in so genannten Meta- und Stammdatenservern, die beispielsweise Daten über den Kundenstamm enthalten, aber auch über Schnittstelleneigenschaften und -konfigurationen der einzelnen Systeme im Netzwerk. Zusätzlich wird eine Message-basierte Infrastruktur bereitgestellt, die alle Anwendungen und Systeme auf der Basis von Messages verknüpft, die bestimmte Services von verschiedenen Systemen oder Anwendungen abrufen bzw. diese anstoßen kann, sobald sie im Rahmen eines Geschäftsprozesses irgendwo im Netzwerk benötigt werden. Beide, die Meta- und Stammdatenserver und die Message-Infrastruktur, bilden die Basis für die Verknüpfung und Integration der verschiedenen internen und externen Anwendungssysteme im Rahmen von Geschäfts- und Managementprozessen und für die einfache und schnelle Rekonfiguration dieser Prozesse, ohne dass »hart verdrahtete« Schnittstellen von System zu System abgebaut und neu aufgebaut werden müssen. Denn über das Message-basierte Netzwerk kann jedes System und jede Anwendung von jedem anderen über eine Message erreicht werden. Portal- und Exchange-Technologien stellen deshalb die wesentlichen Bausteine für die neue IT-Infrastruktur dar.

Ein weiteres wichtiges Ziel für den CIO besteht darin, das neue Managementsystem durch Informationstechnik besser zu unterstützen und dabei zu helfen, die Managementprozesse möglichst weitgehend zu automatisieren, wo das sinnvoll ist nachdem erste Erfahrungen mit dem neuen Konzept gesammelt wurden. Die Implementierung von Informations- und Softwaresystemen, die diese neuen Managementprozesse und die einzelnen Manager bei der Ausführung ihrer Aufgaben unterstützen, stellt in Zukunft eines der wichtigsten Projekte für CIOs dar, das sie übrigens auch bei ihren Managerkollegen stärker sichtbar machen wird. Hierzu gehört auch die Implementierung von analytischen Softwareanwendungen, sowohl für das Strategie- und Corporate-Performance-Management als auch zur Unterstützung der operativen Managementprozesse, und die Einrichtung von webbasierten Portalen für Führungskräfte, aber auch Investoren und andere externe Stakeholder.

IT-Unterstützung für das neue Managementsystem

Auf der Basis der neuen IT-Infrastruktur können operative Systeme, die neue Geschäftsprozesse unterstützen, durch offene und flexible Schnittstellen jederzeit und relativ schnell mit dem E-Business-Accountingsystem bzw. mit dem Data Warehouse integriert und gekoppelt werden. Dadurch kann die datentechnische Basis für das Managementsystem gesichert werden, und gleichzeitig besteht eine hohe Konfigurationsflexibilität im operativen Bereich, die nicht durch Anforderungen des Rechnungswesens und der Controllingsysteme eingeschränkt wird.

Das leicht konfigurierbare E-Business-Accountingsystem verarbeitet die eingehenden Daten automatisch und übersetzt sie in eine oder mehrere Rechnungswesensichten. Bilanzen, Gewinn- und Verlustrechnungen, Cashflow Statements und Managementreports auf der Basis von finanziellen (oder auch nichtfinanziellen) Daten, die durch das E-Business-Accountingsystem verarbeitet wurden, werden in verschiedenen Versionen erstellt, wobei jede eine andere Sicht bietet. Beispielspielsweise kann hier eine Sicht entsprechend verschiedener GAAP-Regeln oder ohne Aktivierung von Investitionen in Intangible Assets oder mit Aktivierung der Forschungs- und Entwicklungsaufwendungen gewählt werden, wobei Letztere etwa durch automatisierte Rückmeldungen aus dem PLM-System angestoßen werden könnten. Beim Prozessieren der Daten in der Accounting Engine werden dann auch automatisch die entsprechenden Buchungsbelege erzeugt, so dass die Daten der Financial Statements, aber auch von Managementberichten, auditierbar und im Detail nachvollziehbar sind. Durch die intelligentere und flexiblere Kopplung des Accountingsystems mit den operativen Systemen werden zwei Ziele erreicht: eine Flexibilisierung der operativen Systeme und gleichzeitig mehr Stabilität für das Accountingsystem, das so nicht durch jede Änderung im operativen System gestört wird. Damit wird ein höherer Automatisierungsgrad im Accounting erreicht, was zum Beispiel eine wichtige Voraussetzung für einen Virtual Close oder Fast Close ist, bei dem Abschlusszahlen schneller und eventuell sogar innerhalb der Buchungsperiode zur Verfügung stehen.

Daten aus den Accountingsichten werden dann in regelmäßigen Abständen oder sogar in Echtzeit zusammen mit Daten und Informationen aus anderen Quellen in das Data Warehouse übertragen, das die notwendige Datenintegration für Sichten über alle Geschäftsfunktionen und über die Systemlandschaft hinweg gewährleistet. Darüber hinaus sind die zugrunde liegenden Datenstrukturen für mehrdimensionale Analysen (Online Analytical Processing – OLAP) optimiert. Das Data Warehouse bildet so die Basis für analytische Softwareanwendungen zur

Unterstützung von Managemententscheidungen, von Managementprozessen und für das Controlling und die Ermittlung der Kennzahlen für das Tableau de bord. Dies umfasst analytische Anwendungen für das Strategie- und Corporate-Performance-Management, für die Unterstützung von operativen Managementprozessen und Analyseaufgaben (Business Analytics) und für das interaktive Reporting. Durch diese Anwendungen werden Supportaufgaben zur zeitnahen Bereitstellung der Daten für diese Managementprozesse unterstützt. Dazu gehören etwa im Strategie- und Corporate-Performance-Management die Finanz- und Managementkonsolidierung, die Budgetierung und die rollierende Vorschaurechnung, die so weitgehend automatisiert werden. Darüber hinaus wird dann das KPI-basierte Managementreporting durch elektronische Balanced Scorecards und Tableaux de bords unterstützt, aber auch die strategische Planung, das externe Reporting, die interne Managementkommunikation und die externe Kommunikation mit Stakeholdern. Business Analytics unterstützen Analyseaufgaben und Managementprozesse zum Beispiel in den Bereichen Product Lifecycle, Customer Relationship und Supply Chain Management, aber auch beim Management von Basisressourcen wie Human Resources und Finanzen. Da die Business Analytics innerhalb der gleichen datentechnischen Infrastruktur operieren wie die übrigen Reporting- und Managementanwendungen, ist eine einfache Integration im Controlling und Reporting möglich (z.B. Datenaggregation aus operativen Sichten ins Tableau de bord des Unternehmens bzw. die entsprechende Deaggreation oder das Drill-down), aber etwa auch zur Unterstützung effizienter funktions- und bereichsübergreifender Planungs- und Forecasting-Prozesse.[2]

Webbasierte Portale für Manager und Investoren

Eine wichtige Aufgabe des Chief Value Officer (CVA) bzw. des CFO, besteht darin, die Gesamtproduktivität des Unternehmens laufend zu verbessern. Dazu gehört auch die Entwicklung und Verbesserung von neuen Techniken für das so genannte Wertmanagement, das Unternehmen in die Lage versetzt, in einem sich wandelnden Umfeld systematisch (mehr)wertorientiertes Management zu betreiben. Eine der größten Herausforderungen beim Aufsetzen eines neuen Wertmanagementprogramms besteht oft darin, die Businessmanager in neuen Konzepten, aber auch bei der Verwendung der neuen Kennzahlen und Tools zeitnah zu schulen. In Großunternehmen kann das eine Mammutaufgabe werden, aber selbst im Mittelstand ist dies nicht einfach. Ein großes Problem ergibt sich oft allein schon dadurch, dass man die Manager nur schwer aus dem Tagesgeschäft heraus und auf eine interne Schulung oder ein Seminar bekommt, und der CFO

2 Ein Beispiel für eine analytische Anwendung zur Untersützung operativer Analyseaufgaben und Managementprozesse ist SAPs Business Analytics, die eng in SAP SEM integriert ist.

dann kaum eine Chance hat, sie direkt zu erreichen, was natürlich den Erfolg des Programms gefährdet.

Webbasierte Portale bieten hier nun eine neue Möglichkeit. Über ein Managerportal können so genannte Management Self Services bereitgestellt werden. Dies umfasst nicht nur den direkten Zugang zu den neuen Analysetools und den entsprechenden Daten, sondern auch einen Zugriff auf Informationen, wie damit umzugehen ist, auf eine aufgezeichnete Schulung (z.B. ein Training zum neuen Tableau de bord) sowie auf einen Fragen- und Antwortenkatalog, der Antworten auf typische Fragen von Managern gibt. Auch könnte beispielsweise ein elektronisches Diskussionsforum für diese Manager über das Portal zugänglich sein, in dem diese sich gegenseitig Fragen stellen und beantworten können. Es können dort Artikel, Präsentationen und Videointerviews mit Experten zu bestimmten Themen abgelegt werden. Mit Hilfe eines Manager- und Investorportals kann der CVO auf sehr effiziente Weise eine virtuelle Community für Wert- und Performancemanagement innerhalb des Unternehmens und seines Eco-Systems aufbauen, das Manager und Controller aus dem eigenen Unternehmen, aber auch aus den Partnerunternehmen sowie Investoren und Finanzanalysten umfasst. Das Business Intelligence Competence Center erbringt dafür die erforderlichen betriebswirtschaftlichen Services.

Das Management Innovation Center

Leif Edvinsson hat in unserem Gespräch das Skandia Future Center erwähnt, ein »Labor« für Organisationsentwicklung, in dem mit zukünftigen Organisationsformen, Arbeitsmethoden und -umgebungen experimentiert wird. Es gründet sich auf die Erkenntnis, dass Unternehmen einen neuen Ansatz bei der Organisations- und Managementinnovation benötigen.

Das Skandia Future Center ist in der 1860 erbauten Villa Askudden bei Stockholm beheimatet und setzt auch mit seiner Inneneinrichtung einen deutlichen Kontrast zu den Hightech-Büros von heute. Es ist ein Treffpunkt, dessen Fokus auf Erneuerung und Entwicklung liegt und an dem Menschen aus verschiedenen Ländern, Alters- und Berufsgruppen in einen Dialog über das Unternehmen der Zukunft eintreten können. Dies soll durch eine Kommunikation und Interaktion stimulierende Atmosphäre gefördert werden. Bereits das Management-Cockpit basiert auf der Erkenntnis, dass ergonomische Raumkonzepte wichtig sind, um die Produktivität und Kreativität von Mitarbeitern und Managern zu verbessern. Es geht also um die Frage, welche Umgebung der Nährboden für erfolgreiche Innovationsarbeit sein kann. Innovationen beschränken sich jedoch nicht auf Produkte. Einer der wichtigsten Werttreiber ist heute die Organisations- und Managementinnovation. Neue Geschäftsmodelle, Organisationsformen und Strategien haben oft die größte langfristige Wirkung auf das Wertschöpfungspotenzial eines Unternehmens. Um auf dieser Ebene systematisch Innovation betreiben zu können, benötigt das Management zum einen die richtigen Informationen und Managementprozesse, wie dies bereits dargestellt wurde. Was aber hinzutreten muss, sind Verfahren und auch Raum- bzw. Umgebungskonzepte – wie es Skandia mit dem Future Center umzusetzen versucht –, die Managern den nötigen Freiraum und eine Kommunikationsumgebung verschaffen, um effektiv Innovationsarbeit auf der strategischen Ebene betreiben zu können.

So wandte sich vor etwa drei Jahren ein großer Ölkonzern an SAP mit der Bitte, ob man dem Management das Konzept des Management-Cockpits erläutern könnte. Ich bat um weitere Einzelheiten bezüglich der Ziele, um die richtige Person dafür zu finden. Wie sich herausstellte, arbeitete man an einem Konzept zur Einführung eines Management Innovation Centers, wie ich es heute nenne, das genau auf die Verbesserung der Innovationsfähigkeit des Managements zielte, indem dieses von überflüssigen Aktivitäten, Interaktionen und Informationen entlastet werden sollte.

Es sollte eine Umgebung für Top-Manager geschaffen werden, in der diese nicht mehr isoliert in ihren Büros in der Unternehmenszentrale sitzen, mit Informationen und Berichten überflutet werden und im Tagesgeschäft stecken bleiben. Vielmehr wollte man dafür sorgen, dass sich das Top-Management wieder mehr auf strategische Fragen und Innovationsarbeit konzentrieren kann. Man erkannte, dass dafür zwei Faktoren entscheidend sind: einerseits Räumlichkeiten, die es möglich machen, einzeln oder als Team produktiver und kreativer zu arbeiten, und andererseits eine Informations- und Kommunikationsinfrastruktur, die den Blick auf das Wesentliche erleichtert.

Das neue Corporate Center, über das man bei dem Ölunternehmen nachdachte, sollte weiterhin individuelle Büroräume für die einzelnen Manager enthalten. Das Ganze sollte jedoch räumlich offener gestaltet sein, um die Kommunikation zu fördern. Geplant waren zum Beispiel auch mehrere Café-Ecken, die zu kurzen informellen Meetings und Gesprächen zwischen Managern und den im Umfeld arbeitenden Experten (aus der strategischen Planung oder aus dem Business Intelligence Competence Center) einladen sollten. Ebenso vorgesehen waren ruhigere Arbeitsbereiche, wie etwa eine Bibliothek, in denen das konzentrierte Arbeiten an einem Thema möglich ist. Das gesamte Corporate Center sollte mit allen anderen Standorten des Unternehmens und seinem Umfeld über moderne Netzwerk- und Videokonferenztechnologie verbunden sein, damit die Unternehmensführung jederzeit mit operativen Managern, Geschäftspartnern oder Kunden in Kontakt treten kann. Und schließlich waren auch Besprechungsräume nach Art des Management-Cockpits geplant, die für Meetings des Managementteams und strategische Planungsbesprechungen sowie für Brainstorming-Workshops mit Branchenexperten, Kunden und Geschäftspartnern zur Verfügung stehen sollten. Was können wir daraus lernen?

Große Unternehmen sollten keine Unternehmenszentralen mehr haben, die das Unternehmen »verwalten«, sondern stattdessen ein Management Innovation Center schaffen, in dem das Top-Management kreativ an neuen Strategien und Geschäftsmodellen arbeiten und aktiv die Zukunft gestalten kann. Damit diese trotzdem immer nahe an der Realität bleiben, müssen entsprechende Feedback-Systeme, Management- und Kommunkationsprozesse – eben ein Managementsystem – implementiert werden, das dies sicherstellt und das jederzeit im Management Innovation Center aktiviert werden kann.

Das Führungsteam ist beim Design, der Einrichtung und dem Betrieb eines derartigen Management Innovation Centers, neben der Unterstützung von Ergonomen und Human-Intelligence-Experten, auch auf Unterstützung seitens der Experten für Business Intelligence und Informationstechnik angewiesen. Und genau hier, bei der Entwicklung und dem Aufbau eines Management Innovation Centers, kommen deshalb die Arbeitsgebiete des CIO und CVO zusammen.

Epilog

Intangible Assets – volkswirtschaftlich betrachtet

»Der rapide Fortschritt in Wissenschaft und Technologie führt dazu, dass die Wirtschaft in den OECD-Ländern zunehmend auf Wissen basiert. Gleichzeitig werden Länder durch den internationalen Austausch von Waren, Dienstleistungen, Investitionen, Menschen und Ideen zunehmend in die Weltwirtschaft integriert. Dies hat zu neuen Wettbewerbs- und Kooperationsformen zwischen Unternehmen, aber auch zwischen einzelnen Ländern geführt. [...]. Wie ein Land diesen Herausforderungen begegnen kann, hängt davon ab, wie gut die Wirtschaft, der Staat und die Arbeitnehmer zusammenarbeiten, um diese entscheidenden Assets zu nutzen.«
Organisation für wirtschaftliche Zusammenarbeit und Entwicklung (OECD)[1]

Beim Übergang von der Industriegesellschaft zur Informations- und Wissensgesellschaft verschiebt sich nicht nur die Wachstumsbasis der Unternehmen weg von materiellen Vermögenswerten hin zu Intangible Assets, sondern auch die Basis für das Wirtschaftswachstum von Gesellschaften und Nationen. Das in den Fähigkeiten, Kenntnissen und Erfahrungen seiner Bürger, in den Organisationsstrukturen, Systemen und Routinen seiner Unternehmen und in der Wissens- und Innovationsinfrastruktur eines Landes angelegte Wissenskapital ist die wichtigste Quelle für Wohlstand und soziales Wohlergehen.

Diese Tatsache wird von Regierungen und öffentlichen Institutionen zunehmend erkannt. Ein Beispiel hierfür ist der OECD-Bericht aus dem Jahr 1996 mit dem Titel »Measuring what People Know«. In diesem Bericht wird darauf hingewiesen, dass Wissen und Lernen eine wichtige Basis für die soziale und wirtschaftliche Entwicklung heutiger Gesellschaften ist. Es wird aufgezeigt, dass öffentliche Investitionen und Investitionen von Unternehmen in die Entwicklung von Humankapital – besonders in Ausbildung und Training – ein entscheidender Wachstumsmotor in einer von wissensintensiven Aktivitäten geprägten Welt sein wird.

1 Aus der Einführung der OECD-Publikation »OECD Science, Technology and Industry Scoreboard 1999: Benchmarking Knowledge-based Economies«. Siehe http://www.oecd.org//dsti/sti/stat-ana/prod/scorebd_summ.htm

Der neue Wohlstand der Nationen

Der Wohlstand einer Volkswirtschaft, der sich im Wachstum des Bruttoinlandsprodukts, also in dem geschaffenen und zu verteilenden Mehrwert ausdrückt, hängt vor allem von der Anzahl der Erwerbspersonen und vom Produktivitätsniveau ab. Das Produktivitätsniveau wird in der auf Wissensarbeit basierenden neuen Ökonomie wesentlich auch von der Qualität des involvierten Humankapitals bestimmt, d.h. von der Anzahl der talentierten und intelligenten Köpfe, über die ein Land verfügt. Diese Qualität kann beispielsweise durch Bildungsmaßnahmen beeinflusst bzw. verbessert werden. Die Gesamtproduktivität lässt sich auch durch Investitionen in andere Intangibles, etwa die Informations- und Kommunikationsinfrastruktur des Landes, sowie durch Investitionen in Wissenschaft, Forschung und Entwicklung beeinflussen, wie das Beispiel USA zeigt.

Der Fall USA

Eine von The Conference Board durchgeführte Studie ergab, dass die US-Wirtschaft – trotz der aktuellen Verlangsamung – die übrige Welt zukünftig im Hinblick auf Produktivität, Wirtschaftswachstum und Einkommen aller Voraussicht nach weit hinter sich lassen wird.[2] Hier sind die Einzelheiten:

Die Produktivitätssteigerung in den USA, die 1995 begonnen hatte, setzte sich auch zu Beginn des neuen Jahrhunderts fort. Schätzungen zufolge ist die US-Produktivität im Jahr 2000 um 3,8 Prozent gegenüber dem Vorjahr angestiegen. Der Produktivitätsanstieg in den meisten anderen großen Industrienationen war demgegenüber vergleichsweise gering. In der gesamten Europäischen Union stieg die Produktivität im Jahr 2000 um 1,4 Prozent, und Japan konnte mit 2,3 Prozent ebenfalls eine Verbesserung verzeichnen. Die Produktivitätssteigerung in den USA ist jedoch nur ein Teil des Erfolgs. Der US-Wirtschaft gelang es auch, die Produktivitätssteigerung in ein höheres Pro-Kopf-Einkommen umzusetzen, was zu einem noch größeren Vorsprung der USA gegenüber Europa geführt hat. Der direkte Vergleich zeigt, dass die Produktivität der EU 82 Prozent der Produktivität der USA beträgt, das Pro-Kopf-Einkommen jedoch nur bei 69 Prozent des US-Niveaus liegt. Seit den 70er-Jahren führen die USA die meisten anderen Länder der OECD bei der Umsetzung von Produktivitätssteigerungen in Pro-Kopf-Einkommen an. Wie gelingt es der US-Wirtschaft, die Produktivität in ein höheres Einkommensniveau umzusetzen?

Die Umsetzung von Produktivität in Einkommen hängt wesentlich von der Erwerbsquote ab, d.h. vom Anteil der Bevölkerung, der in produktive Prozesse involviert ist. Und in den meisten Ländern der EU beruht die niedrigere Konver-

2 Robert H. McGuck und Bart van Ark, Performance 2000. Productivity, Employment, and Income in the World's Economies, The Conference Board, 2001

sionsrate von Produktivitätssteigerungen in Pro-Kopf-Einkommen auf einer niedrigeren Erwerbsquote, d.h., in Europa ist ein wesentlich geringerer Anteil der Gesamtbevölkerung am Zustandekommen des Bruttoinlandsprodukts (BIP) beteiligt als in den USA.

Es gibt verschiedene Gründe für diesen Unterschied. In Norwegen und den Niederlanden liegt es an der geringeren durchschnittlichen Zahl von Arbeitsstunden. In den meisten europäischen Ländern ist Arbeitslosigkeit ein Faktor. Der wichtigste Grund ist jedoch der niedrigere Anteil von Arbeitskräften im Erwerbsalter (15–64 Jahre). Dies führt zu einem Produktivitäts- und Einkommensunterschied zwischen der EU und den USA von 10 Prozentpunkten. Europa hat also im Vergleich zu den USA einen deutlichen demographischen Nachteil. Dies ist aber nicht der einzige Grund für das höhere Wertschöpfungspotenzial der US-Wirtschaft. In den USA wurde die volkswirtschaftliche Produktivität auch dadurch verbessert, dass mehr in die IT-Branche investiert wurde als in anderen Ländern.

Die dramatische Leistungssteigerung der US-Wirtschaft im Vergleich zu anderen Industrienationen gründet sich daher auf den Erfolg an zwei Fronten:

- eine deutliche Steigerung der Produktivität, vor allem aufgrund höherer Investitionen in technologieintensive Industriezweige, besonders in die Informations- und Kommunikationstechnologie
- eine höhere Erwerbsquote, vor allem durch flexiblere Arbeitsmärkte, sowie den demographischen Vorteil, zumindest europäischen Ländern gegenüber

Der zukünftige Wohlstand eines Landes – wenn wir davon ausgehen, dass dieser von Wirtschaftswachstum und Pro-Kopf-Einkommen abhängt – beruht neben anderen Faktoren auf der Fähigkeit, laufend Produktivitätssteigerungen erzielen zu können, zum Beispiel durch Investitionen in Innovationen und neue Technologien, und eine hohe Erwerbsquote zu erreichen bzw. zu erhalten.

Was heißt das für Europa?

The Conference Board stellt in seiner Studie auch fest, dass die Länder der EU darauf achten sollten, dass sie sich nicht auf das Gleis eines geringen Produktivitätswachstums begeben und sich ausschließlich auf die Senkung der Arbeitslosigkeit konzentrieren. Auf die Produktivität muss ebenfalls geachtet werden. Unter Berücksichtigung der Tatsache, dass das beschleunigte Wachstum der US-Produktivität in der zweiten Hälfte des letzten Jahrzehnts vor allem mit schneller technologischer Veränderung und vermehrten Investitionen in neue Technologien zusammenhängt, muss auch Europa solche Veränderungen und Innovationen fördern, um wieder höhere Wachstumsraten erzielen zu können. Da sich technologische Veränderung und Innovation nicht nur aufgrund höherer Investitionen ergeben, sondern auch von Änderungen in institutionellen, regulatorischen und rechtlichen Strukturen abhängen, müssen die europäischen Länder ihre veralteten Strukturen schneller reformieren.

Die Länder der EU müssen sich auch der Herausforderung einer älter werdenden Bevölkerung stellen, einer Tatsache, die die Fähigkeit zu zukünftigem Wirtschaftswachstum ernsthaft gefährdet. Die europäischen Regierungen müssen ihre Bevölkerung darauf vorbereiten, entweder länger zu arbeiten oder mehr Einwanderung zuzulassen – möglicherweise sogar auf beides.

Wie sieht die Lage in Asien aus?
Die größte Volkswirtschaft Asiens, Japan, konnte während der gesamten 90er-Jahre trotz mehrerer Rezessionen eine hohe Produktivitätswachstumsrate erzielen. Dies ging jedoch zulasten des Beschäftigungswachstums. Die Länder Asiens insgesamt müssen aller Wahrscheinlichkeit nach ebenfalls zwei Herausforderungen begegnen, um gegenüber Ländern wie den USA wirtschaftlich aufzuholen:

- Steigerung der Produktivität durch Investitionen in neue Technologien und Strukturen. Dazu werden flexiblere Produkt- und Kapitalmärkte benötigt, damit Kapital seiner produktivsten Verwendung zugeführt werden kann. Erforderlich sind ebenso umfassende Investitionen in Bildung.
- Erreichen einer hohen Erwerbsquote der schnell wachsenden Bevölkerung und Erhalt derselben. Dies erfordert eine größere Flexibilität der Arbeitsmärkte.

Asien könnte sich in den nächsten zwanzig Jahren aufgrund der immensen Größe und des Wachstums seiner Bevölkerung zur stärksten Wirtschaftsregion der Welt entwickeln. Wenn es asiatischen Ländern gelingt, die dafür notwendige Infrastruktur (Informations- und Kommunikationstechnik, offene und flexible Märkte, demokratische politische Verhältnisse) zu schaffen und ein hohes Bildungsniveau sowie eine hohe Erwerbsquote in der Bevölkerung zu erreichen, ist dies unvermeidlich.

Wie muss sich die Wirtschaftspolitik auf die neuen Produktivfaktoren einstellen?

Neben der Erwerbsquote sind die Hauptfaktoren für Wirtschaftswachstum und für den zukünftigen Wohlstand von Nationen der Anteil von wissensbasierten Industriezweigen gegenüber anderen Industriezweigen sowie die Höhe der gesamtvolkswirtschaftlichen Investitionen in Bildung, in die Informations- und Telekommunikationstechnologie und in Forschung und Entwicklung. Diese Liste beschreibt gleichzeitig die Aktionsfelder einer modernen Wirtschaftspolitik.

Humankapital und Bildungsniveau

Wissen ist eine wesentliche Basis für Produktivität und Veränderung. Veränderung ist deshalb von Bedeutung, da Gesellschaften und Ökonomien immer bereit sein müssen, sich auf neue Märkte und technologische Bedingungen einzustellen und neue Organisationen zu schaffen, um Entwicklung und Lernprozesse zu unterstützen. Wissen als neuer Produktionsfaktor hilft einer Gesellschaft oder Nation und ihren Organisationen, neuen Herausforderungen zu begegnen, sich an ständig ändernde Bedingungen anzupassen und Innovationen zu schaffen. Innovation und aktive Veränderung sind wesentliche Erfolgsfaktoren in der neuen Ökonomie – nicht nur für Unternehmen, sondern auch für Volkswirtschaften.

Die Investition in Humankapital, d.h. in Bildungsmaßnahmen, stellt deshalb in den Volkswirtschaften von heute einen der wichtigsten Faktoren für künftiges Wirtschaftswachstum und künftigen Wohlstand dar. Ohne zu wissen, was bereits gewusst wird, und ohne zu wissen, wie man mit Wissen und in wissenerzeugenden Konstellationen arbeitet, können Menschen kein neues Wissen schaffen. Gesellschaften müssen deshalb in Zukunft noch mehr in ihr Bildungswesen investieren.

Der wirtschaftliche Erfolg wird jedoch nicht einfach jenen Nationen zufallen, die sich nur auf Bildungsinvestitionen konzentrieren. Da der Arbeitsmarkt besonders für hoch qualifizierte Personen zunehmend offener und globaler wird, wie man dies zum Beispiel in der Softwareindustrie beobachten kann, müssen Nationen versuchen, diese Talente im eigenen Land zu behalten und möglichst zusätzlich noch weitere Talente aus anderen Ländern anzuwerben. Die Anzahl der verfügbaren Arbeitskräfte im Erwerbsalter ist ein wichtiger Faktor für die mögliche Wirtschaftsleistung eines Landes, für sein zu erzielendes Wirtschaftswachstum und für den Wohlstand seiner Bevölkerung.

Damit ein Land für hoch qualifizierte Arbeitskräfte aus dem Ausland attraktiv ist, und damit sie mit anderen Wissensarbeitern effektiv zusammenarbeiten können, muss es die richtigen Lebens- und Arbeitsbedingungen, offene Arbeitsmärkte, demokratische Strukturen und beispielsweise auch eine entsprechende Informations- und Kommunikationsinfrastruktur schaffen.

Informations- und Kommunikationstechnologie

Die Informations- und Kommunikationstechnologie ist für Volkswirtschaften wie für Unternehmen der »Enabler« für Wissensarbeit. Und es ist nicht nur die Anzahl der Computer pro Haushalt, die hier wichtig ist. Ein wichtiger Faktor ist auch, wie effizient diese Computer mit Netzwerken in Unternehmen, Schulen, anderen öffentlichen Einrichtungen und mit dem World Wide Web verbunden sind. Dies wird heutzutage als Bandbreite gemessen. Je größer die Bandbreite eines Landes, desto größer der Grad an Konnektivität. Der relevante Parameter ist »Megabit pro

Kopf«, die installierte Bandbreite geteilt durch die Anzahl der potenziellen Benutzer. Damit kann die Rate der Informationsverteilung innerhalb der Bevölkerung sowie zu und von Entscheidungsträgern gemessen werden. Arbeitsplätze, Wissen und Wirtschaftswachstum werden verstärkt jenen Gesellschaften und Volkswirtschaften zufallen, die die besten Verbindungen, die meisten Netzwerke und die größte Bandbreite haben. Diesen Ländern wird es nämlich leichter fallen, Wissen zu akkumulieren, zu teilen und zu verteilen, das dazu benötigt wird, um Güter und Waren zu erfinden, herzustellen und zu verkaufen, Services zu erbringen, zu kommunizieren, zu schulen und zu unterhalten.

Die Fähigkeit, Wissen und Informationen zu schaffen, zu verteilen und zu nutzen, wird immer wichtiger und wird oft als der wichtigste Einzelfaktor für Wirtschaftswachstum und Verbesserungen der Lebensqualität angesehen. Informations- und Kommunikationstechnologie sind die Enabler dafür und bilden die Säulen wissensbasierter Volkswirtschaften. Wie schnell und gut ein Land diese Technologien einsetzen und beherrschen kann, ist deshalb ein Hauptfaktor für seine zukünftige wirtschaftliche Leistungsfähigkeit.

Investitionen in das Innovationspotenzial

Der nationale Aufwand für Forschung und Entwicklung und die Wissenschafts- und Technologiepolitik eines Landes werden heute von Ökonomen als ein weiterer wichtiger Faktor angesehen. Und dabei zählt nicht nur der volkswirtschaftliche Gesamtaufwand für Forschung und Entwicklung. Beispielsweise ist auch der Anteil von Wissenschaftlern und Forschern an der gesamten Erwerbsbevölkerung eines Landes ein wichtiger Indikator für sein wirtschaftliches Wachstumspotenzial.

Der Anteil der Bruttoausgaben für Forschung und Entwicklung (Gross Domestic Expenditures on R&D – GERD) im Vergleich zum BIP ist zum Beispiel in den großen Volkswirtschaften der EU (Deutschland, Großbritannien, Frankreich, Italien) in den 90er-Jahren gesunken – ganz im Gegensatz zu den USA, wo dieser Anteil nicht nur höher ausfiel als der OECD-Durchschnitt, sondern in diesem Zeitraum auch relativ stabil blieb. Dies gilt als ein weiterer Grund für das höhere von den USA in diesem Zeitraum erzielte Wirtschaftswachstum.

Während sich der Trend, dass in den meisten Ländern die Wirtschaft einen zunehmenden Anteil im Bereich Forschung und Entwicklung finanziert und übernimmt, in den 90er-Jahren beschleunigt hat, spielen immer beide, Regierungen und Wirtschaftsunternehmen, eine bedeutende Rolle in den Bereichen Wissenschaft und Technologie und somit bei der Förderung des Innovationspotenzials.

Eine Regierung kann die Entwicklung von industriell anwendbaren Technologien nicht nur durch die Förderung von Wissenschaft und Forschung durch die öffentliche Hand vorantreiben. Dies kann auch durch direkte Subventionen und Steuererleichterungen für Unternehmen erfolgen, die in Forschung investieren, etwa durch eine angepasste öffentliche Beschaffungspolitik oder das Schaffen einer effizienten Wissenschafts- und Technologietransferinfrastruktur im Land. Denn die Innovationsfähigkeit einer Volkswirtschaft hängt nicht allein davon ab, welchen Erfolg Unternehmen, Universitäten und Forschungsinstitute unabhängig voneinander haben, sondern auch davon, wie gut sie dabei zusammenarbeiten. Selbst entwickelte Länder können sich aufgrund von Unterschieden in den nationalen Innovationssystemen beträchtlich in ihrem Innovationspotenzial unterscheiden.

Benötigen wir auch ein verbessertes volkswirtschaftliches »Managementsystem«?

Die wirtschaftliche Macht wird deshalb nicht einfach den Ländern zukommen, die ihre Bürger besser ausbilden, die besten Informationsnetzwerke haben oder den größten Anteil ihres BIP in Forschung und Entwicklung investieren. Sie wird den Ländern zukommen, die am kreativsten dabei sind, Unternehmen, Regierungsorganisationen, Kapital, Informationen, Konsumenten und hoch qualifizierte Arbeitskräfte in vernetzten, wertschaffenden Koalitionen zusammenzubringen. Einige dieser Koalitionen werden von Unternehmen geleitet werden, um kommerziellen Wert zu schaffen; andere Koalitionen von Regierungen, um geopolitischen Wert zu schaffen, der in der Regel auf wirtschaftlicher Macht basiert. Und wieder andere Koalitionen werden von Aktivisten und NGOs geleitet werden, um menschliche Werte – Rechte von Arbeitnehmern, Menschenrechte oder Umweltschutz – durchzusetzen und zu bewahren.

Vor dem Hintergrund der heutigen globalen neuen Ökonomie, die auf Wissen und Intangible Assets beruht, sehen sich Regierungen vor ähnliche Herausforderungen gestellt wie Unternehmensleitungen. Sie müssen Strukturkapital schaffen, das die verschiedenen Institutionen und Organisationen, wie Unternehmen und Universitäten, gezielter für wertschaffende Innovationen zusammenbringt. Sie müssen Basisressourcen wie Humankapital und die darauf bezogenen Bildungs- und Entwicklungsmaßnahmen »managen«. Und sie müssen ihr Land wie einen Markennamen behandeln und Attraktivität schaffen, damit es ihnen gelingt, die qualifiziertesten Menschen sowie Unternehmen und institutionelle Investoren anzuziehen. Und wie Unternehmen benötigen sie dafür zunächst bessere Informationen über die tatsächlichen Werttreiber einer Volkswirtschaft. Einige Länder haben bereits damit begonnen, die Voraussetzung für die Erhebung dieser Informationen zu schaffen, wie zum Beispiel Dänemark. Dort sind Unternehmen ab diesem Jahr verpflichtet, über ihr Intellectual Capital zu berichten, wenn sie über signifikante Werte in diesem Bereich verfügen. Dies schafft für die dänische Regierung einen wichtigen Baustein für eine volkswirtschaftliche Datenbasis, mit der die Entwicklung der Intangible Assets bzw. des Intellectual Capitals überwacht und »gemanagt« werden kann. Hier stellt sich die interessante Frage, welche Art von »Managementsystem« eine Regierung benötigt, um die auf Intangible Assets beruhende Wirtschaft und diese neuen volkswirtschaftlichen Wertschöpfungsfaktoren und -prozesse besser managen zu können. Der Leser mag zur Beantwortung dieser Frage einige der hier diskutierten Ideen für das neue Unternehmensmanagementsystem mitnehmen und sich auf dieser Basis seine Gedanken über ein mögliches Konzept für ein volkswirtschaftliches »Managementsystem« machen.

Anhang

A Literatur

Aboody, David und Baruch Lev: R&D Productivity In The Chemical Industry. New York University, 2001 (Die Studie kann abgerufen werden unter http://www.stern.nyu.edu/~blev/chemical-industry.doc)

Arthur Andersen: Stoxx 50 Shareholder Value und Investor Relations im Wettbewerb um institutionelles Kapital. Arthur Andersen Deutschland, 1999

Baghai, Merhdad, Stephen Coley und David White: The Alchemy of Growth. Practical Insights for Building the Enduring Enterprise. Perseus, 2000

Baum, Geoff: »Cisco's CEO: John Chambers«. Forbes ASAP, 23. Februar 1998

Baum, Geoff, Chris Ittner, David Larcker, Jonathan Low, Tony Siesfeld, und Michael S. Malone: »Introducing the New Value Creation Index«. Forbes ASAP, 3. April 2000

Branegan, Jay: »Percy Barnevik, Chairman, ABB Asea Brown Boveri, Zurich«. Time Magazine, 3. März 1997

Bunnell, David und Adam Brate: Making the Cisco Connection. The Story Behind the Real Internet Superpower. John Wiley & Sons, 2000

Bürgel, Hans Dietmar: »Flexibilisierungspotenziale in Forschung und Entwicklung«. Frankfurter Allgemeine Zeitung, 14. August 2000

Carlsson, Rolf H.: Ownership and Value Creation. Strategic Corporate Governance in the New Economy. John Wiley & Sons, 2001

Collins, Jim: Good to Great: Why Some Companies Make the Leap ... and Others Don't. HarperCollins, 2001

Christensen, Clayton M.: The Innovator's Dilemma: When New Technologies Cause Great Firms to Fail. HarperBusiness, 2000

Daley, Zuzanne: »French Farmer Is Sentenced to Jail for Attack on McDonald's«. The New York Times, 14. September 2000

Dänisches Handels- und Industrieministerium: A Guideline for Intellectual Capital Statements. http://www.efs.dk/download/pdf/videnUK.pdf

Daum, Jürgen H., Manfred Grotheer, Claus Heinrich, Jürgen Schröder und Jürgen Stolze: »SAP Open Information Warehouse und Self-Controlling. Und was tut noch der Controller«. Controller Magazin, Juni 1995

Daum, Jürgen H.: »Integration des MIS in Anwendungen für das operative Controlling und die Konzernrechnungslegung«. In: Uwe Hannig (Hrsg.): Data Warehouse und Management Informations Systeme, Schäffer-Poeschel, 1996

Daum, Jürgen H., Manfred Grotheer, Rolf Funk, Jürgen Hörtig und Stefan Karl: »Anforderungen an ein modernes Konzerncontrolling«. Controller Magazin, Februar 1997

Daum, Jürgen H.: »Konzernsteuerung mit EC Enterprise Controlling 4.0«. is report, April 1998

Daum, Jürgen H.: »Strategic Enterprise Management«. is report, Februar 1999

Daum, Jürgen H.: »Strategie-Funktionaliäten «. is report, März 1999

Daum, Jürgen H.: »SEM-SRM Stakeholder Relationship Management«. In: Karlheinz Küting und Claus-Peter Weber (Hrsg.): Wertorientierte Konzernführung. Schäffer-Poeschel, 2000

Daum, Jürgen H.: »Unternehmensmanagement als Prozess verstehen«. In: is report, Juni 2000

Daum, Jürgen H.: »Leveraging e-Business Opportunities for Finance – How CFOs and IT Can Join Forces to Create Value«. SAP Insider, Oktober-Dezember 2001

Daum, Jürgen H.: »Werttreiber Intangible Assets: Brauchen wir ein neues Rechnungswesen und Controlling? – Ein Ansatz für ein verbessertes Managementsystem«. Controlling, Januar 2002

Davis, Stanley M. und Christopher Meyer: Future Wealth. Harvard Business School Press, 2000

Drucker, Peter F.: »The Age of Social Transformation«. The Atlantic Monthly, November 1994

Drucker, Peter F.: Management Challenges for the 21st Century. HarperCollins, 1999

Drucker, Peter F.: »The Real Meaning of the Merger Boom«. The Conference Board Annual Essay and Report, 1999

Eccles, Robert G., Robert H. Herz, E. Mary Keegan, und David M. H. Phillips: The Value Reporting Revolution. John Wiley & Sons, 2001

Edvinsson, Leif und Michael S.Malone: Intellectual Capital. Realizing Your Company's True Value by Finding its Hidden Roots. HarperCollins, 1997

Ernst & Young LLP: Measures that Matter. The Ernst & Young Center for Business Innovation, 1997

Friedman, Thomas: The Lexus and the Olive Tree. HarperCollins, 2000

Garten, Jeffrey E.: The Mind of the C.E.O. Basic Books, 2001

Georges, Patrick M.: Le Management Cockpit. Pilotez vos affaires avec plus d'efficacité. Editions d'Organisation, 2002

Geus, Arie de: The Living Company. Nicholas Brealey, 1999

Ghoshal, Sumantra und Cristopher A. Bartlett: The Individualized Corporation. A Fundamentally New Approach to Management. HarperCollins, 1999

Guerny, Jacques de, Jean-Claude Guiriec und Jaques Lavergne: Principe et mise en place du tableau de bord de gestion. Masson, 1990

Hagel, John und Arthur G. Armstrong: Net Gain. Expanding Markets through Virtual Communities. Harvard Business School Press, 1997

Heskett, Ben: »Cisco CEO: What, me worry?«. CNET News.com, 4. Dezember 2000 (http://news.cnet.com/news/0-1004-200-3989419.html)

Hoch, Detlev J., Cyriac C. Roeding, Gert Purkert und Sandro K. Lindner: Secrets of Software Success. Harvard Business School Press, 1999

Holson, Laura M.: »Whiz Kid: Young Deal Maker Is the Force Behind a Company's Growth«. New York Times on the Web, 19. November 1998

Hope, Jeremy und Robin Fraser: Beyond Budgeting – Managing in the New Economy. Beyond Budgeting Round Table White Paper. CAM-I, 2000

Hopp, Dietmar: »Globale Strategien der SAP AG«. In: Erich Zahn (Hrsg.): Strategische Erneuerungen für den globalen Wettbewerb. Tagungsband des Stuttgarter Strategieforum 1996. Schäffer-Poeschel, 1996

Kagermann, Henning: »Strategische Unternehmensführung bei der SAP AG – Erfahrungen und Lösungen eines Software-Unternehmens«. Wirtschafts Informatik, April 2000

Kaplan, Robert S. und David P. Norton: »Using the Balanced Scorecard as a Strategic Management System«. Harvard Business Review, Januar-Februar 1996

Kaplan, Robert S. und David P. Norton: Balanced Scorecard. Strategien erfolgreich umsetzen. Schäffer-Poeschel, 1997

Kaplan, Robert S. und David P. Norton: Die strategiefokussierte Organisation. Führen mit der Balanced Scorecard. Schäffer-Poeschel, 2001

Konrad, Rachel: »Head-on collision – Old and New Economies clash in auto industry marketplace, CNET News.com, 15. November 2000 (http://news.cnet.com/news/0-1007-201-3412381-0.html)

L.E.K. Consulting LLC: »Making Real Decisions with Real Options«. L.E.K. Newsletter Series «Shareholder Value Added«, Band XVI

Leslie, Keith J. und Max P.Michaels: »The Real Power of Real Options«. The McKinsey Quarterly, 3/2000. (Der Artikel kann unter http://www.mckinseyquarterly.com abgerufen werden.)

Lev, Baruch: »New Accounting for the New Economy«. New York University, 2000. (http://www.stern.nyu.edu/~blev/NewAccounting.doc)

Lev, Baruch: »Knowledge and Shareholder Value«, New York University, 2000 (http://www.stern.nyu.edu/~blev/knowledge&shareholdervalue.doc)

Lev, Baruch: »Communicating Knowledge Capabilities«. New York University, 2000 (http://www.stern.nyu.edu/~blev/communicating.doc)

Lev, Baruch: Intangibles. Management, Measurement, and Reporting. Brookings Institution Press, 2001

Lev, Baruch und Feng Gu: »Markets in Intangibles: Patent Licensing«. New York University, 2001 (http://www.stern.nyu.edu/~blev/patent-licensing.doc)

Lev, Baruch und Feng Gu: »Intangible Assets: Measurement, Drivers, Usefulness« New York University, 2001 (http://www.stern.nyu.edu/~blev/intangible-assets.doc)

Lindahl, Göran: »A New Role for Global Businesses«. Time Magazine Europe, 31. Januar 2000

Maister, David H.: Managing the Professional Service Firm. The Free Press, 1997

McGuck, Robert H. und Bart van Ark: Performance 2000. Productivity, Employment, and Income in the World's Economies. The Conference Board, 2001

Means, Grady und David Schneider: Meta-Capitalism. The e-Business Revolution and the Design of 21st-Century Companies and Markets. John Wiley & Sons, 2000

Muirhead, Sophia A.: Corporate Contributions. The View from 50 Years. The Conference Board, 1999

Nakamura, Leonard: »Intangibles. What Put the New in the New Economy?«, Federal Reserve Bank of Philadelphia Business Review, Juli/August 1999

Nakamura, Leonard: »Economics and the New Economy. The invisible Hand Meets Creative Destruction«. Federal Reserve Bank of Philadelphia Business Review, Juli 2000

Nölting, Andreas: »Werttreiber Mensch«. Manager Magazin, April 2000

Norris, Grant, James R. Hurley, Kenneth M Hartley, John R.Dunleavy, und John D. Balls: E-Business and ERP. Transforming the Enterprise. John Wiley & Sons, 2000

OECD (Organisation for Economic Co-operation and Development), Directorate Science, Technology and Industry: Technology and Industry Scoreboard 1999. Benchmarking Knowledge-based Economies. OECD, 1999 (http://www.oecd.org//dsti/sti/stat-ana/prod/scorebd_summ.htm)

Peter, Glen: Waltzing with the Raptors. A Practical Roadmap to Protecting Your Company's Reputation. John Wiley & Sons, 1999

Plattner, Hasso, August-Wilhelm Scheer, Siegfried Wendt und Daniel S. Morrow: Dem Wandel voraus. Galileo Press, 2000

Porter, Michael E.: »What is Strategy«. Harvard Business Review, November/Dezember 1996

Rappaport, Alfred: Shareholder Value. Ein Handbuch für Manager und Investoren. Schäffer-Poeschel, 1999

Rappaport, Alfred: »New Thinking on How to Link Executive Pay with Performance«. Harvard Business Review, März/April 1999

Read, Cedric, Jacky Ross, Jack Dunleavy, Donniel Schulmann und James Bramante: eCFO. Sustaining Value in the New Corporation. John Wiley & Sons, 2001

Ridderstrale, Jonas und Kjell Nordtröm: Funky Business. Financial Times Prentice Hall, 2001

Rifkin, Glenn: »Growth By Acquisition – The Case of Cisco Systems«. Booz-Allen & Hamilton, o.J.

Roach, Stephen: «US: The Boom for Whom?«, Archives of the Global Economics Team of Morgan Stanley, 1997

Royal Dutch/Shell Group of Companies: Shell Report 2000 – How do we stand? (http://www.shell.com/)

Rudis, Esther, Melissa A. Berman, Chuck Mitchell: The CEO Challenge. Top Marketplace and Management Issues 2001. The Conference Board, 2001

SAP AG: SAP Strategic Enterprise Management – Enabling Value Based Management. SAP AG, 1998

SAP AG: SAP Strategic Enterprise Management – Translating Strategy into Action: The Balanced Scorecard. SAP AG, 1999

SAP AG: SAP Strategic Enterprise Management – The Functions – A Closer Look. SAP AG, 1999

SAP AG: Empowering Finance for E-Business – How to Exploit Technology to Optimize Value. SAP AG, 2001

SAP AG: Beyond Budgeting. SAP AG, 2001

SAP AG: mySAP Technology for open E-Business Integration – Overview. SAP AG, 2001

Schumpeter, Joseph A.: Theorie der wirtschaftlichen Entwicklung. 9. A., Duncker und Humblot, 1997

Schwartz, Peter: The Art of The Long View: Planning for the Future in an Uncertain World. Currency Doubleday, 1996

Schwartz, Peter und Peter Leyden: »The Long Boom: A History of the Future, 1980–2020«. Wired Magazine, Juli 1997

Schwartz, Peter, Peter Leyden und Joel Hyatt: The Long Boom. A Vision for the Coming Age of Prosperity. Perseus Publishing, 1999

SEC Taskforce: »Strengthening Financial Markets. Do Investors Have the Information They Need?«, SEC, 2001 (http:://www.fei.org/finrep/files/SEC-Taskforce-Final-6-6-2k1.pdf)

Senge, Peter M.: The Fifth Discipline. The Art and Practice of the Learning Organization. Currency Doubleday, 1990

Shrimsley, Robert: »Minister to reassure business over civic duty«. Financial Times, 4. Mai 2000

Skandia Insurance Ltd.: Human Capital in Transformation – Intellectual Capital Prototype Report. Skandia, 1998

Stewart, Thomas A.: Intellectual Capital. The New Wealth of Organizations. Doubleday, 1998

Stewart, Thomas A.: »Accounting Gets Radical«. Fortune Magazine, 16. April 2001

Strassmann, Paul A.: »The Value of Computers, Information and Knowledge« (http://www.strassmann.com/pubs/cik/cik-value.shtml)

Sveiby, Karl Erik: The New Organizational Wealth. Berrett-Koehler, 1997

Thurow, Lester C.: »If God Spoke to John Akers«. Across The Board, Januar 2000

Vidal, David J.: Consumer Expectations on the Social Accountability of Business. The Conference Board, 1999

Zuckerman Michaels, Marilyn: Speed. Linking Innovation, Process, and Time to Market. The Conference Board, 2000

B Der Autor

Jürgen H. Daum ist Experte und Berater im Bereich Unternehmensmanagementsysteme und -methoden. Als Senior Business Consultant bei der SAP AG berät er weltweit Unternehmen und Manager in den Bereichen Controlling, Finanz- und Rechnungswesen, Management-Informationssysteme und Unternehmenssteuerung. Bis vor kurzem leitete er als Director Program Management die strategische Repositionierung der Finanz-, Rechnungswesen- und analytischen Management-Anwendungen von SAP – daraufhin mySAP Financials genannt – und hat wesentlich die Definition der zukünftigen Entwicklungsstrategie für mySAP Financials mitgeprägt. Davor hat er als Product Manager SEM das Konzept für SAP Strategic Enterprise Management (SAP SEM) erarbeitet und war dann verantwortlich für den Markt-Roll-out. Vor seiner Zeit bei SAP war er kaufmännischer Leiter und Controller eines Unternehmens der IT-Branche.

Seit dem Beginn seiner beruflichen Karriere, beschäftigt sich Jürgen Daum in der Unternehmenspraxis mit Strategiearbeit und Organisationsentwicklung und bewegt sich immer an der Schnittstelle zwischen praktischer Anwendung und dem Design unterstützender IT- und Softwarelösungen. Neben seinem fachlichen Know-how verfügt er über eine ausgeprägte unternehmerische und visionäre Ader, die er bereits als Student in einem eigenen kleinen Unternehmen entwickelt hat. Seit zehn Jahren beschäftigt er sich bei SAP in einem internationalen Umfeld mit dem Thema »Unternehmenssteuerungs-System«. Er hat in zahlreichen Workshops mit Firmen aus Europa und Nordamerika auf Managementebene, aber auch mit Spezialisten aus den Bereichen Rechnungswesen, Controlling, strategische Unternehmensplanung und IT, intensiv an diesem Thema gearbeitet.

Jürgen H. Daum, Jahrgang 1960, lebt mit seiner Familie in der Nähe von Heidelberg. Er ist Mitglied im deutschen Controller-Verein und einer internationalen Management-Organisation und veröffentlichte zum Thema Unternehmenssteuerung und Managementsysteme zahlreiche Beiträge.

Kontakt:
jhd@juergendaum.de
http://www.juergendaum.de/

Index

D

E

F

G

H

I

J

K

L

M

N

O

Markus Stolpmann

Weniger ist Mehrwert

Mehr Erfolg durch Fokussierung und Flexibilität. Ein Denkanstoß

Galileo Business
ca. 216 S., 2002, geb.
ca. 24,90 €
ISBN 3-89842-250-X

Dies ist ein Buch, das motiviert. Gerade kleine und mittelständische Unternehmen erhalten neue Perspektiven, wenn sie sich auf ihre Stärken konzentrieren und in einer geschickt gewählten Nische operieren. Mit der Illusion, dass jede Garagenfirma mit Weltkonzernen konkurrieren kann, ist es vorbei. Gefragt sind nun dauerhafte Konzepte und pragmatische Lösungen für beherrschbare Märkte: Kundenbindung, Service, sinnvolle Verzahnung der Online- und Offline-Aktivitäten.
Markus Stolpmann liefert verständlich und praxisnah die Bausteine einer realistischen Unternehmensstrategie, die selten so aktuell war: Langfristiges Wachstum durch Fokussierung und Konzentration.

Galileo Business